软件开发实战

Java Web 开发实战

软件开发技术联盟　编著

清華大學出版社
北 京

内 容 简 介

《Java Web 开发实战》从初学者的角度出发，通过通俗易懂的语言、丰富实用的实例，详细介绍了使用 Java 语言和开源框架进行 Web 程序开发应该掌握的各项技术，内容突出"基础"、"全面"、"深入"的特点，同时就像书名所暗示的一样，强调"实战"效果。在介绍技术的同时，书中都会提供示例或稍大一些的实例，同时在结尾安排有实战，通过 5~8 个实战来综合应用本章所讲解的知识，做到理论联系实际；每篇的最后一章有一个综合实验，通过一个模块综合讲解本篇的知识内容；在本书的最后两章中提供了两个完整的项目实例，讲述从前期规划、设计流程到项目最终实施的整个实现过程。

全书共分 5 篇 25 章，包括走进 JSP、掌握 JSP 语法、JSP 内置对象、Servlet 技术、综合实验（一）——JSP 使用 Model2 实现登录模块、EL 表达式语言、JSTL 核心标签库、综合实验（二）——结合 JSTL 与 EL 技术开发通讯录模块、JSP 操作 XML、JavaScript 脚本语言、综合实验（三）——Ajax 实现用户注册模块、Struts 2 框架、Hibernate 框架、Hibernate 高级应用、综合实验（四）——JSP+Hibernate 实现留言模块、Spring 框架、Spring MVC 框架、综合实验（五）——Spring+Hibernate 实现用户管理模块、数据分页、文件上传与下载、PDF 与 Excel 组件、动态图表、综合实验（六）——在线投票统计模块、基于 SSH2 的电子商城网站、基于 SSH2 的明日论坛等。所有知识都结合具体实例进行介绍，对涉及的程序代码给出了详细的注释，读者可以轻松领会 Java Web 程序开发的精髓，快速提高开发技能。本书特色及丰富的学习资源包如下：

黄金学习搭配、专业学习视频、重难点精确打击、学习经验分享、学习测试诊断、有趣实践任务、专业资源库、学习排忧解难、获取源程序、提供习题答案、赠送开发案例。

本书适合有志于从事软件开发的初学者、高校计算机相关专业的学生和毕业生，可作为软件开发人员的参考手册，也可作为高校教师的教学参考书。

本书封面贴有清华大学出版社防伪标签，无标签者不得销售。

版权所有，侵权必究。侵权举报电话：010-62782989　13701121933

图书在版编目（CIP）数据

Java Web 开发实战/软件开发技术联盟编著. —北京：清华大学出版社，2013（2020.1重印）
（软件开发实战）

ISBN 978-7-302-31893-4

I. ①J… Ⅱ. ①软… Ⅲ. ①JAVA 语言–程序设计　Ⅳ. ①TP312

中国版本图书馆 CIP 数据核字（2013）第 074804 号

责任编辑：赵洛育
封面设计：陈　敏
版式设计：文森时代
责任校对：张莹莹
责任印制：刘海龙

出版发行：清华大学出版社
　　　　　网　　　址：http://www.tup.com.cn，http://www.wqbook.com
　　　　　地　　　址：北京清华大学学研大厦 A 座　　　邮　　编：100084
　　　　　社 总 机：010-62770175　　　　　　　　　　邮　　购：010-62786544
　　　　　投稿与读者服务：010-62776969，c-service@tup.tsinghua.edu.cn
　　　　　质 量 反 馈：010-62772015，zhiliang@tup.tsinghua.edu.cn

印 装 者：三河市龙大印装有限公司
经　　销：全国新华书店
开　　本：203mm×260mm　　　　印　张：42.5　　　字　　数：1406 千字
　　　　　（附视频光盘、海量学习资源 DVD 1 张）
版　　次：2013 年 9 月第 1 版　　　　　　　　　　　印　　次：2020 年 1 月第 7 次印刷
定　　价：89.80 元

产品编号：052513-01

本书编写委员会

主　编：陈丹丹　高　飞

编　著：陈丹丹　高　飞　冯庆东　李根福　王国辉　王小科

　　　　张　鑫　杨　丽　顾彦玲　赛奎春　高春艳　陈　英

　　　　宋禹蒙　刘　佳　辛洪郁　刘莉莉　王雨竹　隋光宇

　　　　郭　鑫　刘志铭　李　伟　张金辉　李　慧　刘　欣

　　　　李继业　潘凯华　赵永发　寇长梅　赵会东　王敬洁

　　　　李浩然　苗春义　刘清怀　张世辉　张　领

前　言

Preface

　　Java 是 Sun 公司（现在属于 Oracle 公司）推出的能够跨越多平台的、可移植性最高的一种面向对象的编程语言，也是目前最先进、特征最丰富、功能最强大的计算机语言。利用 Java 可以编写桌面应用程序、Web 应用程序、分布式系统应用程序、嵌入式系统应用程序等，从而使其成为应用范围最广泛的开发语言，特别是在 Web 程序开发方面。

本书特色及配套学习资源包

　　为了方便读者学习，本书经过了科学安排，并配备了丰富的学习资源包，读者朋友可从本书的配书光盘或者网站 www.rjkflm.com 获取学习资源。

黄金学习搭配	专业学习视频	重难点精确打击
快速入门+中小实例实战+模块实战+项目实战+开发资源包。（图书+光盘+网站）	光盘含 31 小时大型同步教学视频，听专家现场演示讲解。（光盘中）	109 个精彩实例分析，精确掌握重点难点。（图书）
学习分享经验	学习测试、诊断	有趣实践任务
提供互动、互助学习平台，学习分享经验。（登录网站）	网站提供编程能力测试、软件考试模拟测试题库。（登录网站）	光盘提供 1100 多个实践任务，读者可以登录网站获取答案。（光盘+网站）
专业资源库	学习排忧解难	获取源程序
免费赠送 Java Web 程序开发资源库（学习版），拓展编程视野。（登录网站）	提供编程学习论坛，头脑风暴，帮您轻松解决编程困扰。（登录网站）	光盘提供几乎所有的实例源程序，可直接复制，照猫画虎，调试运行。（光盘中）
提供习题答案	赠送开发案例	
本书对于习题都给出了答案，先自行作业，然后对比分析。（光盘中）	赠送开发案例文档、源程序和学习视频，帮助读者拓展视野，提高熟练度。（光盘中）	

读者对象

☑ 有志于从事软件开发的初学者　　　　☑ 高等院校计算机相关专业的老师和学生

☑ 准备从事软件开发的求职者　　　　　☑ 参与毕业设计的学生

☑ 初、中级程序开发人员　　　　　　　☑ 程序测试及维护人员

本书内容结构

　　从初学程序开发的人员步入编程高手行列通常需要经历 5 个阶段，即新手入门——进阶提高——中级开发——高级应用——项目实战，而本书中的内容正是按照这一规律精心组织的，结构如下图所示。

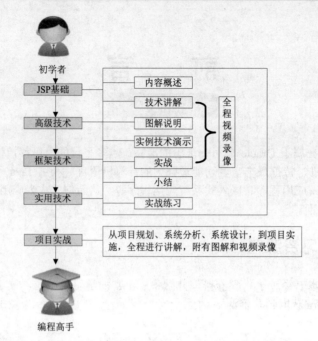

第 **1** 篇：**JSP 基础**。主要包括走进 JSP、掌握 JSP 语法、JSP 内置对象、Servlet 技术、综合实验（一）——JSP 使用 Model2 实现登录模块等内容。

第 **2** 篇：**高级技术**。主要包括 EL 表达式语言、JSTL 核心标签库、综合实验（二）——结合 JSTL 与 EL 技术开发通讯录模块、JSP 操作 XML、JavaScript 脚本语言、综合实验（三）——Ajax 实现用户注册模块等内容。

第 **3** 篇：**框架技术**。主要包括开发 Java Web 应用程序的流行框架技术，其中包括 Struts 2 框架、Hibernate 框架、Hibernate 高级应用、综合实验（四）——JSP+Hibernate 实现留言模块、Spring 框架、Spring MVC 框架、综合实验（五）——Spring+Hibernate 实现用户管理模块等内容。

第 **4** 篇：**实用技术**。主要介绍 Java Web 应用程序开发中的实用技术，其中包括数据分页、文件上传与下载、PDF 与 Excel 组件、动态图表、综合实验（六）——在线投票统计模块等内容。

第 **5** 篇：**项目实战**。通过两个完整的项目实例来介绍大型应用程序的设计过程，包括基于 SSH2 的电子商城网站和基于 SSH2 的明日论坛。这两个项目是作者精心挑选的，涵盖了数据库、jQuery、Struts 2、Hibernate、Spring 多个框架及其整合技术。通过对这两个项目的介绍，读者可以巩固前面所学的知识和技术，积累项目开发经验。

本书备用服务

如果本书服务网站 www.rjkflm.com 临时有问题，读者朋友还可以通过如下方式与我们沟通：登录网站：www.mingribook.com，查阅相关问题或者留言。通过 QQ：4006751066。

本图书光盘如有打不开现象，请核实一下电脑是不是 **DVD** 光驱；如果在复制光盘内容时，出现个别文件无法复制，请分批复制试一试；如有极个别光盘打不开，可多试几台电脑，打开之后复制内容一样使用。

"宝剑锋从磨砺出，梅花香自苦寒来"，亲爱的读者朋友，希望在辛苦的道路上我们一起走过！

编 者

目录

Contents

第1篇 JSP 基础

第 2 篇　高　级　技　术

第 3 篇 框 架 技 术

第4篇 实用技术

第5篇 项目实战

JSP 基础

第 *1* 章

走进 JSP

（ 📹 视频讲解：3分钟 ）

本章将带领读者走进 JSP 开发领域，开始学习 Java 语言的 Web 开发技术。JSP 的全称是 Java Server Pages，它是 Java 开发 Web 程序的基础与核心，也是目前流行的 Web 开发技术中应用最广泛的一种，主要用于开发企业级 Web 应用，属于 Java EE 技术范围。

通过阅读本章，您可以：

▶▶ 了解什么是 JSP

▶▶ 了解 JSP 的工作原理

▶▶ 掌握学习 JSP 技术的方法

▶▶ 掌握如何搭建 JSP 开发环境

▶▶ 掌握 Eclipse 开发工具的安装与使用

▶▶ 了解 JSP 程序的编写步骤

▶▶ 掌握 JSP 常用资源

1.1　JSP 概述

本节将带领读者初探 JSP 技术，熟悉其应用领域，了解 JSP 的项目成功案例，并指导读者如何学习 JSP 开发技术。

1.1.1　什么是 JSP

JSP 是由 Sun 公司倡导，众多公司参与建立的动态网页技术标准，它在 HTML 代码中嵌入 Java 代码片段（Scriptlet）和 JSP 标签，构成了 JSP 网页。在接收到用户请求时，服务器会处理 Java 代码片段，然后将生成处理结果的 HTML 页面返回给客户端，客户端的浏览器将呈现最终页面效果。其工作原理如图 1.1 所示。

1.1.2　项目成功案例

JSP 技术主要用于开发 Web 项目，广泛应用于实际生活中的各行各业，迄今已有很多成功案例，其中金融、政治和企业类的较多。例如，中国工商银行、中国光大银行、中国邮政储蓄银行、中国债券信息网、清华大学的本科招生网、金网在线、中国农业银行、中国建设银行、交通银行、深圳发展银行等网站都使用了 JSP 技术，其首页效果分别如图 1.2～图 1.11 所示。

图 1.1　JSP 工作原理

图 1.2　中国工商银行网站

图 1.3　中国光大银行网站

图 1.4　中国邮政储蓄银行网站

图 1.5　中国债券信息网

图 1.6　清华大学的本科招生网

图 1.7　金网在线网站

（图 1.8 中国农业银行网站）

图 1.8　中国农业银行网站

图 1.9　中国建设银行网站

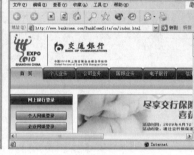

图 1.10　交通银行网站

图 1.11　深圳发展银行网站

1.1.3　如何学好 JSP

　　学好 JSP 技术，就是掌握 Java Web 网站程序开发的能力。其实，每种 Web 开发技术的学习方法都大同小异，需要注意的主要有以下几点。

☑　了解 Web 设计流程与工作原理，能根据工作流程分析程序的运行过程，这样才能分析问题所在，快速进行程序调试。

☑　了解 MVC 设计模式。开发程序必须编写程序代码，这些代码必须具有高度的可读性，这样编写的程序才有调试、维护和升级的价值。学习一些设计模式，能够更好地把握项目的整体结构。

☑　多实践，多思考，多请教。只读懂书本中的内容和技术是不行的，必须动手编写程序代码，并运行程序、分析其结构，从而对学习的内容有个整体的认识和肯定。在此过程中，可用自己的方式思考问题，逐步总结提高编程思想。遇到技术问题，多请教别人，加强沟通，提高自己的技术和见识。

☑　不要急躁。遇到技术问题，必须冷静对待，不要让自己的大脑思绪混乱，保持清醒的头脑才能分析和解决各种问题，可以尝试听歌、散步等活动来放松自己。

☑　遇到问题，首先尝试自己解决，这样可以提高自己的程序调试能力，并对常见问题有一定的了解，明白出错的原因，甚至举一反三，解决其他关联的错误问题。

☑　多查阅资料。可以经常到因特网上搜索相关资料或者解决问题的办法，网络上已经摘录了很多人遇到的问题和不同的解决办法，分析这些解决问题的方法，从中找出最好、最适合自己的。

☑　多阅读别人的源代码，不但要看懂，还要分析编程者的编程思想和设计模式，并融为己用。

☑　HTML、CSS、JavaScript 技术是网页页面布局和动态处理的基础，必须熟练掌握，才能够设计出完美的网页。

☑ 掌握主流的框架技术，如 Struts、Hibernate 和 Spring 等。各种开源的框架很多，它们能够提高 JSP 程序的开发和维护效率，并减少错误代码，使程序结构更加清晰。

☑ 掌握 SQL 和 JDBC 对关系型数据库的操作。企业级程序开发离不开数据库，作为一名合格的程序开发人员，必须拥有常用数据库的管理能力，掌握 SQL 标准语法或者本书介绍的 Hibernate 框架。

☑ 要熟悉常用的 Web 服务器的管理，如 Tomcat，并且了解如何在这些服务器中部署自己的 Web 项目。

1.2　JSP 技术特征

JSP 技术所开发的 Web 应用程序是基于 Java 的，它拥有 Java 语言跨平台的特性，以及业务代码分离、组件重用、继承 Java Servlet 功能和预编译等特征。

1.2.1　跨平台

既然 JSP 是基于 Java 语言的，那么它就可以使用 Java API，所以它也是跨平台的，可以应用在不同的系统中，如 Windows、Linux、Mac 和 Solaris 等，同时也拓宽了 JSP 可以使用的 Web 服务器的范围。另外，应用于不同操作系统的数据库也可以为 JSP 服务，JSP 使用 JDBC 技术操作数据库，从而避免了代码移植导致更换数据库时的代码修改问题。

正是因为跨平台的特性，使得采用 JSP 技术开发的项目可以不加修改地应用到任何不同的平台上，这也应验了 Java 语言的"一次编写，到处运行"的特点。

1.2.2　业务代码分离

采用 JSP 技术开发的项目，通常使用 HTML 语言来设计和格式化静态页面的内容，而使用 JSP 标签和 Java 代码片段来实现动态部分。程序开发人员可以将业务处理代码全部放到 JavaBean 中，或者把业务处理代码交给 Servlet、Struts 等其他业务控制层来处理，从而实现业务代码从视图层分离。这样 JSP 页面只负责显示数据即可，当需要修改业务代码时，不会影响 JSP 页面的代码。

1.2.3　组件重用

JSP 中可以使用 JavaBean 编写业务组件，也就是使用一个 JavaBean 类封装业务处理代码或者作为一个数据存储模型，在 JSP 页面甚至整个项目中都可以重复使用这个 JavaBean。JavaBean 也可以应用到其他 Java 应用程序中，包括桌面应用程序。

1.2.4　继承 Java Servlet 功能

Servlet 是 JSP 出现之前的主要 Java Web 处理技术。它接受用户请求，在 Servlet 类中编写所有 Java 和 HTML 代码，然后通过输出流把结果页面返回给浏览器。其缺点是：在类中编写 HTML 代码非常不便，也不利于阅读。使用 JSP 技术之后，开发 Web 应用便变得相对简单、快捷多了，并且 JSP 最终要编译成 Servlet 才能处理用户请求，因此说 JSP 拥有 Servlet 的所有功能和特性。

1.2.5　预编译

预编译就是在用户第一次通过浏览器访问 JSP 页面时，服务器将对 JSP 页面代码进行编译，并且仅执行一次编译。编译好的代码将被保存，在用户下一次访问时，直接执行编译好的代码。这样不仅节约了服务器的 CPU 资源，还大大提升了客户端的访问速度。

1.3　搭建 JSP 开发环境

在搭建 JSP 开发环境时，首先需要安装开发工具包 JDK（Java Develop Kit）、Web 服务器和数据库。为了提高开发效率，通常还需要安装 IDE（集成开发环境）工具。JSP 开发环境如图 1.12 所示。

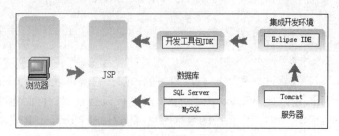

图 1.12　JSP 应用的开发环境

1.3.1　安装 Java 开发工具包 JDK

在使用 JSP 开发网站之前，首先必须安装 JDK 组件。JDK 包括运行 Java 程序所必需的 JRE 环境及开发过程中常用的库文件，目前的最新版本为 JDK 7 Update 9。在介绍 JDK 时，还经常会涉及 JVM，下面先来看一看 JDK、JRE（Java Runtime Environment，Java 的运行环境）与 JVM 有哪些区别。

- ☑ JDK 中包括很多用 Java 编写的开发工具（如 javac.exe 和 jar.exe 等）和一个 JRE。如果计算机安装了 JDK，它会有两套 JRE，一套位于\jre 目录下，另一套位于 Java 目录下，后者少了服务器端的 Java 虚拟机。
- ☑ JRE 是面向 Java 程序的使用者，即 Java 程序必须有 JRE 才能运行。
- ☑ JVM 是 Java 虚拟机，在 JRE 的 bin 目录下有两个子目录（server 和 client），这是真正的 jvm.dll 所在。jvm.dll 无法单独工作，当 jvm.dll 启动后会使用 explicit 的方法，而这些辅助的动态链接库（.dll）都必须位于 jvm.dll 所在目录的父目录中。因此需要使用哪个 JVM，则在环境变量中设置 path 参数指向 JRE 所在目录下的 jvm.dll 即可。正是有了 JVM，Java 才实现了其跨平台性。JVM 屏蔽了与具体操作系统有关的信息，即在不同操作系统上虚拟出一个相同且只适合运行 Java 字节码文件的虚拟系统。

现在可以看出这样一个关系，JDK 包含 JRE，而 JRE 包含 JVM。

> **说明**　在开发 JSP 应用的计算机中需要安装 JDK（包括 JRE），而在只需要发布并运行 JSP 应用的计算机上，则可以只安装 JRE。

由于推出 JDK 的 Sun 公司已经被 Oracle 公司收购了，所以 JDK 可以到 Oracle 官方网站（http://www.oracle.com/index.html）上下载。目前，最新的版本是 JDK 7 Update 9，如果是 32 位的 Windows 操作系统，下载后得到的安装文件是 jdk-7u5-windows-i586.exe。如果是 64 位的 Windows 操作系统，需要下载对应 64 位系统的安装文件。下载完安装文件后，只需要按照安装向导提示的步骤进行安装即可。

1.3.2　安装和配置 Web 服务器

Web 服务器是运行及发布 Web 应用的容器，只有将开发的 Web 项目放置到该容器中，才能使网络中的所有用户通过浏览器进行访问。开发 Java Web 应用所采用的服务器主要是与 JSP/Servlet 兼容的 Web 服务器，比较常用的有 Tomcat、Resin、JBoss、WebSphere 和 WebLogic 等，下面将分别进行介绍。

☑　Tomcat 服务器

目前最流行的 Tomcat 服务器是 Apache-Jarkarta 开源项目中的一个子项目，是一个小型、轻量级的支持 JSP 和 Servlet 技术的 Web 服务器，也是初学者学习开发 JSP 应用的首选。本书中的所有项目都使用 Tomcat 作为 Web 服务器。

☑　Resin 服务器

Resin 是 Caucho 公司的产品，是一个非常流行的支持 Servlet 和 JSP 的服务器，速度非常快。Resin 本身包含了一个支持 HTML 的 Web 服务器，这使它不仅可以显示动态内容，而且显示静态内容的能力也毫不逊色，因此许多网站都使用 Resin 服务器构建。

☑　JBoss 服务器

JBoss 是一种遵从 Java EE 规范的、开放源代码的、纯 Java 的 EJB 服务器，对于 J2EE 有很好的支持。JBoss 采用 JML API 实现软件模块的集成与管理，其核心服务仅是提供 EJB 服务器，不包括 Servlet 和 JSP 的 Web 容器，不过它可以和 Tomcat 完美结合。

☑　WebSphere 服务器

WebSphere 是 IBM 公司的产品，可进一步细分为 WebSphere Performance Pack、Cache Manager 和 WebSphere Application Server 等系列，其中 WebSphere Application Server 是基于 Java 的应用环境，可以运行于 Sun Solaris、Windows NT 等多种操作系统平台，用于建立、部署和管理 Internet 和 Intranet Web 应用程序。

☑　WebLogic 服务器

WebLogic 是 BEA 公司的产品，可进一步细分为 WebLogic Server、WebLogic Enterprise 和 WebLogic Portal 等系列，其中 WebLogic Server 的功能特别强大。WebLogic 支持企业级的、多层次的和完全分布式的 Web 应用，并且服务器的配置简单、界面友好。对于那些正在寻求能够提供 Java 平台所拥有的一切应用服务器的用户来说，WebLogic 是一个十分理想的选择。

下面将介绍 Tomcat 服务器的安装和配置。

1．获取 Tomcat

Tomcat 服务器可以到它的官方网站（http://tomcat.apache.org）上下载，具体的下载步骤如下：

（1）在 IE 地址栏中输入"http://tomcat.apache.org"，进入 Tomcat 官方网站，如图 1.13 所示。

（2）单击 Tomcat 7.0 超链接，进入 Tomcat 7 下载页面，找到如图 1.14 所示的位置。

图 1.13　Tomcat 官方网站首页

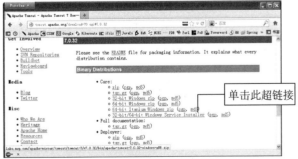

图 1.14　Tomcat 7.0.32 的下载列表

> **说明**
>
> zip 与 Windows Service Installer 对应的是 Windows 系统下的版本，其中 zip 下载后是一个压缩文件，解压后即可使用；Windows Service Installer 是安装版本，下载后需要安装。而 tar.gz 为 Linux 平台下的开发包。

（3）单击 Core 节点下的 32-bit/64-bit Windows Service Installer 超链接，打开文件下载对话框。单击"保存"按钮，即可将 Tomcat 的安装文件下载到本地计算机中。

2．安装 Tomcat

具体步骤如下：

（1）双击 apache-tomcat-7.0.32.exe 文件，弹出安装向导对话框，单击 Next 按钮后，将弹出许可协议界面。

（2）单击 I Agree 按钮，接受许可协议，在弹出的 Choose Components 界面中选择需要安装的组件，通常保留其默认选项，如图 1.15 所示。

（3）单击 Next 按钮，在弹出的界面中设置访问 Tomcat 服务器的端口、用户名和密码，通常保留默认配置，即端口为 8080、用户名为 admin、密码为空，如图 1.16 所示。

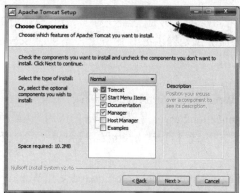
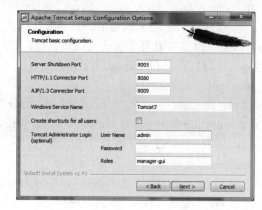

图 1.15　选择要安装的 Tomcat 组件　　　　图 1.16　设置端口、用户名和密码

（4）单击 Next 按钮，在打开的 Java Virtual Machine 界面中选择 Java 虚拟机路径，这里选择 JDK 的安装路径 K:\Java\jdk1.7.0_09，如图 1.17 所示。

（5）单击 Next 按钮，在打开的 Choose Install Location 界面中可通过单击 Browse 按钮更改 Tomcat 的安装路径，这里将其更改为 K:\Tomcat 7.0，如图 1.18 所示。

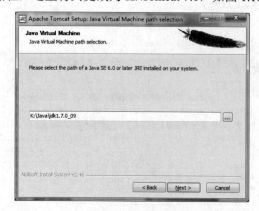
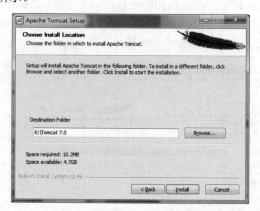

图 1.17　选择 Java 虚拟机路径　　　　图 1.18　更改 Tomcat 安装路径

（6）单击 Install 按钮，开始安装 Tomcat。安装完成后将打开安装完成的提示对话框，单击 Finish 按钮关闭该对话框。

3．启动 Tomcat 服务器

安装完成后，下面来启动并访问 Tomcat，具体步骤如下：

（1）选择"开始"/"所有程序"/Apache Tomcat 7.0 Tomcat 7/Monitor Tomcat 命令，在任务栏右侧的系统托盘中将出现 图标，在该图标上单击鼠标右键，在打开的快捷菜单中选择 Start service 命令，启动 Tomcat。

（2）打开 IE 浏览器，在地址栏中输入"http://localhost:8080"访问 Tomcat 服务器，若出现如图 1.19 所示的页面，则表示 Tomcat 安装成功。

1.3.3　安装与使用数据库

开发动态网站时数据库是必不可少的，它主要用来保存网站中需要的信息。根据网站的规模应采用合适的数据库，如大型网站可采用 Oracle，中型网站可采用 Microsoft SQL Server 或 MySQL，小型网站则可以采用 Microsoft Access。Microsoft Access 数据库的功能远不如 Microsoft SQL Server 和 MySQL 强大，但它具有方便和灵活的特点，对于一些小型网站来说是比较理想的选择。下面将介绍 MySQL 数据库的安装与使用。

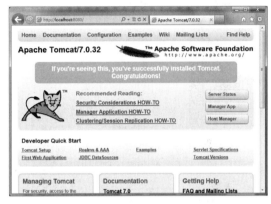

图 1.19　通过浏览器访问 Tomcat

1．下载和安装 MySQL 数据库

MySQL 可以到 MySQL 的官方网站（http://www.mysql.com）上下载。目前最新的版本是 MySQL 5.5.24，下载后将得到名称为 mysql-installer-5.5.24.0.msi 的安装包文件。

MySQL 安装包下载完毕后，就可以通过该文件安装 MySQL 数据库了，具体的安装过程如下：

（1）双击下载后的 mysql-installer-5.5.24.0.msi 文件，打开安装向导对话框。如果没有打开安装向导对话框，而是弹出如图 1.20 所示的提示对话框，那么还需要先安装.NET Framework 4.0 框架，然后再重新双击下载后的安装文件，打开安装向导对话框。

图 1.20　提示对话框

（2）在打开的安装向导对话框中单击 Install MySQL Products 超链接，将打开 License Agreement 界面，询问是否接受协议，选中 I accept the license terms 复选框，接受协议后，单击 Next 按钮，将打开 Find latest products 界面。选中 Skip the check for updates(not recommended)复选框，这时，原来的 Execute 按钮将转换为 Next 按钮，如图 1.21 所示。

（3）单击 Next 按钮，在打开的 Choosing a Setup Type 界面中共包括 Developer Default（开发者默认）、Server only（仅服务器）、Client only（仅客户端）、Full（完全）和 Custom（自定义）5 种安装类型。这里选择开发者默认，并且将安装路径修改为"K:\Program Files\MySQL\"，数据存放路径修改为"K:\ProgramData\MySQL\MySQL Server 5.5"，如图 1.22 所示。

（4）单击 Next 按钮，在打开的 Check Requirements 界面中检查系统是否具备安装所必需的.NET Framework 4.0 框架和 Microsoft Visual C++ 2010 32-bit runtime，如果不存在，单击 Execute 按钮，将在线安装所需插件，安装完成后，将显示如图 1.23 所示的界面。

（5）单击 Next 按钮，将打开 Installation Progress 界面，单击 Execute 按钮，将开始安装，并显示安装进度。安装完成后，单击 Next 按钮，将打开 Configuration Overview 界面，然后单击 Next 按钮，将打开用于选择服务器类型的 MySQL Server Configuration 界面，在此共提供了开发者类型、服务器类型和致力于 MySQL 服务类型。这里选择默认的开发者类型。单击 Next 按钮，将打开用于设置网络选项和安全的 MySQL Server Configuration 界面，然后设置 root 用户的登录密码为 111，其他采用默认，如图 1.24 所示。

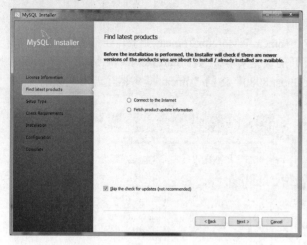

图 1.21　Find latest products 界面

图 1.22　Choosing a Setup Type 界面

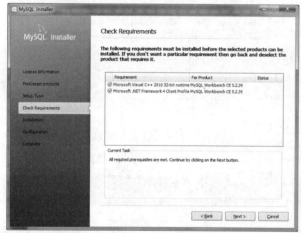

图 1.23　安装条件已全部满足时的 Check
Requirements 界面

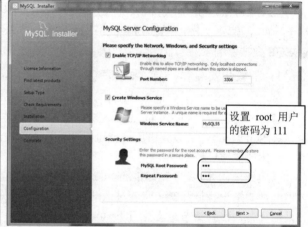

图 1.24　设置网络选项和安全的 MySQL Server
Configuration 界面

说明
　　MySQL 使用的默认端口是 3306，在安装时，可以修改为其他的，例如 3307。但是一般情况下，不要修改默认的端口号，除非 3306 端口已经被占用。

　　（6）单击 Next 按钮，将打开 Configuration Overview 界面，开始配置 MySQL 服务器，配置完成后，单击 Next 按钮，继续配置，直到全部配置完成，然后单击 Finish 按钮，完成 MySQL 的安装。

2. 使用 MySQL 的图形化工具

　　MySQL 数据库安装完成后，将自动安装一个图形化工具，用于创建并管理数据库。在"开始"菜单中选择"所有程序"/MySQL/MySQL Workbench 5.2 CE 命令，将打开如图 1.25 所示的 MySQL 工作台界面。

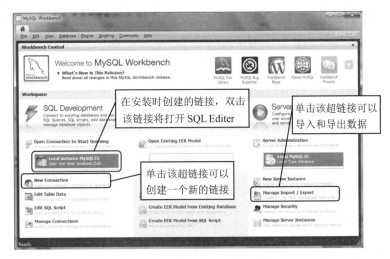

图 1.25　MySQL 工作台界面

（1）打开 SQL Editer

在 MySQL 工作台界面中双击 Local instance MySQL55 超链接，将打开一个输入用户密码的对话框，在该对话框中输入 root 用户的密码，这里为 root，单击 OK 按钮，将打开如图 1.26 所示的 SQL Editor 选项卡界面。在该界面中，可以执行创建/管理数据库、创建/管理数据表、编辑表数据和查询表数据等操作。

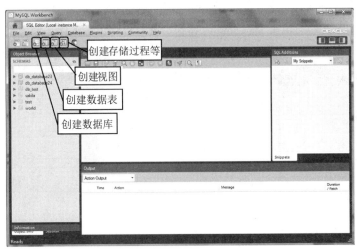

图 1.26　SQL Editer 选项卡

（2）导入/导出数据

在 MySQL 工作台界面中单击 Manage Import/Export 超链接，在打开的 Admin 选项卡界面中可以导出或者导入数据。

☑　导出数据

单击左侧的 Data Export 列表项，在右侧将显示用于进行数据导出的相关内容。例如，如果要为数据库 db_test 导出对应的 SQL 脚本文件，可以进行以下操作：

首先在数据库列表中选择 db_test 数据库，然后在数据库列表的右侧将显示对应的数据表（可以选择要导出的数据表），接下来在下方的 Options 选项组中选中 Export to Self-Contained File 单选按钮，并指定生成的脚本文件保存的位置及文件名，如图 1.27 所示，最后单击 Start Export 按钮，就可以将该数据库导出为 SQL 脚本了。

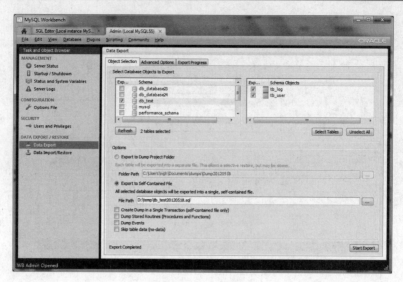

图 1.27　导出数据

☑　导入数据

单击左侧的 Data Import/Restore 列表项，在右侧将显示用于进行数据导入的相关内容。例如，如果要将一个数据库从 SQL 脚本文件还原回来，可以进行以下操作：

首先在 Options 选项组中选中 Import from Self-Contained File 单选按钮，并单击 按钮选择要使用的 SQL 脚本文件，如图 1.28 所示，然后单击 Start Import 按钮，就可以将该数据库还原回来。

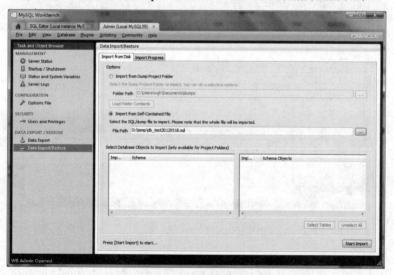

图 1.28　导入数据

1.4　Eclipse 开发工具的安装与使用

Eclipse 是一个基于 Java 的、开放源码的、可扩展的应用开发平台，它为编程人员提供了一流的 Java 集成开发环境（Integrated Development Environment，IDE）。它是一个可用于构建集成 Web 和应用程序开发工具的平台，其本身并不会提供大量的功能，而是通过插件来实现程序的快速开发功能。但是，在 Eclipse 的官方网站中提供了一个 Java EE 版的 Eclipse IDE。应用 Eclipse IDE for Java EE，可以在不需要安装其他插件的情况下创建动态 Web 项目。

1.4.1　Eclipse 的下载与安装

可以从官方网站下载最新版本的 Eclipse，具体网址为 http://www.eclipse.org。目前最新版本为 juno SR1（也就是 4.2.1 版本），如图 1.29 所示。

下载后的安装文件是 eclipse-jee-juno-SR1-win32.zip。

Eclipse 的安装比较简单，只需要将下载到的压缩包解压到自己喜欢的文件夹中，即可完成 Eclipse 的安装。

图 1.29　Eclipse 的下载页面

1.4.2　启动 Eclipse

Eclipse 安装完成后，就可以启动了。双击 Eclipse 安装目录下的 eclipse.exe 文件，即可启动 Eclipse，在初次启动 Eclipse 时，需要设置工作空间，这里将工作空间设置在 Eclipse 根目录的 workspace 目录下，如图 1.30 所示。

在每次启动 Eclipse 时，都会弹出设置工作空间的对话框，如果想在以后启动时，不再进行工作空间设置，可以选中 Use this as the default and do not ask again 复选框。单击 OK 按钮后，即可启动 Eclipse，进入到如图 1.31 所示的界面。

图 1.30　设置工作空间

图 1.31　Eclipse 的欢迎界面

1.4.3　安装 Eclipse 中文语言包

直接解压完的 Eclipse 是英文版的，为了适应国际化，Eclipse 提供了多国语言包，我们只需要下载对应语言环境的语言包，就可以实现 Eclipse 的本地化。例如，当前的语言环境为简体中文，就可以下载 Eclipse 提供的中文语言名。Eclipse 提供的多国语言包可以到 http://www.eclipse.org/babel/ 上下载。在该网站中，可以找到所用 Eclipse 版本对应的中文语言包，如 Eclipse 4.2 所对应的中文语言包的下载页面如图 1.32 所示。

单击图 1.32 所示的各个超链接，即可下载对应的中文语言包。用户可以下载全部的中文语言包，也可以根据需要下载一部分（例如，只下载图 1.32 中的❶和❷两个文件）。中文语言包下载后，将下载的所有语言包解压缩并覆盖 Eclipse 文件夹中同名的两个文件夹 features 和 plugins，这样在启动 Eclipse 时便会自动加载这些语言包。

1.4.4　Eclipse 工作台

启动 Eclipse 后，关闭欢迎界面，将进入到 Eclipse 的主界面，即 Eclipse 的工作台窗口。Eclipse 的工作台主要由菜单栏、工具栏、透视图工具栏、透视图、项目资源管理器视图、大纲视图、编辑器和其他视图组成，如图 1.33 所示。

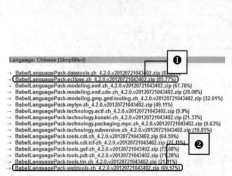

图 1.32　Eclipse 4.2 的中文语言包下载页面

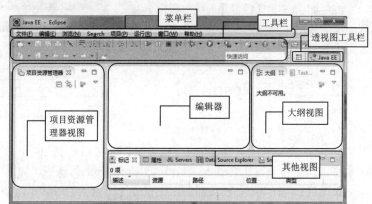

图 1.33　Eclipse 的工作台

说明　在应用 Eclipse 时，各视图的内容会有所改变。例如，打开一个 JSP 文件后，在大纲视图中将显示该 JSP 文件的节点树。

1.4.5　配置服务器

为了提高开发效率，需要将 Tomcat 服务器配置到 Eclipse 之中，为 Web 项目指定一台 Web 应用服务器，然后即可在 Eclipse 中操作 Tomcat 并自动部署和运行 Web 项目。操作步骤如下：

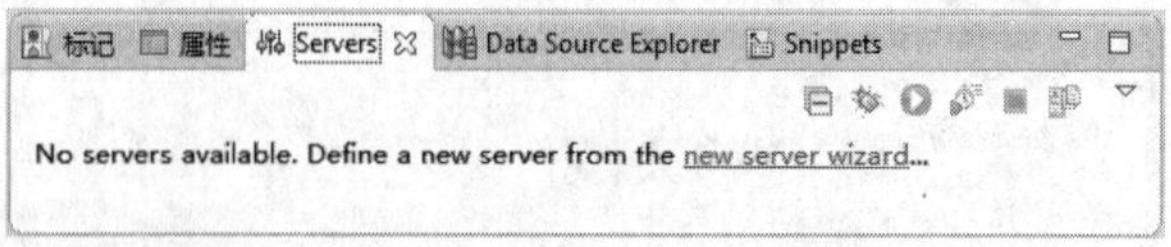

（1）在 Eclipse 的工作台中选择 Servers 视图，并单击 new server wizard 超链接，如图 1.34 所示。

（2）在打开的 Define a New Server 界面中的选择服务器类型列表框中，展开 Apache 节点，并选中 Tomcat v7.0 Server 节点，其他采用默认设置，如图 1.35 所示。

图 1.34　Servers 视图

说明　由于前面下载的是 Tomcat 7.0.32 版本，所以此处选择 Tomcat v7.0 Server 选项，与下载的版本相对应。

说明　在 Define a New Server 界面中有多种类型的 Web 应用服务可供选择,此处可根据实际应用选择。

(3)单击"下一步"按钮,在打开的 Tomcat Server 界面中单击 Browse 按钮,选择已经安装的 Tomcat 服务器的安装路径,如图 1.36 所示。

图 1.35　选择服务器类型对话框　　　　图 1.36　指定 Tomcat 服务器安装路径

说明　指定的 Tomcat 目录必须是 Tomcat 的根目录,实例中将 Tomcat 安装在 K 盘根目录的 Tomcat 7.0 目录下。

(4)单击"完成"按钮,即可在 Servers 视图中添加一个服务器项目,同时在该视图中可以启动或停止服务器。

1.4.6　指定 Web 浏览器

默认情况下,Eclipse 在工作台中使用系统默认的 Web 浏览器浏览网页。但在开发过程中,这样有些不方便,通常会为其指定一种浏览器,并且在 Eclipse 的外部打开,具体的操作步骤如下:

(1)选择 Eclipse 工作台窗口中的"窗口"/"首选项"命令,在打开的对话框中依次选择"常规"/"Web 浏览器"选项,如图 1.37 所示。

(2)选中 Use external web browser 单选按钮和 Internet Explorer 复选框,然后单击"确定"按钮即可。

图 1.37　"常规"/"Web 浏览器"选项

说明　实例中选择的是 IE 浏览器,也可选择计算机中已经安装的其他浏览器。

1.4.7 设置 JSP 页面的编码格式

默认情况下,在 Eclipse 中创建的 JSP 页面是 ISO-8859-1 编码格式。此格式不支持中文字符集,所以需要为其指定一个支持中文的字符集。具体的操作步骤如下:

(1)选择 Eclipse 工作台窗口中的"窗口"/"首选项"命令,在打开的对话框中依次选择 Web/JSP Files 选项,如图 1.38 所示。

(2)在 Encoding 下拉列表框中选择 ISO 10646/Unicode (UTF-8)选项,单击"确定"按钮。

图 1.38　Web/JSP Files 选项

说明 UTF-8 编码是一个支持中文的字符集合。

1.5　开发第一个 JSP 程序

现在开发 JSP 程序的环境已经搭建好了,本节将介绍一个简单的 JSP 程序的开发过程(该 JSP 程序将在浏览器中输出"你好,这是我的第一个 JSP 程序",以及当前时间),让读者对 JSP 程序开发流程有一个基本的认识。

1.5.1 编写 JSP 程序

例 1.01 使用向导创建一个简单的 JSP 程序。(实例位置:光盘\TM\Instances\1.01)

(1)启动 Eclipse,并选择一个工作空间,进入到 Eclipse 的工作台界面。

(2)在菜单栏中选择"文件"/"新建"/Dynamic Web Project 命令,将打开 Dynamic Web Project(新建动态 Web 项目)界面,在 Project name 文本框中输入项目名称,这里为 1.01,在 Dynamic web module version 下拉列表框中选择 3.0,在 Configuration(配置)下拉列表框中选择已经配置好的 Tomcat 服务器(这里为 Tomcat v7.0),其他采用默认,如图 1.39 所示。

(3)单击"下一步"按钮,将打开配置 Java 应用的界面(这里采用默认),再单击"下一步"按钮,将打开如图 1.40 所示的 Web Module(配置 Web 模块)界面,这里采用默认。

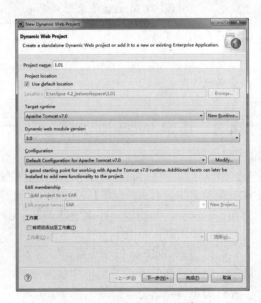

图 1.39　新建动态 Web 项目

说明 在图 1.40 中,如果采用默认设置,新创建的项目将不自动创建 web.xml 文件。如果需要自动创建该文件,那么可以选中 Generate web.xml deployment descriptor 复选框。本实例中不选中这个复选框。

（4）单击"完成"按钮，完成项目 1.01 的创建。这时，在 Eclipse 的项目资源管理器中将显示新创建的项目。

（5）在 Eclipse 的项目资源管理器中，选中 1.01 节点下的 WebContent 节点，并单击鼠标右键，在弹出的快捷菜单中选择"新建"/JSP File 命令，打开 New JSP File 对话框，在"文件名"文本框中输入文件名 index.jsp，其他采用默认，如图 1.41 所示。

图 1.40　配置 Web 模块设置　　　　　　　　图 1.41　New JSP File 对话框

（6）单击"完成"按钮，完成 JSP 文件的创建。此时，在项目资源管理器的 WebContent 节点下，将自动添加一个名称为 index.jsp 的节点，同时，Eclipse 会自动以默认的与 JSP 文件关联的编辑器将文件在右侧的编辑窗口中打开。

（7）将 index.jsp 文件中的默认代码修改为以下代码，并保存该文件。

```
<%@ page language="java" contentType="text/html; charset=UTF-8"
    pageEncoding="UTF-8" import="java.util.Date"%>
<!DOCTYPE HTML>
<html>
<head>
<meta charset="utf-8">
<title>开发第一个 JSP 网站</title>
</head>
<body>
    你好，这是我的第一个 JSP 程序<br>
    现在时间是：<%=new Date().toLocaleString() %>
</body>
</html>
```

在这段代码中设置页面的编码为 UTF-8，并且添加了当前时间作为网页的动态内容，以演示它与 HTML 静态页面的不同。

1.5.2　运行 JSP 程序

完成第一个 JSP 程序的编写后，还需要在浏览器中查看程序运行结果。运行一个 JSP 程序（也就是一个 JSP 项目）需要有服务器的支持。在 1.4.5 节中已经介绍了如何配置服务器，下面将介绍如何应用已经配置的 Tomcat 服务器运行该 JSP 程序。

（1）在项目资源管理器中选择项目名称节点，在工具栏上单击 ▶ ▾ 按钮中的黑三角，在弹出的菜单中选择"运行方式"/Run On Server 命令，将打开 Run On Server（在服务器上运行）界面，选中 Always use this server when running this project（将服务器设置为默认值（请不要再询问））复选框，其他采用默认，如图 1.42 所示。

（2）单击"完成"按钮，即可通过 Tomcat 运行该项目。运行结果如图 1.43 所示。

图 1.42　Run On Server 界面　　　　　图 1.43　在 IE 浏览器中的运行结果

1.6　JSP 常用资源

本节将介绍一些常用的学习资源，相信会对读者学习和开发项目有所帮助。

1.6.1　JSP 资源

Java SE 7 API 文档：http://docs.oracle.com/javaee/7/docs/api/。
JavaEE 6 API 文档：http://docs.oracle.com/javaee/6/api/。
JSTL 官方网站：http://jstl.java.net/download.html。
JFreechat 官方网站：http://www.jfree.org/jfreechart/index.html。
Dom4j 官方网站：http://sourceforge.net/projects/dom4j/。
Struts/Struts 2 框架官方网站：http://struts.apache.org。
Hibernate 框架官方网站：http://www.hibernate.org。
Spring 框架官方网站：http://www.springsource.org。

1.6.2　Eclipse 资源

Eclipse 官方网站：http://www.eclipse.org。
Eclipse 的多国语言包：http://www.eclipse.org/babel。

1.7　实　　战

1.7.1　修改 Tomcat 服务器的端口号

Tomcat 默认的服务端口为 8080，但该端口不是 Tomcat 唯一的端口，可以通过在安装过程中进行修改，或者通过修改 Tomcat 的配置文件进行修改。下面介绍通过修改 Tomcat 的配置文件修改其默认端口的步骤。

（1）使用记事本打开 Tomcat 安装目录下 conf 文件夹下的 server.xml 文件。

（2）在 server.xml 文件中找到以下代码：

```
<Connector port="8080" protocol="HTTP/1.1"
           connectionTimeout="20000"
           redirectPort="8443" />
```

（3）将上面代码中的"port="8080""修改为"port="8087""，即可将 Tomcat 的默认端口设置为 8087。

说明　在修改端口时，应避免与公用端口冲突。建议采用默认的 8080 端口，不要修改，除非 8080 端口被其他程序所占用。

（4）修改成功后，为了使新设置的端口生效，还需要重新启动 Tomcat 服务器。

1.7.2　通过复制 Web 应用到 Tomcat 部署 Web 应用

在部署 Web 应用时，可以通过复制 Web 应用到 Tomcat 中实现，具体步骤如下：

首先需要将 Web 应用文件夹复制到 Tomcat 安装目录下的 webapps 文件夹中，然后启动 Tomcat 服务器，再打开 IE 浏览器，最后在 IE 浏览器的地址栏中输入"http://服务器 IP:端口/应用程序名称"形式的 URL 地址（例如 http://localhost:8080/firstProject），就可以运行 Java Web 应用程序了。

1.7.3　通过在 server.xml 文件中配置<Context>元素部署 Web 应用

在部署 Web 应用时，可以通过在 server.xml 文件中配置<Context>元素实现，具体步骤如下：

（1）打开 Tomcat 安装目录下 conf 文件夹下的 server.xml 文件，然后在<Host></Host>元素中间添加<Context>元素。例如，要配置 D:\JavaWeb\文件夹下的 Web 应用 test01 可以使用以下代码：

```
<Context path="/01" docBase="D:/JavaWeb/ test01"/>
```

（2）保存修改的 server.xml 文件，并重启 Tomcat 服务器，在 IE 地址栏中输入 URL 地址"http://localhost: 8080/01/"访问 Web 应用 test01。

注意　在设置<Context>元素的 docBase 属性值时，路径中的斜杠\应该使用反斜杠/代替。

1.7.4　设置 Eclipse 工作空间的字符编码

视频讲解：光盘\TM\Video\1\设置 Eclipse 工作空间的字符编码.exe

在 Eclipse 中创建项目之前，为了避免出现一些编码问题，首先应该设置一下工作空间的字符编码格式。

例如，通过 Eclipse 导入一个外部的项目，如果这个外部的项目编码格式与工作空间的编码不统一，那么可能会出现乱码问题。

实现过程如下：

（1）在 Eclipse 的菜单栏中选择"窗口"/"首选项"命令，弹出"首选项"窗口，如图 1.44 所示。

（2）在左侧的列表中选择"常规"/"工作空间"选项，然后在右侧的"文本文件编码"选项组中选中"其他"单选按钮，然后在后面的下拉列表框中可以选择一种编码格式，最后单击"确定"按钮保存设置。

图 1.44　"首选项"窗口

1.7.5　为项目导入所需的 Jar 包

视频讲解：光盘\TM\Video\1\为项目导入所需的 Jar 包.exe

在实际的开发过程中，经常需要导入第三方已经开发好的 Jar 包，这样可以提高程序的开发效率。例如，应用开源的 Struts 2 框架开发项目时，就需要导入 Struts 2 框架所需的 Jar 包。下面介绍如何为项目导入所需的 Jar 包。

实现过程如下：

导入 Jar 包非常简单，只要复制所需的 Jar 包文件，然后再将 Jar 包粘贴到 Eclipse 中的 Web 项目的 WEB-INF/lib 目录下即可，如图 1.45 所示，将 SQL Server 2008 数据库的驱动包 sqljdbc4.jar 导入到 1.01 的项目中。

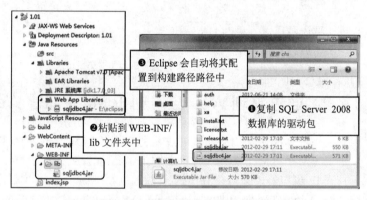

图 1.45　为项目导入所需的 Jar 包

1.8　本　章　小　结

本章首先简单描述了 JSP 技术以及 JSP 技术的特征；然后介绍了如何搭建 Java Web 的开发环境，包括 JDK、Tomcat 和 MySQL 数据库以及 GUI 工具的下载与安装；接下来又介绍了 Eclipse 的下载、安装与配置；最后带领读者开发了一个简单的 JSP 程序，使读者了解了 Java Web 程序的开发流程，同时还提供了学习与开发中常用的资源。通过本章的学习，读者应该了解什么是 JSP、常用的 Web 服务器、如何安装数据库，而最重要的是掌握如何搭建 Java Web 开发环境。正所谓"工欲善其事，必先利其器"，这是本章的重点，读者应该熟练掌握，为以后的学习和项目开发打下牢固的基础。

第 2 章

掌握 JSP 语法

（ 📹 视频讲解：49 分钟 ）

几乎所有 Java Web 程序都是使用 JSP 技术作为显示层的。JSP 在 HTML 标记语言中嵌入各种 JSP 标签、注释和 Java 代码片段，能够动态生成 HTML 页面。本章将带领读者学习 JSP 技术的语法，奠定 Java Web 程序开发的基础。

通过阅读本章，您可以：

▶▶ 了解 JSP 的基本构成

▶▶ 了解指令标签

▶▶ 了解脚本标签

▶▶ 掌握 JSP 注释

▶▶ 掌握 JSP 的动作标签

2.1　了解 JSP 的基本构成

例2.01　了解 JSP 页面的基本构成。（**实例位置：光盘\TM\Instances\2.01**）

在开始学习 JSP 语法之前，不妨先来了解一下 JSP 页面的基本构成。JSP 页面主要由指令标签、HTML 标记语言、注释、嵌入 Java 代码、JSP 动作标签等 5 个元素组成，如图 2.1 所示。

☑　指令标签。图 2.1 中的第 1 行就是一个 JSP 的指令标签，它们通常位于文件的首位。

☑　HTML 标记语言。第 2~7 行、第 15~17 行都是 HTML 语言的代码，这些代码定义了网页内容的显示格式。

☑　注释。第 8 行使用了 HTML 语言的注释格式。在 JSP 页面中还可以使用 JSP 的注释格式和嵌入 Java 代码的注释格式。

☑　嵌入 Java 代码。在 JSP 页面中可以嵌入 Java 程序代码片段，这些 Java 代码被包含在 <%%> 标签中，如图 2.1 中的第 9~14 行就嵌入了 Java 代码片段。其中的代码可以看作是一个 Java 类的部分代码。

```
1  <%@ page language="java" import="java.util.*" pageEncoding="GB18030"%>
2  <!DOCTYPE HTML PUBLIC "-//W3C//DTD HTML 4.01 Transitional//EN">
3  <html>
4      <head>
5          <title>一个简单的JSP页面</title>
6      </head>
7      <body>
8          <!--HTML注释信息-->
9          <%
10             Date now = new Date();
11             String dateStr;
12             dateStr = String.format("%tY年%tm月%td日", now, now, now);
13         %>
14         当前日期是：<%=dateStr%>
15         <br>
16     </body>
17 </html>
18
```

图 2.1　简单的 JSP 页面代码

☑　JSP 动作标签。图 2.1 中代码中没有编写动作标签。JSP 动作标签是 JSP 中标签的一种，它们都使用 "jsp:" 开头，例如 <jsp:forward> 标签可以将用户请求转发给另一个 JSP 页面或 Servlet 处理。在后面的章节中会对动作标签进行介绍。

2.2　指　令　标　签

📹 **视频讲解：光盘\TM\Video\2\指令标签.exe**

指令标签不会产生任何内容输出到网页中，主要用于定义整个 JSP 页面的相关信息，如使用的语言、导入的类包、指定错误处理页面等。其语法格式如下：

`<%@ directive attribute="value" attributeN="valueN" ……%>`

☑　directive：指令名称。

☑　attribute：属性名称，不同的指令包含不同的属性。

☑　value：属性值，为指定属性赋值的内容。

📢 **注意**　标签中的 <%@ 和 %> 是完整的标记，不能再添加空格，但是标签中定义的各种属性之间以及与指令名之间可以有空格。

JSP 指令有 3 种，分别是 page、include 和 taglib，下面分别介绍。

2.2.1　page 指令

page 指令是 JSP 页面最常用的指令，用于定义整个 JSP 页面的相关属性，这些属性在 JSP 被服务器解析成 Servlet 时会转换为相应的 Java 程序代码。page 指令的语法格式如下：

```
<%@ page attr1="value1" attr2="value2" ……%>
```

page 指令包含的属性有 15 个，下面对一些常用的属性进行介绍。

1. language 属性

该属性用于设置 JSP 页面使用的语言，目前只支持 Java 语言，以后可能会支持其他语言，如 C++、C# 等。该属性的默认值是 Java。例如：

```
<%@ page language="java" %>
```

2. extends 属性

该属性用于设置 JSP 页面继承的 Java 类，所有 JSP 页面在执行之前都会被服务器解析成 Servlet，而 Servlet 是由 Java 类定义的，所以 JSP 和 Servlet 都可以继承指定的父类。该属性并不常用，而且有可能影响服务器的性能优化。

3. import 属性

该属性用于设置 JSP 导入的类包。JSP 页面可以嵌入 Java 代码片段，这些 Java 代码在调用 API 时需要导入相应的类包。例如：

```
<%@ page import="java.util.*" %>
```

4. pageEccoding 属性

该属性用于定义 JSP 页面的编码格式，也就是指定文件编码。JSP 页面中的所有代码都使用该属性指定的字符集，如果将属性值设置为 iso-8859-1，那么这个 JSP 页面就不支持中文字符。通常设置编码格式为 GBK，因为它可以显示简体中文和繁体中文，而 MyEclipse 默认支持最新的 GB18030 编码格式，并未提供 GBK 编码选项。通过第 1 章对 MyEclipse 环境的设置，新创建的 JSP 文件都会使用 GB18030 编码格式。例如：

```
<%@ page pageEncoding="GB18030"%>
```

5. contentType 属性

该属性用于设置 JSP 页面的 MIME 类型和字符编码，浏览器会据此显示网页内容。例如：

```
<%@ page contentType="text/html; charset=UTF-8"%>
```

如果将这个属性设置应用于 JSP 页面，那么浏览器在呈现该网页时会使用 UTF-8 编码格式，如果当前浏览的编码格式为 GBK，那么就会产生乱码，这时用户需要手动更改浏览器的显示编码才能看到正确的中文内容，如图 2.2 所示。

6. session 属性

该属性指定 JSP 页面是否使用 HTTP 的 session 会话对象。其属性值是 boolean 类型，可选值为 true 和 false。默认值是 true，可以使用 session 会话对象；如果设置为 false，则当前 JSP 页面将无法使用 session 会话对象。例如：

图 2.2 错误的网页编码

```
<%@ page session="false"%>
```

上述代码设置 JSP 页面不使用 session 对象，任何对 session 对象的引用都会发生错误。

说明　　session 是 JSP 的内置对象之一，在后面的章节中将会介绍。

7. buffer 属性

该属性用于设置 JSP 的 out 输出对象使用的缓冲区大小，默认大小是 8KB，且单位只能使用 KB。建议程序开发人员使用 8 的倍数 16、32、64、128 等作为该属性的属性值。例如：

```
<%@ page buffer="128kb"%>
```

说明　out 对象是 JSP 的内置对象之一，在后面的章节中将会介绍。

8．autoFlush 属性

该属性用于设置 JSP 页面缓存满时，是否自动刷新缓存。默认值为 true；如果设置为 false，则缓存被填满时将抛出异常。例如：

```
<%@ page autoFlush="false"%>
```

上述代码取消了页面缓存的自动刷新。

9．info 属性

该属性用于设置 JSP 页面的相关信息，该信息可以在 Servlet 接口的 getServletInfo()方法中获取。例如：

```
<%@ page info="这是一个登录页面，是系统的入口"%>
```

10．isErrorPage 属性

通过该属性可以将当前 JSP 页面设置成错误处理页面来处理另一个 JSP 页面的错误，也就是异常处理。这意味着当前 JSP 页面业务的改变。例如：

```
<%@ page isErrorPage="true"%>
```

11．errorPage 属性

该属性用于指定处理当前 JSP 页面异常错误的另一个 JSP 页面，指定的 JSP 错误处理页面必须设置 isErrorPage 属性为 true。errorPage 属性的属性值是一个 url 字符串。例如：

```
<%@ page errorPage="error/loginErrorPage.jsp"%>
```

注意　如果设置该属性，那么在 web.xml 文件中定义的任何错误页面都将被忽略，而优先使用该属性定义的错误处理页面。

12．isELIgnored 属性

该属性用于定义 JSP 页面是否忽略 EL 表达式的使用。在 Servlet 2.4 版本中其默认值为 false，即 JSP 支持 EL 表达式；而在 Servlet 2.3 以前的版本中该属性的默认值为 true，本书使用 Tomcat 6.0 服务器支持的 Servlet 2.4，所以默认值是 false，可以直接使用 EL 表达式。例如：

```
<%@ page isELIgnored="false"%>
```

2.2.2　include 指令

include 指令用于文件包含。该指令可以在 JSP 页面中包含另一个文件的内容，但是它仅支持静态包含，也就是说被包含文件中的所有内容都被原样包含到该 JSP 页面中；如果被包含文件中有代码，将不被执行。被包含的文件可以是一段 Java 代码、HTML 代码或者是另一个 JSP 页面。例如：

```
<%@include file="validate.jsp" %>
```

上述代码将当前 JSP 文件中相同位置的 validate.jsp 文件包含进来。其中，file 属性用于指定被包含的文件，其值是当前 JSP 页面文件的相对 URL 路径。

下面举例演示 include 指令的应用。在当前 JSP 页面中包含 date.jsp 文件，而这个被包含的文件中定义了获取当前日期的 Java 代码，从而组成了当前页面显示日期的功能。这个实例主要用于演示 include 指令。

例 2.02   在当前页面中包含另一个 JSP 文件来显示当前日期。（**实例位置：光盘\TM\Instances\2.02**）

（1）编辑 date.jsp 文件，关键代码如下：

```
<%@page pageEncoding="GB18030" %>
<%@page import="java.util.Date"%>
<%
    Date now = new Date();
    String dateStr;
    dateStr = String.format("%tY 年%tm 月%td 日", now, now, now);
%>
<%=dateStr%>
```

（2）编辑 index.jsp 文件，它是本实例的首页文件，其中使用了 include 指令包含 date.jsp 文件到当前页面。被包含的 date.jsp 文件中的 Java 代码以静态方式导入到 index.jsp 文件中，然后才被服务器编译执行。关键代码如下：

```
<%@ page language="java" import="java.util.*"
    contentType="text/html; charset=GB18030" pageEncoding="GB18030"%>
<!DOCTYPE HTML PUBLIC "-//W3C//DTD HTML 4.01 Transitional//EN">
<html>
    <head>
        <title>include 指令演示</title>
    </head>
    <body>
        <!--HTML 注释信息-->
        当前日期是：
        <%@include file="date.jsp"%>
        <br>
    </body>
</html>
```

实例运行结果如图 2.3 所示（可以将地址栏中的访问地址复制到 IE 或其他浏览器中访问）。

date.jsp 文件将被包含在 index.jsp 文件中，所以文件中的 page 指令代码可以省略，在被包含到 index.jsp 文件中后会直接使用 index.jsp 文件的设置，但是为了在 Eclipse 编辑器中避免编译错误提示，本文添加了相关代码。

图 2.3   实例运行结果

说明 程序运行方法参见第 1 章中实例的运行步骤。

注意 被 include 指令包含的 JSP 页面中不要使用<html>和<body>标签，它们是 HTML 语言的结构标签，被包含进其他 JSP 页面会破坏页面格式。另外还要注意，源文件和被包含文件中的变量和方法的名称不要冲突，因为它们最终会生成一个文件，重名将导致错误发生。

2.2.3　taglib 指令

该指令用于加载用户自定义标签，自定义标签将在后面章节中进行讲解。使用该指令加载后的标签可以直接在 JSP 页面中使用。其语法格式如下：

```
<%@taglib prefix="fix" uri="tagUriorDir" %>
```

☑   prefix：该属性用于设置加载自定义标签的前缀。

☑ uri：该属性用于指定自定义标签的描述符文件位置。

例如：

```
<%@taglib prefix="view" uri="/WEB-INF/tags/view.tld" %>
```

2.3　嵌入 Java 代码

　　视频讲解：光盘\TM\Video\2\嵌入 Java 代码.exe

　　在 JSP 页面中可以嵌入 Java 的代码片段来完成业务处理，如之前的实例在页面中输出当前日期，就是通过嵌入 Java 代码片段实现的。本节将介绍 JSP 嵌入 Java 代码的几种格式和用法。

2.3.1　代码片段

　　所谓代码片段就是在 JSP 页面中嵌入的 Java 代码，也有称为脚本段或脚本代码的。代码片段将在页面请求的处理期间被执行，可以通过 JSP 内置对象在页面输出内容、访问 session 会话、编写流程控制语句等。其语法格式如下：

```
<% 编写 Java 代码 %>
```

Java 代码片段被包含在 "<%" 和 "%>" 标记之间。可以编写单行或多行的 Java 代码，语句以 ";" 结尾，其编写格式与 Java 类代码格式相同。例如：

```
<%
    Date now = new Date();
    String dateStr;
    dateStr = String.format("%tY 年%tm 月%td 日", now, now, now);
%>
```

上述代码在代码片段中创建 Date 对象，并生成格式化的日期字符串。

例 2.03　在代码片段中编写循环输出九九乘法表。（实例位置：光盘\TM\Instances\2.03）

```
<%@ page language="java" import="java.util.*" pageEncoding="GB18030"%>
<!DOCTYPE HTML PUBLIC "-//W3C//DTD HTML 4.01 Transitional//EN">
<html>
    <head>
        <title>JSP 的代码片段</title>
    </head>
    <body>
        <%
            long startTime = System.nanoTime();        //记录开始时间，单位纳秒
        %>
        输出九九乘法表
        <br>
        <%
            for (int i = 1; i <= 9; i++) {              //第一层循环
                for (int j = 1; j <= i; j++) {          //第二层循环
                    String str = j + "*" + i + "=" + j * i;
                    out.print(str + " ");           //使用空格格式化输出
                }
                out.println("<br>");                    //HTML 换行
            }
            long time = System.nanoTime() - startTime;
        %>
        生成九九乘法表用时
```

```
        <%
                out.println(time / 1000);                //输出用时多少毫秒
        %>
        毫秒。
    </body>
</html>
```

实例运行结果如图 2.4 所示。

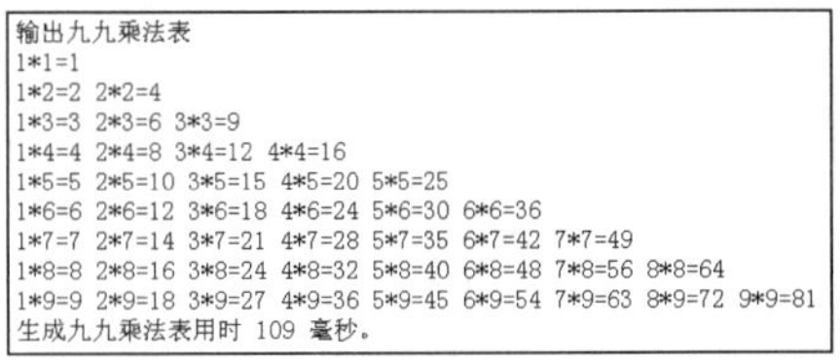

2.3.2　声明

声明脚本用于在 JSP 页面中定义全局的（即整个 JSP 页面都需要引用的）成员变量或方法，它们可以被整个 JSP 页面访问，服务器执行时会将 JSP 页面转换为 Servlet 类，在该类中会把使用 JSP 声明脚本定义的变量和方法定义为类的成员。

```
输出九九乘法表
1*1=1
1*2=2  2*2=4
1*3=3  2*3=6  3*3=9
1*4=4  2*4=8  3*4=12  4*4=16
1*5=5  2*5=10  3*5=15  4*5=20  5*5=25
1*6=6  2*6=12  3*6=18  4*6=24  5*6=30  6*6=36
1*7=7  2*7=14  3*7=21  4*7=28  5*7=35  6*7=42  7*7=49
1*8=8  2*8=16  3*8=24  4*8=32  5*8=40  6*8=48  7*8=56  8*8=64
1*9=9  2*9=18  3*9=27  4*9=36  5*9=45  6*9=54  7*9=63  8*9=72  9*9=81
生成九九乘法表用时 109 毫秒。
```

图 2.4　JSP 页面输出乘法表

1．定义全局变量

例如：

```
<%! long startTime = System.nanoTime();%>
```

上述代码在 JSP 页面定义了全局变量 startTime，该全局变量可以在整个 JSP 页面使用。

2．定义全局方法

例如：

```
<%!
    int getMax(int a, int b) {
        int max = a > b ? a : b;
        return max;
    }
%>
```

2.3.3　JSP 表达式

JSP 表达式可以直接把 Java 的表达式结果输出到 JSP 页面中。表达式的最终运算结果将被转换为字符串类型，因为在网页中显示的文字都是字符串。JSP 表达式的语法格式如下：

```
<%= 表达式 %>
```

其中，表达式可以是任何 Java 语言的完整表达式。

例如：

```
圆周率是：<%=Math.PI %>
```

2.4　注　　释

由于 JSP 页面由 HTML、JSP、Java 脚本等组成，所以在其中可以使用多种注释格式，本节将对这些注释的语法进行讲解。

2.4.1　HTML 注释

HTML 语言的注释不会被显示在网页中，但是在浏览器中选择查看网页源代码时，还是能够看到注释信息的。其语法格式如下：

```
<!-- 注释文本 -->
```

例如：

```
<!-- 显示数据报表的表格 -->
<table>
    ......
</table>
```

上述代码为 HTML 的一个表格添加了注释信息，其他程序开发人员可以直接从注释中了解表格的用途，无须重新分析代码。在浏览器中查看网页代码时，上述代码将完整地被显示，包括注释信息。

2.4.2　JSP 注释

程序注释通常用于帮助程序开发人员理解代码的用途，使用 HTML 注释可以为页面代码添加说明性的注释，但是在浏览器中查看网页源代码时将暴露这些注释信息；而如果使用 JSP 注释就不用担心出现这种情况了，因为 JSP 注释是被服务器编译执行的，不会发送到客户端。

其语法格式如下：

```
<%-- 注释文本 --%>
```

例如：

```
<%-- 显示数据报表的表格 --%>
<table>
    ......
</table>
```

上述代码的注释信息不会被发送到客户端，那么在浏览器中查看网页源码时也就看不到注释内容。

2.4.3　动态注释

由于 HTML 注释对 JSP 嵌入的代码不起作用，因此可以利用它们的组合构成动态的 HTML 注释文本。
例如：

```
<!-- <%=new Date()%> -->
```

上述代码将当前日期和时间作为 HTML 注释文本。

2.4.4　代码注释

JSP 页面支持嵌入的 Java 代码，这些 Java 代码的语法和注释方法都和 Java 类的代码相同，因此也可以使用 Java 的代码注释格式。
例如：

```
<%//单行注释%>
<%/*
    多行注释
    */
%>
<%/**JavaDoc 注释，用于成员注释*/%>
```

2.5　JSP 动作标签

 视频讲解：光盘\TM\Video\2\JSP 动作标签.exe

在 JSP 2.0 规范中提供了 20 个标准的使用 XML 语法写成的动作标签,这些标签可用来实现特殊的功能,例如转发用户请求、操作 JavaBean、包含其他文件等。

　　动作标签是在请求处理阶段按照在页面中出现的顺序被执行的。JSP 动作标签的优先级低于指令标签，在 JSP 页面被执行时将首先进入翻译阶段，程序会先查找页面中的指令标签，将它们转换成 Servlet，从而设置整个 JSP 页面。

　　动作标签遵循 XML 语法，包括开始标签和结束标签。其通用的语法格式如下：

```
<标签名 属性 1="值 1" 属性 2="值 2".../>
```

或者：

```
<标签名 属性 1="值 1" 属性 2="值 2"...>
    标签内容
</标签名>
```

本节将介绍 JSP 项目开发中常用的 JSP 动作标签。

2.5.1　<jsp:include>

　　这个动作标签可以将另外一个文件的内容包含到当前 JSP 页面中。被包含的文件内容可以是静态文本，也可以是动态代码。其语法格式如下：

```
<jsp:include page="url" flush="false|true" />
```

或者：

```
<jsp:include page="url" flush="false|true" >
    子标签
</jsp:include>
```

☑　page：该属性用于指定被包含文件的相对路径。例如，validate.jsp 是将与当前 JSP 文件在同一文件夹中的 validate 文件包含到当前 JSP 页面中。

☑　flush：可选参数，用于设置是否刷新缓冲区。默认值为 false；如果设置为 true，则在当前页面输出使用了缓冲区的情况下，将先刷新缓冲区，然后再执行包含工作。

例如：

```
<jsp:include page="validate.jsp"/>
```

上述代码将 validate.jsp 文件内容包含到当前页面中。

　　注意　被包含的 JSP 页面中不要使用<html>和<body>标签，它们是 HTML 语言的结构标签，被包含进其他 JSP 页面会破坏页面格式。另外要注意的一点是，源文件和被包含文件中的变量和方法的名称不要冲突，因为它们最终会生成一个文件，重名会导致错误发生。

　　下面再来看看<jsp:include>与 include 指令的区别。

　　<jsp:include>标签与 include 指令都拥有包含其他文件内容到当前 JSP 页面中的能力，但是它们存在一定的区别，具体体现在如下几点。

☑　相对路径：include 指令使用 file 属性指定被包含的文件，该属性值使用文件的相对路径指定被包含文件的位置，而<jsp:include>标签以页面的相对路径来指定被包含的资源。

☑　包含资源：include 指令包含的资源为静态，如 HTML、TXT 等；如果将 JSP 的动态内容用 include 指令包含的话，也会被当作静态资源包含到当前页面；被包含资源与当前 JSP 页面是一个整体，资源相对路径的解析在 JSP 页面转换为 Servlet 时发生，如图 2.5 所示。

　　<jsp:include>标签包含 JSP 动态资源时，资源相对路径的解析在请求处理时发生。当前页面和被包含的资源是两个独立的实体，被包含的页面会对包含它的 JSP 页面中的请求对象进行处理，然后将处理结果作为当前 JSP 页面的包含内容，与当前页面内容一起发送到客户端，如图 2.6 所示。

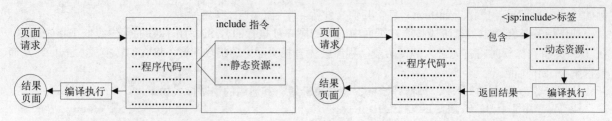

图 2.5   include 指令的工作流程　　　　　　　　图 2.6   <jsp:include>标签的工作流程

2.5.2   <jsp:forward>

<jsp:forward>是请求转发标签。该标签可以将当前页面的请求转发给其他 Web 资源,如另一个 JSP 页面、HTML 页面、Servlet 等;而当前页面可以不对请求进行处理,或者做些验证性的工作和其他工作。其工作原理如图 2.7 所示。

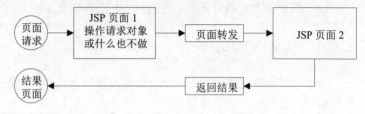

图 2.7   转发请求的工作原理

例 2.04   将首页请求转发到用户添加页面。(**实例位置:光盘\TM\Instances\2.04**)

(1)编写 addUser.jsp 文件,它是添加用户的页面。关键代码如下:

```jsp
<%@ page language="java" import="java.util.*" pageEncoding="GB18030"%>
<!DOCTYPE HTML PUBLIC "-//W3C//DTD HTML 4.01 Transitional//EN">
<html>
    <head>
        <title>JSP 的 include 动作标签</title>
    </head>
    <body>
        <form action="index.jsp" method="post">
            <table align="center">
                <tr>
                    <td align="center" colspan="2">
                        <h3>添加用户</h3>
                    </td>
                </tr>
                <tr>
                    <td>姓名: </td>
                    <td><input name="name" type="text"></td>
                </tr>
                <tr>
                    <td>性别: </td>
                    <td>
                        <input name="sex" type="radio" value="男" checked="checked">
                        <input name="sex" type="radio" value="女">
                    </td>
                </tr>
                <tr>
                    <td align="center" colspan="2">
                        <input type="submit" value="添加">
                        <input type="reset" value="重置">
                    </td>
                </tr>
```

```
            </table>
        </form>
    </body>
</html>
```

（2）服务器默认运行的是 index.jsp 文件，它是 Web 程序的首页。在该文件中将请求转发给 adduser.jsp 页面文件，从而使 adduser.jsp 作为首先被访问的页面。关键代码如下：

```
<%@ page language="java" contentType="text/html" pageEncoding="GBK"%>
<!DOCTYPE HTML PUBLIC "-//W3C//DTD HTML 4.01 Transitional//EN">
<html>
    <head>
        <title>首页</title>
    </head>
    <body>
        <jsp:forward page="addUser.jsp"/>
    </body>
</html>
```

实例运行结果如图 2.8 所示。

2.5.3　<jsp:param>

图 2.8　实例运行结果

该标签可以作为其他标签的子标签，为其他标签传递参数。其语法格式如下：

```
<jsp:param name="paramName" value="paramValue" />
```

☑　name：该属性用于指定参数名称。

☑　value：该属性用于设置对应的参数值。

例如：

```
<jsp:forward page="addUser.jsp">
    <jsp:param name="userName" value="mingri"/>
</jsp:forward>
```

上述代码在转发请求到 adduser.jsp 页面的同时，传递了 userName 参数，其参数值为 mingri。

2.5.4　操作 JavaBean 的动作标签

<jsp:useBean>、<jsp:setProperty>和<jsp:getProperty>这 3 个动作标签用于操作 JavaBean 对象，有关 JavaBean 的知识将在第 5 章中进行讲解，所以这 3 个操作 JavaBean 的标签也一同放在第 5 章进行介绍。

2.6　实　　战

2.6.1　连接数据库并将数据显示在页面表格中

📹 视频讲解：光盘\TM\Video\2\连接数据库并将数据显示在页面表格中.exe

既然 JSP 页面可以嵌入 Java 代码片段（或称为脚本），那么在 JSP 页面中就可以通过 JDBC 实现数据库连接与操作。本节将举例说明如何在 JSP 页面中通过 JDBC 读取数据库并显示到页面中。

例 2.05　在 JSP 页面中通过 JDBC 连接数据库并将数据显示在页面表格中。（实例位置：光盘\TM\Instances\2.05）

```
<%@ page language="java" pageEncoding="GB18030"%>
<%@page import="java.sql.Connection"%>
```

```jsp
<%@page import="java.sql.*"%>
<!DOCTYPE HTML PUBLIC "-//W3C//DTD HTML 4.01 Transitional//EN">
<html>
    <head>
        <title>JSP 读取数据库</title>
    </head>
    <body>
        <table border="1" align="center">
            <tr>
                <th>书号</th>
                <th>书名</th>
                <th>作者</th>
                <th>出版社</th>
                <th>单价</th>
                <th>出版日期</th>
            </tr>
            <%
                String driverClass = "com.mysql.jdbc.Driver";
                String url = "jdbc:mysql://localhost:3306/db_Database02";
                String user = "root";
                String password = "111";
                Connection conn;
                try {
                    Class.forName(driverClass).newInstance();
                    conn = DriverManager.getConnection(url, user, password);
                    Statement stmt = conn.createStatement();
                    String sql = "SELECT * FROM tb_books";
                    ResultSet rs = stmt.executeQuery(sql);
                    while (rs.next()) {
            %>
            <tr>
                <td><%=rs.getString("ISBN")%></td>
                <td><%=rs.getString("bookName")%></td>
                <td><%=rs.getString("publishing")%></td>
                <td><%=rs.getString("writer")%></td>
                <td><%=rs.getString("price")%></td>
                <td><%=rs.getString("date")%></td>
            </tr>
            <%
                    }
                } catch (Exception ex) {
                    ex.printStackTrace();
                }
            %>
        </table>
    </body>
</html>
```

实例运行结果如图 2.9 所示。

2.6.2 根据数据表动态生成下拉列表

 视频讲解：光盘\TM\Video\2\根据数据表动态生成下拉列表.exe

在 Web 开发中，经常会使用到下拉列表来显示一些内容，而下拉列表的值可以从数据库中查询出来进行显示，这样可以使页面更加灵活。

例 2.06 实现从员工表中查询数据，并将查询出来的信息显示在下拉列表中。（实例位置：光盘\TM\Instances\2.06）

（1）创建动态 Web 项目，在该项目中导入操作 MySQL 数据库需要的 Jar 包，在 index.jsp 页面中实现将查询出来的信息保存在 List 集合中。关键代码如下：

```
<%
    List list = new ArrayList();                                    //创建保存查询结果的 List 集合对象
    Class.forName("com.mysql.jdbc.Driver");                         //加载数据库驱动
    Connection conn = null;
    String url = "jdbc:mysql://localhost:3306/db_database02";       //定义连接数据库的 url
    String userName = "root";                                       //连接数据库的用户名
    String passWord = "111";                                        //连接数据库的密码
    try {
        conn = DriverManager.getConnection(url, userName, passWord);  //获取数据库连接
    } catch (SQLException e) {
        e.printStackTrace();
    }
    String sql = "select dName from tb_deptname";
    Statement statement;
    try {
        statement = conn.createStatement();                         //创建 Statement 实例
        ResultSet rest = statement.executeQuery(sql);               //执行 SQL 语句
        while (rest.next()) {                                       //循环遍历查询结果集
            String id = rest.getString(1);                         //依次获取查询
            list.add(id);
        }
    } catch (SQLException e) {
        e.printStackTrace();
    }
%>
```

（2）在 index.jsp 页面中定义下拉列表，实现将集合中的对象显示在下拉列表中。关键代码如下：

```
<select>
    <%
        for (int i = 0; i < list.size(); i++) {                     //循环遍历保存部门名称的集合对象
    %>
    <option value="<%=list.get(i)%>"><%=list.get(i)%></option> <%--将集合内容显示在下拉列表中 --%>
    <%} %>
</select>
```

实例运行结果如图 2.10 所示。

书号	书名	作者	出版社	单价	出版日期
-7-115-16380-6	Spring应用开发完全手册	人民邮电出版社	李钟尉	59	2007-09-01
7-111-15984-5	JSP工程应用与项目实践	机械工业出版社	白伟明	38	2005-02-01
7-111-16490-4	Visual Basic 信息系统开发实例精选	机械工业出版社	高春艳	44	2005-07-01
7-111-16617-5	ASP 信息系统开发实例精选	机械工业出版社	王国辉	45	2005-07-01
7-115-14545-8	Visual Basic 数据库系统开发完全手册	人民邮电出版社	明日科技	52	2006-03-01
7-115-14564-4	Visual C++ 数据库系统开发完全手册	人民邮电出版社	明日科技	52	2006-03-01
7-115-14873-2	ASP程序开发范例宝典	人民邮电出版社	孙明丽	82	2006-07-01

图 2.9 实例运行结果

图 2.10 根据数据表动态生成下拉列表

2.6.3 将 3 个页面组成一个新的页面

视频讲解：光盘\TM\Video\2\将 3 个页面组成一个新的页面.exe

例 2.07 实现创建页头部分的 top.jsp 页面，显示页中部分的 content.jsp 页面与显示页尾部分的 down.jsp

页面，在 index.jsp 页面中将这 3 个页面应用<jsp:include>动作标签组合在一起，形成一个新的页面。（**实例位置：光盘\TM\Instances\2.07**）

（1）新建动态 Web 项目，在该项目中创建 top.jsp 页。关键代码如下：

```
<table width="577" height="15" border="0">                              <%--定义表格 --%>
  <tr>
    <td><div align="center">首页</div></td>
    <td><div align="center">招聘信息</div></td>
    <td><div align="center">公告信息</div></td>
    <td><div align="center">车辆信息</div></td>
    <td><div align="center">企业广告</div></td>
  </tr>
</table>
```

（2）在新建的项目中创建 content.jsp 页，关键代码如下：

```
<table width=470 height="200" border="0">
  <tr>
    <td width="87" height="33"><div align="right">用户昵称：</div></td>
    <td width="367"><form id="form1" name="form1" method="post" action="">
      <label>
        <input type="text" name="textfield" />
        </label>
      </form>
    </td>
  </tr>
  …//省略了，在页面中添加其他表单的代码
</table>
```

（3）在新建项目中创建 down.jsp 页，关键代码如下：

```
<table width="477" border="0">
  <tr>
    <td height="74"><div align="center">
      <p>公司网址:www.mingribook.com  联系电话：123***</p>
      <p>版权所有：吉林省明日科技有限公司</p>
    </div></td>
  </tr>
</table>
```

（4）在新建项目的 index.jsp 页面中，将 top.jsp、content.jsp 与 down.jsp 页组合在一起。关键代码如下：

```
<table width="477" border="0">
<tr>
  <td height="21"><jsp:include page="top.jsp"/></td>              <%--在页面中嵌入 top.jsp --%>
</tr>
<tr>
  <td height="365"><jsp:include page="content.jsp"/></td>        <%--在页面中嵌入 content.jsp --%>
</tr>
<tr>
  <td height="65"><jsp:include page="down.jsp"/></td>            <%--在页面中 down.jsp --%>
  </tr>
</table>
```

实例运行结果如图 2.11 所示。

2.6.4 导入页面头部和版权信息页

使用 include 指令可以将多个页面组合在一起。在程序开发中也经常会将一些页面公用的内容放置在一

个单独页面中，这样其他页面需要时通过 include 指令添加到相应的页面即可。

例 2.08 实现应用 include 指令将页面头部（top.jsp 文件）和版权信息（copyright.jsp 文件）包含到当前页面中。（实例位置：光盘\TM\Instances\2.08）

（1）编写一个名为 top.jsp 的文件，用于放置网站的 Banner 信息和导航栏，这里将 Banner 信息和导航栏设计为一张图片。这样完成 top.jsp 文件，只需要在该页面中通过<img>标记引入图片即可。关键代码如下：

```
<%@ page pageEncoding="GBK"%>
<img src="images/banner.jpg">
```

（2）编写一个名为 copyright.jsp 的文件，用于放置网站的版权信息。关键代码如下：

```
<%@ page pageEncoding="GBK"%>
<div style="width:780px;height:102px;background-image: url(images/copyright.jpg)"></div>
```

（3）创建一个名为 index.jsp 的文件，在该页面中包括 top.jsp 和 copyright.jsp 文件，从而实现一个完整的页面。index.jsp 文件的代码如下：

```
<%@ page language="java" contentType="text/html; charset=GBK" pageEncoding="GBK"%>
<!DOCTYPE HTML>
<html>
<head>
<meta charset="UTF-8">
<title>使用文件包含 include 指令</title>
</head>
<body style="margin:0px;">
<div align="center">
<%@ include file="top.jsp"%>
<div style="width:780px;height:205px;background-image: url(images/center.jpg)"></div>
<%@ include file="copyright.jsp"%>
</div>
</body>
</html>
```

实例运行结果如图 2.12 所示。

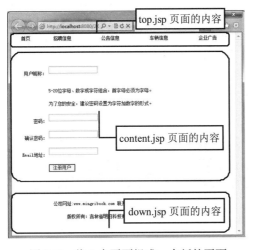

图 2.11 将 3 个页面组成一个新的页面

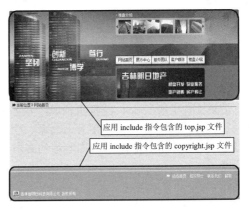

图 2.12 导入页面头部和版权信息页

2.6.5 在 JSP 页面中输出星号组成的金字塔

视频讲解：光盘\TM\Video\2\在 JSP 页面中输出星号组成的金字塔.exe

通过在 JSP 页面中添加 Java 代码可以实现很多业务逻辑，在 JSP 页面中输出星号组成的金字塔就是一个很好的例子，但是需要注意的是在页面中输出空格是用" "表示。

例 2.09 在 JSP 页面中输出星号组成的金字塔。（实例位置：光盘\TM\Instances\2.09）

新建 Web 项目，在该项目的 index.jsp 页面中嵌入 Java 代码，实现在页面中显示星号组成的金字塔。关键代码如下：

```
<body>
    在 JSP 页面中输出字符"*"组成的金字塔。
    <br>
    <%
        String str = "";                            //定义空字符串
        for (int i = 0; i < 15; i++) {              //定义用于输出金字塔的 for 循环
            for (int j = 15; j > i; j--) {          //满足条件时输出空格
                str += " ";
            }
            for (int j = 0; j < i; j++) {
                str += "* ";                    //在页面中输出星号
            }
            str += "<br>";                           //添加换行符
        }
    %>
    <%=str%>
</body>
```

实例运行结果如图 2.13 所示。

图 2.13 在页面中输出金字塔

2.7 本章小结

本章带领读者了解了 JSP 的基本构成，并详细介绍了构成 JSP 页面的各个部分——指令标签、HTML 代码、嵌入 Java 代码、注释和 JSP 动作标签（其中 HTML 代码不在本书讲解范围内，没有介绍）。通过本章的学习，读者应该对 JSP 页面的内容结构有所了解，配合后面章节介绍的 JSP 内置对象，可以开发完整的 JSP 应用。

2.8 学习成果检验

1. 在 JSP 页面中输出字符串。（答案位置：光盘\TM\Instances\2.10）
2. 在 JSP 页面中输出完整的时间，格式为"年 月 日 时：分：秒"。（答案位置：光盘\TM\Instances\2.11）
3. 计算 5 的阶乘并在 JSP 页面中输出。（答案位置：光盘\TM\Instances\2.12）
4. 在 JSP 页面中输出字符"*"组成的菱形。（答案位置：光盘\TM\Instances\2.13）

第 3 章

JSP 内置对象

（ 视频讲解：90 分钟 ）

为了简化 Web 程序的开发过程，JSP 提供了由容器实现和管理的内置对象，也可以将其称为固有对象、隐含对象。这些内置对象在所有的 JSP 页面中都可以直接使用，不需要 JSP 页面编写者来实例化。JSP 页面的内置对象被广泛应用于 JSP 的各种操作中，例如应用 request 对象来处理请求、应用 out 对象向页面输出信息、应用 session 对象来保存数据等。熟练地掌握和应用这些内置对象，对于 Java Web 程序开发人员来说是至关重要的。本章将向读者详细介绍 JSP 内置对象。

通过阅读本章，您可以：

▶▶ 掌握 request 对象的应用及常用方法

▶▶ 掌握 response 对象的应用及常用方法

▶▶ 掌握 session 对象的应用及常用方法

▶▶ 掌握 application 对象的应用及常用方法

▶▶ 掌握 out 对象的应用及常用方法

▶▶ 了解 pageContext、config、page、exception 对象的应用

3.1　JSP 内置对象的概述

JSP 中采用 Java 语言作为脚本编程语言，这样不但使系统具有了强大的对象处理能力，还可以动态创建 Web 页面内容。但 Java 语法在使用一个对象之前都要先将这个对象进行实例化，比较繁琐。为了简化开发，JSP 提供了一些内置对象，这也是 JSP 语法结构中的独特语句变量，又被称为 JSP 预定义变量。它们都是由系统容器实现和管理的，在 JSP 页面中不需要定义，可以直接使用。

在 JSP 中一共预先定义了 9 个这样的对象，分别为 request、response、session、application、out、pageContext、config、page 和 exception。本章将分别介绍这些内置对象及其常用方法。

3.2　request 对象

视频讲解：光盘\TM\Video\3\request 对象.exe

request 对象是 javax.servlet.http.HttpServletRequest 类型的对象。该对象代表了客户端的请求信息，主要用于接收通过 HTTP 协议传送到服务器端的数据(包括头信息、系统信息、请求方式以及请求参数等)。request 对象的作用域为一次请求。

3.2.1　获取请求参数值

在一个请求中，可以通过使用 "？" 的方式来传递参数，然后通过 request 对象的 getParameter()方法来获取参数的值。例如：

```
String id = request.getParameter("id");
```

上面的代码使用 getParameter()方法从 request 对象中获取参数 id 的值，如果 request 对象中不存在此参数，那么该方法将返回 null。

例 3.01　使用 request 对象获取请求参数值。(实例位置：光盘\TM\Instances\3.01)

（1）在 Web 项目中创建 index.jsp 页面，在其中加入一个超链接按钮用来请求 show.jsp 页面，并在请求后增加一个参数 id。关键代码如下：

```
<body>
    <a href="show.jsp?id=001">获取请求参数的值</a>
</body>
```

（2）新建 show.jsp 页面，在其中通过 getParameter()方法来获取 id 参数与 name 参数的值，并将其输出到页面中。关键代码如下：

```
<body>
    id 参数的值为：<%=request.getParameter("id") %><br>
    name 参数的值为：<%=request.getParameter("name") %>
</body>
```

在上面的代码中同时将 id 参数与 name 参数的值显示在页面中，但是在请求中只传递了 id 参数，并没有传递 name 参数，所以 id 参数的值被正常显示出来，而 name 参数的值则显示为 null。实例运行结果如图 3.1 所示。

```
id参数的值为：001
name参数的值为：null
```

图 3.1　实例运行结果

3.2.2　解决中文乱码

在上面的代码中为 id 参数传递了一个字符串类型的值 "001"，如果将这个参数的值更改为中文，则在

show.jsp 就会发生大家都不愿意看到的问题——在显示参数值时中文内容变成了乱码。这是因为请求参数的文字编码方式与页面中的不一致所造成的,所有的 request 请求都是 iso-8859-1 的,而在此页面采用的是 GBK 的编码方式。要解决此问题,只要将获取到的数据通过 String 的构造方法使用指定的编码类型重新构造一个 String 对象即可正确地显示出中文信息。

例 3.02 解决中文乱码问题。(**实例位置:光盘\TM\Instances\3.02**)

(1)创建 index.jsp 页面,在其中加入一个超链接,并在该超链接中传递两个参数,分别为 name 与 sex,其值全部为中文。关键代码如下:

```
<%@page import="java.net.URLEncoder"%>
<body>
    <a href="show.jsp?name=<%=URLEncoder.encode(" 无 语 ") %>&sex=<%=URLEncoder.encode(" 男
") %>">解决中文乱码</a>
</body>
```

说明 在超链接中传递中文和参数时,这个中文的参数需要应用 java.net.URLEncoder.encode()方法进行编码处理,否则在 IE 6 浏览器中运行时,有些文字会产生中文乱码。

(2)创建 show.jsp 页面,在其中将第一个参数 name 的值进行编码转换,将第二个参数 sex 的值直接显示在页面中,从而比较一下效果。关键代码如下:

```
<body>
    name 参数的值为:<%=new String(request.getParameter("name").getBytes("iso-8859-1"),"gbk") %>
    sex 参数的值为:<%=request.getParameter("sex") %>
</body>
```

运行本实例后,可以发现 name 参数的值被正常显示出来,而 sex 参数的值则被显示成了乱码,如图 3.2 所示。

图 3.2　实例运行结果

3.2.3　获取 Form 表单的信息

除了获取请求参数中传递的值之外,还可以使用 request 对象获取从表单中提交过来的信息。在一个表单中会有不同的标签元素,对于文本元素、单选按钮、下拉列表框都可以使用 getParameter()方法来获取其具体的值,但对于复选框以及多选列表框被选定的内容就要使用 getParameterValues()方法来获取了,该方法会返回一个字符串数组,通过循环遍历这个数组就可以得到用户选定的所有内容。

例 3.03 获取 Form 表单信息。(**实例位置:光盘\TM\Instances\3.03**)

(1)创建 index.jsp 页面文件,在该页面中创建一个 form 表单,在表单中分别加入文本框、下拉列表框、单选按钮和复选框。关键代码如下:

```
<form action="show.jsp" method="post">
    <ul style="list-style: none; line-height: 30px">
        <li>输入用户姓名: <input type="text" name="name" /><br /></li>
        <li>选择性别:
            <input name="sex" type="radio" value="男" />男
            <input name="sex" type="radio" value="女" />女
        </li>
        <li>
            选择密码提示问题:
            <select name="question">
```

```
                <option value="母亲生日">母亲生日</option>
                <option value="宠物名称">宠物名称</option>
                <option value="电脑配置">电脑配置</option>
            </select>
        </li>
        <li>请输入问题答案：<input type="text" name="key" /></li>
        <li>
            请选择个人爱好：
            <div style="width: 400px">
                <input name="like" type="checkbox" value="唱歌跳舞" />唱歌跳舞
                <input name="like" type="checkbox" value="上网冲浪" />上网冲浪
                <input name="like" type="checkbox" value="户外登山" />户外登山<br />
                <input name="like" type="checkbox" value="体育运动" />体育运动
                <input name="like" type="checkbox" value="读书看报" />读书看报
                <input name="like" type="checkbox" value="欣赏电影" />欣赏电影
            </div>
        </li>
        <li><input type="submit" value="提交" /></li>
    </ul>
</form>
```

index.jsp 页面的运行结果如图 3.3 所示。

（2）编写 show.jsp 页面文件，该页面是用来处理请求的，在其中分别使用 getParameter()方法与 getParameterValues()方法将用户提交的表单信息显示在页面中。关键代码如下：

```
<ul style="list-style:none; line-height:30px">
    <li>输入用户姓名：<%=new String(request.getParameter("name").getBytes("ISO8859_1"),"GBK") %></li>
    <li>选择性别：<%=new String(request.getParameter("sex").getBytes("ISO8859_1"),"GBK") %></li>
    <li>选择密码提示问题：<%=new String(request.getParameter("question").getBytes("ISO8859_1"),"GBK") %>
    </li>
    <li>请输入问题答案：<%=new String(request.getParameter("key").getBytes("ISO8859_1"),"GBK") %></li>
    <li>
        请选择个人爱好：
<%
        String[] like =request.getParameterValues("like");
        for(int i =0;i<like.length;i++){
%>
<%= new String(like[i].getBytes("ISO8859_1"),"GBK")+"  " %>
<%  }
%>
    </li>
</ul>
```

show.jsp 页面的运行结果如图 3.4 所示。

图 3.3　index.jsp 页面的运行结果　　　　图 3.4　show.jsp 页面的运行结果

说明 如果想要获得所有的参数名称可以使用 getParameterNames()方法完成，该方法返回一个 Enumeration 类型值。

3.2.4　获取请求客户端信息

在 request 对象中通过相应的方法（如表 3.1 所示）还可以获取客户端的相关信息，如 HTTP 报头信息、客户信息提交方式、客户端主机 IP 地址、端口号等。

表 3.1　request 获取客户端信息方法说明

方　　法	返　回　值	说　　明
getHeader(String name)	String	返回指定名称的 HTTP 头信息
getMethod()	String	获取客户端向服务器发送请求的方法
getContextPath()	String	返回请求路径
getProtocol()	String	返回请求使用的协议
getRemoteAddr()	String	返回客户端 IP 地址
getRemoteHost()	String	返回客户端主机名称
getRemotePort()	int	返回客户端发出请求的端口号
getServletPath()	String	返回接受客户提交信息的页面
getRequestURI()	String	返回部分客户端请求的地址，不包括请求的参数
getRequestURL()	StringBuffer	返回客户端请求地址

例 3.04　获取请求信息。（实例位置：光盘\TM\Instances\3.04）

本实例通过上面介绍的方法演示如何使用 request 对象获取请求客户端信息。关键代码如下：

```
<ul style="line-height:24px">
    <li>客户使用的协议：<%=request.getProtocol() %>
    <li>客户端发送请求的方法：<%=request.getMethod() %>
    <li>客户端请求路径：<%=request.getContextPath() %>
    <li>客户机 IP 地址：<%=request.getRemoteAddr() %>
    <li>客户机名称：<%=request.getRemoteHost() %>
    <li>客户机请求端口号：<%=request.getRemotePort() %>
    <li>接收客户信息的页面：<%=request.getServletPath() %>
    <li>获取报头中 User-Agent 值：<%=request.getHeader("user-agent") %>
    <li>获取报头中 accept 值：<%=request.getHeader("accept") %>
    <li>获取报头中 Host 值：<%=request.getHeader("host") %>
    <li>获取报头中 accept-encoding 值：<%=request.getHeader("accept-encoding") %>
    <li>获取 URI：<%= request.getRequestURI() %>
    <li>获取 URL：<%=request.getRequestURL() %>
</ul>
```

实例运行结果如图 3.5 所示，可以看到请求客户端的信息以及报头中的部分信息都已经被显示在页面上了。

说明 默认情况下，在 Windows 7 系统下，当使用 localhost 进行访问时，应用 request.getRemoteAddr() 获取的客户端 IP 地址将是 0:0:0:0:0:0:0:1，这是以 IPv6 的形式显示的 IP 地址，要显示为 127.0.0.1，需要在 C:\Windows\System32\drivers\etc\hosts 文件中，添加 "127.0.0.1 localhost" 并保存该文件。

3.2.5　在作用域中管理属性

通过使用 setAttribute()方法可以在 request 对象的属性列表中添加一个属性，然后在 request 对象的作用域范围内通过使用 getAttribute()方法将其属性取出；此外，还可使用 removeAttribute()方法将一个属性删除掉。

例 3.05　管理 request 对象属性。（实例位置：光盘\TM\Instances\3.05）

本实例首先将 date 属性加入到 request 属性列表中，然后输出这个属性的值；接下来使用 removeAttribute()方法将 date 属性删除，最后再次输出 date 属性。关键代码如下：

```
<%
    request.setAttribute("date",new Date()); //添加一个属性
%>
<ul style="line-height: 24px;">
    <li>获取 date 属性：<%=request.getAttribute("date") %></li>
    <!-- 将属性删除 -->
    <%request.removeAttribute("date"); %>
    <li>删除后再获取 date 属性：<%=request.getAttribute("date") %></li>
</ul>
```

注意　request 对象的作用域为一次请求，超出作用域后属性列表中的属性即会失效。

实例运行结果如图 3.6 所示，第一次正确输出了 date 的值；在将 date 属性删除以后，再次输出时 date 的值为 null。

图 3.5　客户端信息

图 3.6　管理属性

3.2.6　cookie 管理

cookie 是小段的文本信息，通过使用 cookie 可以标识用户身份、记录用户名及密码、跟踪重复用户。cookie 在服务器端生成并发送给浏览器，浏览器将 cookie 的 key/value 保存到某个指定的目录中，服务器的名称与值可以由服务器端定义。

通过 cookie 的 getCookies()方法可以获取到所有的 cookie 对象集合，然后通过 cookie 对象的 getName()方法获取到指定名称的 cookie，再通过 getValue()方法即可获取到 cookie 对象的值。另外，将一个 cookie 对象发送到客户端使用了 response 对象的 addCookie()方法。

例 3.06　管理 cookie。（实例位置：光盘\TM\Instances\3.06）

（1）创建 index.jsp 页面文件，在其中创建 form 表单，用于让用户输入信息；并且从 request 对象中获取 cookie，判断是否含有此服务器发送过的 cookie。如果没有，则说明该用户第一次访问本站；如果有，则

直接将值读取出来,并赋给对应的表单。关键代码如下:

```
<%
    String welcome = "第一次访问";
    String[] info = new String[]{"","",""};
    Cookie[] cook = request.getCookies();
    if(cook!=null){
        for(int i=0;i<cook.length;i++){
            if(cook[i].getName().equals("mrCookInfo")){
                info = cook[i].getValue().split("#");
                welcome = ",  欢迎回来! ";
            }
        }
    }
%>
<%=info[0]+welcome %>
    <form action="show.jsp" method="post">
    <ul style="line-height: 23">
        <li>姓    名:  <input name="name" type="text" value="<%=info[0] %>">
        <li>出生日期:  <input name="birthday" type="text" value="<%=info[1] %>">
        <li>邮箱地址:  <input name="mail" type="text" value="<%=info[2] %>">
        <li><input type="submit" value="提交">
    </ul>
</form>
```

（2）创建 show.jsp 页面文件,在该页面中通过 request 对象将用户输入的表单信息提取出来;创建一个 cookie 对象,并通过 response 对象的 addCookie()方法将其发送到客户端。关键代码如下:

```
<%
    String name = request.getParameter("name");
    String birthday = request.getParameter("birthday");
    String mail = request.getParameter("mail");
    Cookie myCook = new Cookie("mrCookInfo",name+"#"+birthday+"#"+mail);
    myCook.setMaxAge(60*60*24*365);        //设置 cookie 有效期
    response.addCookie(myCook);
%>
表单提交成功
<ul style="line-height: 24px">
    <li>姓名: <%= name %>
    <li>出生日期: <%= birthday %>
    <li>电子邮箱: <%= mail %>
    <li><a href="index.jsp">返回</a>
</ul>
```

实例运行结果如图 3.7 所示,第一次访问页面时用户表单中的信息是空的;当用户提交过一次表单之后,表单中的内容就会被记录到 cookie 对象中,再次访问时会从 cookie 中获取用户输入的表单信息并显示在表单中,如图 3.8 所示。

图 3.7　第一次访问

图 3.8　再次访问

3.2.7 获取浏览器使用的语言

在一个支持国际化的站点中，一般都是根据其浏览器设定的语言来显示对应内容，只需通过 getLocale() 方法就可以很轻松地获取到客户端浏览器的语言类型。

3.3 response 对象

视频讲解：光盘\TM\Video\3\response 对象.exe

response 代表的是对客户端的响应，主要是将 JSP 容器处理过的对象传回到客户端。response 对象也具有作用域，它只在 JSP 页面内有效。response 对象的常用方法如表 3.2 所示。

表 3.2 response 对象的常用方法

方　法	返　回　值	说　明
addHeader(String name,String value)	void	添加 HTTP 文件头，如果同名的头存在，则覆盖
setHeader(String name,String value)	void	设定指定名称的文件头的值，如果存在则覆盖
addCookie(Cookie cookie)	void	向客户端添加一个 cookie 对象
sendError(int sc,String msg)	void	向客户端发送错误信息，如 404 网页找不到
sendRedirect(String location)	void	发送请求到另一个指定位置
getOutputStream()	ServletOutputStream	获取客户端输出流对象
setBufferSize(int size)	void	设置缓冲区大小

3.3.1 重定向网页

重定向是通过使用 sendRedirect()方法，将响应发送到另一个指定的位置进行处理。重定向可以将地址重新定向到不同的主机上，在客户端浏览器上将会得到跳转的地址，并重新发送请求链接。用户可以从浏览器的地址栏中看到跳转后的地址。进行重定向操作后，request 中的属性全部失效，并且进入一个新的 request 对象的作用域。

例如，使用该方法重定向到明日图书网。

response.sendRedirect("www.mingribook.com");

注意　在 JSP 页面中使用该方法时前面不要有 HTML 代码，并且在重定向操作之后紧跟一个 return，因为重定向之后下面的代码已经没有意义了，并且还可能产生错误。

3.3.2 处理 HTTP 文件头

setHeader()方法通过两个参数——头名称与参数值的方式来设置 HTTP 文件头。

例如，设置网页每 5 秒自动刷新一次。

response.setHeader("refresh","5");

例如，设置 2 秒钟后自动跳转至指定的页面。
response.setHeader("refresh","2;URL=welcome.jsp");

注意　refresh 参数并不是 HTTP 1.1 规范中的标准参数，但 IE 与 Netscape 浏览器都支持该参数。

例如，设置响应类型。
response.setContentType("text/html");

3.3.3　设置输出缓冲

通常情况下，服务器要输出到客户端的内容不会直接写到客户端，而是先写到一个输出缓冲区；只有在以下 3 种情况下，才会把缓冲区的内容写到客户端。

☑　JSP 页面的输出信息已经全部写入缓冲区。

☑　缓冲区已满。

☑　在 JSP 页面中调用了 flushbuffer()方法或 out 对象的 flush()方法。

使用 response 对象的 setBufferSize()方法可以设置缓冲区的大小。例如，设置缓冲区大小为 0KB，即不缓冲。代码如下：

response.setBufferSize(0);

还可以使用 isCommitted()方法来检测服务器端是否已经把数据写入到了客户端。

3.4　session 对象

视频讲解：光盘\TM\Video\3\session 对象.exe

session 对象是由服务器自动创建的与用户请求相关的对象。服务器为每个用户都生成一个 session 对象，用于保存该用户的信息，跟踪用户的操作状态。session 对象内部使用 Map 类来保存数据，因此保存数据的格式为 key/value。session 对象的 value 可以是复杂的对象类型，而不仅仅局限于字符串类型。session 对象的常用方法如表 3.3 所示。

表 3.3　session 对象的常用方法

方　　法	返　回　值	说　　明
getAttribute(String name)	Object	获得指定名字的属性
getAttributeNames()	Enumeration	获得 session 中所有属性对象
getCreationTime()	long	获得 session 对象创建时间
getId()	String	获得 session 对象唯一编号
getLastAccessedTime()	long	获得 session 对象最后一次被操作的时间
getMaxInactiveInterval()	int	获得 session 对象有效时间
isNew()	boolean	判断 session 对象是否为新创建的
removeAttribute(String name)	void	删除 session 对象中指定名称的属性
invalidate()	void	销毁 session 对象
setMaxInactiveInterval(int interval)	void	设置 session 对象的最大有效时间
setAttribute(String key,Object obj)	void	将 obj 以 key 名称保存在 session 中

3.4.1 创建及获取 session 信息

session 是与请求有关的会话对象，是 java.servlet.http.HttpSession 对象，用于保存和存储页面的请求信息。session 对象的 setAttribute()方法可实现将信息保存在 session 范围内，而通过 getAttribute()方法可以获取保存在 session 范围内的信息。

setAttribute()方法的语法格式如下：

```
setAttribute(String key,Object obj)
```

☑ key：保存在 session 范围内的关键字。

☑ obj：保存在 session 范围内的对象。

getAttribute()方法的语法格式如下：

```
getAttribute(String key)
```

key：指定保存在 session 范围内的关键字。

例 3.07 创建和获取 session 信息。（实例位置：**光盘\TM\Instances\3.07**）

（1）在 index.jsp 页面中，实现将文字信息保存在 session 范围内。关键代码如下：

```
<body>
    <%
        String sessionMessage = "session 练习";
        session.setAttribute("message",sessionMessage);
        out.print("保存在 session 范围内的对象为："+sessionMessage);
    %>
</body>
```

index.jsp 页面的运行结果如图 3.9 所示。

（2）在 default.jsp 页面中，获取保存在 session 范围内的信息并在页面中显示。关键代码如下：

```
<body>
 <%
    String message = (String)session.getAttribute("message");
    out.print("保存在 session 范围内的值为："+message);
 %>
</body>
```

default.jsp 页面的运行结果如图 3.10 所示。

保存在session范围内的对象为：session练习	保存在session范围内的值为：session练习
图 3.9 index.jsp 页面的运行结果	图 3.10 default.jsp 页面的运行结果

注意

session 默认在服务器上的存储时间为 30 分钟，当客户端停止操作 30 分钟后，session 中存储的信息会自动失效。此时调用 getAttribute()等方法，将出现异常。

3.4.2 从会话中移除指定的绑定对象

对于存储在 session 会话中的对象，如果想将其从 session 会话中移除，可以使用 session 对象的 removeAttribute()方法。其语法格式如下：

```
removeAttribute(String key)
```

key：保存在 session 范围内的关键字。

例如，将保存在 session 会话中的对象移除。

```
session.removeAttribute("message");
```

3.4.3　销毁 session

当调用 session 对象的 invalidate()方法后，表示 session 对象被删除，即不可以再使用 session 对象。其语法格式如下：

```
session.invalidate();
```

如果调用了 session 对象的 invalidate()方法,之后在调用 session 对象的任何其他方法时,都将报出 Session already invalidated 异常。

3.4.4　会话超时的管理

在应用 session 对象时应该注意 session 的生命周期。一般来说，session 的生命周期在 20～30 分钟。当用户首次访问时将产生一个新的会话，以后服务器就可以记住这个会话状态，当会话生命周期超时时，或者服务器端强制使会话失效时，这个 session 就不能使用了。在开发程序时应该考虑到用户访问网站时可能发生的各种情况，如用户登录网站后在 session 的有效期外进行相应操作，用户会看到一张错误页面。这样的现象是不允许发生的。为了避免这种情况的发生，在开发系统时应该对 session 的有效性进行判断。

在 session 对象中提供了设置会话生命周期的方法，分别介绍如下。

☑　getLastAccessedTime()：返回客户端最后一次与会话相关联的请求时间。

☑　getMaxInactiveInterval()：以秒为单位返回一个会话内两个请求最大时间间隔。

☑　setMaxInactiveInterval()：以秒为单位设置 session 的有效时间。

例如,通过 setMaxInactiveInterval()方法设置 session 的有效期为 10000 秒,超出这个范围 session 将失效。代码如下：

```
session.setMaxInactiveInterval(10000);
```

3.4.5　session 对象的应用

session 是较常用的内置对象之一，与 requeset 对象相比其作用范围更广。下面通过实例介绍 session 对象的应用。

例 3.08　在 index.jsp 页面中，提供了用户输入用户名文本框；在 session.jsp 页面中，将用户输入的用户名保存在 session 对象中，用户在该页面中可以添加最喜欢去的地方；在 result.jsp 页面中，将用户输入的用户名与最想去的地方在页面中显示。（**实例位置：光盘\TM\Instances\3.08**）

（1）index.jsp 页面的代码如下：

```
<form id="form1" name="form1" method="post" action="session.jsp">
    <div align="center">
  <table width="23%" border="0">
      <tr>
        <td width="36%"><div align="center">您的名字是：</div></td>
        <td width="64%">
          <label>
          <div align="center">
            <input type="text" name="name" />
          </div>
```

```
        </label>
      </td>
    </tr>
    <tr>
      <td colspan="2">
        <label>
          <div align="center">
            <input type="submit" name="Submit" value="提交" />
          </div>
        </label>
          </td>
    </tr>
  </table>
</div>
</form>
```

index.jsp 页面的运行结果如图 3.11 所示。

（2）在 session.jsp 页面中，将用户在 index.jsp 页面中输入的用户名保存在 session 对象中，并为用户提供用于添加最想去的地址的文本框。关键代码如下：

```
<%
    String name = request.getParameter("name");            //获取用户填写的用户名
    session.setAttribute("name",name);                     //将用户名保存在 session 对象中
  %>
  <div align="center">
<form id="form1" name="form1" method="post" action="result.jsp">
  <table width="28%" border="0">
    <tr>
      <td>您的名字是：</td>
      <td><%=name%></td>
    </tr>
    <tr>
      <td>您最喜欢去的地方是：</td>
      <td><label>
        <input type="text" name="address" />
      </label></td>
    </tr>
    <tr>
      <td colspan="2"><label>
        <div align="center">
          <input type="submit" name="Submit" value="提交" />
          </div>
      </label></td>
    </tr>
  </table>
</form>
```

session.jsp 页面的运行结果如图 3.12 所示。

（3）在 result.jsp 页面中，实现将用户输入的用户名、最喜欢去的地方在页面中显示。关键代码如下：

```
<%
    String name = (String)session.getAttribute("name");        //获取保存在 session 范围内的对象
    String solution = request.getParameter("address");         //获取用户输入的最喜欢去的地方
  %>
<form id="form1" name="form1" method="post" action="">
```

```
<table width="28%" border="0">
  <tr>
    <td colspan="2"><div align="center"><strong>显示答案</strong></div></td>
  </tr>
  <tr>
    <td width="49%"><div align="left">您的名字是：</div></td>
    <td width="51%"><label>
      <div align="left"><%=name%></div>              <!-- 将用户输入的用户名在页面中显示 -->
    </label></td>
  </tr>
  <tr>
    <td><label>
      <div align="left">您最喜欢去的地方是：</div>
    </label></td>
    <td><div align="left"><%=solution%></div></td>    <!-- 将用户输入的最喜欢去的地方在页面中显示 -->
  </tr>
</table>
</form>
```

result.jsp 页面的运行结果如图 3.13 所示。

图 3.11　index.jsp 页面的运行结果　　　图 3.12　session.jsp 页面的运行结果　　　图 3.13　result.jsp 页面的运行结果

3.5　application 对象

视频讲解：光盘\TM\Video\3\application 对象.exe

　　application 对象可将信息保存在服务器中，直到服务器关闭，否则 application 对象中保存的信息会在整个应用中都有效。与 session 对象相比，application 对象的生命周期更长，类似于系统的"全局变量"。application 对象的常用方法如表 3.4 所示。

表 3.4　application 对象的常用方法

方　　　法	返　回　值	说　　　明
getAttribute(String name)	Object	通过关键字返回保存在 application 对象中的信息
getAttributeNames()	Enumeration	获取所有 application 对象使用的属性名
setAttribute(String key,Object obj)	void	通过指定的名称将一个对象保存在 application 对象中
getMajorVersion()	int	获取服务器支持的 Servlet 版本号
getServerInfo()	String	返回 JSP 引擎的相关信息
removeAttribute(String name)	void	删除 application 对象中指定名称的属性
getRealPath()	String	返回虚拟路径的真实路径
getInitParameter(String name)	String	获取指定 name 的 application 对象属性的初始值

3.5.1　访问应用程序初始化参数

　　application 提供了对应用程序环境属性访问的方法。例如，通过初始化信息为程序提供连接数据库的

URL、用户名、密码，每个 Servlet 程序客户和 JSP 页面都可以使用它获取连接数据库的信息。为了实现该目的，Tomcat 使用了 web.xml 文件。

application 对象访问应用程序初始化参数的方法分别介绍如下。

☑ getInitParameter(String name)：返回一个已命名的参数值。

☑ getAttributeNames()：返回所有已定义的应用程序初始化名称的枚举。

例 3.09 访问应用程序初始化参数。（实例位置：光盘\TM\Instances\3.09）

（1）在 web.xml 文件中通过配置<context-param>元素初始化参数。关键代码如下：

```
<context-param>              <!-- 定义连接数据库 URL -->
    <param-name>url</param-name>
    <param-value>jdbc:mysql://localhost:3306/db_database15</param-value>
</context-param>
<context-param>              <!-- 定义连接数据库用户名 -->
    <param-name>name</param-name>
    <param-value>root</param-value>
</context-param>
<context-param>              <!-- 定义连接数据库密码 -->
    <param-name>password</param-name>
    <param-value>111</param-value>
</context-param
```

（2）在 index.jsp 页面中，访问 web.xml 文件获取初始化参数。关键代码如下：

```
<%
    String url = application.getInitParameter("url");        //获取初始化参数，与 web.xml 文件中的内容相对应
    String name = application.getInitParameter("name");
    String password = application.getInitParameter("password");
    out.println("URL: "+url+"<br>");                         //将信息在页面中显示
    out.println("name: "+name+"<br>");
    out.println("password: "+password+"<br>");
%>
```

index.jsp 页面的运行结果如图 3.14 所示。

```
URL: jdbc:mysql://localhost:3306/db_database15
name: root
password: 111
```

图 3.14　index.jsp 页面的运行结果

3.5.2　管理应用程序环境属性

与 session 对象相同，也可以在 application 对象中设置属性。与 session 对象不同的是，session 只是在当前客户的会话范围内有效，当超过保存时间，session 对象就被收回；而 application 对象在整个应用区域中都有效。application 对象管理应用程序环境属性的方法分别介绍如下。

☑ getAttributeNames()：获得所有 application 对象使用的属性名。

☑ getAttribute(String name)：从 application 对象中获取指定对象名。

☑ setAttribute(String key,Object obj)：使用指定名称和指定对象在 application 对象中进行关联。

☑ removeAttribute(String name)：从 application 对象中去掉指定名称的属性。

3.6　out 对象

视频讲解：光盘\TM\Video\3\out 对象.exe

out 对象用于在 Web 浏览器内输出信息，并且管理应用服务器上的输出缓冲区。在使用 out 对象输出数据时，可以对数据缓冲区进行操作，及时清除缓冲区中的残余数据，为其他的输出让出缓冲空间。待数据

输出完毕后，要及时关闭输出流。

3.6.1　管理响应缓冲

在使用 out 输出数据时，需要使用 clear()方法清除缓冲区内容，以便重新开始操作。此外，也可以通过 clearBuffer()方法清除缓冲区的内容。两者的区别是：通过 clear()方法清除缓冲区，如果相应内容已经提交，则会报出 IOException 异常；而使用 clearBuffer()方法，即使内容已经提交给客户端，也能够访问该方法。out 对象管理缓冲区的常用方法如表 3.5 所示。

表 3.5　out 对象管理缓冲区的常用方法

方　　法	返　回　值	说　　明
clear()	void	清除缓冲区中尚存的内容
clearBuffer()	void	清除当前缓冲区中尚存的内容
flush()	void	刷新流
isAutoFlush()	boolean	检查当前缓冲区是自动清空，还是满了就抛出异常
getBufferSize()	int	获取缓冲区的大小

3.6.2　向客户端输出数据

out 对象的另一个重要功能是向客户端写入数据。这一功能在 JSP 开发过程中使用最为频繁，使用起来也最为简单。out 对象提供了以下两个向页面中输出信息的方法。

☑　print()：在页面中打印字符串信息，不换行。

☑　println()：在页面中打印字符串信息，并且换行。

例如，通过 out 对象实现向客户端输出数据。

```
<%out.print("编程词典　程序员的黄金搭档");%>
```

3.7　其他内置对象

除以上常用的内置对象外，JSP 中还包括 pageContext、config、page 和 exception 等对象。下面对这些对象分别进行介绍。

3.7.1　获取会话范围的 pageContext 对象

pageContext 对象的作用是取得任何范围的参数，通过它可以获取 JSP 页面的 out、request、response、session、application 等对象。pageContext 对象的创建和初始化都是由容器来完成的，在 JSP 页面中可以直接使用 pageContext 对象。pageContext 对象的常用方法如表 3.6 所示。

表 3.6　pageContext 对象的常用方法

方　　法	返　回　值	说　　明
forward(String path)	void	将 JSP 页面重新定向至另一个页面
getAttribute(String name)	Object	获取参数值
getAttributeNamesInScope(int scope)	Enumeration	获取某范围的参数名称集合

续表

方　法	返　回　值	说　明
getRequest()	ServletRequest	获取 request 对象
getResponse()	ServletResponse	获取 response 对象
getOut()	JspWriter	获取 out 对象
getSession()	HttpSession	获取 session 对象
getPage()	Object	获取 page 对象
setAttribute(String name,Object value)	void	设置指定参数属性

3.7.2　读取 web.xml 配置信息的 config 对象

config 对象的主要作用是取得服务器的配置信息。通过 pageContext 对象的 getServletConfig()方法可以获取一个 config 对象。当一个 Servlet 初始化时，容器把某些信息通过 config 对象传递给这个 Servlet。开发者可以在 web.xml 文件中为应用程序环境中的 Servlet 程序和 JSP 页面提供初始化参数。config 对象的常用方法如表 3.7 所示。

表 3.7　config 对象的常用方法

方　法	返　回　值	说　明
getInitParameter(String name)	String	获取服务器指定参数的初始值
getInitParameterNames()	Enumeration	获取服务器所有初始参数名称
getServletContext()	ServletContext	获取 Servlet 上下文
getServletName()	String	获取 Servlet 服务器名

3.7.3　应答或请求的 page 对象

page 对象代表 JSP 本身，只有在 JSP 页面内才是合法的。page 隐含对象本质上包含当前 Servlet 接口引用的变量，类似于 Java 编程中的 this 指针。page 对象的常用方法如表 3.8 所示。

表 3.8　page 对象的常用方法

方　法	返　回　值	说　明
getClass()	Object	返回当前 Object 的类
hashCode()	Object	返回此 Object 的哈希代码
toString()	String	将此 Object 类转换成字符串对象
equals(Object obj)	boolean	比较此对象与指定的对象是否相等

3.7.4　获取异常信息的 exception 对象

exception 对象的作用是显示异常信息，只有在包含 isErrorPage="true"的页面中才可以被使用，在一般的 JSP 页面中使用该对象将无法编译 JSP 文件。exception 对象和 Java 的所有对象一样，都具有系统的继承结构。exception 对象几乎定义了所有异常情况。在 Java 程序中，可以使用 try/catch 关键字来处理异常情况；如果在 JSP 页面中出现没有捕捉到的异常，就会生成 exception 对象，并把 exception 对象传送到在 page 指令中设定的错误页面中，然后在错误页面中处理相应的 exception 对象。exception 对象的常用方法如表 3.9 所示。

表 3.9　exception 对象的常用方法

方　　法	说　　明
getMessage()	返回 exception 对象的异常信息字符串
getLocalizedmessage()	返回本地化的异常错误
toString()	返回关于异常错误的简单信息描述
fillInStackTrace()	重写异常错误的栈执行轨迹

例 3.10　获取异常信息的 exception 对象。（实例位置：光盘\TM\Instances\3.10）

（1）创建 index.jsp 页面，在该页面中编写代码，并通过 errorPage 属性指定有异常信息时系统将转发至 error.jsp 页面。关键代码如下：

```
<%@ page language="java" import="java.util.*" pageEncoding="gbk" errorPage="error.jsp"%>
<%
    int apple = Integer.parseInt("ad");
    out.println("苹果每斤"+apple+"元");
%>
```

（2）编写 error.jsp 页面，用于接收传递过来的异常信息。关键代码如下：

```
<%@ page language="java" import="java.util.*" pageEncoding="gbk" isErrorPage="true"%>
<body>
  错误提示为：<%=exception.getMessage() %>
</body>
```

由于将字符串 ad 转换为 int 型变量会发生异常，因此系统将转发至 error.jsp 页面，如图 3.15 所示。

如果将 index.jsp 页面中的代码"int apple = Integer.parseInt("ad");"替换为"int apple = Integer. parseInt("3")"，则不会有异常发生，不会转发至 error.jsp 页面，运行结果如图 3.16 所示。

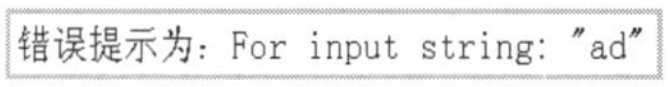

错误提示为: For input string: "ad"　　　　苹果每斤3元

图 3.15　本实例的运行结果 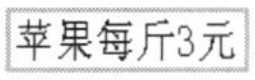　　　　图 3.16　没有异常发生

3.8　实　　战

3.8.1　application 对象实现网页计数器

📹 视频讲解：光盘\TM\Video\3\application 对象实现网页计数器.exe

由于 application 保存的信息在整个应用中都有效，因此可以将当前访问网站的数量保存在 application 对象中，在每次访问网页时，实现将保存在 application 对象中的值加 1，从而实现网页计数器。

例 3.11　应用 application 对象实现网页计数器。（实例位置：光盘\TM\Instances\3.11）

（1）在 index.jsp 页面中，实现将信息保存在 application 对象中。关键代码如下：

```
<h4>application 对象实现网页计数器</h4>
    <%
        out.println("设置数值");                    //页面显示信息
        Integer intcount ;                          //定义用于网页计数变量
        if(application.getAttribute("count")==null){  //如果保存在 application 对象中的内容为空
```

```
            intcount = 1;
        }
        else{
            intcount = (Integer.parseInt(
                    application.getAttribute("count").toString()));        //获取保存在application对象中的内容
        }
        application.setAttribute("name","cdd");              //将信息保存在 application 对象内
        application.setAttribute("count",intcount);
        out.print("set name = cdd ");
        out.print("<br>set counter = "+intcount+"<br>");

    %>
    <a href="gateppatter.jsp">计数器页面</a>              <!-- 转发至 gateppatter.jsp 页面 -->
```
index.jsp 页面的运行结果如图 3.17 所示。

（2）在 gateppatter.jsp 页面中，实现计数器统计。关键代码如下：

```
<br>获取用户名：<%=application.getAttribute("name")%>
<br>计数器：
<%
    int mycount = Integer.valueOf(
            application.getAttribute("count").toString()).intValue();      //获取保存在 application 对象中的信息
    out.println(mycount);
    application.setAttribute("count",Integer.toString(mycount+1));          //将该信息做加 1 处理
%>
```

gateppatter.jsp 页面的运行结果如图 3.18 所示。

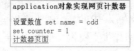

图 3.17　index.jsp 页面的运行结果　　　图 3.18　gateppatter.jsp 页面的运行结果

3.8.2　在提交表单时加入验证码

视频讲解：光盘\TM\Video\3\在提交表单时加入验证码.exe

几乎所有的登录系统都会有验证码，验证码的实现有多种，本节向读者介绍的验证码是由 4 位数字的图片组成。在本实例的 num 文件夹中保存有 10 张图片，每次刷新页面时，从中随机取出 4 张图片作为验证码，并在 check.jsp 页面中验证用户名与密码是否正确。

例 3.12　在提交表单时加入验证码。（实例位置：光盘\TM\Instances\3.12）

（1）在 index.jsp 页面中，为用户设置"用户名"、"密码"和"验证码"文本框。关键代码如下：

```
<form name="form1" method="POST" action="check.jsp"><!--定义 form 表单-->
        <table width="364" height="145" border="0" align="center"
            cellpadding="0" cellspacing="0">
    <tr>
        <td height="2" colspan="2"></td>
    </tr>

    <tr>
        <td height="2" colspan="2" valign="top"></td>
    </tr>
```

```
<tr>
      <td width="54" height="22" valign="bottom">
      <span class="STYLE15" >用户名：</span>
      </td>
      <td width="310" valign="bottom"><input name="UserName" type="text" class="input2" onKeyDown=
"if(event.keyCode==13) {form1.PWD.focus();}"
      onMouseOver="this.style.background='#F0DAF3';"
    oMouseOut="this.style.background='#FFFFFF'"><!-- 设置"用户名"文本框，并设置鼠标经过时的样式 -->
    </td>
    </tr>
    <tr>
      <td height="23" colspan="2" valign="bottom"></td>
    </tr>
    <tr>
      <td height="34" colspan="2" valign="top" class="STYLE15">
        密  码：
        <input name="PWD" type="password"    class="input2" align="bottom"
          onKeyDown="if(event.keyCode==13){form1.yanzheng.focus();}"
          onMouseOver="this.style.background='#F0DAF3';"
          onMouseOut="this.style.background='#FFFFFF'"><!-- 设置"密码"文本框 -->
    </td>
    </tr>
    <tr>
    <td height="21" colspan="2" valign="top" class="STYLE15" ondragstart="return false" onselectstart="return
false">
                        验证码：
      <input name="yanzheng" type="text" class="input2"
          onKeyDown="if(event.keyCode==13){form1.Submit.focus();}"
          size="8" align="bottom"
          onMouseOver="this.style.background='#F0DAF3';"
          onMouseOut="this.style.background='#FFFFFF'">
      <!-- 设置"验证码"文本框，并设置鼠标经过的样式 -->
      <%
      int intmethod = (int)( (((Math.random())*11))-1);
      int intmethod2 = (int)( (((Math.random())*11))-1);
      int intmethod3 = (int)( (((Math.random())*11))-1);
      int intmethod4 = (int)( (((Math.random())*11))-1);
      String intsum = intmethod+""+intmethod2+intmethod3+intmethod4;
      //将得到的随机数进行连接
%>
<input type="hidden" name="verifycode2" value="<%=intsum%>"> <!-- 设置隐藏域，用来进行验证比较-->
<span class="STYLE12"><font size="+3" color="#FF0000"><img src=num/<%=intmethod %>.gif> <img
src= num/<%=intmethod2 %>.gif>
            <!-- 将图片名称与得到的随机数相同的图片显示在页面上   -->
            <img src=num/<%=intmethod3%>.gif> <img src=num/<%=intmethod4 %>.gif></font></span>
    </td>
      </tr>
    <tr>
    td colspan="2" valign="top">       
    <input name="Submit" type="button" class="submit1" value="登录" onClick="mycheck()">  
```

```
<input name="Submit2" type="reset" class="submit1" value="重置"> <!-- 设置"提交"与"重置"按钮-->
    </td>
    </tr>
    </table>
  </form>
```

（2）在 index.jsp 页面中编写 JavaScript 脚本，通过定义 mycheck()方法来验证用户输入的用户名、密码以及验证码是否正确。关键代码如下：

```
<script language="javascript">
function mycheck(){
if (form1.UserName.value=="")
{alert("请输入用户名！");form1.UserName.focus();return;}
if(form1.PWD.value=="")
{alert("请输入密码！");form1.PWD.focus();return;}
if(form1.yanzheng.value=="")
{alert("请输入验证码!");form1.yanzheng.focus();return;}
if(form1.yanzheng.value != form1.verifycode2.value)
{alert("请输入正确的验证码!!");form1.yanzheng.focus();return;}
form1.submit();
}
</script>
```

（3）验证用户输入的用户名、密码、验证码是否合法。关键代码如下：

```
<body>
    <%
    String name = request.getParameter("UserName");      //获取用户名参数
    String password = request.getParameter("PWD");        //获取用户输入的密码参数
    String message ;
    if(name.equals("mr")&&(password.equals("mrsoft"))){   //判断用户名与密码是否合法
        message ="可以登录系统";
    }
    else{
        message ="用户名或密码错误";
    }
    %>
    <script language="javascript">
    alert("<%=message%>!!")
    window.location.href='index.jsp';
    </script>
</body>
```

实例运行结果如图 3.19 所示。

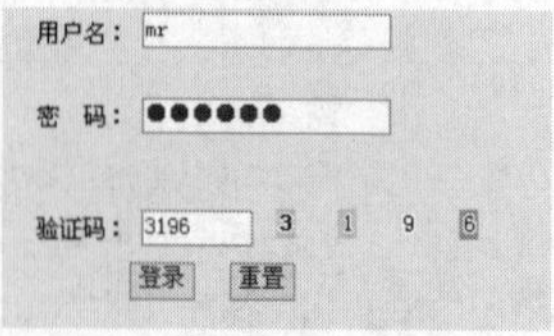

3.8.3 实现自动登录

📹 视频讲解：光盘\TM\Video\3\实现自动登录.exe

通过 cookie 实现的自动登录是非常常见的，将用户登录的信息保存到 cookie 中，可实现用户再次登录系统时会自动地登录。如果用户不是第一次运行程序，系统会将用户的用户名和密码都显示在页面中，这样用户就不用手动地进行输入。

图 3.19   实例运行结果

例 3.13   通过 cookie 实现的自动登录。（实例位置：光盘\TM\Instances\3.13）

（1）新建 Web 项目，在新建项目的 index.jsp 页面中判断 cookie 中是否包含有相关信息，如果有将其显示在页面中。关键代码如下：

```
<%
    String welcome = "第一次访问";
    String[] info = new String[] {"","",""};              //定义保存信息的字符串数组
    Cookie[] cook = request.getCookies();                 //获取 cookie 数组
    if (cook != null){
        for (int i = 0; i < cook.length; i++){            //循环遍历 cookie 数组
            if (cook[i].getName().equals("mrCookie")){    //如果 cookie 的 key 值为 mrCookie
                info = cook[i].getValue().split("#");     //获取 cookie 对象的 value
            }
        }
    }
%>
<form action="enter.jsp" method="post">
        用 户 名：
        <input name="name" type="text" value="<%=info[0]%>"><br><%--获取保存在 cookie 的用户名信息 --%>
        密   码：
        <%--获取保存在 cookie 中的密码 --%>
        <input name="passWord" type="password" value="<%=info[1]%>"><br>
        <input type="submit" value="提交">
</form>
```

（2）在新建项目的 erter.jsp 页面中，判断用户是否输入了正确的用户名和密码，并将信息保存到 cookie 对象中。关键代码如下：

```
<%
    String strName = request.getParameter("name");         //获取用户添加的用户名信息
    String passWord = request.getParameter("passWord");    //获取用户添加的密码信息
    if (strName.equals("tsoft") && passWord.equals("111")) {   //判断用户名和密码是否满足条件
        Cookie myCook = new Cookie("mrCookie", strName + "#" + passWord);  //创建 cookie 对象
        myCook.setMaxAge(60 * 60 * 24 * 365);              //设置 cookie 有效期
        response.addCookie(myCook);
%>
<script type="text/javascript">
alert("用户可以登录系统！");window.location.href='index.jsp';
</script>
<%
    } else {
%>
<script type="text/javascript">
alert("用户名或密码错误");
window.location.href = 'index.jsp';
</script>
<%}%>
```

运行本实例，当用户输入用户名 tsoft，密码 111，并单击"提交"按钮后，将显示"用户可以登录系统"对话框，并且返回到实例首页，这时页面中将自动填入刚刚输入的用户名和密码，如图 3.20 所示。

图 3.20　实现自动登录

3.8.4　定时刷新页面

视频讲解：光盘\TM\Video\3\定时刷新页面.exe

如果 JSP 页面中的数据是经常变化的，那么如果没有对其及时地刷新，用户看到的数据就可能不是正

确的。为了避免用户因忘记及时刷新而出现的问题，可以在系统中实现自动刷新的功能，可以由 response 对象的 setHeader()方法来实现。

例 3.14 实现定时刷新页面。（实例位置：光盘\TM\Instances\3.14）

新建 Web 项目，在该项目的 index.jsp 页面中实现每隔十秒后就自动刷新页面。关键代码如下：

```
<body>
    <p>response 自动刷新</p>
    <%
        response.setHeader("Refresh","10");//设置每隔 10 秒自动刷新页面
        out.println(new Date());              //页面显示当前时间
    %>
</body>
```

实例运行结果如图 3.21 所示，10 秒后的运行结果如图 3.22 所示。

图 3.21　定时刷新页面　　　　图 3.22　10 秒后的运行结果

3.8.5　统计用户在某页停留时间

视频讲解：光盘\TM\Video\3\统计用户在某页停留时间.exe

例 3.15 本实例实现统计用户在某网站停留的时间,并且每隔 10 秒刷新一次页面显示用户停留的时间。（实例位置：光盘\TM\Instances\3.15）

（1）新建 Web 项目，在该项目的 index.jsp 页面中首先定义变量，保存用户在网站中停留的时间。关键代码如下：

```
<%
    session.setMaxInactiveInterval(11);                     //设置 session 的有效活动时间为 11s
    Date now = new Date();                                 //创建保存时间的 Date 对象
    int h = 0;                                             //定义保存小时的变量
    int m = 0;                                             //定义保存分钟的变量
    int s = 0;                                             //定义保存秒的变量
    if (session.isNew()) {
        session.setAttribute("start", now);                //向 session 中添加对象
    } else {
        Date date = (Date) session.getAttribute("start");
        Date end = new Date();                             //获取现在的日期
        long howmuch = end.getTime() - (date.getTime());   //计算用户在网站停留的时间
        h = (int) (howmuch / 1000 / 60 / 60);              //计算用户在网站停留的小时
        howmuch = howmuch - h * 60 * 60 * 1000;
        m = (int) (howmuch / 1000 / 60);                   //计算用户在网站停留的分钟
        howmuch = howmuch - m * 60 * 1000;
        s = (int) (howmuch / 1000);                        //计算用户在网站停留的秒
    }
```

（2）在 index.jsp 页面中将用户登录的时间与用户停留的时间显示出来，关键代码如下：

```
<table width="250" height="100" border=1 bordercolor="black"
    bordercolorlight="black" bordercolordark="white" cellspacing=0
```

```
" style="margin-top: 200">
<tr bgcolor="lightgrey" height="25">
    <td align="center">
        统计用户在某一页停留的时间
    </td>
</tr>
<tr>
    <td align="center">
        <%--将用户登录的时间在页面中显示  --%>
        您登录的时间为：<%=((Date) session.getAttribute("start")).toLocaleString()%>
    </td>
</tr>
<tr>
    <td align="center">
您在本页的停留时间为：<%=h%>小时<%=m%>分<%=s%>秒<%--将用户在网站中停留的时间在页面中显示  --%>
    </td>
</tr>
```

实例运行结果如图 3.23 所示。

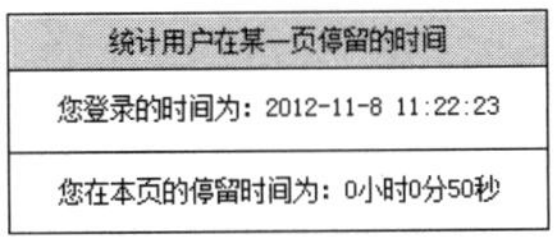

图 3.23　统计用户在网站停留的时间

3.9　本章小结

本章向读者介绍了 JSP 的 9 个内置对象的基本应用和常用方法，其中详细地介绍了 request、response、out 对象，对 pageContext、config、page、exception 对象中的方法作了简要介绍。JSP 内置对象在开发中应用较为广泛，希望通过本章的学习，读者可在开发中灵活地使用这些内置对象。

3.10　学习成果检验

1. 应用 JSP 内置对象，实现用户注册。（答案位置：光盘\TM\Instances\3.16）
2. 应用 JSP 内置对象，实现简单的留言本，写入留言，提交后显示留言内容。（答案位置：光盘\TM\Instances\3.17）
3. 防止表单在网站外部提交。（答案位置：光盘\TM\Instances\3.18）

第 4 章

Servlet 技术

（ 视频讲解：88 分钟 ）

　　Servlet 是 Java 语言应用到 Web 服务器端的扩展技术，它的产生为 Java Web 开发奠定了基础。随着 Web 开发技术的不断发展，Servlet 也在不断发展与完善，并凭借其安全性、跨平台等诸多优点，深受广大 Java 编程人员的青睐。本章将以理论与实践相结合的方式系统地讲解 Servlet 技术。

　　通过阅读本章，您可以：

- ▶▶ 理解 Servlet 技术原理
- ▶▶ 了解 Servlet 在 Servlet 容器中的生命周期
- ▶▶ 掌握 Servlet 的创建与配置方法
- ▶▶ 掌握 Servlet API 的主要接口与类
- ▶▶ 掌握 Filter API 的常用接口
- ▶▶ 理解 Servlet 过滤器的实现原理
- ▶▶ 掌握 Servlet 过滤器的创建与配置
- ▶▶ 掌握 Servlet 过滤器的典型应用

4.1　Servlet 基础

Servlet 是使用 Java Servlet 接口（API）运行在 Web 应用服务器上的 Java 程序。与普通 Java 程序不同，它是位于 Web 服务器内部的服务器端的 Java 应用程序，可以对 Web 浏览器或其他 HTTP 客户端程序发送的请求进行处理。

4.1.1　Servlet 与 Servlet 容器

Servlet 对象与普通的 Java 对象不同，它可以处理 Web 浏览器或其他 HTTP 客户端程序发送的 HTTP 请求，但前提条件是把 Servlet 对象布置到 Servlet 容器之中，也就是说，其运行需要 Servlet 容器的支持。

通常情况下，Servlet 容器也就是指 Web 容器，如 Tomcat、Jboss、Resin、WebLogic 等，它们对 Servlet 进行控制。当一个客户端发送 HTTP 请求时，由容器加载 Servlet 对其进行处理并作出响应。

Servlet 与 Web 容器的关系是非常密切的，在 Web 容器中 Servlet 主要经历了 4 个阶段（如图 4.1 所示），这 4 个阶段实质是 Servlet 的生命周期，由容器进行管理。

（1）在 Web 容器启动或客户机第一次请求服务时，容器将加载 Servlet 类并将其放入到 Servlet 实例池。

（2）当 Servlet 实例化后，容器将调用 Servlet 对象的 init()方法完成 Servlet 的初始化操作，主要是为了让 Servlet 在处理请求之前做一些初始化工作。

（3）容器通过 Servlet 的 service()方法处理客户端请求。在 service()方法中，Servlet 实例根据不同的 HTTP 请求类型作出不同处理，并在处理之后作出相应的响应。

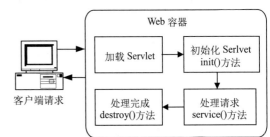

图 4.1　Servlet 与容器

（4）在 Web 容器关闭时，容器调用 Servlet 对象的 destroy()方法对资源进行释放。在调用此方法后，Servlet 对象将被垃圾回收器回收。

4.1.2　Servlet 技术特点

Servlet 采用 Java 语言编写，继承了 Java 语言中的诸多优点，同时还对 Java 的 Web 应用进行了扩展。Servlet 具有以下特点：

☑　方便、实用的 API 方法。Servlet 对象对 Web 应用进行了封装，针对 HTTP 请求提供了丰富的 API 方法，它可以处理表单提交数据、会话跟踪、读取和设置 HTTP 头信息等，对 HTTP 请求数据的处理非常方便，只需要调用相应的 API 方法即可。

☑　高效的处理方式。Servlet 的一个实例对象可以处理多个线程的请求。当多个客户端请求一个 Servlet 对象时，Servlet 为每一个请求分配一个线程，而提供服务的 Servlet 对象只有一个，因此说 Servlet 的多线程处理方式是非常高效的。

☑　跨平台。Servlet 采用 Java 语言编写，因此它继承了 Java 的跨平台性，对于已编写好的 Servlet 对象，可运行在多种平台之中。

☑　更加灵活、扩展。Servlet 与 Java 平台的关系密切，它可以访问 Java 平台丰富的类库；同时由于它采用 Java 语言编写，支持封装、继承等面向对象的优点，使其更具应用的灵活性；此外，在编写过程中，它还对 API 接口进行了适当扩展。

☑　安全性。Servlet 采用了 Java 的安全框架，同时 Servlet 容器还为 Servlet 提供了额外的功能，其安全性是非常高的。

4.1.3　Servlet 技术功能

Servlet 是位于 Web 服务器内部的服务器端的 Java 应用程序，它对 Java Web 的应用进行了扩展，可以对 HTTP 请求进行处理及响应，功能十分强大。

- ☑ Servlet 与普通 Java 应用程序不同，它可以处理 HTTP 请求以获取 HTTP 头信息，通过 HttpServletRequest 接口与 HttpServletResponse 接口对请求进行处理及回应。
- ☑ Servlet 可以在处理业务逻辑之后，将动态的内容通过返回并输出到 HTML 页面中，与用户请求进行交互。
- ☑ Servlet 提供了强大的过滤器功能，可针对请求类型进行过滤设置，为 Web 开发提供灵活性与扩展性。
- ☑ Servlet 可与其他服务器资源进行通信。

4.1.4　Servlet 与 JSP 的区别

Servlet 是一种运行在服务器端的 Java 应用程序，先于 JSP 的产生。在 Servlet 的早期版本中，业务逻辑代码与网页代码写在一起，给 Web 程序的开发带来了很多不便。如网页设计的美工人员，需要学习 Servlet 技术进行页面设计；而在程序设计中，其代码又过于复杂，Servlet 所产生的动态网页需要在代码中编写大量输出 HTML 标签的语句。针对早期版本 Servlet 的不足，Sun 提出了 JSP（Java Server Page）技术。

JSP 是一种在 Servlet 规范之上的动态网页技术，通过 JSP 页面中嵌入的 Java 代码，可以产生动态网页。也可以将其理解为是 Servlet 技术的扩展，在 JSP 文件被第一次请求时，它会被编译成 Servlet 文件，再通过容器调用 Servlet 进行处理。由此可以看出，JSP 与 Servlet 技术的关系是十分紧密的。

JSP 虽是在 Servlet 的基础上产生的，但与 Servlet 也存在一定的区别。

- ☑ Servlet 承担客户请求与业务处理的中间角色，需要调用固定的方法，将动态内容混合到静态之中产生 HTML；而在 JSP 页面中，可直接使用 HTML 标签进行输出，要比 Servlet 更具显示层的意义。
- ☑ Servlet 中需要调用 Servlet API 接口处理 HTTP 请求，而在 JSP 页面中，则直接提供了内置对象进行处理。
- ☑ Servlet 的使用需要进行一定的配置，而 JSP 文件通过.jsp 扩展名部署在容器之中，容器对其自动识别，直接编译成 Servlet 进行处理。

4.1.5　Servlet 代码结构

在 Java 中，通常所说的 Servlet 是指 HttpServlet 对象，在声明一个对象为 Servlet 时，需要继承 HttpServlet 类。HttpServlet 类是 Servlet 接口的一个实现类，继承此类后，可以重写 HttpServlet 类中的方法对 HTTP 请求进行处理。其代码结构如下：

```
import java.io.IOException;
import javax.servlet.ServletException;
import javax.servlet.http.HttpServlet;
import javax.servlet.http.HttpServletRequest;
import javax.servlet.http.HttpServletResponse;

public class TestServlet extends HttpServlet {
    //初始化方法
    public void init() throws ServletException {
    }
    //处理 HTTP Get 请求
```

```
        public void doGet(HttpServletRequest request, HttpServletResponse response)
                throws ServletException, IOException {
        }
        //处理 HTTP Post 请求
        public void doPost(HttpServletRequest request, HttpServletResponse response)
                throws ServletException, IOException {
        }
        //处理 HTTP Put 请求
        public void doPut(HttpServletRequest request, HttpServletResponse response)
                throws ServletException, IOException {
        }
        //处理 HTTP Delete 请求
        public void doDelete(HttpServletRequest request,
                HttpServletResponse response) throws ServletException, IOException {

        }
        //销毁方法
        public void destroy() {
            super.destroy();
        }
}
```

上述代码显示了一个 Servlet 对象的代码结构，TestServlet 类通过继承 HttpServlet 类被声明为一个 Servlet 对象。此类中包含 6 个方法，其中 init()方法与 destroy()方法为 Servlet 初始化与生命周期结束所调用的方法，其余的 4 个方法为 Servlet 针对处理不同的 HTTP 请求类型所提供的方法，其作用如注释中所示。

在一个 Servlet 对象中，最常用的方法是 doGet()与 doPost()方法，这两个方法分别用于处理 HTTP 的 Get 与 Post 请求。例如，<form>表单对象所声明的 method 属性为 post，提交到 Servlet 对象处理时，Servlet 将调用 doPost()方法进行处理。

4.1.6 简单的 Servlet 程序

在编写 Servlet 时，不必重写 Servlet 对象中的所有方法，只需重写请求所使用方法即可。例如，处理 get 请求需要重写 doGet()方法，在此方法中编写业务逻辑代码。

例 4.01 简单的 Servlet 程序。（实例位置：光盘\TM\Instances\4.01）

```
public class SimpleServlet extends HttpServlet {
    public void doGet(HttpServletRequest request, HttpServletResponse response)
            throws ServletException, IOException {
        response.setContentType("text/html");
        PrintWriter out = response.getWriter();
        out.println("This is a Servlet.");
    }
}
```

注意 本实例演示了简单的 Servlet 程序，其涉及的 Servlet 配置方法将在 4.2.2 节中进行详细讲解。

SimpleServlet 类是一个 Servlet 对象，它继承了 HttpServlet 类。在此类的 doGet()方法中，通过 PrintWriter 对象向页面中打印了一句话，通过浏览器可查看此 Servlet 运行效果，如图 4.2 所示。

图 4.2 一个简单的 Servlet 程序

4.2　Servlet 开发

视频讲解：光盘\TM\Video\4\Servlet 开发.exe

在 Java 的 Web 开发中，Servlet 具有重要的地位，程序中的业务逻辑可以由 Servlet 进行处理；它也可以通过 HttpServletResponse 对象对请求作出响应，功能十分强大。本节将对 Servlet 的创建及配置进行详细讲解。

4.2.1　Servlet 的创建

Servlet 的创建十分简单，主要有两种创建方法。第一种方法为创建一个普通的 Java 类，使这个类继承 HttpServlet 类，再通过手动配置 web.xml 文件注册 Servlet 对象。此方法操作比较繁琐，在快速开发中通常不被采纳，而是使用第二种方法——直接通过 IDE 集成开发工具进行创建。

使用 IDE 集成开发工具创建 Servlet 比较简单，适合于初学者。本节以 Eclipse 开发工具为例，创建方法如下。

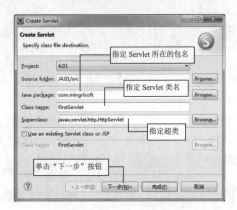

图 4.3　Create Servlet 对话框

（1）创建一个动态 Web 项目，然后在包资源管理器中新建项目名称节点上单击鼠标右键，在弹出的快捷菜单中选择"新建"/Servlet 命令，打开 Create Servlet 对话框，在 Java package 文本框中输入"com.mingrisoft"，在 Class name 文本框中输入类名"FirstServlet"，其他的采用默认设置，如图 4.3 所示。

（2）单击"下一步"按钮，进入到如图 4.4 所示的指定配置 Servlet 部署描述信息页面，在该页面中采用默认设置。

说明

在 Servlet 开发中，如果需要配置 Servlet 的相关信息，可以在图 4.5 所示页面中进行配置，如描述信息、初始化参数、URL 映射。其中"描述信息"指对 Servlet 的一段描述文字；"初始化参数"指在 Servlet 初始化过程中用到的参数，这些参数可以使用 Servlet 的 init()方法进行调用；"URL 映射"指通过哪一个 URL 来访问 Servlet。

（3）单击"下一步"按钮，将进入到如图 4.5 所示的用于选择修饰符、实现接口和要生成的方法界面。在该界面中，修饰符和接口保持默认，选中 doGet 和 doPost 复选框，单击"完成"按钮，完成 Servlet 的创建。

图 4.4　配置 Servlet 部署描述的信息

图 4.5　选择修饰符、实现接口和生成的方法界面

说明　选中 doPost 与 doGet 复选框的作用是让 Eclipse 自动生成 doGet()与 doPost()方法,实际应用中可以选择多个方法。

Servlet 创建完成后，Eclipse 将自动打开该文件。创建的 Servlet 类的代码如下：

```java
package com.mingrisoft;
import java.io.IOException;
import javax.servlet.ServletException;
import javax.servlet.annotation.WebServlet;
import javax.servlet.http.HttpServlet;
import javax.servlet.http.HttpServletRequest;
import javax.servlet.http.HttpServletResponse;
/**
 * Servlet 实现类 FirstServlet
 */
@WebServlet("/FirstServlet")
public class FirstServlet extends HttpServlet {
    private static final long serialVersionUID = 1L;
    /**
     * @see HttpServlet#HttpServlet()
     * 构造方法
     */
    public FirstServlet() {
        super();
    }
    /**
     * @see HttpServlet#doGet(HttpServletRequest request, HttpServletResponse response)
     */
    protected void doGet(HttpServletRequest request, HttpServletResponse response) throws ServletException,
IOException {
        //业务处理
    }
    /**
     * @see HttpServlet#doPost(HttpServletRequest request, HttpServletResponse response)
     */
    protected void doPost(HttpServletRequest request, HttpServletResponse response) throws ServletException,
IOException {
        //业务处理
    }
}
```

说明　上面代码中加粗的代码为 Servlet 3 新增的通过注解来配置 Server 的代码。通过该句代码进行配置以后，就不需要在 web.xml 文件中进行配置了。

说明　使用开发工具创建 Servlet 非常简单，上述代码使用的是 Eclipse IDE for Java EE 工具。其他开发工具操作步骤大同小异，按提示操作即可。

4.2.2　Servlet 配置的相关元素

要使 Servlet 对象正常地运行，需要进行适当的配置，以告知 Web 容器哪一个请求调用哪一个 Servlet 对象处理，对 Servlet 起到一个注册的作用。Servlet 的配置包含在 web.xml 文件中，主要通过以下两步进行设置。

1. 声明 Servlet 对象

在 web.xml 文件中，通过<servlet>标签声明一个 Servlet 对象。在此标签下包含两个主要子元素，分别为<servlet-name>和<servlet-class>。其中，<servlet-name>元素用于指定 Servlet 的名称，此名称可以为自定义的名称；<servlet-class>元素用于指定 Servlet 对象的完整位置，包含 Servlet 对象的包名与类名。其声明语句如下：

```
<servlet>
    <servlet-name>SimpleServlet</servlet-name>
    <servlet-class>com.lyq.SimpleServlet</servlet-class>
</servlet>
```

2. 映射 Servlet

在 web.xml 文件中声明了 Servlet 对象后，需要映射访问 Servlet 的 URL。此操作使用<servlet-mapping>标签进行配置。<servlet-mapping>标签包含两个子元素，分别为<servlet-name>和<url-pattern>。其中，<servlet-name>元素与<servlet>标签中的<servlet-name>元素相对应，不可以随意命名。<url-pattern>元素用于映射访问 URL。其配置方法如下：

```
<servlet-mapping>
    <servlet-name>SimpleServlet</servlet-name>
    <url-pattern>/SimpleServlet</url-pattern>
</servlet-mapping>
```

例 4.02　Servlet 的创建及配置。（实例位置：光盘\TM\Instances\4.02）

（1）创建名为 MyServlet 的 Servlet 对象，它继承了 HttpServlet 类。在此类中重写 doGet()方法，用于处理 HTTP 的 get 请求，通过 PrintWriter 对象进行简单输出。关键代码如下：

```java
public class MyServlet extends HttpServlet {
    public void doGet(HttpServletRequest request, HttpServletResponse response)
            throws ServletException, IOException {
        response.setContentType("text/html");
        response.setCharacterEncoding("GBK");
        PrintWriter out = response.getWriter();
        out.println("<HTML>");
        out.println("    <HEAD><TITLE>Servlet 实例</TITLE></HEAD>");
        out.println("    <BODY>");
        out.print("        Servlet 实例：  ");
        out.print(this.getClass());
        out.println("    </BODY>");
        out.println("</HTML>");
        out.flush();
        out.close();
    }
}
```

（2）在 web.xml 文件中对 MyServlet 进行配置，其中访问 URL 的相对路径为/servlet/MyServlet。关键代码如下：

```
<servlet>
    <servlet-name>MyServlet</servlet-name>
    <servlet-class>com.lyq.MyServlet</servlet-class>
</servlet>
<servlet-mapping>
    <servlet-name>MyServlet</servlet-name>
    <url-pattern>/servlet/MyServlet</url-pattern>
</servlet-mapping>
```

本实例使用 MyServlet 对象对请求进行处理，其处理过程非常简单，通过 PrintWriter 对象向页面中打印信息，其运行结果如图 4.6 所示。

图 4.6 实例运行结果

4.3 Servlet API 编程常用的接口和类

📹 视频讲解：光盘\TM\Video\4\Servlet API 编程常用的接口和类.exe

Servlet 是运行在服务器端的 Java 应用程序，由 Servlet 容器对其进行管理，当用户对容器发送 HTTP 请求时，容器将通知相应的 Servlet 对象进行处理，完成用户与程序之间的交互。在 Servlet 编程中，Servlet API 提供了标准的接口与类，这些对象对 Servlet 的操作非常重要，它们为 HTTP 请求与程序回应提供了丰富的方法。

4.3.1 Servlet 接口

Servlet 的运行需要 Servlet 容器的支持，Servlet 容器通过调用 Servlet 对象提供了标准的 API 接口，对请求进行处理。在 Servlet 开发中，任何一个 Servlet 对象都要直接或间接地实现 javax.servlet.Servlet 接口。在此接口中包含 5 个方法，如表 4.1 所示。

表 4.1 Servlet 接口中的方法及说明

方 法	说 明
public void init(ServletConfig config)	Servlet 实例化后，Servlet 容器调用此方法来完成初始化工作
public void service(ServletRequest request,ServletResponse response)	此方法用于处理客户端的请求
public void destroy()	当 Servlet 对象应该从 Servlet 容器中移除时，容器调用此方法，以便释放资源
public ServletConfig getServletConfig()	此方法用于获取 Servlet 对象的配置信息，返回 ServletConfig 对象
public String getServletInfo()	此方法返回有关 Servlet 的信息，它是纯文本格式的字符串，如作者、版本等

4.3.2 ServletConfig 接口

ServletConfig 接口位于 javax.servlet 包中，它封装了 Servlet 的配置信息，在 Servlet 初始化期间被传递。每一个 Servlet 都有且只有一个 ServletConfig 对象。此对象定义了 4 个方法，如表 4.2 所示。

表 4.2 ServletConfig 接口中的方法及说明

方 法	说 明
public String getInitParameter(String name)	此方法返回 String 类型名称为 name 的初始化参数值
public Enumeration getInitParameterNames()	获取所有初始化参数名的枚举集合
public ServletContext getServletContext()	用于获取 Servlet 上下文对象
public String getServletName()	返回 Servlet 对象的实例名

4.3.3 HttpServletRequest 接口

HttpServletRequest 接口位于 javax.servlet.http 包中，继承了 javax.servlet.ServletRequest 接口，是 Servlet 中的重要对象，在开发过程中较为常用，其常用方法及说明如表 4.3 所示。

表 4.3　HttpServletRequest 接口的常用方法及说明

方　　法	说　　明
public String getContextPath()	返回请求的上下文路径，此路径以 "/" 开关
public Cookie[] getCookies()	返回请求中发送的所有 cookie 对象，返回值为 cookie 数组
public String getMethod()	返回请求所使用的 HTTP 类型，如 get、post 等
public String getQueryString()	返回请求中参数的字符串形式，如请求 MyServlet?username=mr，则返回 username=mr
public String getRequestURI()	返回主机名到请求参数之间部分的字符串形式
public StringBuffer getRequestURL()	返回请求的 URL，此 URL 中不包含请求的参数。注意此方法返回的数据类型为 StringBuffer
public String getServletPath()	返回请求 URI 中的 Servlet 路径的字符串，不包含请求中的参数信息
public HttpSession getSession()	返回与请求关联的 HttpSession 对象

例 4.03　HttpServletRequest 接口的使用。（**实例位置：光盘\TM\Instances\4.03**）

（1）创建名为 MyServlet 的类（它是一个 Servlet），在此类中通过 PrintWriter 对象向页面中输出调用 HttpServletRequest 接口中的方法所获取的值。关键代码如下：

```java
public class MyServlet extends HttpServlet {
    public void doGet(HttpServletRequest request, HttpServletResponse response)
            throws ServletException, IOException {
        response.setContentType("text/html");
        response.setCharacterEncoding("GBK");
        PrintWriter out = response.getWriter();
        out.print("<p>上下文路径：" + request.getServletPath() + "</p>");
        out.print("<p>HTTP 请求类型：" + request.getMethod() + "</p>");
        out.print("<p>请求参数：" + request.getQueryString() + "</p>");
        out.print("<p>请求 URI：" + request.getRequestURI() + "</p>");
        out.print("<p>请求 URL：" + request.getRequestURL().toString() + "</p>");
        out.print("<p>请求 Servlet 路径：" + request.getServletPath() + "</p>");
        out.flush();
        out.close();
    }
}
```

（2）在 web.xml 文件中，对 MyServlet 类进行配置。关键代码如下：

```xml
<servlet>
    <servlet-name>MyServlet</servlet-name>
    <servlet-class>com.lyq.MyServlet</servlet-class>
</servlet>
<servlet-mapping>
    <servlet-name>MyServlet</servlet-name>
    <url-pattern>/servlet/MyServlet</url-pattern>
</servlet-mapping>
```

在浏览器地址栏中输入 "http://localhost:8080/4.03/servlet/MyServlet?action= test"，运行结果如图 4.7 所示。

图 4.7　实例运行结果

4.3.4　HttpServletResponse 接口

HttpServletResponse 接口位于 javax.servlet.http 包中，它继承了 javax.servlet. ServletResponse 接口，同样是一个非常重要的对象，其常用方法及说明如表 4.4 所示。

表 4.4　HttpServletResponse 接口的常用方法及说明

方　　　　法	说　　　　明
public void addCookie(Cookie cookie)	向客户端写入 cookie 信息
public void sendError(int sc)	发送一个错误状态码为 sc 的错误响应到客户端
public void sendError(int sc, String msg)	发送一个包含错误状态码及错误信息的响应到客户端，参数 sc 为错误状态码，参数 msg 为错误信息
public void sendRedirect(String location)	使用客户端重定向到新的 URL，参数 location 为新的地址

例 4.04　在程序开发过程中，经常会遇到异常的产生，本实例使用 HttpServletResponse 向客户端发送错误信息。（实例位置：光盘\TM\Instances\4.04）

创建一个名称为 MyServlet 的 Servlet 对象，在 doGet()方法中模拟一个开发过程中的异常，并将其通过 thorw 关键字抛出。关键代码如下：

```java
public class MyServlet extends HttpServlet {
    public void doGet(HttpServletRequest request, HttpServletResponse response)
            throws ServletException, IOException {
        try {
            //创建一个异常
            throw new Exception("数据库连接失败");
        } catch (Exception e) {
            response.sendError(500, e.getMessage());
        }
    }
}
```

程序中的异常通过 catch 进行捕获，使用 HttpServletResponse 对象的 sendError()方法向客户端发送错误信息，运行结果如图 4.8 所示。

图 4.8　实例运行结果

4.3.5　GenericServlet 类

在编写一个 Servlet 对象时，必须实现 javax.servlet. Servlet 接口，但在 Servlet 接口中包含 5 个方法，也就是说创建一个 Servlet 对象要实现这 5 个方法，这样操作非常不方便。javax.servlet.GenericServlet 类简化了此操作，实现了 Servlet 接口。

```java
public abstract class GenericServlet
            extends Object
            implements Servlet, ServletConfig, Serializable
```

GenericServlet 类是一个抽象类，分别实现了 Servlet 接口与 ServletConfig 接口。此类实现了除 service()之外的其他方法，在创建 Servlet 对象时，可以继承 GenericServlet 类来简化程序中的代码，但需要实现 service()方法。

4.3.6　HttpServlet 类

GenericServlet 类实现了 javax.servlet.Servlet 接口，为程序的开发提供了方便；但在实际开发过程中，大多数的应用都是使用 Servlet 处理 HTTP 协议的请求，并对请求作出响应，所以通过继承 GenericServlet 类仍然不是很方便。javax.servlet.http.HttpServlet 类对 GenericServlet 类进行了扩展，为 HTTP 请求的处理提供了灵活的方法。

```java
public abstract class HttpServlet
            extends GenericServlet implements Serializable
```

HttpServlet 类仍然是一个抽象类，实现了 service()方法，并针对 HTTP 1.1 中定义的 7 种请求类型提供了相应的方法——doGet()、doPost()、doPut()、doDelete()、doHead()、doTrace()和 doOptions()。在这 7 个方法中，

除了对 doTrace() 与 doOptions() 方法进行简单实现外，HttpServlet 类并没有对其他方法进行实现，需要开发人员在使用过程中根据实际需要对其进行重写。

HttpServlet 类继承了 GenericServlet 类，通过其对 GenericServlet 类的扩展，可以很方便地对 HTTP 请求进行处理及响应。该类与 GenericServlet 类、Servlet 接口的关系如图 4.9 所示。

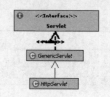

图 4.9　HttpServlet 类与 GenericServlet 类、Servlet 接口的关系

4.4　Servlet 过滤器

视频讲解：光盘\TM\Video\4\Servlet 过滤器.exe

过滤器是 Web 程序中的可重用组件，在 Servlet 2.3 规范中被引入，应用十分广泛，给 Java Web 程序的开发带来了更加强大的功能。本节将介绍 Servlet 过滤器的结构体系及其在 Web 项目中的应用。

4.4.1　过滤器概述

Servlet 过滤器是客户端与目标资源间的中间层组件，用于拦截客户端的请求与响应信息，如图 4.10 所示。当 Web 容器接收到一个客户端请求时，将判断此请求是否与过滤器对象相关联，如果相关联，则将这一请求交给过滤器进行处理。在处理过程中，过滤器可以对请求进行操作，如更改请求中的信息数据。在过滤器处理完成之后，再将这一请求交给其他业务进行处理。当所有业务处理完成，需要对客户端进行响应时，容器又将响应交给过滤器进行处理，过滤器完成处理后将响应发送到客户端。

在 Web 程序开发过程中，可以放置多个过滤器，如字符编码过滤器、身份验证过滤器等。Web 容器对多个过滤器的处理方式如图 4.11 所示。

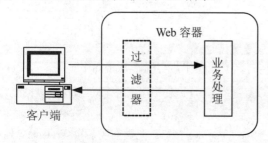

图 4.10　过滤器的应用

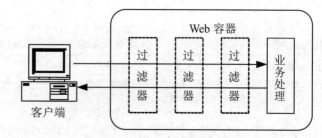

图 4.11　多个过滤器的应用

在多个过滤器的处理方式中，容器首先将客户端请求交给第一个过滤器处理，处理完成之后交给下一个过滤器处理，依此类推，直到最后一个过滤器。当需要对客户端回应时，将按照相反的方向对回应进行处理，直到交给第一个过滤器，最后发送到客户端回应。

4.4.2　Filter API

过滤器与 Servlet 非常相似，它的使用主要是通过 3 个核心接口（分别为 Filter 接口、FilterChain 接口与 FilterConfig 接口）进行操作。

1．Filter 接口

Filter 接口位于 javax.servlet 包中，与 Servlet 接口相似，当定义一个过滤器对象时需要实现此接口。在

Filter 接口中包含 3 个方法，其方法声明及说明如表 4.5 所示。

表 4.5　Filter 接口中的方法及说明

方　　法	说　　明
public void init(FilterConfig filterConfig)	过滤器的初始化方法，容器调用此方法完成过滤的初始化。对于每一个 Filter 实例，此方法只被调用一次
public void doFilter(ServletRequest request, ServletResponse response, FilterChain chain)	此方法与 Servlet 的 service()方法相类似，当请求及响应交给过滤器时，过滤器调用此方法进行过滤处理
public void destroy()	在过滤器生命周期结束时调用此方法，用于释放过滤器所占用的资源

2．FilterChain 接口

FilterChain 接口位于 javax.servlet 包中，此接口由容器进行实现，在 FilterChain 接口只包含一个方法。其方法声明如下：

```
void doFilter(ServletRequest request,
             ServletResponse response)
    throws IOException,
             ServletException
```

此方法主要用于将过滤器处理的请求或响应传递给下一个过滤器对象。在多个过滤器的 Web 应用中，可以通过此方法进行传递。

3．FilterConfig 接口

FilterConfig 接口位于 javax.servlet 包中。此接口由容器进行实现，用于获取过滤器初始化期间的参数信息，其方法声明及说明如表 4.6 所示。

表 4.6　FilterConfig 接口中的方法及说明

方　　法	说　　明
public String getFilterName()	返回过滤器的名称
public String getInitParameter(String name)	返回初始化名称为 name 的参数值
public Enumeration getInitParameterNames()	返回所有初始化参数名的枚举集合
public ServletContext getServletContext()	返回 Servlet 的上下文对象

了解了过滤器的这 3 个核心接口，就可以通过实现 Filter 接口来创建一个过滤器对象。其代码结构如下：

```
public class MyFilter implements Filter {
    //初始化方法
    public void init(FilterConfig arg0) throws ServletException {
    }
    //过滤处理方法
    public void doFilter(ServletRequest request, ServletResponse response,
            FilterChain chain) throws IOException, ServletException {
        //传递给下一个过滤器
        chain.doFilter(request, response);
    }
    //销毁方法
public void destroy() {
    }
}
```

4.4.3　过滤器的配置

在创建一个过滤器对象之后，需要对其进行配置才可以使用。过滤器的配置方法与 Servlet 的配置方法

相类似，都是通过 web.xml 文件进行配置，具体步骤如下。

1. 声明过滤器对象

在 web.xml 文件中，通过<filter>标签声明一个过滤器对象。在此标签下包含 3 个常用子元素，分别为<filter-name>、<filter-class>和<init-param>。其中，<filter-name>元素用于指定过滤器的名称，此名称可以为自定义的名称；<filter-class>元素用于指定过滤器对象的完整位置，包含过滤器对象的包名与类名；<init-param>元素用于设置过滤器的初始化参数。其配置方法如下：

```
<filter>
    <filter-name>CharacterEncodingFilter</filter-name>
    <filter-class>com.lyq.util.CharacterEncodingFilter</filter-class>
    <init-param>
        <param-name>encoding</param-name>
        <param-value>GBK</param-value>
    </init-param>
</filter>
```

<init-param>元素包含两个常用的子元素，分别为<param-name>与<param-value>。其中，<param-name>元素用于声明初始化参数的名称；<param-value>元素用于指定初始化参数的值。

2. 映射过滤器

在 web.xml 文件中声明了过滤器对象后，需要映射访问过滤器的过滤的对象。此操作使用<filter-mapping>标签进行配置。在<filter-mapping>标签中主要需要配置过滤器的名称、过滤器关联的 URL 样式、过滤器对应的请求方式等。其配置方法如下：

```
<filter-mapping>
    <filter-name>CharacterEncodingFilter</filter-name>
    <url-pattern>/*</url-pattern>
    <dispatcher>REQUEST</dispatcher>
    <dispatcher>FORWARD</dispatcher>
</filter-mapping>
```

☑ <filter-name>元素用于指定过滤器的名称，此名称与<filter>标签中的<filter-name>相对应。

☑ <url-pattern>元素用于指定过滤器关联的 URL 样式，设置为 "/*" 表示关联所有 URL。

☑ <dispatcher>元素用于指定过滤器对应的请求方式，其可选值及说明如表 4.7 所示。

表 4.7　<dispatcher>元素的可选值及说明

可 选 值	说　　明
REQUEST	当客户端直接请求时，通过过滤器进行处理
INCLUDE	当客户端通过 RequestDispatcher 对象的 include()方法请求时，通过过滤器进行处理
FORWARD	当客户端通过 RequestDispatcher 对象的 forward()方法请求时，通过过滤器进行处理
ERROR	当声明式异常产生时，通过过滤器进行处理

4.4.4　过滤器典型应用

在 Java Web 项目的开发中，过滤器的应用十分广泛，其中比较典型的应用就是字符编码过滤器。由于 Java 程序可以在多种平台下运行，其内部使用 Unicode 字符集来表示字符，所以处理中文数据会产生乱码的情况，需要对其进行编码转换才可以正常显示。

例 4.05　字符编码过滤器。（实例位置：光盘\TM\Instances\4.05）

（1）创建字符编码过滤器类 CharacterEncodingFilter，此类实现了 Filter 接口，并对其 3 个方法进行了实现。关键代码如下：

```
public class CharacterEncodingFilter implements Filter{
    //字符编码（初始化参数）
    protected String encoding = null;
    //FilterConfig 对象
    protected FilterConfig filterConfig = null;
    //初始化方法
    public void init(FilterConfig filterConfig) throws ServletException {
        //对 filterConfig 赋值
        this.filterConfig = filterConfig;
        //对初始化参数赋值
        this.encoding = filterConfig.getInitParameter("encoding");
    }
    //过滤器处理方法
    public void doFilter(ServletRequest request, ServletResponse response, FilterChain chain)
throws IOException, ServletException {
        //判断字符编码是否有效
        if (encoding != null) {
        //设置 request 字符编码
        request.setCharacterEncoding(encoding);
            //设置 response 字符编码
            response.setContentType("text/html; charset="+encoding);
        }
    //传递给下一过滤器
        chain.doFilter(request, response);
    }
    //销毁方法
    public void destroy() {
        //释放资源
        this.encoding = null;
        this.filterConfig = null;
    }
}
```

CharacterEncodingFilter 类的 init()方法用于读取过滤器的初始化参数，这个参数（encoding）为本例中所用到的字符编码；在 doFilter()方法中，分别将 request 对象及 response 对象中的编码格式设置为读取到的编码格式；最后在 destroy()方法中将其属性设置为 null，将被 Java 垃圾回收器回收。

（2）在 web.xml 文件中，对过滤器进行配置。关键代码如下：

```
<!-- 声明字符编码过滤器 -->
<filter>
    <filter-name>CharacterEncodingFilter</filter-name>
    <filter-class>com.lyq.util.CharacterEncodingFilter</filter-class>
    <!-- 设置初始化参数 -->
    <init-param>
        <param-name>encoding</param-name>
        <param-value>GBK</param-value>
    </init-param>
</filter>
<!-- 映射字符编码过滤器 -->
<filter-mapping>
    <filter-name>CharacterEncodingFilter</filter-name>
    <!-- 与所有请求关联 -->
    <url-pattern>/*</url-pattern>
    <!-- 设置过滤器对应的请求方式 -->
    <dispatcher>REQUEST</dispatcher>
```

```
        <dispatcher>FORWARD</dispatcher>
    </filter-mapping>
```

在 web.xml 配置文件中，需要对过滤器进行声明及映射，其中声明过程通过<init-param>指定了初始化参数的字符编码为 GBK。

（3）通过请求对过滤器进行验证。本例中使用表单向 Servlet 发送中文信息进行测试，其中表单信息放置在 index.jsp 页面中。关键代码如下：

```
<form action="MyServlet" method="post">
    <p>
        请输入你的中文名字：
        <input type="text" name="name">
        <input type="submit" value="提 交">
    </p>
</form>
```

这一请求由 Servlet 对象的 MyServlet 类进行处理，此类使用 doPost()方法接收表单的请求，并将表单中的 name 属性输出到页面中。关键代码如下：

```
public void doPost(HttpServletRequest request, HttpServletResponse response)
    throws ServletException, IOException {
PrintWriter out = response.getWriter();
//获取表单参数
String name = request.getParameter("name");
if(name != null && !name.isEmpty()){
    out.print("你好  " + name);
    out.print(", <br>欢迎来到我的主页。");
}else{
    out.print("请输入你的中文名字！");
}
out.print("<br><a href=index.jsp>返回</a>");
out.flush();
out.close();
}
```

实例运行结果如图 4.12 所示，输入中文"明日科技"进行测试，其经过过滤器处理的效果如图 4.13 所示，没有经过过滤器处理的效果如图 4.14 所示。

图 4.12　实例运行结果

图 4.13　过滤后的效果

图 4.14　未经过滤的效果

4.5　实　　战

Servlet 是使用 Java Servlet 接口（API）运行在 Web 应用服务器上的 Java 程序，其应用十分广泛，在 Java Web 项目的开发中非常重要。本节将结合具体实例全面讲解 Servlet 技术及 Servlet 过滤器技术的实际应用。

4.5.1　JSP 与 Servlet 实现用户注册

 视频讲解：光盘\TM\Video\4\JSP 与 Servlet 实现用户注册.exe

用户注册模块是网站中经常用到的，通过它可对网站的来访用户进行管理，如用户身份认证、用户对网站的操作权限等。下面以用户注册为例，向读者介绍 Servlet 技术的实际应用方法。

　　例 4.06　JSP 与 Servlet 实现用户注册。（**实例位置：光盘\TM\Instances\4.06**）

　　（1）创建数据表 tb_user，用于存储用户的注册信息，其结构如图 4.15 所示。

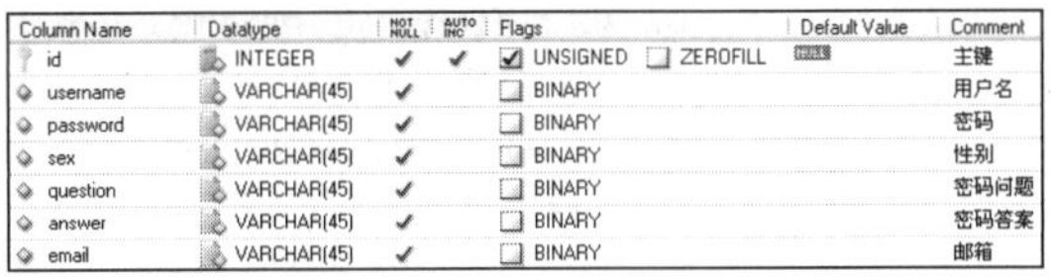

　　（2）创建名为 RegServlet 的类，用于处理用户注册请求（它是一个 Servlet 对象）。在此类中重写 init()与 doPost()方法，其中在 init()方法中获取数据库连接。关键代码如下：

Column Name	Datatype	NOT NULL	AUTO INC	Flags		Default Value	Comment
id	INTEGER	✓	✓	✓ UNSIGNED ☐ ZEROFILL	NULL	主键
username	VARCHAR(45)	✓		☐ BINARY		用户名
password	VARCHAR(45)	✓		☐ BINARY		密码
sex	VARCHAR(45)	✓		☐ BINARY		性别
question	VARCHAR(45)	✓		☐ BINARY		密码问题
answer	VARCHAR(45)	✓		☐ BINARY		密码答案
email	VARCHAR(45)	✓		☐ BINARY		邮箱

图 4.15　表 tb_user 的结构

```java
//数据库连接 Connection
private Connection conn;
//初始化方法
public void init() throws ServletException {
    super.init();
    try {
        //加载驱动
        Class.forName("com.mysql.jdbc.Driver");
        //数据库连接 URL
        String url = "jdbc:mysql://localhost:3306/db_database04";
        //获取数据库连接
        conn = DriverManager.getConnection(url, "root", "111");
    } catch (Exception e) {
        e.printStackTrace();
    }
}
```

　　init()方法是 Servlet 的初始化方法，此方法只运行一次，实例中在此方法中加载数据库驱动，并获取数据库连接对象 Connection。在获取数据库连接对象之后，通过 doPost()方法处理用户注册请求。关键代码如下：

```java
public void doPost(HttpServletRequest request, HttpServletResponse response)
        throws ServletException, IOException {
    //设置 request 与 response 的编码
    response.setContentType("text/html");
    request.setCharacterEncoding("GBK");
    response.setCharacterEncoding("GBK");
    //获取表单中的属性值
    String username = request.getParameter("username");
    String password = request.getParameter("password");
    String sex = request.getParameter("sex");
    String question = request.getParameter("question");
    String answer = request.getParameter("answer");
    String email = request.getParameter("email");
    //判断数据库是否连接成功
    if (conn != null) {
        try {
            //插入注册信息的 SQL 语句（使用?占位符）
            String sql = "insert into tb_user(username,password,sex,question,answer,email) "
                    + "values(?,?,?,?,?,?)";
            //创建 PreparedStatement 对象
            PreparedStatement ps = conn.prepareStatement(sql);
            //对 SQL 语句中的参数动态赋值
            ps.setString(1, username);
            ps.setString(2, password);
            ps.setString(3, sex);
```

```
            ps.setString(4, question);
            ps.setString(5, answer);
            ps.setString(6, email);
            //执行更新操作
            ps.executeUpdate();
            //获取 PrintWriter 对象
            PrintWriter out = response.getWriter();
            //输出注册结果信息
            out.print("<h1 aling='center'>");
            out.print(username + "注册成功！");
            out.print("</h1>");
            out.flush();
            out.close();
        } catch (Exception e) {
            e.printStackTrace();
        }
    } else {
        //发送数据库连接错误提示信息
        response.sendError(500, "数据库连接错误！");
    }
}
```

由于本实例并没有配置字符编码过滤器，所以需要将 response 与 request 对象的字符编码设置为 GBK，否则处理中文将出现乱码。request 对象的 getParameter()方法用于获取请求中的参数值，实例中使用此方法获取用户的注册信息，在获取后将其写入到数据库之中。RegServlet 类的 Servlet 配置代码如下：

```xml
<servlet>
    <servlet-name>RegServlet</servlet-name>
    <servlet-class>com.lyq.RegServlet</servlet-class>
</servlet>
<servlet-mapping>
    <servlet-name>RegServlet</servlet-name>
    <url-pattern>/RegServlet</url-pattern>
</servlet-mapping>
```

（3）创建 index.jsp 页面（程序中的首页），用于放置用户注册所需要的表单。关键代码如下：

```html
<form action="RegServlet" method="post" onsubmit="return reg(this);">
    <table align="center" border="0" width="500">
        <tr>
            <td align="right" width="30%">用户名：</td>
            <td><input type="text" name="username" class="box"></td>
        </tr>
        <tr>
            <td align="right">密 码：</td>
            <td><input type="password" name="password" class="box"></td>
        </tr>
        <tr>
            <td align="right">确认密码：</td>
            <td><input type="password" name="repassword" class="box"></td>
        </tr>
        <tr>
            <td align="right">性 别：</td>
            <td>
                <input type="radio" name="sex" value="男" checked="checked">男
                <input type="radio" name="sex" value="女">女
            </td>
```

```
            </tr>
            <tr>
                <td align="right">密码找回问题：</td>
                <td><input type="text" name="question" class="box"></td>
            </tr>
            <tr>
                <td align="right">密码找回答案：</td>
                <td><input type="text" name="answer" class="box"></td>
            </tr>
            <tr>
                <td align="right">邮 箱：</td>
                <td><input type="text" name="email" class="box"></td>
            </tr>
            <tr>
                <td colspan="2" align="center" height="40">
                    <input type="submit" value="注 册">
                    <input type="reset" value="重 置">
                </td>
            </tr>
        </table>
</form>
```

此表单的提交地址为 RegServlet，其请求方法为 post()，即它将
由映射到 RegServlet 类的 post() 方法进行处理。本实例的主页运行结
果如图 4.16 所示，正确填写用户信息后，单击"注册"按钮，用户
注册信息将被写入到数据库之中。

4.5.2 过滤非法文字

视频讲解：光盘\TM\Video\4\过滤非法文字.exe

在一些大型网站中，首先需要设有非法文字过滤功能，如色情关
键字、脏话等，以免产生不良影响。在用户发布信息时，首先需要对

图 4.16　实例运行结果

发布的内容进行过滤。但网站中提交请求很多，如果对每一个请求都加入过滤代码来实现，未免过于繁琐。
下面实例将通过使用 Servlet 过滤器对所有请求进行非法文字过滤。

例 4.07　过滤非法文字。（实例位置：光盘\TM\Instances\4.07）

（1）创建名为 WordFilter 的类，此类实现了 Filter 接口，是非法文字的过滤器。此过滤器的功能比较
强大，不仅可对非法文字进行过滤处理，还可对字符编码的转换进行处理，所以在 WordFilter 类中定义了非
法字符数组属性 words 与字符编码属性 encoding，并在过滤器的初始化方法 init() 中对其进行实例化。关键
代码如下：

```
public class WordFilter implements Filter {
    //非法字符数组
    private String words[];
    //字符编码
    private String encoding;
    //实现 Filter 接口的 init() 方法
    @Override
    public void init(FilterConfig filterConfig) throws ServletException {
        //获取字符编码
        encoding = filterConfig.getInitParameter("encoding");
        //初始化非法字符数组
```

```
            words = new String[]{"糟糕","混蛋"};
        }
        //省略其他代码
    }
```

非法字符包含多个，所以需要对其进行逐一处理。在此创建 filter()方法，此方法通过循环非法字符对提交内容逐一过滤，将非法字符替换为"****"。关键代码如下：

```
public String filter(String param){
    try {
        //判断非法字符是否被初始化
        if(words != null && words.length > 0){
            //循环替换非法字符
            for (int i = 0; i < words.length; i++) {
                //判断是否包含非法字符
                if(param.indexOf(words[i]) != -1){
                    //将非法字符替换为"****"
                    param = param.replaceAll(words[i], "****");
                }
            }
        }
    } catch (Exception e) {
        e.printStackTrace();
    }
    return param;
}
```

在网站的信息发布中，使用 ServletRequest 对象获取表单所提交的数据（主要通过 getParameter()与 getParameterValues()方法获取）。在此创建内部类 Request，重写了 getParameter()与 getParameterValues()方法，并在重写的这两个方法中实现过滤。关键代码如下：

```
class Request extends HttpServletRequestWrapper{
    //构造方法
    public Request(HttpServletRequest request) {
        super(request);
    }
    //重写 getParameter()方法
    @Override
    public String getParameter(String name) {
        //返回过滤后的参数值
        return filter(super.getRequest().getParameter(name));
    }
    //重写 getParameterValues()方法
    @Override
    public String[] getParameterValues(String name) {
        //获取所有参数值
        String[] values = super.getRequest().getParameterValues(name);
        //通过循环对所有参数值进行过滤
        for (int i = 0; i < values.length; i++) {
            values[i] = filter(values[i]);
        }
        //返回过滤后的参数值
        return values;
    }
}
```

HttpServletRequestWrapper 类是 ServletRequest 接口的实现类，实例创建内部类 Request 继承 HttpServletRequestWrapper 类，并重写其获取参数值的两个方法。

在过滤器的 doFilter()方法中，将传递的 ServletRequest 对象转换为自定义的对象 Request，即可实现非法字符的过滤。关键代码如下：

```
//实现 Filter 接口的 doFilter()方法
@Override
public void doFilter(ServletRequest request, ServletResponse response,
        FilterChain chain) throws IOException, ServletException {
    //判断字符编码是否有效
    if (encoding != null) {
        //设置 request 字符编码
        request.setCharacterEncoding(encoding);
        //将 request 转换为重写后的 Request 对象
        request = new Request((HttpServletRequest) request);
        //设置 response 字符编码
        response.setContentType("text/html; charset="+encoding);
    }
    chain.doFilter(request, response);
}
```

最后通过 destroy()方法释放过滤器中的资源，关键代码如下：

```
//实现 Filter 接口的 destroy()方法
@Override
public void destroy() {
    this.words = null;
    this.encoding = null;
}
```

（2）创建处理用户留言反馈的 Servlet 对象 MessageServlet 类，此类使用 doPost()方法对用户留言信息进行处理。关键代码如下：

```
public void doPost(HttpServletRequest request, HttpServletResponse response)
        throws ServletException, IOException {
    //获取标题
    String title = request.getParameter("title");
    //获取内容
    String content = request.getParameter("content");
    //将标题放置到 request 中
    request.setAttribute("title", title);
    //将内容放置到 request 中
    request.setAttribute("content", content);
    //转发到 result.jsp 页面
    request.getRequestDispatcher("index.jsp").forward(request, response);
}
```

（3）对 Servlet 以及过滤器进行统一配置，其配置信息写入到 web.xml 文件中。关键代码如下：

```
<!-- Servlet 配置 -->
<servlet>
    <servlet-name>MessageServlet</servlet-name>
    <servlet-class>com.lyq.MessageServlet</servlet-class>
</servlet>
<servlet-mapping>
    <servlet-name>MessageServlet</servlet-name>
```

```
        <url-pattern>/MessageServlet</url-pattern>
</servlet-mapping>
<!-- 过滤器配置 -->
<filter>
        <filter-name>WordFilter</filter-name>
        <filter-class>com.lyq.WordFilter</filter-class>
        <init-param>
                <param-name>encoding</param-name>
                <param-value>GBK</param-value>
        </init-param>
</filter>
<filter-mapping>
        <filter-name>WordFilter</filter-name>
        <url-pattern>/*</url-pattern>
</filter-mapping>
```

（4）创建 index.jsp 页面（程序的首页），用于显示用户的留言反馈信息以及留言反馈的表单，其中显示留言的关键代码如下：

```
<%
        String title = (String)request.getAttribute("title");
        String content = (String)request.getAttribute("content");
        if(title != null && !title.isEmpty()){
                out.println("<span class='tl'>" + title + "</span>");
        }
        if(content != null && !content.isEmpty()){
                out.println("<span class='ct'>" + content + "</span>");
        }
%>
```

此页面运行结果如图 4.17 所示，输入实例中所设置的非法文字，单击"提交"按钮，所输入的非法文字将以"****"的形式显示。

4.5.3 统计网站的访问量

📹 视频讲解：光盘\TM\Video\4\统计网站的访问量.exe

在浏览网站时，有些网站会有统计网站访问量的功能，也就是浏览者每访问一次网站，访问量计数器就累加一次。这可以通过在 Servlet 中获取 ServletContext 接口的对象来实现。获取 ServletContext 对象以后，整个 Web 应用的组件都可以共享 ServletContext 对象中存放的共享数据。

图 4.17　实例运行结果

例 4.08　编写统计网站访问量的 Servet。（实例位置：光盘\TM\Instances\4.08）

新建名称为 CounterServlet 的 Servlet 类，在该类的 doPost()方法中实现统计用户的访问次数。关键代码如下：

```
public void doPost(HttpServletRequest request, HttpServletResponse response)
        throws ServletException, IOException {
    ServletContext context = getServletContext();              //获得 ServletContext 对象
    Integer count = (Integer)context.getAttribute("counter");     //从 ServletContext 中获得计数器对象
    if(count==null){                                           //如果为空，则在 ServletContext 中设置一个计数器的属性
        count=1;
        context.setAttribute("counter", count);
```

```
        }else{                                           //如果不为空,则设置该计数器的属性值加 1
            context.setAttribute("counter", count+1);
        }
        response.setContentType("text/html");            //响应正文的 MIME 类型
        response.setCharacterEncoding("UTF-8");          //响应的编码格式
        PrintWriter out = response.getWriter();
        out.println("<!DOCTYPE HTML PUBLIC \"-//W3C//DTD HTML 4.01 Transitional//EN\">");
        out.println("<HTML>");
        out.println("  <HEAD><TITLE>统计网站访问次数</TITLE></HEAD>");
        out.println("  <BODY>");
        out.print("       <h2><font color='gray'> ");
        out.print("您是第   "+context.getAttribute("counter")+" 位访客! ");
        out.println("</font></h2>");
        out.println("  </BODY>");
        out.println("</HTML>");
        out.flush();
        out.close();
}
```

运行程序,当用户访问时,实现记录用户的访问次数,运行结果如图 4.18
所示。

4.5.4　利用 Servlet 实现个人所得税计算器

图 4.18　统计网站的访问量

视频讲解:光盘\TM\Video\4\利用 Servlet 实现个人所得税计算器.exe

工资、薪金的个人所得税计算公式为:(收入金额-起征点金额)×税率-速算扣除数。不同的工资范围
其税率和速算扣除数也不同。表 4.8 所示为薪资在扣除起征点金额之后的范围的税率以及速算扣除数。

表 4.8　薪资在扣除起征点金额之后的税率和速算扣除数范围

薪资在扣除起征点金额之后的范围	税　　率	速算扣除数
金额在 0～500 之间	5%	0
金额在 501～2000 之间	10%	25
金额在 2001～5000 之间	15%	125
金额在 5001～20000 之间	20%	375
金额在 20001～40000 之间	25%	1375
金额在 40001～60000 之间	30%	3375
金额在 60001～80000 之间	35%	6375

例 4.09　通过 Servlet 来实现个人所得税的计算。(实例位置:光盘\TM\Instances\4.09)

(1)新建表单页 index.jsp,关键代码如下:

```
<form action="incometax" method="post">
        <table>
                <tr>
                        <td>收入金额: </td><td><input type="text" name="laborage"  />元</td>
                </tr>
                <tr>
                        <td>起征金额: </td><td><input type="text" name="startpoint" value="2000" />元</td>
                </tr>
                <tr>
                        <td align="center" colspan="2"><input type="submit"  value="计算个税" /></td>
```

```
            </tr>
        </table>
</form>
```

（2）新建名为 IncomeTaxServlet 的 Servlet 类，该类中实现了计算个人所得税的方法，在 doPost()方法中，根据获得的收入金额和起征金额来计算个人所得税。关键代码如下：

```
//计算个人所得税
public double getTax(double charge){
    double tax = 0;
    if(charge<=0){
        tax = 0;
    }else if(charge>0&&charge<=500){
        tax = charge*0.05;
    }else if(charge>500&&charge<=2000){
        tax = charge*0.1-25;
    }else if(charge>2000&&charge<=5000){
        tax = charge*0.15-125;
    }else if(charge>5000&&charge<=20000){
        tax = charge*0.2-375;
    }else if(charge>20000&&charge<=40000){
        tax = charge*0.25-1375;
    }else if(charge>40000&&charge<=60000){
        tax = charge*0.30-3375;
    }else if(charge>60000&&charge<=80000){
        tax = charge*0.35-6375;
    }
    return tax;
}
public void doPost(HttpServletRequest request, HttpServletResponse response)
        throws ServletException, IOException {
    double laborage = Double.parseDouble(request.getParameter("laborage"));//获得表单提交的工资收入
    double startPoint = Double.parseDouble(request.getParameter("startpoint"));
                                        //获得表单提交的征税起点金额
    double   myTax = this.getTax(laborage - startPoint);      //调用计算个人所得税的方法
    request.setAttribute("Tax", myTax);                       //将个人所得税的值保存在请求中
    request.getRequestDispatcher("result.jsp").forward(request, response);   //请求转发到 result.jsp 页
}
```

（3）新建 result.jsp 页，从请求范围内取出个人所得税的计算结果并显示。关键代码如下：

```
<table>
    <tr>
        <td>您应交纳的个人所得税为：</td><td><%=request.getAttribute("Tax").toString() %>元</td>
    </tr>
</table>
```

运行程序，在文本框中输入收入金额和起征金额，单击"计算个税"按钮，将调用 Servlet 计算个人所得税并显示结果，如图 4.19 所示。

图 4.19　个人所得税计算器

4.5.5　生成网站表单的验证码

![视频讲解图标] 视频讲解：光盘\TM\Video\4\生成网站表单的验证码.exe

如今，绝大多数网站或者 Web 应用程序都实现了验证码的功能，加入验证码可以防止黑客利用恶意程序，在网站中进行频繁登录、注册和灌水等操作。

例 4.10　通过在 Servlet 中设置响应正文的类型为 image/jpeg 来实现生成网站表单的验证码。（实例位置：光盘\TM\Instances\4.10）

（1）新建名称为 ValidateCodeServlet 的 Servlet 类，在该类的 doPost()方法中实现生成验证码的图片。关键代码如下：

```java
public void doPost(HttpServletRequest request, HttpServletResponse response)
        throws ServletException, IOException {
    //禁止页面缓存
    response.setHeader("Pragma", "No-cache");
    response.setHeader("Cache-Control", "No-cache");
    response.setDateHeader("Expires", 0);
    response.setContentType("image/jpeg");   //设置响应正文的 MIME 类型为图片
    int width=60, height=20;
    /*创建一个位于缓存中的图像，宽度为 60，高度为 20 */
    BufferedImage image=new BufferedImage(width, height, BufferedImage.TYPE_INT_RGB);
    Graphics g = image.getGraphics();         //获取用于处理图形上下文的对象，相当于画笔
    Random random = new Random();             //创建生成随机数的对象
    g.setColor(getRandomColor(200,250));      //设置图像的背景色
    g.fillRect(0, 0, width, height);          //画一个矩形，坐标为（0,0），宽度为 60，高度为 20
    g.setFont(new Font("Times New Roman",Font.PLAIN,18));   //设定字体格式
    g.setColor(getRandomColor(160,200));
    for(int i=0;i<130;i++){                   //产生 130 条随机干扰线
        int x = random.nextInt(width);
        int y = random.nextInt(height);
        int xl = random.nextInt(12);
        int yl = random.nextInt(12);
        g.drawLine(x,y,x+xl,y+yl);            //在图像的坐标（x,y）和坐标（x+x1,y+y1）之间画干扰线
    }
    String strCode="";
    for (int i=0;i<4;i++){
        String strNumber=String.valueOf(random.nextInt(10));
                        strCode=strCode+strNumber;
        //设置字体的颜色
        g.setColor(new
Color(15+random.nextInt(120),15+random.nextInt(120),15+random.nextInt(120)));
        g.drawString(strNumber,13*i+6,16);    //将验证码依次画到图像上，坐标为（x=13*i+6,y=16）
    }
    request.getSession().setAttribute("Code",strCode);       //把验证码保存到 Session 中
    g.dispose();                              //释放此图像的上下文以及它使用的所有系统资源
    ImageIO.write(image, "JPEG", response.getOutputStream());  //输出 JPEG 格式的图像
    response.getOutputStream().flush();       //刷新输出流
    response.getOutputStream().close();       //关闭输出流
}
```

（2）在 ValidateCodeServlet 中添加一个获取随机颜色的方法，关键代码如下：

```java
public   Color getRandomColor(int fc,int bc){
    Random random = new Random();
    Color randomColor = null;
    if(fc>255) fc=255;
    if(bc>255) bc=255;
    //设置 0～255 之间的随机颜色值
    int r=fc+random.nextInt(bc-fc);
    int g=fc+random.nextInt(bc-fc);
    int b=fc+random.nextInt(bc-fc);
    randomColor = new Color(r,g,b);
```

```
    return randomColor;//返回具有指定红色、绿色和蓝色值的不透明的 sRGB 颜色
}
```

（3）新建用户注册表单页 index.jsp，在该页的表单中使用<img>标签的 src 属性来调用 ValidateCodeServlet
类生成验证码。关键代码如下：

```
<form action="" method="post">
    <table align="center">
        <tr>
            <td>用户名：</td><td><input type="text" name="name" /></td>
        </tr>
            ……        //省略了其他注册信息的表单元素
        <tr>
            <td>验证码：</td><td><img alt="" src="validatecode" ></td>
        </tr>
        <tr>
            <td>输入验证码：</td><td><input type="text" name="code"/></td>
        </tr>
        <tr>
            <td colspan="2" align="center">
                <input type="submit" value="注 册" /><input type="reset" value="重 置" />
            </td>
        </tr>
    </table>
</form>
```

运行程序，在用户注册的表单中包含一个验证码图片和输入框，运行结果如图 4.20 所示。

图 4.20　利用 Servlet 生成的验证码

4.6　本章小结

　　本章主要向读者介绍了 Servlet 与 Servlet 过滤器的应用。这两项技术十分重要，都是 J2EE 开发必须要
掌握的知识。学习 Servlet 的使用，需要掌握 Servlet API 中的主要接口及实现类、Servlet 的生命周期以及
doXXX()方法对 HTTP 请求的处理。对于 Servlet 过滤器的应用，要理解实现过滤的原理，以保证在实际应
用过程中合理地使用。

4.7　学习成果检验

1．简易 Servlet 计算器。（答案位置：光盘\TM\Instances\4.11）
2．过滤器验证用户登录。（答案位置：光盘\TM\Instances\4.12）
3．过滤器统计流量。（答案位置：光盘\TM\Instances\4.13）
4．JSP 与 Servlet 实现用户登录。（答案位置：光盘\TM\Instances\4.14）

第 5 章

综合实验（一）——JSP 使用 Model2 实现登录模块

（ 📹 视频讲解：57 分钟）

在 JSP 开发过程中有两种开发模型可供选择：一种是 JSP 与 JavaBean 相结合，这种方式称为 Model1；另外一种是 JSP、JavaBean 与 Servlet 相结合，这种方式称为 Model2。本章将针对这两种开发模型对 JSP 的架构方式进行详细讲解，并结合实例分析两种模型的优缺点。

通过阅读本章，您可以：

▶▶ 掌握<jsp:useBean>JSP 动作标签用法

▶▶ 掌握<jsp:setProperty>JSP 动作标签用法

▶▶ 掌握<jsp:getProperty>JSP 动作标签用法

▶▶ 掌握 JavaBean 的作用域

▶▶ 掌握 Model1 开发模式

▶▶ 掌握 Model2 开发模式

▶▶ 理解 MVC 设计原理

5.1 JavaBean

视频讲解：光盘\TM\Video\5\JavaBean.exe

在 JSP 网页开发的初级阶段，并没有所谓的框架与逻辑分层的概念，JSP 网页代码是与业务逻辑代码写在一起的。这种零乱的代码书写方式，给程序的调试及维护带来了很大的困难，直至 JavaBean 的出现，这一问题才得到了些许改善。

5.1.1 JavaBean 简介

JavaBean 是用于封装某种业务逻辑或对象的 Java 类，此类具有特定的功能，即它是一个可重用的 Java 软件组件模型。由于这些组件模型都具有特定的功能，将其进行合理的组织后，可以快速生成一个全新的程序，实现代码的重用。JavaBean 的功能是没有任何限制的，对于任何可以使用 Java 代码实现的部分或需求的对象，都可以使用 JavaBean 进行封装，如创建一个实体对象、数据库操作、字符串操作等。它对简单或复杂的功能都可以进行实现。

JavaBean 可分为两类，即可视化的 JavaBean 与非可视化的 JavaBean。可视化的 JavaBean 是一种传统的应用方式，主要用于实现一些可视化界面，如一个窗体、按钮、文本框等。非可视化的 JavaBean 主要用于实现一些业务逻辑或封装一些业务对象，并不存在可视化的界面。此种方式的应用比较多，在 JSP 编程之中被大量采用。

将 JavaBean 应用到 JSP 编程中，使 JSP 的发展进入了一个崭新的阶段。它将 HTML 网页代码与 Java 代码相分离，使其业务逻辑变得更加清晰。在 JSP 页面中，可以通过 JSP 提供的动作标签来操作 JavaBean 对象。其中主要包括<jsp:useBean>、<jsp:setProperty>与<jsp:getProperty>3 个标签，这 3 个标签为 JSP 内置的动作标签。在使用过程中，不需要引入任何第三方的类库。

5.1.2 <jsp:useBean>

<jsp:useBean>标签用于在 JSP 页面中创建一个 JavaBean 实例，并通过属性的设置将此实例存放到 JSP 指定的范围内。其语法格式如下：

```
<jsp:useBean
        id="变量名"
        scope="page|request|session|application"
        {
          class="完整类名"|
          type="数据类型"|
          class="完整类名" type="数据类型"|
          beanName="完整类名" type="数据类型"
        }/>
```

<jsp:useBean>语法中的"完整类名"包含一个类的包名称，如 com.lyq.user。参数说明如下。

☑ id 属性：用于定义一个变量名（可以理解为 JavaBean 的一个代号），程序中通过此变量名对 JavaBean 进行引用。

☑ scope 属性：设置 JavaBean 的作用域。它有 4 种范围，即 page、request、session 和 application，默认情况下为 page。

☑ class 属性：指定 JavaBean 的完整类名（包名与类名结合的方式），如 class="com.lyq.User"。此属性与 BeanName 属性不能同时存在。

☑　type 属性：指定 id 属性所定义的变量类型。

☑　beanName 属性：指定 JavaBean 的完整类名，此属性不能与 class 属性同时存在。

例 5.01　在 JSP 页面中实例化一个 JavaBean 对象。（实例位置：光盘\TM\Instances\5.01）

（1）创建一个名为 Bean 的类（它是一个 JavaBean），此类中有一个名为 name 的属性及相应的 getXXX()
与 setXXX()方法。关键代码如下：

```
package com.lyq;
public class Bean {
    private String name;
    public Bean(){
    }
    public String getName() {
        return name + " 的 JavaBean 程序！ ";
    }
    public void setName(String name) {
        this.name = name;
    }
}
```

（2）创建了 JavaBean 之后，在 index.jsp 页面中通过<jsp:useBean>标签实例化此对象，并调用此对象的
方法。关键代码如下：

```
<%@ page language="java" contentType="text/html" pageEncoding="GBK"%>
<jsp:useBean id="bean" class="com.lyq.Bean"></jsp:useBean>
<!DOCTYPE HTML PUBLIC "-//W3C//DTD HTML 4.01 Transitional//EN">
<html>
  <head>
    <title>主页</title>
  </head>
  <body>
    <%
     bean.setName("Tom");
    %>
    <h1 align="center"><%=bean.getName()%></h1>
  </body>
</html>
```

此 JavaBean 实例非常简单，在实例化 Bean 对象后，对其 name 属性赋值，并通过 getName()方法在网
页中输出结果信息，如图 5.1 所示。

5.1.3　<jsp:setProperty>

<jsp:setProperty>标签用于对 JavaBean 中的属性赋值，但 JavaBean 的
属性要提供相应的 setXXX()方法。通常情况下，该标签与<jsp:useBean>标
签配合使用。其语法格式如下：

图 5.1　index.jsp 页面的运行结果

```
<jsp:setProperty
  name="实例名"
  {
    property="*" |
    property="属性名" |
    property="属性名" param="参数名" |
    property="属性名" value="值"
}/>
```

- ☑ name 属性：指定 JavaBean 的引用名称。
- ☑ property 属性：指定 JavaBean 中的属性名，此属性是必需的，其取值有两种，分别为 "*"、"JavaBean 的属性名称"。
- ☑ param 属性：指定 JSP 请求中的参数名，通过该参数可以将 JSP 请求参数的值赋给 Java 的属性。
- ☑ value 属性：指定一个属性的值。

例 5.02　使用 "property="*"" 对 JavaBean 的属性赋值。（实例位置：光盘\TM\Instances\5.02）

（1）创建一个名为 Student 的类（它是一个 JavaBean），此类封装了一个学生实体对象。关键代码如下：

```java
public class Student {
    private int id;                    //学号
    private int age;                   //年龄
    private String classes;            //班级
    public int getId() {
        return id;
    }
    public void setId(int id) {
        this.id = id;
    }
    public int getAge() {
        return age;
    }
    public void setAge(int age) {
        this.age = age;
    }
    public String getClasses() {
        return classes;
    }
    public void setClasses(String classes) {
        this.classes = classes;
    }
}
```

（2）创建一个 form 表单，将其放置在 index.jsp 页面中。关键代码如下：

```html
<form action="student.jsp" method="post">
    <p>学 号：<input type="text" name="id"></p>
    <p>年 龄：<input type="text" name="age"></p>
    <p>
        <input type="submit" value="提 交">
        <input type="reset" value="重 置">
    </p>
</form>
```

（3）创建 student.jsp 页面，用于实例化 Student 对象，并输出相应的属性值。关键代码如下：

```jsp
<body>
    <jsp:useBean id="student" class="com.lyq.Student"></jsp:useBean>
    <jsp:setProperty name="student" property="*"/>
    <div align="center">
        <p>学号：<%=student.getId()%></p>
        <p>年龄：<%=student.getAge()%></p>
    </div>
</body>
```

student.jsp 页面通过 "property="*"" 属性将请求中的参数与 JavaBean 中的属性进行匹配，并对其赋值。使用此种方式要注意的是，请求中的参数必须与 JavaBean 的属性名相同。

实例运行结果如图 5.2 所示，填写表单信息后，单击"提交"按钮，请求被发送到 student.jsp 页面，此页面将对 Student 类进行实例化，并通过"<jsp:setProperty name="student" property="*"/>"对 Student 类中的属性赋值，运行结果如图 5.3 所示。

例 5.03　对 JavaBean 的指定属性赋值。（**实例位置：光盘\TM\Instances\5.03**）

如果对 JavaBean 的指定属性赋值，可以使用"property="指定属性名""的方式。下面在例 5.02 的基础上更改 student.jsp 页面，对 Student 类指定属性进行赋值。关键代码如下：

```
<body>
    <jsp:useBean id="student" class="com.lyq.Student"></jsp:useBean>
    <jsp:setProperty name="student" property="id"/>
    <jsp:setProperty name="student" property="classes" value="一年一班"/>
    <div align="center">
        <p>学号：<%=student.getId()%></p>
        <p>年龄：<%=student.getAge()%></p>
        <p>班级：<%=student.getClasses()%></p>
    </div>
</body>
```

此页面在实例化 Student 类后，通过<jsp:setProperty>标签分别对 Student 类的 id、classes 属性赋值。其中 Student 类的 classes 属性使用了固定值，它通过<jsp:setProperty>标签的 value 属性进行实现。在填写表单后，实例运行结果如图 5.4 所示。由于实例中并没有对 Student 类的 age 属性赋值，所以它保持 int 型的默认值 0。

图 5.2　index.jsp 页面　　　图 5.3　实例运行结果　　　图 5.4　指定属性赋值

5.1.4　<jsp:getProperty>

<jsp:getProperty>标签用于获取 JavaBean 中的属性值，但要求 JavaBean 的属性必须具有相对应的 getXXX()方法。其语法格式如下：

```
<jsp:getProperty name="实例名" property="属性名"/>
```

☑　name 属性：指定存在某一范围的 JavaBean 实例的引用。

☑　property 属性：指定 JavaBean 的属性名称。

例 5.04　利用<jsp:getProperty>标签输出 JavaBean 中的属性。（**实例位置：光盘\TM\Instances\5.04**）

（1）创建一个名为 Book 的 JavaBean 对象，此类用于封装图书信息。关键代码如下：

```
public class Book {
    private String bookName;   //图书名称
    private String author;     //作者
    private String category;   //类别
    private double price:      //价格
    public String getBookName() {
        return bookName;
    }
    public void setBookName(String bookName) {
        this.bookName = bookName;
```

```
        }
        //省略 setXXX()与 getXXX()方法
}
```

注意 要通过<jsp:getProperty>标签输出 JavaBean 中的属性值,要求在 JavaBean 中必须包含 getXXX()
方法,<jsp:getProperty>标签将通过此方法获取 JavaBean 的属性值。

（2）创建图书对象 Book 后,通过 index.jsp 页面对此对象进行操作。关键代码如下:

```html
<body>
    <!-- 实例化 Book 对象 -->
    <jsp:useBean id="book" class="com.lyq.Book"></jsp:useBean>
    <!-- 对 Book 对象赋值 -->
    <jsp:setProperty name="book" property="bookName" value="《JAVA 程序设计标准教程》"/>
    <jsp:setProperty name="book" property="author" value="明日科技"/>
    <jsp:setProperty name="book" property="category" value="Java 图书"/>
    <jsp:setProperty name="book" property="price" value="59.00"/>
    <table align="center" border="1" cellpadding="1" width="350" height="100" bordercolor="green">
        <tr>
            <td align="right">图书名称：</td>
            <td><jsp:getProperty name="book" property="bookName"/> </td>
        </tr>
        <tr>
            <td align="right">作  者：</td>
            <td><jsp:getProperty name="book" property="author"/> </td>
        </tr>
        <tr>
            <td align="right">所属类别：</td>
            <td><jsp:getProperty name="book" property="category"/> </td>
        </tr>
        <tr>
            <td align="right">价  格：</td>
            <td><jsp:getProperty name="book" property="price"/> </td>
        </tr>
    </table>
</body>
```

在此页面中,首先通过<jsp:useBean>标签实例化 Book 对象,再使用<jsp:setProperty>标签对 Book 对象
中的属性赋值,最后通过<jsp:getProperty>标签输出 Book 对象的属性值,
运行结果如图 5.5 所示。

图书名称：	《JAVA程序设计标准教程》
作 者：	明日科技
所属类别：	Java图书
价 格：	59.0

图 5.5 图书信息

5.1.5 JavaBean 的作用域

JavaBean 的生命周期存在于 4 种范围之中,分别为 page、request、
session 和 application,它们通过<jsp:useBean>标签的 scope 属性进行设置。
这 4 种范围虽然存在很大区别,但它们与 JSP 页面中的 page、request、session 和 application 范围相对应。
- ☑ page 范围：与当前页面相对应,JavaBean 的生命周期存在于一个页面之中,当页面关闭时 JavaBean
  被销毁。
- ☑ request 范围：与 JSP 的 request 生命周期相对应,JavaBean 的生命周期存在于 request 对象之中,
  当 request 对象销毁时 JavaBean 也被销毁。

☑ session 范围：与 JSP 的 session 生命周期相对应，JavaBean 的生命周期存在于 session 会话之中，当 session 超时或会话结束时 JavaBean 被销毁。

☑ application 范围：与 JSP 的 application 生命周期相对应，在各个用户与服务器之间共享，只有当服务器关闭时 JavaBean 才被销毁。

这 4 种作用范围与 JavaBean 的生命周期是息息相关的，当 JavaBean 被创建后，通过<jsp:setProperty>标签与<jsp:getProperty>标签调用时，将会按照 page、request、session 和 application 的顺序来查找这个 JavaBean 实例，直至找到一个实例对象为止，如果在这 4 个范围内都找不到 JavaBean 实例，则抛出异常。

例 5.05　JavaBean 在 session 范围与 application 范围的比较。（**实例位置：光盘\TM\Instances\5.05**）

本实例通过一个简单的计数器 JavaBean 对 session 范围与 application 范围进行比较，其中计数器的 JavaBean 对象为 Counter 类。关键代码如下：

```
public class Counter {
    private int count = 0; //访问数量
    public int getCount() {
        return ++count;
    }
}
```

创建计数器对象 Counter 后，在 index.jsp 页面分别创建 session 与 application 范围内的实例对象。关键代码如下：

```
<body>
    <!-- 创建一个 session 范围的 Counter 对象 -->
    <jsp:useBean id="counter_session" class="com.lyq.Counter" scope="session"/>
    <!-- 创建一个 application 范围的 Counter 对象 -->
    <jsp:useBean id="counter_application" class="com.lyq.Counter" scope="application"/>
    <table align="center" width="350" border="1">
        <tr>
            <td colspan="2" align="center"><br><h1>JavaBean 的作用域</h1></td>
        </tr>
        <tr>
            <td align="right" width="30%">session</td>
            <td><jsp:getProperty name="counter_session" property="count" /></td>
        </tr>
        <tr>
            <td align="right">application</td>
            <td><jsp:getProperty name="counter_application" property="count" /></td>
        </tr>
    </table>
</body>
```

此页面分别输出了 session 范围与 application 范围的计数器的数值，刷新页面后其数值不断自增，如图 5.6 所示，说明 Counter 对象实例存在于此次会话之中。

当开启一个新的浏览器窗口时，session 的生命周期结束，与之对应的 Counter 对象也将被销毁，但 application 范围中的 Counter 对象依然存在，如图 5.7 所示。

图 5.6　实例运行结果　　　　　　　　图 5.7　实例运行结果

5.2 Model1 模式

视频讲解：光盘\TM\Video\5\Model1 模式.exe

JSP 的发展主要经历了两个历程，分别为 Model1 模式和 Model2 模式。Model1 模式指的是 JSP+JavaBean 的程序开发方式，Model2 模式则是指 MVC 的程序开发方式。Model1 模式目前已被遗弃，但比较适合初学者学习 JSP 程序，本节将对其进行简单介绍。

Model1 模式与纯 JSP 开发方式相比是一次进步。在纯 JSP 开发方式中，JSP 网页代码与所有业务逻辑代码写在一起，如图 5.8 所示。

此种开发方式虽然简单，但它也为 Web 程序的开发及应用带来很多不便；在混合交织的代码中，程序的可读性是非常差的，出现了错误不能进行快速调试，给程序的维护与扩展也带来了诸多不便，更谈不上代码重用等。

JavaBean 的产生使 HTML 网页代码与 Java 代码分离开来，在应用 JavaBean 的 JSP 程序中，其业务逻辑变得更加清晰，JSP 页面也显得整洁了很多，如图 5.9 所示。

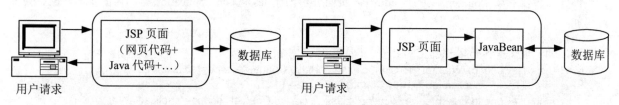

图 5.8　纯 JSP 开发方式　　　　　图 5.9　JSP+JavaBean 模式

从图 5.9 可以看出，JSP 页面与 JavaBean 代码相分离。在此种模式中，Web 应用程序的开发开始有了层次概念，JSP 页面用于显示一个视图，JavaBean 用于处理各种业务逻辑，Model1 模式从 JSP 页面之中分离出了业务逻辑层。

例 5.06　Model1 模式录入商品信息。（实例位置：光盘\TM\Instances\5.06）

（1）本实例通过 JSP 与 JavaBean 向数据库中添加商品信息，共涉及两个 JavaBean 对象，其中 Goods 类用于封装商品对象。关键代码如下：

```
public class Goods {
    private String name;        //商品名称
    private double price;       //单价
    private String description; //描述信息
    public String getName() {
        return name;
    }
    public void setName(String name) {
        this.name = name;
    }
    //省略部分代码
}
```

创建名为 GoodsDao 的类，用于封装商品的数据库操作。在此类中编写保存商品信息的方法 saveGoods()，该方法的入口参数为商品对象 Goods。关键代码如下：

```
public void saveGoods(Goods goods){
    try {
        //加载驱动
```

```
Class.forName("com.mysql.jdbc.Driver");
//数据库连接 URL
String url = "jdbc:mysql://localhost:3306/db_database05";
//获取数据库连接
Connection conn = DriverManager.getConnection(url, "root", "111");
//SQL 语句
String sql = "insert into tb_goods(name,price,description) values(?,?,?)";
//创建 PreparedStatement 对象
PreparedStatement ps = conn.prepareStatement(sql);
//对 SQL 语句中的参数赋值
ps.setString(1, goods.getName());
ps.setDouble(2, goods.getPrice());
ps.setString(3, goods.getDescription());
ps.executeUpdate();          //更新操作
ps.close();                  //关闭 ps
conn.close();                //关闭 conn
} catch (Exception e) {
    e.printStackTrace();
}
}
```

（2）在编写了这两个 JavaBean 对象后，创建名为 index.jsp 的文件（程序中的首页文件），用于提供录入商品信息的表单。关键代码如下：

```
<form action="service.jsp" method="post" onsubmit="return save(this);">
    <table border="1" align="center" width="300">
        <tr>
            <td align="center" colspan="2">
                <br><h1>录入商品信息</h1>
            </td>
        </tr>
        <tr>
            <td align="right">商品名称：</td>
            <td><input type="text" name="name"></td>
        </tr>
        <tr>
            <td align="right">价 格：</td>
            <td><input type="text" name="price"></td>
        </tr>
        <tr>
            <td align="right">商品描述：</td>
            <td><textarea name="description" cols="30" rows="3"></textarea></td>
        </tr>
        <tr>
            <td align="center" colspan="2">
                <input type="submit" value="提 交">
                <input type="reset" value="重 置">
            </td>
        </tr>
    </table>
</form>
```

（3）创建 service.jsp 文件，用于处理表单请求并向数据库中添加数据。关键代码如下：

```
<body>
    <%
```

```
            request.setCharacterEncoding("GBK");
    %>
    <jsp:useBean id="goods" class="com.lyq.Goods"></jsp:useBean>
    <jsp:setProperty name="goods" property="*"/>
    <jsp:useBean id="goodsDao" class="com.lyq.GoodsDao"></jsp:useBean>
    <%
            goodsDao.saveGoods(goods);
    %>
</body>
```

注意　"request.setCharacterEncoding("GBK")" 用于设置 request 请求的编码格式，通过此设置可以解决中文乱码问题。

在 service.jsp 页面中对添加商品信息的请求作了处理，在其中并没有出现 Java 代码与 HTML 代码混合交织的情况，因为处理业务逻辑的方法由 JavaBean 来完成，此种开发方式便是 Model1 模式。

实例运行结果如图 5.10 所示，正确输入商品信息后，单击"提交"按钮，商品信息将被保存到数据库中。

图 5.10　录入商品信息

5.3　Model2 模式

视频讲解：光盘\TM\Video\5\Model2 模式.exe

与纯 JSP 开发方式相比，Model1 开发模式是一次进步，但在业务逻辑的控制方面仍然由 JSP 页面充当。针对 Model1 的缺陷，Model2 提出了 MVC 的设计理念，分别将显示层、控制层、模型层相分离，使这 3 层结构各负其责，达到一种理想的设计状态。

5.3.1　MVC 原理

MVC 是一种经典的程序设计理念，此模式将应用程序分成 3 个部分，分别为模型层（Model）、视图层（View）和控制层（Controller），MVC便是这 3 个部分英文字母的缩写，在 JavaWeb 开发中其应用如图 5.11 所示。

1. 模型层（Model）

模型层是应用程序的核心部分，主要由 JavaBean 组件来充当，可以是一个实体对象或一种业务逻辑。之所以称之为模型，是因为它在应用程序中有更好的重用性、扩展性。

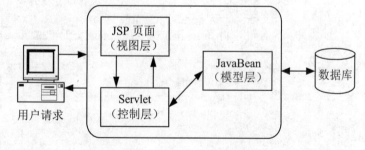

图 5.11　MVC 设计模式

2. 视图层（View）

视图层提供应用程序与用户之间的交互界面。在 MVC 模式中，这一层并不包含任何的业务逻辑，仅仅提供一种与用户相交互的视图，在 Web 应用中由 JSP、HTML 界面充当。

3．控制层（Controller）

控制层用于对程序中的请求进行控制，起到一种宏观调控的作用，它可以通知容器选择什么样的视图、什么样的模型组件，在 Web 应用中由 Servlet 充当。

5.3.2　JSP+Servlet+JavaBean

Model2 模式（JSP+Servlet+JavaBean）在 Model1 模式的基础上引入了 Servlet 技术。此种开发模式遵循 MVC 的设计理念，其中 JSP 作为视图层为用户提供与程序交互的界面，JavaBean 作为模型层封装实体对象及业务逻辑，Servlet 作为控制层接收各种业务请求，并调用 JavaBean 模型组件对业务逻辑进行处理，在视图与业务逻辑之间建立起一座桥梁。

例 5.07　Model2 模式录入商品信息。（**实例位置：光盘\TM\Instances\5.07**）

本实例将在例 5.06 的基础上，以 Model2 模式（JSP+Servlet+JavaBean）向数据库中添加商品信息。

（1）创建模型层用到的 JavaBean 组件，本实例中放置在 com.lyq.model 包中，分别为 Goods 类与 GoodsDao 类，其中 Goods 类用于封装商品信息，GoodsDao 类封装商品对象的数据库操作，其代码参见例 5.06。

（2）创建控制层对象 GoodsServlet 类，它是一个 Servlet，此类通过 doPost()方法对添加商品信息请求进行处理。关键代码如下：

```
public void doPost(HttpServletRequest request, HttpServletResponse response)
        throws ServletException, IOException {
    //设置 response 编码
    response.setContentType("text/html");
    response.setCharacterEncoding("GBK");
    //设置 request 编码
    request.setCharacterEncoding("GBK");
    //获取输出流
    PrintWriter out = response.getWriter();
    //获取商品信息
    String name = request.getParameter("name");
    String price = request.getParameter("price");
    String description = request.getParameter("description");
    Goods goods = new Goods();   //实例化商品对象
    //对商品对象属性赋值
    goods.setName(name);
    goods.setPrice(Double.valueOf(price));
    goods.setDescription(description);
    //实例化 GoodsDao
    GoodsDao goodsDao = new GoodsDao();
    goodsDao.saveGoods(goods); //保存商品信息
    out.print("保存商品信息成功！");
    out.flush();
    out.close();
}
```

此 Servlet 首先对获取的商品信息进行封装，然后调用相应的 JavaBean 方法保存商品数据。在这一过程中，并没有与任何的 JSP 网页相混合，也没有在网页中进行处理，完全由 Servlet 对业务请求进行控制，当 JavaBean 对象不符合要求时，只需改变相应的 JavaBean 代码或创建一个新的 JavaBean 对象即可，大大提高了程序的可扩展性及可维护性。

（3）创建视图层页面 index.jsp，此页面放置商品信息的表单，此表单的提交地址为 GoodsServlet。关键代码如下：

```
<form action="GoodsServlet" method="post" onsubmit="return save(this);">
    <table border="1" align="center" width="300">
        <tr>
            <td align="center" colspan="2">
                <br><h1>录入商品信息</h1>
            </td>
        </tr>
        <tr>
            <td align="right">商品名称：</td>
            <td><input type="text" name="name"></td>
        </tr>
        <tr>
            <td align="right">价 格：</td>
            <td><input type="text" name="price"></td>
        </tr>
        <tr>
            <td align="right">商品描述：</td>
            <td><textarea name="description" cols="30" rows="3"></textarea></td>
        </tr>
        <tr>
            <td align="center" colspan="2">
                <input type="submit" value="提 交">
                <input type="reset" value="重 置">
            </td>
        </tr>
    </table>
</form>
```

实例运行结果如图 5.11 所示，正确填写商品信息后，商品信息将被写入到数据库中。

5.4 两种模式的比较

Java 代码与 HTML 代码写在一起的方式使得 JSP 页面十分混乱，对于一些复杂业务的实现，将会导致大量的问题。如一个上千行代码的 JSP 文件，程序的可读性会非常差，出现一个小小的错误，都会给程序的调试带来一定的难度，不利于代码的编写与维护。

Model1 开发模式通过 JavaBean 改变了 Java 代码与 HTML 代码混合交织的情况，但它对 JavaBean 的操作仍然在 JSP 页面中进行，甚至部分 JSP 页面只用于与 JavaBean 交互处理业务逻辑，并不包含 HTML 网页代码，JSP 又充当了控制业务逻辑的角色，使显示层与业务层混合在一起，因此这种开发模式仍然不是一种理想的状态。

Model2 开发模式的出现是程序设计方面的一次巨大进步，它以 MVC 的设计理念，将模型层（Model）、视图层（View）、控制层（Controller）相区分，使各部分独挡一面、各负其责，充分体现了程序中的层次概念，改变了 JSP 网页代码与 Java 代码深深耦合的状态，为程序提供了更好的重用性及扩展性。

Model1 开发模式虽然适用于小型项目的开发，但囿于其自身缺陷，目前已逐渐被遗弃。在开发程序时，应该积极采用 Model2 模式进行开发。在本书的后续章节中，将为读者介绍 Struts 框架，此框架是 Model2 模式一个非常经典的实现。

5.5　登录模块的实现

🎬 视频讲解：光盘\TM\Video\5\登录模块的实现.exe

用户登录模块在网站中的应用是十分广泛的，如一个论坛型网站，需要用户登录来识别用户的权限；一个博客型网站，需要用户登录来管理博客文章。通过用户登录能够快速识别用户的身份信息，维护网站的安全。

5.5.1　模块介绍

下面以用户登录模块为例，以 Model2（JSP+Servlet+JavaBean）模式进行开发，其系统流程如图 5.12 所示。

用户登录之前需要进行注册，在注册成功后通过注册的用户名及密码进行登录，登录失败可以根据系统提示重新登录，登录成功后进入主页，效果如图 5.13 所示。

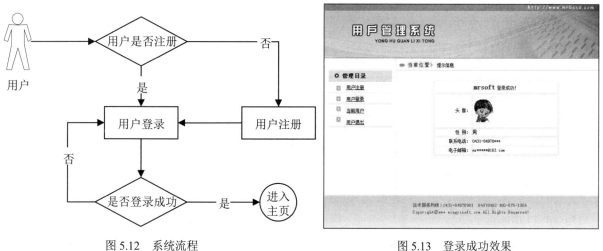

图 5.12　系统流程　　　　　　　　　　　　　图 5.13　登录成功效果

5.5.2　关键技术

本实例为用户登录模块，采用 Model2 模式进行开发，展现了模型层（Model）、视图层（View）和控制层（Controller）的结构体系，程序设计结构如图 5.14 所示。

程序为用户提供了 JSP 页面进行展示，如用户注册页面 reg.jsp、用户登录页面 login.jsp 等。这些 JSP 页面是程序的视图层（View），对于用户而言，通过这一层与程序进行交互，同时交互后的结果也是通过这一层回应给用户。

用户对程序的请求以及程序对用户所作出的回应由控制层（Controller）掌管，本实例中表现为 Servlet，如用户注册 Servlet、用户登录 Servlet 等。当用户发送一个请求时，Servlet 将判断用户的请求类型，进而提供相应的业务逻辑处理方法进行处理；请求由程序处理完毕后，又由 Servlet 控制返回处理的结果信息。此层是程序的核心部分。

对于程序的常用对象或操作，可以将其封装为一个单独的类。这样做既有利于程序的管理，又可实现代码的重用等。实例中将用户对象、用户数据库操作、数据库连接等封装为 JavaBean，从而实现程序中的模型层（Model）。这一层为控制层提供服务，当控制层接收某一请求时，只需调用相应的 JavaBean 组件即可完成业务的处理。

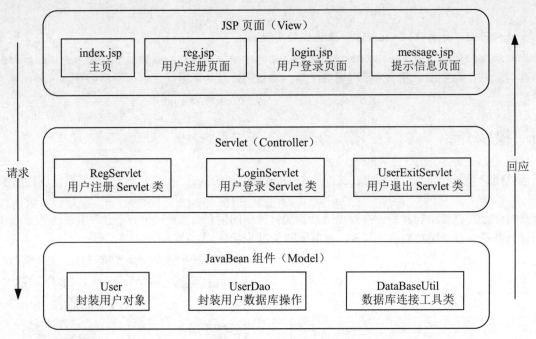

图 5.14　程序设计结构

5.5.3　数据库设计

本实例只涉及一张数据表，名称为 tb_user。此表为用户信息表，用于存放用户的注册信息，其结构如图 5.15 所示。

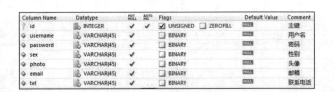

图 5.15　tb_user 表

5.5.4　JavaBean 设计

本实例涉及 3 个主要的 JavaBean 组件，分别为用户实例对象 User、用户数据库操作对象 UserDao 类、数据库连接工具类 DataBaseUtil。

1．用户实体对象

User 类用于封装用户实体对象，提供了用户对象的详细信息以及相应的 getXXX()与 setXXX()方法。关键代码如下：（以下"代码位置"在光盘\TM\Instances 路径下）

代码位置：UserLogin\src\com\lyq\Model\User.java

```
public class User {
    private int id;            //标识
    private String username;   //用户名
    private String password;   //密码
    private String sex;        //性别
    private String tel;        //电话
```

```
    private String photo;          //头像
    private String email;          //电子邮箱
    public int getId() {
        return id;
    }
    public void setId(int id) {
        this.id = id;
    }
    //省略部分 getXXX()与 setXXX()方法
}
```

2．数据库连接工具类

对于经常用到的操作可以将其封装为一个类，在类中提供了相应的操作方法，从而增强了代码的重用性。实例中将繁琐的获取数据库的连接与关闭操作封装到 DataBaseUtil 类中，关键代码如下：

代码位置：UserLogin\src\com\lyq\util\DataBaseUtil.java

```java
public class DataBaseUtil {
    /**
     * 获取数据库连接
     * @return Connection 对象
     */
    public static Connection getConnection(){
        Connection conn = null;
        try {
            //加载驱动
            Class.forName("com.mysql.jdbc.Driver");
            //数据库连接 URL
            String url = "jdbc:mysql://localhost:3306/db_database05";
            //获取数据库连接
            conn = DriverManager.getConnection(url, "root", "111");
        } catch (Exception e) {
            e.printStackTrace();
        }
        return conn;
    }
    /**
     * 关闭数据库连接
     * @param conn Connection 对象
     */
    public static void closeConnection(Connection conn){
        //判断 conn 是否为空
        if(conn != null){
            try {
                conn.close();     //关闭数据库连接
            } catch (SQLException e) {
                e.printStackTrace();
            }
        }
    }
}
```

getConnection()方法用于获取数据库的连接，返回 Connection 对象；closeConnection()方法用于关闭数据库的连接。这两个方法均为静态方法，可以直接调用。

3．用户数据库操作

与用户相关的数据库操作方法被封装在 UserDao 类中，此类提供了实例中所用到的数据添加与查询方法，其中 userIsExist()方法用于查询指定用户名在数据库中是否存在，返回布尔值。关键代码如下：

代码位置：UserLogin\src\com\lyq\model\dao\UserDao.java

```java
public boolean userIsExist(String username){
        //获取数据库连接 Connection 对象
        Connection conn = DataBaseUtil.getConnection();
        //根据指定用户名查询用户信息
        String sql = "select * from tb_user where username = ?";
        try {
                //获取 PreparedStatement 对象
                PreparedStatement ps = conn.prepareStatement(sql);
                //对用户对象属性赋值
                ps.setString(1, username);
                //执行查询获取结果集
                ResultSet rs = ps.executeQuery();
                //判断结果集是否有效
                if(!rs.next()){
                        //如果无效则证明此用户名可用
                        return true;
                }
                //释放此 ResultSet 对象的数据库和 JDBC 资源
                rs.close();
                //释放此 PreparedStatement 对象的数据库和 JDBC 资源
                ps.close();
        } catch (SQLException e) {
                e.printStackTrace();
        }finally{
                //关闭数据库连接
                DataBaseUtil.closeConnection(conn);
        }
        return false;
}
```

在用户提交注册信息时，需要判断所提交的用户名是否已被注册，如果用户名已被占用则不能再次被注册。用户名是用户信息的标识，在提交注册信息时可以使用 userIsExist()进行判断。

用户提交注册信息后，需要对用户信息进行持久化，以保证用户凭其信息可以登录。这就需要在 UserDao 类中提供用户信息持久化的方法，其名称为 saveUser()。关键代码如下：

代码位置：UserLogin\src\com\lyq\model\dao\UserDao.java

```java
public void saveUser(User user){
        //获取数据库连接 Connection 对象
        Connection conn = DataBaseUtil.getConnection();
        //插入用户注册信息的 SQL 语句
        String sql = "insert into tb_user(username,password,sex,tel,photo,email) values(?,?,?,?,?,?)";
        try {
                //获取 PreparedStatement 对象
                PreparedStatement ps = conn.prepareStatement(sql);
                //对 SQL 语句的占位符参数进行动态赋值
                ps.setString(1, user.getUsername());
                ps.setString(2, user.getPassword());
```

```
                    ps.setString(3, user.getSex());
                    ps.setString(4, user.getTel());
                    ps.setString(5, user.getPhoto());
                    ps.setString(6, user.getEmail());
                    //执行更新操作
                    ps.executeUpdate();
                    //释放此 PreparedStatement 对象的数据库和 JDBC 资源
                    ps.close();
              } catch (Exception e) {
                    e.printStackTrace();
              }finally{
                    //关闭数据库连接
                    DataBaseUtil.closeConnection(conn);
              }
        }
```

注册成功后，用户即可通过注册的用户名及密码进行登录。对于程序而言，此操作实质是根据用户所提供的用户名及密码查询用户信息，如果查询成功，证明在数据库中存在与之匹配的信息，则登录成功。这一操作通过 UserDao 类的 login()方法来实现。关键代码如下：

代码位置：UserLogin\src\com\lyq\model\dao\UserDao.java

```
public User login(String username, String password){
      User user = null;
      //获取数据库连接 Connection 对象
      Connection conn = DataBaseUtil.getConnection();
      //根据用户名及密码查询用户信息
      String sql = "select * from tb_user where username = ? and password = ?";
      try {
            //获取 PreparedStatement 对象
            PreparedStatement ps = conn.prepareStatement(sql);
            //对 SQL 语句的占位符参数进行动态赋值
            ps.setString(1, username);
            ps.setString(2, password);
            //执行查询获取结果集
            ResultSet rs = ps.executeQuery();
            //判断结果集是否有效
            if(rs.next()){
                  //实例化一个用户对象
                  user = new User();
                  //对用户对象属性赋值
                  user.setId(rs.getInt("id"));
                  user.setUsername(rs.getString("username"));
                  user.setPassword(rs.getString("password"));
                  user.setSex(rs.getString("sex"));
                  user.setTel(rs.getString("tel"));
                  user.setPhoto(rs.getString("photo"));
                  user.setEmail(rs.getString("email"));
            }
            //释放此 ResultSet 对象的数据库和 JDBC 资源
            rs.close();
            //释放此 PreparedStatement 对象的数据库和 JDBC 资源
            ps.close();
      } catch (Exception e) {
```

```
        e.printStackTrace();
}finally{
        //关闭数据库连接
        DataBaseUtil.closeConnection(conn);
}
    return user;
}
```

5.5.5 实现过程

用户登录模块遵循 MVC 模式进行设计，主要对用户注册、用户登录、用户退出、提示信息页面等请求进行实现。其实现过程如下。

1. 用户注册

（1）创建名为 RegServlet 的类（即处理用户注册请求的 Servlet 对象），通过 doPost()方法对用户注册请求进行处理。关键代码如下：

代码位置：UserLogin\src\com\lyq\service\RegServlet.java

```
public void doPost(HttpServletRequest request, HttpServletResponse response)
        throws ServletException, IOException {
    //获取用户名
    String username = request.getParameter("username");
    //获取密码
    String password = request.getParameter("password");
    //获取性别
    String sex = request.getParameter("sex");
    //获取头像
    String photo = request.getParameter("photo");
    //获取联系电话
    String tel = request.getParameter("tel");
    //获取电子邮箱
    String email = request.getParameter("email");
    //实例化 UserDao 对象
    UserDao userDao = new UserDao();
    if(username != null && !username.isEmpty()){
        if(userDao.userIsExist(username)){
            //实例化一个 User 对象
            User user = new User();
            //对用户对象中的属性赋值
            user.setUsername(username);
            user.setPassword(password);
            user.setSex(sex);
            user.setPhoto(photo);
            user.setTel(tel);
            user.setEmail(email);
            //保存用户注册信息
            userDao.saveUser(user);
            request.setAttribute("info", "恭喜，注册成功！<br>");
        }else{
            request.setAttribute("info", "错误：此用户名已存在！");
```

```
            }
        }
        //转发到 message.jsp 页面
        request.getRequestDispatcher("message.jsp").forward(request, response);
    }
```

在处理过程中，首先通过 request 的 getParameter()方法获取用户的注册信息，如用户名、密码等；然后通过 UserDao 类的 userIsExist()方法判断所提交的用户名是否已被注册，如果没有被注册则将用户提交的注册信息写入到数据库中，否则进行错误处理；对于用户注册的结果信息由 message.jsp 页面予以显示。

（2）创建视图层（为用户提供的注册页面），名称为 reg.jsp，在其中提供用户注册的表单。关键代码如下：

代码位置：UserLogin\WebRoot\reg.jsp

```
<form action="RegServlet" method="post" onsubmit="return reg(this);">
    <table align="center" width="450" border="0">
        <tr>
            <td align="right">用户名：</td>
            <td>
                <input type="text" name="username">
            </td>
        </tr>
        <tr>
            <td align="right">密 码：</td>
            <td>
                <input type="password" name="password">
            </td>
        </tr>
        <tr>
            <td align="right">确认密码：</td>
            <td>
                <input type="password" name="repassword">
            </td>
        </tr>
        <tr>
            <td align="right">性 别：</td>
            <td>
                <input type="radio" name="sex" value="男" checked="checked">男
                <input type="radio" name="sex" value="女">女
            </td>
        </tr>
        <tr>
            <td align="right">头 像：</td>
            <td>
                <select name="photo" id="photo" onchange="change();">
                    <option value="images/1.gif" selected="selected">头像一</option>
                    <option value="images/2.gif">头像二</option>
                </select>
                <img id="photoImg" src="images/1.gif">
            </td>
        </tr>
        <tr>
            <td align="right">联系电话：</td>
```

```
            <td>
                <input type="text" name="tel">
            </td>
        </tr>
        <tr>
            <td align="right">电子邮箱：</td>
            <td>
                <input type="text" name="email">
            </td>
        </tr>
        <tr>
            <td colspan="2" align="center">
                <input type="submit" value="注 册">
                <input type="reset" value="重 置">
            </td>
        </tr>
    </table>
</form>
```

此表单以 post 提交方式将请求发送到 RegServlet，RegServlet 类将根据用户提供的用户信息进行相应处理。reg.jsp 页面的运行结果如图 5.16 所示。

2．用户登录

（1）创建名为 LoginServlet 的类（即处理用户登录请求的 Servlet），通过 doPost()方法对用户登录进行处理。关键代码如下：

图 5.16　用户注册页面

代码位置：UserLogin\src\com\lyq\service\LoginServlet.java

```java
public void doPost(HttpServletRequest request, HttpServletResponse response)
        throws ServletException, IOException {
    //获取用户名
    String username = request.getParameter("username");
    //获取密码
    String password = request.getParameter("password");
    //实例化 UserDao 对象
    UserDao userDao = new UserDao();
    //根据密码查询用户
    User user = userDao.login(username, password);
    //判断 user 是否为空
    if(user != null){
        //将用户对象放入 Session 中
        request.getSession().setAttribute("user", user);
        //转发到 result.jsp 页面
        request.getRequestDispatcher("message.jsp").forward(request, response);
    }else{
        //登录失败
        request.setAttribute("info", "错误：用户名或密码错误！");
        request.getRequestDispatcher("message.jsp").forward(request, response);
    }
}
```

在获取用户提供的用户名及密码后，通过 UserDao 类的 login()方法查询用户信息，如果查询到的用户信息不为 null，则用户登录成功，将获取到的用户对象写入到 Session 中，否则进行相应的错误处理。

（2）创建视图层（为用户提供的登录页面），名称为 login.jsp，在其中提供用户登录表单。关键代码如下：

代码位置：UserLogin\WebRoot\login.jsp

```
<form action="LoginServlet" method="post" onSubmit="return login(this);">
    <table align="center" width="300" border="0" class="tb1">
        <tr>
            <td align="right">用户名：</td>
            <td>
                <input type="text" name="username">
            </td>
        </tr>
        <tr>
            <td align="right">密 码：</td>
            <td>
                <input type="password" name="password">
            </td>
        </tr>
        <tr>
            <td colspan="2" align="center" height="50">
                <input type="submit" value="登 录">
                <input type="reset" value="重 置">
            </td>
        </tr>
    </table>
</form>
```

3．用户退出

用户退出请求由 UserExitServlet 类进行处理，它是一个 Servlet 对象。此类通过 doGet()方法对退出请求进行操作，此操作需要将存放在 Session 中的 User 对象逐出。关键代码如下：

代码位置：UserLogin\src\com\lyq\service\UserExitServlet.java

```
public void doGet(HttpServletRequest request, HttpServletResponse response)
        throws ServletException, IOException {
    //获取 session
    HttpSession session = request.getSession();
    //获取用户对象
    User user = (User)session.getAttribute("user");
    //判断用户是否有效
    if(user != null){
        //将用户对象逐出 Session
        session.removeAttribute("user");
        //设置提示信息
        request.setAttribute("info", user.getUsername() + " 已成功退出！ ");
    }
    //转发到 message.jsp 页面
    request.getRequestDispatcher("message.jsp").forward(request, response);
}
```

4．提示信息页面

程序在处理业务请求后，需要告知用户处理结果，如用户注册成功、用户登录失败等，所以实例中提供了 message.jsp 页面，用于用户提供系统提示信息。关键代码如下：

代码位置：UserLogin\WebRoot\message.jsp

```jsp
<%
    //获取提示信息
    String info = (String)request.getAttribute("info");
    //如果提示信息不为空，则输出提示信息
    if(info != null){
        out.println(info);
    }
    //获取登录的用户信息
    User user = (User)session.getAttribute("user");
    //判断用户是否登录
    if(user != null){
%>
<table align="center" width="350" border="1" height="200" bordercolor="#E8F4CC">
    <tr>
        <td align="center" colspan="2">
            <span style="font-weight: bold;font-size: 18px;"><%=user.getUsername() %></span>
            登录成功！
        </td>
    </tr>
    <tr>
        <td align="right" width="30%">头　像：</td>
        <td>
            <img src="<%=user.getPhoto()%>">
        </td>
    </tr>
    <tr>
        <td align="right">性　别：</td>
        <td><%=user.getSex()%></td>
    </tr>
    <tr>
        <td align="right">联系电话：</td>
        <td><%=user.getTel()%></td>
    </tr>
    <tr>
        <td align="right">电子邮箱：</td>
        <td><%=user.getEmail()%></td>
    </tr>
</table>
<%
    }else{
        out.println("<br>对不起，您还没有登录！");
    }
%>
```

此页面主要用于输出系统的提示信息，包含错误提示及登录成功消息，例如，用户登录失败的提示信息如图 5.17 所示。

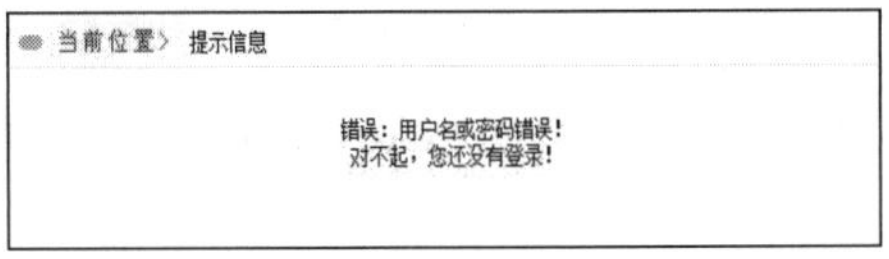

图 5.17　提示信息

5. Servlet 配置

对于 Servlet 对象的使用需要进行配置，其配置内容包含在 web.xml 文件中。实例中主要用到了 3 个 Servlet，其配置代码如下：

代码位置：UserLogin\WebRoot\WEB-INF\web.xml

```xml
<!-- 用户注册 -->
<servlet>
    <servlet-name>RegServlet</servlet-name>
    <servlet-class>com.lyq.service.RegServlet</servlet-class>
</servlet>
<!-- 用户登录 -->
<servlet>
    <servlet-name>LoginServlet</servlet-name>
    <servlet-class>com.lyq.service.LoginServlet</servlet-class>
</servlet>
<!-- 用户退出 -->
<servlet>
    <servlet-name>UserExitServlet</servlet-name>
    <servlet-class>com.lyq.service.UserExitServlet</servlet-class>
</servlet>
<!-- Servlet 映射 -->
<servlet-mapping>
    <servlet-name>RegServlet</servlet-name>
    <url-pattern>/RegServlet</url-pattern>
</servlet-mapping>
<servlet-mapping>
    <servlet-name>LoginServlet</servlet-name>
    <url-pattern>/LoginServlet</url-pattern>
</servlet-mapping>
<servlet-mapping>
    <servlet-name>UserExitServlet</servlet-name>
    <url-pattern>/UserExitServlet</url-pattern>
</servlet-mapping>
```

5.6　运　行　项　目

项目开发完成后，就可以在 Eclipse 中运行该项目了。此时，如果你没有在 Eclipse 中配置服务器，那么需要按照 1.4.5 节中介绍的方法先配置服务器，然后再按照以下步骤运行项目。

（1）在项目资源管理器中选择项目名称节点，在工具栏中单击 ▶ 按钮中的黑三角，在弹出的菜单中选择"运行方式"/Run On Server 命令，打开 Run On Server（在服务器上运行）对话框，选中 Always use this server when running this project（将服务器设置为默认值（请不要再询问））复选框，其他采用默认，如图 5.18

所示。

（2）单击"完成"按钮，即可通过 Tomcat 运行该项目，这时系统将自动启动浏览器显示如图 5.19 所示的运行结果。

图 5.18　Run On Server（在服务器上运行）对话框

图 5.19　UserLogin 项目运行效果

5.7　本章小结

Model1（JSP+JavaBean）与 Model2（JSP+Servlet+JavaBean）是 JSP 开发 Web 应用程序的两种架构模式，Model1 开发模式比较适合小型项目的开发，但由于其自身缺陷，不能达到一种理想的设计状态，目前已很少使用，而是采用 Model2 模式遵循 MVC 设计理念进行实际开发。在这两种架构模式中，都离不开 JavaBean 组件的使用，所以在学习过程中要重点掌握 JavaBean 的使用。

5.8　学习成果检验

1．根据 JavaBean 的作用域，实现简单计数器。（答案位置：光盘\TM\Instances\5.08）
2．Model2 模式实现用户留言。（答案位置：光盘\TM\Instances\5.09）
3．使用 Model2 模式向数据库添加图书信息。（答案位置：光盘\TM\Instances\5.10）

第 **2** 篇

高级技术

第 **6** 章

EL 表达式语言

（■ 视频讲解：73 分钟）

　　JSP 2.0 引入了一个新的内容——EL 表达式语言。通过 EL 表达式语言，可以简化在 JSP 开发中对对象的引用，从而规范页面代码，增强程序的可读性及可维护性。本章将对 EL 表达式语言的语法、基本应用、运算符及隐含对象进行详细介绍。

　　通过阅读本章，您可以：

- ▸▸ 了解使用 EL 表达式的前提条件
- ▸▸ 掌握 EL 表达式的基本语法
- ▸▸ 了解 EL 表达式的特点
- ▸▸ 了解 EL 表达式的存取范围
- ▸▸ 掌握 EL 表达式的各种运算符以及运算符的优先级
- ▸▸ 了解 EL 表达式中的关键字
- ▸▸ 掌握 EL 表达式的隐含对象

6.1　EL 概述

 视频讲解：光盘\TM\Video\6\EL 概述.exe

EL 是 Expression Language 的简称，意思是表达式语言（下文中将其称为 EL 表达式）。它是 JSP 2.0 中引入的一种计算和输出 Java 对象的简单语言，为不熟悉 Java 语言页面开发的人员提供了一种开发 JSP 应用程序的新途径。

6.1.1　使用 EL 表达式的前提条件

如今 EL 表达式已经是一项成熟、标准的技术，只要安装的 Web 服务器能够支持 Servlet 2.4/JSP 2.0，就可以在 JSP 页面中直接使用 EL 表达式。

由于在 JSP 2.0 以前不存在 EL 表达式，为了和以前的规范兼容，JSP 特意提供了禁用 EL 表达式功能。

注意　为了保证页面能正确解析 EL 表达式，需要确认 EL 表达式没有被禁用。

JSP 中提供了以下 3 种禁用 EL 表达式的方法，只有确认 JSP 中没有通过以下 3 种方法禁用 EL 表达式，才可以正确解析 EL 表达式，否则 EL 表达式的内容将原样显示到页面中。

1. 使用斜杠 "\" 符号

一种比较简单的禁用 EL 表达式的方法是，在 EL 表达式的起始标记前加上 "\" 符号，即在 "${" 之前加 "\"。具体的语法如下：

```
\${expression}
```

例如，要禁用页面中的 EL 表达式 "${username}"，可以使用以下代码。

```
\${username}
```

 说明　该方法适合只是禁用页面的一个或几个 EL 表达式的情况。

2. 使用 page 指令

使用 JSP 的 page 指令也可以禁用 EL 表达式，其语法格式如下：

```
<%@ page isELIgnored="true|false" %>
```

在上面的语法中，如果值为 true，则忽略页面中的 EL 表达式，否则将解析页面中的 EL 表达式。

例如，如果想忽略页面中的 EL 表达式可以在页面的顶部添加以下代码：

```
<%@ page isELIgnored="true" %>
```

 说明　该方法适用于禁用一个页面中的 EL 表达式。

3. 在 web.xml 文件中配置<el-ignored>元素

在 web.xml 文件中配置<el-ignored>元素可以实现禁用服务器中的 EL 表达式。在 web.xml 文件中配置<el-ignored>元素的具体代码如下：

```
<jsp-config>
    <jsp-property-group>
        <url-pattern>*.jsp</url-pattern>
        <el-ignored>true</el-ignored><!--将此处的值设置为 false，表示使用 EL 表达式-->
    </jsp-property-group>
</jsp-config>
```

说明 该方法适用于禁用 Web 应用中所有的 JSP 页面。

6.1.2　EL 表达式的基本语法

EL 表达式语法很简单，它以 "${" 开头，以 "}" 结束，中间为合法的表达式。具体的语法格式如下：
```
${expression}
```

技巧 由于 EL 表达式的语法以 "${" 开头，所以如果在 JSP 网页中要显示 "${" 字符串，必须在前面加上 "\" 符号，即 "\${"，或者写成 "${'${'}"，也就是用表达式来输出 "${" 符号。

在 EL 表达式中要输出一个字符串，可以将此字符串放在一对单引号或双引号内。例如，要在页面中输出字符串 "用代码书写人生"，可以使用以下代码：
```
${"用代码书写人生"}
```

6.1.3　EL 表达式的特点

EL 表达式具有以下特点：
- ☑ 在 EL 表达式中可以获得命名空间（PageContext 对象，它是页面中所有其他内置对象的最大范围的集成对象，通过它可以访问其他内置对象）。
- ☑ EL 表达式不仅可以访问一般变量，而且可以访问 JavaBean 中的属性以及嵌套属性和集合对象。
- ☑ 在 EL 表达式中可以执行关系运算、逻辑运算和算术运算等。
- ☑ 扩展函数可以与 Java 类的静态方法进行映射。
- ☑ 在表达式中可以访问 JSP 的作用域（request、session、application 以及 page）。
- ☑ EL 表达式可以与 JSTL 结合使用，也可以与 JavaScript 语句结合使用。

6.2　EL 表达式的存取范围

当 EL 表达式中的变量没有指定范围时，系统默认从 page 范围中查找，然后依次在 request、session 及 application 范围内查找。如果在此过程中找到指定的变量，则直接返回，否则返回 null。另外，EL 表达式还提供了指定存取范围的方法。在要输出表达式的前面加入指定存取范围的前缀即可指定该变量的存取范围。EL 表达式中用于指定变量使用范围的前缀如表 6.1 所示。

表 6.1　EL 表达式中使用的变量范围前缀

范　　围	前　　缀	举 例 说 明
page	pageScope	例如，${pageScope.username}表示在 page 范围内查找变量 username，若找不到直接返回 null
request	requestScope	例如，${requestScope.username}表示在 request 范围内查找变量 username，若找不到直接返回 null
session	sessionScope	例如，${sessionScope.username}表示在 session 范围内查找变量 username，若找不到直接返回 null
application	applicationScope	例如，${applicationScope.username}表示在 application 范围内查找变量 username，若找不到直接返回 null

说明　这里所说的前缀，实际上就是 EL 表达式提供的用于访问作用域范围的隐含对象。关于隐含对象的详细介绍参见 6.5 节。

6.3　EL 表达式的运算符

视频讲解：光盘\TM\Video\6\EL 表达式的运算符.exe

在 JSP 中，EL 表达式提供了存取数据运算符、算术运算符、关系运算符、逻辑运算符、empty 运算符及条件运算符，下面进行详细介绍。

6.3.1　存取数据运算符 "[]" 和 "."

在 EL 表达式中可以使用运算符 "[]" 和 "." 来取得对象的属性。例如，${user.name}或者${user[name]}都是表示获取对象 user 中的 name 属性值。通常情况下，获取指定对象的属性使用的是 "." 运算符；但是当属性名中包含一些特殊符号（如 "." 或者 "-" 等非字母或数字符号）时，就只能使用 "[]" 来访问属性值了。例如，${sessionScope.user[user-name]}是正确的，而${sessionScope.user.user-name}是错误的。

另外，在 EL 表达式中可以使用 "[]" 运算符来读取数组、Map、List 或者对象容器中的数据。下面进行详细介绍。

1．数组元素的获取

使用 "[]" 运算符可以获取数组的指定元素。例如，向 request 域中保存一个包含 4 个元素的一维数组，并应用 EL 表达式输出该数组的第二个元素的代码如下：

```
<%
String[] arrFruit={"苹果","西瓜","芒果","荔枝"};        //定义数组
request.setAttribute("fruit",arrFruit);                //将数组保存到 request 对象中
%>
${requestScope.fruit[1]}                               <!-- 输出数组中的第二个元素 -->
```

2．List 集合元素的获取

使用 "[]" 运算符可以获取 List 集合中的指定元素。例如，向 session 域中保存一个包含 3 个元素的 List 集合对象，并应用 EL 表达式输出该集合的第二个元素的代码如下：

```
<%
List list = new ArrayList();
list.add("苹果");
list.add("西瓜");            } 定义一个包含 3 个元素的 List 集合对象
list.add("芒果");
session.setAttribute("fruitList",list);    //将 List 集合保存到 session 对象中
%>
${sessionScope.fruitList[1]}              <!-- 输出集合中的第二个元素 -->
```

3. Map 集合元素的获取

使用 "[]" 运算符可以获取 Map 集合中的指定元素。例如，向 session 域中保存一个包含 3 个键值的
Map 集合对象，并应用 EL 表达式输出该集合的第二个元素的代码如下：

```
<%
Map map= new HashMap();
map.put("1", "苹果");
map.put("2", "西瓜");          } 定义一个包含 3 个键值的 Map 集合对象
map.put("3", "香蕉");
application.setAttribute("fruitMap",map);    //将数组保存到 application 对象中
%>
${applicationScope.fruitMap["1"]}          <!-- 输出集合中 "1" 键所对应的值 -->
```

6.3.2 算术运算符

EL 表达式中提供了如表 6.2 所示的算术运算符，这些运算符多数是 Java 中常用的操作符。

表 6.2　EL 表达式的算术运算符

运　算　符	功　　能	举 例 说 明
+	加	${6+1}，返回值为 7
−	减	${7−1}，返回值为 6
*	乘	${23.5*10}，返回值为 235.0
/或 div	除	${16/2}或${16 div 2}，返回值为 8.0
%或 mod	求余	${15%4}或${15 mod 4}，返回值为 3

注意　EL 表达式无法像 Java 一样将两个字符串用 "+" 运算符连接在一起（"明"+"日"），所以${"明"+"日"}的写法是错误的。但是，可以采用${"明"}${"日"}的形式来表示。

6.3.3 关系运算符

在 EL 表达式中提供了用于对两个表达式进行比较的关系运算符，如表 6.3 所示。EL 表达式的关系运算符不仅可以用来比较整数和浮点数，还可以用来比较字符串。

表 6.3　EL 表达式的关系运算符

运　算　符	功　　能	举 例 说 明
==或 eq	等于	${10==10}或${10 eq 10}，返回 true
		${"A"=="a"}或${"A" eq "a"}，返回 false

运　算　符	功　　能	举 例 说 明
!=或 ne	不等于	${10!=10}或${10 ne 10}，返回 false
		${"A"!="A"}或${"A" ne "A"}，返回 false
<或 lt	小于	${5<3}或${5 lt 3}，返回 false
		${"A"<"B"}或${"A" lt "B"}，返回 true
>或 gt	大于	${5>3}或${5 gt 3}，返回 true
		${"A">"B"}或${"A" gt "B"}，返回 false
<=或 le	小于等于	${3<=4}或${3 le 4}，返回 true
		${"A"<="A"}或${"A" le "A"}，返回 true
>=或 ge	大于等于	${3>=4}或${3 ge 4}，返回 false
		${"A">="B"}或${"A" ge "B"}，返回 false

注意　在使用 EL 表达式关系运算符时，不能写成如下形式：

${param.pwd1} == ${param.pwd2}

　　　　或

${${param.pwd1} ==${param.pwd2}}

　　　而应写成：

${param.pwd1==param.pwd2}

6.3.4　逻辑运算符

与 Java 语言一样，EL 表达式也提供了与、或、非 3 种逻辑运算符，下面进行详细介绍。

1. "&&"或 and 运算符

"&&"或 and 运算符为与运算符，这与 Java 中的与运算符相同，也是只有在两个操作数的值均为 true 时，才返回 true，否则返回 false。

例如下面的 EL 表达式：

${username == "mr" && pwd == "mrsoft"}

只有当 username 的值为 mr，pwd 的值为 mrsoft 时，返回值才为 true，否则将返回 false。

说明　与运算符在执行的过程中，只要表达式的值可以确定，就会停止执行。例如，进行多个与运算时，如果遇到其中一个操作数的值为 false，则停止执行，并返回 false。

2. "||"或 or 运算符

"||"或 or 运算符为或运算符，这与 Java 中的或运算符相同，也是只要有一个操作数的值为 true，就返回 true，只有全部操作数均为 false 时，才返回 false。

例如下面的 EL 表达式：

${username == "mr" || username == "mrsoft"}

只要 username 的值为 mr，或 pwd 的值为 mrsoft，就返回 true，否则才返回 false。

说明　或运算符同与运算符一样，在执行过程中，只要表达式的值可以确定，就会停止执行。例如，进行多个或运算时，如果遇到其中一个操作数的值为 true，则停止执行，并返回 true。

3．"!"或 not 运算符

"!"或 not 运算符为非运算符，这与 Java 中的非运算符相同，也是对操作数进行取反。如果原来操作数的值为 true，则返回 false；如果原来操作数的值为 false，则返回 true。

例如下面的 EL 表达式：

```
${! username == "mr"}
```

如果 username 的值为 mr，则返回 false，否则返回 true。

6.3.5 empty 运算符

在 EL 表达式中，有一个特殊的运算符——empty。该运算符是一个前缀（prefix）运算符，即 empty 运算符位于操作数前方，用来确定一个对象或变量是否为 null 或空。empty 运算符的语法格式如下：

```
${empty expression}
```

expression：用于指定要判断的变量或对象。

一个变量或对象为 null 或空代表的是不同的含义：null 表示这个变量没有指明任何对象；而空表示这个变量所属的对象其内容为空，例如空字符串、空的数组或者空的 List 容器。

技巧　empty 运算符也可以与 not 运算符结合使用，用于确定一个对象或变量是否为非空。例如，要判断 session 域中的变量 user 不为空，可以使用以下代码。

```
${not empty sessionScope.user}
```

6.3.6 条件运算符

在 EL 表达式中可以利用条件运算符进行条件求值，其语法格式如下：

```
${条件表达式 ? 计算表达式 1: 计算表达式 2}
```

在上面的语法中，如果条件表达式为真，则计算表达式 1，否则计算表达式 2。但是 EL 表达式中的条件运算符功能比较弱，一般可以用 JSTL 中的条件标签<c:if>或<c:choose>替代；当然，如果处理的问题比较简单，也可以使用。EL 表达式中的条件运算符的唯一的优点便是其非常简单和方便，和 Java 语言里的用法完全一致。

例如，应用条件运算符，当变量 user 的值为空时，输出"user 为空"，否则输出 user 的值。具体代码如下：

```
${empty user ? "user 为空" : user}
```

6.3.7 运算符的优先级

运算符的优先级决定了在多个运算符同时存在时，各个运算符的求值顺序。EL 表达式中各运算符的优先级如图 6.1 所示，对于同级的运算符采用从左向右计算的原则。

图 6.1　EL 表达式中各运算符的优先级

说明　使用括号()可以改变优先级，例如${1 * (2+4)}改变了先乘除、后加减的基本规则，这是因为括号的优先级高于绝大部分的运算符。在复杂的表达式中，使用括号可以使表达式更容易阅读及避免出错。

6.4　EL 表达式中的保留字

EL 表达式中定义了如表 6.4 所示的保留字，在为变量命名时，应该避免使用这些保留字。

表 6.4　EL 表达式中的保留字

and	eq	gt	true	instanceof	div	or	ne
le	false	lt	empty	mod	not	ge	null

6.5　EL 表达式中的隐含对象

视频讲解：光盘\TM\Video\6\ EL 表达式中的隐含对象.exe

为了能够获得 Web 应用程序中的相关数据，EL 表达式中定义了一些隐含对象。这些隐含对象共有 11 个，如表 6.5 所示。

表 6.5　EL 表达式的隐含对象

	隐含对象	对象类型	说　明
页面上下文对象	pageContext	javax.servlet.jsp.PageContext	用于访问 JSP 内置对象
访问环境信息的隐含对象	param	java.util.Map	包含页面所有参数的名称和对应值的集合
	paramValues	java.util.Map	包含页面所有参数的名称和对应多个值的集合
	header	java.util.Map	包含每个 header 名和值的集合
	headerValues	java.util.Map	包含每个 header 名和可能的多个值的集合
	cookie	java.util.Map	包含每个 cookie 名和值的集合
	initParam	java.util.Map	包含 Servlet 上下文初始参数名和对应值的集合
访问作用域范围的隐含对象	pageScope	java.util.Map	包含 page（页面）范围内的属性值的集合
	requestScope	java.util.Map	包含 request（请求）范围内的属性值的集合
	sessionScope	java.util.Map	包含 session（会话）范围内的属性值的集合
	applicationScope	java.util.Map	包含 application（应用）范围内的属性值的集合

在对 EL 表达式中包含的隐含对象有了初步了解后，下面对各个隐含对象进行详细介绍。

6.5.1　PageContext 对象的应用

PageContext 隐含对象用于访问 JSP 内置对象，如 request、response、out、session、config 和 servletContext 等。例如，要获取当前 session 中的变量 username 可以使用以下 EL 表达式。

${PageContext.session.username}

6.5.2　param 和 paramValues 对象的应用

param 对象用于获取请求参数的值，而如果一个参数名对应多个值时，则需要使用 paramValues 对象获取请求参数的值。在应用 param 对象时，返回的结果为字符串；在应用 paramValues 对象时，返回的结果为数组。

例如，在 JSP 页面中放置一个名为 user 的文本框，关键代码如下：

`<input name="user" type="text" id="user">`

当表单提交后，要获取 user 文本框的值，可以使用下面的 EL 表达式。

`${param.user}`

注意　如果 user 文本框中可以输入中文，那么在使用 EL 表达式输出其内容前，还需使用 "request.setCharacterEncoding("GBK");" 语句设置请求的编码为 GBK，否则将产生乱码。

再例如，在 JSP 页面中放置一个名为 affect 的复选框组，关键代码如下：

`<input name="affect" type="checkbox" id="affect" value="体育">`
体育
`<input name="affect" type="checkbox" id="affect" value="美术">`
美术
`<input name="affect" type="checkbox" id="affect" value="音乐">`
音乐

当表单提交后，要获取 affect 的值，可以使用下面的 EL 表达式。

爱好为：`${paramValues.affect[0]}${paramValues.affect[1]}${paramValues.affect[2]}`

注意　在应用 param 或 paramValues 对象时，如果指定的参数不存在，则返回空的字符串，而不是返回 null。

6.5.3　header 和 headerValues 对象的应用

header 对象用于获取 HTTP 请求的一个具体 header 值，但是在某些情况下，可能存在同一个 header 拥有多个不同的值，这时就必须使用 headerValues 对象。

例如，要获取 HTTP 请求的 header 的 Host 属性，可以使用以下 EL 表达式。

`${header.host}或${header[host]}`

上面的 EL 表达式将输出如图 6.2 所示的结果。

但是，如果要获取 HTTP 请求的 header 的 Accept-Agent 属性，则必须使用以下 EL 表达式。

`${header["user-agent"]}`

上面的 EL 表达式将输出如图 6.3 所示的结果。

图 6.2　应用 header 对象获取的 Host 属性

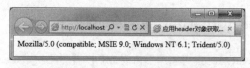

图 6.3　应用 header 对象获取的 user-agent 属性

6.5.4　访问作用域范围的隐含对象

EL 表达式中提供了 4 个用于访问作用域范围的隐含对象，即 pageScope、requestScope、sessionScope 和 applicationScope。应用这 4 个隐含对象指定查找标识符的作用域后，系统将不再按照默认的顺序（page、request、session 及 application）来查找相应的标识符。它们与 JSP 中的 page、request、session 及 application 内置对象类似，只不过这 4 个隐含对象只能用来取得指定范围内的属性值，而不能取得其他相关信息。

例如，要获取 session 范围内的 user 变量的值，可以使用以下 EL 表达式。

${sessionScope.user}

6.5.5　cookie 对象的应用

cookie 对象用于访问由请求设置的 cookie 名称。如果在 cookie 中已经设定一个名为 username 的值，那么可以使用${cookie.usernam}来获取该 cookie 对象；但是如果要获取 cookie 中的值，则需要使用 cookie 对象的 value 属性。

例如，使用 response 对象设置一个请求有效的 cookie 对象，然后再使用 EL 表达式获取该 cookie 对象的值。关键代码如下：

```
<%Cookie cookie=new Cookie("user","mr");
  response.addCookie(cookie);
%>
${cookie.user.value}
```

运行上面的代码后，将在页面中显示 mr。

> **说明**　所谓的 cookie 是一个文本文件，它是以 key、value 的方法将用户会话信息记录在这个文本文件内，并将其暂时存放在客户端浏览器中。

6.5.6　initParam 对象的应用

initParam 对象用于获取 Web 应用初始化参数的值。例如，在 Web 应用的 web.xml 文件中设置一个初始化参数 author，用于指定作者。关键代码如下：

```
<context-param>
    <param-name>author</param-name>
    <param-value>wgh</param-value>
</context-param>
```

应用 EL 表达式获取该参数的代码如下：

${initParam.author}

6.6　实　　战

6.6.1　应用 EL 表达式访问 JavaBean 的属性

视频讲解：光盘\TM\Video\6\应用 EL 表达式访问 JavaBean 的属性.exe

例 6.01　在客户端的表单中填写用户注册信息后，单击"提交"按钮，应用 EL 表达式通过访问 JavaBean 属性的方法显示到页面上。（实例位置：光盘\TM\Instances\6.01）

（1）编写 index.jsp 页面，添加用于收集用户注册信息的表单及表单元素。关键代码如下：

```
<form name="form1" method="post" action="deal.jsp">
用 户 名：<input name="username" type="text" id="username">
密    码：<input name="pwd" type="password" id="pwd">
确认密码：<input name="repwd" type="password" id="repwd">
性    别：
<input name="sex" type="radio" class="noborder" value="男">男
<input name="sex" type="radio" class="noborder" value="女">女
```

```
爱好:
<input name="affect" type="checkbox" class="noborder" id="affect" value="体育">
体育
<input name="affect" type="checkbox" class="noborder" id="affect" value="美术">
美术
<input name="affect" type="checkbox" class="noborder" id="affect" value="音乐">
音乐
<input name="affect" type="checkbox" class="noborder" id="affect" value="旅游">
旅游
<input name="Submit" type="submit" class="btn_grey" value="提交">
<input name="Submit2" type="reset" class="btn_grey" value="重置">
</form>
```

（2）编写保存用户信息的 JavaBean，将其保存到 com.wgh 包中，命名为 UserForm。关键代码如下:

```
package com.wgh;
public class UserForm {
    private String username="";                //用户名属性
    private String pwd="";                      //密码属性
    private String sex="";                      //性别属性
    private String[] affect=null;               //爱好属性
    public void setUsername(String username) {  //设置 username 属性的方法
        this.username = username;
    }
    public String getUsername() {               //获取 username 属性的方法
        return username;
    }
    …          //此处省略了设置其他属性对应的 setXXX()和 getXXX()方法的代码
    public void setAffect(String[] affect) {    //设置 affect 属性的方法
        this.affect = affect;
    }
    public String[] getAffect() {               //获取 affect 属性的方法
        return affect;
    }
}
```

（3）编写 deal.jsp 页面。在该页面中，首先使用 request 内置对象的 setCharacterEncoding()方法设置请求的编码方式为 GBK，然后使用<jsp:useBean>动作指令在页面中创建一个 JavaBean 实例，再使用<jsp:setProperty>动作指令设置 JavaBean 实例的各属性值，最后使用 EL 表达式将 JavaBean 的各属性显示到页面中。关键代码如下:

```
<%@ page language="java" pageEncoding="GBK"%>
<%request.setCharacterEncoding("GBK");%>
<jsp:useBean id="userForm" class="com.wgh.UserForm" scope="page"/>
<jsp:setProperty name="userForm" property="*"/>
<!--显示用户注册信息-->
用 户 名: ${userForm.username}
密    码: ${userForm.pwd}
性    别: ${userForm.sex}
爱    好: ${userForm.affect[0]} ${userForm.affect[1]} ${userForm.affect[2]} ${userForm.affect[3]}
<input name="Button" type="button" class="btn_grey" value="返回" onClick="window.location.href='index.jsp'">
```

注意　在使用 Tomcat 6.0 时，通过上面的代码可能只获取到第一个复选框的值，所以需要在显示用户注册信息以前加上下面的这句代码来重新设置 affect 属性的值。

```
<jsp:setProperty name="userForm" property="affect" value='<%=request.getParameterValues("affect")%>'/>
```

运行程序，在页面的"用户名"文本框中输入用户名，在"密码"文本框中输入密码，在"确认密码"文本框中输入确认密码，选择性别和爱好，然后单击"提交"按钮，如图 6.4 所示，即可将该用户信息显示到页面中，如图 6.5 所示。

图 6.4 填写注册信息页面 图 6.5 显示注册信息页面

6.6.2 应用 EL 表达式显示投票结果

视频讲解：光盘\TM\Video\6\应用 EL 表达式显示投票结果.exe

例 6.02 实现投票功能并应用 EL 表达式显示投票结果。（实例位置：光盘\TM\Instances\6.02）

（1）编写 index.jsp 页面，在该页面中添加用于收集投票信息的表单及表单元素。关键代码如下：

```
<form name="form1" method="post" action="PollServlet">
·您最需要哪方面的编程类图书？
<input name="item" type="radio" class="noborder" value="基础教程类" checked>基础教程类
<input name="item" type="radio" class="noborder" value="实例集锦类">实例集锦类
<input name="item" type="radio" class="noborder" value="经验技巧类">经验技巧类
<input name="item" type="radio" class="noborder" value="速查手册类">速查手册类
<input name="item" type="radio" class="noborder" value="案例剖析类">案例剖析类
<input name="Submit" type="submit" class="btn_grey" value="投票">
<input name="Submit2" type="button" class="btn_grey" value="查看投票结果"
onClick="window.location.href='showResult.jsp'">
</form>
```

（2）编写完成投票功能的 Servlet，将其保存到 com.wgh.servlet 包中，命名为 PollServlet。在该 Servlet 的 doPost()方法中，首先设置请求的编码方式为 GBK，并获取投票项；然后判断是否存在保存投票结果的 ServletContext 对象（该对象在 application 范围内有效），如果存在，则获取保存在 ServletContext 对象中的 Map 集合，并将指定投票项的得票数加 1，否则创建并初始化一个保存投票信息的 Map 集合，再将保存投票结果的 Map 集合保存到 ServletContext 对象中；最后向浏览器输出弹出提示对话框并重定向网页的 JavaScript 代码。PollServlet 的关键代码如下：

```
package com.wgh.servlet;
import java.io.IOException;
...                                              //此处省略了导入其他包或类的代码
public class PollServlet extends HttpServlet {
    public void doPost(HttpServletRequest request, HttpServletResponse response)
            throws ServletException, IOException {
        request.setCharacterEncoding("GBK");          //设置请求的编码方式
        String item=request.getParameter("item");      //获取投票项
        //获取 ServletContext 对象，该对象在 application 范围内有效
        ServletContext servletContext=request.getSession().getServletContext();
        Map map=null;
        if(servletContext.getAttribute("pollResult")!=null){
            map=(Map)servletContext.getAttribute("pollResult"); //获取投票结果
            map.put(item,Integer.parseInt(map.get(item).toString())+1);  //将当前的投票项加 1
        }else{            //初始化一个保存投票信息的 Map 集合，并将选定投票项的投票数设置为 1，其他为 0
            String[] arr={"基础教程类","实例集锦类","经验技巧类","速查手册类","案例剖析类"};
            map=new HashMap();
            for(int i=0;i<arr.length;i++){
                if(item.equals(arr[i])){                    //判断是否为选定的投票项
                    map.put(arr[i], 1);
                }else{
                    map.put(arr[i], 0);                     初始化 Map 集合
                }
            }
        }
        ServletContext.setAttribute("pollResult", map);       //保存投票结果到 ServletContext 对象中
```

```
//设置响应的编码方式，如果不设置则弹出的对话框中的文字将乱码
response.setCharacterEncoding("GBK");
PrintWriter out=response.getWriter();
out.println("<script>alert('投票成功！');window.location.href='showResult.jsp';</script>");

    }

}
```

（3）编写 showResult.jsp 页面，在该页面中应用 EL 表达式输出投票结果。关键代码如下：
·您最需要哪方面的编程类图书？
基础教程类
<img src="bar.gif" width='${220*(applicationScope.pollResult["基础教程类"]/(applicationScope.pollResult["基础教程类"]+applicationScope.pollResult["实例集锦类"]+applicationScope.pollResult["经验技巧类"]+applicationScope.pollResult ["速查手册类"]+applicationScope.pollResult["案例剖析类"]))}' height="13">
（${empty applicationScope.pollResult["基础教程类"]? 0 :applicationScope.pollResult["基础教程类"]}）
实例集锦类
    <img src="bar.gif" width='${220*(applicationScope.pollResult["实例集锦类"]/(applicationScope.pollResult["基础教程类"]+applicationScope.pollResult["实例集锦类"]+applicationScope.pollResult["经验技巧类"]+applicationScope.pollResult ["速查手册类"]+applicationScope.pollResult["案例剖析类"]))}' height="13">
（${empty applicationScope.pollResult["实例集锦类"]? 0 :applicationScope.pollResult["实例集锦类"]}）
经验技巧类
<img src="bar.gif" width='${220*(applicationScope.pollResult["经验技巧类"]/(applicationScope.pollResult["基础教程类"]+applicationScope.pollResult["实例集锦类"]+applicationScope.pollResult["经验技巧类"]+applicationScope.pollResult ["速查手册类"]+applicationScope.pollResult["案例剖析类"]))}' height="13">
（${empty applicationScope.pollResult["经验技巧类"]? 0 :applicationScope.pollResult["经验技巧类"]}）
速查手册类
<img src="bar.gif" width='${220*(applicationScope.pollResult["速查手册类"]/(applicationScope.pollResult["基础教程类"]+applicationScope.pollResult["实例集锦类"]+applicationScope.pollResult["经验技巧类"]+applicationScope.PollResult ["速查手册类"]+applicationScope.pollResult["案例剖析类"]))}' height="13">
（${empty applicationScope.pollResult["速查手册类"]? 0 :applicationScope.pollResult["速查手册类"]}）
案例剖析类
<img src="bar.gif" width='${220*(applicationScope.pollResult["案例剖析类"]/(applicationScope.pollResult["基础教程类"]+applicationScope.pollResult["实例集锦类"]+applicationScope.pollResult["经验技巧类"]+applicationScope.pollResult ["速查手册类"]+applicationScope.pollResult["案例剖析类"]))}' height="13">
（${empty applicationScope.pollResult["案例剖析类"]? 0 :applicationScope.pollResult["案例剖析类"]}）

合计：
${applicationScope.pollResult["基础教程类"]+applicationScope.pollResult["实例集锦类"]+applicationScope. pollResult["经验技巧类"]+applicationScope.pollResult["速查手册类"]+applicationScope.pollResult["案例剖析类"]}人投票！
    <inputname="Button"type="button"class="btn_grey"value="返回"
onClick="window.location.href='index.jsp'">

 说明　　上面的代码中，EL 表达式 "${empty applicationScope.pollResult["案例剖析类"]? 0 :applicationScope. pollResult["案例剖析类"]}" 用于显示 "案例剖析类" 图书的得票数，在该 EL 表达式中应用了条件运算符，用于当没有投票信息时，将得票数显示为 0。

　　运行程序，将显示如图 6.6 所示的投票页面。在该页面中，选择自己需要的编程类图书，单击 "投票" 按钮，将完成投票，并显示投票结果，如图 6.7 所示。在投票页面中单击 "查看投票结果" 按钮，也可以查看投票结果。

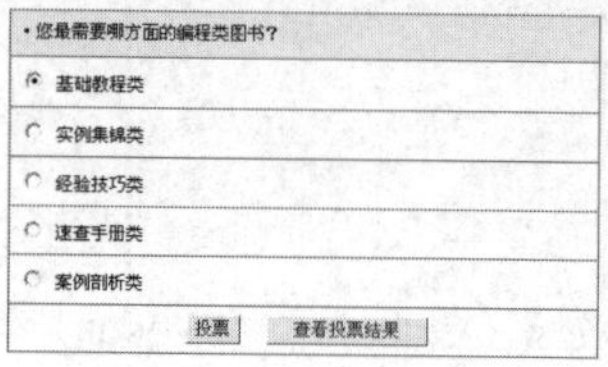

图 6.6　投票页面 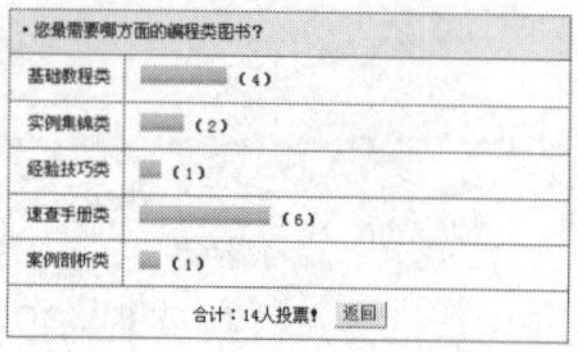　　图 6.7　显示投票结果页面

122

6.6.3 判断用户名是否为空，空则显示相应的提示信息

视频讲解：光盘\TM\Video\6\判断用户名是否为空，空则显示相应的提示信息.exe

例 6.03 实现判断用户填写的登录信息是否填写完整，如果填写的不完整将在其他页面给出提示信息。（实例位置：光盘\TM\Instances\6.03）

（1）创建 Web 项目，编写 index.jsp 页面，在其中创建表单和登录信息填写的文本框。关键代码如下：

```
<form name="form1" method="post" action="deal.jsp">    //应用 action 属性将内容发送到 deal.jsp 页面进行处理
    用户名：<input name="user" type="text" id="user">
    <br><br>
    密  码：<input name="pwd" type="password" id="pwd">
    <br><br><br>
    <input type="submit" name="Submit" value="登录">
    <input type="reset" name="Submit2" value="重置">
</form>
```

（2）编写处理页面 deal.jsp，在其中编写 EL 表达式的 empty 运算符的使用代码，并且使用了简单的三目运算实现不同结果的处理。关键代码如下：

```
<body>
${empty param.user? "请输入用户名":""}<br>          //应用 empty 运算符判断用户名是否为空
${empty param.pwd ?"请输入密码":"欢迎访问！ "}<br>     //应用 empty 运算符判断密码是否为空
 <a href="index.jsp">返回</a>
</body>
```

实例运行结果如图 6.8 和图 6.9 所示。

6.6.4 显示客户端使用的浏览器

视频讲解：光盘\TM\Video\6\显示客户端使用的浏览器.exe

例 6.04 实现在程序执行时直接将获取的客户端使用的浏览器信息显示在页面中。（实例位置：光盘\TM\Instances\6.04）

创建 Web 项目，编写 index.jsp 页面，在其中编写 EL 的表达式，应用的是 header 对象的 user-agent 属性。关键代码如下：

```
<body>
    客户端使用的浏览器：<br>
    ${header["user-agent"]}            //使用 header 对象的 user-agent 属性获取浏览器信息
</body>
```

实例运行结果如图 6.10 所示。

图 6.8 输入用户名的用户登录页面　图 6.9 显示的提示信息　图 6.10 显示客户端使用的浏览器信息

6.6.5 判断用户是否登录，并显示不同提示信息

视频讲解：光盘\TM\Video\6\判断用户是否登录，并显示不同提示信息.exe

例 6.05 实现判断用户是否登录，并通过获取的不同结果显示不同的提示信息。（实例位置：光盘\TM\

Instances\6.05）

创建 Web 项目，编写不同的 JSP 页面，在其中编写 EL 表达式，应用的是 empty 这个特殊的运算符。
关键代码如下：

```
<!--登录处理页面 deal.jsp-->
<%
request.setCharacterEncoding("GBK");          //设定页面的编码方式
String user=request.getParameter("user");      //获取 User 属性
session.setAttribute("user",user);
response.sendRedirect("index.jsp");            //将数值转发到 index.jsp 页面
%>
<!--登录页面 login.jsp-->
<form name="form1" method="post" action="deal.jsp">
    请输入用户名：<input name="user" type="text" id="user">
    <input type="submit" name="Submit" value="登录">
  </form>
<!--退出处理页面 logout.jsp-->
<%
session.invalidate();
response.sendRedirect("index.jsp");
%>
```

实例运行结果如图 6.11 和图 6.12 所示。

图 6.11　输入用户名的用户登录页面　　　　图 6.12　显示的提示信息

6.7　本 章 小 结

本章首先介绍了使用 EL 表达式的前提条件、EL 表达式的基本语法以及 EL 表达式的特点，其中需要读者重点掌握的是使用 EL 表达式的前提条件和基本语法；然后介绍了 EL 表达式的存取范围；接下来又介绍了 EL 表达式的运算符，由于 EL 表达式的运算符同 Java 的运算符类似，所以读者可以将其与 Java 的运算符对比学习；最后详细介绍了 EL 表达式中的隐含对象，其中 param 对象、paramValues 对象以及访问作用域范围的隐含对象在今后的程序开发过程中会经常用到，读者需要重点掌握。

6.8　学习成果检验

1. 设置当前的 Web 应用中禁止使用 EL 表达式。（答案位置：光盘\TM\Instances\6.06）
2. 应用 EL 表达式获取 cookie 的值。（答案位置：光盘\TM\Instances\6.07）
3. 应用 EL 表达式显示客户端能够接收的内容类型。（答案位置：光盘\TM\Instances\6.08）

第 7 章

JSTL 核心标签库

（ 📹 视频讲解：93 分钟 ）

JSTL 是一个不断完善的开放源代码的 JSP 标签库，在 JSP 2.0 中已将 JSTL 作为标准支持。使用 JSTL 可以取代在传统 JSP 程序中嵌入 Java 代码的做法，大大提高了程序的可维护性。本章将对 JSTL 的下载和配置以及 JSTL 的核心标签进行详细介绍。

通过阅读本章，您可以：

▶▶ 掌握下载和配置 JSTL 的方法

▶▶ 了解 JSTL 标签库

▶▶ 掌握 JSTL 的核心标签库中的表达式标签

▶▶ 掌握 JSTL 的核心标签库中的条件标签

▶▶ 掌握 JSTL 的核心标签库中的循环标签

▶▶ 掌握 JSTL 的核心标签库中的 URL 相关标签

7.1　JSTL 简介

JSTL（JavaServer Pages Standard Tag Library，JSP 标准标签库）是由 Apache 的 Jakarta 小组负责维护的一个不断完善的开放源代码的 JSP 标准标签库，它为 Java Web 开发人员提供了一个标准的、通用的标签库。

JSTL 有多个版本，目前最新的版本是 JSTL 1.2，必须在 JSP 2.1 版本的容器内运行。

7.1.1　下载和配置 JSTL

由于 JSTL 还不是 JSP 2.0 规范中的一部分，所以在使用 JSTL 之前，需要安装并配置 JSTL。下面分别进行介绍。

1. 下载 JSTL

JSTL 标签库可以到 http://jstl.java.net/download.html 网站中下载。在该页面中，将提供两个超链接，一个是 JSTL API 超链接（用于下载 JSTL 的 API），另一个是 JSTL Implementation 超链接（用于下载 JSTL 的实现 Implementation）。单击 JSTL API 超链接下载 JSTL 的 API，下载后的文件名为 javax.servlet.jsp.jstl-api-1.2.1.jar；单击 JSTL Implementation 超链接下载 JSTL 的实现 Implementation，下载后的文件名为 javax.servlet.jsp.jstl-1.2.1.jar。

2. 配置 JSTL

JSTL 的标签库下载完毕后，就可以在 Web 应用中配置 JSTL 标签库。配置 JSTL 标签库有两种方法，一种是直接将 javax.servlet.jsp.jstl-api-1.2.1.jar 和 javax.servlet.jsp.jstl-1.2.1.jar 复制到 Web 应用的 WEB-INF\lib 目录中；另一种是在 Eclipse 中通过配置构建路径的方法进行添加。在 Eclipse 中通过配置构建路径的方法添加 JSTL 标签库的具体步骤如下：

（1）在项目名称节点上单击鼠标右键，在弹出的快捷菜单中选择"构建路径"/"配置构建路径"命令，将打开 Java 构建路径对话框，单击"库"选项卡中的"添加库"按钮，打开"添加库"对话框，选择"用户库"节点，单击"下一步"按钮，将打开如图 7.1 所示的对话框。

（2）单击"用户库"按钮，打开"首选项"对话框，然后单击"新建"按钮，在打开的"新建用户库"对话框中输入用户库名称，这里为 JSTL 1.2.1，如图 7.2 所示。

（3）单击"确定"按钮，返回到"首选项"对话框，在该对话框中将显示刚刚创建的用户库，如图 7.3 所示。

  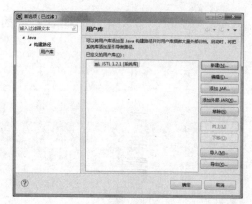

图 7.1　"添加库"对话框　　图 7.2　"新建用户库"对话框　　图 7.3　"首选项"对话框

 126

（4）选中 JSTL 1.2.1 节点，单击"添加外部 JAR"按钮，在打开的"选择 JAR"对话框中选择刚刚下载的 JSTL 标签库，如图 7.4 所示。

（5）单击"打开"按钮，将返回到如图 7.5 所示的"首选项"对话框中。

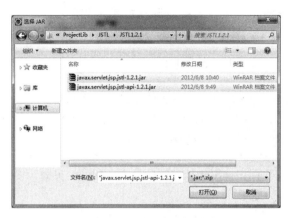

图 7.4　选择 JSTL 标签库

图 7.5　添加 JAR 后的"首选项"对话框

（6）单击"确定"按钮，返回到"添加库"对话框，单击"完成"按钮，完成 JSTL 库的添加。选中当前项目，并刷新该项目，这时依次展开如图 7.6 所示的节点，可以看到在项目节点下，将添加一个 JSTL 1.2.1 节点。

（7）在项目名称节点上单击鼠标右键，在弹出的快捷菜单中选择"属性"命令，将打开项目属性对话框，左侧列表中选择 Deployment Assembly 节点，在右侧将显示 Web Deployment Assembly 信息，单击"添加"按钮，将打开如图 7.7 所示的对话框。

图 7.6　添加到 Eclipse 项目中的 JSTL 库

图 7.7　New Assembly Directive 对话框

（8）双击 Java Build Path Entries 列表项，将显示如图 7.8 所示的对话框。

（9）选择要添加的用户库，单击"完成"按钮，即可将该用户库添加到 Web Deployment Assembly 中。添加后的效果如图 7.9 所示。

图 7.8　选择用户库对话框

图 7.9　添加用户库到 Web Deployment Assembly 中的效果

说明 这里介绍的添加 JSTL 标签库文件到项目中的方法，也适用于添加其他的库文件。

至此，下载并配置 JSTL 的基本步骤就完成了，这时就可以在项目中使用 JSTL 标签库了。

7.1.2 JSTL 标签库简介

JSTL 提供了核心标签库、格式标签库、SQL 标签库、XML 标签库和函数标签库等 5 种标签库，下面进行详细介绍。

☑ 核心标签库：主要用于完成 JSP 页面的常用功能，其中包括 JSTL 的表达式标签、条件标签、循环标签和 URL 操作共 4 种标签。

☑ 格式标签库：提供了一个简单的国际化（I18N）标记，用于处理国际化相关问题，另外，格式标签库中还包含用于格式化数字和日期显示格式的标签。

☑ SQL 标签库：封装了数据库访问的通用逻辑，简化了对数据库的访问。如果结合核心标签库，可以方便地获取结果集，并迭代输出结果集中的数据。

☑ XML 标签库：可以处理和生成 XML 标记，使用这些标记可以很方便地开发基于 XML 的 Web 应用。

☑ 函数标签库：提供了一系列字符串操作函数，用于完成分解字符串、连接字符串、返回子串、确定字符串是否包含特定的子串等功能。

在使用这些标签之前必须在 JSP 页面的首行使用"<%@ taglib%>"指令定义标签库的位置和访问前缀。例如，使用核心标签库的 taglib 指令格式如下：

```
<%@ taglib prefix="c" uri="http://java.sun.com/jsp/jstl/core" %>
```

使用格式标签库的 taglib 指令格式如下：

```
<%@ taglib prefix="fmt" uri="http://java.sun.com/jsp/jstl/fmt"%>
```

使用 SQL 标签库的 taglib 指令格式如下：

```
<%@ taglib prefix="sql" uri="http://java.sun.com/jsp/jstl/sql"%>
```

使用 XML 标签库的 taglib 指令格式如下：

```
<%@ taglib prefix="xml" uri="http://java.sun.com/jsp/jstl/xml"%>
```

使用函数标签库的 taglib 指令格式如下：

```
<%@ taglib prefix="fn" uri="http://java.sun.com/jsp/jstl/functions"%>
```

7.2 表达式标签

📹 **视频讲解：光盘\TM\Video\7\表达式标签.exe**

表达式标签主要包括<c:out>、<c:set>、<c:remove>和<c:catch>4 个标签，下面分别介绍其语法及应用。

7.2.1 <c:out>输出标签

<c:out>标签用于将表达式的值输出到 JSP 页面中，该标签可以替代<%=表达式%>。<c:out>标签有两种语法格式。

☑ 语法 1：没有标签体。

```
<c:out value="expression" [escapeXml="true|false"] [default="defaultValue"]/>
```

☑　语法 2：有标签体。

```
<c:out value="expression" [escapeXml="true|false"]>
    defalultValue
</c:out>
```

语法 1 和语法 2 的输出结果完全相同。<c:out>标签的属性说明如表 7.1 所示。

表 7.1　<c:out>标签的属性说明

属　　性	类　　型	描　　述	使用 EL
value	Object	用于指定将要输出的变量或表达式	可以
escapeXml	boolean	用于指定是否转换特殊字符，默认值为 true，表示转换，例如"<"转换为"<"	不可以
default	Object	用于指定当 value 属性值等于 null 时，将要显示的默认值	不可以

例 7.01　测试<c:out>标签的 escapeXml 属性及通过两种语法格式设置 default 属性时的显示结果。（实例位置：光盘\TM\Instances\7.01）

```
<%@ taglib prefix="c" uri="http://java.sun.com/jsp/jstl/core" %>
********************* 测试 escapeXml 属性 *********************<br>
escapeXml 属性值为 false 时：<c:out value="<hr>" escapeXml="false"/>
escapeXml 属性值为 true 时：<c:out value="<hr>"/>
<br>
******************** 测试两种语法 ****************************<br>
第一种语法格式：<c:out value="${user}" default="user 的值为空"/>
<br>
第二种语法格式：<c:out value="${user}">
  user 的值为空
</c:out>
```

实例运行结果如图 7.10 所示。

7.2.2　<c:set>设置标签

<c:set>标签用于在指定范围（page、request、session 或 application）内定义保存某个值的变量，或为指定的对象设置属性值。使用该标签可以在页面中定义变量，而不用在 JSP 页面中嵌入打乱 HTML 排版的 Java 代码。<c:set>标签有以下 4 种语法格式。

图 7.10　测试<c:out>标签的运行结果

☑　语法 1：在 scope 指定的范围内将变量值存储到变量中。

```
<c:set value="value" var="name" [scope="page|request|session|application"]/>
```

☑　语法 2：在 scope 指定的范围内将标签主体存储到变量中。

```
<c:set var="name" [scope="page|request|session|application"]>
    标签主体
</c:set>
```

☑　语法 3：将变量值存储在 target 属性指定的目标对象的 propName 属性中。

```
<c:set value="value" target="object" property="propName"/>
```

☑　语法 4：将标签主体存储到 target 属性指定的目标对象的 propName 属性中。

```
<c:set target="object" property="propName">
    标签主体
</c:set>
```

以上语法格式所涉及的属性说明如表 7.2 所示。

表 7.2 <c:set>标签的属性说明

属 性	类 型	描 述	引用 EL
value	Object	用于指定变量值	可以
var	String	用于指定变量名	不可以
target	Object	用于指定存储变量值或者标签主体的目标对象，可以是 JavaBean 或 Map 集合对象	可以
property	String	用于指定目标对象存储数据的属性名	可以
scope	String	用于指定变量的作用域，默认值是 page	不可以

注意 target 属性不能是直接指定的 JavaBean 或 Map，而应该是使用 EL 表达式或一个脚本表达式指定的真正对象。例如，要为 JavaBean "LinkmanForm" 的 id 属性赋值，那么 target 属性值应该是 target="${linkman}"，而不应该是 target="linkman"。其中 linkman 为 LinkmanForm 的对象。

例 7.02 应用<c:set>标签定义不同范围的变量和为 JavaBean 的属性赋值，并通过<c:out>标签进行输出。（实例位置：光盘\TM\Instances\7.02）

（1）编写一个名为 LinkmanForm 的 JavaBean，用于保存联系人信息。关键代码如下：

```
package com.wgh;
public class LinkmanForm {
    private int id=0;                //联系人 ID
    private String name="";          //联系人姓名
    private String tel="";           //电话
    public void setId(int id) {
        this.id = id;
    }
    public int getId() {
        return id;
    }
    …                                //此处省略了其他属性对应的 getXXX()和 setXXX()方法
}
```

（2）编写 index.jsp 页面，在该页面中首先应用<c:set>标签定义两个不同范围的变量，并应用 EL 表达式输出这两个变量，然后再为 JavaBean 设置属性值，并应用<c:out>标签输出 JavaBean 的属性。关键代码如下：

```
<%@ taglib prefix="c" uri="http://java.sun.com/jsp/jstl/core" %>
<jsp:useBean class="com.wgh.LinkmanForm" id="linkman"/>
应用语法 1 定义一个 session 范围内的变量 user，值为 mrsoft <br>
    <c:set var="user" value="mrsoft" scope="session"/>
    输出变量 user 的值为：${sessionScope.user}              语法 1 的应用
<br>
应用语法 2 定义一个 request 范围内的变量 money，值为 12.5*6 的结果 <br>
    <c:set var="money" scope="request">
    ${12.5*6}
    </c:set>                                               语法 2 的应用
    输出变量 money 的值为：${requestScope.money}
<br>
应用语法 3 为 JavaBean "LinkmanForm" 设置各属性并应用&lt;c:out&gt;标签输出各属性值<br>
    <c:set value="1" target="${linkman}" property="id"/>
    <c:set value="wgh" target="${linkman}" property="name"/>
    id 属性值为:<c:out value="${linkman.id}"/>   <br>       语法 3 的应用
    name 属性值为:<c:out value="${linkman.name}"/>
```

```
<br>
应用语法 4 为 JavaBean "LinkmanForm" 设置各属性并应用&lt;c:out&gt;标签输出各属性值<br>
    <c:set target="${linkman}" property="tel"> 84978981 </c:set>
    tel 属性值为:<c:out value="${linkman.tel}"/>
```
　　　　　　　　　　　　　　　　　　　　　　　　　　}语法 4 的应用

实例运行结果如图 7.11 所示。

7.2.3　<c:remove>移除标签

<c:remove>标签可以从指定的 JSP 范围内移除指定的变量,其语法格式如下:

`<c:remove var="name" [scope="page|request|session|application"]/>`

- ☑　var 属性:用于指定要移除的变量名称。
- ☑　scope 属性:用于指定变量的存在范围,可选值有 page、request、session 和 application。默认值是 page。

例 7.03　应用<c:set>标签定义一个 page 范围内的变量,然后通过<c:out>标签输出该变量,再应用<c:remove>标签移除该变量,最后通过<c:out>标签输出该变量。(**实例位置:光盘\TM\Instances\7.03**)

```
<%@ taglib prefix="c" uri="http://java.sun.com/jsp/jstl/core"%>
<c:set var="softName" value="明日科技编程词典" scope="page"/>
移除前输出变量 softName 的值: <c:out value="${pageScope.softName}" default="softName 的值为空"/>
<br>
<c:remove var="softName" scope="page"/>
移除后输出变量 softName 的值: <c:out value="${pageScope.softName}" default="softName 的值为空"/>
```

实例运行结果如图 7.12 所示。

图 7.11　测试<c:set>标签的运行结果　　　图 7.12　测试<c:remove>标签的运行结果

7.2.4　<c:catch>捕获异常标签

<c:catch>标签与 Java 程序中的 try...catch 语句类似,用于捕获程序中出现的异常;此外,它还能将异常信息保存在变量中。<c:catch>标签的语法格式如下:

```
<c:catch [var="exception"]>
…                      //可能存在异常的代码
</c:catch>
```

在上面的语法中,var 属性可以指定存储异常信息的变量。这是一个可选项,如果不需要保存异常信息,则可以省略该属性。

注意　var 属性值只有在<c:catch>标签的后面才有效,也就是说,在<c:catch>标签体中无法使用有关异常的任何信息。

例 7.04　应用<c:catch>标签捕获程序中出现的异常,并通过<c:out>标签输出该异常信息。(**实例位置:**

光盘\TM\Instances\7.04）

```
<%@ taglib prefix="c" uri="http://java.sun.com/jsp/jstl/core"%>
<c:catch var="exception">
<%
int number=Integer.parseInt(request.getParameter("number"));
out.println("合计金额为："+521*number);
%>
</c:catch>
抛出的异常信息：<c:out value="${exception}"/>
```

运行程序，页面中将显示如图 7.13 所示的异常信息；在 IE 地址栏中，将 URL 地址修改为 http://localhost: 8080/7_cCatch/index.jsp?number=10，将显示"合计金额为：5210"。

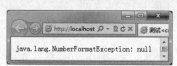

图 7.13　抛出的异常信息

7.3　条 件 标 签

视频讲解：光盘\TM\Video\7\条件标签.exe

在程序中，使用条件标签可以根据指定的条件执行相应的代码来产生不同的运行结果。在 JSTL 中提供了<c:if>、<c:choose>、<c:when>和<c:otherwise>4 个条件标签，使用这些条件标签可以处理程序中任何可能发生的事情。

7.3.1　<c:if>标签

<c:if>标签可以根据不同的条件处理不同的业务，即执行不同的程序代码。<c:if>标签和 Java 中的 if 语句的功能类似，但是它没有对应的 else 标签。<c:if>标签有两种语法格式。

> **说明**　虽然<c:if>标签没有对应的 else 标签，但是利用 JSTL 提供的<c:choose>、<c:when>和<c:otherwise>标签也可以实现 if else 的功能。

☑　语法 1：可判断条件表达式，并将条件的判断结果保存在 var 属性指定的变量中，而这个变量存在于 scope 属性所指定的范围内。

```
<c:if test="condition" var="name" [scope=page|request|session|application]/>
```

☑　语法 2：不但可以将 test 属性的判断结果保存在指定范围的变量中，还可以根据条件的判断结果执行标签主体。标签主体可以是 JSP 页面能够使用的任何元素，如 HTML 标记、Java 代码或者嵌入的其他 JSP 标签。

```
<c:if test="condition" var="name" [scope=page|request|session|application]>
    标签主体
</c:if>
```

以上语法格式所涉及的属性说明如表 7.3 所示。

表 7.3　\<c:if\>标签的属性说明

属　　性	类　　型	描　　述	引用 EL
test	boolean	必选属性，用于指定条件表达式	可以
var	String	可选属性，用于指定变量名。这个属性会指定 test 属性的判断结果将存放在哪个变量中，如果该变量不存在就创建它	不可以
scope	String	存储范围，该属性用于指定 var 属性所指定的变量的存在范围	不可以

例 7.05　应用\<c:if\>标签根据是否发表过评论，决定是否显示发表评论表单及表单元素。（实例位置：光盘\TM\Instances\7.05）

```
<%@ taglib prefix="c" uri="http://java.sun.com/jsp/jstl/core"%>
未来的世界是：方向比努力重要，能力比知识重要，健康比成绩重要，生活比文凭重要，情商比智商重要！
<c:if test="${empty param.comment}">
    <form name="form1" method="post" action="">
        评论：
        <textarea name="comment" cols="30" rows="4"></textarea>
        <br>
        <br>
        <input type="submit" name="Submit" value="发表评论">
    </form>
</c:if>
```

运行程序，将显示如图 7.14 所示的页面，在"评论"文本框中输入评论内容后，单击"发表评论"按钮，页面中将不显示发表评论表单，如图 7.15 所示。

图 7.14　显示评论表单

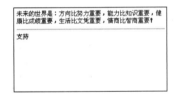

图 7.15　不显示发表评论表单

7.3.2　\<c:choose\>、\<c:when\>和\<c:otherwise\>标签

\<c:choose\>标签可以根据不同的条件完成指定的业务逻辑，如果没有符合的条件，则会执行默认条件的业务逻辑。需要注意的是，\<c:choose\>标签只能作为\<c:when\>和\<c:otherwise\>标签的父标签，可以在其中嵌套这两个标签完成条件选择逻辑。\<c:choose\>、\<c:when\>和\<c:otherwise\>标签的语法格式如下：

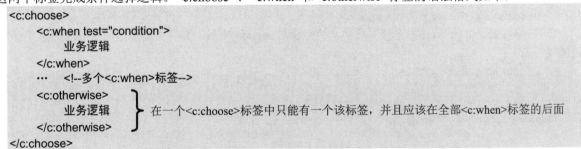

在上面的语法中，\<c:when\>标签可以根据不同的条件执行相应的业务逻辑，\<c:otherwise\>标签用于指定默认条件处理逻辑，即如果没有任何一个结果满足\<c:when\>标签指定的条件，将会执行\<c:otherwise\>标签主

体中定义的逻辑代码。

在一个<c:choose>标签中可以存在多个<c:when>标签来处理不同条件的业务逻辑。其中，<c:when>标签的 test 属性是必须定义的属性，用于指定条件表达式；它可以引用 EL 表达式。

说明
> 在<c:choose>标签中，如果发现一个 test 属性值为 true 的<c:when>标签，则其后面的<c:when>标签将不再处理。

注意
> 在<c:choose>标签中，必须有一个<c:when>标签，但是<c:otherwise>标签是可选的。如果省略了<c:otherwise>标签，当所有的<c:when>标签都不满足条件时，将不会处理<c:choose>标签的标签体。

例 7.06　应用<c:choose>、<c:when>和<c:otherwise>标签实现 if else 功能，即如果 session 变量为空，则显示用户登录表单，要求用户登录；当用户登录后（表示 session 变量不为空），将显示当前登录的用户。（**实例位置：光盘\TM\Instances\7.06**）

（1）编写 index.jsp 页面。在该页面中，应用<c:choose>、<c:when>和<c:otherwise>标签，根据保存用户名的 session 变量是否为空确定页面中显示的内容。关键代码如下：

```
<%@ taglib prefix="c" uri="http://java.sun.com/jsp/jstl/core"%>
<c:choose>
    <c:when test="${empty sessionScope.user}">
        <form name="form1" method="post" action="deal.jsp">
        用户名：
        <input name="user" type="text" id="user">
         
        <input type="submit" name="Submit" value="登录">
        </form>
    </c:when>
    <c:otherwise>
        欢迎您！${sessionScope.user} [<a href="logout.jsp">退出</a>]
    </c:otherwise>
</c:choose>
```

（2）编写 deal.jsp 页面。在该页面中，应用<c:set>标签将提交的用户名保存到 session 范围的变量中，并将页面重定向到 index.jsp 页面中。deal.jsp 页面的关键代码如下：

```
<%@ page language="java" pageEncoding="GBK"%>
<%@ taglib prefix="c" uri="http://java.sun.com/jsp/jstl/core"%>
<%request.setCharacterEncoding("GBK");%>
<c:set var="user" scope="session" value="${param.user}"/>
<%response.sendRedirect("index.jsp");%>
```

（3）编写 logout.jsp 页面。在该页面中，清空全部 session 变量，并将页面重定向到 index.jsp 页面中。关键代码如下：

```
<%@ page language="java" pageEncoding="GBK"%>
<%
session.invalidate();
response.sendRedirect("index.jsp");
%>
```

运行程序，将显示如图 7.16 所示的用户登录页面，在"用户名"文本框中输入用户名后，单击"登录"按钮，在页面中将显示当前登录的用户及"退出"超链接，如图 7.17 所示；单击"退出"超链接，将返回到图 7.16 所示的用户登录页面。

例 7.07　应用<c:choose>、<c:when>和<c:otherwise>标签在页面中显示分时问候。（**实例位置：光盘\TM\Instances\7.07**）

```
<%@ taglib prefix="c" uri="http://java.sun.com/jsp/jstl/core"%>
<jsp:useBean id="now" class="java.util.Date"/>
<c:choose>
    <c:when test="${now.hours>=0 && now.hours<5}">
        凌晨好！
    </c:when>
    <c:when test="${now.hours>=5 && now.hours<8}">
        早上好！
    </c:when>
    <c:when test="${now.hours>=8 && now.hours<11}">
        上午好！
    </c:when>
    <c:when test="${now.hours>=11 && now.hours<13}">
        中午好！
    </c:when>
    <c:when test="${now.hours>=13 && now.hours<17}">
        下午好！
    </c:when>
    <c:otherwise>
    晚上好！
    </c:otherwise>
</c:choose>
现在时间是：${now.hours}时${now.minutes}分
```

运行程序，页面中将显示如图 7.18 所示的提示信息。

图 7.16　显示用户登录页面　　　　　图 7.17　显示登录用户　　　　　图 7.18　分时问候

7.4　循环标签

视频讲解：光盘\TM\Video\7\循环标签.exe

循环是程序算法中的重要环节，有很多著名的算法都需要在循环中完成，如递归算法、查询算法和几乎所有的排序算法都需要在循环中完成。JSTL 中提供了<c:forEach>和<c:forTokens>两个循环标签。

7.4.1　<c:forEach>标签

<c:forEach>标签可以根据循环条件遍历数组和集合类中的所有或部分数据。例如，在使用 Hibernate 技术访问数据库时，返回的均为数组、java.util.List 和 java.util.Map 对象，它们封装了从数据库中查询出的数据，而这些数据都是 JSP 页面所需要的。如果在 JSP 页面中使用 Java 代码来循环遍历所有数据，会使页面非常混乱，不易分析和维护；而使用 JSTL 的<c:forEach>标签循环显示这些数据，不但可以解决 JSP 页面混

乱的问题，还可提高代码的可维护性。

<c:forEach>标签有以下两种语法格式。

☑ 语法 1：数字索引迭代。

```
<c:forEach begin="start" end="finish" [var="name"] [varStatus="statusName"]>
[step="step"]
    标签主体
</c:forEach>
```

在该语法中，begin 和 end 属性都是必选属性，其他属性均为可选属性。

☑ 语法 2：集合成员迭代。

```
<c:forEach items="data" [var="name"] [begin="start"] [end="finish"] [step="step"]
[varStatus="statusName"]>
    标签主体
</c:forEach>
```

在该语法中，items 属性是必选属性，通常使用 EL 表达式指定，其他属性均为可选属性。

<c:forEach>标签各属性的详细介绍如表 7.4 所示。

表 7.4　<c:forEach>标签的属性

属　性	类　型	描　述	引用 EL
items	数组、集合类、字符串和枚举类型	被循环遍历的对象，多用于数组与集合类	可以
var	String	循环体的变量，用于存储 items 指定的对象的成员	不可以
begin	int	循环的起始位置，如果没有指定，则从集合的第一个值开始迭代	可以
end	int	循环的终止位置，如果没有指定，则一直迭代到集合的最后一位	可以
step	int	循环的步长	可以
varStatus	String	循环的状态信息，该属性还有表 7.5 所示的 4 个状态属性	不可以

表 7.5　varStatus 属性的状态属性

属　性	类　型	描　述
index	int	当前循环的索引值，从 0 开始
count	int	当前循环的循环计数，从 1 开始
first	boolean	是否为第一次循环
last	boolean	是否为最后一次循环

技巧　如果要在循环过程中获取循环计数，可以应用 varStatus 属性的状态属性 count 获得。

例 7.08　应用<c:forEach>标签遍历 List 集合中第二个元素以后的元素（包括第二个元素）。（实例位置：光盘\TM\Instances\7.08）

```
<%@ page language="java" pageEncoding="GBK" import="java.util.*"%>
<%@ taglib prefix="c" uri="http://java.sun.com/jsp/jstl/core"%>
<%
List list=new ArrayList();
list.add("明日科技");
list.add("编程词典");
```

```
list.add("www.bccd.com");
request.setAttribute("list",list);        //将 List 集合保存到 request 对象中
%>
利用&lt;c:forEach&gt;标签遍历 List 集合的结果如下：<br>
<c:forEach items="${requestScope.list}" var="keyword" varStatus="id" begin="1">
    ${id.index } ${keyword}<br>
</c:forEach>
```

注意　在应用<c:forEach>标签时，var 属性指定的变量只在循环体内有效，这一点与 Java 语言的 for 循环语句中的循环变量类似。

实例运行结果如图 7.19 所示。

7.4.2　<c:forTokens>标签

<c:forTokens>标签可以用指定的分隔符将一个字符串分割开，根据分割的数量确定循环的次数。<c:forTokens>标签的语法格式如下：

图 7.19　应用<c:forEach>标签遍历 List 集合

```
<c:forTokens    items="String"    delims="char"    [var="name"]    [begin="start"]    [end="end"]    [step="len"]
[varStatus="statusName"]>
标签主体
</c:forTokens>
```

<c:forTokens>标签的属性说明如表 7.6 所示。

表 7.6　<c:forTokens>标签的属性

属　　性	类　　型	描　　述	引用 EL
items	String	被循环遍历的对象，多用于数组与集合类	可以
delims	String	字符串的分割字符，可以同时有多个分隔字符	不可以
var	String	变量名称	不可以
begin	int	循环的起始位置	可以
end	int	循环的终止位置	可以
step	int	循环的步长	可以
varStatus	String	循环的状态变量	不可以

例 7.09　应用<c: forTokens >标签分割字符串并显示。（实例位置：光盘**TM\Instances\7.09**）

```
<%@ page language="java" pageEncoding="GBK"%>
<%@ taglib prefix="c" uri="http://java.sun.com/jsp/jstl/core"%>
<c:set var="sourceStr" value="编程词典软件涵盖技术、函数、控件、实例、项目、方案、界面等所有开发内容，
以及所有实例程序、实用工具等内容，是程序开发人员高效编程必备的软件。"/>
原字符串：<c:out value="${sourceStr}"/>
<br>分割后的字符串：<br>
<c:forTokens items="${sourceStr}" delims="，、。" var="item">
    ${item}<br>
</c:forTokens>
```

实例运行结果如图 7.20 所示。

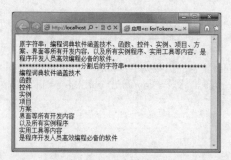

图 7.20　应用<c: forTokens >标签分割字符串并显示

7.5　URL 操作标签

🎥 视频讲解：光盘\TM\Video\7\URL 操作标签.exe

URL 操作标签是指与文件导入、重定向、URL 地址生成以及参数传递相关的标签。JSTL 中提供的与 URL 相关的标签有<c:import>、<c:redirect>、<c:url>和<c:param>4 个，下面进行详细介绍。

7.5.1　<c:import>文件导入标签

<c:import>标签可以导入站内或其他网站的静态和动态文件到 Web 页面中，例如使用<c:import>标签导入其他网站的天气信息到自己的网页中；而<jsp:include>只能导入站内资源，相比之下，<c:import>的灵活性要高很多。

<c:import>标签有以下两种语法格式。

☑　语法 1

```
<c:import url="url" [context="context"] [var="name"]
 [scope="page|request|session|application"] [charEncoding="encoding"]
标签主体
</c:import>
```

☑　语法 2

```
<c:import url="url" varReader="name" [context="context"]
[charEncoding="encoding"]>
```

上面语法中涉及的属性说明如表 7.7 所示。

表 7.7　<c:import>标签的属性说明

属　性	类　型	描　述	引用 EL
url	String	被导入的文件资源的 URL 路径	可以
context	String	上下文路径，用于访问同一个服务器的其他 Web 工程，其值必须以 "/" 开头；如果指定了该属性，那么 url 属性值也必须以 "/" 开头	可以
var	String	变量名称，将获取的资源存储在变量中	不可以
scope	String	变量的存在范围	不可以
varReader	String	以 Reader 类型存储被包含文件内容	不可以
charEncoding	String	被导入文件的编码格式	可以

例 7.10　应用<c:import>标签包含网站导航栏。（实例位置：光盘\TM\Instances\7.10）

（1）编写 navigation.jsp 文件，用于存放导航栏信息。关键代码如下：

```
<%@ page language="java" pageEncoding="GBK"%>
<table width="778" border="0" align="center" cellpadding="0" cellspacing="0">
  <tr><td height="112" valign="top" background="images/top_bg.jpg"> </td></tr>
  <tr>
    <td height="39" align="right" valign="top" background="images/navigate_bg.jpg" bgcolor="#EEEEEE">
    <table width="100%" height="30"  border="0" cellpadding="0" cellspacing="0">
      <tr>
        <td width="28%"> </td>
        <td width="70%" align="center" valign="middle" class="word_grey"><a href="#">首页</a> |
        <a href="#">名片夹管理</a> |  <a href="#">信息库管理</a> | <a href="#">收发短信</a>
        | <a   href="#">邮件群发</a> | <a href="#">系统设置</a> | <a href="#">退出系统</a></td>
        <td width="2%"> </td>
      </tr>
    </table></td>
  </tr>
</table>
```

navigation.jsp 文件的设计效果如图 7.21 所示。

（2）编写 index.jsp 页面，在该页面中应用<c:import>标签导入步骤（1）中编写的导航栏文件 navigation.jsp。关键代码如下：

```
<%@ taglib prefix="c" uri="http://java.sun.com/jsp/jstl/core"%>
<c:import url="navigation.jsp" charEncoding="GBK"/>
```

实例运行结果如图 7.22 所示。

图 7.21　导航栏文件的设计效果　　　　　图 7.22　应用<c:import>标签包括网站导航栏

技巧　为了满足各网站对天气预报功能的需要，更好地服务于广大网民，中国天气网特别推出天气预报插件（可以登录中国天气（http://www.weather.com.cn/），在其"天气插件"栏目中获取供用户使用）。

例 7.11　应用<c:import>标签在网页中显示天气预报。本实例以调用中国天气网提供的天气预报插件为例进行介绍。（**实例位置：光盘\TM\Instances\7.11**）

```
<%@ page language="java" pageEncoding="GBK"%>
<%@ taglib prefix="c" uri="http://java.sun.com/jsp/jstl/core"%>
<html>
  <head>
    <title>应用&lt;c:import&gt;标签在网页中显示天气预报</title>
  </head>
  <body>
  <c:catch var="error">
    <c:import url=" http://m.weather.com.cn/m/p5/weather1.htm" charEncoding="GBK"/>
```

```
    </c:catch>
    <c:if test="${!empty error}">
        该网址不存在，请确认是否登录到 Internet！
    </c:if>
    </body>
</html>
```

实例运行结果如图 7.23 所示。

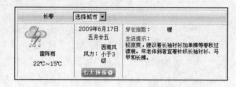

图 7.23   应用<c:import>标签在网页中显示天气预报

7.5.2   <c:redirect>重定向标签

<c:redirect>标签可以将客户端发出的 request 请求重定向到其他 URL 服务端，由其他程序处理客户的请求；而在此期间可以对 request 请求中的属性进行修改或添加，然后把所有属性传递到目标路径。该标签有以下两种语法格式。

☑   语法 1：没有标签主体，并且不添加传递到目标路径的参数信息。

```
<c:redirect url="url" [context="/context"]/>
```

☑   语法 2：将客户请求重定向到目标路径，并且在标签主体中使用<c:param>标签传递其他参数信息。

```
<c:redirect url="url" [context="/context"]>
    <c:param/>
    …    <!--可以有多个<c:param>标签-->
</c:redirect>
```

➤   url 属性：必选属性，用于指定待定向资源的 URL，可以使用 EL。

➤   context 属性：用于在使用相对路径访问外部 context 资源时指定资源的名称。

例如，应用语法 1 将页面重定向到用户登录页面的代码如下：

```
<c:redirect url="login.jsp"/>
```

应用语法 2 将页面重定向到 Servlet 映射地址 LinkmanServlet，并传递 action 参数，参数值为 query。具体代码如下：

```
<c:redirect url="LinkmanServlet">
    <c:param name="action" value="query"/>
</c:redirect>
```

7.5.3   <c:url>生成 URL 地址标签

<c:url>标签用于生成一个 URL 路径的字符串，这个生成的字符串可以赋予 HTML 的<a>标记实现 URL 的连接，或者用这个生成的 URL 字符串实现网页转发与重定向等。在使用该标签生成 URL 时还可以搭配<c:param>标签动态添加 URL 的参数信息。<c:url>标签有以下两种语法格式。

☑   语法 1

```
<c:url value="url" [var="name"] [scope="page|request|session|application"] [context="context"]/>
```

该语法将输出产生的 URL 字符串信息，如果指定了 var 和 scope 属性，相应的 URL 信息就不再输出，而是存储在变量中以备后用。

☑   语法 2

```
<c:url value="url" var="name"] [scope="page|request|session|application"] [context="context"]>
    <c:param/>
    …    <!--可以有多个<c:param>标签-->
</c:url>
```

该语法不仅实现了语法 1 的功能，而且还可以搭配<c:param>标签生成带参数的复杂 URL 信息。
<c:url>标签的属性说明如表 7.8 所示。

表 7.8 <c:url>标签的属性说明

属 性	类 型	描 述	引用 EL
value	String	将要处理的 URL 地址	可以
context	String	上下文路径，用于访问同一个服务器的其他 Web 工程，其值必须以 "/" 开头；如果指定了该属性，那么 URL 属性值也必须以 "/" 开头	可以
var	String	变量名称，将获取的资源存储在变量中	不可以
scope	String	变量的存在范围	不可以
context	String	URL 属性的相对路径	可以

例 7.12 应用<c:url>标签生成带参数的 URL 地址。（实例位置：光盘\TM\Instances\7.12）

```
<%@ page language="java" pageEncoding="GBK"%>
<%@ taglib prefix="c" uri="http://java.sun.com/jsp/jstl/core"%>
<html>
  <head>
    <title>测试&lt;c:url&gt;标签</title>
  </head>
  <body>
    <c:url value="deal.jsp" var="url" scope="session">
      <c:param name="user" value="mr"/>
    </c:url>
    <a href="${url}">提交</a>
  </body>
</html>
```

实例运行结果如图 7.24 所示。

7.5.4 <c:param>参数传递标签

<c:param>标签只用于为其他标签提供参数信息，它与
<c:import>、<c:redirect>和<c:url>标签组合可以实现动态定
制参数，从而完成更复杂的程序应用。<c:param>标签的语
法格式如下：

图 7.24 应用<c:url>标签生成带参数的 URL 地址

```
<c:param name="paramName" value="paramValue"/>
```
在上面的语法中，name 属性用于指定参数名称，可以引用 EL 表达式；value 属性用于指定参数值。

7.6 实 战

7.6.1 应用 JSTL 显示数据库中的商品信息

视频讲解：光盘\TM\Video\7\应用 JSTL 显示数据库中的商品信息.exe

例 7.13 应用 JSTL 的<c:forEach>标签显示数据库中的商品信息。（实例位置：光盘\TM\Instances\7.13）

（1）在 MySQL 中创建一个名为 db_database07 的数据库，并在该数据库中创建一个商品信息表，名称为 tb_goods，其结构如图 7.25 所示。

（2）编写保存商品信息的 JavaBean，名称为 GoodsForm，将其保存到 com.wgh.model 包中。在该 JavaBean 中，包含商品的全部属性及各属性对应的 setXXX()和 getXXX()方法。关键代码如下：

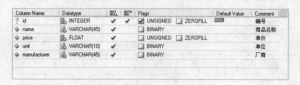

图 7.25　tb_goods 表的结构

```java
package com.wgh.model;                        //指定所在包

public class GoodsForm {
    private int id = 0;                       //编号属性
    private String name = "";                 //商品名称属性
    private float price = 0.0f;               //单价属性
    private String unit = "";                 //单位属性
    private String manufacturer = "";         //厂商属性
    public void setId(int id) {               //设置 ID 属性的方法
        this.id = id;
    }
    public int getId() {                      //获取 ID 属性的方法
        return id;
    }
    ...                                       //此处省略了其他属性的 setXXX()和 getXXX()方法
}
```

（3）编写数据库连接及操作的类，名称为 ConnDB，将其保存到 com.wgh.tools 包中，并创建该类中所需的全局变量及构造方法。关键代码如下：

```java
package com.wgh.tools;
import java.io.InputStream;                   //导入 java.io.InputStream 类
import java.sql.*;                            //导入 java.sql 包中的所有类
import java.util.Properties;                  //导入 java.util.Properties 类
public class ConnDB {
    public Connection conn = null;            //声明 Connection 对象的实例
    public Statement stmt = null;             //声明 Statement 对象的实例
    public ResultSet rs = null;               //声明 ResultSet 对象的实例
    private static String propFileName = "connDB.properties";   //指定资源文件保存的位置
    private static Properties prop = new Properties();   //创建并实例化 Properties 对象的实例
    private static String dbClassName = "com.mysql.jdbc.Driver";   //定义保存数据库驱动的变量
    private static String dbUrl = "jdbc:mysql://127.0.0.1:3306/db_Database07?user=root&password=111&useUnicode=true";
    public ConnDB() {                         //定义构造方法
        try {                                 //捕捉异常
            //将 Properties 文件读取到 InputStream 对象中
            InputStream in = getClass().getResourceAsStream(propFileName);
            prop.load(in);                    //通过输入流对象加载 Properties 文件
            dbClassName = prop.getProperty("DB_CLASS_NAME"); //获取数据库驱动
            dbUrl = prop.getProperty("DB_URL", dbUrl);       //获取 URL
        } catch (Exception e) {
            e.printStackTrace();              //输出异常信息
        }
    }
}
```

为了方便程序移植，笔者将数据库连接所需信息保存到 Properties 文件中，并将该文件保存在 com.wgh.tools 包中。connDB.properties 文件的内容如下：

```
DB_CLASS_NAME=com.mysql.jdbc.Driver
DB_URL=jdbc:mysql://127.0.0.1:3306/db_database07?user=root&password=111&useUnicode=true
```

说明　Properties 文件为本地资料文本文件，以"消息/消息文本"的格式存放数据。使用 Properties 对象时，首先需创建并实例化该对象，代码如下：

```
private static Properties prop = new Properties();
```

再通过文件输入流对象加载 Properties 文件，代码如下：

```
prop.load(new FileInputStream(propFileName));
```

最后通过 Properties 对象的 getProperty 方法读取 properties 文件中的数据。

创建连接数据库的方法 getConnection()，返回 Connection 对象的一个实例。关键代码如下：

```
public static Connection getConnection() {
    Connection conn = null;
    try {                                              //连接数据库时可能发生异常，因此需要捕捉该异常
        Class.forName(dbClassName).newInstance();      //装载数据库驱动
        conn = DriverManager.getConnection(dbUrl);     //建立与数据库 URL 中定义的数据库的连接
    } catch (Exception ee) {
        ee.printStackTrace();                          //输出异常信息
    }
    if (conn == null) {
        System.err.println("警告: ConnDB.getConnection() 获得数据库链接失败.\r\n 链接类型:"
            + dbClassName+ "\r\n 链接位置:"+ dbUrl);     //在控制台上输出提示信息
    }
    return conn;                                        //返回数据库连接对象
}
```

说明　DriverManager 是用于管理 JDBC 驱动程序的接口，通过其 getConnection()方法来获取 Connection 对象的引用。Connection 对象的常用方法如下。

- ☑ Statement createStatement(): 创建一个 Statement 对象，用于执行 SQL 语句。
- ☑ close(): 关闭数据库的连接，在使用完连接后必须关闭，否则连接会保持一段比较长的时间，直到超时。
- ☑ PreparedStatement prepareStatement(String sql): 使用指定的 SQL 语句创建一个预处理语句，sql 参数中往往包含一个或多个"?"占位符。
- ☑ CallableStatement prepareCall(String sql): 创建一个 CallableStatement 用于执行存储过程，sql 参数是调用的存储过程，中间至少包含一个"?"占位符。

创建执行查询语句的方法 executeQuery()，返回值为 ResultSet 结果集。关键代码如下：

```
public ResultSet executeQuery(String sql) {
    try {                                              //捕捉异常
        conn = getConnection();                        //调用 getConnection()方法构造 Connection 对象的一个实例
        stmt = conn.createStatement(ResultSet.TYPE_SCROLL_INSENSITIVE,
            ResultSet.CONCUR_READ_ONLY);
        rs = stmt.executeQuery(sql);                   //执行 SQL 语句，并返回一个 ResultSet 对象
```

```
    } catch (SQLException ex) {
        System.err.println(ex.getMessage());              //输出异常信息
    }
    return rs;                                            //返回结果集对象
}
```

说明

ResultSet.TYPE_SCROLL_INSENSITIVE 常量允许记录指针向前或向后移动，且当 ResultSet 对象变动记录指针时，会影响记录指针的位置。ResultSet.CONCUR_READ_ONLY 常量可以解释为 ResultSet 对象仅能读取，不能修改，在对数据库的查询操作中使用。

创建关闭数据库连接的方法 close()，关键代码如下：

```
public void close() {
    try {                                                //捕捉异常
        if (rs != null) {                                //当 ResultSet 对象的实例 rs 不为空时
            rs.close();                                  //关闭 ResultSet 对象
        }
        if (stmt != null) {                              //当 Statement 对象的实例 stmt 不为空时
            stmt.close();                                //关闭 Statement 对象
        }
        if (conn != null) {                              //当 Connection 对象的实例 conn 不为空时
            conn.close();                                //关闭 Connection 对象
        }
    } catch (Exception e) {
        e.printStackTrace(System.err);                   //输出异常信息
    }
}
```

（4）编写获取商品信息的 Servlet，名称为 GoodsServlet，保存到 com.wgh.servlet 包中。在该 Servlet 的 doGet()方法中获取传递的 action 参数，并判断 action 参数值是否为 query，如果为 query 则调用 query()方法 获取商品信息。doGet()方法的关键代码如下：

```
public void doGet(HttpServletRequest request, HttpServletResponse response)
        throws ServletException, IOException {
    String action = request.getParameter("action");     //获取 action 参数值
    if ("query".equals(action)) {                        //判断 action 参数值是否为 query
        this.query(request, response);                   //调用 query()方法
    }
}
```

（5）在 GoodsServlet 中编写 query()方法。在该方法中，首先从数据库中获取商品信息，并保存到 List 集合中，然后将该 List 集合保存到 HttpServletRequest 对象中，最后将页面重定向到 goodsList.jsp 页面。query() 方法的关键代码如下：

```
public void query(HttpServletRequest request, HttpServletResponse response)
        throws ServletException, IOException {
    ConnDB conn=new ConnDB();                            //创建数据库连接对象
    String sql="SELECT * FROM tb_goods";
    ResultSet rs=conn.executeQuery(sql);                 //查询全部商品信息
    List list=new ArrayList();
    try {
        while(rs.next()){
```

```
                GoodsForm f=new GoodsForm();
                f.setId(rs.getInt(1));
                f.setName(rs.getString(2));
                f.setPrice(rs.getFloat(3));
                f.setUnit(rs.getString(4));
                f.setManufacturer(rs.getString(5));
                list.add(f);                      //将商品信息保存到 List 集合中
            }
        } catch (SQLException e) {
            e.printStackTrace();
        }
        request.setAttribute("goodsList", list);              //将商品信息保存到 HttpServletRequest 中
        request.getRequestDispatcher("goodsList.jsp").forward(request, response);              //重定向页面
    }
```

（6）在 web.xml 文件中配置 GoodsServlet，设置映射路径为/GoodsServlet。关键代码如下：

```
<servlet>
    <servlet-name>GoodsServlet</servlet-name>
    <servlet-class>com.wgh.servlet.GoodsServlet</servlet-class>
</servlet>
<servlet-mapping>
    <servlet-name>GoodsServlet</servlet-name>
    <url-pattern>/GoodsServlet</url-pattern>
</servlet-mapping>
```

（7）编写 index.jsp 页面，在该页面中应用<c:redirect>标签将页面重定向到查询商品信息的 Servlet 中，并传递一个参数 action，值为 query。index.jsp 页面的关键代码如下：

```
<%@ page language="java" pageEncoding="GBK"%>
<%@ taglib prefix="c" uri="http://java.sun.com/jsp/jstl/core"%>
<c:redirect url="GoodsServlet">
    <c:param name="action" value="query"/>
</c:redirect>
```

（8）编写 goodsList.jsp 页面，在该页面中应用<c:forEach>标签循环显示保存在 request 范围内的商品信息。关键代码如下：

```
<%@ taglib prefix="c" uri="http://java.sun.com/jsp/jstl/core"%>
<table width="450" height="47" border="0" align="center" cellpadding="0" cellspacing="1" bgcolor="#333333">
    <tr> <td height="30" colspan="5" bgcolor="#EFEFEF">·商品列表</td> </tr>
    <tr>
        <td width="36" height="27" align="center" bgcolor="#FFFFFF">编号</td>
        <td width="137" align="center" bgcolor="#FFFFFF">商品名称</td>
        <td width="85" align="center" bgcolor="#FFFFFF">单价</td>
        <td width="38" align="center" bgcolor="#FFFFFF">单位</td>
        <td width="148" align="center" bgcolor="#FFFFFF">厂商</td>
    </tr>
    <c:forEach var="goods" items="${requestScope.goodsList}">
    <tr>
        <td height="27" bgcolor="#FFFFFF"> 
        <c:out value="${goods.id}"/></td>
        <td bgcolor="#FFFFFF"> 
        <c:out value="${goods.name}"/></td>
        <td bgcolor="#FFFFFF"> 
```

```
<c:out value="${goods.price}"/>（元）</td>
<td bgcolor="#FFFFFF"> 
<c:out value="${goods.unit}"/></td>
<td bgcolor="#FFFFFF"> 
<c:out value="${goods.manufacturer}"/></td>
</tr>
</c:forEach>
</table>
```

运行程序，在页面中将以表格的形式显示商品列表，如图 7.26
所示。

商品列表				
编号	商品名称	单价	单位	厂商
1	液晶显示器	999.0（元）	台	XXX科技
2	液晶电视	4690.0（元）	台	XXX科技有限公司

图 7.26　商品列表页面

7.6.2　JSTL 在电子商城网站中的应用

视频讲解：光盘\TM\Video\7\JSTL 在电子商城网站中的应用.exe

例 7.14　在电子商城网站中，应用 JSTL 实现用户登录、显示分时问候和页面重定向等。（**实例位置：
光盘\TM\Instances\7.14**）

（1）编写 top.jsp 页面，在该页面中应用 DIV+CSS 样式进行布局，并在页面的合适位置应用<c:choose>、
<c:when>和<c:otherwise>标签显示分时问候。top.jsp 页面的关键代码如下：

```
<%@ page language="java" pageEncoding="GBK"%>
<%@ taglib prefix="c" uri="http://java.sun.com/jsp/jstl/core"%>
<link href="CSS/style.css" rel="stylesheet">
<div style="width:100%; text-align:center">
    <div id="top">
        <div id="greeting">
            <jsp:useBean id="now" class="java.util.Date"/>
            <c:choose>
                <c:when test="${now.hours}>=0 && now.hours<5}">  凌晨好！</c:when>
                <c:when test="${now.hours}>=5 && now.hours<8}">  早上好！</c:when>
                <c:when test="${now.hours}>=8 && now.hours<11}">  上午好！</c:when>
                <c:when test="${now.hours}>=11 && now.hours<13}">  中午好！</c:when>
                <c:when test="${now.hours}>=13 && now.hours<17}">  下午好！</c:when>
                <c:otherwise>  晚上好！</c:otherwise>
            </c:choose>
            现在时间是：${now.hours}时${now.minutes}分${now.seconds}秒
        </div>
    </div>
</div>
```

应用 JSTL 显示分时问候

（2）编写 login.jsp 页面，在该页面中应用 DIV+CSS 样式进行布局，并在页面的合适位置应用<c:choose>、
<c:when>和<c:otherwise>标签根据用户是否登录显示不同的内容。如果用户没有登录，则显示用户登录表单，
否则显示当前登录用户名和"退出"超链接。login.jsp 页面的关键代码如下：

```
<%@ page language="java" pageEncoding="GBK"%>
<%@ taglib prefix="c" uri="http://java.sun.com/jsp/jstl/core"%>
<link href="CSS/style.css" rel="stylesheet">
<div style="width:100%; text-align:center">
    <div id="login">
        <div id="loginForm">
        <c:choose>
```

```
                    <c:when test="${empty sessionScope.user}">
                    <form action="deal.jsp" method="post" name="form1">
                        <table width="240" border="0" cellspacing="0" cellpadding="0">
                            <tr>
                                <td height="27">用户名：
                                <input name="user" type="text" class="txt_grey" id="user" /></td>
                            </tr> <tr>
                                <td height="27">密  码：
                                <input name="pwd" type="password" class="txt_grey" id="pwd" /></td>
                            </tr> <tr>
                                <td height="30" align="center">
                            <input name="Submit" type="submit" class="btn_grey" value="登录" /> 
                            <input name="Submit2" type="reset" class="btn_grey" value="重置" /></td>
                            </tr>
                        </table>
                    </form>
                    </c:when>
                    <c:otherwise>
                        <table width="240" height="100%" border="0" cellspacing="0" cellpadding="0">
                            <tr>
                                <td valign="middle">欢迎您！${sessionScope.user} [<a href="logout.jsp">退出</a>]</td>
                            </tr>
                        </table>
                    </c:otherwise>
                </c:choose>
            </div>
        </div>
</div>
```

（3）编写 deal.jsp 页面，在该页面中应用 JSTL 标签判断输入的用户名和密码是否合法，并根据判断结果进行相应的处理。如果合法，则保存用户名到 session 中，并重定向页面到 index.jsp 页面，否则弹出提示对话框后，再将页面重定向到 index.jsp 页面。deal.jsp 页面的关键代码如下：

```
<%@ page language="java" pageEncoding="GBK"%>
<%@ taglib prefix="c" uri="http://java.sun.com/jsp/jstl/core"%>
<%request.setCharacterEncoding("GBK");%>
<c:choose>
    <!--判断用户名和密码是否为 mr 和 mrsoft-->
    <c:when test="${param.user == 'mr' && param.pwd == 'mrsoft'}">
        <c:set var="user" scope="session" value="${param.user}"/>
        <c:redirect url="index.jsp"/>
    </c:when>
    <!--判断用户名和密码是否为 tsoft 和 111-->
    <c:when test="${param.user=='tsoft' && param.pwd=='111'}">
        <c:set var="user" scope="session" value="${param.user}"/>
        <c:redirect url="index.jsp"/>
    </c:when>
    <!--否则-->
    <c:otherwise>
        <script language="javascript">alert("您输入的用户名或密码不正确！");window.location.href= "index.jsp";</script>
    </c:otherwise>
</c:choose>
```

（4）编写 copyright.jsp 页面，在该页面中应用 DIV+CSS 样式进行布局，并在页面的合适位置插入一张显示版权信息的图片。copyright.jsp 页面的关键代码如下：

```
<%@ page language="java" pageEncoding="GBK"%>
<%@ taglib prefix="c" uri="http://java.sun.com/jsp/jstl/core"%>
<div style="width:100%; text-align:center">
    <img src="images/copyright.jpg" width="794" height="81">
</div>
```

（5）编写 index.jsp 页面，在该页面中应用<c:import>标签包含 top.jsp、login.jsp 和 copyright.jsp 页面，并在 login.jsp 和 copyright.jsp 页面之间插入一个<div>用于显示最新产品。index.jsp 页面的关键代码如下：

```
<%@ page language="java" pageEncoding="GBK"%>
<%@ taglib prefix="c" uri="http://java.sun.com/jsp/jstl/core"%>
<link href="CSS/style.css" rel="stylesheet">
<c:import url="top.jsp"/>                          <!--包含 top.jsp 文件-->
<c:import url="login.jsp"/>                         <!--包含 login.jsp 文件-->
<div style="width:100%; text-align:center">
    <img src="images/newGoods.jpg" width="794" height="380">
</div>
<c:import url="copyright.jsp"/>                     <!--包含 copyright.jsp 文件-->
```

运行程序，将显示如图 7.27 所示的电子商城首页。在该页面的"用户名"文本框中输入"mr"，"密码"文本框中输入"mrsoft"，单击"登录"按钮，将显示成功登录，并在原来显示登录表单的区域中显示当前登录的用户，如图 7.28 所示；如果用户名和密码输入错误，将给予提示。

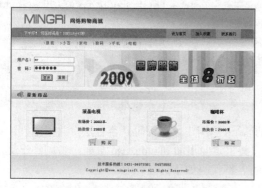

图 7.27　未登录时的页面运行结果

图 7.28　登录后的页面运行结果

7.6.3　JSTL 导入网站注册协议

视频讲解：光盘\TM\Video\7\JSTL 导入网站注册协议.exe

例 7.15　很多网站在注册模块中都提供了注册协议，只有同意了协议才可以继续完成注册。本例将应用 JSTL 中的<c:import>标签，实现导入注册协议的文本资源文件。（实例位置：光盘\TM\Instances\7.15）

新建动态 Web 项目，并创建 index.jsp 页面，在该页面中使用<c:import>标签的 URL 属性把注册协议的文本资源文件 agreement.txt 导入到页面中的文本域。关键代码如下：

```
<body><div align="center">用户注册协议</div>
    <table align="center" border="2">
        <tr bgcolor="#CCCCCC">
            <Td align="center">注册协议</Td>
        </tr>
        <Tr>
            <td> </td>
        </Tr>
        <tr>
```

```
<Td><textarea rows="15" cols="80">
        <c:import url="agreement.txt" charEncoding="gbk"/>
    </textarea></Td>
</tr>
<Tr>
    <td align="center" colspan="2"><input type="submit" value="我同意"/>
    <input type="submit" value="我不同意"/></td>
    </Tr>
    </table>
</body>
```

实例运行结果如图 7.29 所示。

7.6.4　JSTL 标签实现网站计数器

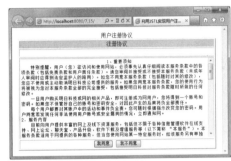

图 7.29　登录后的页面运行结果

视频讲解：光盘\TM\Video\7\JSTL 标签实现网站计数器.exe

例 7.16　应用 JSTL 标签自定义 application 和 session 作用域的变量来实现网站计数器。（实例位置：光盘\TM\Instances\7.16）

新建 Web 项目，在该项目的 index.jsp 页面中使用<c:set>标签定义 allCount 和 count 两个变量，其中 allCount 作用域为 application，而 count 作用域为 Session，并页面被浏览累加两个变量实现计数器的功能。关键代码如下：

```
<table align="center" cellpadding="0" cellspacing="0">
<%--定义在 application 范围内的参数 --%>
<c:set var="allCount" value="${ allCount + 1 }" scope="application"></c:set>
<c:set var="count" value="${ count + 1 }" scope="session"></c:set>  <%--定义在 session 范围内的参数 --%>
<Tr><td>
今天访问本网站总人数为：${ allCount } <br/>                     <%--在页面中的输出信息 --%>
今天您访问了此网站次数为：${ count } <br/>
</td></Tr>
<c:set var="test" value="by property"></c:set>
<c:set var="test">by body</c:set>
</table>
<br/>
<br/>
<%
    request.setAttribute("user", new com.mr.bean.User());     //保存对象
    request.setAttribute("map", new java.util.HashMap());
%>
<c:set target="${ user }" property="name" value="${ param.name }"></c:set>    <%--设置对象属性 --%>
${ user.name }
<c:set target="${ map }" property="name" value="${ param.name }" />
${ map.name }
```

实例运行结果如图 7.30 所示。

7.6.5　应用<c:if>标签判断用户最喜爱的水果

视频讲解：光盘\TM\Video\7\应用<c:if>标签判断用户最喜爱的水果.exe

例 7.17　<c:if>标签功能类似于 Java 中的 if 条件语句，可实现当条件满足时执行一段代码。本实例将

应用<c:if>标签判断用户最喜爱的水果。（**实例位置：光盘\TM\Instances\7.17**）

（1）新建 Web 项目，在新建项目中定义单选按钮，为用户提供选择的水果。关键代码如下：

```
<h3>
    <c:out value="<c:if>标签用法示例" />                              <%--页面输出信息 --%>
</h3>
<form action="result.jsp" name="myForm">
    你最喜欢的水果：
    <%--定义显示水果的单选按钮 --%>
    <input type="radio" name = "fruit" value="apple"  onclick="myForm.submit();">苹果
    <input type="radio" name = "fruit" value="banana" onclick="myForm.submit();">香蕉
    <input type="radio" name = "fruit" value="orange" onclick="myForm.submit();">橘子
</form>
```

（2）在新建项目的 result.jsp 页面中处理用 index.jsp 页面中的请求，就用户选择的水果显示在页面中。关键代码如下：

```
你最喜爱吃的水果是：
<c:if test="${param.fruit == 'apple'}">苹果！！    </c:if>        <%--如果用户选择的是"苹果"，页面将显示"苹果" --%>
<c:if test="${param.fruit == 'banana'}">香蕉！！    </c:if>
<c:if test="${param.fruit == 'orange'}">橘子  ！！    </c:if>
```

实例运行结果如图 7.31 所示。

图 7.30　网站计数器

图 7.31　应用<c:if>标签判断用户最喜爱的水果

7.7　本章小结

本章首先介绍了 JSTL 的下载和配置，如果读者使用最新版本的 Eclipse+MyEclipse 开发工具，这部分内容将由开发工具完成，了解即可，否则需要重点掌握；然后对 JSTL 标签库进行了简要介绍；最后详细介绍了 JSTL 核心标签库中的表达式标签、条件标签、循环标签和 URL 相关标签。其中，<c:out>标签通常可以使用 EL 表达式进行替换，所以不需要重点掌握，但是<c:if>、<c:choose>、<c:when>、<c:otherwise>、<c:forEach>、<c:import>、<c:redirect>和<c:param>标签在项目开发中经常应用，所以需要读者重点掌握，并灵活应用。

7.8　学习成果检验

1．应用 JSTL 实现幸运大抽奖。（**答案位置：光盘\TM\Instances\7.18**）
2．应用 JSTL 在网站首页根据用户身份显示不同的页面。（**答案位置：光盘\TM\Instances\7.19**）
3．应用 JSTL 屏蔽页面中出现的错误。（**答案位置：光盘\TM\Instances\7.20**）
4．应用<c:forEach>标签显示数组中的数据。（**答案位置：光盘\TM\Instances\7.21**）

第 *8* 章

综合实验（二）——结合 JSTL 与 EL 技术 开发通讯录模块

（ 📹 视频讲解：73 分钟）

📹 视频讲解：光盘\TM\Video\8\结合 JSTL 与 EL 技术开发通讯录模块.exe

通过前面的学习，我们已经知道应用 JSTL 和 EL 技术可以取代传统 JSP 程序中嵌入 Java 代码的做法，大大提高了程序的可维护性。本章将介绍如何应用 JSTL 和 EL 技术开发通讯录模块，使读者掌握实际项目开发中 JSTL 和 EL 技术的应用。

通过阅读本章，您可以：

▶▶ 掌握应用 JSP+Servlet+JavaBean 设计模式开发网站的基本流程

▶▶ 掌握应用 JSTL 和 EL 循环显示 List 集合中的数据

▶▶ 掌握应用 JSTL 和 EL 判断元素是否为空

▶▶ 掌握应用 JSTL 进行页面跳转

▶▶ 掌握应用 JSTL 包含网页

▶▶ 掌握应用 JSP 动作标签实现动态包含页面

▶▶ 掌握应用 JSTL 和 EL 表达式动态添加下拉列表框的列表项，并设置默认值

8.1 模块概述

通讯录就是个人或企业使用的一种简单、实用的记事载体。最早期的通讯录都是纸质的，但这种通讯录不易于分类或更新。随着电脑和手机的普及，相继又出现了电子版和手机版的通讯录，但这两种通讯录都不易于信息共享。随着网络的迅速发展，目前又出现了基于网络的通讯录，并以其方便携带、易于共享受到广大用户的青睐。本实例介绍的就是一个基于 Web 的网络通讯录。

8.1.1 功能描述

通讯录模块主要用于允许用户按类别管理自己的通讯录信息。根据该功能可以将通讯录模块分为用户操作和联系人管理两个部分，具体的功能结构如图 8.1 所示。

8.1.2 系统流程

当用户访问系统时，首先判断用户是否已注册，如果还没有注册，则进行用户注册，否则输入用户名和密码登录系统主页；在进入系统后，用户可以对自己的联系人信息进行管理。具体的系统流程如图 8.2 所示。

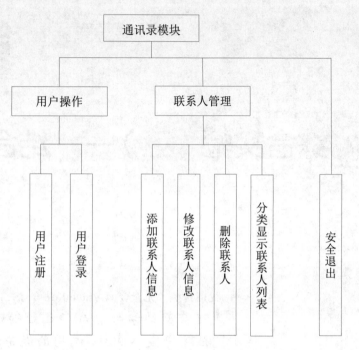

图 8.1 通讯录模块的功能结构图

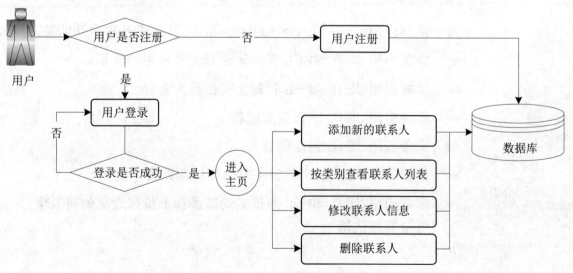

图 8.2 通讯录模块的系统流程图

8.1.3　主页预览

为了使读者对本模块有一个基本的了解，下面给出通讯录模块的主页预览效果图，如图 8.3 所示。

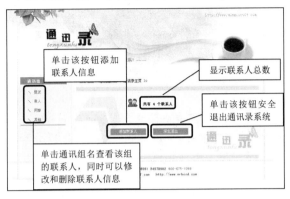

图 8.3　通讯录模块主页

8.2　关键技术

本实例采用的是 MVC 设计模式，即 JSP+Servlet+JavaBean 设计模式。其中，Servlet 充当了控制层，用于实现业务逻辑；JavaBean 充当了模型层；JSP 充当了表示层，也就是视图，用于获取或显示数据。在本实例中，主要应用 JSP 动作标签、JSTL 和 EL 技术替代 JSP 页面中的 Java 代码，从而增强程序的可维护性。下面对本实例中应用的 JSP 动作标签、JSTL 和 EL 技术进行介绍。

说明　对于 JSP+Servlet+JavaBean 设计模式在本书的第 5 章已经作过介绍，这里不再赘述。

- ☑ EL 表达式：本实例中主要应用了 EL 表达式中的存取范围、存取数据运算符、关系运算符、逻辑运算符和 empty 运算符。
- ☑ JSTL 标签：本实例中主要应用了 JSTL 中的<c:if>、<c:forEach>、<c:redirect>和<c:import>标签。
- ☑ JSP 的动作指令：本实例中主要应用了 JSP 动作标签中的<jsp:include>和<jsp:param>标签实现动态包含页面。

8.3　数据库设计

本实例采用 MySQL 数据库，命名为 db_database08。在该数据库中，共包括 tb_user（用户信息表）、tb_group（通讯组信息表）和 tb_linkman（联系人信息表）3 个数据表，下面分别介绍。

- ☑ tb_user：为用户信息表，主要用于保存注册用户的信息。该数据表的结构如图 8.4 所示。
- ☑ tb_group：为通讯组信息表，主要用于保存

图 8.4　用户信息表的结构

通讯组信息。该数据表的结构如图 8.5 所示。

☑ tb_linkman：为联系人信息表，主要用于保存联系人信息。该数据表的结构如图 8.6 所示。

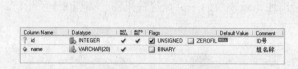

图 8.5 通讯组信息表的结构　　　　　　　图 8.6 联系人信息表的结构

说明　　本实例应用的这 3 个数据表之间存在如图 8.7 所示的关联关系。其中，tb_linkman 数据表中的 byUser 字段与 tb_user 数据表中的 id 字段相关联；tb_linkman 数据表中的 byGroup 字段与 tb_group 数据表中的 id 字段相关联。

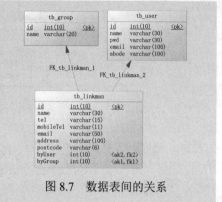

图 8.7 数据表间的关系

8.4 实 现 过 程

在实现通讯录模块时，大致需要分为搭建开发环境、编写数据库连接及操作的公共类、实现用户注册、实现用户登录、实现通讯录模块主页、实现添加联系人、实现修改联系人和实现删除联系人等 8 个部分，下面进行详细介绍。

8.4.1 搭建开发环境

在本实例中，由于需要连接 MySQL 数据库，所以需要引用 MySQL 的数据库驱动包（本实例使用的是 mysql-connector-java-5.1.20-bin.jar）；另外，由于需要应用 JSTL，所以还需要引用 JSTL 包（这里为 javax.servlet.jsp.jstl-api-1.2.1.jar 和 javax.servlet.jsp.jstl-1.2.1.jar）。

8.4.2 编写数据库连接及操作的公共类

数据库连接及操作类通常包括连接数据库的方法 getConnection()、执行查询语句的方法 executeQuery()、执行更新操作的方法 executeUpdate()、关闭数据库连接的方法 close()。下面将详细介绍如何编写通讯录模块中的数据库连接及操作的类 ConnDB。

（1）指定类 ConnDB 保存的包，并导入所需的类包，本例将其保存到 com.wgh.tools 包中。关键代码如下：（以下的"代码位置"均在光盘**TM\Instance** 路径下）

代码位置：addresslist\src\com\wgh\tools\ConnDB.java

```
package com.wgh.tools;                          //导入 java.io.InputStream 类
import java.io.InputStream;                      //导入 java.io.InputStream 类
import java.sql.*;                               //导入 java.sql 包中的所有类
import java.util.Properties;                     //导入 java.util.Properties 类
```

注意　包语句以关键字 package 开头，后面紧跟一个包名称，然后以分号 “;” 结束；包语句必须出现在 import 语句之前；一个.java 文件只能有一个包语句。

（2）定义 ConnDB 类，并定义该类中所需的全局变量及构造方法。关键代码如下：

代码位置：addresslist\src\com\wgh\tools\ConnDB.java

```
public class ConnDB {
    public Connection conn = null;                  //声明 Connection 对象的实例
    public Statement stmt = null;                   //声明 Statement 对象的实例
    public ResultSet rs = null;                     //声明 ResultSet 对象的实例
    private static String propFileName = "connDB.properties";  //指定资源文件保存的位置
    private static Properties prop = new Properties();          //创建并实例化 Properties 对象的实例
    private static String dbClassName = "com.mysql.jdbc.Driver";  //定义保存数据库驱动的变量
    private static String dbUrl = "jdbc:mysql://127.0.0.1:3306/db_Database08?user=root&password=111&useUnicode
=true";
    public ConnDB() {                               //定义构造方法
        try {                                       //捕捉异常
            //将 Properties 文件读取到 InputStream 对象中
            InputStream in = getClass().getResourceAsStream(propFileName);
            prop.load(in);                          //通过输入流对象加载 Properties 文件
            dbClassName = prop.getProperty("DB_CLASS_NAME");  //获取数据库驱动
            dbUrl = prop.getProperty("DB_URL", dbUrl);        //获取 URL
        } catch (Exception e) {
            e.printStackTrace();                    //输出异常信息
        }
    }
}
```

（3）为了方便程序移植，笔者将数据库连接所需信息保存到 properties 文件中，并将该文件保存在 com.wgh.tools 包中。connDB.properties 文件的内容如下：

代码位置：addresslist\src\com\wgh\tools\connDB.properties

```
DB_CLASS_NAME=com.mysql.jdbc.Driver
DB_URL=jdbc:mysql://127.0.0.1:3306/db_database08?user=root&password=111&useUnicode=true
```

说明　properties 文件为本地资料文本文件，以 “消息/消息文本” 的格式存放数据，其中 “#” 的后面为注释行。使用 Properties 对象时：

（1）创建并实例化该对象，代码如下：
```
private static Properties prop = new Properties();
```
（2）通过文件输入流对象加载 Properties 文件，代码如下：
```
prop.load(new FileInputStream(propFileName));
```
（3）通过 Properties 对象的 getProperty 方法读取 properties 文件中的数据。

（4）创建连接数据库的方法 getConnection()，该方法返回 Connection 对象的一个实例。getConnection() 方法的代码如下：

代码位置：addresslist\src\com\wgh\tools\ConnDB.java

```java
public static Connection getConnection() {
    Connection conn = null;
    try {                                          //连接数据库时可能发生异常，因此需要捕捉该异常
        Class.forName(dbClassName).newInstance();  //装载数据库驱动
        conn = DriverManager.getConnection(dbUrl); //建立与数据库 URL 中定义的数据库的连接
    } catch (Exception ee) {
        ee.printStackTrace();                      //输出异常信息
    }
    if (conn == null) {
        System.err.println("警告: ConnDB.getConnection()  获得数据库链接失败.\r\n 链接类型:"
                + dbClassName+ "\r\n 链接位置:"
                + dbUrl);                          //在控制台上输出提示信息
    }
    return conn;                                   //返回数据库连接对象
}
```

（5）创建执行查询语句的方法 executeQuery()，返回值为 ResultSet 结果集。executeQuery()方法的关键代码如下：

代码位置：addresslist\src\com\wgh\tools\ConnDB.java

```java
public ResultSet executeQuery(String sql) {
    try {                                          //捕捉异常
        conn = getConnection();                    //调用 getConnection()方法构造 Connection 对象的一个实例
        stmt = conn.createStatement(ResultSet.TYPE_SCROLL_INSENSITIVE,
                ResultSet.CONCUR_READ_ONLY);
        rs = stmt.executeQuery(sql);               //执行 SQL 语句，并返回一个 ResultSet 对象
    } catch (SQLException ex) {
        System.err.println(ex.getMessage());       //输出异常信息
    }
    return rs;                                      //返回结果集对象
}
```

（6）创建执行更新操作的方法 executeUpdate()，返回值为 int 型的整数，代表更新的行数。executeQuery() 方法的关键代码如下：

代码位置：addresslist\src\com\wgh\tools\ConnDB.java

```java
public int executeUpdate(String sql) {
    int result = 0;                                //定义保存返回值的变量
    try {                                          //捕捉异常
        conn = getConnection();                    //调用 getConnection()方法构造 Connection 对象的一个实例
        stmt = conn.createStatement(ResultSet.TYPE_SCROLL_INSENSITIVE,
                ResultSet.CONCUR_UPDATABLE);
        result = stmt.executeUpdate(sql);          //执行更新操作
    } catch (SQLException ex) {
        result = 0;                                //将保存返回值的变量赋值为 0
    }
    return result;                                 //返回保存返回值的变量
}
```

（7）创建关闭数据库连接的方法 close()。close()方法的关键代码如下：

代码位置：addresslist\src\com\wgh\tools\ConnDB.java

```
public void close() {
    try {                                       //捕捉异常
        if (rs != null) {                       //当 ResultSet 对象的实例 rs 不为空时
            rs.close();                         //关闭 ResultSet 对象
        }
        if (stmt != null) {                     //当 Statement 对象的实例 stmt 不为空时
            stmt.close();                       //关闭 Statement 对象
        }
        if (conn != null) {                     //当 Connection 对象的实例 conn 不为空时
            conn.close();                       //关闭 Connection 对象
        }
    } catch (Exception e) {
        e.printStackTrace(System.err);          //输出异常信息
    }
}
```

8.4.3　实现用户注册

　　由于本章介绍的通讯录模块为网络版的通讯录，所以需要提供用户注册功能，这样可以让多个用户使用同一个通讯录系统。在本实例的用户注册页面中输入用户信息，单击"注册"按钮即可注册为本系统的用户，但前提条件是该用户名没有被注册。用户注册页面的运行结果如图 8.8 所示。

　　（1）编写保存用户信息的 JavaBean，名称为 UserForm，将其保存到 com.wgh.model 包中。在该 JavaBean 中，包含用户的全部属性及各属性对应的 setXXX()和 getXXX()方法。关键代码如下：

图 8.8　用户注册页面的运行结果

代码位置：addresslist\src\com\wgh\model\UserForm.java

```
public class UserForm {
    private int id=0;                           //用户 ID 属性
    private String name="";                     //用户名属性
    private String pwd="";                      //密码属性
    private String email="";                    //E-mail 地址属性
    private String abode="";                    //居住地属性
    public void setId(int id) {
        this.id = id;
    }
    public int getId() {
        return id;
    }
    ...                                         //此处省略了其他属性的 setXXX()和 getXXX()方法
}
```

　　（2）编写用户注册页面 register.jsp，在该页面添加如表 8.1 所示的表单及表单元素，用于收集用户信息。

表 8.1　用户注册页面的表单及表单元素

名　　称	元素类型	重 要 属 性	含　　义
form1	form	method="post" action="**UserServlet?action=register**" onSubmit="return check(this)"	表单
user	text	size="30"	用户名
pwd	password	size="30"	密码
repwd	password	size="30"	确认密码
email	text	size="50"	E-mail 地址
abode	text	size="50"	居住地
Submit	submit	class="btn_bg" value="注册"	"注册"按钮
Reset	reset	class="btn_bg" value="重置"	"重置"按钮
Button	button	class="btn_bg" value="返回" onClick="window.location.href='index.jsp'"	"返回"按钮

说明　为了保证用户输入信息的有效性，在提交表单时，需要调用自定义的 JavaScript 函数验证输入数据是否合法。本实例中编写的自定义函数为 check()，该函数的具体代码参见配书光盘。

（3）编写用户相关的业务逻辑处理类，该类为一个 Servlet，名称为 UserServlet，保存到 com.wgh.servlet 包中。在该 Servlet 的 doPost()方法中编写以下代码，用于根据传递的 action 参数执行不同的处理方法。doPost()方法的关键代码如下：

代码位置：addresslist\src\com\wgh\servlet\UserServlet.java

```
public void doPost(HttpServletRequest request, HttpServletResponse response)
        throws ServletException, IOException {
    String action = request.getParameter("action");       //获取 action 参数值
    if ("register".equals(action)) {
        this.register(request, response);                  //用户注册
    } else if ("login".equals(action)) {
        this.login(request, response);                     //用户登录
    } else if ("exit".equals(action)) {
        this.exit(request, response);                      //安全退出
    }
}
```

另外，还需要在 UserServlet 的 doGet()方法中调用 doPost()方法。关键代码如下：

代码位置：addresslist\src\com\wgh\servlet\UserServlet.java

```
public void doPost(HttpServletRequest request, HttpServletResponse response)
        throws ServletException, IOException {
    this.doGet(request, response);
}
```

（4）在 web.xml 文件中配置 UserServlet，设置映射路径为/ UserServlet。关键代码如下：

代码位置：addresslist\WebRoot\WEB-INF\web.xml

```
<servlet>
  <servlet-name>UserServlet</servlet-name>
  <servlet-class>com.wgh.servlet.UserServlet</servlet-class>
</servlet>
<servlet-mapping>
```

```
    <servlet-name>UserServlet</servlet-name>
    <url-pattern>/UserServlet</url-pattern>
</servlet-mapping>
```

（5）在 UserServlet 中编写用户注册的方法 register()。在该方法中，首先获取客户端提交的用户注册信息；然后判断输入的用户名是否被注册，如果已经被注册，则设置提示信息为"该用户已经被注册"，返回地址为用户注册页面，否则将该用户信息保存到数据库中，并根据返回值设置提示信息及返回地址；最后将提示信息和返回地址保存到 HttpServletRequest 对象中，并将页面重定向到 register_ok.jsp。register()方法的关键代码如下：

代码位置：addresslist\src\com\wgh\servlet\UserServlet.java

```java
public void register(HttpServletRequest request,
        HttpServletResponse response) throws ServletException, IOException {
    String name = request.getParameter("user");              //获取用户名
    String pwd = request.getParameter("pwd");                //获取密码
    String email = request.getParameter("email");            //获取 E-mail 地址
    String abode = request.getParameter("abode");            //获取居住地
    String message = "";                                     //保存提示信息的变量
    String url = "";                                         //保存返回地址的变量
    ConnDB conn = new ConnDB();                              //创建数据库连接对象
    String sql = "SELECT * FROM tb_user WHERE name='" + name + "'";
    ResultSet rs = conn.executeQuery(sql);                  //查询用户名是否被注册
    try {
        if (rs.next()) {
            message = "该用户名已经被注册！ ";
            url = "register.jsp";
        } else {
            String sql_ins = "INSERT INTO tb_user (name,pwd,email,abode) VALUES('"
                    + name
                    + "','"
                    + pwd
                    + "','"
                    + email
                    + "','"
                    + abode
                    + "')";
            int rtn = conn.executeUpdate(sql_ins);          //将用户信息保存到数据表中
            if (rtn > 0) {
                message = "用户注册成功！ ";
                url = "login.jsp";
            } else {
                message = "用户注册失败";
                url = "register.jsp";
            }
        }
    } catch (SQLException e) {
        e.printStackTrace();
    } finally {
        conn.close();
    }
    request.setAttribute("message", message);               //将提示信息保存到 HttpServletRequest 中
    request.setAttribute("url", url);                       //将返回地址保存到 HttpServletRequest 中
    request.getRequestDispatcher("register_ok.jsp").forward(request,response);   //重定向页面
}
```

（6）编写 register_ok.jsp 页面。在该页面中，首先应用 EL 表达式输出保存到 request 范围内的提示信息，然后添加返回超链接，该超链接的 URL 地址通过 EL 表达式指定。关键代码如下：

代码位置：addresslist\WebRoot\register_ok.jsp

```
${requestScope.message}
<br><br>
<a href="${requestScope.url}">返回</a>
```

8.4.4 实现用户登录

图 8.9 用户登录页面

用户注册后，在用户登录页面中输入正确的用户名和密码，然后单击"登录"按钮，如图 8.9 所示，即可登录到通讯录系统中。如果输入的用户名或密码不正确，系统将给予提示，并返回到登录页面。

（1）编写 login.jsp 页面，在该页面中添加如表 8.2 所示表单及表单元素，用于收集用户登录信息。

表 8.2 用户登录页面的表单及表单元素

名　称	元素类型	重要属性	含　义
form1	form	method="post" action="**UserServlet?action=login**" onSubmit="return check(this)"	表单
user	text	size="30"	用户名
pwd	password	size="30"	密码
Submit	submit	class="btn_bg" value="登 录"	"登录"按钮

（2）在 UserServlet 中，添加用户登录方法 login()。在该方法中，首先从用户信息表中按用户名进行查询，如果输入的用户名存在，再判断密码是否正确，如果密码也正确，则保存用户 ID 和用户名到 session 中，并将页面重定向到通讯录主页，否则设置错误提示信息，并将页面重定向到显示错误提示信息页面 deal.jsp。login()方法的关键代码如下：

代码位置：addresslist\src**com**\wgh\servlet\UserServlet.java

```
public void login(HttpServletRequest request, HttpServletResponse response)
        throws ServletException, IOException {
    String name = request.getParameter("user");        //获取用户名
    String pwd = request.getParameter("pwd");           //获取密码
    String message = "";                                //保存提示信息的变量
    ConnDB conn = new ConnDB();                          //创建数据库连接对象
    String sql = "SELECT * FROM tb_user WHERE name='" + name + "'";
    ResultSet rs = conn.executeQuery(sql);              //根据用户名查询用户
    try {
        int id = 0;
        if (rs.next()) {                                //当输入的用户名存在
            id = rs.getInt("id");                       //获取用户 ID
            if (pwd.equals(rs.getString("pwd"))) {
                HttpSession session = request.getSession();
                session.setAttribute("user", name);     //保存用户名到 session 中
                session.setAttribute("id", id);         //保存用户 ID 到 session 中
                request.getRequestDispatcher("LinkmanServlet?action=query")
                    .forward(request, response);
                //此处必须加入 return 语句,否则程序将抛出 java.lang.IllegalStateException:Cannot forward
after response has been committed 异常
```

```
                    return;
                } else {
                    message = "您输入的用户名或密码错误！";
                }
            } else {
                message = "您输入的用户名或密码错误！";
            }
        } catch (SQLException e) {
            e.printStackTrace();
            message = "登录失败！";
        } finally {
            conn.close();                                    //关闭数据库连接
        }
        request.setAttribute("message", message);            //将提示信息保存到 HttpServletRequest 中
        request.getRequestDispatcher("deal.jsp").forward(request, response);    //重定向页面
}
```

（3）编写 deal.jsp 页面，在其中首先应用 EL 表达式输出提示信息，然后添加"返回"超链接。关键代码如下：

代码位置：addresslist\WebRoot\deal.jsp

```
${requestScope.message}<br><br>
<a href="#" onClick="history.back(-1)">返回</a>
```

（4）出于安全考虑，需要为系统编写用于验证用户身份的文件 save.jsp。在该文件中，应用 JSTL 的<c:if>标签判断保存用户账号的 session 变量是否为空，如果为空，则说明该用户账号已经过期，或是该用户没有正常登录，所以通过 JavaScript 弹出提示对话框，并将页面重定向到用户登录页面。save.jsp 文件的关键代码如下：

代码位置：addresslist\WebRoot\save.jsp

```
<%@ page language="java" pageEncoding="GBK"%>
<%@ taglib prefix="c" uri="http://java.sun.com/jsp/jstl/core"%>
<c:if test="${empty sessionScope.user}">
    <script language="javascript">
    alert("您的用户账号已经过期，请重新登录！");
    window.location.href="login.jsp";
    </script>
</c:if>
```

（5）在需要验证用户身份的页面的顶部，使用 JSTL 的<c:import>标签包含 save.jsp 文件。关键代码如下：
`<c:import url="safe.jsp" charEncoding="GBK" />`

这样，当用户没有正常登录或是账号已经过期时，就会弹出提示对话框，并将页面重定向到用户登录页面。

说明　在用户登录后，还需要为用户提供安全退出的方法。本实例是在 UserServlet 的 exit()方法中实现用户退出的。在该方法中，首先通过 session 对象的 invalidate()方法销毁全部 session，然后将页面重定向到登录页面，从而实现用户安全退出。exit()方法的具体代码如下：

```
public void exit(HttpServletRequest request, HttpServletResponse response)
    throws ServletException, IOException {
HttpSession session = request.getSession();
session.invalidate();

    request.getRequestDispatcher("login.jsp").forward(request, response);

}
```

8.4.5 实现通讯录模块主页

通讯录模块的主页的运行结果如图 8.3 所示，从中可以看出其主要由顶部的 Banner、左侧的通讯组列表、右侧的信息显示区和底部的版权信息栏组成，具体的布局如图 8.10 所示。

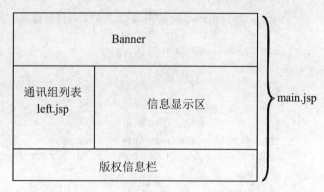

图 8.10 主页布局

> **说明** 从图 8.10 中可以看出，通讯录模块的主页由两个 JSP 文件组成，一个是 main.jsp，另一个是 left.jsp，其中 left.jsp 文件包含在 main.jsp 文件中。

1. 页面布局

编写 main.jsp 文件，首先在其中添加 3 个宽度为 902px 的表格（其中只有第二个表格为 1 行 3 列，其他两个均为 1 行 1 列），然后将第一个表格的背景设置为 Banner 图片，用于显示网站 Banner；最后再将第三个表格的背景设置为版权图片，用于显示网站的版权信息。

2. 实现信息显示区

通讯录的信息显示区主要用于显示当前位置、联系人个数、"添加联系人"按钮和"安全退出"按钮等信息。具体步骤如下：

（1）在 LinkmanServlet 中编写用于统计联系人个数的方法 query()。在该方法中，首先获取用户 ID，然后统计该用户的联系人个数，最后将获取的联系人个数保存到 HttpServletRequest 中，并将页面重定向到 main.jsp。query()方法的关键代码如下：

代码位置：addresslist\src\com\wgh\servlet\LinkmanServlet.java

```
public void query(HttpServletRequest request, HttpServletResponse response)
        throws ServletException, IOException {
    ConnDB conn = new ConnDB();                                    //创建数据库连接对象
    int id = Integer.parseInt(request.getSession().getAttribute("id").toString()); //获取用户 ID
    String sql = "SELECT COUNT(*) FROM tb_linkman WHERE byUser=" + id + "";
    ResultSet rs = conn.executeQuery(sql);                         //统计当前用户的联系人个数
    int count = 0;
    try {
        if (rs.next()) {
            count = rs.getInt(1);                                  //获取联系人个数
        }
    } catch (SQLException e) {
        e.printStackTrace();
    } finally {
        conn.close();                                              //关闭数据库连接
    }
    request.setAttribute("linkmanCount", count);                   //保存联系人个数
    request.getRequestDispatcher("main.jsp").forward(request, response);  //重定向页面
}
```

（2）在页面的合适位置，利用 EL 表达式显示保存到 request 范围内的联系人个数。关键代码如下：

代码位置：addresslist\WebRoot\main.jsp

```
共有 <font color="#FF0000">${requestScope.linkmanCount} </font>个联系人
```

（3）在页面的合适位置，利用 EL 表达式显示当前位置。关键代码如下：

代码位置：addresslist\WebRoot\main.jsp

```
${sessionScope.user}的通讯录 &gt; 通讯录主页 &gt;&gt;
```

（4）在页面的合适位置添加"添加联系人"和"安全退出"按钮。关键代码如下：

代码位置：addresslist\WebRoot\main.jsp

```
<input name="Button" type="button" class="btn_bg1" value="添加联系人"
onClick="window.location.href='GroupServlet?action=query_add'">
<input name="Button2" type="button" class="btn_bg1" value="安全退出"
onClick="window.location.href='UserServlet?action=exit'">
```

3. 实现通讯组列表

通讯组列表主要用于显示全部通讯组信息，并提供查看各通讯组的联系人列表的超链接。由于通讯组列表不仅仅只存在于通讯录主页中，因此将显示通讯组列表的代码放置在一个单独的文件中，以便在需要显示该信息的页面中包含该文件。下面介绍具体的实现过程。

（1）编写保存通讯组信息的 JavaBean，名称为 GroupForm，将其保存到 com.wgh.model 包中。在该 JavaBean 中，包含通讯组的全部属性及各属性对应的 setXXX()和 getXXX()方法。由于该 JavaBean 的实现方法与 8.4.3 节中介绍的 UserForm 类似，在此不再赘述，具体代码参见配书光盘。

（2）编写通讯组相关的业务逻辑处理类，该类为一个 Servlet，名称为 GroupServlet，保存到 com.wgh.servlet 包中。在该 Servlet 中的 doGet()方法中编写以下代码，用于根据传递的 action 参数执行相应的处理方法。doGet()方法的关键代码如下：

代码位置：addresslist\src\com\wgh\servlet\GroupServlet.java

```
public void doGet(HttpServletRequest request, HttpServletResponse response)
        throws ServletException, IOException {
    String action = request.getParameter("action");              //获取 action 参数的值
    if ("query".equals(action)) {
        this.query(request, response);                             //查询通讯组列表
    } else if ("query_add".equals(action)) {                       //添加联系人时查询通讯组信息
        this.query_add(request, response);
    }
}
```

另外，还需要在 GroupServlet 的 doPost()方法中调用 doGet()方法。关键代码如下：

代码位置：addresslist\src\com\wgh\servlet\GroupServlet.java

```
public void doPost(HttpServletRequest request, HttpServletResponse response)
        throws ServletException, IOException {
    this.doGet(request, response);
}
```

（3）在 web.xml 文件中配置 GroupServlet，设置映射路径为/GroupServlet。关键代码如下：

代码位置：addresslist\WebRoot\WEB-INF\web.xml

```
<servlet>
  <servlet-name>GroupServlet</servlet-name>
  <servlet-class>com.wgh.servlet.GroupServlet</servlet-class>
</servlet>
<servlet-mapping>
  <servlet-name>GroupServlet</servlet-name>
```

```
    <url-pattern>/GroupServlet</url-pattern>
</servlet-mapping>
```

（4）在 GroupServlet 中编写一个用于获取全部通讯组信息的 queryGroup()方法，该方法的返回值为 List 集合，用于保存通讯组列表。在该方法中，首先从数据表中查找出全部的通讯组列表，然后通过循环将这些通讯组信息保存到 List 集合中，最后返回该 List 集合。queryGroup()方法的关键代码如下：

代码位置：addresslist\src\com\wgh\servlet\GroupServlet.java

```
public List queryGroup(){
    ConnDB conn = new ConnDB();                           //创建数据库连接对象
    String sql = "SELECT * FROM tb_group";
    ResultSet rs = conn.executeQuery(sql);                //查询通讯组
    List list = new ArrayList();
    try {
        while (rs.next()) {
            GroupForm f = new GroupForm();
            f.setId(rs.getInt(1));                        //获取通讯组 ID
            f.setName(rs.getString(2));                   //获取通讯组名称
            list.add(f);                                  //将通讯组添加到 List 集合中
        }
    } catch (SQLException e) {
        e.printStackTrace();
    } finally {
        conn.close();                                     //关闭数据库连接
    }
    return list;
}
```

（5）编写 query()方法，在该方法中调用 GroupServlet 类的 queryGroup()方法获取全部的通讯组列表，并保存到 HttpServletRequest 中。query()方法的关键代码如下：

代码位置：addresslist\src\com\wgh\servlet\GroupServlet.java

```
public void query(HttpServletRequest request, HttpServletResponse response)
        throws ServletException, IOException {
    request.setAttribute("groupList", queryGroup());      //获取通讯组列表并保存到 HttpServletRequest 中
    request.getRequestDispatcher("left.jsp").include(request, response);      //转发页面
}
```

说明 在该 query()方法中必须使用 RequestDispatcher 接口的 include()方法，而不能调用 forward()方法。这是因为如果使用 forward()方法，那么请求将从包含页转到被包含页，所以在当前页面中只显示 left.jsp 文件的内容，而如果采用 include()方法，那么请求还保留在包含页中，所以可以显示 main.jsp 和 left.jsp 的内容。

（6）编写 left.jsp 页面，在其中利用 JSTL 的<c:forEach>标签和 EL 表达式将通讯组列表显示到表格中。关键代码如下：

代码位置：addresslist\WebRoot\left.jsp

```
<%@ taglib prefix="c" uri="http://java.sun.com/jsp/jstl/core"%>
    <table width="217" height="100%" border="0" align="center" cellpadding="0" cellspacing="0"
    background="images/left_bg.jpg">
    <tr><td height="37" colspan="2" background="images/title.JPG"> </td></tr>
    <c:forEach var="groupForm" items="${requestScope.groupList}">
```

```
<tr>
    <td width="82" height="30" align="right" background="images/left_bg.jpg">
    <img src="images/ico.jpg" width="9" height="9"></td>
    <td height="30" width="135" style="padding-left:5px;"> 
    <a href="LinkmanServlet?action=queryLinkman&id=${groupForm.id}">${groupForm.name}</a>
    </td>
</tr>
</c:forEach>
<tr>
    <td colspan="2" align="right" valign="top" style="padding-right:20px;" background="images/left_bg.jpg">
    <img src="images/left_line.jpg" width="152" height="3"></td>
</tr>
</table>
```

说明 由于查询并显示联系人的方法同查询并显示通讯组列表的方法类似，所以关于查询并显示联系人列表的方法将不再赘述。

（7）在 main.jsp 页面中，利用<jsp:include>和<jsp:param>动作标签将通讯组列表包含到通讯录主页中。关键代码如下：

代码位置：addresslist\WebRoot\main.jsp

```
<jsp:include page="GroupServlet">
    <jsp:param name="action" value="query"/>
</jsp:include>
```

技巧 在包含通讯组列表时，需要应用<jsp:include>动作标签的子标签<jsp:param>向被包含的动态页面中传递参数，这样可以动态获取通讯组列表。

8.4.6　实现添加联系人

在通讯录模块的主页中，单击"添加联系人"超链接，即可进入到添加联系人页面，如图 8.11 所示。在该页面中可输入联系人信息，其中姓名和 E-mail 地址是必须填写的。单击"保存"按钮，即可将该联系人信息保存到联系人列表中。具体的实现过程如下：

（1）编写保存联系人信息的 JavaBean，名称为 Linkman Form，将其保存到 com.wgh.model 包中。在该 JavaBean 中，包含联系人的全部属性及各属性对应的 setXXX()和 getXXX()方法。由于该 JavaBean 的实现方法与 8.4.3 节中介绍的 UserForm 类似，在此不再赘述，具体代码参见配书光盘。

图 8.11　添加联系人页面

（2）由于在添加联系人时，需要让用户选择要添加的联系人所在组，所以在进入添加联系人页面前，需要先获取到全部的通讯组信息，然后再显示到下拉列表框中供用户选择。这样，在设置"添加联系人"超链接地址时，就不能直接写对应的页面，而应该是一个 URL 地址，这里为 GroupServlet?action=query_add。关键代码如下：

```
<a href="GroupServlet?action=query_add">添加联系人</a>
```

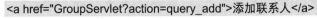

165

（3）在 GroupServlet 中添加 query_add()方法，在该方法中调用该类的 queryGroup()方法，获取全部的通讯组列表，并保存到 HttpServletRequest 中。query_add()方法的关键代码如下：

代码位置：addresslist\src\com\wgh\servlet\GroupServlet.java

```java
public void query_add(HttpServletRequest request, HttpServletResponse response)
        throws ServletException, IOException {
    request.setAttribute("groupList", queryGroup());        //获取通讯组列表并保存到 HttpServletRequest 中
    request.getRequestDispatcher("linkmanAdd.jsp").forward(request, response);
}
```

（4）编写添加联系人页面 linkmanAdd.jsp，在该页面添加如表 8.3 所示的表单及表单元素，用于收集联系人信息。

表8.3　添加联系人页面的表单及表单元素

名　　称	元素类型	重要属性	含　　义
form1	form	method="post" action="**LinkmanServlet?action=add**" 　onSubmit="return check(this)"	表单
name	text		用户名
id	hidden	value="${sessionScope.id}"	用户 ID
tel	text		电话
mobileTel	text		手机
email	text	size="50"	E-mail 地址
address	text	size="50"	地址
postcode	text		邮政编码
byGroup	select	**<c:forEach var="groupForm" items="${requestScope.groupList}">** <option value="${groupForm.id}">${groupForm.name}</option> **</c:forEach>**	所在组
Submit	submit	value="保存"	"保存" 按钮
Reset	reset	value="重置"	"重置" 按钮
Button	button	value="返回" onClick="history.back(-1);"	"返回" 按钮

 说明

在添加 "所在组" 下拉列表框时，需要应用 JSTL 的<c:forEach>标签循环添加各个列表项。

（5）编写联系人相关的业务逻辑处理类，该类为一个 Servlet，名称为 LinkmanServlet，保存到 com.wgh.servlet 包中。在 Servlet 的 doGet()方法中编写以下代码，用于根据传递的 action 参数执行相应的处理方法。doGet()方法的关键代码如下：

代码位置：addresslist\src\com\wgh\servlet\LinkmanServlet.java

```java
public void doGet(HttpServletRequest request, HttpServletResponse response)
            throws ServletException, IOException {
    HttpSession session = request.getSession();
    if (session.getAttribute("user") == null || session.getAttribute("id") == null) {
        PrintWriter out = response.getWriter();
        out.println("<script>alert('您的账号已经过期，请重新登录！');window.location.href='login.jsp'");
    } else {
        String action = request.getParameter("action");        //获取 action 参数的值
        if ("query".equals(action)) {
            this.query(request, response);        //查询联系人数量
        } else if ("queryLinkman".equals(action)) {
```

判断
用户
账号
是否
过期

```
                    this.queryLinkman(request, response);              //查询联系人列表
              } else if ("add".equals(action)) {
                    this.add(request, response);                        //保存联系人信息
              } else if ("del".equals(action)) {
              this.del(request, response);
              } else if ("modify".equals(action)) {                     //查询要修改的联系人信息
                    this.modify(request, response);
              } else if ("saveModify".equals(action)) {                 //保存修改后的联系人信息
                    this.saveModify(request, response);
              }
          }
      }
```

另外，还需要在 LinkmanServlet 的 doPost()方法中调用 doGet()方法。关键代码如下：

代码位置：addresslist\src\com\wgh\servlet\LinkmanServlet.java

```
public void doPost(HttpServletRequest request, HttpServletResponse response)
          throws ServletException, IOException {
      this.doGet(request, response);
}
```

（6）在 web.xml 文件中配置 LinkmanServlet，设置映射路径为/LinkmanServlet。关键代码如下：

代码位置：addresslist\WebRoot\WEB-INF\web.xml

```
<servlet>
  <servlet-name>LinkmanServlet</servlet-name>
  <servlet-class>com.wgh.servlet.LinkmanServlet</servlet-class>
</servlet>
<servlet-mapping>
  <servlet-name>LinkmanServlet</servlet-name>
  <url-pattern>/LinkmanServlet</url-pattern>
</servlet-mapping>
```

（7）在 LinkmanServlet 中编写用于保存用户填写的联系人信息的 add()方法。在该方法中，首先获取用户填写的联系人信息，然后将该信息保存到联系人信息表中，并根据返回值设置提示信息，最后将提示信息保存到 HttpServletRequest 中，并重定向页面到 deal.jsp。add()方法的关键代码如下：

代码位置：addresslist\src\com\wgh\servlet\LinkmanServlet.java

```
public void add(HttpServletRequest request, HttpServletResponse response)
          throws ServletException, IOException {
      String name = request.getParameter("name");                     //获取姓名
      String tel = request.getParameter("tel");                       //获取电话号码
      String mobileTel = request.getParameter("mobileTel");           //获取手机号码
      String email = request.getParameter("email");                  //获取 E-mail 地址
      String address = request.getParameter("address");             //获取地址
      String postcode = request.getParameter("postcode");           //获取邮政编码
      String byUser = request.getSession().getAttribute("id").toString();  //获取所属用户
      String byGroup = request.getParameter("byGroup");             //获取通讯组
      String message = "";                                            //保存提示信息的变量
      ConnDB conn = new ConnDB();                                     //创建数据库连接对象
      String sql_ins = "INSERT INTO tb_linkman (name,tel,mobileTel,email,address,postcode,byUser,byGroup)
VALUES('"+ name+ "','"+ tel+ "','"+ mobileTel+ "','"+ email+ "','"+ address+ "','"+ postcode+ "','"+ byUser
          + "','"+ byGroup + "')";
      int rtn = conn.executeUpdate(sql_ins);                          //将联系人信息保存到数据表中
      if (rtn > 0) {
```

```
        message = "联系人添加成功！";
    } else {
        message = "联系人添加失败";
    }
    conn.close();                                                //关闭数据库连接
    request.setAttribute("message", message);                    //将提示信息保存到 HttpServletRequest 中
    request.getRequestDispatcher("deal.jsp").forward(request, response);    //重定向页面
}
```

8.4.7 实现修改联系人

图 8.12 修改联系人页面

在通讯录模块的主页中，单击通讯组中的组名，显示该通讯组的联系人列表；单击指定行右侧的"修改"超链接，即可通过表单的形式显示该联系人的详细信息（如图 8.12 所示），并可以对该信息进行修改；修改联系人信息后，单击"保存"按钮，即可将修改后的联系人信息保存到数据库中。具体的实现过程如下：

（1）在联系人列表中添加一个修改列，并在该列中添加以下用于打开修改联系人页面的超链接代码。

```
<a href="LinkmanServlet?action=modify&linkID=${linkmanForm.id}">修改</a>
```

（2）在 LinkmanServlet 中编写用于查询要修改的联系人信息的 modify()方法。在该方法中，首先获取要修改的联系人 ID，然后根据该联系人 ID 从数据表中查询该联系人信息，并将查询结果保存到 LikmanForm 对象中，再调用 GroupServlet 中的 queryGroup()方法获取通讯组列表，并保存到 HttpServletRequest 中，最后将查询到的联系人信息保存到 HttpServletRequest 中，然后将页面重定向到 linkmanModify.jsp。modify()方法的关键代码如下：

代码位置：addresslist\src\com\wgh\servlet\LinkmanServlet.java

```
public void modify(HttpServletRequest request, HttpServletResponse response)
        throws ServletException, IOException {
    ConnDB conn = new ConnDB();                                  //创建数据库连接对象
    String linkID = request.getParameter("linkID");              //获取联系人 ID
    String sql = "SELECT * FROM tb_linkman WHERE id=" + linkID + "";
    ResultSet rs = conn.executeQuery(sql);                       //根据 ID 查询联系人信息
    LinkmanForm f = new LinkmanForm();                           //实例化 LikmanForm 的对象
    try {
        if (rs.next()) {                                         //如果找到要修改的联系人信息
            f.setId(rs.getInt(1));                               //设置 ID 属性
            f.setName(rs.getString(2));                          //设置姓名属性
            f.setTel(rs.getString(3));                           //设置电话属性
            f.setMobileTel(rs.getString(4));                     //设置手机属性
            f.setEmail(rs.getString(5));                         //设置 E-mail 地址属性
            f.setAddress(rs.getString(6));                       //设置地址属性
            f.setPostcode(rs.getString(7));                      //设置邮政编码属性
            f.setByGroup(rs.getInt(9));                          //设置通讯组属性
        }
    } catch (SQLException e) {
        e.printStackTrace();
    } finally {
```

```
            conn.close();                                          //关闭数据库连接
        }
        GroupServlet groupServlet = new GroupServlet();            //实例化 GroupServlet 的对象
        request.setAttribute("groupList", groupServlet.queryGroup()); //保存通讯组列表
        request.setAttribute("linkman", f);                        //保存联系人信息
        request.getRequestDispatcher("linkmanModify.jsp").forward(request, response);
}
```

（3）编写 linkmanModify.jsp 文件，在该文件中添加用于显示联系人信息的表单及表单元素，并应用 JSTL 标签和 EL 表达式将联系人信息显示到各表单元素中。关键代码如下：

代码位置：addresslist\WebRoot\linkmanModify.jsp

```
<%@ taglib prefix="c" uri="http://java.sun.com/jsp/jstl/core"%>
<c:set var="linkman" value="${requestScope.linkman}"/>
<form name="form1" method="post" action="LinkmanServlet?action=saveModify" onSubmit="return check(this)">
姓名：<input name="name" type="text" id="name" value="${linkman.name}">
<input name="id" type="hidden" id="id" value="${linkman.id}">
电话：<input name="tel" type="text" id="tel" value="${linkman.tel}">
手机：<input name="mobileTel" type="text" id="mobileTel" value="${linkman.mobileTel}">
E-mail 地址：<input name="email" type="text" id="email" size="50" value="${linkman.email}">
地址：<input name="address" type="text" id="address" size="50" value="${linkman.address}">
邮政编码：<input name="postcode" type="text" id="postcode" value="${linkman.postcode}">
所在组：
<select name="byGroup">
<c:forEach var="groupForm" items="${requestScope.groupList}">
  <option value="${groupForm.id}"
  <c:if test="${groupForm.id==linkman.byGroup}">selected</c:if>>${groupForm.name}</option>
</c:forEach>
</select>
<input name="Submit" type="submit" class="btn_bg" value="保存">
<input name="Reset" type="reset" class="btn_bg" id="Reset" value="重置">
<input name="Button" type="button" class="btn_bg" id="Button" value="返回" onClick="history.back(-1);">
</form>
```

（4）在 LinkmanServlet 中编写用于保存修改后的联系人信息的方法 saveModify()。在该方法中，首先获取要修改的联系人 ID 以及提交的联系人信息，然后将修改后的联系人信息保存到数据表中，并根据返回值设置提示信息，最后将提示信息保存到 HttpServletRequest 中，并将页面重定向到 deal.jsp。saveModify() 方法的关键代码如下：

代码位置：addresslist\src\com\wgh\servlet\LinkmanServlet.java

```
public void saveModify(HttpServletRequest request,
        HttpServletResponse response) throws ServletException, IOException {
    String linkID = request.getParameter("id");            //获取联系人 ID
    String name = request.getParameter("name");            //获取姓名
    String tel = request.getParameter("tel");              //获取电话号码
    String mobileTel = request.getParameter("mobileTel");  //获取手机号码
    String email = request.getParameter("email");          //获取 E-mail 地址
    String address = request.getParameter("address");      //获取地址
    String postcode = request.getParameter("postcode");    //获取邮政编码
    String byGroup = request.getParameter("byGroup");       //获取通讯组
    String message = "";                                   //保存提示信息的变量
    ConnDB conn = new ConnDB();                            //创建数据库连接对象
    String sql_ins = "UPDATE tb_linkman SET name='" + name + "',tel='"
            + tel + "',mobileTel='" + mobileTel + "',email='" + email
```

```
                    + "',address='" + address + "',postcode='" + postcode
                    + "',byGroup=" + byGroup + " WHERE id=" + linkID + "'";
        int rtn = conn.executeUpdate(sql_ins);                    //将联系人信息保存到数据表中
        if (rtn > 0) {
            message = "修改联系人信息成功！";
        } else {
            message = "修改联系人信息失败";
        }
        conn.close();                                             //关闭数据库连接
        request.setAttribute("message", message);                //将提示信息保存到 HttpServletRequest 中
        request.getRequestDispatcher("deal.jsp").forward(request, response);     //重定向页面
}
```

8.4.8　实现删除联系人

在通讯录中，还需要包括删除联系人的功能。本实例中，提供了删除单条指定联系人的功能。用户在联系人列表中，单击指定行右侧的"删除"超链接，即可将该行的联系人从数据表中删除。具体实现过程如下：

（1）在联系人列表中添加一个删除列，并在该列中添加以下用于打开删除联系人页面的超链接代码。

```
<a href="LinkmanServlet?action=del&linkID=${linkmanForm.id}">删除</a>
```

（2）在 LinkmanServlet 中编写用于删除指定联系人信息的方法 del()。在该方法中，首先获取要删除的联系人 ID，然后根据该联系人 ID 从数据表中删除该联系人信息，并根据返回值设置提示信息，最后将提示信息保存到 HttpServletRequest 中，并将页面重定向到 deal.jsp。del()方法的关键代码如下：

代码位置：addresslist\src\com\wgh\servlet\LinkmanServlet.java

```
public void del(HttpServletRequest request, HttpServletResponse response)
            throws ServletException, IOException {
        String linkID = request.getParameter("linkID");          //获取联系人 ID
        String message = "";                                     //保存提示信息的变量
        ConnDB conn = new ConnDB();                              //创建数据库连接对象
        String sql = "DELETE FROM tb_linkman WHERE id=" + linkID + "";
        int rtn = conn.executeUpdate(sql);                       //删除指定的联系人信息
        if (rtn > 0) {
            message = "联系人删除成功！";
        } else {
            message = "联系人删除失败";
        }
        conn.close();                                            //关闭数据库连接
        request.setAttribute("message", message);               //将提示信息保存到 HttpServletRequest 中
        request.getRequestDispatcher("deal.jsp").forward(request, response);     //重定向页面
}
```

8.5　运行项目

项目开发完成后，就可以在 Eclipse 中运行该项目了。此时，如果没有在 Eclipse 中配置服务器，那么需要按照 1.4.5 节中介绍的方法先配置服务器，然后再按照以下步骤运行项目。

（1）在项目资源管理器中选择项目名称节点，在工具栏中单击 ▶ ▾ 按钮中的黑三角，在弹出的菜单中

选择"运行方式"/Run On Server 命令，将打开 Run On Server（在服务器上运行）对话框，选中 Always use this server when running this project（将服务器设置为默认值（请不要再询问））复选框，其他采用默认，如图 8.13 所示。

（2）单击"完成"按钮，即可通过 Tomcat 运行该项目，这时会自动启动浏览器显示如图 8.14 所示的通讯录首页。

图 8.13　Run On Server 对话框

图 8.14　通讯录的首页

8.6　本 章 小 结

本章通过一个典型的通讯录模块，向读者介绍了利用 JSP+Servlet+JavaBean 设计模式开发网站的基本流程，以及 JSTL 和 EL 技术在项目开发中的应用。通过本章的学习，读者应该掌握应用 JSTL 和 EL 替代 JSP 页面中的 Java 代码，从而简化 JSP 页面的方法，以及应用 JSP+Servlet+JavaBean 设计模式开发网站的基本流程。

第 *9* 章

JSP 操作 XML

（ 📹 视频讲解：109 分钟 ）

XML 是目前比较流行的一种技术，适用于不同应用程序间的数据交换，而且这种交换不以预先定义的一组数据结构为前提，增强了可扩展性。同时，在应用 Ajax 开发网站时，XMLHttpRequest 对象与服务器交换的数据通常也采用 XML 格式。而在 JSP 中，为了方便、快捷地操作 XML，通常需要使用专门用来解析 XML 的组件。dom4j 是一种解析 XML 文档的开源组件，在目前解析 XML 的组件中性能领先，许多开源项目中都采用 dom4j。因此，熟练掌握 XML 以及应用 dom4j 操作 XML，对于网站开发人员来说非常重要。本章将首先对 XML 进行简要介绍，然后详细讲解如何应用 dom4j 操作 XML。

通过阅读本章，您可以：

▶▶ 了解 XML 的文档结构

▶▶ 了解 XML 的语法要求

▶▶ 掌握如何为 XML 文档中的元素定义属性

▶▶ 了解 XML 的注释

▶▶ 掌握 XML 中处理字符数据的两种方法

▶▶ 掌握应用 dom4j 创建 XML 文档的方法

▶▶ 掌握应用 dom4j 解析 XML 文档的方法

▶▶ 掌握应用 dom4j 修改 XML 文档的方法

9.1　XML 简介

XML 是 Extensible Markup Language（可扩展标记语言）的缩写，是 SGML（标准通用化标记语言）的一个子集，用于提供数据描述格式，适用于不同应用程序间的数据交换，而且这种交换不以预先定义的一组数据结构为前提，增强了可扩展性。下面将对 XML 的基础知识进行介绍。

9.1.1　XML 文档结构

XML 是一套定义语义标记的规则，同时也是用来定义其他标识语言的元标识语言。使用 XML 时，首先要了解 XML 文档的基本结构，然后再根据该结构创建所需的 XML 文档。下面先通过一个简单的 XML 文档来说明 XML 文档的结构。placard.xml 文件的代码如下：

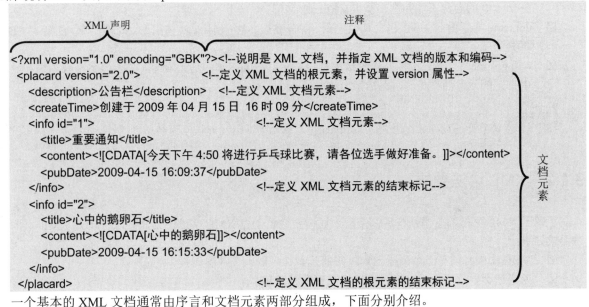

一个基本的 XML 文档通常由序言和文档元素两部分组成，下面分别介绍。

1. 序言

XML 文档的序言中可以包括 XML 声明、处理指令和注释。但这 3 项不是必需的，如在上面的文档中就没有包括处理指令。

在 XML 文档的第一行通常是 XML 声明，用于说明这是一个 XML 文档。XML 文档的声明并不是必需的，但通常建议为 XML 文档添加 XML 声明。XML 声明的语法格式如下：

```
<?xml version="version" encoding="value" standalone="value"?>
```

☑ version：用于指定遵循 XML 规范的版本号。在 XML 声明中必须包含 version 属性，该属性必须放在 XML 声明中其他属性之前。

☑ encoding：用于指定 XML 文档中字符使用的编码。常用的编码集为 GBK 或 GB2312（简体中文）、BIG5（繁体中文）、ISO-8859-1（西欧字符）和 UTF-8（通用的国际编码）。

注意　如果在 XML 文档中没有指定编码集，那么该 XML 文档将不支持中文。

☑ standalone：用于指定该 XML 文档是否和一个外部文档嵌套使用。取值为 yes 或 no，设置属性值为 yes，说明是一个独立的 XML 文档，与外部文件无关联；设置属性值为 no，说明 XML 文档不独立。

2．文档元素

XML 文档中的元素是以树形分层结构排列的，一个元素可以嵌套在另一个元素中。XML 文档中有且只有一个顶层元素，称为文档元素或根元素，类似于 HTML 页中的\<body\>元素，其他所有元素都嵌套在根元素中。

XML 文档元素由起始标记、元素内容和结束标记 3 部分组成。定义 XML 文档元素的语法格式如下：

`<TagName>content</TagName>`

☑ \<TagName\>：XML 文档元素的起始标记。其中，TagName 是元素的名称，具体的命名规则如下。
  ➤ 元素的名称可以包含字母、数字和其他字符，但最好不使用"-"和"."，以免产生混淆。
  ➤ 元素的名称只能以字母、下划线"_"或冒号":"开头。
  ➤ 元素的名称不能以 XML（包括 xml、Xml、xMl···）开头。
  ➤ 元素的名称中不能包含空格。
  ➤ 元素的名称不能为空，至少含有一个字母。

☑ content：元素内容，可以包含其他元素、字符数据、字符引用、实体引用、处理命令、注释和 CDATA 部分。

☑ \</TagName\>：XML 文档元素的结束标记。其中，TagName 是元素的名称，该名称必须与起始标记中指定的元素名称相同，包括字母的大小写。

说明 在本节开头处给出的代码中，placard 为根元素，info 为根元素的子元素。

9.1.2　XML 语法要求

了解了 XML 文档的基本结构后，接下来还需要熟悉创建 XML 文档的语法要求。创建 XML 文档的语法要求如下：

☑ XML 文档必须有一个顶层元素，其他元素必须嵌入在顶层元素中。
☑ 元素嵌套要正确，不允许元素间相互重叠或跨越。
☑ 每一个元素必须同时拥有起始标记和结束标记。这点与 HTML 不同，XML 不允许忽略结束标记。
☑ 起始标记中的元素类型名必须与相应结束标记中的名称完全匹配。
☑ XML 元素类型名区分大小写，而且开始和结束标记必须准确匹配。例如，分别定义起始标记\<Title\>、结束标记\</title\>，由于起始标记的类型名与结束标记的类型名不匹配，说明元素是非法的。
☑ 元素类型名称中可以包含字母、数字以及其他字母元素类型，也可以使用非英文字符，但不能以数字或符号"-"开头，同时也不能包含空格符和冒号":"。
☑ 元素可以包含属性，但属性值必须用单引号或双引号括起来（前后两个引号必须一致，不能一个是单引号，一个是双引号）。在一个元素节点中，属性名不能重复。

9.1.3　为 XML 文档中的元素定义属性

在一个元素的起始标记中，可以自定义一个或者多个属性。属性是依附于元素存在的，其值用单引号或双引号括起来。

例如，为元素 info 定义属性 id，用于说明公告信息的 ID 号。

```
<info id="1">
```

为元素添加属性是为元素提供信息的一种方法。当使用 CSS 样式表显示 XML 文档时，浏览器不会显示属性及其属性值。若使用数据绑定、HTML 页中的脚本或 XSL 样式表显示 XML 文档时，则可以访问属性及属性值。

注意　相同的属性名不能在元素起始标记中出现多次。

9.1.4　XML 的注释

注释是为了便于阅读和理解而在 XML 文档中添加的附加信息，它是对文档结构或内容的解释，不属于 XML 文档的内容，所以 XML 解析器不会处理注释内容。XML 文档的注释以字符串 "<!--" 开始，以字符串 "-->" 结束。由于 XML 解析器将忽略注释中的所有内容，这样便可以在 XML 文档中添加注释说明文档的用途，或者临时注释掉没有准备好的文档部分。

注意　在 XML 文档中，解析器将 "-->" 看作是一个注释结束符号，所以字符串 "-->" 不能出现在注释的内容中，只能作为注释的结束符号。

9.1.5　处理字符数据

在 XML 文档中，有些字符会被 XML 解析器当作标记进行处理。如果希望把这些字符作为普通字符处理，就需要使用实体引用或 CDATA 段。下面进行详细介绍。

1．使用实体引用

为了避免系统将字符串中的特殊字符当成 XML 保留字符，XML 提供了一些实体引用。在字符串中需要使用这些特殊字符时，就可以使用这些实体引用。XML 常用的实体引用如表 9.1 所示。

表 9.1　XML 常用的实体引用

字　　符	实 体 引 用	字　　符	实 体 引 用	字　　符	实 体 引 用
<小于	&lt;	>大于	&gt;	&和	&amp;
'单引号	&apos;	"双引号	&quot;		

例如，下面的代码在浏览器中运行时，将显示如图 9.1 所示的错误提示，这是因为文档中出现了字符 "&"。

```
<?xml version="1.0" encoding="GBK"?><!--说明是 XML 文档，并指定 XML 文档的版本和编码-->
<placard version="2.0">              <!--定义 XML 文档的根元素，并设置 version 属性-->
  <info id="1">
    <title>重要通知</title>
    <content>  明天下午 3 点将举行乒乓球比赛的颁奖仪式！</content>
    <pubDate>2009-05-21 16:20:48</pubDate>
  </info>
</placard>                            <!--定义 XML 文档的根元素的结束标记-->
```

将上面代码中的 "&" 修改为 "&"，在浏览器中运行将显示如图 9.2 所示的结果。修改后的代码如下：

```
<?xml version="1.0" encoding="GBK"?><!--说明是 XML 文档，并指定 XML 文档的版本和编码-->
<placard version="2.0">              <!--定义 XML 文档的根元素，并设置 version 属性-->
```

```
<info id="1">
    <title>重要通知</title>
    <content>  明天下午 3 点将举行乒乓球比赛的颁奖仪式！</content>
    <pubDate>2009-05-21 16:20:48</pubDate>
</info>
</placard>                                    <!--定义 XML 文档的根元素的结束标记-->
```

图 9.1　未使用实体引用时的运行结果

图 9.2　应用实体引用的运行结果

2. 使用 CDATA 段

CDATA 段是一种用来包含文本的方法，其内部的所有内容都会被 XML 解析器当作普通文本，所以任何符号都不会被认为是标记符。在 CDATA 标记下，实体引用将失去作用。CDATA 的语法格式如下：

```
<![CDATA[文本内容]]>
```

注意　CDATA 段不能进行嵌套，即 CDATA 段中不能再包含 CDATA 段；另外，在字符串 "]]>" 之间不能有空格或换行符。

例如，在下面的 XML 文档中，由于 content 元素中包含的特殊字符比较多，使用实体引用比较麻烦，所以就需要使用 CDATA 段将 content 元素的内容括起来。

```
<?xml version="1.0" encoding="GBK"?><!--说明是 XML 文档，并指定 XML 文档的版本和编码-->
<placard version="2.0">              <!--定义 XML 文档的根元素，并设置 version 属性-->
    <info id="1">                    <!--定义 XML 文档元素-->
        <title>在 servlet 中弹出 JavaScript</title>
        <content><![CDATA[PrintWriter out = response.getWriter();
            out.println("<script>alert('修改成功！');</script>");]]></content>
        <pubDate>2009-04-15 16:12:06</pubDate>
    </info>
</placard>                            <!--定义 XML 文档的根元素的结束标记-->
```

上面代码在 Firefox 浏览器中的运行结果如图 9.3 所示。

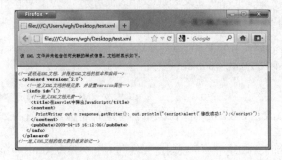

图 9.3　使用 CDATA 段将 content 元素的内容括起来

9.2　dom4j 概述

9.2.1　dom4j 简介

dom4j 是 sourceforge.net 上的一个 Java 开源项目，主要用于操作 XML 文档，如创建 XML 文档和解析 XML 文档。dom4j 应用于 Java 平台，采用了 Java 集合框架并完全支持 DOM、SAX 和 JAXP，是一种适合 Java 程序员使用的 Java XML 解析器，具有性能优异、功能强大和易于使用等特点。目前，越来越多的 Java 软件都在使用 dom4j 来读写 XML。

9.2.2　dom4j 的下载与配置

在使用 dom4j 解析 XML 文档时，需要先下载 dom4j 组件。dom4j 组件可以到 http://sourceforge.net/projects/dom4j/ 网站中下载，具体的下载过程如下：

（1）在浏览器的地址栏中输入 URL 地址 "http://sourceforge.net/projects/dom4j/"，并按 Enter 键，进入到如图 9.4 所示的 dom4j 页面。

（2）在图 9.4 中，可以单击 Download 超链接，下载 1.6.1 版本的 dom4j 组件，该版本是一个比较稳定的版本，也可以单击 Browse All Files 超链接，进入到下载列表页面下载其他的版本。

（3）这里我们使用 1.6.1 版本，所以直接单击 Download 超链接，在弹出的如图 9.5 所示的 "文件下载" 对话框中单击 "保存" 按钮，下载压缩版本的 dom4j。

图 9.4　sourceforge.net 上的 dom4j 页面

图 9.5　"文件下载"对话框

（4）dom4j-1.6.1.zip 文件下载完成后，将该文件解压缩，将显示如图 9.6 所示的目录结构。

在需要应用 dom4j 组件的项目中，将 dom4j-1.6.1.jar 文件和 lib 文件夹下的 jaxen-1.1-beta-6.jar 文件配置到构建路径中，或者将这两个文件直接复制到项目的 lib 文件夹中。如果没有导入 jaxen-1.1-beta-6.jar 文件，在执行时可能会抛出 HTTP Status 500 异常，如图 9.7 所示。

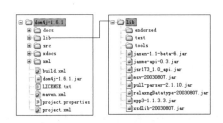

图 9.6　dom4j 的目录结构

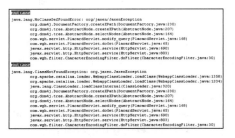

图 9.7　缺少 jaxen-1.1-beta-6.jar 时抛出的异常

9.3　创建 XML 文档

 视频讲解：光盘\TM\Video\9\创建 XML 文档.exe

dom4j 组件的一个最重要的功能就是创建 XML 文档，通过该组件可以很方便地创建 XML 文档。下面将详细介绍如何应用 dom4j 组件创建 XML 文档。

9.3.1　创建 XML 文档对象

使用 DocumentHelper 类的 createDocument()方法可以创建一个 XML 文档对象。创建 XML 文档对象的具体代码如下：

```
Document document = DocumentHelper.createDocument();
```

 说明　DocumentHelper 类保存在 org.dom4j 包中。

另外，使用 DocumentFactory 对象也可以创建一个 XML 文档对象。DocumentFactory 对象由 DocumentFactory 类的 getInstance()静态方法产生。通过 DocumentFactory 对象创建 XML 文档对象的具体代码如下：

```
DocumentFactory documentFactory= DocumentFactory.getInstance();
Document document=documentFactory.createDocument();
```

说明　DocumentFactory 类保存在 org.dom4j 包中。

9.3.2　创建根节点

为 XML 文档创建根节点，首先需要创建一个普通节点，然后再通过调用 Document 对象的 setRootElement()方法把该节点设置为根节点。创建普通节点可以通过 DocumentHelper 对象的 createElement()方法实现。

1．DocumentHelper 对象的 createElement()方法

该方法用于创建一个普通的节点，其方法原型如下：

```
public static Element createElement(String name)
```

name：用于指定要创建的节点名。

2．Document 对象的 setRootElement()方法

该方法用于将指定的节点设置为根节点，其方法原型如下：

```
public void setRootElement(Element rootElement)
```

rootElement：用于指定要作为根节点的普通节点。

例如，创建一个只包括一个根节点的 XML 文档的具体代码如下：

```
Document document = DocumentHelper.createDocument();              //创建 XML 文档对象
Element placard=DocumentHelper.createElement("placard");          //创建普通节点
document.setRootElement(placard);                                 //将 placard 设置为根节点
```

9.3.3　添加注释

在创建 XML 文档时，为了便于阅读和理解，经常需要在 XML 文档中添加注释。通过 dom4j 组件的 Element 对象的 addComment()方法可以为指定的节点添加注释。Element 对象的 addComment()方法的原型如下：

```
public Element addComment(String comment)
```

comment：用于指定注释内容。

例如，为 XML 文档的根节点添加注释的代码如下：

```
Document document = DocumentHelper.createDocument();        //创建 XML 文档对象
Element placard=DocumentHelper.createElement("placard");    //创建普通节点
document.setRootElement(placard);                            //将 placard 设置为根节点
placard.addComment("这是根节点");                            //添加注释
```

9.3.4　添加属性

在创建 XML 文档时，经常需要为指定的节点添加属性。通过 dom4j 组件的 Element 对象的 addAttribute() 方法可以为指定的节点添加属性。Element 对象的 addAttribute()方法的原型如下：

```
public Element addAttribute(String name,String value)
```

☑　name：用于指定属性名。

☑　value：用于指定属性值。

例如，为 XML 文档的根节点添加 version 属性的代码如下：

```
Document document = DocumentHelper.createDocument();        //创建 XML 文档对象
Element placard=DocumentHelper.createElement("placard");    //创建普通节点
document.setRootElement(placard);                            //将 placard 设置为根节点
placard.addAttribute("version", "2.0");                     //添加属性
```

9.3.5　创建子节点

在创建 XML 文档时，经常需要为指定的节点添加子节点，例如为根节点添加子节点。通过 dom4j 组件的 Element 对象的 addElement()方法可以为指定的节点添加子节点。Element 对象的 addElement()方法的原型如下：

```
public Element addElement(String name)
```

name：用于指定子节点的名称。

说明　Element 对象的 addElement()方法是从 org.dom4j.Branch 接口中继承的。

例如，为根节点 placard 创建一个子节点 description 的具体代码如下：

```
Document document = DocumentHelper.createDocument();            //创建 XML 文档对象
Element placard=DocumentHelper.createElement("placard");        //创建普通节点
document.setRootElement(placard);                               //将 placard 设置为根节点
Element description = placard.addElement("description");         //创建子节点 description
```

9.3.6　设置节点的内容

创建节点后，还需要为节点设置内容。在 dom4j 中提供了两种设置节点内容的方法，一种是将节点内

容设置为普通文本，另一种是将节点内容设置为 CDATA 段。下面分别进行介绍。

1. 将普通文本作为节点内容

将普通文本作为节点内容可以通过 dom4j 组件的 Element 对象的 setText()方法进行设置。Element 对象的 setText()方法的原型如下：

```
public void setText(String text)
```

text：用于指定节点内容。

说明 Element 对象的 setText()方法是从 org.dom4j.Node 接口中继承的。

例如，设置子节点 description 的内容为"公告栏"的代码如下：

```
Element description = placard.addElement("description");          //创建子节点
description.setText("公告栏");                                    //设置子节点的内容
```

2. 将 CDATA 段作为节点内容

将 CDATA 段作为节点内容可以通过 dom4j 组件的 Element 对象的 addCDATA()方法进行设置。Element 对象的 addCDATA()方法的原型如下：

```
public Element addCDATA(String cdata)
```

cdata：用于指定 CDATA 段中的文本内容。

例如，设置子节点 content_item 的内容为 CDATA 段的代码如下：

```
Element content_item = placard.addElement("content");          //创建子节点
content_item.addCDATA("心中的鹅卵石&童年的梦");                    //设置子节点的内容
```

9.3.7   设置编码

在应用 dom4j 创建 XML 文档时，默认的编码集为 UTF-8，但有时不一定要使用该编码集，这时就可以通过 dom4j 的 OutputFormat 类提供的 setEncoding()方法设置文档的编码集。setEncoding()方法的原型如下：

```
public void setEncoding(String encoding)
```

encoding：用于指定编码集。常用的编码集为 GBK 或 GB2312（简体中文）、BIG5（繁体中文）、ISO-8859-1（西欧字符）和 UTF-8（通用的国际编码）。

说明 OutputFormat 类保存在 org.dom4j.io 包中。

例如，设置 XML 文档的编码为 GBK 的具体代码如下：

```
OutputFormat format=new OutputFormat();                        //创建 OutputFormat 对象
format.setEncoding("GBK");                                     //设置写入流编码为 GBK
```

应用上面代码后，将在生成的 XML 文档的声明中将编码集设置为 GBK。设置完成的代码如下：

```
<?xml version="1.0" encoding="GBK" ?>
```

9.3.8   设置输出格式

应用 dom4j 生成 XML 文件时，生成的 XML 文件默认采用紧凑方式排版。这种排版格式比较混乱，不容易阅读。为此，dom4j 提供了将输出格式设置为缩进方式的方法，这样可以美化 XML 文件，使 XML 文件更容易阅读。应用 dom4j 的 OutputFormat 类提供的 createPrettyPrint()方法可以将 XML 文件格式化为缩进方式。createPrettyPrint()方法的原型如下：

```
public static OutputFormat createPrettyPrint()
```

createPrettyPrint()方法无入口参数，返回值为 OutputFormat 对象。例如，将 XML 文档设置为缩进方式的具体代码如下：

```
OutputFormat format = OutputFormat.createPrettyPrint();          //格式化为缩进方式
```

9.3.9　输出 XML 文档

在 XML 文档对象创建完成并添加相应的节点后，还需要输出该 XML 文档，否则用户将不能看到 XML 的内容。在应用 dom4j 创建 XML 文档时，有以下两种输出方式。

1．未设置输出格式

当没有为 XML 文档设置输出格式时，可以使用 XMLWriter 类的构造方法 XMLWriter(Writer writer)实例化一个 XMLWriter 对象，再利用该对象的 write()方法写入数据，最后关闭 XMLWriter 对象。

例如，将 XML 文档对象 document 写入到 XML 文件的具体代码如下：

```
String fileURL = request.getRealPath("/xml/placard.xml");
XMLWriter writer = new XMLWriter(new FileWriter(fileURL));        //实例化 XMLWriter 对象
writer.write(document);                                           //向流写入数据
writer.close();                                                   //关闭 XMLWriter
```

2．已经设置了输出格式或编码集

当已经为 XML 文档设置输出格式或编码集时，可以使用 XMLWriter 类的构造方法 XMLWriter(Writer writer,OutputFormat format)实例化一个 XMLWriter 对象，再利用该对象的 write()方法写入数据，最后关闭 XMLWriter 对象。

例如，将编码集设置为 GBK 的 XML 文档对象 document 写入到 XML 文件的具体代码如下：

```
OutputFormat format=new OutputFormat();                           //创建 OutputFormat 对象
format.setEncoding("GBK");                                        //设置写入流编码
String fileURL = request.getRealPath("/xml/placard.xml");
//实例化 XMLWriter 对象
XMLWriter writer = new XMLWriter(new FileWriter(fileURL), format);
writer.write(document);                                           //向流写入数据
writer.close();                                                   //关闭 XMLWriter
```

技巧　如果不想将 XML 文档输入到 XML 文件中，则可以采用以下代码将其输出到浏览器或控制台上。

```
/********************将其输出到控制台的代码********************/
XMLWriter writer = new XMLWriter(System.out,format);
writer.write(document);
/********************将其输出到浏览器的代码********************/
XMLWriter writer= new XMLWriter(out,format);
writer.write(document);
```

　　　　在将 XML 文档输出到浏览器的代码中，out 为 java.io.PrintWriter 对象，可以通过 response 对象的 response.getWriter()方法获得；此外，out 也可以是 JSP 的内置对象。

注意　在将 XML 文档输出到控制台时，不能调用 XMLWriter 对象的 close()方法。

9.4 解析 XML 文档

视频讲解：光盘\TM\Video\9\解析 XML 文档.exe

dom4j 组件另一个比较重要的功能就是解析 XML 文档，通过该组件可以很方便地解析 XML 文档。下面将详细介绍如何应用 dom4j 组件解析 XML 文档。

9.4.1 构建 XML 文档对象

在解析 XML 文档前，需要构建要解析的 XML 文件所对应的 XML 文档对象。在获取 XML 文档对象时，首先需要创建 SAXReader 对象，然后调用该对象的 read()方法获取对应的 XML 文档对象。SAXReader 对象的 read()方法的原型如下：

```
public Document read(File file)
            throws DocumentException
```

file：用于指定要解析的 XML 文件。

例如，获取 XML 文件 placard.xml 对应的 XML 文档对象的代码如下：

```
String fileURL = request.getRealPath("/xml/placard.xml");
SAXReader reader = new SAXReader();                          //实例化 SAXReader 对象
Document document = reader.read(new File(fileURL));          //获取 XML 文件对应的 XML 文档对象
```

说明　SAXReader 类位于 org.dom4j.io 包中。

9.4.2 获取根节点

在构建 XML 文档对象后，就可以通过该 XML 文档对象获取根节点。利用 dom4j 组件的 Document 对象的 getRootElement()方法可以返回指定 XML 文档的根节点。getRootElement()方法的原型如下：

```
public Element getRootElement()
```

返回值：Element 对象。

例如，获取 XML 文档对象 document 的根节点的代码如下：

```
Element placard = document.getRootElement();                //获取根节点
```

9.4.3 获取子节点

在获取根节点后，还可以获取其子节点，这可以通过 Element 对象的 element()或 elements()方法来实现。下面将分别介绍这两个方法。

1．element()方法

element()方法用于获取指定名称的第一个节点（通常用于获取根节点中节点名唯一的一个子节点）。element()方法的原型如下：

```
public Element element(String name)
```

☑　name：用于指定要获取的节点名。

☑ 返回值：Element 对象。

2．elements()方法

elements()方法用于获取指定名称的全部节点（通常用于获取根节点中多个并列的具有相同名称的子节点）。elements()方法的原型如下：

```
public List elements(String name)
```

☑ name：用于指定要获取的节点名。

☑ 返回值：List 集合。

例如，保存公告信息的 XML 文件 placard.xml。关键代码如下：

```
<?xml version="1.0" encoding="GBK"?>          <!--说明是 XML 文档-->
<placard version="2.0">                       <!--定义 XML 文档的根元素-->
  <description>公告栏</description>            <!--定义 XML 文档元素-->
  <createTime>创建于 2009 年 05 月 25 日 16 时 09 分</createTime>
  <info id="1">                                <!--定义 XML 文档元素-->
    <title >重要通知</title>
    <content><![CDATA[今天下午 4:50 将进行乒乓球比赛，请各位选手做好准备。]]></content>
    <pubDate>2009-04-15 16:09:37</pubDate>
  </info>                                      <!--定义 XML 文档元素的结束标记-->
  <info id="2">
    <title>心中的鹅卵石</title>
    <content><![CDATA[心中的鹅卵石]]></content>
    <pubDate>2009-04-15 16:15:33</pubDate>
  </info>
</placard>
```

要获取 description 节点，可以应用 element()方法。关键代码如下：

```
Element root = document.getRootElement();          //获取根节点
Element description=placard.element("description"); //获取 description 节点
```

要获取 info 节点，可以应用 elements()方法。关键代码如下：

```
Element root = document.getRootElement();          //获取根节点
List list_item = root.elements("info");            //获取 info 节点
```

9.5 修改 XML 文档

📀 视频讲解：光盘\TM\Video\9\修改 XML 文档.exe

在对 XML 文档进行操作时，经常需要对 XML 文档进行修改。对 XML 文档进行修改通常包括修改节点和删除节点。下面将详细介绍应用 dom4j 组件修改和删除 XML 文档的节点的方法。

9.5.1 修改节点

在修改 XML 文档的节点前，首先需要查询到该节点。在 dom4j 组件中，查询节点可以应用 Element 对象的 selectSingleNode()或 selectNodes()方法来实现。下面对这两种方法进行详细介绍。

1．selectSingleNode()方法

Element 对象的 selectSingleNode()方法用于获取符合指定条件的唯一节点。该方法的原型如下：

```
public Node selectSingleNode(String xpathExpression)
```

xpathExpression：XPath 表达式。XPath 表达式使用反斜杠"/"隔开节点树中的父子节点，从而构成代

表节点位置的路径。如果 XPath 表达式以反斜杠 "/" 开头,则表示使用的是绝对路径,否则表示使用的是相对路径。如果使用属性,那么必须在属性名前加上 "@" 符号。另外,在 XPath 表达式中也可以使用谓词,例如下面的表达式将返回 ID 属性值等于 1 的 info 节点。

```
/placard/info[@id='1']
```

说明
    Element 对象的 selectSingleNode()方法是从 org.dom4j.Node 接口中继承的。

例如,利用 selectSingleNode()方法获取 XML 文档的根节点 placard 的 ID 属性值为 1 的子节点 info 的代码如下:

```
org.dom4j.Node item=placard.selectSingleNode("/placard/info[@id='1']");
```

2. selectNodes()方法

Element 对象的 selectNodes()方法用于获取符合指定条件的节点列表。该方法的原型如下:

```
public List selectNodes(String xpathExpression)
```

xpathExpression:XPath 表达式。

说明
    Element 对象的 selectNodes()方法是从 org.dom4j.Node 接口中继承的。

例如,利用 selectNodes()方法获取 XML 文档的根节点 placard 的子节点 info 的代码如下:

```
List list = placard.selectNodes("/placard/info");
```

获取到要修改的节点后,就可以应用 9.3.3 节、9.3.4 节、9.3.5 节和 9.3.6 节介绍的方法为该节点添加注释、添加属性、创建子节点或设置节点内容等。

9.5.2 删除节点

在需要删除节点时,同样需要查询到要删除的节点。这可以通过 9.5.1 节介绍的 Element 对象的 selectSingleNode()方法或 selectNodes()方法来实现,这里不再赘述。获取到要删除的节点后,就可以利用 Element 对象的 remove()方法删除该节点了。

```
public boolean remove(Element element)
```

☑   element:Element 对象。
☑   返回值:true 或 false,表示节点是否删除成功。

说明
    上面的 remove()方法是从 org.dom4j.Branch 接口中继承的。

例如,要删除 XML 文档的根节点 placard 的 ID 属性值为 1 的子节点 info 的代码如下:

```
//获取要删除的节点
Element item=(Element)placard.selectSingleNode("/placard/info[@id='1']");
if (null != item) {
    placard.remove(item);              //删除指定节点
}
```

上面介绍了如何删除指定的一个节点,不过在实际编程中,有时还需要批量删除指定子节点。例如,要删除 XML 文档的根节点的子节点 info,可以使用以下代码:

```
document.getRootElement().elements("info").clear();//删除全部 info 节点
```

9.6 实 战

在前面的各节中详细介绍了应用 dom4j 组件创建 XML 文档、解析 XML 文档和修改 XML 文档的方法，下面将通过 5 个具体的实例来巩固前面所学的知识，从而使读者更好地掌握应用 dom4j 组件操作 XML 的基本方法。

9.6.1 保存公告信息到 XML 文件

📀 **视频讲解：光盘\TM\Video\9\保存公告信息到 XML 文件.exe**

例 9.01 在客户端的表单中填写公告信息后，单击"保存"按钮将该公告信息保存到 XML 文件中。（实例位置：光盘\TM\Instances\9.01）

（1）下载 dom4j 组件，并将 dom4j-1.6.1.jar 和 jaxen-1.1-beta-6.jar 文件添加到 Web 应用的 WEB-INF\lib 文件夹中。

（2）编写 index.jsp 页面，在该页面中添加用于收集公告信息的表单及表单元素。关键代码如下：

```
<form name="form1" method="post" action="PlacardServlet" target="_blank" onSubmit="return check(this)">
    公告标题：<input name="title" type="text" id="title" size="52">
    公告内容：<textarea name="content" cols="50" rows="9" id="content"></textarea>
    <input name="Submit" type="submit" class="btn_grey" value="保存">
    <input name="Submit2" type="reset" class="btn_grey" value="重置">
</form>
```

📖 **说明** 为了保证用户输入信息的完整性，在用户提交表单时还需要判断输入的公告标题和公告内容是否为空，本例将通过在表单的 onSubmit 事件中调用自定义的 JavaScript 函数来实现。

（3）编写用于将公告信息保存到 XML 文件中的 Servlet，名称为 PlacardServlet。该类继承 HttpServlet，并在该类的 doPost() 方法中编写公告信息保存到 XML 文件的代码。在该方法中，首先获取用户输入的公告标题和内容；然后判断指定的 XML 文件是否存在，如果不存在，则创建该文件，并在该文件中写入 XML 文件的序言及根节点等，否则打开该文件，并获取对应的 XML 文档对象，再将公告信息写入到 XML 文档对象中；最后将该 XML 文档对象保存到 XML 文件中，并将页面重定向到该 XML 文件。关键代码如下：

```
package com.wgh.servlet;

…        //此处省略了导入程序中所用包的代码

public class PlacardServlet extends HttpServlet {
    public void doPost(HttpServletRequest request, HttpServletResponse response)
            throws ServletException, IOException {
        response.setContentType("text/html");
        String fileURL = request.getRealPath("/xml/placard.xml");        //XML 文件的路径
        File file = new File(fileURL);
        String title=request.getParameter("title");                     //获取公告标题
        String content=request.getParameter("content");                 //获取公告内容
        Document document = null;
        Element placard = null;
```

```
                DateFormat df=new SimpleDateFormat("yyyy 年 MM 月 dd 日 HH 时 mm 分");  //设置日期格式
                if (!file.exists()) {                           //判断文件是否存在, 如果不存在, 则创建该文件
                    document = DocumentHelper.createDocument();            //创建 XML 文档对象
                    placard=DocumentHelper.createElement("placard");       //创建普通节点
                    document.setRootElement(placard);                      //将 placard 设置为根节点
                    placard.addAttribute("version", "2.0");                //为根节点添加属性 version
                    Element description = placard.addElement("description"); //添加 description 子节点
                    description.setText("公告栏");
                    Element createTime = placard.addElement("createTime");  //添加 createTime 子节点
                    createTime.setText("创建于"+df.format(new Date()));
                } else {
                    SAXReader reader = new SAXReader();                     //实例化 SAXReader 对象
                    try {
                        document = reader.read(new File(fileURL));          //获取 XML 文件对应的 XML 文档对象
                        placard = document.getRootElement();                //获取根节点
                    } catch (DocumentException e) {
                        e.printStackTrace();
                    }
                }
                /********************* 添加公告信息 **************************/
                String id = String.valueOf(placard.elements("info").size() + 1); //获取当前公告的 ID 号
                Element info = placard.addElement("info");                 //添加 info 节点
                info.addAttribute("id", id);                               //为 info 节点设置 ID 属性
                Element title_info = info.addElement("title");             //添加 title 节点
                title_info.setText(title);                                 //设置 title 节点的内容
                Element content_item = info.addElement("content");         //添加 content 节点
                //此处不能使用 setText()方法, 如果使用该方法, 当内容中出现 HTML 代码时, 程序将出错
                content_item.addCDATA(content);                            //设置节点的内容为 CDATA 段
                Element pubDate_item = info.addElement("pubDate");         //添加 pubDate 节点
                df=new SimpleDateFormat("yyyy-MM-dd HH:mm:ss");            //设置日期格式
                pubDate_item.setText(df.format(new Date()));
                /*******************************************************************/
                //保存文件
                //创建 OutputFormat 对象
                OutputFormat format = OutputFormat.createPrettyPrint();    //格式化为缩进方式
                format.setEncoding("GBK");                                 //设置写入流编码
                try {
                    XMLWriter writer = new XMLWriter(new FileWriter(fileURL), format);
                    writer.write(document);                                //向流写入数据
                    writer.close();                                        //关闭流
                } catch (IOException e) {
                    e.printStackTrace();
                }
                request.getRequestDispatcher("xml/placard.xml").forward(request,response);
            }
        }
```

 说明
　　由于本实例中将创建的 XML 文件保存到该实例根目录下的 xml 文件夹中, 所以在运行程序
前, 还需要创建 xml 文件夹, 但不需要创建对应的 XML 文件。

　　（4）在 web.xml 文件中配置步骤（3）创建的 Servlet, 设置映射路径为/PlacardServlet。关键代码如下:

```
<servlet>
    <servlet-name>PlacardServlet</servlet-name>
    <servlet-class>com.wgh.servlet.PlacardServlet</servlet-class>
</servlet>
<servlet-mapping>
    <servlet-name>PlacardServlet</servlet-name>
    <url-pattern>/PlacardServlet</url-pattern>
</servlet-mapping>
```

（5）运行程序，在页面的"公告标题"文本框中输入公告标题，在"公告内容"文本框中输入公告内容，如图 9.8 所示，单击"保存"按钮，即可将该公告信息保存到 XML 文件中，并打开新窗口显示该 XML文件，如图 9.9 所示。

图 9.8　输入公告信息页面　　　　　　　　图 9.9　打开的 XML 文件

9.6.2　对保存到 XML 文件中的公告信息进行管理

视频讲解：光盘\TM\Video\9\对保存到 XML 文件中的公告信息进行管理.exe

例 9.02　利用 dom4j 组件对保存到 XML 文件中的公告信息进行修改和删除。（实例位置：光盘\TM\Instances\9.02）

（1）下载 dom4j 组件，并将 dom4j-1.6.1.jar 和 jaxen-1.1-beta-6.jar 文件添加到 Web 应用的 WEB-INF\lib文件夹中。

（2）编写用于管理公告信息的 Servlet，名称为 PlacardServlet。该类继承 HttpServlet，并在该类的 doGet()方法中根据 GET 请求中传递的 action 参数值来调用相应的方法处理请求。关键代码如下：

```
public void doGet(HttpServletRequest request, HttpServletResponse response)
        throws ServletException, IOException {
    response.setContentType("text/html");
    String action = request.getParameter("action");          //获取 action 参数值
    if ("query".equals(action)) {                             //查询全部公告
        this.query(request, response);
    } else if ("modify_query".equals(action)) {               //修改公告时应用的查询
        this.modify_query(request, response);
    }else if("del".equals(action)){                           //删除公告
        this.del(request, response);
    }else if("clearAll".equals(action)){                      //删除全部公告
        this.clearAll(request,response);
    }
}
```

（3）在 web.xml 文件中配置步骤（2）创建的 Servlet，关键代码如下：

```
<servlet>
    <servlet-name>PlacardServlet</servlet-name>
    <servlet-class>com.wgh.servlet.PlacardServlet</servlet-class>
```

```
    </servlet>
    <servlet-mapping>
        <servlet-name>PlacardServlet</servlet-name>
        <url-pattern>/PlacardServlet</url-pattern>
    </servlet-mapping>
```

（4）将例 9.01 中创建的 XML 文件复制到本实例中，仍然保存到 xml 文件夹中。本实例将对这个 XML 文件进行操作。

（5）编写 index.jsp 页面，在其中通过 JSTL 中的<c:redirect>标签请求 Servlet——PlacardServlet，并将 action 参数 query 传递到该 Servlet 中。关键代码如下：

```
<%@taglib prefix="c" uri="http://java.sun.com/jsp/jstl/core"%>
<c:redirect url="/PlacardServlet">
    <c:param name="action" value="query"/>
</c:redirect>
```

（6）在 Servlet PlacardServlet 中添加 query()方法，用于读取 XML 文件中全部的公告信息。在该方法中，首先获取 XML 文件对应的 Document 对象，然后获取描述信息及创建日期，再通过 for 循环获取公告列表，并保存到 List 集合中，最后将获取的描述信息、创建日期和公告列表保存到 HttpServletRequest 对象中，并重定向页面到 placardList.jsp 中。query()方法的具体代码如下：

```
private void query(HttpServletRequest request, HttpServletResponse response)
        throws ServletException, IOException {
    response.setContentType("text/html;charset=GBK");        //设置响应的编码
    String fileURL = request.getRealPath("/xml/placard.xml");  //获取 XML 文件的路径
    File file = new File(fileURL);
    Document document = null;                                //声明 Document 对象
    Element placard = null;                                  //声明表示根节点的 Element 对象
    List list =null;                                         //声明 List 对象
    String description="";                                   //定义保存描述信息的变量
    String createTime="";                                    //定义保存创建日期的变量
    if (file.exists()) {                                     //判断文件是否存在，如果不存在，则创建该文件
        SAXReader reader = new SAXReader();                  //实例化 SAXReader 对象
        try {
            document = reader.read(new File(fileURL));       //获取 XML 文件对应的 XML 文档对象
            placard = document.getRootElement();             //获取根节点
            List list_item = placard.elements("info");
            description=placard.element("description").getText();        //获取描述信息
            createTime=placard.element("createTime").getText();          //获取创建日期
            int id = 0;
            String title = "";                               //标题
            String content = "";                             //内容
            String pubDate = "";                             //发布日期
            if(list_item.size()>0){
                list= new ArrayList();
            }
            for (int i = list_item.size(); i > 0; i--) {
                PlacardForm f = new PlacardForm();
                Element item = (Element) list_item.get(i - 1);
                id = Integer.parseInt(item.attribute("id").getValue());  //获取 ID 属性
                f.setId(id);
                if (null != item.element("title").getText()) {
                    title = item.element("title").getText();             //获取标题
                } else {
                    title = "暂无标题";
```

```
                    f.setTitle(title);
                    if (null != item.element("content").getText()) {
                        content = item.element("content").getText();        //获取标题
                    } else {
                        content = "暂无内容";
                    }
                    f.setContent(content);
                    //获取发布日期
                    if (null != item.element("pubDate").getText()) {
                        pubDate = item.element("pubDate").getText();    //获取发布日期
                    }
                    f.setPubDate(pubDate);
                    list.add(f);
                }
                document.clearContent();                                //释放资源
            } catch (DocumentException e) {
                e.printStackTrace();
            }
        }
        request.setAttribute("createTime", createTime);                //保存创建日期
        request.setAttribute("description", description);              //保存描述信息
        request.setAttribute("rssContent", list);                     //保存公告列表
        request.getRequestDispatcher("placardList.jsp").forward(request,response);
}
```

（7）编写 placardList.jsp 页面，在其中利用 EL 表达式和 JSTL 标签显示获取的公告信息。关键代码如下：

```
[${description}]${createTime}                              <!--显示描述信息和创建时间-->
<c:if test="${rssContent==null}">                          <!--当公告内容为空时-->
    <tr>
        <td height="27" colspan="3" align="center" bgcolor="#FFFFFF">暂无公告！</td>
    </tr>
</c:if>
<c:forEach var="form" items="${rssContent}">               <!---循环显示公告列表-->
    <tr>
        <td height="27" bgcolor="#FFFFFF"> ${form.title}</td>
        <td align="center" bgcolor="#FFFFFF">
        <a href="PlacardServlet?action=modify_query&id=${form.id}">     <!--修改超链接-->
        <img src="images/modify.gif" width="20" height="18" border="0"></a></td>
        <td align="center" bgcolor="#FFFFFF">
        <a href="PlacardServlet?action=del&id=${form.id}">             <!--删除超链接-->
        <img src="images/del.gif" width="23" height="22" border="0"></a></td>
    </tr>
</c:forEach>
```

注意 在显示公告列表时，还需要在每条公告信息的后面添加修改超链接和删除超链接。

（8）由于在修改公告时需要显示公告的原内容，所以在修改公告信息前需要查询出该公告的具体内容。本实例通过 modify_query()方法实现。在 Servlet PlacardServlet 中添加 modify_query()方法，用于查询要修改的公告信息。modify_query()方法的具体代码如下：

```
private void modify_query(HttpServletRequest request,
        HttpServletResponse response) throws ServletException, IOException {
```

189

```
response.setContentType("text/html;charset=GBK");          //指定响应的编码
String fileURL = request.getRealPath("/xml/placard.xml");   //获取 XML 文件的路径
File file = new File(fileURL);
Document document = null;                                    //声明 Document 对象
Element placard = null;                                      //声明表示根节点的 Element 对象
int id = Integer.parseInt(request.getParameter("id"));       //获取公告 ID
PlacardForm f = new PlacardForm();
if (file.exists()) {                                         //判断文件是否存在，如果不存在，则创建该文件
    SAXReader reader = new SAXReader();                      //实例化 SAXReader 对象
    try {
        document = reader.read(new File(fileURL));           //获取 XML 文件对应的 XML 文档对象
        placard = document.getRootElement();                 //获取根节点
        //获取要修改的节点
        Element item=(Element)placard.selectSingleNode("/placard/info[@id='" + id+ "']");
        if (null != item) {
            String title = "";                               //标题
            String content = "";                             //内容
            String pubDate = "";                             //发布日期
            id = Integer.parseInt(item.attributeValue("id")); //获取 ID 属性
            f.setId(id);
            if (null != item.element("title").getText()) {
                title = item.element("title").getText();      //获取标题
            } else {
                title = "暂无标题";
            }
            f.setTitle(title);
            if (null != item.element("content").getText()) {
                content = item.element("content").getText();  //获取标题
            } else {
                content = "暂无内容";
            }
            f.setContent(content);
            //获取发布日期
            if (null != item.element("pubDate").getText()) {
                pubDate = item.element("pubDate").getText();  //获取发布日期
            }
            f.setPubDate(pubDate);
            document.clearContent();                          //释放资源
        }
    } catch (DocumentException e) {
        e.printStackTrace();
    }
}
request.setAttribute("placardContent", f);                   //保存公告信息
request.getRequestDispatcher("modify.jsp").forward(request, response);
}
```

（9）编写 modify.jsp 文件，在该文件中添加收集公告信息的表单及表单元素，并设置表单元素的默认信息为公告的原信息。关键代码如下：

```
<form name="form1" method="post" action="PlacardServlet?action=modify">
    <c:set var="form" value="${placardContent}"/>
    标题：<input name="title" type="text" id="title" value="${form.title}" size="52">
    <input name="id" type="hidden" id="id" value="${form.id}">
    内容：<textarea name="content" cols="50" rows="8" id="content">${form.content}</textarea>
```

```
<input name="Submit" type="submit" class="btn_grey" value="保存">
<input name="Submit2" type="reset" class="btn_grey" value="重置">
<input name="Submit3" type="button" class="btn_grey" value="返回" onClick="history.back(-1)">
</form>
```

（10）由于在提交修改的公告信息时采用的是 POST 请求，所以需要在 Servlet PlacardServlet 的 doPost()
方法中添加 if 语句，根据 action 参数的值判断是否为保存修改公告信息的 POST 请求。如果是，则调用 modify()
方法处理请求，关键代码如下：

```
public void doPost(HttpServletRequest request, HttpServletResponse response)
        throws ServletException, IOException {
    String action = request.getParameter("action");            //获取 action 参数值
    if ("modify".equals(action)) {                             //修改公告
        this.modify(request, response);
    }
}
```

（11）在 Servlet PlacardServlet 中添加 modify()方法，用于保存修改后的公告信息。在该方法中，首先
获取 XML 文件对应的 Document 对象，然后获取要修改的节点，再用获取的公告信息替换原来的公告信息，
最后保存修改后的 XML 文件，并将页面重定向到公告列表页面中。modify()方法的具体代码如下：

```
private void modify(HttpServletRequest request, HttpServletResponse response)
        throws ServletException, IOException {
    response.setContentType("text/html;charset=GBK");          //设置响应的编码
    String fileURL = request.getRealPath("/xml/placard.xml");  //获取 XML 文件的路径
    String title = request.getParameter("title");             //标题
    String content = request.getParameter("content");         //内容
    DateFormat df = new SimpleDateFormat("yyyy 年 MM 月 dd 日 HH 时 mm 分");
    String pubDate = df.format(new java.util.Date());         //发布日期
    int id = Integer.parseInt(request.getParameter("id"));    //获取要删除的公告 ID
    File file = new File(fileURL);
    Document document = null;
    Element placard = null;
    if (file.exists()) {                                       //判断文件是否存在，如果不存在，则创建该文件
        SAXReader reader = new SAXReader();                    //实例化 SAXReader 对象
        try {
            document = reader.read(new File(fileURL));         //获取 XML 文件对应的 XML 文档对象
            placard = document.getRootElement();               //获取根节点
            //获取要修改的节点
            Element item = (Element) placard.selectSingleNode("/placard/info[@id='" + id + "']");
            if (null != item) {
                item.element("title").setText(title);          //设置标题
                item.element("content").setText(content);      //设置内容
                item.element("pubDate").setText(pubDate);      //设置发布日期
            }
        } catch (DocumentException e) {
            e.printStackTrace();
        }
    }
    OutputFormat format = OutputFormat.createPrettyPrint();    //格式化为缩进方式
    format.setEncoding("GBK");                                 //设置写入流编码
    try {
        XMLWriter writer = new XMLWriter(new FileWriter(fileURL), format);
        writer.write(document);                                //向流写入数据
        writer.close();
```

```
                document.clearContent();                          //释放资源
        } catch (IOException e) {
                e.printStackTrace();
        }
        PrintWriter out = response.getWriter();
        out.println("<script>alert('修改成功！');window.location.href='PlacardServlet?action=query';</script>");
}
```

（12）在 Servlet PlacardServlet 中添加 del()方法，用于删除指定的公告信息。在该方法中，首先获取 XML 文件对应的 Document 对象，然后获取要删除的节点，再从 XML 文档对象中移除该节点，最后将修改后的 XML 文档对象保存到 XML 文件，并将页面重定向到公告列表页面中。del()方法的具体代码如下：

```
private void del(HttpServletRequest request, HttpServletResponse response)
        throws ServletException, IOException {
        response.setContentType("text/html;charset=GBK");          //指定响应的编码
        String fileURL = request.getRealPath("/xml/placard.xml");  //获取 XML 文件的路径
        File file = new File(fileURL);
        Document document = null;                                  //声明 Document 对象
        Element placard = null;                                    //声明表示根节点的 Element 对象
        int id = Integer.parseInt(request.getParameter("id"));     //获取公告 ID
        if (file.exists()) {                                       //判断文件是否存在，如果不存在，则创建该文件
                SAXReader reader = new SAXReader();                //实例化 SAXReader 对象
                try {
                        document = reader.read(new File(fileURL)); //获取 XML 文件对应的 XML 文档对象
                        placard = document.getRootElement();       //获取根节点
                        Element item = (Element) placard
                                .selectSingleNode("/placard/info[@id='" + id + "']");  //获取要删除的节点
                        if (null != item) {
                                placard.remove(item);              //删除指定节点
                        }
                } catch (DocumentException e) {
                        e.printStackTrace();
                }
        }
        //创建 OutputFormat 对象
        OutputFormat format = OutputFormat.createPrettyPrint();    //格式化为缩进方式
        format.setEncoding("GBK");                                 //设置写入流编码
        try {
                XMLWriter writer = new XMLWriter(new FileWriter(fileURL), format);
                writer.write(document);                            //向流写入数据
                writer.close();
                document.clearContent();                           //释放资源
        } catch (IOException e) {
                e.printStackTrace();
        }
        PrintWriter out = response.getWriter();
        out.println("<script>alert('删除成功！');window.location.href='PlacardServlet?action=query';</script>");
}
```

（13）在 Servlet PlacardServlet 中添加 clearAll()方法，用于删除全部公告信息。在该方法中，首先获取 XML 文件对应的 Document 对象，然后删除全部 info 节点（info 节点用于指定公告列表），最后将修改后的 XML 文档对象保存到 XML 文件，并重定向页面到公告列表页面中。clearAll()方法的具体代码如下：

```
private void clearAll(HttpServletRequest request,
        HttpServletResponse response) throws ServletException, IOException {
        response.setContentType("text/html;charset=GBK");          //指定响应的编码
```

```
String fileURL = request.getRealPath("/xml/placard.xml");        //获取 XML 文件的路径
File file = new File(fileURL);
Document document = null;
if (file.exists()) {                                              //判断文件是否存在，如果不存在，则创建该文件
    SAXReader reader = new SAXReader();                           //实例化 SAXReader 对象
    try {
        document = reader.read(new File(fileURL));                //获取 XML 文件对应的 XML 文档对象
        document.getRootElement().elements("info").clear();       //删除全部 info 节点
    } catch (DocumentException e) {
        e.printStackTrace();
    }
}
//创建 OutputFormat 对象
OutputFormat format = OutputFormat.createPrettyPrint();           //格式化为缩进方式
format.setEncoding("GBK");                                        //设置写入流编码
try {
    XMLWriter writer = new XMLWriter(new FileWriter(fileURL), format);
    writer.write(document);                                       //向流写入数据
    writer.close();
    document.clearContent();                                      //释放资源
} catch (IOException e) {
    e.printStackTrace();
}
PrintWriter out = response.getWriter();
out.println("<script>alert('删除全部公告成功！');window.location.href='PlacardServlet?action=query';</script>");
}
```

（14）在 placardList.jsp 页面的底部添加"[删除全部公告]"超链接，用于删除全部公告信息。关键代码如下：

```
<c:if test="${rssContent!=null}">
  <a href="PlacardServlet?action=clearAll">[删除全部公告]</a>
</c:if>
```

运行程序，在页面中将显示如图 9.10 所示的公告信息；单击"修改"按钮，将打开如图 9.11 所示的修改页面；修改公告信息后，单击"保存"按钮，即可完成公告信息的修改，并返回到公告列表页面。在公告列表页面中，单击"删除"按钮，即可删除指定公告信息；单击"[删除全部公告]"超链接，即可删除全部公告信息。

图 9.10　公告列表页面

图 9.11　修改公告信息页面

9.6.3　创建以当前日期为名称的 XML 文件

例 9.03　当用户访问页面时，首先判断当天的 XML 文件是否已经存在，如果不存在，则利用 dom4j 组件创建该文件，并向该文件中添加一条系统公告。（**实例位置：光盘\TM\Instances\9.03**）

（1）下载 dom4j 组件，并将 dom4j-1.6.1.jar 和 jaxen-1.1-beta-6.jar 文件添加到 Web 应用的 WEB-INF\lib

文件夹中。

（2）编写用于创建 XML 文件的 Servlet，名称为 SaveXml。该类继承 HttpServlet，并在该类中编写用于创建 XML 文件的 createFile()方法，在该方法中，首先创建一个 File 对象，然后判断指定的文件名是否存在，如果不存在，则应用 dom4j 组个创建一个默认的 XML 文件。关键代码如下：

```java
@WebServlet("/SaveXml")
public class SaveXml extends HttpServlet {
    //根据现在日期生成 XML 文件名，并判断该文件是否存在，如果不存在将创建该文件
    public void createFile(String fileURL) {
        /** ***************判断 XML 文件是否存在，如果不存在则创建该文件********** */
        File file = new File(fileURL);
        if (!file.exists()) { //判断文件是否存在，如果不存在，则创建该文件
            try {
                file.createNewFile();                                    //创建文件
                Document document = DocumentHelper.createDocument(); //创建 XML 文档对象
                Element chat = DocumentHelper.createElement("chat");   //创建普通节点
                document.setRootElement(chat);                          //将 placard 设置为根节点
                chat.addAttribute("version", "2.0");                    //为根节点添加属性 version
                Element description = chat.addElement("messages");      //添加 description 子节点

                OutputFormat format=new OutputFormat();                 //创建 OutputFormat 对象
                format.setEncoding("GBK");                              //设置写入流编码为 GBK
                XMLWriter writer = new XMLWriter(new FileWriter(fileURL),format);
                writer.write(document);                                 //向流写入数据
                writer.close();                                         //关闭流

            } catch (IOException e) {
                e.printStackTrace();
            }
        }
    }
}
```

（3）在 SavaXml 中添加 doGet()方法，并在该方法中应用 dom4j 组件向已经创建的 XML 文件中添加一条系统公告。关键代码如下：

```java
protected void doGet(HttpServletRequest request,
        HttpServletResponse response) throws ServletException, IOException {
    String newTime = new SimpleDateFormat("yyyyMMdd").format(new Date());
    String fileURL = request.getSession().getServletContext()
            .getRealPath("xml/" + newTime + ".xml");
    createFile(fileURL);//判断 XML 文件是否存在，如果不存在则创建该文件
    //获取当前用户
    try {
        SAXReader reader = new SAXReader();                          //实例化 SAXReader 对象
        Document feedDoc = reader.read(new File(fileURL));           //获取 XML 文件对应的 XML 文档对象
        Element root = feedDoc.getRootElement();                     //获取根节点
        Element messages = root.element("messages");                //获取 messages 节点
        Element message = messages.addElement("message"); //创建子节点 message
        message.addElement("from").setText("[系统公告]");            //创建子节点 from
        message.addElement("face").setText("");                      //创建子节点 face
        message.addElement("to").setText("");                        //创建子节点 to
        message.addElement("content").addCDATA(
                "<font color='gray'>[匿名网友] 走进了聊天室！</font>"); //创建子节点 content
```

```
message.addElement("sendTime").setText(new Date().toLocaleString()); //创建子节点 sendTime
message.addElement("isPrivate").setText("false");      //创建子节点
System.out.println("文件已经存在");
OutputFormat format = new OutputFormat();              //创建 OutputFormat 对象
format.setEncoding("GBK");                             //设置写入流编码为 GBK
XMLWriter writer = new XMLWriter(new FileWriter(fileURL), format);
writer.write(feedDoc);                                 //向流写入数据
writer.close();                                        //关闭 XMLWriter

} catch (Exception e) {
    e.printStackTrace();
}
request.getRequestDispatcher("xml/"+newTime+".xml").forward(request,response);
}
```

（4）在项目的 WEB-INF 目录下创建一个 web.xml 文件，在该方法中指定默认的访问页为 Servlet 的映射地址 SaveXml。

```
<welcome-file-list>
  <welcome-file>SaveXml</welcome-file>
</welcome-file-list>
```

运行本实例将显示如图 9.12 所示的运行结果。

9.6.4　让 XML 文件动态显示数据

例 9.04　当用户访问页面时，首先判断当天的 XML 文件是否已经存在，如果不存在，则利用 dom4j 组件创建该文件，并向该文件中添加一条系统公告。（**实例位置：光盘\TM\Instances\9.04**）

（1）将 MySQL 数据库的驱动包添加到 Web 应用的 WEB-INF\lib 文件夹中。

（2）编写用于从数据库中查询新闻信息的 Servlet，名称为 QueryNewsServlet。该类继承 HttpServlet，并在该类中重写 doGet()方法，在重写的 doGet()方法中首先实例化访问并从数据库中查询新闻信息的类 NewsDAO，然后调用该类的 findAll() 方法查询全部新闻信息，再将查询后的数据保存到 request 对象中，最后重定向页面到 index.jsp。关键代码如下：

图 9.12　创建 XML 文件并在浏览器中显示

```
@WebServlet("/QueryNewsServlet")
public class QueryNewsServlet extends HttpServlet {
    protected void doGet(HttpServletRequest request, HttpServletResponse response) throws ServletException, IOException {
        NewsDAO dao = new NewsDAO();                //实例化访问并从数据库中查询新闻信息的类
        List<News> list = dao.findAll();            //查询全部新闻信息
        request.setAttribute("list", list);         //将查询后的数据保存到 request 对象中
        request.getRequestDispatcher("index.jsp").forward(request, response);    //重定向页面
    }
}
```

说明

由于 NewsDAO 类的编写不是本章的重点，所以这里不进行介绍，具体代码请参见本书附带光盘。

（3）编写 index.jsp 页面，在该页面中，首先将页面的内容类型设置为 text/xml，然后获取保存到 request 对象中的新闻信息，并以 XML 格式进行输出。关键代码如下：

```jsp
<%@ page language="java" contentType="text/xml; charset=UTF-8"
    pageEncoding="UTF-8" import="java.util.*,com.wgh.News"%>
<news>
<%
List<News> list=(List<News>)request.getAttribute("list");      //获取保存到 request 对象中新闻信息
int id;                                                        //保存编号的变量
String title="";                                               //保存标题的变量
String content="";                                             //保存内容的变量
String createTime="";                                          //保存日期的变量
Iterator<News> it=list.iterator();
while(it.hasNext()){                                           //循环获取并显示数据
    News news=(News)it.next();                                 //创建 News 对象
    id=news.getId();                                           //获取编号
    title=news.getTitle();                                     //获取标题
    content=news.getContent();                                 //获取内容
    createTime=news.getCreateTime().toLocaleString();          //获取日期
%>
<item>
    <id><%=id%></id>
    <title><%=title%></title>
    <content><%=content%></content>
    <createTime><%=createTime%></createTime>
</item>
<%}%>
</news>
```

（4）在 web.xml 文件中，指定本实例的默认访问页为 Servlet 映射地址 QueryNewsServlet。关键代码如下：

```xml
<welcome-file-list>
  <welcome-file>QueryNewsServlet</welcome-file>
</welcome-file-list>
```

运行本实例将显示如图 9.13 所示的运行结果。

9.6.5 在控制台上显示 XML 文档内容

📹 视频讲解：光盘\TM\Video\9\在控制台上显示 XML 文档内容.exe

例 9.05 应用 dom4j 组件构建 XML 文档，并将构建的文档显示在控制台上。（实例位置：光盘\TM\Instances\9.05）

图 9.13 通过 XML 动态显示数据

（1）创建 Java 项目，并在该项目下创建一个 lib 文件夹，用于放置程序中所用的 dom4j 组件的 dom4j-1.6.1.jar 文件。

（2）在该项目中创建 Main 类，在该类的主方法中创建 XML 文件，并将该文件内容输出在控制台上。关键代码如下：

```java
public static void main(String[] args) {
    Document document = DocumentHelper.createDocument();      //创建 Document 对象
    Element root = DocumentHelper.createElement("Book-info"); //创建根节点
    document.setRootElement(root);
    Element book1 = root.addElement("book");                  //创建图书节点
    book1.addAttribute("名称", "Java Web 开发实战宝典");
```

```
Element book1_price = book1.addElement("价格");          //创建图书节点的子节点
book1_price.setText("79");
Element book1_author = book1.addElement("作者");         //创建图书节点的子节点
book1_author.setText("明日科技");
Element book2 = root.addElement("book");                //创建图书节点
book2.addAttribute("名称", "Java 从入门到精通（第 3 版）");
Element book2_price = book2.addElement("价格");          //创建图书节点的子节点
book2_price.setText("59.8");
Element book2_author = book2.addElement("作者");         //创建图书节点的子节点
book2_author.setText("明日科技");
try {
        OutputFormat format = OutputFormat.createPrettyPrint(); //创建 OutputFormat
        XMLWriter xmlWriter = new XMLWriter(new OutputStreamWriter(System.out),format); //创建 XMLWriter
        xmlWriter.write(document);                      //输出 xml 文档
        xmlWriter.flush();
        xmlWriter.close();
} catch (Exception e) {
        e.printStackTrace();
}
}
```

运行本实例将在控制台显示如图 9.14 所示的运行结果。

图 9.14　在控制台上显示的运行结果

9.7　本　章　小　结

本章首先对 XML 文档结构、语法要求、属性、注释及如何处理字符数据作了简要介绍；然后又对 dom4j 组件进行了简要介绍；接下来又介绍了 dom4j 组件的下载与配置方法；最后详细介绍了如何应用 dom4j 组件创建 XML 文档、解析 XML 文档以及修改 XML 文档。其中，应用 dom4j 组件创建 XML 文档和解析 XML 文档需要读者重点掌握，这部分内容在进行 Ajax 开发时会经常用到。另外，在为网站添加 RSS 订阅功能时，也可以通过 dom4j 组件创建 XML 文档和解析 XML 文档来实现。

9.8　学习成果检验

1．创建显示图书信息的 XML 文档，并显示到浏览器上。（答案位置：光盘\TM\Instances\9.06）
2．为网站创建 RSS 订阅文件。（答案位置：光盘\TM\Instances\9.07）
3．遍历 XML 文档。（答案位置：光盘\TM\Instances\9.08）

第10章

JavaScript 脚本语言

（ 📹 视频讲解：215 分钟）

　　JavaScript 是 Web 页面中一种比较流行的脚本语言，它由客户端浏览器解释执行，可以应用在 JSP、PHP、ASP 等网站中。同时，随着 Ajax 进入 Web 开发的主流市场，JavaScript 已经被推到了舞台的中心，因此，熟练掌握并应用 JavaScript 对于网站开发人员来说非常重要。本章将详细介绍 JavaScript 的基本语法、常用对象及 DOM 技术。

　　通过阅读本章，您可以：

▶▶ 了解什么是 JavaScript 以及 JavaScript 的主要特点

▶▶ 了解 JavaScript 与 Java 的区别

▶▶ 掌握在 Web 页面中使用 JavaScript 的两种方法

▶▶ 掌握 JavaScript 语言基础

▶▶ 掌握 JavaScript 的流程控制语句

▶▶ 掌握正则表达式的使用方法

▶▶ 掌握 JavaScript 中函数的应用

▶▶ 掌握 JavaScript 的 String、Math、Date 和 Window 对象的应用

▶▶ 掌握 DOM 技术

10.1　了解 JavaScript

10.1.1　什么是 JavaScript

JavaScript 是一种基于对象和事件驱动并具有安全性能的解释型脚本语言，在 Web 应用中得到了非常广泛的应用。它不需要进行编译，而是直接嵌入在 HTTP 页面中，把静态页面转变成支持用户交互并响应应用事件的动态页面。在 Java Web 程序中，经常应用 JavaScript 进行数据验证、控制浏览器以及生成时钟、日历和时间戳文档等。

10.1.2　JavaScript 的主要特点

JavaScript 适用于静态或动态网页，是一种被广泛使用的客户端脚本语言。它具有解释性、基于对象、事件驱动、安全性和跨平台等特点，下面进行详细介绍。

- ☑ 解释性：JavaScript 是一种脚本语言，采用小程序段的方式实现编程。与其他脚本语言一样，JavaScript 也是一种解释性语言，它提供了一个简易的开发过程。
- ☑ 基于对象：JavaScript 是一种基于对象的语言。它可以应用自己已经创建的对象，因此许多功能来自于脚本环境中对象的方法与脚本的相互作用。
- ☑ 事件驱动：JavaScript 可以以事件驱动的方式直接对客户端的输入作出响应，无须经过服务器端程序。

> **说明**　事件驱动就是用户进行某种操作（如按下鼠标、选择菜单等），计算机随之作出相应的响应。这里的某种操作称之为事件，而计算机作出的响应称之为事件响应。

- ☑ 安全性：JavaScript 具有安全性。它不允许访问本地硬盘，不能将数据写入到服务器上，并且不允许对网络文档进行修改和删除，只能通过浏览器实现信息浏览或动态交互，从而有效地防止数据的丢失。
- ☑ 跨平台：JavaScript 依赖于浏览器本身，与操作系统无关，只要浏览器支持 JavaScript，JavaScript 的程序代码就可以正确执行。

10.1.3　JavaScript 与 Java 的区别

虽然 JavaScript 与 Java 的名字中都有 Java，但是它们之间除了语法上有一些相似之处外，两者毫不相干。JavaScript 与 Java 的区别主要表现在以下几个方面。

- ☑ 基于对象和面向对象：JavaScript 是一种基于对象和事件驱动的脚本语言，它本身提供了非常丰富的内部对象供设计人员使用；而 Java 是一种真正的面向对象的语言，即使是开发简单的程序，也必须设计对象。
- ☑ 解释和编译：JavaScript 是一种解释性编程语言，其源代码在发往客户端执行之前不需经过编译，而是将文本格式的字符代码发送给客户端由浏览器解释执行；而 Java 的源代码在传递到客户端执行之前，必须经过编译才可以执行。
- ☑ 弱变量和强变量：JavaScript 采用弱变量，即变量在使用前无须声明，解释器在运行时将检查其数据类型；而 Java 则使用强类型变量检查，即所有变量在编译之前必须声明。

10.2 在 Web 页面中使用 JavaScript

视频讲解：光盘\TM\Video\10\在 Web 页面中使用 JavaScript.exe

通常情况下，在 Web 页面中使用 JavaScript 有以下两种方法，一种是在页面中直接嵌入 JavaScript，另一种是链接外部 JavaScript。下面分别介绍。

10.2.1 在页面中直接嵌入 JavaScript

在 Web 页面中，可以使用<script>...</script>标记对封装脚本代码，当浏览器读取到<script>标记时，将解释执行其中的脚本。

在使用<script>标记时，还需要通过其 language 属性指定使用的脚本语言。例如，在<script>中指定使用 JavaScript 脚本语言的代码如下：

```
<script language="javascript">...</script>
```

例 10.01　在页面中直接嵌入 JavaScript 代码，实现弹出欢迎访问网站的对话框。（**实例位置：光盘\TM\Instances\10.01**）

在需要弹出欢迎对话框的页面的<head>...</head>标记中间插入以下 JavaScript 代码，用于实现在用户访问网页时，弹出提示系统时间及欢迎信息的对话框。

```
<script language="javascript">
    var now=new Date();                                    //获取 Date 对象的一个实例
    var hour=now.getHours();                               //获取小时数
    var minu=now.getMinutes();                             //获取分钟数
    alert("您好！现在是"+hour+":"+minu+"\r 欢迎访问我公司网站！");    //弹出提示对话框
</script>
```

说明

<script>标记可以放在 Web 页面的<head></head>标记中，也可以放在<body></body>标记中，其中最常用的是放在<head></head>标记中。

运行程序，将显示如图 10.1 所示的欢迎对话框。

10.2.2 链接外部 JavaScript

在 Web 页面中引入 JavaScript 的另一种方法是采用链接外部 JavaScript 文件的形式。如果脚本代码比较复杂或是同一段代码可以被多个页面所使用，则可以将这些脚本代码放置在一个单独的文件中（该文件的扩展名为.js），然后在需要使用该代码的 Web 页面中链接该 JavaScript 文件即可。

在 Web 页面中链接外部 JavaScript 文件的语法格式如下：

```
<script language="javascript" src="javascript.js"></script>
```

图 10.1　弹出的欢迎对话框

说明

在外部 JS 文件中，不需要将脚本代码用<script>和</script>标记括起来。

例 10.02　调用外部链接文件中的自定义函数显示系统日期。（**实例位置：光盘\TM\Instances\10.02**）

（1）编写外部的 JavaScript 文件，名称为 function.js。在该文件中编写一个自定义的 JavaScript 函数 getClock()，在该函数中获取系统日期，并显示到指定位置。function.js 文件的完整代码如下：

```javascript
function getClock(clock){
    var now=new Date();                                //获取日期对象
    var year=now.getYear();                            //获取年
    var month=now.getMonth();                          //获取月
    var date=now.getDate();                            //获取日
    var day=now.getDay();                              //获取星期
    month=month+1;
    var arr_week=new Array("星期日","星期一","星期二","星期三","星期四","星期五","星期六");
    var week=arr_week[day];                            //获取中文星期
    var time=year+"年"+month+"月"+date+"日 "+week;      //组合系统日期
    clock.innerHTML="系统公告："+time                  //显示系统日期
}
```

（2）在需要显示系统日期的页面中，链接外部 JavaScript 文件 function.js。关键代码如下：

```html
<script language="javascript" src="function.js"></script>
```

（3）在要显示系统日期的页面的<body>标记的 onLoad 事件中，调用刚刚编写的 getClock()函数，并在页面的合适位置加入 id 为 clock 的<div>标记。关键代码如下：

```html
<body onLoad="getClock(clock)">
<div id="clock"></div>
```

运行程序，在页面中将显示如图 10.2 所示的系统日期。

> 系统公告：2012年11月12日 星期一

图 10.2　运行结果

10.3　JavaScript 语言基础

视频讲解：光盘\TM\Video\10\JavaScript 语言基础.exe

10.3.1　JavaScript 的语法

JavaScript 与 Java 在语法上有些相似，但也不尽相同。下面将结合 Java 语言对编写 JavaScript 代码时需要注意的事项进行详细介绍。

1．JavaScript 区分大小写

JavaScript 区分大小写，这一点与 Java 语言是相同的。例如，变量 username 与变量 userName 是两个不同的变量。

2．每行结尾的分号可有可无

与 Java 语言不同，JavaScript 并不要求必须以分号（;）作为语句的结束标记。如果语句的结束处没有分号，JavaScript 会自动将该行代码的结尾作为语句的结尾。

例如，下面的两行代码都是正确的。

```javascript
alert("您好！欢迎访问我公司网站！")
alert("您好！欢迎访问我公司网站！");
```

 说明　最好的代码编写习惯是在每行代码的结尾处加上分号，这样可以保证每行代码的准确性。

3．变量是弱类型的

与 Java 语言不同，JavaScript 的变量是弱类型的。因此在定义变量时，只使用 var 运算符就可以将变量初始化为任意值。例如，通过以下代码可以将变量 username 初始化为 mrsoft，而将变量 age 初始化为 20。

```
var username="mrsoft";                    //将变量 username 初始化为 mrsoft
var age=20;                               //将变量 age 初始化为 20
```

4．使用大括号标记代码块

与 Java 语言相同，JavaScript 也是使用一对大括号标记代码块，被封装在大括号内的语句将按顺序执行。

5．注释

在 JavaScript 中提供了两种注释，即单行注释和多行注释，下面详细介绍。

单行注释使用双斜线"//"开头，在"//"后面的文字为注释内容，在代码执行过程中不起任何作用。例如，在下面的代码中，"获取日期对象"为注释内容，在代码执行时不起任何作用。

```
var now=new Date();                       //获取日期对象
```

多行注释以"/*"开头，以"*/"结尾，在"/*"和"*/"之间的内容为注释内容，在代码执行过程中不起任何作用。

例如，在下面的代码中，"功能……"、"参数……"、"时间……"和"作者……"等为注释内容，在代码执行时不起任何作用。

```
/*
 * 功能：获取系统日期函数
 * 参数：指定获取的系统日期显示的位置
 * 时间：2009-05-09
 * 作者：wgh
 */
function getClock(clock){
    …                                     //此处省略了获取系统日期的代码
    clock.innerHTML="系统公告："+time      //显示系统日期
}
```

10.3.2　JavaScript 中的关键字

JavaScript 中的关键字是指在 JavaScript 中具有特定含义的、可以成为 JavaScript 语法中一部分的字符。与其他编程语言一样，JavaScript 中也有许多关键字。JavaScript 中的关键字如表 10.1 所示。

表 10.1　JavaScript 中的关键字

abstract	continue	finally	instanceof	private	this
boolean	default	float	int	public	throw
break	do	for	interface	return	typeof
byte	double	function	long	short	true
case	else	goto	native	static	var
catch	extends	implements	new	super	void
char	false	import	null	switch	while
class	final	in	package	synchronized	with

注意　JavaScript 中的关键字不能用作变量名、函数名以及循环标签。

10.3.3 了解 JavaScript 的数据类型

JavaScript 的数据类型比较简单，主要有数值型、字符型、布尔型、转义字符、空值（null）和未定义值 6 种，下面分别介绍。

1．数值型

JavaScript 的数值型数据又可以分为整型和浮点型两种，下面分别进行介绍。

☑ 整型：JavaScript 的整型数据可以是正整数、负整数和 0，并且可以采用十进制、八进制或十六进制来表示。例如：

```
729                 //表示十进制的 729
071                 //表示八进制的 71
0x9405B             //表示十六进制的 9405B
```

 说明　以 0 开头的数为八进制数；以 0x 开头的数为十六进制数。

☑ 浮点型：浮点型数据由整数部分加小数部分组成，只能采用十进制，但是可以使用科学计数法或是标准方法来表示。例如：

```
3.1415926           //采用标准方法表示
1.6E5               //采用科学计数法表示，代表 1.6*10⁵
```

采用科学计数法表示，代表 $1.6*10^5$

2．字符型

字符型数据是使用单引号或双引号括起来的一个或多个字符。

☑ 单引号括起来的一个或多个字符，代码如下：

```
'a'
'保护环境从自我作起'
```

☑ 双引号括起来的一个或多个字符，代码如下：

```
"b"
"系统公告："
```

 说明　JavaScript 与 Java 不同，它没有 char 数据类型，要表示单个字符，必须使用长度为 1 的字符串。

单引号定界的字符串中可以含有双引号，代码如下：
```
'<td width="25%" align="center" bgcolor="#F0F0F0">注册时间</td>'
```
双引号定界的字符串中可以含有单引号，代码如下：
```
"<td bgcolor='#FFFFFF'>"
```

3．布尔型

布尔型数据只有两个值，即 true 或 false，主要用来说明或代表一种状态或标志。在 JavaScript 中，也可以使用整数 0 表示 false，使用非 0 的整数表示 true。

4．转义字符

以反斜杠开头的不可显示的特殊字符通常称为控制字符，也被称为转义字符。通过转义字符可以在字符串中添加不可显示的特殊字符，或者防止引号匹配混乱的问题。JavaScript 常用的转义字符如表 10.2 所示。

表 10.2   JavaScript 常用的转义字符

转 义 字 符	描　　述	转 义 字 符	描　　述
\b	退格	\n	换行
\f	换页	\t	Tab 符
\r	回车符	\'	单引号
\"	双引号	\\	反斜杠
\xnn	十六进制代码 nn 表示的字符	\unnnn	十六进制代码 nnnn 表示的 Unicode 字符
\0nnn	八进制代码 nnn 表示的字符		

例如，在网页中弹出一个提示对话框，并应用转义字符"\r"将文字分为两行显示的代码如下：

```
var hour=13;
var minu=10;
alert("您好！现在是"+hour+":"+minu+"\r 欢迎访问我公司网站！");
```

上面代码的执行结果如图 10.3 所示。

  在 "document.writeln();" 语句中使用转义字符时，只有将其放在格式化文本块中才会起作用，所以输出的带转义字符的内容必须在<pre>和</pre>标记内。

图 10.3　弹出提示对话框

5. 空值

JavaScript 中有一个空值（null），用于定义空的或不存在的引用。如果试图引用一个没有定义的变量，则返回一个 null 值。

注意　空值不等于空的字符串（""）或 0。

6. 未定义值

当使用了一个并未声明的变量，或者使用了一个已经声明但没有赋值的变量时，将返回未定义值（undefined）。

说明　JavaScript 中还有一种特殊类型的数字常量 NaN，即"非数字"。当在程序中由于某种原因发生计算错误后，将产生一个没有意义的数字，此时 JavaScript 返回的数字值就是 NaN。

10.3.4　变量的定义及使用

变量是指程序中一个已经命名的存储单元，其主要作用就是为数据操作提供存放信息的容器。在使用变量前，必须明确变量的命名规则、变量的声明方法以及变量的作用域。

1. 变量的命名规则

JavaScript 变量的命名规则如下：

- ☑　变量名由字母、数字或下划线组成，但必须以字母或下划线开头。
- ☑　变量名中不能有空格、加号、减号或逗号等符号。

☑ 不能使用 JavaScript 中的关键字（见表 10.1）。

☑ JavaScript 的变量名是严格区分大小写的。例如，arr_week 与 arr_Week 代表两个不同的变量。

说明　虽然 JavaScript 的变量可以任意命名，但是在实际编程时，最好使用便于记忆、且有意义的变量名，以便增加程序的可读性。

2．变量的声明

在 JavaScript 中，可以使用关键字 var 声明变量，其语法格式如下：

```
var variable;
```

variable：用于指定变量名，该变量名必须遵守变量的命名规则。

在声明变量时需要遵守以下规则：

☑ 可以使用一个关键字 var 同时声明多个变量。例如：

```
var now,year,month,date;
```

☑ 可以在声明变量的同时对其进行赋值，即初始化。例如：

```
var now="2009-05-12",year="2009", month="5",date="12";
```

☑ 如果只是声明了变量，但未对其赋值，则其默认值为 undefined。

☑ 当给一个尚未声明的变量赋值时，JavaScript 会自动用该变量名创建一个全局变量。在一个函数内部，通常创建的只是一个仅在函数内部起作用的局部变量，而不是一个全局变量。要创建一个全局变量，则必须使用 var 关键字进行变量声明。

☑ 由于 JavaScript 采用弱类型，所以在声明变量时不需要指定变量的类型，而变量的类型将根据变量的值来确定。例如声明以下变量：

```
var number=10                                       //数值型
var info="欢迎访问我公司网站！\rhttp://www.mingribook.com";  //字符型
var flag=true                                       //布尔型
```

3．变量的作用域

变量的作用域是指变量在程序中的有效范围。在 JavaScript 中，根据变量的作用域可以将变量分为全局变量和局部变量两种。全局变量是定义在所有函数之外，作用于整个脚本代码的变量；局部变量是定义在函数体内，只作用于函数体内的变量。例如，下面的代码将说明变量的有效范围。

```
<script language="javascript">
    var company="明日科技";                //该变量在函数外声明，作用于整个脚本代码
    function send(){
        var url="www.mingribook.com";      //该变量在函数内声明，只作用于该函数体
        alert(company+url);
    }
</script>
```

10.3.5　运算符的应用

运算符是用来完成计算或者比较数据等一系列操作的符号。常用的 JavaScript 运算符按类型可分为赋值运算符、算术运算符、比较运算符、逻辑运算符、条件运算符和字符串运算符等 6 种。

1．赋值运算符

JavaScript 中的赋值运算可以分为简单赋值运算和复合赋值运算。简单赋值运算是将赋值运算符（=）右边表达式的值保存到左边的变量中；而复合赋值运算混合了其他操作（算术运算操作、位操作等）和赋值

操作。例如：

```
sum+=i;              //等同于 sum=sum+i;
```

JavaScript 中的赋值运算符如表 10.3 所示。

表 10.3　JavaScript 中的赋值运算符

运　算　符	描　述	示　例
=	将右边表达式的值赋给左边的变量	userName="mr"
+=	将运算符左边的变量加上右边表达式的值赋给左边的变量	a+=b　//相当于 a=a+b
-=	将运算符左边的变量减去右边表达式的值赋给左边的变量	a-=b　//相当于 a=a-b
*=	将运算符左边的变量乘以右边表达式的值赋给左边的变量	a*=b　//相当于 a=a*b
/=	将运算符左边的变量除以右边表达式的值赋给左边的变量	a/=b　//相当于 a=a/b
%=	将运算符左边的变量用右边表达式的值求模，并将结果赋给左边的变量	a%=b　//相当于 a=a%b
&=	将运算符左边的变量与右边表达式的值进行逻辑与运算，并将结果赋给左边的变量	a&=b　//相当于 a=a&b
|=	将运算符左边的变量与右边表达式的值进行逻辑或运算，并将结果赋给左边的变量	a|=b　//相当于 a=a|b
^=	将运算符左边的变量与右边表达式的值进行异或运算，并将结果赋给左边的变量	a^=b　//相当于 a=a^b

2. 算术运算符

算术运算符用于在程序中进行加、减、乘、除等运算。JavaScript 中常用的算术运算符如表 10.4 所示。

表 10.4　JavaScript 中的算术运算符

运　算　符	描　述	示　例
+	加运算符	4+6　//返回值为 10
-	减运算符	7-2　//返回值为 5
*	乘运算符	7*3　//返回值为 21
/	除运算符	12/3　//返回值为 4
%	求模运算符	7%4　//返回值为 3

++	自增运算符。该运算符有两种情况：i++（在使用 i 之后，使 i 的值加 1）；++i（在使用 i 之前，先使 i 的值加 1）	i=1;j=i++ //j 的值为 1，i 的值为 2
		i=1;j=++i //j 的值为 2，i 的值为 2

--	自减运算符。该运算符有两种情况：i--（在使用 i 之后，使 i 的值减 1）；--i（在使用 i 之前，先使 i 的值减 1）	i=6;j=i-- //j 的值为 6，i 的值为 5
		i=6;j=--i //j 的值为 5，i 的值为 5

 注意　　执行除法运算时，0 不能作除数。如果 0 作除数，返回结果则为 Infinity。

例 10.03　编写 JavaScript 代码，应用算术运算符计算商品金额。（实例位置：光盘\TM\Instances \10.03）

```
<script language="javascript">
    var price=992;           //定义商品单价
    var number=10;           //定义商品数量
    var sum=price*number;    //计算商品金额
    alert(sum);              //显示商品金额
</script>
```

实例运行结果如图 10.4 所示。

图 10.4　显示商品金额

3．比较运算符

比较运算符的基本操作过程是：首先对操作数进行比较，这个操作数可以是数字也可以是字符串，然后返回一个布尔值 true 或 false。JavaScript 中常用的比较运算符如表 10.5 所示。

表 10.5　JavaScript 中的比较运算符

运　算　符	描　　述	示　　例
<	小于	1<6　　//返回值为 true
>	大于	7>10　　//返回值为 false
<=	小于等于	10<=10　　//返回值为 true
>=	大于等于	3>=6　　//返回值为 false
==	等于。只根据表面值进行判断，不涉及数据类型	"17"==17　　//返回值为 true
===	绝对等于。根据表面值和数据类型同时进行判断	"17"===17　　//返回值为 false
!=	不等于。只根据表面值进行判断，不涉及数据类型	"17"!=17　　//返回值为 false
!==	不绝对等于。根据表面值和数据类型同时进行判断	"17"!==17　　//返回值为 true

4．逻辑运算符

逻辑运算符通常和比较运算符一起使用，用来表示复杂的比较运算，常用于 if、while 和 for 语句中，其返回结果为一个布尔值。JavaScript 中常用的逻辑运算符如表 10.6 所示。

表 10.6　JavaScript 中的逻辑运算符

运　算　符	描　　述	示　　例
!	逻辑非。否定条件，即!假＝真，!真＝假	!true　　//返回值为 false
&&	逻辑与。只有当两个操作数的值都为 true 时，值才为 true	true && flase　　//返回值为 false
||	逻辑或。只要两个操作数其中之一为 true，值就为 true	true || false　　//返回值为 true

5．条件运算符

条件运算符是 JavaScript 支持的一种特殊的三目运算符，其语法格式如下：

`操作数?结果 1:结果 2`

如果操作数的值为 true，则整个表达式的结果为"结果 1"，否则为"结果 2"。

例如，应用条件运算符计算两个数中的最大数，并赋值给另一个变量。代码如下：

```
var a=26;
var b=30;
var m=a>b?a:b              //m 的值为 30
```

6．字符串运算符

字符串运算符是用于两个字符型数据之间的运算符，除了比较运算符外，还可以是+和+=运算符。其中，+运算符用于连接两个字符串，而+=运算符则连接两个字符串，并将结果赋给第一个字符串。

例如，在网页中弹出一个提示对话框，显示进行字符串运算后变量 a 的值。代码如下：

```
var a="One "+"world ";        //将两个字符串连接后的值赋值给变量 a
a+="One Dream"                //连接两个字符串，并将结果赋给第一个字符串
alert(a);
```

上述代码的执行结果如图 10.5 所示。

图 10.5　弹出提示对话框

10.4　流程控制语句

视频讲解：光盘\TM\Video\10\流程控制语句.exe

流程控制语句对于任何一门编程语言都是至关重要的，JavaScript 也不例外。在 JavaScript 中提供了 if 条件判断语句、switch 多路分支语句、for 循环语句、while 循环语句、do…while 循环语句、break 语句和 continue 语句等 7 种流程控制语句。

10.4.1　if 条件判断语句

if 条件判断语句是最基本、最常用的流程控制语句，可以根据条件表达式的值执行相应的处理。if 语句的语法格式如下：

```
if(expression){
    statement 1
}else{
    statement 2
}
```

- ☑　expression：必选参数，用于指定条件表达式，可以使用逻辑运算符。
- ☑　statement 1：用于指定要执行的语句序列。当 expression 的值为 true 时，执行该语句序列。
- ☑　statement 2：用于指定要执行的语句序列。当 expression 的值为 false 时，执行该语句序列。

if…else 条件判断语句的执行流程如图 10.6 所示。

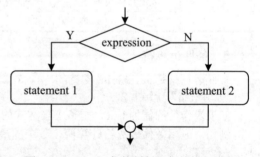

图 10.6　if…else 条件判断语句的执行流程

> **说明**　上述 if 语句是典型的二路分支结构。其中 else 部分可以省略，而且 statement1 为单一语句时，其两边的大括号也可以省略。

例如，下面的 3 段代码的执行结果是一样的，都可以计算 2 月份的天数。

代码段 1
```
//计算 2 月份的天数
var year=2009;
var month=0;
if((year%4==0 && year%100!=0)||year%400==0){    //判断指定年是否为闰年
    month=29;
}else{
    month=28;
}
//计算 2 月份的天数
```

```
              var year=2009;
              var month=0;
              if((year%4==0 && year%100!=0)||year%400==0)    //判断指定年是否为闰年
代                 month=29;
码            else{
段                 month=28;
2             }
          //计算 2 月份的天数
              var year=2009;
              var month=0;
代            if((year%4==0 && year%100!=0)||year%400==0)    //判断指定年是否为闰年
码                 month=29;
段            }else month=28;
3
```

if 语句是一种使用很灵活的语句，除了可以使用 if...else 语句的形式，还可以使用 if...else if 语句的形式。
if...else if 语句的语法格式如下：

```
if (expression 1){
    statement 1
}else if(expression 2){
    statement 2
}
...
else if(expression n){
    statement n
}else{
    statement n+1
}
```

if...else if 语句的执行流程如图 10.7 所示。

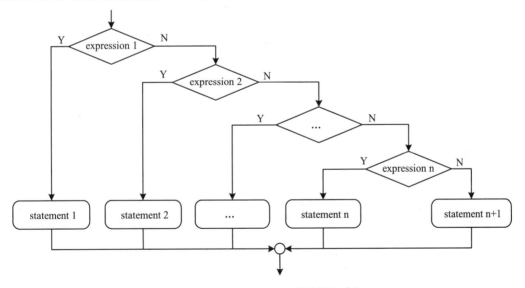

图 10.7　if...else if 语句的执行流程

例 10.04　应用 if 语句验证用户登录信息。（实例位置：光盘\TM\Instances\10.04）
（1）在页面中添加用户登录表单及表单元素。关键代码如下：

```
<form name="form1" method="post" action="">
    用户名：<input name="user" type="text" id="user">
    密码：<input name="pwd" type="text" id="pwd">
```

```
        <input name="Button" type="button" class="btn_grey" value="登录">
        <input name="Submit2" type="reset" class="btn_grey" value="重置">
</form>
```

（2）编写自定义的 JavaScript 函数 check()，用于通过 if 语句验证登录信息是否为空。check()函数的具体代码如下：

```
<script language="javascript">
    function check(){
        if(form1.user.value==""){                        //判断用户名是否为空
            alert("请输入用户名！");form1.user.focus();return;
        }else if(form1.pwd.value==""){                    //判断密码是否为空
            alert("请输入密码！");form1.pwd.focus();return;
        }else{
            form1.submit();                               //提交表单
        }
    }
</script>
```

（3）在"登录"按钮的 onClick 事件中调用 check()函数。关键代码如下：

```
<input name="Button" type="button" class="btn_grey" value="登录" onClick="check()">
```

运行程序，单击"登录"按钮，将显示如图 10.8 所示的提示对话框。

说明 与 Java 语言一样，JavaScript 的 if 语句也可以嵌套使用。由于 JavaScript 的 if 语句的嵌套与 Java 语言的基本相同，在此不再赘述。

图 10.8 运行结果

10.4.2 switch 多路分支语句

switch 是典型的多路分支语句，其作用与嵌套使用 if 语句基本相同，但 switch 语句比 if 语句更具有可读性，而且 switch 语句允许在找不到一个匹配条件的情况下执行默认的一组语句。switch 语句的语法格式如下：

```
switch (expression){
    case judgement 1:
        statement 1;
        break;
    case judgement 2:
        statement 2;
        break;
...
    case judgement n:
        statement n;
        break;
    default:
        statement n+1;
        break;
}
```

☑ expression：任意的表达式或变量。

☑ judgement：任意的常数表达式。当 expression 的值与某个 judgement 的值相等时，就执行此 case 后的 statement 语句；如果 expression 的值与所有的 judgement 的值都不相等，则执行 default 后面的 statement 语句。

☑ break：用于结束 switch 语句，从而使 JavaScript 只执行匹配的分支。如果没有了 break 语句，则该

switch 语句的所有分支都将被执行，switch 语句也就失去了使用的意义。

switch 语句的执行流程如图 10.9 所示。

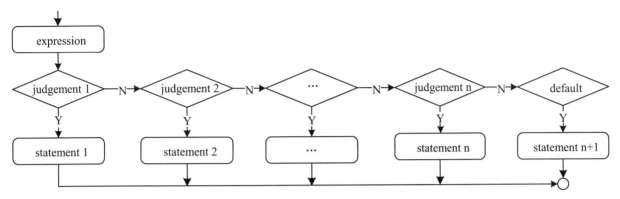

图 10.9 switch 语句的执行流程

例 10.05 应用 switch 语句输出今天是星期几。（**实例位置：光盘\TM\Instances\10.05**）

```javascript
<script language="javascript">
var now=new Date();              //获取系统日期
var day=now.getDay();            //获取星期
var week;
switch (day){
    case 1:
        week="星期一";
          break;
    case 2:
        week="星期二";
          break;
    case 3:
        week="星期三";
          break;
    case 4:
        week="星期四";
          break;
    case 5:
        week="星期五";
          break;
    case 6:
        week="星期六";
          break;
    default:
        week="星期日";
        break;
}
document.write("今天是"+week);   //输出中文的星期
</script>
```

实例运行结果如图 10.10 所示。

今天是星期二

图 10.10 实例运行结果

211

技巧 在程序开发的过程中，是使用 if 语句还是使用 switch 语句可以根据实际情况而定，尽量做到物尽其用，不要因为 switch 语句的效率高就一味地使用，也不要因为 if 语句常用就不应用 switch 语句。要根据实际情况，具体问题具体分析，使用最适合的条件语句。一般情况下对于判断条件较少的可以使用 if 条件语句，但是在实现一些多条件的判断中，就应该使用 switch 语句。

10.4.3 for 循环语句

for 循环语句也称为计次循环语句，一般用于循环次数已知的情况，在 JavaScript 中应用比较广泛。for 循环语句的语法格式如下：

```
for(initialize;test;increment){
    statement
}
```

- ☑ initialize：初始化语句，用来对循环变量进行初始化赋值。
- ☑ test：循环条件，一个包含比较运算符的表达式，用来限定循环变量的边限。如果循环变量超过了该边限，则停止该循环语句的执行。
- ☑ increment：用来指定循环变量的步幅。
- ☑ statement：用来指定循环体，在循环条件的结果为 true 时，重复执行。

说明 for 循环语句的执行过程是：先执行初始化语句，然后判断循环条件，如果循环条件的结果为 true，则执行一次循环体，否则直接退出循环，最后执行迭代语句，改变循环变量的值，至此完成一次循环；接下来将进行下一次循环，直到循环条件的结果为 false，才结束循环。

for 循环语句的执行流程如图 10.11 所示。

说明 在 for 语句中可以使用 break 语句来中止循环语句的执行，关于 break 语句的用法参见 10.4.6 节。

为了使读者更好地理解 for 语句，下面以一个具体实例来介绍 for 语句的应用。
例 10.06 计算 100 以内所有奇数的和。（实例位置：光盘**TM\Instances\10.06**）

```
<script language="javascript">
var sum=0;
for(i=1;i<100;i+=2){
    sum=sum+i;           for 循环语句
}
alert("100 以内所有奇数的和为："+sum);        //输出计算结果
</script>
```

实例运行结果如图 10.12 所示。

说明 在使用 for 语句时，一定要保证循环可以正常结束，也就是必须保证循环条件的结果存在为 true 的情况，否则循环体将无休止地执行下去，从而形成死循环。例如，下面的循环语句就会造成死循环，原因是 i 永远大于等于 1。

```
for(i=1;i>=1;i++){
    alert(i);
}
```

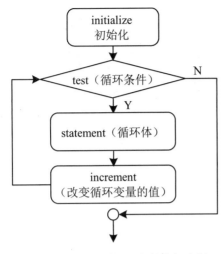

图 10.11　for 循环语句的执行流程

图 10.12　运行结果

10.4.4　while 循环语句

while 循环语句也称为前测试循环语句，它是利用一个条件来控制是否要继续重复执行这个语句。while 循环语句与 for 循环语句相比，无论是语法还是执行的流程，都较为简明易懂。while 循环语句的语法格式如下：

```
while(expression){
    statement
}
```

☑　expression：一个包含比较运算符的条件表达式，用来指定循环条件。

☑　statement：用来指定循环体，在循环条件的结果为 true 时，重复执行。

说明　while 循环语句之所以命名为前测试循环，是因为它要先判断此循环的条件是否成立，然后才进行重复执行的操作。也就是说，while 循环语句执行的过程是先判断条件表达式，如果条件表达式的值为 true，则执行循环体，并且在循环体执行完毕后，进入下一次循环，否则退出循环。

while 循环语句的执行流程如图 10.13 所示。

注意　在使用 while 语句时，也一定要保证循环可以正常结束，即必须保证条件表达式的值存在为 true 的情况，否则将形成死循环。例如，下面的循环语句就会造成死循环，原因是 i 永远都小于 100。

```
var i=1;
while(i<=100){
    alert(i);        //输出 i 的值
}
```

while 循环语句经常用于循环执行的次数不确定的情况下。

例 10.07　列举出累加和不大于 10 的所有自然数。（实例位置：光盘\TM\Instances\10.07）

```
<script language="javascript">
    var i=1;                          //由于是计算自然数，所以 i 的初始值设置为 1
    var sum=i;
```

```
        var result="";
        document.write("累加和不大于 10 的所有自然数为：<br>");
        while(sum<10){
            sum=sum+i;                      //累加 i 的值
            document.write(i+'<br>');        //输出符合条件的自然数
            i++;                            //该语句一定不要少
        }
</script>
```

实例运行结果如图 10.14 所示。

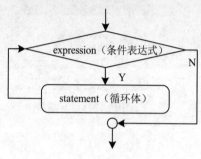

图 10.13 while 循环语句的执行流程

图 10.14 运行结果

10.4.5 do...while 循环语句

do...while 循环语句也称为后测试循环语句，它也是利用一个条件来控制是否要继续重复执行这个语句。与 while 循环所不同的是，它先执行一次循环语句，然后再去判断是否继续执行。do...while 循环语句的语法格式如下：

```
do{
    statement
} while(expression);
```

☑ statement：用来指定循环体，循环开始时首先被执行一次，然后在循环条件的结果为 true 时，重复执行。

☑ expression：一个包含比较运算符的条件表达式，用来指定循环条件。

说明

do...while 循环语句的执行过程是：先执行一次循环体，然后再判断条件表达式，如果条件表达式的值为 true，则继续执行，否则退出循环。也就是说，do...while 循环语句中的循环体至少被执行一次。

do...while 循环语句的执行流程如图 10.15 所示。

do...while 循环语句与 while 循环语句类似，也常用于循环执行的次数不确定的情况下。

例 10.08 列举出累加和不大于 10 的所有自然数。（实例位置：光盘\TM\Instances\10.08）

```
<script language="javascript">
    var i=1;                            //由于是计算自然数，所以 i 的初始值设置为 1
    var sum=i;
    document.write("累加和不大于 10 的所有自然数为：<br>");
    while(sum<10){
        sum=sum+i;                      //累加 i 的值
        document.write(i+'<br>');        //输出符合条件的自然数
```

```
        i++;                          //该语句一定不要少
    }
</script>
```

实例运行结果如图 10.16 所示。

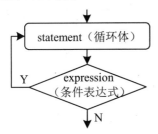

图 10.15　do...while 循环语句的执行流程　　　　图 10.16　运行结果

 说明　　细心的读者可能会发现例 10.07 和例 10.08 的运行结果是一样的，但如果 i 初始值为 10，这两个实例的运行结果就不同了。其中，例 10.07 的运行结果如图 10.17 所示，而例 10.08 的运行结果则如图 10.18 所示。

图 10.17　例 10.07 的运行结果 　　　　　　图 10.18　例 10.08 的运行结果

10.4.6　break 语句

break 语句用于退出包含在最内层的循环或者退出一个 switch 语句。break 语句的语法格式如下：
```
break;
```

 说明　　break 语句通常用在 for、while、do...while 或 switch 语句中。

例如，在 for 语句中通过 break 语句中断循环的代码如下：
```
var sum=0;
for ( i=0;i<100;i++ ) {
    sum+=i;
    if   (sum>10) break;          //如果 sum>10 就会立即跳出循环
}
document.write("0 至"+i+"（包括"+i+"）之间自然数的累加和为："+sum);
```
运行结果为："0 至 5（包括 5）之间自然数的累加和为：15"。

10.4.7　continue 语句

continue 语句与 break 语句类似，所不同的是，continue 语句用于中止本次循环，并开始下一次循环。其语法格式如下：
```
continue;
```

 说明　　continue 语句只能应用在 while、for、do...while 和 switch 语句中。

215

例如，在 for 语句中通过 continue 语句计算金额大于等于 1000 的数据的和的代码如下：

```
var total=0;
var sum=new Array(1000,1200,100,600,736,1107,1205);        //声明一个一维数组
for ( i=0;i<sum.length;i++ ) {
    if   (sum[i]<1000) continue;                           //不计算金额小于 1000 的数据
    total+=sum[i];
}
        document.write("累加和为："+total);                //输出计算结果
```

运行结果为："累加和为：4512"。

说明 当使用 continue 语句中止本次循环后，如果循环条件的结果为 false，则退出循环，否则继续下一次循环。

10.5 使用正则表达式

视频讲解：光盘\TM\Video\10\使用正则表达式.exe

正则表达式是一个描述字符模式的对象。在网络编程中，正则表达式的应用相当广泛，使用正则表达式可以检查一个字符串中是否含有指定的子字符串、替换匹配的子字符串为指定的内容或者从某个字符串中取出符合条件的子字符串等。JavaScript 脚本语言支持对正则表达式的使用，从而使复杂的工作变得简单化。下面将对如何在 JavaScript 中使用正则表达式进行详细介绍。

10.5.1 正则表达式的语法

一个正则表达式就是由普通字符（如字符 a～z）以及特殊字符（称为元字符）组成的模式字符串，用于描述在查找文字主体时待匹配的一个或多个字符串。正则表达式作为一个模板，将某个字符模式与所搜索的字符串进行匹配。正则表达式的语法主要是对各个元字符功能的描述。下面将对正则表达式中的字符类、量词、指定匹配位置、选择匹配符和分组进行详细介绍。

1. 字符类

字符类是指用于匹配的字符的组合。通过将一些字符放入方括号"[]"中，实现一个字符类和它所包含的任何字符都匹配。例如，正则表达式[abcd]和字母 a、b、c、d 任何一个都匹配。另外，一个字符类也可以用于匹配不包含在方括号内的任何字符。例如，正则表达式[^abcd]用于匹配任何一个非字母 a、b、c、d 的字符。

在正则表达式中，还包括一些具有特殊意义的字符类，它们描述了正则表达式的常用模式。正则表达式的字符类如表 10.7 所示。

表 10.7 正则表达式的字符类

字　符　类	说　　明	示　　例
[……]	匹配方括号中字符序列中的任意一个字符。其中，可以使用连字符"-"匹配指定范围内的任意字符	/[012]/可以与 0A1B2C 中的字符 0、1 或 2 匹配 /[0-5]/可以与 a0e1w2g3h4k5 中的 0～5 之间的任意数字字符匹配

字 符 类	说　明	示　例
[^…]	匹配方括号内字符序列中未包含的任意字符。其中，可以使用连字符"-"匹配不在指定范围内的任意字符	/[^012]/可以与 0A1B2C 中除 0、1 或 2 三个字符之外的任意字符匹配，这里可以与字符 A、B 或 C 匹配 /[^a-z]/可以与 aB123hwZ 中不在 a～z 之间的任意字符匹配
.	除了换行和回车之外的任意字符，相当于[^\n\r]	
\d	匹配任意一个数字字符，相当于[0-9]	/\d/可以与 w7gh 中的字符 7 匹配
\D	匹配非数字字符，相当于[^0-9]	/\D/可以与 w7gh 中的字符 w、g 或 h 匹配
\s	匹配任意空白字符，如空格、制表符、换行符等，相当于[\t\n\x0B\f\r]	/\s\d/可以与 my book 71th 中的 7 匹配
\S	匹配任意非空白字符，相当于[^\t\n\x0B\f\r]	/\S/可以与 A B 中的 A 或 B 匹配
\w	匹配任何英文字母、数字以及下划线，相当于[a-zA-Z0-9_]	/\w/可以与 w4F_71-+中的字母、数字和下划线匹配

注意　使用[^…]时，如果字符"^"不是出现在第一个"["的后面，则仍表示字符"^"的原义，关于"^"的原义将在下面的"指定匹配的位置"标题中进行介绍。

2. 量词

在正则表达式中，使用量词可以控制字符或字符串出现的次数。正则表达式的量词如表 10.8 所示。

表 10.8　正则表达式的量词

量　词	说　明	示　例
?	匹配前一项 0 次或 1 次	/JS?/可以匹配 JScript 中的 JS 或者 JavaScript 中的 J
+	匹配前一项一次或多次，但至少出现一次	/JS+/可以匹配包含 JS 或者 JSSSS 的字符串，即可以与在字母 J 后面连续出现一个或多个字母 S 的字符串相匹配
*	匹配前一项 0 次或者多次（任意次）	/bo*/可以匹配包含 b、bo 或者 booo 的字符串
{n}	匹配前一项恰好 n 次，其中 n 为非负整数	/o{2}/可以与 book 中的两个 o 相匹配，可以与 booook 中任意两个连续的 o 相匹配
{n,}	匹配前一项至少 n 次	/o{2,}/不可以与 home 中的 o 匹配，但可以与 good 或者 gooooood 中的所有 o 匹配
{n,m}	匹配前一项至少 n 次，但不能超过 m 次，其中 n 和 m 是非负整数，并且 n≤m	/o{2,5}/可以与 book 中的两个 o、与 booooooook 中 5 个连续的 o 匹配

注意　在使用 {n,m} 限定符时，数字与逗号之间不能有空格符。

3. 指定匹配的位置

在使用正则表达式进行模式匹配时，需要指定某些字符出现的位置。在正则表达式中，可以通过如表 10.9 所示的 4 种方式指定匹配的位置。

表 10.9　指定匹配位置的方式

字　符	说　明	示　例
^	匹配字符串的行开头。字符"^"必须出现在指定字符串的最前面才起作用	/^g/与 good 中的字符 g 匹配，但与 bag 中的字符 g 不匹配
$	匹配字符串的行结尾。字符"$"必须出现在指定字符串的最后面才起作用	/g$/与 bag 中的字符 g 匹配，但与 good 中的字符 g 不匹配
\b	匹配单词的边界	/e\b/与 I love seek 中的 love 中的 e 相匹配，但与 seek 中的 e 不匹配
\B	匹配非单词的边界	/e\B/与 I love seek 中的 seek 中的 e 相匹配，但与 love 中的 e 不匹配

4．选择匹配符

正则表达式的选择匹配符只有一个，即"|"元字符。使用选择匹配符可以匹配所指定的两个选项中的任意一项。例如，/World|Dream/可以与"One World，One Dream"中的 World 或者 Dream 匹配。

5．分组

分组就是使用括号将多个单独的字符或字符类组合成子表达式，以便可以像处理一个独立的单元那样，应用"|"、"*"、"+"或"?"等来处理它们。例如，正则表达式/J(ava)?Script/即与字符串 JavaScript 相匹配，又与字符串 JScript 相匹配。

说明　上面介绍的字符类、量词、指定匹配位置、选择匹配符和分组可以组合起来使用。例如，在实际编程时，有时还需要去掉字符串的首尾空格，这时就可以使用正则表达式来匹配字符串中的首尾空格。用来匹配字符串中首尾空格的正则表达式如下：

/(^\s*)|(\s*$)/g

10.5.2　创建正则表达式（RegExp）对象

在 JavaScript 中，正则表达式由 RegExp 对象表示。JavaScript 提供了两种创建正则表达式对象的方法，下面分别进行介绍。

1．通过 RegExp 类的构造方法创建

通过 RegExp 类的构造方法可以创建 RegExp 对象。RegExp 类的构造方法的语法格式如下：

```
new RegExp(pattern[,flags])
```

☑　pattern：必选参数，用于指定需要进行匹配的模式字符串。

☑　flags：可选参数，用于指定正则表达式的标志信息。该参数的可选值可以是以下标志字符，也可以是各标志字符的组合。

➢　g：全局标志，表示匹配字符串中出现的所有匹配子字符串。如果设置了该标志，对于某个文本执行搜索或替换操作时，将对文本中所有匹配部分起作用；否则，仅搜索或替换第一次匹配的内容。

➢　i：忽略大小写标志。如果设置了该标志，在执行模式匹配时将不区分大小写。

➢　m：多行标志。如果不设置这个标志，那么"^"只能匹配字符串的开头，"$"只能匹配字符串的结尾；否则，"^"可以匹配多行字符串中每一行的开头，"$"可以匹配多行字符串中每一行的结尾。

例如，创建一个用于匹配 0～9 中任意一个数字的正则表达式对象的代码如下：

```
var objExp=new RegExp("\\d");          //创建正则表达式对象
```

在上面的正则表达式中，只会匹配第一个出现的数字，如果想匹配所有出现的数字，可以使用下面的代码。

```
var objExp=new RegExp("\\d","g");      //创建正则表达式对象
```

技巧　在通过 RegExp 类的构造方法创建正则表达式对象时，必须使用正常的字符串避开规则，即必须将模式字符串中的"\"前面加入前导字符"\"，否则模式匹配将不成功。例如，在上面的代码中，如果将"\\d"替换为"\d"，则模式匹配将不成功。

2．通过正则表达式字面量创建

通过正则表达式字面量也可以创建 RegExp 对象。正则表达式字面量由两条斜线"//"中间加入模式匹配字符串组成。如果还要指定标志信息，则在最后的斜线"/"后面还需要写上标志信息，如 g 或 i。通过正则表达式字面量创建 RegExp 对象的语法格式如下：

```
/pattern/[flags]
```

☑　pattern：必选参数，用于指定需要进行匹配的模式字符串。

☑　flags：可选参数，用于指定正则表达式的标志信息。如果值为 g，则表示匹配字符串中出现的所有匹配子字符串；如果值为 i，则表示在执行模式匹配时不区分大小写。

例如，创建一个用于匹配 0～9 中任意一个数字的正则表达式对象的代码如下：

```
var objExp=/\d/;                       //创建正则表达式对象
```

在上面的正则表达式中，只会匹配第一个出现的数字，如果想匹配所有出现的数字，可以使用下面的代码。

```
var objExp=/\d/g;                      //创建正则表达式对象
```

10.5.3　使用 RegExp 对象执行模式匹配

创建一个 RegExp 对象后，就可以使用该对象提供的方法执行模式匹配。RegExp 对象提供了两个用于执行模式匹配的方法，即 test()和 exec()方法，下面进行详细介绍。

1．test()方法

test()方法用于对一个指定的字符串执行模式（正则表达式）匹配，如果搜索到匹配的字符，则返回 true，否则返回 false。test()方法的语法格式如下：

```
regExp.test(str)
```

☑　regExp：RegExp 对象的实例。

☑　str：指定的字符串。

例 10.09　使用 test()方法验证输入的电话号码是否合法。（**实例位置：光盘\TM\Instances\10.09**）

（1）在页面中添加用于输入电话号码的表单及表单元素。关键代码如下：

```
<form name="form1" method="post" action="">
请输入电话号码：<input name="tel" type="text" id="tel">
<input name="Button" type="button" class="btn_grey" value="检测">
</form>
```

（2）编写自定义的 JavaScript 函数 checkTel()，用于通过 test()方法执行模式匹配，验证输入的电话号码是否合法。checkTel()函数的具体代码如下：

```
<script language="javascript">
    function checkTel(){
```

```
        var str=form1.tel.value;                            //获取输入的电话号码
        var objExp=/^((\d{3}-)?\d{8})$|^((\d{4}-)?\d{7,8})$/;  //创建 RegExp 对象
        if(objExp.test(str)==true){                         //通过正则表达式进行验证
                alert("您输入的电话号码合法！");
        }else{
                alert("您输入的电话号码不合法！");
        }
    }
</script>
```

（3）在"检测"按钮的 onClick 事件中调用 checkTel()函数。关键代码如下：

```
<input name="Button" type="button" class="btn_grey" onClick="checkTel()" value="检测">
```

运行程序，输入电话号码"0431-849789"，单击"检测"按钮，将弹出提示电话号码不合法的对话框，如图 10.19 所示；输入电话号码"0431-8497891"，单击"检测"按钮，将弹出提示电话号码合法的对话框，如图 10.20 所示。

2．exec()方法

与 test()一样，exec()方法也是对一个指定的字符串执行模式（正则表达式）匹配；但是 exec()方法比 test()方法复杂一些，其返回值不再是 true 或 false，当没有搜索到匹配的字符时，该方法将返回 null，否则返回一个数组。这个数组的第一个元素包含与正则表达式相匹配的字符串，其他元素包含的是匹配的各个分组（即正则表达式中用括号括起来的子表达式匹配的子串）。而且，这个数组的 index 属性还包含了匹配发生的字符的位置。exec()方法的语法格式如下：

```
regExp.exec(str)
```

☑ regExp：RegExp 对象的实例。

☑ str：指定的字符串。

例 10.10 使用 exec()方法从身份证号码中获取出生日期。（实例位置：光盘\TM\Instances\10.10）

（1）在页面中添加用于输入身份证号码的表单及表单元素。关键代码如下：

```
<form name="form1" method="post" action="">
    请输入身份证号码：<input name="IDCard" type="text" id="IDCard" size="40">
    <br><br>
    <input name="Button" type="button" class="btn_grey" value="从身份证号码中获取出生日期">
</form>
```

（2）编写自定义的 JavaScript 函数 getBirthday()，用于通过 exec()方法从身份证号码中获取出生日期。getBirthday()函数的具体代码如下：

```
<script language="javascript">
    function getBirthday(){
        var str=form1.IDCard.value;                          //获取输入的身份证号码
        var objExp=/\d{6}([12]\d{3})([01]\d)([0123]\d)\d{4}/;  //创建 RegExp 对象
        arr=objExp.exec(str);                                //执行模式匹配
        if(arr!=null){
                alert("您的身份证号为："+arr[0]+"\r 出生日期为："+arr[1]+"-"+arr[2]+"-"+arr[3]);
        }else{
                alert("您输入的身份证号码不合法！");
        }
    }
</script>
```

（3）在"从身份证号码中获取出生日期"按钮的 onClick 事件中调用 getBirthday()函数。关键代码如下：

```
<input name="Button" type="button" class="btn_grey" onClick="getBirthday()" value="从身份证号码中获取出生
日期">
```

运行程序，输入身份证号码"220104190008270343"，单击"从身份证号码中获取出生日期"按钮，将弹出如图 10.21 所示的对话框，如果输入的身份证号码不合法，将给予提示。

图 10.19　输入的电话号码不合法　　　图 10.20　输入的电话号码合法　　　图 10.21　从身份证号码中获取出生日期

说明　　在 JavaScript 中，String 对象的一些方法也可以执行模式匹配，关于 String 对象各方法的详细介绍参见 10.8.1 节。

10.6　函　　数

视频讲解：光盘\TM\Video\10\函数.exe

函数实质上就是可以作为一个逻辑单元对待的一组 JavaScript 代码。使用函数可以使代码更为简洁，提高重用性。在 JavaScript 中，大约 95%的代码都是包含在函数中的。由此可见，函数在 JavaScript 中是非常重要的。

10.6.1　函数的定义

函数是由关键字 function、函数名加一组参数以及置于大括号中需要执行的一段代码定义的。定义函数的基本语法格式如下：

```
function functionName([parameter 1, parameter 2,…]){
    statements;
    [return expression;]
}
```

☑　functionName：必选参数，用于指定函数名。在同一个页面中，函数名必须是唯一的，并且区分大小写。

☑　parameter：可选参数，用于指定参数列表。当使用多个参数时，参数间使用逗号进行分隔。一个函数最多可以有 255 个参数。

☑　statements：必选参数，是函数体，用于实现函数功能的语句。

☑　expression：可选参数，用于返回函数值。expression 为任意的表达式、变量或常量。

例如，定义一个用于计算商品金额的函数 account()，该函数有两个参数，用于指定单价和数量，返回值为计算后的金额。关键代码如下：

```
function account(price,number){
    var sum=price*number;        //计算金额
    return sum;                  //返回计算后的金额
}
```

10.6.2　函数的调用

函数的调用比较简单，如果要调用不带参数的函数，使用函数名加上括号即可；如果要调用的函数带参数，则在括号中加上需要传递的参数；如果包含多个参数，各参数间用逗号分隔。

如果函数有返回值，则可以使用赋值语句将函数值赋给一个变量。

例如，10.6.1 节的 account()函数可以通过以下代码进行调用。

```
account(10.6,10);
```

说明　在 JavaScript 中，由于函数名区分大小写，在调用函数时也需要注意函数名的大小写。

例 10.11　定义一个 JavaScript 函数 checkRealName()，用于验证输入的字符串是否为汉字。（**实例位置：光盘\TM\Instances\10.11**）

（1）在页面中添加用于输入真实姓名的表单及表单元素。关键代码如下：

```html
<form name="form1" method="post" action="">
请输入真实姓名：<input name="realName" type="text" id="realName" size="40">
<br><br>
<input name="Button" type="button" class="btn_grey" value="检测">
</form>
```

（2）编写自定义的 JavaScript 函数 checkRealName()，用于验证输入的真实姓名是否正确，即判断输入的内容是否为两个或两个以上的汉字。checkRealName()函数的关键代码如下：

```javascript
<script language="javascript">
    function checkRealName(){
        var str=form1.realName.value;                    //获取输入的真实姓名
        if(str==""){                                      //当真实姓名为空时
            alert("请输入真实姓名！");form1.realName.focus();return;
        }else{                                            //当真实姓名不为空时
            var objExp=/[\u4E00-\u9FA5]{2,}/;             //创建 RegExp 对象
            if(objExp.test(str)==true){                   //判断是否匹配
                alert("您输入的真实姓名正确！");
            }else{
                alert("您输入的真实姓名不正确！");
            }
        }
    }
</script>
```

说明　正确的真实姓名由两个以上的汉字组成，如果输入的不是汉字，或是只输入一个汉字，都将被认为是不正确的真实姓名。

（3）在"检测"按钮的 onClick 事件中调用 checkRealName()函数。关键代码如下：

```html
<input name="Button" type="button" class="btn_grey" onClick="checkRealName()" value="检测">
```

运行程序，输入真实姓名"wgh"，单击"检测"按钮，将弹出如图 10.22 所示的对话框；输入真实姓名"王语"，单击"检测"按钮，将弹出如图 10.23 所示的对话框。

图 10.22　输入的真实姓名不正确　　　　图 10.23　输入的真实姓名正确

10.6.3　匿名函数

匿名函数的语法和 function 语句非常相似，只不过它被用作表达式，而不是用作语句，而且也无须指定函数名。定义匿名函数的语法格式如下：

```
var func=function([parameter 1,parameter 2,…]){ statements;};
```

☑　parameter：可选参数，用于指定参数列表。当使用多个参数时，参数间使用逗号进行分隔。

☑　statements：必选参数，是函数体，用于实现函数功能的语句。

例如，当页面载入完成后，调用无参数的匿名函数，弹出一个提示对话框。代码如下：

```
window.onload=function(){
    alert("页面载入完成");
}
```

技巧　匿名函数常被应用在 Ajax 网站中，用于实现当页面载入完成后调用 Ajax 完成异步请求。

10.7　事件和事件处理程序

视频讲解：光盘\TM\Video\10\事件和事件处理程序.exe

通过前面的学习可知，JavaScript 可以以事件驱动的方式直接对客户端的输入作出响应，无须经过服务器端程序；也就是说，JavaScript 是事件驱动的，它可以使图形界面环境下的一切操作变得简单化。下面将对事件及事件处理程序进行详细介绍。

10.7.1　什么是事件和事件处理程序

JavaScript 与 Web 页面之间的交互是通过用户操作浏览器页面时触发相关事件来实现的。例如，在页面载入完毕时将触发 onload（载入）事件、当用户单击按钮时将触发按钮的 onclick 事件等。事件处理程序则是用于响应某个事件而执行的处理程序。事件处理程序可以是任意的 JavaScript 语句，但通常使用特定的自定义函数（Function）来对事件进行处理。

10.7.2　JavaScript 的常用事件

多数浏览器内部对象都拥有很多事件，下面将以表格的形式给出常用的事件及何时触发这些事件。

JavaScript 的常用事件如表 10.10 所示。

表 10.10　JavaScript 的常用事件

事　件	何　时　触　发
onabort	对象载入被中断时触发
onblur	元素或窗口本身失去焦点时触发
onchange	改变\<select\>元素中的选项或其他表单元素失去焦点，并且在其获取焦点后内容发生过改变时触发
onclick	单击鼠标左键时触发。当光标的焦点在按钮上并按下回车键时，也会触发该事件
ondblclick	双击鼠标左键时触发
onerror	出现错误时触发
onfocus	任何元素或窗口本身获得焦点时触发
onkeydown	键盘上的按键（包括 Shift 或 Alt 等键）被按下时触发，如果一直按着某键，则会不断触发。当返回 false 时，取消默认动作
onkeypress	键盘上的按键被按下，并产生一个字符时发生。也就是说，当按下 Shift 或 Alt 等键时不触发。如果一直按下某键时，会不断触发。当返回 false 时，取消默认动作
onkeyup	释放键盘上的按键时触发
onload	页面完全载入后，在 Window 对象上触发；所有框架都载入后，在框架集上触发；\<img\>标记指定的图像完全载入后，在其上触发；或\<object\>标记指定的对象完全载入后，在其上触发
onmousedown	单击任何一个鼠标按键时触发
onmousemove	鼠标在某个元素上移动时持续触发
onmouseout	将鼠标从指定的元素上移开时触发
onmouseover	鼠标移到某个元素上时触发
onmouseup	释放任意一个鼠标按键时触发
onreset	单击重置按钮时，在\<form\>上触发
onresize	窗口或框架的大小发生改变时触发
onscroll	在任何带滚动条的元素或窗口上滚动时触发
onselect	选中文本时触发
onsubmit	单击提交按钮时，在\<form\>上触发
onunload	页面完全卸载后，在 Window 对象上触发；或者所有框架都卸载后，在框架集上触发

10.7.3　事件处理程序的调用

在使用事件处理程序对页面进行操作时，最主要的是如何通过对象的事件来指定事件处理程序。指定方式主要有以下两种。

1．在 JavaScript 中

在 JavaScript 中调用事件处理程序，首先需要获得要处理对象的引用，然后将要执行的处理函数赋值给对应的事件。例如下面的代码：

```
<input name="bt_save" type="button" value="保存">
  <script language="javascript">
    var b_save=document.getElementById("bt_save");
    b_save.onclick=function(){
        alert("单击了保存按钮");
    }
</script>
```

说明　在页面中加入上面的代码并运行，当单击"保存"按钮时，将弹出"单击了保存按钮"对话框。

注意　在上面的代码中，一定要将 "<input name="bt_save" type="button" value="保存">" 放在 JavaScript 代码的上方，否则将弹出 "b_save'为空或不是对象" 的错误提示。

上面的实例也可以通过以下代码来实现：

```javascript
<input name="bt_save" type="button" value="保存">
  <script language="javascript">
    form1.bt_save.onclick=function(){
        alert("单击了保存按钮");
    }
  </script>
```

注意　在 JavaScript 中指定事件处理程序时，事件名称必须小写，才能正确响应事件。

2．在 HTML 中

在 HTML 中分配事件处理程序，只需要在 HTML 标记中添加相应的事件，并在其中指定要执行的代码或函数名即可。例如：

```html
<input name="bt_save" type="button" value="保存" onclick="alert('单击了保存按钮');">
```

说明　在页面中加入上面的代码并运行，当单击"保存"按钮时，将弹出"单击了保存按钮"对话框。

上面的实例也可以通过以下代码来实现：

```javascript
<input name="bt_save" type="button" value="保存" onclick="clickFunction();">
function clickFunction(){
    alert("单击了保存按钮");
}
```

10.8　常用对象

视频讲解：光盘\TM\Video\10\常用对象.exe

通过前面的学习可知，JavaScript 是一种基于对象的语言，它可以应用自己已经创建的对象，因此许多功能来自于脚本环境中对象的方法与脚本的相互作用。下面将对 JavaScript 的常用对象进行详细介绍。

10.8.1　String 对象

String 对象是动态对象，需要创建对象实例后才能引用其属性和方法。但是，由于在 JavaScript 中可以将用单引号或双引号括起来的一个字符串当作一个字符串对象的实例，所以可以直接在某个字符串后面加上点"."去调用 String 对象的属性和方法。下面对 String 对象的常用属性和方法进行详细介绍。

1．属性

String 对象最常用的属性是 length，该属性用于返回 String 对象的长度。length 属性的语法格式如下：
string.length
返回值：一个只读的整数，它代表指定字符串中的字符数，每个汉字按一个字符计算。
例如：

```
"flowre 的哭泣".length;              //值为 9
"wgh".length;                       //值为 3
```

2．方法

String 对象提供了很多用于对字符串进行操作的方法，如表 10.11 所示。

表 10.11 String 对象的常用方法

方　　　法	描　　　述
anchor(name)	为字符串对象中的内容两边加上 HTML 的\<a name=name>\</a>标记对
big()	为字符串对象中的内容两边加上 HTML 的\<big>\</big>标记对
bold()	为字符串对象中的内容两边加上 HTML 的\\标记对
charAt(index)	返回字符串对象中指定索引号的字符组成的字符串，位置的有效值为 0 到字符串长度减 1 的数值。一个字符串的第一个字符的索引位置为 0，第二个字符的索引位置为 1，依此类推。当指定的索引位置超出有效范围时，charAt()方法返回一个空字符串
charCodeAt(index)	返回一个整数，该整数表示字符串对象中指定位置处的字符的 Unicode 编码
concat(s1,…,sn)	将调用方法的字符串与指定字符串接合，结果返回新字符串
fontcolor	为字符串对象中的内容两边加上 HTML 的\<font>\</font>标记对，并设置 color 属性，可以是颜色的十六进制值，也可以是颜色的预定义名
fontsize(size)	为字符串对象中的内容两边加上 HTML 的\<font>\</font>标记对，并设置 size 属性
indexOf(pattern)	返回字符串中包含 pattern 所代表参数第一次出现的位置值。如果该字符串中不包含要查找的模式，则返回-1
indexOf(pattern,startIndex)	同上，只是从 startIndex 指定的位置开始查找
lastIndexOf(Pattern)	返回字符串中包含 pattern 所代表参数最后一次出现的位置值，如果该字符串中不包含要查找的模式，则返回-1
lastIndexOf(Pattern,startIndex)	同上，只是检索从 startIndex 指定的位置开始
localeCompare(s)	用特定比较方法比较字符串与 s 字符串。如果字符串相等，则返回 0，否则返回一个非 0 数字值
link	为字符串对象中的内容两边加上超链接标记对
match(regExp)	使用正则表达式模式对字符串执行搜索，并返回一个包含该搜索结果的数组
replace(searchValue,replaceValue)	将 searchValue 换成 replaceValue 并返回结果
search(regExp)	返回使用正则表达式搜索时，第一个匹配的子字符串在整个被搜索的字符串中的位置，位置从 0 开始计数，即第一个字符的位置为 0
slice(start,end)	返回从 start 开始到 end 前一个字符的子串（不定义 end 时返回从 start 开始到末尾的子串）
split(separator,limit)	用 separator 分隔符将字符串划分成子串并将其存储到数组中；如果指定了 limit，则数组限定为 limit 给定的数；separator 分隔符可以是多个字符或一个正则表达式，它不作为任何数组元素的一部分返回
substr(start,length)	返回字符串中从 startIndex 开始的 length 个字符的子字符串
substring(from,to)	返回以 from 开始、以 to 结束的子字符串

续表

方　　法	描　　述
sub()	为字符串对象中的内容两边加上 HTML 的_\标记对
sup()	为字符串对象中的内容两边加上 HTML 的\[\]标记对
toLowerCase()	返回一个字符串，该字符串中的所有字母都被转换为小写字母
toLocaleLowerCase()	返回变成小写后的字符串
toUpperCase()	返回一个字符串，该字符串中的所有字母都被转换为大写字母
toLocaleUpperCase()	返回变成大写后的字符串

下面对比较常用的方法进行详细介绍。

（1）indexOf()方法

indexOf()方法用于返回 String 对象内第一次出现子字符串的字符位置。如果没有找到指定的子字符串，则返回-1。其语法格式如下：

string.indexOf(subString[, startIndex])

☑　subString：必选参数。要在 String 对象中查找的子字符串。

☑　startIndex：可选参数。该整数值指出在 String 对象内开始查找索引。如果省略，则从字符串的开始处查找。

例如，从一个邮箱地址中查找@所在的位置，可以用以下代码。

```
var str="wgh717@sohu.com";
var index=str.indexOf('@');          //返回的索引值为 6
var index=str.indexOf('@',7);        //返回值为-1
```

说明　由于在 JavaScript 中，String 对象的索引值是从 0 开始的，所以此处返回的值为 6，而不是 7。String 对象各字符的索引值如图 10.24 所示。

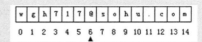

图 10.24　String 对象各字符的索引值

说明　String 对象还有一个 lastIndexOf()方法，该方法的语法格式与 indexOf()方法类似，所不同的是 indexOf()方法从字符串的第一个字符开始查找，而 lastIndexOf()方法则从字符串的最后一个字符开始查找。

例如，下面的代码将演示 indexOf()方法与 lastIndexOf()方法的区别。

```
var str="2009-05-15";
var index=str.indexOf('-');             //返回的索引值为 4
var lastIndex=str.lastIndexOf('-');     //返回的索引值为 7
```

（2）substr()方法

substr()方法用于返回指定字符串的一个子串。其语法格式如下：

string.substr(start[,length])

☑　start：用于指定获取子字符串的起始下标，如果是一个负数，那么表示从字符串的尾部开始算起的位置。即-1 代表字符串的最后一个字符，-2 代表字符串的倒数第二个字符，依此类推。

☑　length：可选参数，用于指定子字符串中字符的个数。如果省略该参数，则返回从 start 开始位置到字符串结尾的子串。

例如，使用 substr()方法获取指定字符串的子串，代码如下：

```
var word= "One World One Dream!";
var subs=word.substr(10,9);                //subs 的值为 One Dream
```

（3）substring()方法

substring()方法用于返回指定字符串的一个子串。其语法格式如下：

```
string.substring(from[,to])
```

☑ from：用于指定要获取子字符串的第一个字符在 string 中的位置。

☑ to：可选参数，用于指定要获取子字符串的最后一个字符在 string 中的位置。

注意 由于 substring()方法在获取子字符串时，是从 string 中的 from 处到 to-1 处复制，所以 to 的值应该是要获取子字符串的最后一个字符在 string 中的位置加 1。如果省略该参数，则返回从 from 开始到字符串结尾处的子串。

例如，使用 substring()方法获取指定字符串的子串，代码如下：

```
var word= "One World One Dream!";
var subs=word.substring(10,19);            //subs 的值为 One Dream
```

（4）replace()方法

replace()方法用于替换一个与正则表达式匹配的子串。其语法格式如下：

```
string.replace(regExp,substring);
```

☑ regExp：一个正则表达式。如果正则表达式中设置了标志 g，那么该方法将用替换字符串替换检索到的所有与模式匹配的子串，否则只替换所检索到的第一个与模式匹配的子串。

说明 关于正则表达式的详细介绍参见 10.5 节。

☑ substring：用于指定替换文本或生成替换文本的函数。如果 substring 是一个字符串，那么每个匹配都将由该字符串替换，但是在 substring 中的 "$" 字符具有特殊意义，如表 10.12 所示。

表 10.12　substring 中 "$" 字符的意义

字　　符	替　换　文　本
$1、$2、…$99	与 regExp 中的第 1～99 个子表达式匹配的文本
$&	与 regExp 相匹配的子串
$`	位于匹配子串左侧的文本
$'	位于匹配子串右侧的文本
$$	直接量——$符号

例 10.12　去掉字符串中的首尾空格。（实例位置：光盘\TM\Instances\10.12）

① 在页面中添加用于输入原字符串和显示转换后的字符串的表单及表单元素，关键代码如下：

```
<form name="form1" method="post" action="">
原字符串：
<textarea name="oldString" cols="40" rows="4"></textarea>
转换后的字符串：
<textarea name="newString" cols="40" rows="4"></textarea>
<input name="Button" type="button" class="btn_grey" value="去掉字符串的首尾空格">
</form>
```

② 编写自定义的 JavaScript 函数 trim()，在该函数中应用 String 对象的 replace()方法去掉字符串中的首尾空格。trim()函数的关键代码如下：

```
<script language="javascript">
    function trim(){
        var str=form1.oldString.value;              //获取原字符串
        if(str==""){                                //当原字符串为空时
            alert("请输入原字符串");form1.oldString.focus();return;
        }else{                                      //当原字符串不为空时，去掉字符串中的首尾空格
            var objExp=/(^\s*)|(\s*$)/g;            //创建 RegExp 对象
            str=str.replace(objExp,"");             //替换字符串中的首尾空格
        }
        form1.newString.value=str;                  //将转换后的字符串写入到"转换后的字符串"文本框中
    }
</script>
```

③ 在"去掉字符串的首尾空格"按钮的 onClick 事件中调用 trim()函数，关键代码如下：

```
<input name="Button" type="button" class="btn_grey" onClick="trim()" value="去掉字符串的首尾空格">
```

运行程序，输入原字符串，单击"去掉字符串的首尾空格"按钮，将去掉字符串中的首尾空格，并显示到"转换后的字符串"文本框中，如图 10.25 所示。

（5）split()方法

split()方法用于将字符串分割为字符串数组。其语法格式如下：

```
string.split(delimiter,limit);
```

☑　delimiter：字符串或正则表达式，用于指定分隔符。

☑　limit：可选参数，用于指定返回数组的最大长度。如果设置了该参数，返回的子串不会多于这个参数指定的数字，否则整个字符串都会被分割，而不考虑其长度。

☑　返回值：一个字符串数组，该数组是通过 delimiter 指定的边界将字符串分割成的字符串数组。

注意　在使用 split()方法分割数组时，返回的数组不包括 delimiter 自身。

例如，将字符串"2009-05-15"以"-"为分隔符分割成数组，代码如下：

```
var str="2009-05-15";
var arr=str.split("-");          //分割字符串数组
document.write("字符串""+str+"" 使用分隔符"-"进行分割后得到的数组为：<br>");
//通过 for 循环输出各个数组元素
for(i=0;i<arr.length;i++){
    document.write("arr["+i+"]: "+arr[i]+"<br>");
}
```

上面代码的运行结果如图 10.26 所示。

图 10.25　去掉字符串的首尾空格

字符串"2009-05-15"使用分隔符"-"进行分割后得到的数组为：
arr[0]：2009
arr[1]：05
arr[2]：15

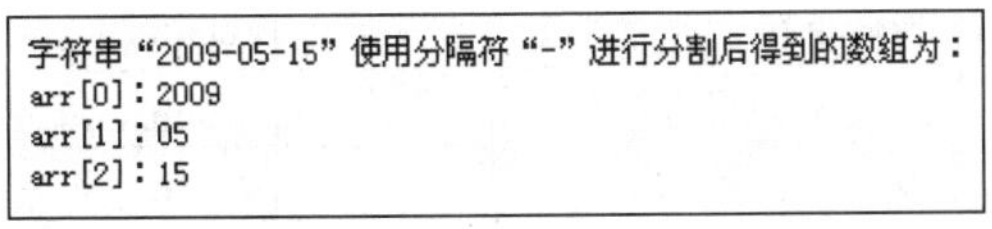

图 10.26　运行结果

10.8.2　Math 对象

Math 对象提供了大量的数学常量和数学函数。在使用 Math 对象时，不能使用 new 关键字创建对象实例，而应直接使用"对象名.成员"的格式来访问其属性或方法。下面将对 Math 对象的属性和方法进行介绍。

1. Math 对象的属性

Math 对象的属性是数学中常用的常量，如表 10.13 所示。

表 10.13　Math 对象的属性

属　性	描　述	属　性	描　述
E	欧拉常量（2.718281828459045）	LOG2E	以 2 为底数的 e 的对数（1.4426950408889633）
LN2	2 的自然对数（0.6931471805599453）	LOG10E	以 10 为底数的 e 的对数（0.4342944819032518）
LN10	10 的自然对数（2.3025850994046）	PI	圆周率常数 π（3.141592653589793）
SQRT2	2 的平方根（1.4142135623730951）	SQRT1-2	0.5 的平方根（0.7071067811865476）

2. Math 对象的方法

Math 对象的方法是数学中常用的函数，如表 10.14 所示。

表 10.14　Math 对象的方法

属　性	描　述	示　例
abs(x)	返回 x 的绝对值	Math.abs(-10);　//返回值为 10
acos(x)	返回 x 弧度的反余弦值	Math.acos(1);　//返回值为 0
asin(x)	返回 x 弧度的反正弦值	Math.asin(1);　//返回值为 1.5707963267948965
atan(x)	返回 x 弧度的反正切值	Math.atan(1);　//返回值为 0.7853981633974483
atan2(x,y)	返回从 x 轴到点（x,y）的角度，其值在-PI 与 PI 之间	Math.atan2(10,5);　//返回值为 1.1071487177940904
ceil(x)	返回大于或等于 x 的最小整数	Math.ceil(1.05);　//返回值为 2 Math.ceil(-1.05);　//返回值为-1
cos(x)	返回 x 的余弦值	Math.cos(0);　//返回值为 1
exp(x)	返回 e 的 x 乘方	Math.exp(4);　//返回值为 54.598150033144236
floor(x)	返回小于或等于 x 的最大整数	Math.floor(1.05);　//返回值为 1 Math.floor(-1.05);　//返回值为-2
log(x)	返回 x 的自然对数	Math.log(1);　//返回值为 0
max(x,y)	返回 x 和 y 中的最大数	Math.max(2,4);　//返回值为 4
min(x,y)	返回 x 和 y 中的最小数	Math.min(2,4);　//返回值为 2
pow(x,y)	返回 x 对 y 的次方	Math.pow(2,4);　//返回值为 16
random()	返回 0 和 1 之间的随机数	Math.random();　//返回值为类似 0.8867056997839715 的随机数
round(x)	返回最接近 x 的整数，即四舍五入函数	Math.round(1.05);　//返回值为 1 Math.round(-1.05);　//返回值为-1
sin(x)	返回 x 的正弦值	Math.sin(0);　//返回值为 0
sqrt(x)	返回 x 的平方根	Math.sqrt(2);　//返回值为 1.4142135623730951
tan(x)	返回 x 的正切值	Math.tan(90);　//返回值为-1.995200412208242

10.8.3　Date 对象

在 Web 程序开发过程中，可以使用 JavaScript 的 Date 对象来对日期和时间进行操作。例如，如果想在网页中显示计时的时钟，就可以使用 Date 对象来获取当前系统的时间并按照指定的格式进行显示。下面将对 Date 对象进行详细介绍。

1．创建 Date 对象

Date 对象是一个有关日期和时间的对象，具有动态性，即必须使用 new 运算符创建一个实例。创建 Date 对象的语法格式如下：

```
dateObj=new Date()
dateObje=new Date(dateValue)
dateObj=new Date(year,month,date[,hours[,minutes[,seconds[,ms]]]])
```

- ☑ dateValue：如果是数值，则表示指定日期与 1970 年 1 月 1 日午夜间全球标准时间相差的毫秒数；如果是字符串，则 dateValue 按照 parse 方法中的规则进行解析。
- ☑ year：一个 4 位数的年份。如果输入的是 0～99 之间的值，则给它加上 1900。
- ☑ month：表示月份，值为 0～11 之间的整数，即 0 代表 1 月份。
- ☑ date：表示日，值为 1～31 之间的整数。
- ☑ hours：表示小时，值为 0～23 之间的整数。
- ☑ minutes：表示分钟，值为 0～59 之间的整数。
- ☑ seconds：表示秒钟，值为 0～59 之间的整数。
- ☑ ms：表示毫秒，值为 0～999 之间的整数。

例如，创建一个代表当前系统日期的 Date 对象的代码如下：

```
var now=new Date();          //代表的日期为 Mon May 18 09:00:37 UTC+0800 2009
```

例如，创建一个代表 2009 年 5 月 18 日的 Date 对象的代码如下：

```
var now=new Date(2009,4,18);     //代表的日期为 Mon May 18 00:00:00 UTC+0800 2009
```

 注意

在上面的代码中，第二个参数应该是当前月份-1，而不能是当前月份 5，如果是 5 则表示 6 月份。

2．Date 对象的方法

Date 对象没有提供直接访问的属性，只具有获取、设置日期和时间的方法。Date 对象的常用方法如表 10.15 所示。

表 10.15　Date 对象的常用方法

方　　法	描　　述	示　　例
get[UTC]FullYear()	返回 Date 对象中的年份，用 4 位数表示，采用本地时间或世界时	new Date().getFullYear();　//返回值为 2009
get[UTC]Month()	返回 Date 对象中的月份（0～11），采用本地时间或世界时	new Date().getMonth();　//返回值为 4
get[UTC]Date()	返回 Date 对象中的日（1～31），采用本地时间或世界时	new Date().getDate();　//返回值为 18
get[UTC]Day()	返回 Date 对象中的星期（0～6），采用本地时间或世界时	new Date().getDay();　//返回值为 1
get[UTC]Hours()	返回 Date 对象中的小时数（0～23），采用本地时间或世界时	new Date().getHours();　//返回值为 9
get[UTC]Minutes()	返回 Date 对象中的分钟数（0～59），采用本地时间或世界时	new Date().getMinutes();　//返回值为 39
get[UTC]Seconds()	返回 Date 对象中的秒数（0～59），采用本地时间或世界时	new Date().getSeconds();　//返回值为 43

续表

方　　法	描　　述	示　　例
get[UTC]Milliseconds()	返回 Date 对象中的毫秒数，采用本地时间或世界时	new Date().getMilliseconds();//返回值为 281
getTimezoneOffset()	返回日期的本地时间和 UTC 表示之间的时差，以分钟为单位	new Date().getTimezoneOffset(); //返回值为-480
getTime()	返回 Date 对象的内部毫秒表示。注意，该值独立于时区，所以没有单独的 getUTCtime()方法	new Date().getTime(); //返回值为 1242612357734
set[UTC]FullYear()	设置 Date 对象中的年份，用 4 位数表示，采用本地时间或世界时	new Date().setFullYear("2008"); //设置为 2008 年
set[UTC]Month()	设置 Date 对象的月，采用本地时间或世界时	new Date().setMonth(5); //设置为 6 月
set[UTC]Date()	设置 Date 对象的日，采用本地时间或世界时	new Date().setDate(17); //设置为 17 日
set[UTC]Hours()	设置 Date 对象的小时，采用本地时间或世界时	new Date().setHours(10); //设置为 10 时
set[UTC]Minutes()	设置 Date 对象的分钟，采用本地时间或世界时	new Date().setMinutes(15); //设置为 15 分
set[UTC]Seconds()	设置 Date 对象的秒数，采用本地时间或世界时	new Date().setSeconds(17); //设置为 17 秒
set[UTC]Milliseconds()	设置 Date 对象中的毫秒数，采用本地时间或世界时	new Date().setMilliseconds(17); //设置为 17 毫秒
toDateString()	返回日期部分的字符串表示，采用本地时间	new Date().toDateString(); //返回值为 Mon May 18 2009
toUTCString()	将 Date 对象转换成一个字符串，采用世界时	new Date().toUTCString(); //返回值为 Mon, 18 May 2009 02:22:31 UTC
toLocaleDateString()	返回日期部分的字符串，采用本地日期	new Date().toLocaleDateString(); //返回值为星期一 2009 年 5 月 18 日
toLocaleTimeString()	返回时间部分的字符串，采用本地时间	new Date().toLocaleTimeString(); //返回值为 10:23:34
toTimeString()	返回时间部分的字符串表示，采用本地时间	new Date().toTimeString(); //返回值为 10:23:34 UTC +0800
valueOf()	将 Date 对象转换成其内部毫秒格式	new Date().valueOf(); //返回值为 1242613489906

例 10.13 实时显示系统时间。（实例位置：光盘\TM\Instances\10.13）

（1）在页面的合适位置添加一个 id 为 clock 的\<div\>标记，关键代码如下：

```
<div id="clock"></div>
```

（2）编写自定义的 JavaScript 函数 realSysTime()，在该函数中使用 Date 对象的相关方法获取系统日期。realSysTime()函数的具体代码如下：

```
<script language="javascript">
function realSysTime(clock){
    var now=new Date();                    //创建 Date 对象
    var year=now.getFullYear();            //获取年份
    var month=now.getMonth();              //获取月份
    var date=now.getDate();                //获取日期
    var day=now.getDay();                  //获取星期
    var hour=now.getHours();               //获取小时
    var minu=now.getMinutes();             //获取分钟
    var sec=now.getSeconds();              //获取秒
    month=month+1;
```

```
    var arr_week=new Array("星期日","星期一","星期二","星期三","星期四","星期五","星期六");
    var week=arr_week[day];                                        //获取中文的星期
    var time=year+"年"+month+"月"+date+"日 "+week+" "+hour+":"+minu+":"+sec; //组合系统时间
    clock.innerHTML="当前时间："+time;                              //显示系统时间
}
</script>
```

（3）在页面的载入事件中每隔 1 秒调用一次 realSysTime()函数实时显示系统时间，关键代码如下：

```
window.onload=function(){
    window.setInterval("realSysTime(clock)",1000);                 //实时获取并显示系统时间
}
```

实例运行结果如图 10.27 所示。

当前时间：2009年5月18日 星期一 10:38:38

10.8.4　Window 对象

图 10.27　实时显示系统时间

Window 对象即浏览器窗口对象，是一个全局对象，是所有对象的顶级对象，在 JavaScript 中起着举足轻重的作用。Window 对象提供了许多属性和方法，这些属性和方法被用来操作浏览器页面的内容。Window 对象与 Math 对象一样，也不需要使用 new 关键字创建对象实例，而是直接使用"对象名.成员"的格式来访问其属性或方法。下面将对 Window 对象的属性和方法进行介绍。

1．Window 对象的属性

Window 对象的常用属性如表 10.16 所示。

表 10.16　Window 对象的常用属性

属　　性	描　　述
document	对窗口或框架中含有文档的 Document 对象的只读引用
defaultStatus	一个可读写的字符，用于指定状态栏中的默认消息
frames	表示当前窗口中所有 Frame 对象的集合
location	用于代表窗口或框架的 Location 对象。如果将一个 URL 赋予该属性，则浏览器将加载并显示该 URL 指定的文档
length	窗口或框架包含的框架个数
history	对窗口或框架的 history 对象的只读引用
name	用于存放窗口对象的名称
status	一个可读写的字符，用于指定状态栏中的当前信息
top	表示最顶层的浏览器窗口
parent	表示包含当前窗口的父窗口
opener	表示打开当前窗口的父窗口
closed	一个只读的布尔值，表示当前窗口是否关闭。当浏览器窗口关闭时，表示该窗口的 Window 对象并不会消失，不过其 closed 属性被设置为 true
self	表示当前窗口
screen	对窗口或框架的 screen 对象的只读引用，提供屏幕尺寸、颜色深度等信息
navigator	对窗口或框架的 navigator 对象的只读引用，通过 navigator 对象可以获得与浏览器相关的信息

2．Window 对象的方法

Window 对象的常用方法如表 10.17 所示。

表 10.17　Window 对象的常用方法

方　　法	描　　述
alert()	弹出一个警告对话框
confirm()	显示一个确认对话框，单击"确认"按钮时返回 true，否则返回 false
prompt()	弹出一个提示对话框，并要求输入一个简单的字符串
blur()	将键盘焦点从顶层浏览器窗口中移走。在多数平台上，这将使窗口移到最后面
close()	关闭窗口
focus()	将键盘焦点赋予顶层浏览器窗口。在多数平台上，这将使窗口移到最前边
open()	打开一个新窗口
scrollTo(x,y)	把窗口滚动到 x,y 坐标指定的位置
scrollBy(offsetx,offsety)	按照指定的位移量滚动窗口
setTimeout(timer)	在经过指定的时间后执行代码
clearTimeout()	取消对指定代码的延迟执行
moveTo(x,y)	将窗口移动到一个绝对位置
moveBy(offsetx,offsety)	将窗口移动到指定的位移量处
resizeTo(x,y)	设置窗口的大小
resizeBy(offsetx,offsety)	按照指定的位移量设置窗口的大小
print()	相当于浏览器工具栏中的"打印"按钮
setInterval()	周期执行指定的代码
clearInterval()	停止周期性地执行代码

技巧　　由于 Window 对象使用十分频繁，又是其他对象的父对象，所以在使用 Window 对象的属性和方法时，JavaScript 允许省略 Window 对象的名称。

例如，在使用 Window 对象的 alert()方法弹出一个提示对话框时，可以使用下面的语句：
window.alert("欢迎访问明日科技网站!");

也可以使用下面的语句：
alert("欢迎访问明日科技网站!");

由于 Window 对象的 open()和 close()方法在实际网站开发中经常用到，下面将对其进行详细的介绍。

（1）open()方法

open()方法用于打开一个新的浏览器窗口，并在该窗口中装载指定 URL 地址的网页。其语法格式如下：
windowVar=window.open(url,windowname[,location]);

☑　windowVar：当前打开窗口的句柄。如果 open()方法执行成功，则 windowVar 的值为一个 Window 对象的句柄，否则 windowVar 的值是一个空值。

☑　url：目标窗口的 URL。如果 URL 是一个空字符串，则浏览器将打开一个空白窗口，允许用 write()方法创建动态 HTML。

☑　windowname：用于指定新窗口的名称，该名称可以作为<a>标记和<form>的 target 属性的值。如果该参数指定了一个已经存在的窗口，那么 open()方法将不再创建一个新的窗口，而只是返回对指定窗口的引用。

☑　location：对窗口属性进行设置，其可选参数如表 10.18 所示。

表 10.18　对窗口属性进行设置的可选参数

参　　数	描　　述
width	窗口的宽度
height	窗口的高度
top	窗口顶部距离屏幕顶部的像素数
left	窗口左端距离屏幕左端的像素数
scrollbars	是否显示滚动条，值为 yes 或 no
resizable	设定窗口大小是否固定，值为 yes 或 no
toolbar	浏览器工具栏，包括后退及前进按钮等，值为 yes 或 no
menubar	菜单栏，一般包括文件、编辑及其他菜单项，值为 yes 或 no
location	定位区，也叫地址栏，是可以输入 URL 的浏览器文本区，值为 yes 或 no

技巧　当 Window 对象赋给变量后，也可以使用打开窗口句柄的 close()方法关闭窗口。

例如，打开一个新的浏览器窗口，在该窗口中显示 bbs.htm 文件，设置打开窗口的名称为 bbs，并设置窗口的顶边距、左边距、宽度和高度。代码如下：

```
window.open("bbs.htm","bbs","width=531,height=402,top=50,left=20");
```

（2）close()方法

close()方法用于关闭当前窗口。其语法格式如下：

```
window.close()
```

当 Window 对象赋给变量后，也可以使用以下方法关闭窗口。

```
打开窗口的句柄.close();
```

例 10.14　应用 Window 对象的 open()方法打开显示公告信息的窗口，并设置该窗口在 10 秒钟后自动关闭。（实例位置：光盘\TM\Instances\10.14）

（1）编写 bbs.htm 文件，在该文件中显示公告信息（这里为一张图片），并且设置该窗口 10 秒钟后自动关闭。bbs.htm 文件的关键代码如下：

```
<html>
<head><title>明日科技公告</title></head>

<body onLoad="window.setTimeout('window.close()',5000)" style=" margin:0px">
<img src="images/bbs.jpg" width="531" height="402">            <!--显示公告信息-->
</body>
```

（2）编写 index.jsp 文件，在该文件的<head>标记中添加以下代码，用于打开新窗口显示公告信息。

```
<script language="javascript">
    window.open("bbs.htm","bbs","width=531,height=402,top=50,left=20");    //打开新窗口显示公告信息
</script>
```

运行程序，将打开如图 10.28 所示的新窗口显示公告信息，并且该窗口在 10 秒钟后将自动关闭。

技巧　在应用 Window 对象的 close()方法关闭 IE 主窗口时，将会弹出一个"您查看的网页正在试图关闭窗口。是否关闭此窗口？"的询问对话框，如果不想显示该询问对话框，可以应用以下代码关闭 IE 主窗口。

```
<a href="#" onClick="window.opener=null;window.close();">关闭</a>
```

图 10.28 实例运行结果

10.9 DOM 技术

📹 **视频讲解：光盘\TM\Video\10\DOM 技术.exe**

DOM 是一种与浏览器、平台及语言无关的接口，能够以编程方式访问和操作 Web 页面（也可以称为文档）。DOM 技术在进行 Ajax 开发时非常有用，下面将对其进行详细介绍。

10.9.1 DOM 概述

DOM 是 Document Object Model（文档对象模型）的简称，是表示文档（如 HTML 文档）和访问、操作构成文档的各种元素（如 HTML 标记和文本串）的应用程序接口（API）。它提供了文档中独立元素的结构化、面向对象的表示方法，并允许通过对象的属性和方法访问这些对象。另外，文档对象模型还提供了添加和删除文档对象的方法，这样能够创建动态的文档内容。DOM 也提供了处理事件的接口，它允许捕获和响应用户以及浏览器的动作。

10.9.2 DOM 的分层结构

在 DOM 中，文档的层次结构以树形表示。树是倒立的，树根在上，枝叶在下，树的节点表示文档中的内容。DOM 树的根节点是个 Document 对象，该对象的 documentElement 属性引用表示文档根元素的 Element 对象。对于 HTML 文档，表示文档根元素的 Element 对象是<html>标记，<head>和<body>元素是树的枝干。下面以一个简单的 HTML 文档说明 DOM 的分层结构。

```html
<html>
    <head>
        <title>一个 HTML 文档</title>
    </head>
    <body>
        欢迎访问明日科技网站！
        <br>
        <a href="http://www.mingribook.com"> http://www.mingribook.com</a>
    </body>
</html>
```

上面的 HTML 文档的运行结果如图 10.29 所示，对应的 Document 对象的层次结构如图 10.30 所示。

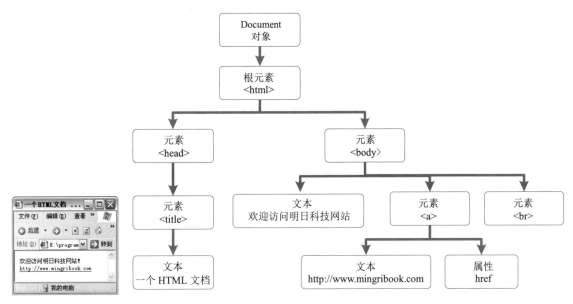

图 10.29　HTML 文档的运行结果　　　　图 10.30　Document 对象的层次结构

> **说明**　在树形结构中，直接位于一个节点之下的节点被称为该节点的子节点（children）；直接位于一个节点之上的节点被称为该节点的父节点（parent）；位于同一层次，具有相同父节点的节点是兄弟节点（sibling）；一个节点的下一个层次的节点集合是该节点的后代（descendant）；一个节点的父节点、祖父节点及其他所有位于它之上的节点都是该节点的祖先（ancestor）。

10.9.3　遍历文档

在 DOM 中，HTML 文档各个节点被视为各种类型的 Node 对象，并且将 HTML 文档表示为 Node 对象的树。对于任何一个树形结构来说，最常做的就是遍历树。在 DOM 中，可以通过 Node 对象的 parentNode、firstChild、nextChild、lastChild、previousSibling 等属性来遍历文档树。Node 对象的常用属性如表 10.19 所示。

表 10.19　Node 对象的常用属性

属　　　性	类　　　型	描　　　述
parentNode	Node	节点的父节点，没有父节点时为 null
childNodes	NodeList	节点的所有子节点的 NodeList
firstChild	Node	节点的第一个子节点，没有则为 null
lastChild	Node	节点的最后一个子节点，没有则为 null
previousSibling	Node	节点的上一个节点，没有则为 null
nextChild	Node	节点的下一个节点，没有则为 null
nodeName	String	节点名
nodeValue	String	节点值
nodeType	short	表示节点类型的整型常量（如表 10.20 所示）

由于 HTML 文档的复杂性，DOM 定义了 nodeType 来表示节点的类型。下面以列表的形式给出 Node 对象的节点类型、节点名、节点值及节点类型常量，如表 10.20 所示。

表 10.20 Node 对象的节点类型、节点名、节点值及节点类型常量

节 点 类 型	节 点 名	节 点 值	节点类型常量
Attr	属性名	属性值	ATTRIBUTE_NODE（2）
CDATASection	#cdata-section	CDATA 段内容	CDATA_SECTION_NODE（4）
Comment	#comment	注释的内容	COMMENT_NODE（8）
Document	#document	null	DOCUMENT_NODE（9）
DocumentFragment	#document-fragment	null	DOCUMENT_FRAGMENT_NODE（11）
DocumentType	文档类型名	null	DOCUMENT_TYPE_NODE（10）
Element	标记名	null	ELEMENT_NODE（1）
Entity	实体名	null	ENTITY_NODE（6）
EntityReference	引用实体名	null	ENTITY_REFERENCE_NODE（5）
Notation	符号名	null	NOTATION_NODE（12）
ProcessionInstruction	目标	除目标以外的所有内容	PROCESSIONG_INSTRUCTION_NODE（7）
Text	#text	文本节点内容	TEXT_NODE（3）

例 10.15 遍历 JSP 文档，并获取该文档中的全部标记及标记总数。（**实例位置：光盘\TM\Instances\10.15**）

（1）编写 index.jsp 文件，在该文件中添加提示性文字及进入明日科技网站的超链接。关键代码如下：

```
<%@ page language="java" pageEncoding="GBK"%>
<html>
    <head>
        <title>一个简单的文档</title>
    </head>
    <body>
        欢迎访问明日科技网站！
        <br>
        <a href="http://www.mingribook.com"> http://www.mingribook.com</a>
    </body>
</html>
```

（2）编写 JavaScript 代码，用于获取文档中全部的标记，并统计标记的个数。关键代码如下：

```
<script language="javascript">
    var elementList = "";                                      //全局变量，保存 Element 标记名，使用完毕要清空
    function getElement(node) {                                 //参数 node 是一个 Node 对象
        var total = 0;
        if(node.nodeType==1) {                                 //检查 node 是否为 Element 对象
            total++;                                           //如果是，计数器加 1
            elementList = elementList + node.nodeName + "、";    //保存标记名
        }
        var childrens = node.childNodes;                       //获取 node 的全部子节点
        for(var m=node.firstChild; m!=null;m=m.nextSibling) {
            total += getElement(m);                            //对每个子节点进行递归操作
        }
        return total;
    }
    function show(){
        var number=getElement(document);                       //获取标记总数
        elementList=elementList.substring(0,elementList.length-1);  //去除字符串中最后一个逗号
        alert("该文档中包含："+elementList+"等"+number+"个标记！");
        elementList="";                                        //清空全局变量
```

```
        }
    </script>
```

（3）在页面的 onload 事件中，调用 show()方法获取并显示文档中的标记及标记总数。关键代码如下：

```
<body onload="show()">
```

运行程序，将显示如图 10.31 所示的页面，并弹出提示对话框显示文档中的标记及标记总数。

图 10.31　实例运行结果

10.9.4　获取文档中的指定元素

虽然通过 10.9.3 节介绍的遍历文档树中全部节点的方法可以找到文档中指定的元素，但是这种方法比较麻烦。下面介绍两种直接搜索文档中指定元素的方法。

1．通过元素的 ID 属性获取元素

使用 document 对象的 getElementsById()方法可以通过元素的 ID 属性获取元素。例如，获取文档中 ID 属性为 userList 的节点，代码如下：

```
document.getElementById("userList");
```

2．通过元素的 name 属性获取元素

使用 document 对象的 getElementsByName()方法可以通过元素的 name 属性获取元素。与 getElementsById()方法不同的是，该方法的返回值为一个数组，而不是一个元素。如果想通过 name 属性获取页面中唯一的元素，可以通过获取返回数组中下标值为 0 的元素进行获取。例如，获取 name 属性为 userName 的节点，代码如下：

```
document.getElementsByName("userName")[0];
```

10.9.5　操作文档

在 DOM 中不仅可以通过节点的属性查询节点，还可以对节点进行创建、插入、删除和替换等操作。这些操作都可以通过节点（Node）对象提供的方法来完成。Node 对象的常用方法如表 10.21 所示。

表 10.21　Node 对象的常用方法

方　　法	描　　述
insertBefore(newChild,refChild)	在现有节点 refChild 之前插入节点 newChild
replaceChild(newChild,oldChild)	将子节点列表中的子节点 oldChild 换成 newChild，并返回 oldChild 节点
removeChild(oldChild)	将子节点列表中的子节点 oldChild 删除，并返回 oldChild 节点
appendChild(newChild)	将节点 newChild 添加到该节点的子节点列表末尾。如果 newChild 已经在树中，则先将其删除
hasChildNodes()	返回一个布尔值，表示节点是否有子节点
cloneNode(deep)	返回这个节点的副本（包括属性）。如果 deep 的值为 true，则复制所有包含的节点；否则只复制这个节点

例 10.16　应用 DOM 操作文档，实现添加评论和删除评论的功能。（**实例位置：光盘\TM\Instances\10.16**）

（1）在页面的合适位置添加一个 1 行 2 列的表格，用于显示评论列表，并将该表格的 ID 属性设置为 comment。关键代码如下：

```
<table width="600" border="1" align="center" cellpadding="0" cellspacing="0" bordercolor="#FFFFFF" bordercolorlight=
"#666666" bordercolordark="#FFFFFF" id="comment">
```

```
<tr>
    <td width="18%" height="27" align="center" bgcolor="#E5BB93">评论人</td>
    <td width="82%" align="center" bgcolor="#E5BB93">评论内容</td>
</tr>
</table>
```

（2）在评论列表的下方添加一个用于收集评论信息的表单及表单元素。关键代码如下：

```
<form name="form1" method="post" action="">
评论人：<input name="person" type="text" id="person" size="40">
评论内容： <textarea name="content" cols="60" rows="6" id="content"></textarea>
</form>
```

（3）编写自定义 JavaScript 函数 addElement()，用于在评论列表中添加一条评论信息。在该函数中，首先将评论信息添加到评论列表的后面，然后清空评论人和评论内容文本框。关键代码如下：

```
function addElement() {
    var person = document.createTextNode(form1.person.value);      //创建代表评论人的 TextNode 节点
    var content = document.createTextNode(form1.content.value);    //创建代表评论内容的 TextNode 节点
    //创建 td 类型的 Element 节点
    var td_person = document.createElement("td");
    var td_content = document.createElement("td");
    var tr = document.createElement("tr");                         //创建一个 tr 类型的 Element 节点
    var tbody = document.createElement("tbody");                   //创建一个 tbody 类型的 Element 节点
    //将 TextNode 节点加入到 td 类型的节点中
    td_person.appendChild(person);                                 //添加评论人
    td_content.appendChild(content);                               //添加评论内容
    //将 td 类型的节点添加到 tr 节点中
    tr.appendChild(td_person);
    tr.appendChild(td_content);
    tbody.appendChild(tr);                                         //将 tr 节点加入到 tbody 中
    var tComment = document.getElementById("comment");             //获取 table 对象
    tComment.appendChild(tbody);                                   //将节点 tbody 加入节点尾部
    form1.person.value="";                                         //清空评论人文本框
    form1.content.value="";                                        //清空评论内容文本框
}
```

（4）编写自定义 JavaScript 函数 deleteFirstE()，用于将评论列表中的第一条评论信息删除。deleteFirstE() 函数的关键代码如下：

```
function deleteFirstE(){
    var tComment = document.getElementById("comment");             //获取 table 对象
    if(tComment.rows.length>1){
        tComment.deleteRow(1);                                     //删除表格的第二行，即第一条评论
    }
}
```

（5）编写自定义 JavaScript 函数 deleteLastE()，用于将评论列表中的最后一条评论信息删除。deleteLastE() 函数的关键代码如下：

```
function deleteLastE(){
    var tComment = document.getElementById("comment");             //获取 table 对象
    if(tComment.rows.length>1){
        tComment.deleteRow(tComment.rows.length-1);                //删除表格的最后一行，即最后一条评论
    }
}
```

（6）分别添加"发表"、"删除第一条评论"和"删除最后一条评论"按钮，并在各按钮的 onClick 事件中调用发表评论函数 addElement()、删除第一条评论函数 deleteFirstE()和删除最后一条评论函数 deleteLastE()。另外，还需要添加"重置"按钮。关键代码如下：

```
<input name="Button" type="button" class="btn_grey" value="发表" onClick="addElement()">
<input name="Reset" type="reset" class="btn_grey" value="重置">
<input name="Button" type="button" class="btn_grey" value="删除第一条评论" onClick="deleteFirstE()">
<input name="Button" type="button" class="btn_grey" value="删除最后一条评论" onClick="deleteLastE()">
```

运行程序,在"评论人"文本框中输入评论人,在"评论内容"文本框中输入评论内容,单击"发表"按钮,即可将该评论显示到评论列表中;单击"删除第一条评论"按钮,将删除第一条评论;单击"删除最后一条评论"按钮,将删除最后一条评论,如图 10.32 所示。

图 10.32 实例运行结果

10.9.6 与 DHTML 相对的 DOM

1. innerHTML 和 innerText 属性

innerHTML 属性声明了元素含有的 HTML 文本,不包括元素本身的开始标记和结束标记。设置该属性可以用指定的 HTML 文本替换元素的内容。

例如,通过 innerHTML 属性修改<span>标记的内容。关键代码如下:

```
最新用户:<span id="newUser"></span>
<script language="javascript">
var newUser="无语";
document.getElementById("newUser").innerHTML=newUser;
</script>
```

innerText 属性声明了元素中含有的纯文本,不包括元素本身的开始标记和结束标记。设置该属性可以用未解析过的纯文本替换元素的内容。也就是说,innerText 属性会自动将小于号、大于号、引号和&符号进行 HTML 编码,而不需要再进行特殊处理。

例如,通过 innerText 属性修改<div>标记的内容。关键代码如下:

```
最新用户:<span id="newUser"></span>
<script language="javascript">
var newUser="无语";
document.getElementById("newUser").innerText=newUser;
</script>
```

使用 innerHTML 和 innerText 属性还可以获取元素的内容。如果元素只包含文本,那么 innerHTML 和 innerText 属性的返回值相同。如果元素既包含文本,又包含其他元素,则这两个属性的返回值是不同的,如表 10.22 所示。

表 10.22 innerHTML 和 innerText 属性返回值的区别

HTML 代码	innerHTML 属性	innerText 属性
<div>简单</div>	"简单"	"简单"
<div><i>简单</i></div>	"简单"	"<i>简单</i>"
<div><font color=blue></font></div>	""	<font color=blue></font>

2. outerHTML 和 outerText 属性

在 IE 4.0 及以上版本中还支持 outerHTML 和 outerText 属性。outerHTML 和 outerText 属性与 innerHTML 和 innerText 属性类似,只是 outerHTML 和 outerText 属性替换的是整个目标节点,也就是这两个属性还对元素本身进行修改。

下面以列表的形式给出对于特定代码通过 outerHTML 和 outerText 属性获取的返回值,如表 10.23 所示。

表 10.23　outerHTML 和 outerText 属性返回值的区别

HTML 代码	outerHTML 属性	outerText 属性
<span id="newUser">简单</span>	<SPAN id=newUser>简单</SPAN>	"简单"
<span id="newUser"><i>简单</i></span>	<SPAN id=newUser><I>简单</I></SPAN>	"简单"
<span><font color=blue></font></span>	<SPAN ><FONT color=blue></FONT></SPAN>	""

说明　在使用 outerHTML 和 outerText 属性后，原来的元素（如<span>标记）将被替换成指定的内容，这时如果使用 document.getElementById()方法查找原来的元素（如<span>标记），将会发现原来的元素（如<span>标记）已经不存在了。

注意　只有 IE 浏览器中才支持 innerText、outerHTML 和 outerText 属性。

10.10　实　　战

前面已经学习了如何在 Web 页面中使用 JavaScript，以及 JavaScript 的基本语法、常用的 JavaScrpt 对象和 DOM 技术的应用。下面将通过 5 个具体的实例来介绍 Web 页面中 JavaScript 的基本应用。

10.10.1　检测表单元素是否为空

视频讲解：光盘\TM\Video\10\检测表单元素是否为空.exe

例 10.17　编写自定义的 JavaScript 函数检测表单元素是否为空，如果为空给予提示。（**实例位置：光盘\TM\Instances\10.17**）

（1）编写自定义的 JavaScript 函数 checkNull()，在该函数中将通过 for 循环判断指定表单中的元素是否为空值，如果为空值，将给予提示，并返回 false。checkNull()函数的具体代码如下：

```
function checkNull(form){
    for(i=0;i<form.length;i++){
        if(form.elements[i].value == ""){          //form 的属性 elements 的首字母 e 要小写
            alert("很抱歉，"+form.elements[i].title + "不能为空!");
            form.elements[i].focus();              //当前元素获取焦点
            return false;
        }
    }
}
```

（2）在需要判断表单元素是否为空的<form>标记的 onSubmit 事件中调用 checkNull()函数，检测表单元素是否为空。关键代码如下：

```
<form name="form1" method="post" action="" onSubmit="return checkNull(form1)">
```

技巧　为了在弹出提示对话框时，让用户很方便地知道具体是哪个元素为空，需要为各表单元素指定 title 属性，这样在 JavaScript 中，就可以通过元素的 title 属性获取元素的中文名了。

运行程序，在页面中将显示用户登录表单，如果用户没有输入用户名和密码，单击"登录"按钮，将弹出如图 10.33 所示的提示对话框，提示用户名不允许为空；如果输入用户名后，单击"登录"按钮，将弹出密码不允许为空的提示对话框。

图 10.33 检测表单元素是否为空的实例运行结果

10.10.2 屏蔽鼠标右键和键盘相关事件

📹 视频讲解：光盘\TM\Video\10\屏蔽鼠标右键和键盘相关事件.exe

例 10.18 应用 JavaScript 代码屏蔽鼠标右键和键盘相关事件。（实例位置：光盘\TM\Instances\10.18）

（1）编写自定义的 JavaScript 函数 maskingKeyboard()，在该函数中屏蔽键盘的回车键、退格键、F5 键、Ctrl+N 组合键、Shift+F10 组合键。关键代码如下：

```javascript
function maskingKeyboard() {
    if(event.keyCode==8){                                  //判断是否为退格键
        event.keyCode=0;
        event.returnValue=false;
        alert("当前设置不允许使用退格键");
    }
    if(event.keyCode==13){                                 //判断是否为回车键
        event.keyCode=0;
        event.returnValue=false;
        alert("当前设置不允许使用回车键");
    }
    if(event.keyCode==116){                                //判断是否为 F5 键
        event.keyCode=0;
        event.returnValue=false;
        alert("当前设置不允许使用 F5 刷新键");
    }
    //判断是否为 Alt+←或→方向键
    if((event.altKey)&&((window.event.keyCode==37)||(window.event.keyCode==39))){
        event.returnValue=false;
        alert("当前设置不允许使用 Alt+←或→方向键");
    }
    if((event.ctrlKey)&&(event.keyCode==78)){              //判断是否为 Ctrl+N
        event.returnValue=false;
        alert("当前设置不允许使用 Ctrl+N 新建 IE 窗口");
    }
    if((event.shiftKey)&&(event.keyCode==121)){            //判断是否为 Shift+F10
        event.returnValue=false;
        alert("当前设置不允许使用 Shift+F10");
    }
}
```

（2）在页面的<body>标记的键盘按下事件 onkeydown 中，调用 maskingKeyboard()函数屏蔽键盘的相关事件。关键代码如下：

```html
<body onkeydown="maskingKeyboard()">
```

（3）编写自定义的 JavaScript 函数 rightKey()，用于屏蔽鼠标右键。关键代码如下：

```javascript
function rightKey(){
    if(event.button==2){                                   //判断按下的是否是鼠标右键
        event.returnValue=false;
```

```
        alert("禁止使用鼠标右键！");
    }
}
```

（4）在文档的 onmousedown 事件中调用 rightKey()函数，用于当用户在页面中单击鼠标右键时，屏蔽右键所触发的事件。关键代码如下：

```
document.onmousedown=rightKey;        //当鼠标右键被按下时，调用 rightKey()函数
```

运行程序，在页面中按下回车键、退格键、F5 键、Ctrl+N
组合键、Shift+F10 组合键以及鼠标右键，都将给予提示，并
且屏蔽掉这些事件所触发的动作。例如，按下 F5 键时，将弹
出如图 10.34 所示的提示对话框。

10.10.3 验证 E-mail 地址是否合法

**视频讲解：光盘\TM\Video\10\验证 E-mail 地址是否
合法.exe**

图 10.34 弹出不允许使用 F5 键的提示对话框

例 10.19 应用 JavaScript 代码验证 E-mail 地址是否合法。（实例位置：光盘\TM\Instances\10.19）

编写自定义的 JavaScript 函数 checkEmail()，在该函数中首先判断 E-mail 文本框是否为空，然后再应用
正则表达式判断 E-mail 地址是否合法，如果不合法给予提示，否则提交表单。关键代码如下：

```
function checkEmail(){
    var email = document.getElementById("email");
    if(email.value==null||email.value==""){        //判断文本框是否为空
        alert("请输入 E-mail 地址！");
        email.focus();
        return;
    }
    var regExpression = /\w+([-+.]\w+)*@\w+([-.]\w+)*\.\w+([-.]\w+)*/;
    if(!regExpression.test(email.value)){        //通过 test()函数测试字符串是否与表达式的模式匹配
        alert("您输入的 E-mail 地址不正确！");
        email.focus();                            //使文本框获得焦点
        return;
    }
    document.getElementById("myform").submit();
}
```

运行本实例，输入用户注册信息，当输入的 E-mail 地址不正确时（如 mrsoft），将给予提示，如图 10.35
所示。

10.10.4 验证手机号码是否正确

视频讲解：光盘\TM\Video\10\验证手机号码是否正确.exe

例 10.20 应用 JavaScript 代码验证手机号码是否正确。（实例位置：光盘\TM\Instances\10.20）

编写自定义的 JavaScript 函数 checkPhone()，在该函数中应用正则表达式判断手机号码是否正确，如果
不正确将给予提示，否则提交表单。关键代码如下：

```
function checkPhone(){
    var mobileNo = document.getElementById("mobileNo");
    var regExpression = /^(86)?((13\d{9})|(15[0,1,2,3,5,6,7,8,9]\d{8})|(18[0,5,6,7,8,9]\d{8}))$/;
    if(!regExpression.test(mobileNo.value)){
        alert("您输入的手机号码有误！");
```

```
                mobileNo.focus();
                return;
            }

        document.getElementById("myform").submit();
    }
```

运行本实例，输入用户注册信息，当输入的手机号码不正确时（如 123456），将给予提示，如图 10.36
所示。

图 10.35 验证 E-mail 地址是否合法

图 10.36 验证手机号码是否正确

10.10.5 计算两个日期相差的天数

视频讲解：光盘\TM\Video\10\计算两个日期相差的天数.exe

例 10.21 应用 JavaScript 代码验证手机号码是否正确。（实例位置：光盘\TM\Instances\10.21）

（1）新建 index.jsp 页，编写计算两个日期之间相差的天数的 JavaScript 自定义函数，在该函数中，首
先根据日期类型的字符串（yyyy-mm-dd）创建日期类型的 Date 对象，然后通过 Date 对象的 getTime()方法获
得表示日期的毫秒值，通过两个日期的毫秒值之差除以一天的毫秒值即两个日期相差的天数。关键代码如下：

```
/**
*计算两个日期相差的天数
*@date1：日期类型的字符串（yyyy-mm-dd）
*@date2：日期类相的字符串（yyyy-mm-dd）
*@return：返回日期天数差
*/
function getDays(date1,date2){
    var date1Str = date1.split("-");//将日期字符串分隔为数组，数组元素分别为年、月、日
    //根据年、月、日的值创建 Date 对象
    var date1Obj = new Date(date1Str[0],(date1Str[1]-1),date1Str[2]);
    var date2Str = date2.split("-");
    var date2Obj = new Date(date2Str[0],(date2Str[1]-1),date2Str[2]);
    var t1 = date1Obj.getTime();              //返回从 1970-1-1 开始计算到 Date 对象中的时间之间的毫秒数
    var t2 = date2Obj.getTime();              //返回从 1970-1-1 开始计算到 Date 对象中的时间之间的毫秒数
    var datetime=1000*60*60*24;               //表示一天 24 小时时间内的毫秒值
    var minusDays = Math.floor(((t2-t1)/datetime));   //计算出两个日期天数差
    var days = Math.abs(minusDays);           //如果结果为负数，取绝对值
    return days;
}
```

（2）编写表单提交按钮 onclick 事件所调用的 JavaScript 函数，在该函数中首先验证输入的日期是否为
空，如果不为空，需要验证日期是否有效，具体的验证方法请参考源代码。如果验证成功，则调用步骤（1）
编写的计算两个日期相差天数的函数，最后将返回结果赋值为相应的文本框。关键代码如下：

```
function check(){
        var start_date = document.getElementById("start_date").value;
```

```
        var end_date = document.getElementById("end_date").value;
        if(start_date==""){
            alert("请输入开始日期！");
            return;
        }
        else{
            if(!checkDate(start_date)){
                alert("您输入的开始日期无效！");
                return;
            }
        }
        if(end_date==""){
            alert("请输入终止日期！");
            return;
        }else{
            if(!checkDate(end_date)){
                alert("您输入的终止日期无效！");
                return;
            }
        }
        document.getElementById("minusDay").value = getDays(start_date,end_date);
}
```

运行程序，在文本框中分别输入两个日期字符串（格式为：yyyy-mm-dd），单击"计算"按钮后，会显示出这两个日期相差的天数，如图 10.37 所示。

图 10.37 计算两个日期相差的天数

10.11 本章小结

本章首先对什么是 JavaScript、JavaScript 的主要特点，以及 JavaScript 与 Java 的区别作了简要介绍；然后介绍了如何在 Web 页面中使用 JavaScript，以及 JavaScript 的基本语法；接下来又对正则表达式和 JavaScript 的常用对象作了详细介绍，其中应用正则表达式进行模式匹配需要读者重点掌握，在以后的编程中经常会用到；最后对 DOM 技术进行了详细介绍。在进行 Ajax 开发时，DOM 技术也是必不可少的，所以这部分内容也需要读者重点掌握。

10.12 学习成果检验

1. 应用 JavaScript 检测输入的日期格式是否合法。（答案位置：光盘\TM\Instances\10.22）
2. 应用 JavaScript 验证身份证号码是否合法。（答案位置：光盘\TM\Instances\10.23）
3. 应用 JavaScript 在网页中显示系统日期。（答案位置：光盘\TM\Instances\10.24）
4. 应用 JavaScript 实现日期倒计时。（答案位置：光盘\TM\Instances\10.25）

第11章

综合实验（三）——Ajax 实现用户注册模块

（ 📹 视频讲解：94分钟 ）

随着 Web 2.0 时代的到来，Ajax 产生并逐渐进入主流。相对于传统的 Web 应用开发，Ajax 运用的是更加先进、更加标准化、更加高效的 Web 开发技术体系。由于 Ajax 是一个客户端技术，所以无论使用哪种服务器端技术（如 JSP、PHP、ASP.NET 等）都可以使用 Ajax 技术。本章将向读者介绍 Aajx 相关技术以及应用 Ajax 实现用户注册模块。

通过阅读本章，您可以：

▶▶ 了解什么是 Ajax 以及 Ajax 的开发模式和优点

▶▶ 掌握 Ajax 使用的技术

▶▶ 掌握传统的 Ajax 工作流程

▶▶ 掌握 jQuery 实现 Ajax 的相关技术

▶▶ 了解 Ajax 开发需要注意的几个问题

▶▶ 掌握如何实现异步检测用户名是否被注册

▶▶ 掌握应用 Ajax 开发用户注册模块的基本过程

11.1 Ajax 简介

11.1.1 什么是 Ajax

Ajax 是 Asynchronous JavaScript and XML 的缩写，意思是异步的 JavaScript 与 XML。Ajax 并不是一门新的语言或技术，它是 JavaScript、XML、CSS、DOM 等多种已有技术的组合，可以实现客户端的异步请求操作，进而在不需要刷新页面的情况下与服务器进行通信，减少了用户的等待时间，减轻了服务器和带宽的负担，提供更好的服务响应。

11.1.2 Ajax 的开发模式

在传统的 Web 应用模式中，页面中用户的每一次操作都将触发一次返回 Web 服务器的 HTTP 请求，服务器进行相应的处理（获得数据、运行与不同的系统会话）后，返回一个 HTML 页面给客户端，如图 11.1 所示。

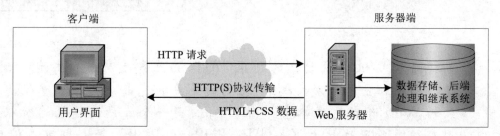

图 11.1　Web 应用的传统模型

而在 Ajax 应用中，页面中用户的操作将通过 Ajax 引擎与服务器端进行通信，然后将返回结果提交给客户端页面的 Ajax 引擎，再由 Ajax 引擎来决定将这些数据插入到页面的指定位置，如图 11.2 所示。

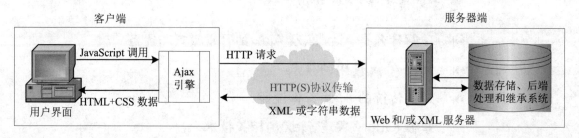

图 11.2　Web 应用的 Ajax 模型

从图 11.1 和图 11.2 中可以看出，对于每个用户的行为，在传统的 Web 应用模型中，将生成一次 HTTP 请求，而在 Ajax 应用开发模型中，将变成对 Ajax 引擎的一次 JavaScript 调用。在 Ajax 应用开发模型中通过 JavaScript 实现了在不刷新整个页面的情况下对部分数据进行更新，从而降低了网络流量，给用户带来了更好的体验。

11.1.3 Ajax 的优点

与传统的 Web 应用不同，Ajax 在用户与服务器之间引入一个中间媒介（Ajax 引擎），从而消除了网络交互过程中的处理—等待—处理—等待的缺点。Ajax 的优点具体表现在以下几个方面：

（1）减轻服务器的负担。Ajax 的原则是"按需求获取数据"，这可以最大程度地减少冗余请求和响应对服务器造成的负担。

（2）可以把一部分以前由服务器负担的工作转移到客户端，利用客户端闲置的资源进行处理，减轻服务器和带宽的负担，节约空间和成本。

（3）无刷新更新页面，从而使用户不用再像以前一样在服务器处理数据时，只能在死板的白屏前焦急地等待。Ajax 使用 XMLHttpRequest 对象发送请求并得到服务器的响应，在不需要重新载入整个页面的情况下，就可以通过 DOM 及时将更新的内容显示在页面上。

（4）可以调用 XML 等外部数据，进一步促进页面显示和数据的分离。

（5）基于标准化的并被广泛支持的技术，不需要下载插件或者小程序。

11.2　Ajax 使用的技术

📀 视频讲解：光盘\TM\Video\11\Ajax 使用的技术.exe

11.2.1　XMLHttpRequest

Ajax 使用的技术中，最核心的技术就是 XMLHttpRequest。它是一个具有应用程序接口的 JavaScript 对象，能够使用超文本传输协议（HTTP）连接一个服务器。XMLHttpRequest 是微软公司为了满足开发者的需要，于 1999 年在 IE 5.0 浏览器中率先推出的。现在许多浏览器都对其提供了支持，不过实现方式与 IE 有所不同。

通过 XMLHttpRequest 对象，Ajax 可以像桌面应用程序一样只同服务器进行数据层面的交换，而不用每次都刷新页面，也不用每次都将数据处理的工作交给服务器来完成，这样既减轻了服务器负担又加快了响应速度、缩短了用户等待的时间。

在使用 XMLHttpRequest 对象发送请求和处理响应之前，首先需要初始化该对象。由于 XMLHttpRequest 不是一个 W3C 标准，所以对于不同的浏览器，初始化的方法也是不同的。

☑　IE 浏览器

IE 浏览器把 XMLHttpRequest 实例化为一个 ActiveX 对象。具体方法如下：

```
var http_request = new ActiveXObject("Msxml2.XMLHTTP");
```

或者

```
var http_request = new ActiveXObject("Microsoft.XMLHTTP");
```

在上面的语法中，Msxml2.XMLHTTP 和 Microsoft.XMLHTTP 是针对 IE 浏览器的不同版本而进行设置的，目前比较常用的是这两种。

☑　Mozilla、Safari 等非 IE 浏览器

Mozilla、Safari 等非 IE 浏览器将 XMLHttpRequest 实例化为一个本地 JavaScript 对象。具体方法如下：

```
var http_request = new XMLHttpRequest();
```

为了提高程序的兼容性，可以创建一个跨浏览器的 XMLHttpRequest 对象。创建一个跨浏览器的 XMLHttpRequest 对象其实很简单，只需要判断一下不同浏览器的实现方式。如果浏览器提供了 XMLHttpRequest 类，则直接创建一个实例，否则使用 IE 的 ActiveX 控件。关键代码如下：

```
if (window.XMLHttpRequest) {                        //Mozilla 等非 IE 浏览器
    http_request = new XMLHttpRequest();
} else if (window.ActiveXObject) {                  //IE 浏览器
    try {
        http_request = new ActiveXObject("Msxml2.XMLHTTP");
    } catch (e) {
```

```
        try {
                http_request = new ActiveXObject("Microsoft.XMLHTTP");
        } catch (e) { }
    }
}
```

在上面的代码中，调用 window.ActiveXObject 将返回一个对象或是 null，在 if 语句中会把返回值看作是
true 或 false（如果返回对象，则为 true；否则返回 null，则为 false）。

说明 由于 JavaScript 具有动态类型特性，而且 XMLHttpRequest 对象在不同浏览器上的实例是兼容
的，所以可以用同样的方式访问 XMLHttpRequest 实例的属性和方法，而不需要考虑创建该实例的方法
是什么。

1. XMLHttpRequest 对象的常用方法

下面对 XMLHttpRequest 对象的常用方法进行详细介绍。

（1）open()方法

open()方法用于设置进行异步请求目标的 URL、请求方法以及其他参数信息。其语法格式如下：

```
open("method","URL"[,asyncFlag[,"userName"[, "password"]]])
```

☑ method：用于指定请求的类型，一般为 get 或 post。

☑ URL：用于指定请求地址，可以使用绝对地址或者相对地址，并且可以传递查询字符串。

☑ asyncFlag：可选参数，用于指定请求方式，异步请求为 true，同步请求为 false，默认情况下为 true。

☑ userName：可选参数，用于指定请求用户名，没有时可省略。

☑ password：可选参数，用于指定请求密码，没有时可省略。

例如，设置异步请求目标为 deal.jsp，请求方法为 GET，请求方式为异步的代码如下：

```
http_request.open("GET","deal.jsp",true);
```

（2）send()方法

send()方法用于向服务器发送请求。如果请求声明为异步，该方法将立即返回，否则将等到接收到响应
为止。其语法格式如下：

```
send(content)
```

content：用于指定发送的数据，可以是 DOM 对象的实例、输入流或字符串。如果没有参数需要传递，
可以设置为 null。

（3）setRequestHeader()方法

setRequestHeader()方法用于为请求的 HTTP 头设置值。其语法格式如下：

```
setRequestHeader("label", "value")
```

☑ label：用于指定 HTTP 头。

☑ value：用于为指定的 HTTP 头设置值。

注意 setRequestHeader()方法必须在调用 open()方法之后才能调用。

例如，在发送 POST 请求时，通常需要设置 Content-Type 请求头。关键代码如下：

```
http_request.setRequestHeader("Content-Type","application/x-www-form-urlencoded");
```

（4）abort()方法

abort()方法用于停止当前异步请求。其语法格式如下：

```
abort()
```

（5）getResponseHeader()方法

getResponseHeader()方法用于以字符串形式返回指定的 HTTP 头信息。其语法格式如下：

```
getResponseHeader("headerLabel")
```

headerLabel：用于指定 HTTP 头，包括 Server、Content-Type 和 Date 等。

例如，要获取 HTTP 头 Content-Type，可以使用以下代码：

```
getResponseHeader("Content-Type")
```

（6）getAllResponseHeaders()方法

getAllResponseHeaders()方法用于以字符串形式返回完整的 HTTP 头信息。其语法格式如下：

```
getAllResponseHeaders()
```

2．XMLHttpRequest 对象的常用属性

XMLHttpRequest 对象还提供了一些属性（如表 11.1 所示），通过这些属性可以实现与服务器的异步通信。

表 11.1　标准 XMLHttpRequest 属性

属　　性	描　　述
onreadystatechange	每个状态改变时都会触发这个事件处理器，通常会调用一个 JavaScript 函数
readyState	请求的状态。有以下 5 个取值： 0 = 未初始化 1 = 正在加载 2 = 已加载 3 = 交互中 4 = 完成
responseText	服务器的响应，表示为字符串
responseXML	服务器的响应，表示为 XML。这个对象可以解析为一个 DOM 对象
status	返回服务器的 HTTP 状态码，如： 200="成功" 202="请求被接受，但尚未成功" 400="错误的请求" 404="文件未找到" 500="内部服务器错误"
statusText	返回 HTTP 状态码对应的文本，如 OK 或 Not Found（未找到）等

11.2.2　JavaScript 脚本语言

JavaScript 是一种在 Web 页面中添加动态脚本代码的解释性程序语言，其核心已经嵌入到目前主流的 Web 浏览器中。虽然平时应用最多的是通过 JavaScript 实现一些网页特效及表单数据验证等功能，其实 JavaScript 可以实现的功能远不止这些。JavaScript 是一种具有丰富的面向对象特性的程序设计语言，利用它能执行许多复杂的任务，例如 Ajax 就是利用 JavaScript 将 DOM、XHTML（或 HTML）、XML 以及 CSS 等技术综合起来，并控制其行为的。因此要开发一个复杂、高效的 Ajax 应用程序，就必须对 JavaScript 有深入的了解。

说明　关于 JavaScript 脚本语言的详细介绍参见第 10 章。

11.2.3　DOM

DOM 是 Document Object Model（文档对象模型）的简称，是表示文档（如 HTML 文档）和访问、操

作构成文档的各种元素（如 HTML 标记和文本串）的应用程序接口（API）。W3C 定义了标准的文档对象模型，它以树形结构表示 HTML 和 XML 文档，定义了遍历树和添加、修改、查找树的节点的方法和属性。在 Ajax 应用中，通过 JavaScript 操作 DOM，可以达到在不刷新页面的情况下实时修改用户界面的目的。

说明 关于 DOM 的详细介绍参见 10.9 节。

11.2.4　XML 语言

XML 是 Extensible Markup Language（可扩展的标记语言）的缩写，它提供了用于描述结构化数据的格式。XMLHttpRequest 对象与服务器交换的数据通常采用 XML 格式，但也可以是基于文本的其他格式。

说明 关于 XML 的介绍和如何操作 XML 参见第 9 章。

11.2.5　CSS

CSS 是 Cascading Style Sheet（层叠样式表）的缩写，用于（增强）控制网页样式并允许将样式信息与网页内容分离的一种标记性语言。在 Ajax 出现以前，CSS 已经广泛地应用到传统的网页中了，所以本书不对 CSS 进行详细介绍。在 Ajax 中，通常使用 CSS 进行页面布局，并通过改变文档对象的 CSS 属性控制页面的外观和行为。

11.3　传统 Ajax 工作流程

📹 视频讲解：光盘\TM\Video\11\传统 Ajax 工作流程.exe

11.3.1　发送请求

Ajax 可以通过 XMLHttpRequest 对象实现采用异步方式在后台发送请求。通常情况下，Ajax 发送请求有两种，一种是发送 GET 请求，另一种是发送 POST 请求。但是无论发送哪种请求，都需要经过以下 4 个步骤。

（1）初始化 XMLHttpRequest 对象。为了提高程序的兼容性，需要创建一个跨浏览器的 XMLHttpRequest 对象，并且判断 XMLHttpRequest 对象的实例是否成功，如果不成功，则给予提示。关键代码如下：

```
http_request = false;
if (window.XMLHttpRequest) {                    //Mozilla 等非 IE 浏览器
    http_request = new XMLHttpRequest();
} else if (window.ActiveXObject) {              //IE 浏览器
    try {
        http_request = new ActiveXObject("Msxml2.XMLHTTP");
    } catch (e) {
        try {
            http_request = new ActiveXObject("Microsoft.XMLHTTP");
        } catch (e) {}
    }
}
if (!http_request) {
    alert("不能创建 XMLHttpRequest 对象实例！");
```

```
        return false;
}
```

（2）为 XMLHttpRequest 对象指定一个回调函数，用于对返回结果进行处理。关键代码如下：

```
http_request.onreadystatechange = getResult;        //调用回调函数
```

注意　使用 XMLHttpRequest 对象的 onreadystatechange 属性指定回调函数时，不能指定要传递的参数。如果要指定传递的参数，可以应用以下方法。

```
http_request.onreadystatechange = function(){getResult(param)};
```

（3）创建一个与服务器的连接。在创建时，需要指定发送请求的方式（即 GET 或 POST），以及设置是否采用异步方式发送请求。

例如，采用异步方式发送 GET 请求的具体代码如下：

```
http_request.open('GET', url, true);
```

例如，采用异步方式发送 POST 请求的具体代码如下：

```
http_request.open('POST', url, true);
```

说明　open()方法中的 url 参数可以是一个 JSP 页面的 URL 地址，也可以是 Servlet 的映射地址。也就是说，请求处理页可以是一个 JSP 页面，也可以是一个 Servlet。

技巧　在指定 URL 参数时，最好将一个时间戳追加到该 URL 参数的后面，这样可以防止因浏览器缓存结果而不能实时得到最新的结果。例如，可以指定 URL 参数为以下代码：

```
String url="deal.jsp?nocache="+new Date().getTime();
```

（4）向服务器发送请求。利用 XMLHttpRequest 对象的 send()方法可以实现向服务器发送请求，该方法需要传递一个参数，如果发送的是 GET 请求，可以将该参数设置为 null；如果发送的是 POST 请求，可以通过该参数指定要发送的请求参数。

向服务器发送 GET 请求的代码如下：

```
http_request.send(null);
```

向服务器发送 POST 请求的代码如下：

```
var
param="user="+form1.user.value+"&pwd="+form1.pwd.value+"&email="+form1.email.value+"&question="+form
1.question.value+"&answer="+form1.answer.value+"&city="+form1.city.value;        //组合参数
http_request.send(param);
```

需要注意的是，在发送 POST 请求前，还需要设置正确的请求头。关键代码如下：

```
http_request.setRequestHeader("Content-Type","application/x-www-form-urlencoded");
```

上面的这句代码需要添加在"http_request.send(param);"语句之前。

11.3.2　处理服务器响应

当向服务器发送请求后，接下来就需要处理服务器响应了。在不同的条件下，服务器对同一个请求也可能有不同的响应结果。例如，网络不通畅，就会返回一些错误结果。因此，根据响应状态的不同，应该采取不同的处理方式。

在 11.3.1 节向服务器发送请求时，已经通过 XMLHttpRequest 对象的 onreadystatechange 属性指定了一个回调函数，用于处理服务器响应。在这个回调函数中，首先需要判断服务器的请求状态，保证请求已完成，然后再根据服务器的 HTTP 状态码，判断服务器对请求的响应是否成功，如果成功，则获取服务器的响应反馈给客户端。

XMLHttpRequest 对象提供了两个用来访问服务器响应的属性：一个是 responseText 属性，返回字符串响应；另一个是 responseXML 属性，返回 XML 响应。

1. 处理字符串响应

字符串响应通常应用在响应不是特别复杂的情况下。例如，将响应显示在提示对话框中，或者响应只是显示成功或失败的字符串。

将字符串响应显示到提示对话框中的回调函数的关键代码如下：

```
function getResult() {
    if (http_request.readyState == 4) {                    //判断请求状态
        if (http_request.status == 200) {                  //请求成功，开始处理响应
            alert(http_request.responseText);              //弹出提示对话框显示响应结果
        } else {                                           //请求页面有错误
            alert("您所请求的页面有错误！");
        }
    }
}
```

如果需要将响应结果显示到页面的指定位置，也可以先在页面的合适位置添加一个<div>或<span>标记，设置该标记的 id 属性，如 div_result，然后在回调函数中应用以下代码显示响应结果。

```
document.getElementById("div_result").innerHTML=http_request.responseText;
```

2. 处理 XML 响应

如果在服务器端需要生成特别复杂的响应，那么就需要应用 XML 响应。应用 XMLHttpRequest 对象的 responseXML 属性，可以生成一个 XML 文档，而且当前浏览器已经提供了很好的解析 XML 文档对象的方法。

在回调函数中遍历保存留言信息的 XML 文档，并显示到页面中。关键代码如下：

```
<script language="javascript">
function getResult() {
    if (http_request.readyState == 4) {                    //判断请求状态
        if (http_request.status == 200) {                  //请求成功，开始处理响应
                var xmldoc = http_request.responseXML;
                var msgs="";
                for(i=0;i<xmldoc.getElementsByTagName("board").length;i++){
                var board = xmldoc.getElementsByTagName("board").item(i);
                msgs=msgs+board.getAttribute("name")+"的留言: "+
                board.getElementsByTagName('msg')[0].firstChild.data+"<br>";
}
                document.getElementById("msg").innerHTML=msgs;    //显示留言内容
        } else {                                                  //请求页面有错误
            alert("您所请求的页面有错误！");
        }
    }
}
</script>
<div id="msg"></div>
```

要遍历的 XML 文档的结构如下：

```
<?xml version="1.0" encoding="UTF-8"?>
<boards>
<board name="wgh">
    <msg>你现在好吗？</msg>
</board>
```

```
<board name="无语">
    <msg>恒则成</msg>
</board>
</boards>
```

11.3.3　一个完整的实例

例 11.01　检测输入的用户名是否被注册。（**实例位置：光盘\TM\Instances\11.01**）

（1）编写一个自定义的 JavaScript 函数 createRequest()，在该函数中首先初始化 XMLHttpRequest 对象，然后指定处理函数，再创建与服务器的连接，最后向服务器发送请求。createRequest()函数的关键代码如下：

```
function createRequest(url) {
    http_request = false;
    if (window.XMLHttpRequest) {                                    //Mozilla 等非 IE 浏览器
        http_request = new XMLHttpRequest();                        //创建 XMLHttpRequest 对象
    } else if (window.ActiveXObject) {                              //IE 浏览器
        try {
            http_request = new ActiveXObject("Msxml2.XMLHTTP");     //创建 XMLHttpRequest 对象
        } catch (e) {
            try {
                http_request = new ActiveXObject("Microsoft.XMLHTTP"); //创建 XMLHttpRequest 对象
            } catch (e) { }
        }
    }
    if (!http_request) {
        alert("不能创建 XMLHttpRequest 对象实例！");
        return false;
    }
    http_request.onreadystatechange = getResult;                    //调用返回结果处理函数
    http_request.open('POST', url, true);                           //创建与服务器的连接
    http_request.send(null);                                        //向服务器发送请求
}
```

（2）编写回调函数 getResult()，该函数主要根据请求状态对返回结果进行处理。getResult()函数的关键代码如下：

```
function getResult() {
    if (http_request.readyState == 4) {                             //判断请求状态
        if (http_request.status == 200) {                           //请求成功，开始处理返回结果
            alert(http_request.responseText);                       //显示判断结果
        } else {                                                    //请求页面有错误
            alert("您所请求的页面有错误！");
        }
    }
}
```

（3）编写自定义的 JavaScript 函数 checkUser()，用于检测用户名是否为空。当用户名不为空时，调用 createRequest()函数发送异步请求检测用户名是否被注册。checkUser()函数的关键代码如下：

```
function checkUser(userName){
    if(userName.value==""){
        alert("请输入用户名！");userName.focus();return;
    }else{
        createRequest('checkUser.jsp?user='+userName.value);
    }
}
```

（4）在页面的合适位置添加用于收集用户信息的表单及表单元素，以及"检测用户名"按钮，并在"检测用户名"按钮的 onClick 事件中调用 checkUser()方法，检测用户名是否被注册。关键代码如下：

```
用户名：<input name="username" type="text" id="username" size="30">
<input name="b_checkUser" type="button" class="btn_grey" id="b_checkUser" value="检测用户名"
onClick="checkUser(this.form.username);">
```

（5）编写检测用户名是否被注册的处理页面 checkUser.jsp，在该页面中判断输入的用户名是否已注册，并应用 JSP 内置对象 out 的 println()方法输出判断结果。checkUser.jsp 页面的关键代码如下：

```
<%@ page language="java" import="java.util.*" pageEncoding="GBK" %>
<%
    String[] userList={"明日科技","mr","wgh","mrsoft"};              //创建一个一维数组
    String user=new String(request.getParameter("user").getBytes("ISO-8859-1"),"GBK");    //获取用户名
    Arrays.sort(userList);                                        //对数组排序
    int result=Arrays.binarySearch(userList,user);               //搜索数组
    if(result>-1){
        out.println("很抱歉，该用户名已经被注册！");               //输出检测结果
    }else{
        out.println("恭喜您，该用户名没有被注册！");               //输出检测结果
    }
%>
```

运行程序，将显示用户注册页面；输入用户名后，单击"检测用户名"按钮，即可判断该用户名是否被注册。例如，在"用户名"文本框中输入"明日科技"，单击"检测用户名"按钮，将显示"很抱歉，该用户名已经被注册！"，如图 11.3 所示。

由于本实例比较简单，这里没有从数据库中获取用户信息，而是将用户信息保存在一个一维数组中。在实际项目开发时，通常情况下是从数据库中获取用户信息。关于如何从数据库中判断用户是否已注册，可以参见 11.6.5 节用户注册模块的实现过程。

图 11.3　检测输入的用户名是否被注册

11.4　jQuery 实现 Ajax

通过前面的介绍可以知道，在 Web 中应用 Ajax 的工作流程比较繁琐，每次都需要编写大量的 JavaScript 代码。不过应用目前比较流行的 jQuery 可以简化 Ajax。下面将具体介绍如何应用 jQuery 实现 Ajax。

11.4.1　jQuery 简介

jQuery 是一套简洁、快速、灵活的 JavaScript 脚本库，它是由 John Resig 于 2006 年创建的，它帮助我们简化了 JavaScript 代码。JavaScript 脚本库类似于 Java 的类库，我们将一些工具方法或对象方法封装在类库中，方便用户使用。jQuery 因为它的简便易用，已被大量的开发人员推崇。

要在自己的网站中应用 jQuery 库，需要下载并配置它。

1. 下载和配置 jQuery

jQuery 是一个开源的脚本库，可以在其官方网站（http://jquery.com）中下载到最新版本的 jQuery 库。当前的版本是 1.7.2，下载后将得到名称为 jquery-1.7.2.min.js 的文件。

将 jQuery 库下载到本地计算机后，还需要在项目中配置 jQuery 库。即将下载后的 jquery-1.7.2.min.js 文件放置到项目的指定文件夹中，通常放置在 JS 文件夹中，然后在需要应用 jQuery 的页面中使用下面的语句，将其引用到文件中。

```
<script language="javascript" src="JS/jquery-1.7.2.min.js"></script>
```
或者
```
<script src="JS/jquery-1.7.2.min.js" type="text/javascript"></script>
```

说明　引用 jQuery 的<script>标签，必须放在所有的自定义脚本文件的<script>之前，否则在自定义的脚本代码中应用不到 jQuery 脚本库。

2．jQuery 的工厂函数

在 jQuery 中，无论使用哪种类型的选择符都需要从一个"$"符号和一对"()"开始。在"()"中通常使用字符串参数，参数中可以包含任何 CSS 选择符表达式。下面介绍几种比较常见的用法。

（1）在参数中使用标记名

$("div")：用于获取文档中全部的<div>。

（2）在参数中使用 ID

$("#username")：用于获取文档中 ID 属性值为 username 的一个元素。

（3）在参数中使用 CSS 类名

$(".btn_grey")：用于获取文档中使用 CSS 类名为 btn_grey 的所有元素。

3．我的第一个 jQuery 脚本

例 11.02　应用 jQuery 弹出一个提示对话框。（实例位置：光盘**TM\\Instances\\11.02**）

（1）在 Eclipse 中创建动态 Web 项目，并在该项目的 WebContent 节点下创建一个名称为 JS 的文件夹，将 jquery-1.7.2.min.js 复制到该文件夹中。

说明　默认情况下，在 Eclipse 创建的动态 Web 项目中添加 jQuery 库以后，将出现红 X，标识有语法错误，但是程序仍然可以正常运行。解决该问题的方法是：首先在 Eclipse 的主菜单中选择"窗口" / "首选项"命令，在弹出的"首选项"对话框的左侧选择 JavaScript/Validator/Errors/Warnings 节点，然后取消选中右侧的 Enable JavaScript Semantic Validation 复选框，并应用，接下来再找到项目的.project 文件，将其中的以下代码删除：
```
<buildCommand>
        <name>org.eclipse.wst.jsdt.core.javascriptValidator</name>
        <arguments>
        </arguments>
    </buildCommand>
```
并保存该文件，最后刷新项目并重新添加 jQuery 库就可以了。

（2）创建一个名称为 index.jsp 的文件，在该文件的<head>标记中引用 jQuery 库文件。关键代码如下：
```
<script type="text/javascript" src="JS/jquery-1.7.2.min.js"></script>
```
（3）在<body>标记中，应用 HTML 的<a>标记添加一个空的超链接，关键代码如下：
```
<a href="#">弹出提示对话框</a>
```
（4）编写 jQuery 代码，实现在单击页面中的超链接时，弹出一个提示对话框，关键代码如下：
```
<script>
$(document).ready(function(){
    //获取超链接对象，并为其添加单击事件
    $("a").click(function(){
        alert("我的第一个 jQuery 脚本！");
    });
```

```
});
</script>
```
运行本实例，单击页面中的"弹出提示对话框"超链接，将弹出如图 11.4 所示的提示对话框。

11.4.2 发送 GET 和 POST 请求

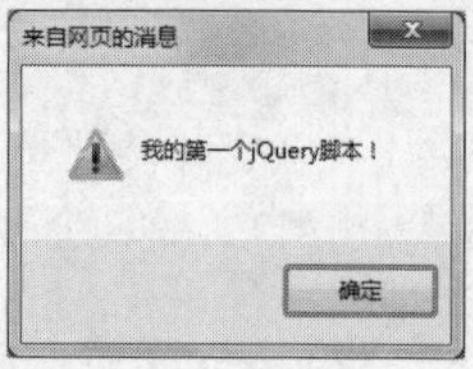

jQuery 提供了全局的、专门用于发送 GET 请求和 POST 请求的$get()和
$post()方法。

1. $get()方法

图 11.4 弹出的提示对话框

$.get()方法用于通过 GET 方式来进行异步请求，其语法格式如下：
```
$.get(url [, data] [, success(data, textStatus, jqXHR)] [, dataType] )
```
☑ url：字符串类型的参数，用于指定请求页面的 URL 地址。

☑ data：可选参数，用于指定发送至服务器的 key/value 数据。data 参数会自动添加到 url 中。如果 url 中的某个参数又通过 data 参数进行传递，那么 get()方法是不会自动合并相同名称的参数的。

☑ success(data,textStatus,jqXHR)：可选参数，用于指定载入成功后执行的回调函数。其中，data 用于保存返回的数据；testStatus 为状态码（可以是 timeout、error、notmodified、success 或 parsererror）；jqXHR 为 XMLHTTPRequest 对象。不过该回调函数只有当 testStatus 的值为 success 时才会执行。

☑ dataType：可选参数，用于指定返回数据的类型。可以是 xml、json、script 或者 html。默认值为 html。

例如，使用 get()方法请求 deal.jsp，并传递两个字符串类型的参数，可以使用下面的代码：
```
$.get("deal.jsp",{name:"无语",branch:"java"});
```
例 11.03 将例 11.01 的程序修改为采用 jQuery 的 get()方法发送请求的方式来实现。（**实例位置：光盘\TM\Instances\11.03**）

（1）在 Eclipse 中创建动态 Web 项目，并在该项目的 WebContent 节点下创建一个名称为 JS 的文件夹，将 jquery-1.7.2.min.js 复制到该文件夹中。

（2）创建一个名称为 index.jsp 的文件，在该文件的<head>标记中引用 jQuery 库文件。关键代码如下：
```
<script type="text/javascript" src="JS/jquery-1.7.2.min.js"></script>
```
（3）在<body>标记中添加一个用于收集用户注册信息的表单及表单元素，以及代表"检测用户名"按钮。关键代码如下：
```
<form name="form1" method="post" action="">
用户名：
<input name="username" type="text" id="username" size="30">
<input name="b_checkUser" type="button" class="btn_grey" id="b_checkUser" value="检测用户名">
密码： <input name="pwd" type="password" id="pwd" size="30">
确认密码： <input name="pwd1" type="password" id="pwd1" size="30">
<input name="b_submit" type="submit" class="btn_grey" id="b_submit" value="提交">
<input name="b_reset" type="reset" class="btn_grey" id="b_reset" value="重置">
</form>
```
（4）在引用 jQuery 库的代码下方，编写 JavaScript 代码，实现当 DOM 元素载入就绪后，为代表"检测用户名"的按钮图片添加单击事件，在该单击事件中，判断用户名是否为空，如果为空，则给出提示对话框，并让该文本框获得焦点，否则应用 get()方法，发送异步请求检测用户名是否被注册。关键代码如下：
```
<script language="javascript">
$(document).ready(function(){
    $("#b_checkUser").click(function(){
        if ($("#username").val()== "") {              //判断是否输入用户名
            alert("请输入用户名！");
```

```
                $("#username").focus();                    //让"用户名"文本框获得焦点
                return;
            } else {                                        //已经输入用户名时，检测用户名是否唯一
                $.get("checkUser.jsp",
                        {user:$("#username").val()},         //将输入的用户名作为参数传递
                        function(data){
                                alert(data);                 //显示判断结果
                        });
            }
        });
});
</script>
```

（5）编写检测用户名是否被注册的处理页 checkUser.jsp，在该页面中判断输入的用户名是否注册，并应用 JSP 内置对象 out 的 println()方法输出判断结果。由于此处的代码与例 11.01 完全相同，这里不再给出。

运行本实例，在"用户名"文本框中输入"明日科技"，单击"检测用户名"按钮，将显示如图 11.3 所示的提示信息。

从这个程序中可以看到，使用 jQuery 替代传统的 Ajax，确实简单、方便了许多。它可使开发人员的精力不必集中于实现 Ajax 功能的繁琐步骤，而专注于程序的功能。

说明

get()方法通常用来实现简单的 GET 请求功能，对于复杂的 GET 请求需要使用$.ajax()方法实现。例如，在 get()方法中指定的回调函数，只能在请求成功时调用，如果需要在出错时也要执行一个函数，那么就需要使用$.ajax()方法实现。$.ajax()方法将在 11.4.4 节进行介绍。

2. $post()方法

$.post()方法用于通过 POST 方式进行异步请求，其语法格式如下：

```
$.post( url [, data] [, success(data, textStatus, jqXHR)] [, dataType] )
```

- ☑ url：字符串类型的参数，用于指定请求页面的 URL 地址。
- ☑ data：可选参数，用于指定发送到服务器的 key/value 数据，该数据将连同请求一同被发送到服务器。
- ☑ success(data, textStatus, jqXHR)：可选参数，用于指定载入成功后执行的回调函数。在回调函数中含有两个参数，分别是 data（返回的数据）和 testStatus（状态码，可以是 timeout、error、notmodified、success 或 parsererror）。不过该回调函数只有当 testStatus 的值为 success 时才会执行。
- ☑ dataType：可选参数，用于指定返回数据的类型，可以是 xml、json、script、text 或 html。默认值为 html。

例如，使用 post()方法请求 deal.jsp，并传递两个字符串类型的参数和回调函数，可以使用下面的代码：

```
$.post("deal.jsp",{title:"祝福",content:"祝愿天下的所有母亲平安、健康…"},function(data){
    alert(data);
});
```

例 11.04　实现实时显示聊天内容。（实例位置：光盘\TM\Instances\11.04）

（1）在 Eclipse 中创建动态 Web 项目，并在该项目的 WebContent 节点下创建一个名称为 JS 的文件夹，将 jquery-1.7.2.min.js 复制到该文件夹中。

（2）创建一个名称为 index.jsp 的文件，在该文件的<head>标记中引用 jQuery 库文件。关键代码如下：

```
<script type="text/javascript" src="JS/jquery-1.7.2.min.js"></script>
```

（3）在 index.jsp 页面的合适位置添加一个<div>标记，用于显示聊天内容。关键代码如下：

```
<div id="content" style="height:206px; overflow:hidden;">欢迎光临碧海聆音聊天室！</div>
```

（4）在引用 jQuery 库的代码下方，编写一个名称为 getContent()的自定义的 JavaScript 函数，用于发送 GET 请求读取聊天内容并显示。getContent()函数的关键代码如下：

```
function getContent() {
    $.get("ChatServlet?action=get&nocache=" + new Date().getTime(),
            function(data) {
                $("#content").html(data);                //显示读取到的聊天内容
            });
}
```

（5）创建并配置一个与聊天信息相关的 Servlet 实现类 ChatServlet，并在该 Servlet 中编写 get()方法获取全部聊天信息。get()方法的关键代码如下：

```
public void get(HttpServletRequest request,HttpServletResponse response) throws
ServletException,IOException{
    response.setContentType("text/html;charset=GBK");        //设置响应的内容类型及编码方式
    response.setHeader("Cache-Control", "no-cache");         //禁止页面缓存
    PrintWriter out = response.getWriter();                  //获取输出流对象
    /********************获取聊天信息***********************/
    ServletContext application=getServletContext();          //获取 application 对象
    String msg="";
    if(null!=application.getAttribute("message")){
        Vector<String> v_temp=(Vector<String>)application.getAttribute("message");
        for(int i=v_temp.size()-1;i>=0;i--){
            msg=msg+"<br>"+v_temp.get(i);
        }
    }else{
        msg="欢迎光临碧海聆音聊天室！ ";
    }
    out.println(msg);                                        //输出生成后的聊天信息
    out.close();                                             //关闭输出流对象
}
```

（6）为了实现实时显示最新的聊天内容，当 DOM 元素载入就绪后，需要在 index.jsp 文件的引用 jQuery 库的代码下方编写下面的代码。

```
$(document).ready(function() {
    getContent();                                            //获取聊天内容
    window.setInterval("getContent();", 5000);               //每隔 5 秒钟获取一次聊天内容
});
```

（7）在 index.jsp 页面的合适位置添加用于获取用户昵称和说话内容的表单及表单元素，关键代码如下：

```
<form name="form1" method="post" action="">
    <input name="user" type="text" id="user" size="20"> 说：
<input name="speak" type="text" id="speak" size="50">
      <input id="send" type="button" class="btn_grey" value="发送">
</form>
```

（8）在引用 jQuery 库的代码下方编写 JavaScript 代码，实现当 DOM 元素载入就绪后，为"发送"按钮添加单击事件，在该单击事件中，判断昵称和发送信息文本框是否为空，如果为空，则给出提示对话框，并让该文本框获得焦点，否则应用 post()方法，发送异步请求到服务器，保存聊天信息。关键代码如下：

```
$(document).ready(function() {
    $("#send").click(function() {
        if ($("#user").val() == "") {                        //判断昵称是否为空
            alert("请输入您的昵称！ ");
        }
        if ($("#speak").val() == "") {                       //判断说话内容是否为空
            alert("说话内容不可以为空！ ");
            $("speak").focus();                              //让说话内容文本框获得焦点
        }
        $.post("ChatServlet?action=send", {
```

```
                    user : $("#user").val(),
                    speak : $("#speak").val()
            });                                        //发送 POST 请求
            $("#speak").val("");                       //清空说话内容文本框的值
            $("#speak").focus();                       //让说话内容文本框获得焦点
        });
    });
```

（9）在聊天信息相关的 Servlet 实现类 ChatServlet 中，编写 send()方法将聊天信息保存到 application 中。send()方法的关键代码如下：

```
public void send(HttpServletRequest request,HttpServletResponse response)
 throws ServletException, IOException {
    ServletContext application=getServletContext();              //获取 application 对象
    /********************保存聊天信息************************/
    response.setContentType("text/html;charset=GBK");
    String user=request.getParameter("user");                   //获取用户昵称
    String speak=request.getParameter("speak");                 //获取说话内容
    Vector<String> v=null;
    String message="["+user+"]说："+speak;                       //组合说话内容
    if(null==application.getAttribute("message")){
        v=new Vector<String>();
    }else{
        v=(Vector<String>)application.getAttribute("message");
    }
    v.add(message);
    application.setAttribute("message", v);                      //将聊天内容保存到 application 中
Random random = new Random();
request.getRequestDispatcher("ChatServlet?action=get&nocache="+ random.nextInt(10000)).forward(request,
response);
}
```

运行本实例，在页面中将显示最新的聊天内容，如图 11.5 所示。如果当前聊天室内没有任何聊天内容，将显示"欢迎光临碧海聆音聊天室！"。当用户输入昵称及说话内容后，单击"发送"按钮，将发送聊天内容，并显示到上方的聊天内容列表中。

图 11.5　实时显示聊天内容

11.4.3　服务器返回的数据格式

服务器端处理完客户端的请求后，会为客户端返回一个数据。这个返回数据的格式可以是很多种，在$.get()和$.post()方法中就可以设置服务器返回数据的格式。常用的格式有 HTML、XML 和 JSON。

1．HTML 片段

如果返回的数据格式为 HTML 片段，在回调函数中数据不需要进行任何处理就可以直接使用，而且在服务器端也不需要做过多的处理。例如，在例 11.04 中，读取聊天信息时，使用的是 get()方法与服务器进行交互，并在回调函数处理返回数据类型为 HTML 的数据。关键代码如下：

```
$.get("ChatServlet?action=get&nocache=" + new Date().getTime(),
        function(date) {
            $("#content").html(date);                   //显示读取到的聊天内容
    }
);
```

在上面的代码中，并没有使用 get()方法的第 4 个参数 dataType 来设置返回数据的类型，因为数据类型默认就是 HTML 片段。

如果返回数据的格式为 HTML 片段，那么返回数据 data 不需要进行任何处理，直接应用在 html()方法中即可。在 Servlet 中也不必对处理后的数据进行任何加工，只需要设置响应的内容类型为 text/html 即可。例如，例 11.04 中获取聊天信息的 Servlet 代码，这里只是设置了响应的内容类型，以及将聊天内容输出到响应中。

```
response.setContentType("text/html;charset=GBK");
response.setHeader("Cache-Control", "no-cache");          //禁止页面缓存
PrintWriter out = response.getWriter();
String msg="欢迎光临碧海聆音聊天室！ ";                      //这里定义一个变量模拟生成的聊天信息
out.println(msg);
out.close();
```

使用 HTML 片段作为返回数据类型，实现起来比较简单，但是它有一个致命的缺点，那就是这种数据结构方式不一定能在其他的 Web 程序中得到重用。

2．XML 数据

XML（Extensible Markup Language）是一种可扩展的标记语言，它强大的可移植性和可重用性都是其他语言所无法比拟的。如果返回数据的格式是 XML 文件，那么在回调函数中就需要对 XML 文件进行处理和解析数据。在程序开发时，经常应用 attr()方法获取节点的属性；find()方法获取 XML 文档的文本节点。

例 11.05 将例 11.04 中，获取聊天内容修改为使用 XML 格式返回数据。（实例位置：光盘\TM\Instances\11.05）

（1）修改 index.jsp 页面中的读取聊天内容的 getContent()方法，设置 get()方法的返回数据的格式为 XML，将返回的 XML 格式的聊天内容显示到页面中。修改后的代码如下：

```
function getContent() {
    $.get("ChatServlet?action=get&nocache=" + new Date().getTime(),
            function(data) {
                var msg="";                                //初始化聊天内容字符串
                $(data).find("message").each(function(){
                    msg+="<br>"+$(this).text();            //读取一条留言信息
                });
                $("#content").html(msg);                   //显示读取到的聊天内容
            },"XML");
}
```

（2）修改 ChatServlet 中，获取全部聊天信息的 get()方法，将聊天内容以 XML 格式输出。修改后的代码如下：

```
public void get(HttpServletRequest request,HttpServletResponse response) throws
        ServletException,IOException{
    response.setContentType("text/xml;charset=GBK");       //设置响应的内容类型及编码方式
    PrintWriter out = response.getWriter();                //获取输出流对象
    out.println("<?xml version='1.0'?>");
    out.println("<chat>");
    /********************获取聊天信息*************************/
    ServletContext application=getServletContext();        //获取 application 对象
    if(null!=application.getAttribute("message")){
        Vector<String> v_temp=(Vector<String>)application.getAttribute("message");
        for(int i=v_temp.size()-1;i>=0;i--){
            out.println("<message>"+v_temp.get(i)+"</message>");
        }
    }else{
        out.println("<message>欢迎光临碧海聆音聊天室！ </message>");
```

```
    }
    out.println("</chat>");
    out.flush();
    out.close();                                    //关闭输出流对象
}
```

运行本实例，同样可以得到如图 11.5 所示的运行结果。

虽然 XML 的可重用性和可移植性比较强，但是 XML 文档的体积较大，与其他格式的文档相比，解析和操作 XML 文档要相对慢一些。

3. JSON 数据

JSON（JavaScript Object Notation）是一种轻量级的数据交换格式。语法简洁，不仅易于阅读和编写，而且也易于机器的解析和生成。读取 JSON 文件的速度也非常快。正是由于 XML 文档的体积过于庞大和它较为复杂的操作性，才诞生了 JSON。与 XML 文档一样，JSON 文件也具有很强的重用性，而且相对于 XML 文件而言，JSON 文件的操作更加方便、体积更为小巧。

JSON 由两个数据结构组成，一种是对象（"名称/值"形式的映射），另一种是数组（值的有序列表）。JSON 没有变量或其他控制，只用于数据传输。

（1）对象

在 JSON 中，可以使用下面的语法格式来定义对象。

```
{"属性 1":属性值 1,"属性 2":属性值 2······"属性 n":属性值 n}
```

☑　属性 1～属性 n：用于指定对象拥有的属性名。

☑　属性值 1～属性值 n：用于指定各属性对应的属性值，其值可以是字符串、数字、布尔值（true/false）、null、对象和数组。

例如，定义一个保存人员信息的对象，可以使用下面的代码：

```
{
"name":"wgh",
"email":"wgh717@sohu.com",
"address":"长春市"
}
```

（2）数组

在 JSON 中，可以使用下面的语法格式来定义对象。

```
{"数组名":[
    对象 1,对象 2,······,对象 n
]}
```

☑　数组名：用于指定当前数组名。

☑　对象 1～对象 n：用于指定各数组元素，它的值为合法的 JSON 对象。

例如，定义一个保存会员信息的数组，可以使用下面的代码：

```
{"member":[
    {"name":"wgh","address":"长春市","email":"wgh717@sohu.com"},
{"name":"明日科技","address":"长春市","email":"mingrisoft@mingrisoft.com"}
]}
```

这段 JSON 数据在 XML 中的表现形式为：

```
<?xml version="1.0" encoding="UTF-8"?>
<people>
    <name>明日科技</name>
    <address>长春市</branch>
    <email>mingrisoft@mingrisoft.com</email>
</people>
<people>
```

```
        <name>wgh</name>
        <address>长春市</branch>
        <email>wgh717@sohu.com</email>
</people>
```

在大数据量时，就可以看出 JSON 数据格式相对于 XML 格式的优势，而且 JSON 数据格式的结构更加清晰。

例 11.06 将例 11.04 中，获取聊天内容修改为使用 JSON 格式返回数据。（实例位置：光盘**TM\Instances\11.06**）

（1）修改 index.jsp 页面中的读取聊天内容的 getContent()方法，设置 get()方法的返回数据的格式为 JSON，并将返回的 JSON 格式的聊天内容显示到页面中。修改后的代码如下：

```
function getContent() {
    $.get("ChatServlet?action=get&nocache=" + new Date().getTime(),
            function(data) {
                var msg="";                              //初始化聊天内容字符串
                var chats=eval(data);
                $.each(chats,function(i){
                        msg+="<br>"+chats[i].message;    //读取一条留言信息
                });
                $("#content").html(msg);                 //显示读取到的聊天内容
            },"JSON");
}
```

（2）修改 ChatServlet 中获取全部聊天信息的 get()方法，将聊天内容以 JSON 格式输出。修改后的代码如下：

```
public void get(HttpServletRequest request,HttpServletResponse response)
throws ServletException,IOException{
    //设置响应的内容类型及编码方式
    response.setContentType("application/json;charset=GBK");
    PrintWriter out = response.getWriter();                      //获取输出流对象
    out.println("[");
    /********************获取聊天信息*************************/
    ServletContext application=getServletContext();              //获取 application 对象
    if(null!=application.getAttribute("message")){
        Vector<String> v_temp=(Vector<String>)application.getAttribute("message");
        String msg="";
        for(int i=v_temp.size()-1;i>=0;i--){
            msg+="{\"message\":\""+v_temp.get(i)+"\"},";
        }
        out.println(msg.substring(0, msg.length()-1));           //去除最后一个逗号
    }else{
        out.println("{\"message\":\"欢迎光临碧海聆音聊天室！\"}");
    }
    out.println("]");
    out.flush();
    out.close();                                                 //关闭输出流对象
}
```

运行本实例，同样可以得到如图 11.5 所示的运行结果。

11.4.4 使用$.ajax()方法

11.4.2 节介绍了发送 GET 请求的 get()方法和发送 POST 请求的 post()方法，虽然这两种方法可以实现发送 GET 和 POST 请求，但是这两种方法只是对请求成功的情况提供了回调函数，并未对失败的情况提供回调函数。如果需要实现对请求失败的情况提供回调函数，那么可以使用$.ajax()方法。$.ajax()方法是 jQuery

中最底层的 Ajax 实现方法。使用该方法可以设置更加复杂的操作，如 error（请求失败后处理）和 beforeSend（提前提交回调函数处理）等。使用$.ajax()方法用户可以根据功能需求自定义 Ajax 操作，$.ajax()方法的语法格式如下：

`$.ajax( url [, settings] )`

☑ url：必选参数，用于发送请求的地址（默认为当前页）。

☑ settings：可选参数，用于进行 Ajax 请求设置，包含许多可选的设置参数，都是以 key/value 形式体现的。常用的设置参数如表 11.2 所示。

表 11.2 settings 参数的常用设置参数

设 置 参 数	说 明
type	用于指定请求方式，可以设置为 GET 或者 POST，默认值为 GET
data	用于指定发送到服务器的数据。如果数据不是字符串，将自动转换为请求字符串格式。在发送 GET 请求时，该数据将附加在 URL 的后面。设置 processData 参数值为 false，可以禁止自动转换。该设置参数的值必须为 key/value 格式。如果为数组，jQuery 将自动为不同值对应同一个名称。例如 "{foo:["bar1", "bar2"]}" 将转换为 "'&foo=bar1&foo=bar2'"
dataType	用于指定服务器返回数据的类型。如果不指定，jQuery 将自动根据 HTTP 包的 MIME 信息返回 responseXML 或 responseText，并作为回调函数参数传递，可用值如下： text：返回纯文本字符串。 xml：返回 XML 文档，可用 jQuery 进行处理。 html：返回纯文本 HTML 信息（包含的\<script\>元素会在插入 DOM 后执行）。 script：返回纯文本 JavaScript 代码。不会自动缓存结果，除非设置了 cache 参数。 json：返回 JSON 格式的数据。 jsonp：JSONP 格式。使用 JSONP 形式调用函数时，如果存在代码 "url?callback=?"，那么 jQuery 将自动替换 "?" 为正确的函数名，以执行回调函数。
async	设置发送请求的方式，默认是 true，为异步请求方式，同步请求方式可以设置成 false
beforeSend(jqXHR, settings)	用于设置一个发送请求前可以修改 XMLHttpRequest 对象的函数，如添加自定义 HTTP 头等
complete(jqXHR, textStatus)	用于设置一个请求完成后的回调函数，无论请求成功或失败，该函数均被调用
error(jqXHR, textStatus, errorThrown)	用于设置请求失败时调用的函数
success(data, textStatus, jqXHR)	用于设置请求成功时调用的函数
global	用于设置是否触发全局 Ajax 事件。设置为 true，触发全局 Ajax 事件；设置为 false 则不触发全局 Ajax 事件。默认值为 true
timeout	用于设置请求超时的时间（单位为毫秒）。此设置将覆盖全局设置
cache	用于设置是否从浏览器缓存中加载请求信息，设置为 true 将会从浏览器缓存中加载请求信息。默认值为 true，当 dataType 的值为 script 和 jsonp 时值为 false
dataFilter(data,type)	用于指定将 Ajax 返回的原始数据进行预处理的函数。提供了 data 和 type 两个参数：data 是 Ajax 返回的原始数据，type 是调用$.ajax()方法时提供的 dataType 参数。函数返回的值将由 jQuery 进一步处理
contentType	用于设置发送信息数据至服务器时内容编码类型，默认值为 application/x-www-form-urlencoded，该默认值适用于大多数应用场合
ifModified	用于设置是否仅在服务器数据改变时获取新数据。使用 HTTP 包的 Last-Modified 头信息判断，默认值为 false

例如，将例 11.06 中使用 get()方法发送请求的代码，修改为使用$.ajax()方法发送请求，可以使用下面的代码。

```
$.ajax({
        url : "ChatServlet",                              //设置请求地址
        type : "GET",                                     //设置请求方式
        dataType : "json",                                //设置返回数据的类型
        data : {
            "action" : "get",
            "nocache" : new Date().getTime()
        },                                                //设置传递的数据
        //设置请求成功时执行的回调函数
        success : function(data) {
            var msg = "";                                 //初始化聊天内容字符串
            var chats = eval(data);
            $.each(chats, function(i) {
                msg += "<br>" + chats[i].message;         //读取一条留言信息
            });
            $("#content").html(msg);                      //显示读取到的聊天内容
        },
        //设置请求失败时执行的回调函数
        error : function() {
            alert("请求失败！");
        }
});
```

11.5　Ajax 开发需要注意的几个问题

11.5.1　浏览器兼容性问题

Ajax 使用了大量的 JavaScript 和 Ajax 引擎，而这些内容需要浏览器提供足够的支持。目前对此提供支持的浏览器有 IE 5.0 及以上版本、Mozilla 1.0、NetScape 7 及以上版本。Mozilla 虽然也支持 Ajax，但是提供 XMLHttpRequest 对象的方式不一样。因此，使用 Ajax 的程序必须测试针对各个浏览器的兼容性。

11.5.2　安全问题

安全性是互联网服务日益重要的关注点，而 Web 天生就是不安全的，Ajax 应用主要面临以下安全问题。

1．JavaScript 本身的安全性

虽然 JavaScript 的安全性已逐步提高，提供了很多受限功能，包括访问浏览器的历史记录、上传文件、改变菜单栏等。但是，当在 Web 浏览器中执行 JavaScript 代码时，用户允许任何人编写的代码运行在自己的机器上，这就为移动代码自动跨越网络来运行提供了方便条件，从而给网站带来了安全隐患。为了解决移动代码的潜在危险，浏览器厂商提出在一个 Sandbox（沙箱）中执行 JavaScript 代码。沙箱是一个只能访问很少计算机资源的密闭环境，从而使 Ajax 应用不能读取或写入本地文件系统。虽然这会给程序开发带来困难，但是它提高了客户端 JavaScript 的安全性。

说明　移动代码是指存放在一台机器上，其自身可以通过网络传输到另外一台机器上所执行的代码。

2．数据在网络上传输的安全问题

当采用普通的 HTTP 请求时，请求参数的所有代码都是以明码的方式在网络上传输。对于一些不太重要的数据，采用普通的 HTTP 请求即可满足要求，但是如果涉及特别机密的信息，这样做显然不行，因为一个正常的路由不会查看传输的任何信息，但如果是一个恶意的路由，则可能会读取传输的内容。为了保证 HTTP 传输数据的安全，可以对传输的数据进行加密，这样即使被看到，危险也是不大的。虽然对传输的数据进行加密可能会降低服务器的性能，但对于敏感数据，以性能换取更高的安全还是值得的。

3．客户端调用远程服务的安全问题

虽然 Ajax 允许客户端完成部分服务器的工作，并可以通过 JavaScript 来检查用户的权限，但是通过客户端脚本控制权限并不可取，一些解密高手可以轻松绕过 JavaScript 的权限检查，直接访问业务逻辑组件，从而对网站造成威胁。通常情况下，在 Ajax 应用中应该将所有的 Ajax 请求都发送到控制器，由控制器负责检查调用者是否有访问资源的权限，而所有的业务逻辑组件都隐藏在控制器的后面。

11.5.3　性能问题

由于 Ajax 将大量的计算从服务器移到了客户端，也就意味着浏览器将承受更大的负担，而不再是只负责简单的文档显示。Ajax 的核心语言是 JavaScript，而 JavaScript 并不以高性能著称；另外，JavaScript 对象也不是轻量级的，特别是 DOM 元素耗费了大量内存，因此如何提高 JavaScript 代码的性能对于 Ajax 开发者来说尤为重要。下面介绍几种优化 Ajax 应用执行速度的方法。

- ☑　优化 for 循环。
- ☑　尽量使用局部变量，而不使用全局变量。
- ☑　尽量少用 eval，每次使用 eval 都需要消耗大量的时间。
- ☑　将 DOM 节点附加到文档上。
- ☑　尽量减少点 "." 操作符的使用。

11.5.4　中文编码问题

Ajax 不支持多种字符集，其默认的字符集是 UTF-8，所以在应用 Ajax 技术的程序中应及时进行编码转换，否则对于程序中出现的中文字符将变成乱码。一般在以下两种情况下将产生中文乱码。

1．发送路径的参数中包括中文，在服务器端接收参数值时产生乱码

将数据提交到服务器有两种方法：一种是使用 GET 方法提交；另一种是使用 POST 方法提交。使用不同的方法提交数据，在服务器端接收参数时解决中文乱码的方法是不同的。具体解决方法如下：

（1）当接收使用 GET 方法提交的数据时，要将编码转换为 GBK 或是 GB2312。例如，将省份名称的编码转换为 GBK 的代码如下：

```
String selProvince=request.getParameter("parProvince"); //获取选择的省份
selProvince=new String(selProvince.getBytes("ISO-8859-1"),"GBK");
```

说明　　如果接收请求的页面的编码为 UTF-8，在接收页面则需要将接收到的数据转换为 UTF-8 编码，这时就会出现中文乱码。解决的方法是：在发送 GET 请求时，应用 encodeURIComponent()方法对要发送的中文进行编码。

（2）由于应用 POST 方法提交数据时，默认的字符编码是 UTF-8，所以当接收使用 POST 方法提交的

数据时，要将编码转换为 UTF-8。例如，将用户名的编码转换为 UTF-8 的代码如下：

```
String username=request.getParameter("user");                //获取用户名
username=new String(username.getBytes("ISO-8859-1"),"UTF-8");
```

2．返回到 responseText 或 responseXML 的值中包含中文时产生乱码

由于 Ajax 在接收 responseText 或 responseXML 的值时是按照 UTF-8 的编码格式进行解码的，所以如果服务器端传递的数据不是 UTF-8 格式，在接收 responseText 或 responseXML 的值时就可能产生乱码。解决的方法是保证从服务器端传递的数据采用 UTF-8 的编码格式。

11.6　开发用户注册模块

视频讲解：光盘\TM\Video\11\开发用户注册模块.exe

11.6.1　模块概述

通常情况下，用户注册模块是动态网站中一个必不可少的功能。通过用户注册，网站可以有效地对用户信息进行收集，为网络营销提供丰富的资源。另外，网站注册用户的数量也代表了一个网站的实力。本节将通过 Ajax 实现用户注册模块。运行本实例，将显示如图 11.6 所示的用户注册模块的首页。在该页面中，将实时显示最新注册的用户、注册用户总数和最新注册的 20 个用户。单击"注册"超链接，将显示用户注册页面。在该页面中输入用户名后，将光标移出该文本框，系统将自动检测输入的用户名是否合法（包括用户名长度及是否被注册），如果不合法，将给出错误提示，如图 11.7 所示。同样，当输入其他信息时，系统也将实时检测输入的信息是否合法。当信息输入完成后，单击"提交"按钮，该用户信息将被保存到数据库中。

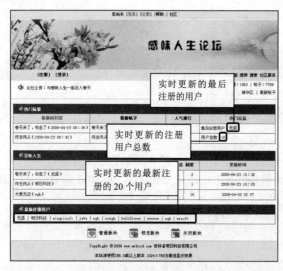

图 11.6　用户注册模块首页

图 11.7　用户注册页面

11.6.2　系统流程

本章介绍的用户注册模块主要由两部分组成，一部分是实时获取最新的用户信息，另一部分是实现用

户注册。用户注册模块的系统流程如图 11.8 所示。

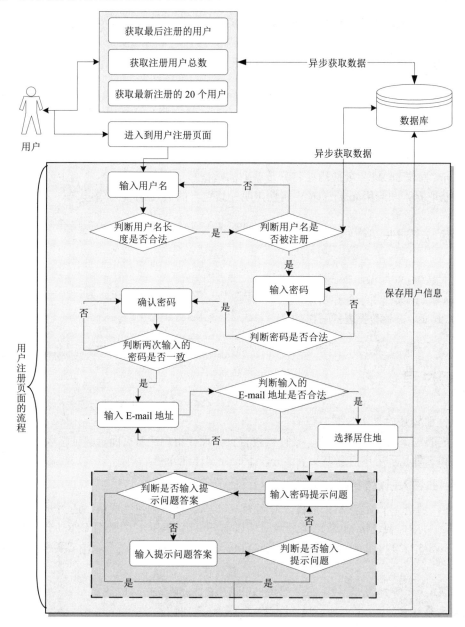

图 11.8　用户注册模块的系统流程

 说明　用户注册模块的系统流程图中的"异步获取数据"是指利用 Ajax 从服务器异步获取数据。

11.6.3　关键技术

本实例主要应用了 Ajax 重构、Dom4j 解析 XML 以及通过 JavaScript 操作 DOM 等技术，下面进行详细介绍。

1. Ajax 重构

Ajax 重构主要用于实现异步发送和获取数据,在实时获取用户信息、异步检测用户名是否注册、级联获取省市信息和异步保存用户注册信息时应用。

2. Dom4j 解析 XML

利用 Dom4j 解析 XML 的目的是将获取的最新用户信息输出到 XML 文档中。本实例主要用到了创建利用 XML 文档、创建根节点、创建子节点、设置节点内容、设置编码、设置输出格式和输出 XML 文档到浏览器等技术。

3. 通过 JavaScript 操作 DOM

通过 JavaScript 操作 DOM 主要应用在将异步获取的数据显示给用户时。本实例主要用到了通过元素的 ID 和 name 属性获取元素和应用 innerHTML 属性声明元素包含的 HTML 文本等技术。

11.6.4 数据库设计

本实例采用的是 MySQL 数据库,系统数据库名为 db_database11,其中用于保存用户注册信息的数据表为 tb_user,该数据表的表结构如图 11.9 所示。

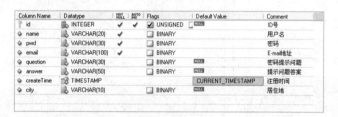

11.6.5 实现过程

图 11.9 tb_user 数据表的表结构

在实现用户注册模块时,大致需要分为创建项目并导入所需的包、实现 Ajax 重构、设计模块首页、设计用户注册页面、验证输入信息的有效性、保存用户注册信息和实时显示用户信息等 7 个部分,下面分别详细介绍。

1. 创建项目并导入所需的包

在 Eclipse 中,创建一个动态 Web 项目,命名为 register。项目创建完成后,还需要引入本项目使用的 Jar 包。由于在本项目中需要连接 MySQL 数据库,所以需要引用 MySQL 的数据库驱动包(本实例使用的是 mysql-connector-java-5.1.20-bin.jar);另外,在解析 XML 时应用了 Dom4j,所以还需要引用 Dom4j 的包。

 说明
　　应用 Dom4j 解析 XML 时,需要引用 dom4j-1.6.1.jar 和 jaxen-1.1-beta-6.jar 两个包,关于如何获得 Dom4j 参见第 9 章。

2. 实现 Ajax 重构

在实现 Ajax 重构时,首先需要创建一个单独的 JS 文件,名称为 AjaxRequest.js,并且在该文件中编写重构 Ajax 所需的代码。关于 AjaxRequest.js 文件的具体代码参见本书附带光盘。

接下来,还需要在应用 Ajax 的页面中引用 AjaxRequest.js 文件。在本实例中,需要在 index.jsp 页面中引用 AjaxRequest.js 文件。关键代码如下:

```
<script language="javascript" src="JS/AjaxRequest.js"></script>
```

3. 设计模块首页

下面开始设计 index.jsp 页面。由于本实例实现的是论坛中的用户注册模块,所以在 index.jsp 页面中需要显示论坛中的热门标签、最新帖子等概要信息，这里应用<table>进行布局，设计后的效果如图 11.10 所示。由于设计 index.jsp 页面比较简单，在此不再赘述具体的设计过程。

图 11.10　用户注册模块首页设计效果

4．设计用户注册页面

用户注册页面采用在模块首页上居中显示无边框窗口实现，这样可以改善用户的视觉效果。设计用户注册页面的具体步骤如下：

（1）在 index.jsp 页面的底部（</body>标记的上方）添加一个<div>标记，设置其 id 属性为 register，并设置该<div>标记的 style 属性，用于控制<div>标记的宽度、高度、背景颜色、内边距、定位方式和显示方式。<div>标记的关键代码如下：（以下的"代码位置"在光盘\TM\Instance\路径下）

代码位置：register\WebRoot\index.jsp

```
<div id="register" style="width:663; height:441; background-color:#546B51; padding:4px; position:absolute;
display:none;">
</div>
```

说明　由于要实现<div>标记居中显示，所以此处需要设置定位方式为绝对定位。另外，该<div>标记在默认情况下是不需要显示的，所以需要设置显示方式为 none（即不显示）。不过，为了设计方便，在设计时可以先设置为 block（即显示）。

（2）在 id 为 register 的<div>标记中，应用表格对页面进行布局，并在适当的位置添加如表 11.3 所示的表单及表单元素，用于收集用户信息。

表 11.3　用户注册页面所涉及的表单及表单元素

名　称	类　型	属 性 设 置	说　明
form1	form	action="" method="post"	表单
user	text	onBlur="checkUser(this.value)"	用户名
pwd	password	onBlur="checkPwd(this.value)"	密码
repwd	password	onBlur="checkRepwd(this.value)"	确认密码
email	text	size="35" onBlur="checkEmail(this.value)"	E-mail 地址
province	select	id="province" onChange="getCity(this.value)"	省份
city	select	id="city"	市县
question	text	size="35" onBlur="checkQuestion(this.value,this.form.answer.value)"	密码提示问题
answer	text	size="35" onBlur="checkQuestion(this.form.question.value,this.value)"	提示问题答案
btn_sumbit	button	value="提交" onClick="save()"	"提交"按钮
btn_reset	button	value="重置" onClick="form_reset(this.form)"	"重置"按钮
btn_close	button	value="关闭" onClick="Myclose('register')"	"关闭"按钮

说明　设计完成的用户注册页面如图 11.11 所示。

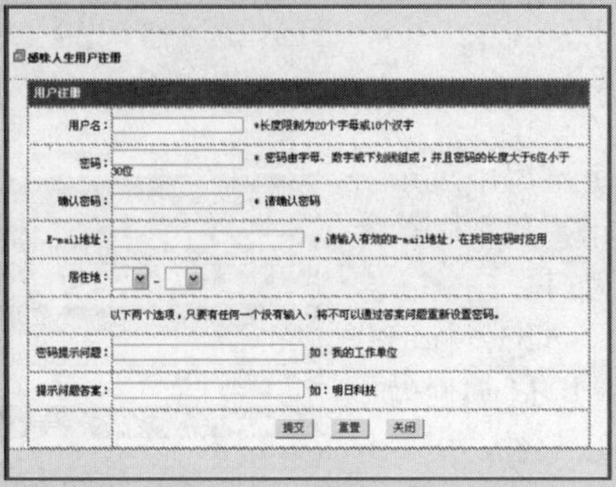

图 11.11　设计完成的用户注册页面

（3）实现级联显示选择居住地的省份和市县的下拉列表，具体代码请参见光盘。

（4）编写自定义的 JavaScript 函数 Myopen()，用于居中显示用户注册页面。Myopen()函数的关键代码如下：

代码位置：register\WebRoot\index.jsp

```
function Myopen(divID){
    divID=document.getElementById(divID);              //根据传递的参数获取操作的对象
    divID.style.display='block';                       //显示用户注册页面
    divID.style.left=(document.body.clientWidth-663)/2;   //设置页面的左边距
    divID.style.top=(document.body.clientHeight-441)/2;   //设置页面的顶边距
}
```

技巧　在 JavaScript 中应用 document 对象的 getElementById()方法获取元素后，可以通过该元素的 style 属性的子属性 display 控制元素的显示或隐藏。如果想显示该元素，则设置其属性为 block，否则设置为 none。

（5）在 index.jsp 页面中设置用于显示用户注册页面的超链接，并在其 onClick 事件中调用 Myopen()函数。关键代码如下：

代码位置：register\WebRoot\index.jsp

```
<a href="#" onClick="Myopen('register')">注册</a>
```

（6）编写自定义的 JavaScript 函数 Myclose()，用于隐藏用户注册页面。Myclose()函数的关键代码如下：

代码位置：register\WebRoot\index.jsp

```
function Myclose(divID){
    document.getElementById(divID).style.display='none';    //隐藏用户注册页面
}
```

说明　Myclose()函数将在用户注册页面的"关闭"按钮的 onClick 事件中调用，其具体调用方法参见表 11.2 中"关闭"按钮的属性设置。

5．验证输入信息的有效性

为了保证用户输入信息的有效性，在用户填写信息时，还需要及时验证输入信息的有效性。在本模块中，需要验证的信息包括用户名、密码、确认密码、E-mail 地址、密码提示问题和提示问题答案，下面介绍具体的实现步骤。

（1）在验证输入信息的有效性时，首先需要定义以下 6 个 JavaScript 全局变量，用于记录各项数据的验证结果。（以下的"代码位置"在光盘\TM\Instance 路径下）

代码位置：register\WebRoot\index.jsp

```
<script language="javascript">
var flag_user=true;                          //记录用户是否合法
var flag_pwd=true;                           //记录密码是否合法
var flag_repwd=true;                         //确认密码是否通过
var flag_email=true;                         //记录 E-mail 地址是否合法
var flag_question=true;                      //记录密码提示问题是否输入
var flag_answer=true;                        //记录提示问题答案是否输入
</script>
```

（2）在用户名所在行的上方添加一个只有一个单元格的新行，id 为 tr_user，用于当用户名输入不合法时，显示提示信息；并且在该行的单元格中插入一个 id 为 div_user 的<div>标记。关键代码如下：

代码位置：register\WebRoot\index.jsp

```
<tr id="tr_user" style="display:none">
  <td height="40" colspan="2" align="center">
    <div id="div_user" style="border:#FF6600 1px solid; color:#FF0000; width:90%; height:29px; padding-top:
8px; background-image:url(images/div_bg.jpg)"></div>
  </td>
</tr>
```

（3）编写自定义的 JavaScript 函数 checkUser()，用于验证用户名是否合法，并且未被注册。checkUser()函数的关键代码如下：

代码位置：register\WebRoot\index.jsp

```
function checkUser(str){
    if(str==""){                                                         //当用户名为空时
        document.getElementById("div_user").innerHTML="请输入用户名！";   //设置提示文字
        document.getElementById("tr_user").style.display='block';         //显示提示信息
        flag_user=false;
    }else if(!checkeUser(str)){                                            //判断用户名是否符合要求
        document.getElementById("div_user").innerHTML="您输入的用户名不合法！"; //设置提示文字
        document.getElementById("tr_user").style.display='block';          //显示提示信息
        flag_user=false;
    }else{                                                                 //进行异步操作，判断用户名是否被注册
        var    loader=new    net.AjaxRequest("User?action=checkUser&username="+str+"&nocache="+new
Date().getTime(),deal,onerror,"GET");                                      //实例化 Ajax 对象
    }
}
```

说明　在上面代码中调用的 checkeUser()函数为自定义的 JavaScript 函数，该函数的完整代码被保存到 JS/wghFunction.js 文件中。

（4）编写用于处理用户信息的 Servlet——User，在该 Servlet 的 doPost()方法中编写代码，用于根据传

递的 action 参数执行不同的处理方法。doPost()方法的关键代码如下：

代码位置：register\src\com\wgh\servlet\User.java

```java
public void doPost(HttpServletRequest request, HttpServletResponse response)
        throws ServletException, IOException {
    String action = request.getParameter("action");        //获取 action 参数的值
    if ("checkUser".equals(action)) {                       //检测用户名是否被注册
        this.checkUser(request, response);
    }else if("save".equals(action)){                        //保存用户注册信息
        this.save(request,response);
    }else if("getProvince".equals(action)){                 //获取省份信息
        this.getProvince(request,response);
    }else if("getCity".equals(action)){                     //获取市县信息
        this.getCity(request, response);
    }else if("getUserInfo".equals(action)){                 //获取最新用户信息
        this.getUserInfo(request, response);
    }
}
```

（5）在处理用户信息的 Servlet——User 中，编写 action 参数值为 checkUser 时的处理方法 checkUser()，用于判断输入的用户名是否被注册。在该方法中，首先设置响应的编码为 UTF-8，然后获取输入的用户名，判断该用户名在用户信息表中是否存在，最后输出检测结果。checkUser()方法的关键代码如下：

代码位置：register\src\com\wgh\servlet\User.java

```java
public void checkUser(HttpServletRequest request,
        HttpServletResponse response) throws ServletException, IOException {
response.setCharacterEncoding("UTF-8");                 //设置响应的编码
String username=new String(request.getParameter("username").getBytes("ISO-8859-1"),"GBK");
String sql="SELECT * FROM tb_user WHERE name='"+username+"'";   //根据用户名查询用户信息的 SQL 语句
ConnDB conn=new ConnDB();
ResultSet rs=conn.executeQuery(sql);                    //执行查询语句
String result="";
try {
    if(rs.next()){
        result="很抱歉，["+username+"]已经被注册！";      //用户名已经被注册
    }else{
        result="1";                                     //表示用户没有被注册
    }
} catch (SQLException e) {
    e.printStackTrace();
}
conn.close();                                           //关闭数据库连接
    response.setContentType("text/html");               //设置响应类型
    PrintWriter out = response.getWriter();
    out.print(result);                                  //输出检测结果
    out.flush();
    out.close();
}
```

（6）编写用于检测用户名是否被注册的 Ajax 对象的回调函数 deal()，用于根据检测结果控制是否显示提示信息。在该函数中，首先获取返回的检测结果，然后去除返回的检测结果中的 Unicode 空白符，最后判断返回的检测结果是否为 1，如果为 1，表示该用户名没有被注册，不显示提示信息行，否则表示该用户名已经被注册，显示错误提示信息。deal()函数的关键代码如下：

代码位置：register\WebRoot\index.jsp

```
function deal(){
    result=this.req.responseText;                                          //获取返回的检测结果
    result=result.replace(/\s/g,"");                                       //去除 Unicode 空白符
    if(result=="1"){                                                       //当用户名没有被注册
        document.getElementById("div_user").innerHTML="";                  //清空提示文字
        document.getElementById("tr_user").style.display='none';           //隐藏提示信息显示行
        flag_user=true;
    }else{                                                                 //当用户名已经被注册
        document.getElementById("div_user").innerHTML=result;              //设置提示文字
        document.getElementById("tr_user").style.display='block';          //显示提示信息
        flag_user=false;
    }
}
```

（7）编写一个用户注册页面应用的全部 Ajax 对象的错误处理函数 onerror()，在该函数中将弹出一个错误提示对话框。onerror()函数的关键代码如下：

代码位置：register\WebRoot\index.jsp

```
function onerror(){                                                        //错误处理函数
    alert("出错了");
}
```

（8）在"用户名"文本框的 onBlur（失去焦点）事件中调用 checkUser()函数验证用户名。关键代码如下：

代码位置：register\WebRoot\index.jsp

```
<input name="user" type="text" onBlur="checkUser(this.value)">
```

（9）验证输入的密码和确认密码是否符合要求。

① 在"密码"文本框的上方添加一个只有一个单元格的新行，id 为 tr_pwd，用于当输入的密码或确认密码不符合要求时，显示提示信息；并且在该行的单元格中插入一个 id 为 div_pwd 的<div>标记。关键代码如下：

代码位置：register\WebRoot\index.jsp

```
<tr id="tr_pwd" style="display:none">
  <td height="40" colspan="2" align="center">
  <div id="div_pwd" style="border:#FF6600 1px solid; color:#FF0000; width:90%; height:29px; padding-top:8px;
background-image:url(images/div_bg.jpg)"></div>
  </td>
</tr>
```

② 编写自定义的 JavaScript 函数 checkPwd()，用于判断输入的密码是否合法，并根据判断结果显示相应的提示信息。checkPwd()函数的关键代码如下：

代码位置：register\WebRoot\index.jsp

```
function checkPwd(str){
    if(str==""){                                                           //当密码为空时
        document.getElementById("div_pwd").innerHTML="请输入密码！";        //设置提示文字
        document.getElementById("tr_pwd").style.display='block';           //显示提示信息
        flag_pwd=false;
    }else if(!checkePwd(str)){                                             //当密码不合法时
        document.getElementById("div_pwd").innerHTML="您输入的密码不合法！"; //设置提示文字
        document.getElementById("tr_pwd").style.display='block';           //显示提示信息
        flag_pwd=false;
    }else{                                                                 //当密码合法时
        document.getElementById("div_pwd").innerHTML="";                   //清空提示文字
        document.getElementById("tr_pwd").style.display='none';            //隐藏提示信息显示行
```

```
        flag_pwd=true;
    }
}
```

在上面代码中调用的 checkePwd()函数为自定义的 JavaScript 函数，该函数的完整代码被保存到 JS/wghFunction.js 文件中

③ 编写自定义的 JavaScript 函数 checkRepwd()，用于判断确认密码与输入的密码是否一致，并根据判断结果显示相应的提示信息。checkRepwd()函数的关键代码如下：

代码位置：register\WebRoot\index.jsp

```
function checkRepwd(str){
    if(str==""){                                                           //当确认密码为空时
        document.getElementById("div_pwd").innerHTML="请确认密码！";         //设置提示文字
        document.getElementById("tr_pwd").style.display='block';            //显示提示信息
        flag_repwd=false;
    }else if(form1.pwd.value!=str){                                         //当确认密码与输入的密码不一致时
        document.getElementById("div_pwd").innerHTML="两次输入的密码不一致！"; //设置提示文字
        document.getElementById("tr_pwd").style.display='block';            //显示提示信息
        flag_repwd=false;
    }else{                                                                  //当两次输入的密码一致时
        document.getElementById("div_pwd").innerHTML="";                    //清空提示文字
        document.getElementById("tr_pwd").style.display='none';             //隐藏提示信息显示行
        flag_repwd=true;
    }
}
```

④ 在"密码"和"确认密码"文本框的 onBlur（失去焦点）事件中分别调用 checkPwd()和 checkRepwd()函数。关键代码如下：

代码位置：register\WebRoot\index.jsp

```
<input name="pwd" type="password" onBlur="checkPwd(this.value)">
<input name="repwd" type="password" onBlur="checkRepwd(this.value)">
```

（10）按照步骤（9）介绍的方法实现验证输入的 E-mail 地址、密码提示问题和提示问题是否符合要求。

添加数据验证后的用户注册页面如图 11.12 所示。

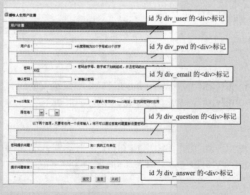

图 11.12 添加数据验证后的用户注册页面

6．保存用户注册信息

将用户注册信息保存到数据库的具体步骤如下：

（1）编写自定义的 JavaScript 函数 save()，用于实现实例化 Ajax 对象。在该函数中，首先判断用户名、密码、确认密码、E-mail 地址是否为空；如果不为空，再根据全局变量的值判断输入的数据是否符合要求；如果符合要求，将各参数连接为一个字符串，作为 POST 传递的参数，并实例化 Ajax 对象，否则弹出错误提示信息。save()函数的关键代码如下：

代码位置：register\WebRoot\index.jsp

```
function save(){
    if(form1.user.value==""){                          //当用户名为空时
        alert("请输入用户名！");form1.user.focus();return;
    }
    if(form1.pwd.value==""){                            //当密码为空时
        alert("请输入密码！");form1.pwd.focus();return;
    }
    if(form1.repwd.value==""){                          //当没有输入确认密码时
        alert("请确认密码！");form1.repwd.focus();return;
    }
    if(form1.email.value==""){                          //当 E-mail 地址为空时
        alert("请输入 E-mail 地址！");form1.email.focus();return;
    }

    //当所有数据都符合要求时
    if(flag_user && flag_pwd && flag_repwd && flag_email && flag_question && flag_answer){
        //组合参数
        var param="user="+form1.user.value+"&pwd="+form1.pwd.value+"&email="+form1.email.value+
"&question="+form1.question.value+"&answer="+form1.answer.value+"&city="+form1.city.value;
        var              loader=new              net.AjaxRequest("User?action=save&nocache="+new
Date().getTime(),deal_save,onerror,"POST",param);       //实例化 Ajax 对象
    }else{
        alert("您填写的注册信息不合法，请确认！");
    }
}
```

（2）在处理用户信息的 Servlet——User 中，编写 action 参数值为 save 时的处理方法 save()。在该方法中，首先设置响应的编码，然后获取用户信息，并对可能出现中文的信息进行转码，接下来再将用户信息保存到数据表中，最后输出执行结果。save()方法的关键代码如下：

代码位置：register\src\com\wgh\servlet\User.java

```
public void save(HttpServletRequest request,
        HttpServletResponse response) throws ServletException, IOException {
    response.setCharacterEncoding("UTF-8");                     //设置响应的编码
    String username=request.getParameter("user");              //获取用户名
    username=new String(username.getBytes("ISO-8859-1"),"UTF-8");  //将用户名转换为 UTF-8 编码
    String pwd=request.getParameter("pwd");                     //获取密码
    String email=request.getParameter("email");                //获取 E-mail 地址
    String city=new String(request.getParameter("city").trim().getBytes("ISO-8859-1"),"UTF-8");  //获取市县
    //获取密码提示问题
    String question=new String(request.getParameter("question").getBytes("ISO-8859-1"),"UTF-8");
    //获取密码提示问题答案
    String answer=new String(request.getParameter("answer").getBytes("ISO-8859-1"),"UTF-8");
    String sql="INSERT INTO tb_user (name,pwd,email,question,answer,city) VALUE ('"+username+"','"+pwd+"',
'"+email+"','"+question+"','"+answer+"','"+city+"')";
```

```
ConnDB conn=new ConnDB();
int rtn=conn.executeUpdate(sql);                        //执行更新语句
String result="";
    if(rtn>0){                                          //表示用户注册成功
        result="用户注册成功！";
    }else{                                              //表示用户注册失败
        result="用户注册失败！";
    }
conn.close();                                           //关闭数据库连接
response.setContentType("text/html");                   //设置响应的类型
PrintWriter out = response.getWriter();                 //获取 PrintWriter 对象
out.print(result);                                      //输出执行结果
out.flush();
out.close();
}
```

注意 在获取采用 POST 方式提交的数据时，必须将编码转换为 UTF-8，否则将出现中文乱码的情况。

（3）编写保存用户注册信息的 Ajax 对象的回调函数 deal_save()，用于显示保存用户信息的结果，并重置表单，同时还需要隐藏用户注册页面。deal_save()函数的关键代码如下：

代码位置：register\WebRoot\index.jsp

```
function deal_save(){
    alert(this.req.responseText);                       //弹出提示信息
    form_reset(form1);                                  //重置表单
    document.getElementById("register").style.display='none';  //隐藏用户注册页面
}
```

7. 实时显示用户信息

为了让用户及时了解最新的用户信息，还需要在模块的首页实时显示用户信息，在此主要包括最新注册的一个用户名、注册用户总数和最新注册的 20 个用户列表。下面介绍实时显示用户信息的具体步骤。

（1）在页面的合适位置添加 3 个<span>标记，分别用于显示最后注册用户、用户总数和最新注册的 20 个用户。关键代码如下：

代码位置：register\WebRoot\index.jsp

```
最后注册用户：<span id="newUser">正在读取...</span>
用户总数：<span id="userNumber">正在读取...</span>
最新注册的 20 个用户 <span id="userList">正在读取...</span>
```

（2）编写自定义的 JavaScript 函数 getUserInfo()，用于实现实例化 Ajax 对象。getUserInfo()函数的关键代码如下：

代码位置：register\WebRoot\index.jsp

```
function getUserInfo(){
    var loader=new net.AjaxRequest("User?action=getUserInfo&nocache="+new Date().getTime(),deal_ getUserInfo,
onerror,"GET");                                         //实例化 Ajax 对象
}
```

（3）在处理用户信息的 Servlet——User 中，编写 action 参数值为 getUserInfo 时的处理方法 getUserInfo()。在该方法中，首先设置响应类型为 XML，以及响应的编码，然后获取最后注册的用户、用户总数和最新注册的 20 个用户，最后通过 Dom4j 将获取的最新用户信息输出到 XML 文档中。getUserInfo()方法的关键代码如下：

代码位置：register\src\com\wgh\servlet\User.java

```java
public void getUserInfo(HttpServletRequest request,
        HttpServletResponse response) throws ServletException, IOException {
    response.setContentType("application/xml");              //设置响应类型为 XML
    response.setCharacterEncoding("GBK");                    //设置响应的编码方式
    PrintWriter out = response.getWriter();
    ConnDB conn=new ConnDB();
    //获取最后注册的用户
    String sql="SELECT name FROM tb_user ORDER BY createTime DESC Limit 1";
    ResultSet rs=conn.executeQuery(sql);                     //执行查询语句
    String newUser="";
    try {
        if(rs.next()){
            newUser=rs.getString(1);                         //获取最后注册用户的用户名
        }
    } catch (SQLException e) {
        e.printStackTrace();
    }
    //获取用户总数
    sql="SELECT COUNT(*) FROM tb_user";
    rs=conn.executeQuery(sql);                               //执行查询语句
    int userNumber=0;
    try {
        if(rs.next()){
            userNumber=rs.getInt(1);                         //获取统计到的用户总数
        }
    } catch (SQLException e) {
        e.printStackTrace();
    }
    //获取最新注册的 20 个用户
    sql="SELECT name FROM tb_user ORDER BY createTime DESC Limit 20";
    rs=conn.executeQuery(sql);                               //执行查询语句
    String userList="";
    try {
        while(rs.next()){
            userList=userList+rs.getString(1)+" | ";         //组合用户列表
        }
    } catch (SQLException e) {
        e.printStackTrace();
    }
    userList=userList.substring(0, userList.length()-3);     //去除最后面的分隔符"｜"
    conn.close();                                            //关闭数据库连接
    /****************通过 Dom4j 将获取的最新用户信息输出到 XML 文档中****************/
    Document document = DocumentHelper.createDocument();
    Element returnValue= document.addElement("returnValue");
    document.setRootElement(returnValue);                    //将 returnValue 设置为根节点
    Element e_newUser=returnValue.addElement("newUser");     //添加 newUser 节点
    e_newUser.setText(newUser);                              //设置 newUser 节点的内容为最后注册的用户名
    Element e_userNumber=returnValue.addElement("userNumber");  //添加 userNumber 节点
    e_userNumber.setText(String.valueOf(userNumber));        //设置 userNumber 节点的内容为用户总数
    Element e_userList=returnValue.addElement("userList");   //添加 userList 节点
    e_userList.setText(userList);                            //设置 userList 节点的内容为最新注册的 20 个用户
```

```
XMLWriter output;
OutputFormat format = OutputFormat.createPrettyPrint();          //格式化为缩进方式
format.setEncoding("GBK");                                        //设置写入流编码
output = new XMLWriter(out,format);
output.write(document);                                           //将数据输出到浏览器
output.flush();
}
```

说明 应用 Dom4j 解析 XML 的详细介绍参见第 9 章。

（4）编写获取最新用户信息的 Ajax 对象的回调函数 deal_getUserInfo()，用于获取并显示最后注册用户、用户总数和最新注册的 20 个用户。deal_getUserInfo()函数的关键代码如下：

代码位置：register\WebRoot\index.jsp

```
function deal_getUserInfo(){
    var objXml=this.req.responseXML;                                                         //获取返回的 XML 数据
    var newUser = objXml.getElementsByTagName("newUser")[0].firstChild.data;                 //获取最后注册的用户
    document.getElementById("newUser").innerHTML=newUser;                                    //显示最后注册的用户
    var userNumber = objXml.getElementsByTagName("userNumber")[0].firstChild.data;           //获取用户总数
    document.getElementById("userNumber").innerHTML=userNumber;                              //显示用户总数
    var userList= objXml.getElementsByTagName("userList")[0].firstChild.data;                //获取最新注册的 20 个用户
    document.getElementById("userList").innerHTML=userList;                                  //显示最新注册的 20 个用户
}
```

（5）为了实时获取最新的用户信息，还需要应用以下代码每隔一分钟获取一次用户信息。

```
timer=window.setInterval(getUserInfo,60000);                //每隔一分钟获取一次用户信息
```

说明 项目开发完成后，就可以在 Eclipse 中运行该项目了，具体步骤参见 5.6 节。

11.7　本 章 小 结

本章首先对什么是 Ajax，以及 Ajax 涉及的技术进行了详细介绍，其中 XMLHttpRequest 对象需要读者重点掌握；然后介绍了应用 Ajax 发送请求和处理服务器响应的方法；接下来介绍了使用 jQuery 实现 Ajax 的基本知识，以及 Ajax 开发需要注意的问题；最后详细介绍了如何应用 Ajax 开发用户注册模块。通过本章的学习，读者应该掌握 Ajax 技术，以及应用 jQuery 实现 Ajax 的方法，从而能够应用 Ajax 开发各种改善用户体验的动态网站。

11.8　学 习 成 果 检 验

1. 实现实时显示公告信息。（答案位置：光盘\TM\Instances\11.07）
2. 实现三级联动的下拉列表。（答案位置：光盘\TM\Instances\11.08）
3. 在网页中添加实时走动的系统时钟。（答案位置：光盘\TM\Instances\11.09）
4. 创建工具提示。（答案位置：光盘\TM\Instances\11.10）

第3篇

框架技术

第*12*章

Struts 2 框架

（ 📹 视频讲解：**61** 分钟）

Strtus 2 是 Apache 软件组织的一项开放源代码项目，是基于
WebWork 核心思想的全新框架，在 Java Web 开发领域中占有十分重
要的地位。随着 JSP 技术的成熟，越来越多的开发人员专注于 MVC
框架，Struts 2 受到了广泛的青睐。本章将从 MVC 设计模式开始，向
读者详细介绍 Struts 2 框架。

通过阅读本章，您可以：

▶▶ 了解 MVC 设计模式

▶▶ 掌握 Struts 2 体系结构

▶▶ 了解 Struts 工作流程

▶▶ 了解 Action 对象

▶▶ 掌握 Struts 配置文件结构

▶▶ 掌握 Struts 2 标签库的应用

▶▶ 了解 Struts 2 的开发模式

▶▶ 掌握 Struts 2 的拦截器

▶▶ 了解 Struts 2 的数据验证机制

12.1　MVC 设计模式

MVC（Model-View-Controller 模型-视图-控制器）是一个存在于服务器表达层的模型。在 MVC 经典架构中，强制性地把应用程序的输入、处理和输出分开，将程序分成 3 个核心模块——模型、视图和控制器。

1．模型

模型代表了 Web 应用中的核心功能，包括业务逻辑层和数据库访问层。在 Java Web 应用中，业务逻辑层一般由 JavaBean 或 EJB 构建。数据访问层（数据持久层）则通常应用 JDBC 或 Hibernate 来构建，主要负责与数据库打交道，如从数据库中取数据、向数据库中保存数据等。

2．视图

视图主要指用户看到并与之交互的界面，即 Java Web 应用程序的外观。视图部分一般由 JSP 和 HTML 构建。视图可以接收用户的输入，但并不包含任何实际的业务处理，只是将数据转交给控制器。在模型改变时，通过模型和视图之间的协议，视图得知这种改变并修改自己的显示。对于用户的输入，视图将其交给控制器进行处理。

3．控制器

控制器负责交互和将用户输入的数据导入模型。在 Java Web 应用中，当用户提交 HTML 表单时，控制器接收请求并调用相应的模型组件去处理请求，之后调用相应的视图来显示模型返回的数据。

模型-视图-控制器之间的关系如图 12.1 所示。

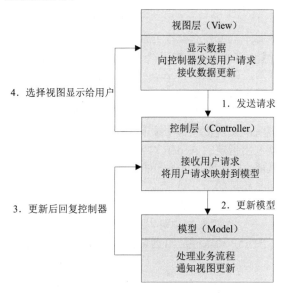

图 12.1　视图-模型-控制器之间的关系

12.2　Struts 2 框架概述

Struts 是 Apache 软件基金下的 Jakarta 项目的一部分，目前有两个版本（Struts 1.x 和 Struts 2.x）都是基于 MVC 经典设计模式的框架，其中采用了 Servlet 技术和 JSP 来实现，在目前 Web 开发中应用非常广泛。本节将向读者介绍开发 Struts 2 框架以及 Struts 2 的体系结构。

12.2.1　Struts 2 框架的产生

性能高效、松耦合和低侵入是开发人员追求的理想状态，针对 Struts 1 框架中存在的缺陷与不足，诞生了全新的 Struts 2 框架。它修改了 Struts 1 框架中的缺陷，而且还提供了更加灵活与强大的功能。

Struts 2 的结构体系与 Struts 1 有很大区别，因为该框架是在 WebWork 框架的基础上发展而来的，所以是 WebWork 技术与 Struts 技术的结合。在 Struts 的官方网站上可以看到 Struts 2 的图片，如图 12.2 所示。

WebWork 是开源组织 opensymphony 上一个非常优秀的开源 Web 框架，在

图 12.2　Struts 2 的图片

2002 年 3 月发布。相对于 Struts 1，其设计思想更加超前，功能也更加灵活。其中 Action 对象不再与 Servlet API 相耦合，它可以在脱离 Web 容器的情况下运行。而且 WebWork 还提供了自己的 IOC 容器增强了程序的灵活性，通过控制反转使程序测试更加简单。

从某些程度上讲，Struts 2 框架并不是 Struts 1 的升级版本，而是 Struts 与 WebWork 技术的结合。由于 Struts 1 框架与 WebWork 都是非常优秀的框架，而 Struts 2 又吸收了两者的优势，因此 Struts 2 框架的前景非常美好。

12.2.2　Struts 2 的结构体系

Struts 2 是基于 WebWork 技术开发的全新 Web 框架，其结构体系如图 12.3 所示。

Struts 2 通过过滤器拦截要处理的请求，当客户端发送一个 HTTP 请求时，需要经过一个过滤器链。这个过滤器链包括 ActionContext ClearUp 过滤器、其他 Web 应用过滤器及 StrutsPrepareAndExecuteFilter 过滤器，其中 StrutsPrepareAndExecuteFilter 过滤器是必须配置的。

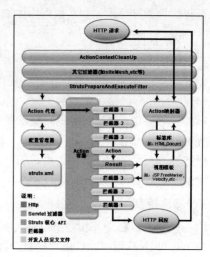

当 StrutsPrepareAndExecuteFilter 过滤器被调用时，Action 映射器将查找需要调用的 Action 对象，并返回该对象的代理。然后 Action 代理将从配置管理器中读取 Struts 2 的相关配置（struts.xml）。Action 容器调用指定的 Action 对象，在调用之前需要经过 Struts 2 的一系列拦截器。拦截器与过滤器的原理相似，从图 12.3 中可以看出两次执行顺序是相反的。

当 Action 处理请求后，将返回相应的结果视图（JSP 和 FreeMarker 等），在这些视图之中可以使用 Struts 标签显示数据并控制数据逻辑。然后 HTTP 请求回应给浏览器，在回应的过程中同样经过过滤器链。

图 12.3　Struts 2 的结构体系

12.3　Struts 2 入门

Struts 2 的使用比起 Struts 1.x 更为简单方便，只要加载一些 jar 包等插件，而不需要配置任何文件，即 Struts 2 采用热部署方式注册插件。

12.3.1　获取与配置 Struts 2

Struts 的官方网站是 http://struts.apache.org，在此网站上可以获取 Struts 的所有版本及帮助文档，本书所使用的 Struts 2 开发包为 Struts 2.3.4 版本。

在项目开发之前需要添加 Struts 2 的类库支持，即将 lib 目录中的 jar 包文件配置到项目的构建路径中。通常情况下不用全部添加这些 jar 包文件，根据项目实际的开发需要添加即可。

表 12.1 所示为开发 Struts 2 项目需要添加的类库文件，在 Struts 2.3 程序中这些 jar 文件是必须要添加的。

表 12.1　开发 Struts 2 项目需要添加的类库文件

名　　称	说　　明
struts2-core-2.3.4.jar	Struts 2 的核心类库
xwork-core-2.3.4.jar	xwork 的核心类库
ognl-3.0.5.jar	OGNL 表达式语言类库

续表

名　　称	说　　明
freemarker-2.3.19.jar	Freemarker 模板语言支持类库
commons-io-2.0.1.jar	处理 I/O 操作的工具类库
commons-fileupload-1.2.2.jar	文件上传支持类库
javassist-3.11.0.GA.jar	分析、编辑和创建 Java 字节码的类库
asm-commons-3.3.jar	ASM 是一个 Java 字节码处理框架，使用它可以动态生成 stub 类和 proxy 类，在 Java
asm-3.3.jar	虚拟机装载类之前动态修改类的内容
commons-lang3-3.1.jar	包含了一些数据类型工具类，是 java.lang.*的扩展

在实际的项目开发中可能还需要更多的类库支持，如 Struts 2 集成的一些插件 DOJO、JFreeChar、JSON 及 JSF 等，其相关类库到 lib 目录中查找添加即可。

12.3.2　创建第一个 Struts 2 程序

Struts 2 框架主要通过一个过滤器将 Struts 集成到 Web 应用中，这个过滤器对象就是 org.apache.Struts 2.dispatcher.ng.filter.StrutsPrepareAndExecuteFilter。通过它 Struts 2 即可拦截 Web 应用中的 HTTP 请求，并将这个 HTTP 请求转发到指定的 Action 处理，Action 根据处理的结果返回给客户端相应的页面。因此在 Struts 2 框架中，过滤器 StrutsPrepareAndExecuteFilter 是 Web 应用与 Struts 2 API 之间的入口，它在 Struts 2 应用中具有重要的作用。

本实例应用 Struts 2 框架处理 HTTP 请求的流程如图 12.4 所示。

例12.01　创建 Java Web 项目并添加 Struts 2 的支持类库，通过 Struts 2 将请求转发到指定 JSP 页面。（**实例位置：光盘\TM\Instances\12.01**）

（1）创建名为 12.1 的 Web 项目，将 Struts 2 的类库文件添加到 WEB-INF 目录中的 lib 文件夹中。由于本实例实现功能比较简单，所以只添加 Struts 2 的核心类包即可，添加的类包如图 12.5 所示。

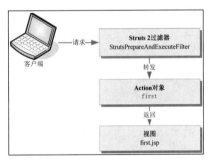

图 12.4　实例处理 HTTP 请求的流程　　图 12.5　添加的类包

> 说明　Struts 2 的支持类库可以在下载的 Struts 2 开发包的解压缩目录的 lib 文件夹中得到。

（2）在 web.xml 文件中声明 Struts 2 提供的过滤器，类名为 org.apache.struts2.dispatcher.ng.filter.StrutsPrepareAndExecuteFilter。关键代码如下：

```xml
<?xml version="1.0" encoding="UTF-8"?>
<web-app
 xmlns:xsi="http://www.w3.org/2001/XMLSchema-instance"
 xmlns="http://java.sun.com/xml/ns/javaee"
 xmlns:web="http://java.sun.com/xml/ns/javaee/web-app_2_5.xsd"
 xsi:schemaLocation="http://java.sun.com/xml/ns/javaee
 http://java.sun.com/xml/ns/javaee/web-app_3_0.xsd"
 id="WebApp_ID" version="3.0">
  <display-name>12.01</display-name>
  <filter>                                <!-- 配置 Struts 2 过滤器 -->
```

```
            <filter-name>struts2</filter-name>              <!-- 过滤器名称 -->
        <!-- 过滤器类 -->
        <filter-class>org.apache.struts2.dispatcher.ng.filter.StrutsPrepareAndExecuteFilter</filter-class>
    </filter>
    <filter-mapping>
        <filter-name>struts2</filter-name>                  <!-- 过滤器名称 -->
        <url-pattern>/*</url-pattern>                       <!-- 过滤器映射 -->
    </filter-mapping>
</web-app>
```

注意　Struts 2 中使用的过滤器类为 org.apache.Struts 2.dispatcher.FilterDispatcher，从 Struts 2.1 开始已经不推荐使用了，而使用 org.apache.Struts 2.dispatcher.ng.filter.StrutsPrepareAndExecute Filter 类。

（3）在 Web 项目的源码文件夹中，创建名为 struts.xml 的配置文件。在其中定义 Struts 2 中的 Action 对象，关键代码如下：

```
<?xml version="1.0" encoding="UTF-8" ?>
<!DOCTYPE struts PUBLIC
    "-//Apache Software Foundation//DTD Struts Configuration 2.3//EN"
    "http://struts.apache.org/dtds/struts-2.3.dtd">
<struts>
    <!-- 声明包 -->
    <package name="myPackage" extends="struts-default">
        <!-- 定义 action -->
        <action name="first">
            <!-- 定义处理成功后的映射页面 -->
            <result>/first.jsp</result>
        </action>
    </package>
</struts>
```

上面的代码中，<package>标签用于声明一个包，通过 name 属性指定其名为 myPackage，并通过 extends 属性指定此包继承于 struts-default 包；<action>标签用于定义 Action 对象，其 name 属性用于指定访问此 Action 的 URL；<result>子元素用于定义处理结果和资源之间的映射关系，实例中<result>子元素的配置为处理成功后请求将转发到 first.jsp 页面。

说明　在 struts.xml 文件中，Struts 2 的 Action 配置需要放置在包空间内，类似 Java 中包的概念。通过<package>标签声明，通常情况下声明的包需要继承于 struts-default 包。

（4）创建主页面 index.jsp，在其中编写一个超链接用于访问上面所定义的 Action 对象。此链接指向的地址为 first.action，关键代码如下：

```
<body>
    <a href="first.action">请求 Struts 2</a>
</body>
```

说明　在 Struts 2 中 Action 对象的默认访问后缀为 ".action"，此后缀可以任意更改，更改方法在后续内容中讲解。

（5）创建名为 first.jsp 的 JSP 页面作为 Action 对象 first 处理成功后的返回页面，关键代码如下：

```
<body>
    第一个 Struts2 程序!
</body>
```

实例运行后，打开主页面，如图 12.6 所示。单击"请求 Struts 2"超链接，请求将交给 Action 对象 first 处理，在处理成功后返回如图 12.7 所示的 first.jsp 页面。

图 12.6　主页面　　　　　　　　　　　图 12.7　first.jsp 页面

12.4　Action 对象

视频讲解：光盘\TM\Video\12\Action 对象.exe

在传统的 MVC 框架中，Action 需要实现特定的接口，这些接口由 MVC 框架定义，实现这些接口会与 MVC 框架耦合。Struts 2 比 Action 更为灵活，可以实现或不实现 Struts 2 的接口。

12.4.1　认识 Action 对象

Action 对象是 Struts 2 框架中的重要对象，主要用于处理 HTTP 请求。在 Struts 2 API 中，Action 对象是一个接口，位于 com.opensymphony.xwork2 包中。通常情况下，在编写 Struts 2 项目时，创建 Action 对象都要直接或间接地实现 com.opensymphony.xwork2.Action 接口，在该接口中，除了定义 execute()方法外，还定义了 5 个字符串类型的静态常量。com.opensymphony.xwork2.Action 接口的关键代码如下：

```
public interface Action {
public static final String SUCCESS = "success";
public static final String NONE = "none";
public static final String ERROR = "error";
public static final String INPUT = "input";
public static final String LOGIN = "login";
public String execute() throws Exception;
}
```

在 Action 接口中，包含了以下 5 个静态常量，它们是 Struts2 API 为处理结果定义的静态常量。

1. SUCCESS

静态变量 SUCCESS 代表 Action 执行成功的返回值，在 Action 执行成功的情况下需要返回成功页面，则可设置返回值为 SUCCESS。

2. NONE

静态变量 NONE 代表 Action 执行成功的返回值，但不需要返回到成功页面，主要用于处理不需要返回结果页面的业务逻辑。

3. ERROR

静态变量 ERROR 代表 Action 执行失败的返回值，在一些信息验证失败的情况下可以使 Action 返回此值。

4. INPUT

静态变量 INPUT 代表需要返回某个输入信息页面的返回值，如在修改某此信息时加载数据后需要返回到修改页面，即可将 Action 对象处理的返回值设置为 INPUT。

5. LOGIN

静态变量 LOGIN 代表需要用户登录的返回值，如在验证用户是否登录时 Action 验证失败并需要用户重新登录，即可将 Action 对象处理的返回值设置为 LOGIN。

12.4.2　请求参数的注入原理

在 Struts 2 框架中，表单提交的数据会自动注入到与 Action 对象中相对应的属性，它与 Spring 框架中 IOC 注入原理相同，通过 Action 对象为属性提供 setter()方法进行注入。例如，创建 UserAction 类，并提供一个 username 属性，关键代码如下：

```
public class UserAction extends ActionSupport {
    private String username;                 //用户名属性
    //为 username 提供 setter()方法
    public void setUsername(String username) {
        this.username = username;
    }
    //为 username 提供 getter()方法
    public String getUsername() {
        return username;
    }
    public String execute() {
        return SUCCESS;
    }
}
```

需要注入属性值的 Action 对象必须为属性提供 setter()方法，因为 Struts 2 的内部实现是按照 JavaBean 规范中提供的 setter()方法自动为属性注入值的。

技巧　由于 Struts 2 中 Action 对象的属性通过其 setter()方法注入，所以需要为属性提供 setter()方法。但在获取这个属性的数值时需要通过 getter()方法，因此在编写代码时最好为 Action 对象的属性提供 setter()与 getter()方法。

12.4.3　Action 的基本流程

Struts 2 框架主要通过 Struts 2 的过滤器对象拦截 HTTP 请求，然后将请求分配到指定的 Action 处理，其基本流程如图 12.8 所示。

由于在 Web 项目中配置了 Struts 2 的过滤器，所以当浏览器向 Web 容器发送一个 HTTP 请求时，Web 容器就要调用 Struts 2 过滤器的 doFilter()方法。此时 Struts 2 接收到 HTTP 请求，通过 Struts 2 的内部处理机制会判断这个请求是否与某个 Action 对象相匹配。如果找到匹配的 Action，就会调用该对象的 execute()方法，并根据处理结果返回相应的值。然后 Struts 2 通过 Action 的返回值查找返回值所映射的页面，最后通过一定的视图回应给浏览器。

说明　在 Struts 2 框架中，一个 "*.action" 请求的返回视图由 Action 对象决定。其实现方法是通过查找返回的字符串对应的配置项确定返回的视图，如 Action 中的 execute()方法返回的字符串为 success，那么 Struts 2 就会在配置文件中查找名为 success 的配置项，并返回这个配置项对应的视图。

12.4.4　动态 Action

前面所讲解的 Action 对象都是通过重写 execute()方法处理浏览器请求，此种方式只适合比较单一的业务逻辑请求。但在实际的项目开发中业务请求的类型多种多样（如增、删、改和查一个对象的数据），如果通过创建多个 Action 对象并编写多个 execute()方法来处理这些请求，那么不仅处理方式过于复杂，而且需要编写很多代码。当然处理这些请求的方式有多种方法，如可以将这些处理逻辑编写在一个 Action 对象中，然后通过 execute()方法来判断请求的是哪种业务逻辑，在判断后将请求转发到对应的业务逻辑处理方法上，这也是一种很好的解决方案。

在 Struts 2 框架中提供了 Dynamic Action 这样一个概念，称为动态 Action。通过动态请求 Action 对象中的方法实现某一业务逻辑的处理。应用动态 Action 处理方式如图 12.9 所示。

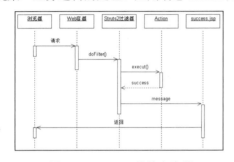

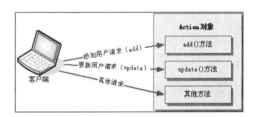

图 12.8　Struts 2 的基本流程　　　　　图 12.9　应用动态 Action 处理方式

从图 12.9 中可以看出动态 Action 处理方式通过请求 Action 对象中一个具体方法来实现动态操作，操作方式是通过在请求 Action 的 URL 地址后方加上请求字符串（方法名）与 Action 对象中的方法匹配，注意 Action 地址与请求字符串之间以"!"号分隔。

如在配置文件 struts.xml 中配置了 userAction，则请求其中的 add()方法的格式如下：

/userAction!add

12.4.5　应用动态 Action

例 12.02　创建一个 Java Web 项目，应用 Struts 2 提供的动态 Action 处理添加用户信息及更新用户信息请求。（实例位置：光盘\TM\Instances\12.02）

（1）创建动态 Web 项目，将 Struts 2 的类库文件添加到 WEB-INF 目录中的 lib 文件夹中，然后在 web.xml 文件中注册 Struts 2 提供的过滤器。

（2）创建名为 UserAction 的 Action 对象，并在其中分别编写 add()与 update()方法，用于处理添加用户信息及更新用户信息的请求并将请求返回到相应的页面。关键代码如下：

```
package com.wgh;
import com.opensymphony.xwork2.ActionSupport;
public class UserAction extends ActionSupport {
    private String info;                     //提示信息属性
    //添加用户信息的方法
    public String add() throws Exception {
        setInfo("添加用户信息");
        return "add";
    }
    //修改用户信息的方法
    public String update() throws Exception {
        setInfo("修改用户信息");
```

```
        return "update";
    }
    public String getInfo() {
        return info;
    }
    public void setInfo(String info) {
        this.info = info;
    }
}
```

说明 本实例主要演示了 Struts 2 的动态 Action 处理方式，并没有实际地添加与更新用户信息。add()与 update()方法处理请求的方式非常简单，只为 UserAction 类中的 info 变量赋了一个值，并返回相应的结果。

（3）在 Web 项目的源码文件夹（Eclipse 中默认为 src 目录）中创建名为 struts.xml 的配置文件，在其中配置 UserAction。关键代码如下：

```xml
<struts>
    <!-- 声明包 -->
    <package name="user" extends="struts-default">
        <!-- 定义 action -->
        <action name="userAction" class="com.wgh.UserAction">
            <!-- 定义处理成功后的映射页面 -->
            <result name="add">user_add.jsp</result>
            <result name="update">user_update.jsp</result>
        </action>
    </package>
</struts>
```

（4）创建名为 user_add.jsp 的 JSP 页面作为成功添加用户信息的返回页面，关键代码如下：

```jsp
<body>
    <s:property value="info"/>
</body>
```

在 user_add.jsp 页面中，本实例通过 Struts 2 标签输出 UserAction 中的信息，即在 UserAction 中 add()方法对 info 属性所赋的值。

（5）创建名为 user_update.jsp 的 JSP 页面作为成功更新用户信息的返回页面，关键代码如下：

```jsp
<body>
    <s:property value="info"/>
</body>
```

在 user_update.jsp 页面中，本实例通过 Struts 2 标签输出 UserAction 中的信息，即在 UserAction 中 update()方法对 info 属性所赋的值。

（6）创建程序中的首页 index.jsp，在其中添加两个超链接。通过 Struts 2 提供的动态 Action 功能将这两个超链接请求分别指向于 UserAction 类的添加与更新用户信息的请求。关键代码如下：

```jsp
<body>
    <a href="userAction!add">添加用户</a>
    <a href="userAction!update">修改用户</a>
</body>
```

注意 使用 Struts 2 的动态 Action 时，其 Action 请求的 URL 地址中使用 "!" 号分隔 Action 请求与请求字符串，而请求字符串的名称需要与 Action 类中的方法名称相对应；否则将抛出 java.lang.NoSuch-MethodException 异常。

运行实例打开如图 12.10 所示的 index.jsp 页面,在其中显示"添加用户"与"修改用户"超链接。

单击"添加用户"超链接,请求交给 UserAction 的 add()方法处理,此时可以看到浏览器地址栏中的地址变为 http://localhost:8080/12.02/user/userAction!add。由于使用了 Struts 2 提供的动态 Action,所以当请求/userAction!add 时,请求会交给 UserAction 类的 add()方法处理;当单击"修改用户"超链接后,请求将由 UserAction 类的 update()方法处理。

图 12.10　index.jsp 页面

技巧　从上面的实例可以看出,Action 请求的处理方式并非一定要通过 execute()方法来处理,使用动态 Action 的处理方式更加方便。所以在实际的项目开发中可以将同一模块的一些请求封装在一个 Action 对象中,使用 Struts 2 提供的动态 Action 处理不同请求。

12.5　Struts 2 的配置文件

在使用 Struts 2 时要配置 Struts 2 的相关文件,以使各个程序模块之间可以通信。

12.5.1　Struts 2 的配置文件类型

Struts 2 中的配置文件如表 12.2 所示。

表 12.2　Struts 2 的配置文件

名　　称	说　　明
struts-default.xml	位于 Struts 2-core-2.3.4.jar 文件的 org.apache.Struts 2 包中
struts-plugin.xml	位于 Struts 2 提供的各个插件的包中
struts.xml	Web 应用默认的 Struts 2 配置文件
struts.properties	Sturts 2 框架中属性配置文件
web.xml	此文件是 Web 应用中的 web.xml 文件,在其中也可以设置 Struts 2 框架的一些信息

其中,struts-default.xml 和 struts-plugin.xml 文件是 Struts 2 提供的配置文件,它们都在 Struts 2 提供的包中;而 struts.xml 文件是 Web 应用默认的 Struts 2 配置文件;struts.properties 文件是 Struts 2 框架中的属性配置文件,后两个配置文件需要开发人员编写。

12.5.2　配置 Struts 2 包

在 struts.xml 文件中存在一个包的概念,类似 Java 中的包。配置文件 struts.xml 中包使用<package>元素声明主要用于放置一些项目中的相关配置,可以将其理解为配置文件中的一个逻辑单元。已经配置好的包可以被其他包所继承,从而提高配置文件的重用性。与 Java 中的包类似,在 struts.xml 文件中使用包不仅可以提高程序的可读性,还可以简化日后的维护工作,其使用方式如下:

```
<struts>
    <!-- 声明包 -->
        <package name="user" extends="struts-default">
            ...
        </package>
</struts>
```

包使用<package>元素声明,必须拥有一个 name 属性来指定包的名称。<package>元素包含的属性如

表 12.3 所示。

表 12.3 <package>元素包含的属性

属 性	说 明
name	声明包的名称，以方便在其他处引用此包，此属性是必需的
extends	用于声明继承的包，即其父包
namespace	指定名称空间，即访问此包下的 Action 需要访问的路径
abstract	将包声明为抽象类型（包中不定义 Action）

12.5.3 配置名称空间

在 Java Web 开发中，Web 文件目录通常以模块划分，如用户模块的首页可以定义在/user 目录中，其访问地址为/user/index.jsp。在 Struts 2 框架中，Struts 2 配置文件提供了名称空间的功能，用于指定一个 Action 对象的访问路径，它的使用方法是通过在配置文件 struts.xml 的包声明中，使用 namespace 属性进行声明。

例 12.03 修改例 12.02 的程序，为原来的 user 包配置名称空间。（**实例位置：光盘\TM\Instances\12.03**）

（1）打开 struts.xml 文件，将<package>标记修改为以下内容，也就是指定名称空间为/user。

```
<package name="user" extends="struts-default" namespace="/user">
```

注意
    在<package>元素中指定名称空间属性，名称空间的值需要以 "/" 开头；否则找不到 Action
对象的访问地址。

（2）在项目的 WebContent 节点中创建 user 文件夹，并将 user_add.jsp 和 user_update.jsp 文件移动到该文件夹中。修改 index.jsp 文件中的访问地址，在原访问地址前加上名称空间中指定的访问地址。关键代码如下：

```
<a href="user/userAction!add">添加用户</a>
<a href="user/userAction!update">修改用户</a>
```

运行本实例，将会得到与例 12.02 同样的运行结果，这样就通过配置名称空间将关于用户操作的内容放置到单独的文件夹中了。

12.5.4 Action 的相关配置

Struts 2 框架中的 Action 对象是一个控制器的角色，Struts 2 框架通过它处理 HTTP 请求。其请求地址的映射需要在 struts.xml 文件中使用<action>元素配置，例如：

```
<action name="userAction" class="com.wgh.action.UserAction" method="save">
    <result>success.jsp</result>
</action>
```

配置文件中的<action>元素主要用于建立 Action 对象的映射，通过该元素可以指定 Action 请求地址及处理后的映射页面。<action>元素的常用属性如表 12.4 所示。

表 12.4 <action>元素的常用属性

属 性	说 明
name	用于配置 Action 对象被请求的 URL 映射
class	指定 Action 对象的类名
method	设置请求 Action 对象时调用该对象的哪一个方法
converter	指定 Action 对象类型转换器的类

📢**注意**　在<action>元素中 name 属性是必须配置的，在建立 Action 对象的映射时必须指定其 URL 映射地址；否则请求找不到 Action 对象。

在实际的项目开发中，每一个模块的业务逻辑都比较复杂，一个 Action 对象可包含多个业务逻辑请求的分支。

在用户管理模块中需要对用户信息执行添加、删除、修改和查询操作，关键代码如下：

```java
import com.opensymphony.xwork2.ActionSupport;
/**
 * 用户信息管理 Action
 */
public class UserAction extends ActionSupport{
    private static final long serialVersionUID = 1L;
    //添加用户信息
    public String save() throws Exception {
        ...
        return SUCCESS;
    }
    //修改用户信息
    public String update() throws Exception {
        ...
        return SUCCESS;
    }
    //删除用户信息
    public String delete() throws Exception {
        ...
        return SUCCESS;
    }
    //查询用户信息
    public String find() throws Exception {
        ...
        return SUCCESS;
    }
}
```

调用一个 Action 对象，默认执行的是 execute()方法。如果在多业务逻辑分支的 Action 对象中需要请求指定的方法，则可通过<action>元素的 method 属性配置，即将一个请求交给指定的业务逻辑方法处理。关键代码如下：

```xml
<!-- 添加用户 -->
<action name="userAction" class="com.lyq.action.UserAction" method="save">
    <result>success.jsp</result>
</action>
<!-- 修改用户 -->
<action name="userAction" class="com.lyq.action.UserAction" method="update">
    <result>success.jsp</result>
</action>
<!-- 删除用户 -->
<action name="userAction" class="com.lyq.action.UserAction" method="delete">
    <result>success.jsp</result>
</action>
<!-- 查询用户 -->
<action name="userAction" class="com.lyq.action.UserAction" method="find">
```

```
        <result>success.jsp</result>
    </action>
```

<action>元素的 method 属性主要用于为一个 action 请求分发一个指定业务逻辑方法,如设置为 add,那么这个请求就会交给 Action 对象的 add()方法处理,此种配置方法可以减少 Action 对象的数目。

注意 <action>元素的 method 属性值必须与 Action 对象中的方法名一致,这是因为 Struts 2 框架通过 method 属性值查找与其匹配的方法。

12.5.5　使用通配符简化配置

在 Struts 2 框架的配置文件 struts.xml 中支持通配符,此种配置方式主要针对多个 Action 的情况。通过一定的命名约定使用通配符来配置 Action 对象,从而达到一种简化配置的效果。

在 struts.xml 文件中,常用的通配符有如下两个。

☑ *:匹配 0 个或多个字符。

☑ \:一个转义字符,如需要匹配"/",则使用"\/"匹配。

例 12.04　在 Struts 2 框架的配置文件 struts.xml 中应用通配符。(实例位置:光盘\TM\Instances\12.04)

```
<struts>
    <package name="default" namespace="/" extends="struts-default">
        <action name="*Action" class="com.wgh.action.{1}Action">
            <result name="success">result.jsp </result>
            <result name="update">update.jsp</result>
            <result name="del">result.jsp</result>
        </action>
    </package>
</struts>
```

<action>元素的 name 属性值为*Action,匹配的是以字符 Action 结尾的字符串,如 UserAction 和 BookAction。在 Struts 2 框架的配置文件中是可以使用表达式{1}、{2}或{3}的方式获取通配符所匹配的字符,如代码中的"com.wgh.action.{1}Action"。

12.5.6　配置返回结果

在 MVC 的设计思想中处理业务逻辑之后需要返回一个视图,Struts 2 框架通过 Action 的结果映射配置返回视图。

Action 对象是 Struts 2 框架中的请求处理对象,针对不同的业务请求及处理结果返回一个字符串,即 Action 处理结果的逻辑视图名。Struts 2 框架根据逻辑视图名在配置文件 struts.xml 中查找与其匹配的视图,找到后将这个视图回应给浏览器,如图 12.11 所示。

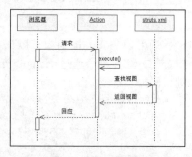

图 12.11　结果映射

在配置文件 struts.xml 中结果映射使用<result>元素,使用方法如下:

```
<action name="user" class="com.wgh.action.UserAction">
    <!-- 结果映射 -->
    <result>/user/Result.jsp</result>
    <!-- 结果映射 -->
    <result name="error">/user/Error.jsp</result>
    <!-- 结果映射 -->
    <result name="input" type="dispatcher">/user/Input.jsp</result>
</action>
```

<result>元素的两个属性为 name 和 type，其中 name 属性用于指定 Result 的逻辑名称，与 Action 对象中方法的返回值相对应。如 execute()方法返回值为 input，那么就将<result>元素的 name 属性配置为 input 对应 Action 对象返回值。type 属性用于设置返回结果的类型，如请求转发和重定向等。

注意 当<result>元素未指定 name 属性时，默认值为 success。

12.6　Struts 2 的标签库

 视频讲解：光盘\TM\Video\12\Struts 2 的标签库.exe

要在 JSP 中使用 Struts 2 的标签库，首先要指定标签的引入，在 JSP 代码的顶部添加以下代码：
`<%@taglib prefix="s" url="/struts-tags" %>`

12.6.1　数据标签

1. property 标签

property 标签是一个常用标签，作用是获取数据值并直接输出到页面中，其属性如表 12.5 所示。

表 12.5　property 标签的属性

名　　称	是 否 必 须	名　　称	是 否 必 须
default	可选	escapeJavaScript	可选
escape	可选	value	可选

2. set 标签

set 标签用于定义一个变量并为其赋值，同时设置变量的作用域（application、request 和 session）。在默认情况下，通过 set 标签定义的变量被放置到值栈中。该标签的属性如表 12.6 所示。

表 12.6　set 标签的属性

名　　称	是 否 必 须	类　　型	说　　明
scope	可选	String	设置变量的作用域，取值为 application、request、session、page 或 action，默认值为 action
value	可选	String	设置变量值
var	可选	String	定义变量名

说明 在 set 标签中还包含 id 与 name 属性，本书所讲述的 Struts 2 版本中这两个属性已过时，所以不再讲解。

set 标签的使用方式如下：
```
<s:set var="username" value="'测试 set 标签'" scope="request"></s:set>
<s:property default="没有数据！" value="#request.username"/>
```
上述代码通过 set 标签定义了一个名为 username 的变量，其值是一个字符串，作用域在 request 范围之中。

3. a 标签

a 标签用于构建一个超链接，最终构建效果将形成一个 HTML 中的超链接，其常用属性如表 12.7 所示。

表 12.7　a 标签的常用属性

名　　称	是否必须	类　型	说　　明
action	可选	String	将超链接的地址指向 action
href	可选	String	超链接地址
id	可选	String	设置 HTML 中的属性名称
method	可选	String	如果超链接的地址指向 action，method 同时可以为 action 声明所调用的方法
namespace	可选	String	如果超链接的地址指向 action，namespace 可以为 action 声明名称空间

4. param 标签

param 标签用于为参数赋值，可以作为其他标签的子标签。该标签的属性如表 12.8 所示。

表 12.8　param 标签的属性

名　　称	是否必须	类　　型	说　　明
name	可选	String	设置参数名称
value	可选	Object	设置参数值

5. action 标签

action 标签是一个常用的标签，用于执行一个 Action 请求。当在一个 JSP 页面中通过 action 标签执行 Action 请求时，可以将其返回结果输出到当前页面中，也可以不输出。其常用属性如表 12.9 所示。

表 12.9　action 标签的常用属性

名　　称	是否必须	类　型	说　　明
executeResult	可选	String	是否使 Action 返回执行结果，默认值为 false
flush	可选	boolean	输出结果是否刷新，默认值为 true
ignoreContextParams	可选	boolean	是否将页面请求参数传入被调用的 Action，默认值为 false
name	必须	String	Action 对象映射的名称，即 struts.xml 中配置的名称
namespace	可选	String	指定名称空间的名称
var	可选	String	引用此 action 的名称

6. push 标签

push 标签用于将对象或值压入到值栈中并放置在顶部，因为值栈中的对象可以直接调用，所以该标签的主要作用是简化操作。其属性只有 value，用于声明压入值栈中的对象，该标签的使用方法如下：

```
<s:push value="#request.student"></s:push>
```

7. date 标签

date 标签用于格式化日期时间，可以通过指定的格式化样式格式化日期时间值。该标签的属性如表 12.10 所示。

表 12.10　date 标签的属性

名　　称	是否必须	类　型	说　　明
format	可选	String	设置格式化日期的样式
name	必须	String	日期值
nice	可选	boolean	是否输出给定日期与当前日期之间的时差，默认值为 false，不输出时差
var	可选	String	格式化时间的名称变量，通过此变量可以对其进行引用

8．include 标签

include 标签的作用类似 JSP 中的<include>动作标签，用于包含一个页面，并且可以通过 param 标签向目标页面中传递请求参数。

include 标签只有一个必选的 file 属性，用于包含一个 JSP 页面或 Servlet，其使用方法如下：
```
<%@include file=" /pages/common/common_admin.jsp"%>
```

9．url 标签

url 标签中提供了多个属性以满足不同格式的 URL 需求，其常用属性如表 12.11 所示。

表 12.11 url 标签的常用属性

名　　称	是否必须	类　　型	说　　明
action	可选	String	Action 对象的映射 URL，即对象的访问地址
anchor	可选	String	此 URL 的锚点
encode	可选	boolean	是否编码参数，默认值为 true
escapeAmp	可选	String	是否将&转义为&amp
forceAddSchemeHostAndPort	可选	boolean	是否添加 URL 的主机地址及端口号，默认值为 false
includeContext	可选	boolean	生成的 URL 是否包含上下文路径，默认值为 true
includeParams	可选	String	是否包含可选参数，可选值为 none、get 和 all，默认值为 none
method	可选	String	指定请求 Action 对象所调用的方法
namespace	可选	String	指定请求 Action 对象映射地址的名称空间
scheme	可选	String	指定生成 URL 所使用的协议
value	可选	String	指定生成 URL 的地址值
var	可选	String	定义生成 URL 变量名称，可以通过此名称引用 URL

url 标签是一个常用的标签，在其中可以为 url 传递请求参数，也可以通过该标签提供的属性生成不同格式的 url。

12.6.2 控制标签

1．if 标签

if 标签是一个流程控制标签，用于处理某一逻辑的多种条件。通常表现为"如果满足某种条件，则执行某种处理；否则执行另一种处理"。

2．<s:if>标签

<s:if>标签是基本流程控制标签，用于在满足某个条件的情况下执行标签体中的内容，可以单独使用。

3．<s:elseif>标签

<s:elseif>标签需要与<s:if>标签配合使用，在不满足<s:if>标签条件的情况下，判断是否满足<s:elseif>标签中的条件。如果满足，那么将执行其标签体中的内容。

4．<s:else>标签

<s:else>标签需要与<s:if>或<s:elseif>标签配合使用，在不满足所有条件的情况下，可以使用<s:else>标签来执行其中的代码。

与 Java 语言相同，Struts 2 框架的流程控制标签同样支持 if…else if…else 的条件语句判断，使用方法如下：
```
<s:if test="表达式(布尔值)">
    输出结果…
```

```
</s:if>
<s:elseif test="表达式(布尔值)">
    输出结果...
</s:elseif>
可以使用多个<s:elseif>
...
<s:else>
    输出结果...
</s:else>
```

　　<s:if>与<s:elseif>标签都有一个名为 test 的属性，用于设置标签的判断条件，其值是一个布尔类型的条件表达式。在上述代码中可以包含多个<s:elseif>标签，针对不同的条件执行不同的处理。

5. iterator 标签

　　iterator 标签是一个迭代数据的标签，可以根据循环条件遍历数组和集合类中的所有或部分数据，并迭代出集合或数组的所有数据，也可以指定迭代数据的起始位置、步长及终止位置来迭代集合或数组中的部分数据。该标签的属性如表 12.12 所示。

表 12.12　iterator 标签的属性

名　　称	是否必须	类　　型	说　　明
begin	可选	Integer	指定迭代数组或集合的起始位置，默认值为 0
end	可选	Integer	指定迭代数组或集合的结束位置，默认值为集合或数组的长度
status	可选	String	迭代过程中的状态
step	可选	Integer	设置迭代的步长，如果指定此值，则每一次迭代后索引值将在原索引值的基础上增加 step 值，默认值为 1
value	可选	String	指定迭代的集合或数组对象
var	可选	String	设置迭代元素的变量，如果指定此属性，那么所迭代的变量将放压入到值栈中

　　status 属性用于获取迭代过程中的状态信息，在 Struts 2 框架的内部结构中该属性实质是获取了 Struts 2 封装的一个迭代状态的 org.apache.Struts2.views.jsp.IteratorStatus 对象，通过此对象可以获取迭代过程中的如下信息。

　　☑　元素数：IteratorStatus 对象提供了 getCount()方法来获取迭代集合或数组的元素数，如果 status 属性设置为 st，那么可通过 st.count 获取元素数。

　　☑　是否为第一个元素：IteratorStatus 对象提供了 isFirst()方法来判断当前元素是否为第一个元素，如果 status 属性设置为 st，那么可通过 st.first 判断当前元素是否为第一个元素。

　　☑　是否为最后一个元素：IteratorStatus 对象提供了 isLast()方法来判断当前元素是否为最后一个元素，如果 status 属性设置为 st，那么可通过 st.last 判断当前元素是否为最后一个元素。

　　☑　当前索引值：IteratorStatus 对象提供了 getIndex()方法来获取迭代集合或数组的当前索引值，如果 status 属性设置为 st，那么可通过 st.index 获取当前索引值。

　　☑　索引值是否为偶数：IteratorStatus 对象提供了 isEven()方法来判断当前索引值是否为偶数，如果 status 属性设置为 st，那么可通过 st.even 判断当前索引值是否为偶数。

　　☑　索引值是否为奇数：IteratorStatus 对象提供了 isOdd()方法来判断当前索引值是否为奇数，如果 status 属性设置为 st，那么可通过 st.odd 判断当前索引值是否为奇数。

12.6.3　表单标签

　　在 Struts 2 框架中提供了一套表单标签，用于生成表单及其中的元素，如文本框、密码框和选择框等，它们能够与 Struts 2 API 很好地交互。常用的表单标签如表 12.13 所示。

表 12.13　常用的表单标签

名　称	说　明
form 标签	用于生成一个 form 表单
hidden 标签	用于生成一个 HTML 中的隐藏表单元素，相当于使用了 HTML 代码<input type="hidden">
textfield 标签	用于生成一个 HTML 中的文本框元素，相当于使用了 HTML 代码<input type="textfield">
password 标签	用于生成一个 HTML 中的密码框元素，相当于使用了 HTML 代码<input type="password">
radio 标签	用于生成一个 HTML 中的单选按钮元素，相当于使用了 HTML 代码<input type="radio">
select 标签	用于生成一个 HTML 中的下拉列表元素，相当于使用了 HTML 代码<select><option></option></select>
textarea 标签	用于生成一个 HTML 中的文本域元素，相当于使用了 HTML 代码<textarea></textarea>
checkbox 标签	用于生成一个 HTML 中的选择框元素，相当于使用了 HTML 代码<input type="checkbox">
checkboxlist 标签	用于生成一个或多个 HTML 中的选择框元素，相当于使用了 HTML 代码<input type="checkboxlis">
submit 标签	用于生成一个 HTML 中的提交按钮元素，相当于使用了 HTML 代码<input type="submit">
reset 标签	用于生成一个 HTML 中的重置按钮元素，相当于使用了 HTML 代码<input type="reset">

表单标签的常用属性如表 12.14 所示。

表 12.14　表单标签的常用属性

名　称	说　明
name	指定表单元素的 name 属性
title	指定表单元素的 title 属性
cssStyle	指定表单元素的 style 属性
cssClass	指定表单元素的 class 属性
required	用于在 lable 上添加 "*" 号，其值为布尔类型。如果为 true，则添加 "*" 号；否则不添加
disable	指定表单元素的 disable 属性
value	指定表单元素的 value 属性
labelposition	用于指定表单元素 label 的位置，默认值为 left
requireposition	用于指定在表单元素 label 上添加 "*" 号的位置，默认值为 right

主题是 Struts 2 框架提供的一项功能，设置主题样式可以用于 Struts 2 框架中的表单与 UI 标签。默认情况下，Struts 2 提供了如下 4 种主题样式。

☑　simple：simple 主题的功能较弱，只提供了简单的 HTML 输出。

☑　xhtml：xhtml 主题是在 simple 上的扩展，它提供了简单的布局样式可以将元素用到表格布局中，并且提供了 lable 的支持。

☑　css_xhtml：css_xhtml 主题是在 xhtml 主题基础上的扩展，它在功能上强化了 xhtml 主题在 CSS 上的样式的控制。

☑　ajax：ajax 主题是在 css_xhtml 主题上扩展，它在功能上主要强化了 css_xhtml 主题在 Ajax 方面的应用。

说明　默认情况下，Struts 2 框架应用 xhtml 主题。

xhtml 主题使用固定样式设置，非常不方便。如果不希望直接使用 HTML 来设计页面中的主题，则可以应用 simple 主题样式。

12.7　Struts 2 的开发模式

视频讲解：光盘\TM\Video\12\Struts 2 的开发模式.exe

12.7.1　实现与 Servlet API 的交互

Struts 2 中提供了 Map 类型的 request、session 与 application，可以从 ActionContext 对象中获得。该对象位于 com.opensymphony.xwork2 包中，是 Action 执行的上下文，其常用的 API 方法如下。

1．实例化 ActionContext

在 Struts 2 的 API 中，ActionContext 的构造方法需要传递一个 Map 类的上下文对象，应用这个构造方法创建 ActionContext 对象非常不方便，所以通常情况下使用该对象提供的 getContext()方法创建。其方法声明如下：

```
public static ActionContext getContext()
```

该方法是一个静态方法，可以直接调用，其返回值是 ActionContext。

2．获取 Map 类型的 request

获取 Struts 2 封装的 Map 类型的 request 使用 ActionContext 对象提供的 get()方法，其方法声明如下：
```
public Object get(Object key)
```
该方法的入口参数为 Object 类型的值，获取 request 可以将其设置为 request，例如：
```
Map request = ActionContex.getContext.get("request");
```

3．获取 Map 类型的 session

但 ActionContext 提供了一个直接获取 session 的方法 getSession()，其方法声明如下：
```
public Map getSession()
```
该方法返回 Map 对象，它将作用于 HttpSession 范围中。

4．获取 Map 类型的 application

ActionContext 对象为获取 Map 类型的 application 提供了单独的 getApplication()方法，其方法声明如下：
```
public Map getApplication()
```
该方法返回 Map 对象，作用于 ServletContext 范围中。

12.7.2　域模型 DomainModel

在讲述前面的内容时，无论用户注册逻辑，还是其他一些表单信息的提交操作均未通过操作实际的域对象实现，原因是将所有的实体对象的属性都封装在了 Action 对象中。而 Action 对象只是操作一个实体对象中的属性，不操作某一个实体对象，这样的操作有些偏离了域模型设计的思想。比较好的设计是将某一领域的实体直接封装为一个实体对象，如操作用户信息可以将用户信息封装为一个域对象 User 并将用户所属的组封装为 Group 对象，如图 12.12 所示。

　　将一些属性信息封装为一个实体对象的优点很多，如将一个用户信息数据保存在数据库中只需要传递一个 User 对象，而不是传递多个属性。在 Struts 2 框架中提供了操作域对象的方法，可以在 Action 对象中引用某一个实体对象（如图 12.13所示）。并且 HTTP 请求中的参数值可以注入到实体对象中的属性，这种方式即 Struts 2 提供的使用Domain Model 的方式。

图 12.12　域对象

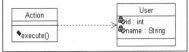

图 12.13　Action 对象引用 User 对象

　　例如，在 Action 中应用一个User 对象的代码如下：

```
public class UserAction extends ActionSupport {
    private User user;
    @Override
    public String execute() throws Exception {
        return SUCCESS;
    }
    public User getUser() {
        return user;
    }
    public void setUser(User user) {
        this.user = user;
    }
}
```

在页面中提交注册请求的代码如下：

```
<body>
    <h2>用户注册</h2>
    <s:form action="userAction" method="post">
        <s:textfield name="user.name" label="用户名"></s:textfield>
        <s:password name="user.password" label="密码" ></s:password>
        <s:radio name="user.sex" list="#{1 : '男', 0 : '女'}" label="性别" ></s:radio>
        <s:submit value="注册"></s:submit>
    </s:form>
</body>
```

12.7.3　驱动模型 ModelDriven

　　在 Domain Model 模式中虽然 Struts 2 的 Action 对象可以通过直接定义实例对象的引用来调用实体对象执行相关操作，但要求请求参数必须指定参数对应的实体对象。如在表单中需要指定参数名为 user.name，此种做法还是有一些不方便。Struts 2 框架还提供了另外一种方式 ModelDriven，不需要指定请求参数所属的对象引用，即可向实体对象中注入参数值。

　　在 Struts 2 框架的 API 中提供了一个名为 ModelDriven 的接口，Action 对象可以通过实现此接口获取指定的实体对象。获取方式是实现该接口提供的 getModel()方法，其语法格式如下：

```
T getModel();
```

说明　ModelDriven 接口应用了泛型，getModel 的返回值为要获取的实体对象。

如果 Action 对象实现了 ModelDriven 接口，当表单提交到 Action 对象后其处理流程如图 12.14 所示。

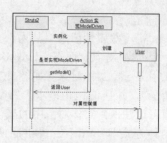

Struts 2 首先实例化 Action 对象，然后判断该对象是否是 ModelDriven 对象（是否实现了 ModelDriven 接口），如果是，则调用 getModel()方法来获取实体对象模型，并将其返回（如图 12.14 中调用的 User 对象）。在之后的操作中已经存在明确的实体对象，所以不用在表单中的元素名称上添加指定实例对象的引用名称。

图 12.14　处理流程

例如，应用以下代码添加表单：

```
<s:form action="userAction" method="post">
    <s:textfield name="name" label="用户名"></s:textfield>
    <s:password name="password" label="密码" ></s:password>
    <s:radio name="sex" list="#{1 : '男', 0 : '女'}" label="性别" ></s:radio>
    <s:submit value="注册"></s:submit>
</s:form>
```

那么处理表单请求的 UserAction 对象，同时需要实现 ModelDriven 接口及其 getModel()方法，返回明确的实体对象 user。UserAction 类的关键代码如下：

```
public class UserAction extends ActionSupport implements ModelDriven<User> {
    private User user = new User();
    /**
     * 请求处理方法
     */
    @Override
    public String execute() throws Exception {
        return SUCCESS;
    }
    @Override
    public User getModel() {
        return this.user;
    }
}
```

由于 UserAction 实现了 ModelDriven 接口，getModel()方法返回明确的实体对象 user，所以表单中的元素名称不用指定明确的实体对象引用即可成功地将表单提交的参数注入到 user 对象中。

说明　　UserAction 类中的 user 属性需要初始化；否则在 getModel()方法获取实体对象时，将出现空指针异常。

12.8　Struts 2 的拦截器

视频讲解：光盘\TM\Video\12\Struts 2 的拦截器.exe

拦截器其实是 AOP 的一种实现方式，通过它可以在 Action 执行前后处理一些相应的操作。Struts 2 提供了多个拦截器，开发人员也可以根据需要配置拦截器。

12.8.1　拦截器概述

拦截器是 Struts 2 框架中的一个重要的核心对象，它可以动态增强 Action 对象的功能，在 Struts 2 框架中很多重要的功能通过拦截器实现。如在使用 Struts 2 框架时发现 Struts 2 与 Servlet API 解耦，Action 对请求的处理不依赖于 Servlet API，但 Struts 2 的 Action 却具有更加强大的请求处理功能。这个功能的实现就是拦截器对 Action 的增强，可见拦截器的重要性；此外，Struts 2 框架中的表单重复提交、对象类型转换、文件上传，还有前面所学习的 ModelDriven 的操作都离不开拦截器的幕后操作。Struts 2 的拦截器的处理机制是 Struts 2 框架的核心。

拦截器动态作用于 Action 与 Result 之间，可以动态地增强 Action 及 Result（在其中添加新功能），如图 12.15 所示。

客户端发送的请求会被 Struts 2 的过滤器所拦截，此时 Struts 2 对请求持有控制权。它会创建 Action 的代理对象，并通过一系列拦截器处理请求，最后交给指定的 Action 处理。在这期间，拦截器对象作用 Action 和 Result 的前后可以执行任何操作，所以 Action 对象编写简单是由于拦截器进行了处理。拦截器操作 Action 对象的顺序如图 12.16 所示。

当浏览器在请求一个 Action 时会经过 Struts 2 框架的入口对象——Struts 2 过滤器，此时该过滤器会创建 Action 的代理对象。之后通过拦截器即可在 Action 对象执行前后执行一些操作，如图 12.16 中的"前处理"与"后处理"，最后返回结果。

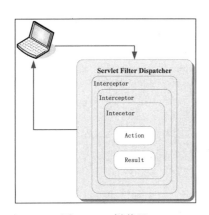

图 12.15　拦截器

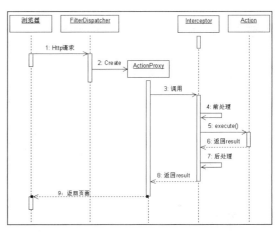

图 12.16　拦截器操作 Action 对象的顺序

12.8.2　拦截器 API

在 Struts 2 API 中有一个名为 com.opensymphony.xwork2.interceptor 的包，其中有一些 Struts 2 内置的拦截器对象，它们具有不同的功能。在这些对象中，Interceptor 接口是 Struts 2 框架中定义的拦截器对象，其他拦截器都直接或间接地实现于此接口。

在拦截器 Interceptor 中包含了 3 个方法，其代码如下：

```
public interface Interceptor extends Serializable {
    void destroy();
    void init();
    String intercept(ActionInvocation invocation) throws Exception;
}
```

☑ destroy()方法指示拦截器的生命周期结束，它在拦截器被销毁前调用，用于释放拦截器在初始化时占用的一些资源。

☑ init()方法用于对拦截器执行一些初始化操作，此方法在拦截器被实例化后和 intercept()方法执行前调用。

☑ intercept()方法是拦截器中的主要方法，用于执行 Action 对象中的请求处理方法及其前后的一些操作，动态增强 Action 的功能。

> **说明**　只有调用了 intercept()方法中 invocation 参数的 invoke()方法，才可以执行 Action 对象中的请求处理方法。

　　虽然 Struts 2 提供了拦截器对象 Interceptor，但此对象是一个接口。如果通过此接口创建拦截器对象，则需要实现 Interceptor 提供的 3 个方法。在实际开发中主要用到 intercept()方法，如果要空实现没有用到 init()与 destroy()方法，这种创建拦截器方式似乎有一些不便。

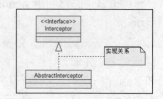

图 12.17　AbstractInterceptor 对象与 Interceptor 接口的关系

　　为了简化程序开发，也可以通过 Struts 2 API 中的 AbstractInterceptor 对象创建拦截器对象，它与 Interceptor 接口的关系如图 12.17 所示。

　　AbstractInterceptor 对象是一个抽象类，实现了 Interceptor 接口，在创建拦截器时可以通过继承该对象创建。在继承 AbstractInterceptor 对象后，创建拦截器的方式更加简单；除了重写必需的 intercept()方法外，如果没有用到 init()与 destroy()方法，则不必实现。

> **说明**　AbstractInterceptor 对象已经实现了 Interceptor 接口的 init()与 destroy()方法，所以通过继承该对象创建拦截器，则不需要实现这两个方法。如果需要，可以重写。

12.8.3　使用拦截器

　　如果在 Struts 2 框架中创建了一个拦截器对象，则配置后才可以应用到 Action 对象，配置使用<interceptor-ref>标签。

　　例 12.05　为 Action 对象配置输出执行时间的拦截器，以查看执行 Action 所需的时间。（**实例位置：光盘\TM\Instances\12.05**）

　　（1）创建动态的 Java Web 项目，将 Struts 2 的相关类包配置到构建路径中，并在 web.xml 文件中注册 Struts 2 提供的 StrutsPrepareAndExecuteFilter 过滤器，从而搭建 Struts 2 的开发环境。

　　（2）创建名为 TestAction 的类，此类继承于 ActionSupport 对象。关键代码如下：

```
public class TestAction extends ActionSupport {
    private static final long serialVersionUID = 1L;
    public String execute() throws Exception{
        Thread.sleep(1000);        //线程睡眠 1 秒
        return SUCCESS;
    }
}
```

> **说明**　由于实例需要配置输出 Action 执行时间的拦截器，可以为了方便查看执行时间，在 execute()方法中通过 Thread 类的 sleep()方法使当前线程睡眠 1 秒钟。

　　（3）在 struts.xml 配置文件中配置 TestAction 对象，并将输出 Action 执行时间的拦截器 timer 应用到 TestAction 中。关键代码如下：

```
<struts>
    <!-- 声明常量（开发模式） -->
```

```
    <constant name="struts.devMode" value="true" />
    <!-- 声明常量（在 Struts 2 的配置文件修改后，自动加载） -->
    <constant name="struts.configuration.xml.reload" value="true" />
    <!-- 声明包 -->
    <package name="myPackge" extends="struts-default">
        <!-- 配置 Action -->
        <action name="testAction" class="com.lyq.action.TestAction">
            <!-- 配置拦截器 -->
            <interceptor-ref name="timer"/>
            <!-- 配置返回页面 -->
            <result>success.jsp</result>
        </action>
    </package>
</struts>
```

在 TestAction 对象的配置中配置了一个拦截器对象 timer，作用是输出 TestAction 执行的时间。

技巧 如果需要查看一个 Action 对象执行所需的时间，可以为其配置 timer 拦截器。它是 Struts 2 的内置拦截器，不需要创建及编写，直接配置即可。

（4）创建程序的首页页面 index.jsp 及 TestAction 返回页面 success.jsp，由于实例测试 timer 拦截器的使用，所以没有过多的设置。

部署项目并访问 TestAction 对象，在访问后可以看到 TestAction 执行所占用的时间，如图 12.18 所示。

图 12.18　TestAction 执行所占用的时间

说明 访问 TestAction 对象后可看到 TestAction 对象的执行时间大于 1 秒，原因是在第一次访问 TestAction 时需要执行一些初始化操作，在以后的访问中即可看到执行时间变为 1 秒（1000 ms）。

12.9　数据验证机制

视频讲解：光盘\TM\Video\12\数据验证机制.exe

Struts 2 的数据校验机制有两种方式，即通过配置文件和通过重写 ActionSupport 类的 validate()方法。

12.9.1　手动验证

在 Struts 2 的 API 中 ActionSupport 类对 Validateable 接口，但对 validate()方法却是一个空实现。通常情况下都是通过继承 ActionSupport 类创建 Action 对象实现,所以在继承该类的情况下，如果通过 validate() 方法验证数据的有效性，直接重写 validate()方法即可，如图 12.19 所示。其中 MyAction 类是一个自定义的 Action 对象。

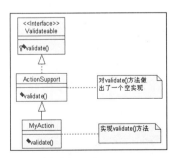

图 12.19　Validateable 与 ActionSupport

使用 validate()方法可以验证用户请求的多个 Action 方法，并且验证逻辑相同。如果在一个 Action 类中编写了多个请求处理方法，而此 Action 重写了 validate()方法，那么默认执行每一个请求方法的过程中都会经过 validate()方法的验证处理。

12.9.2　验证文件的命名规则

使用 Struts 2 验证框架，验证文件名需要遵循一定的命名规则，必须为 ActionName-validation.xml 或 ActionName-AliasName-validation.xml 形式。其中 Action Name 是 Action 对象的名称；AliasName 为 Action 配置中的名称，即 struts.xml 配置文件中 Action 元素对应的 name 属性名。

1．以 ActionName-validation.xml 方式命名

在这种命名方式中，数据的验证会作用于整个 Action 对象，并验证该对象的请求业务处理方法。如果 Action 对象中只存在单一的处理方法或在多个请求处理方法中验证处理的规则相同，则可以应用此种命名方式。

2．以 ActionName-AliasName-validation.xml 方式命名

以 ActionName-AliasName-validation.xml 方式命名更加灵活，如果一个 Action 对象中包含多个请求处理方法，而又没有必要验证每一个方法。即只需要处理 Action 对象中的特定方法，则可使用此种命名方式。

12.9.3　验证文件的编写风格

在 Struts 2 框架中使用数据验证框架，其验证文件的编写有如下两种风格。

1．字段验证器编写风格

字段验证器编写风格是指在验证过程中主要针对字段进行验证，此种方式是在验证文件根元素 <validators> 下使用 <field-validator> 元素编写验证规则的方式。例如：

```
<validators>
    <!-- 验证用户名 -->
    <field name="username">
        <field-validator type="requiredstring">
            <message>请输入用户名</message>
        </field-validator>
    </field>
    <!-- 验证密码 -->
    <field name="password">
        <field-validator type="requiredstring">
            <message>请输入密码</message>
        </field-validator>
    </field>
</validators>
```

上述代码的作用是判断用户名与密码字段是否输入字符串值。

 说明　如果在 xml 文件中使用中文，需要将其字符编码设置为支持中文编码的字符集，如"encoding="UTF-8""。

2．非字段验证器编写风格

非字段验证器编写风格是指在验证过程中既可以针对字段验证，也可以针对普通数据验证。此种方式是在验证文件根元素 <validators> 下使用 <field-validator> 元素编写验证规则的方式，例如：

```
<validators>
    <validator type="requiredstring">
        <!-- 验证用户名字段 -->
        <param name="fieldName">password</param>
```

```
    <!-- 验证密码字段  -->
    <param name="fieldName">username</param>
    <message>请输入内容</message>
  </validator>
</validators>
```

上述代码的作用是判断用户名与密码字段是否输入了字符串值。

注意　如果使用字段验证器编写风格编写验证文件，需要使用<param>标签传递字段参数。其参数名为 fieldName，值为字段的名称。

使用第 1 种风格编写的验证文件能够对任何一个字段返回一个明确的验证消息；而使用第 2 种编写验证文件，则不能够对任何一个字段返回一个明确的验证消息，因为这将多个字段设置在一起。

说明　虽然使用非字段验证器编写风格也能够验证字段，但没有字段验证器编写风格的针对性强，所以验证字段时通常使用字段验证器编写风格。

12.10　实　　战

12.10.1　实现用户登录

视频讲解：光盘\TM\Video\12\实现用户登录.exe

例 12.06　应用 Struts 2 来实现一个基本的用户登录功能。（实例位置：光盘\TM\Instances\12.06）

（1）创建 index.jsp 页面，编写用户登录提交表单页面。在表单标签的 action 属性中指定处理表单信息的 Action。关键代码如下：

```
<body>
  <s:form action="loginA">
    <s:label value="登录信息"></s:label>
    <s:textfield name="username" label="用户名"></s:textfield>
    <s:password name="userpass" label="密码"></s:password>
    <s:submit value="登录"></s:submit>
  </s:form>
  </body>
```

（2）创建 Action 文件，定义 index.jsp 中提交的属性的变量。编写相关处理方法，但属性的 getter()和 setter()方法可以通过一些开发工具的工具自动生成。在默认方法 excute()中编写用来比对用户名与密码的相关代码。关键代码如下：

```
package com.mr.action;
import com.opensymphony.xwork2.ActionSupport;
public class LoginAction extends ActionSupport{
    private String username;        //用户名
    private String userpass;        //密码
    //属性的 getter()和 setter()方法
    public String getUsername() {
        return username;
```

```
    }
    public void setUsername(String username) {
        this.username = username;
    }
    public String getUserpass() {
        return userpass;
    }
    public void setUserpass(String userpass) {
        this.userpass = userpass;
    }
    public String execute(){                        //主方法
        if("mr".equalsIgnoreCase(username) && "mrsoft".equals(userpass)){//匹配用户名和密码
            return SUCCESS;                          //匹配成功进入欢迎页面
        }
        return LOGIN;                                //匹配失败进入登录页面
    }
    public String login() throws Exception{
        return execute();

    }
}
```

（3）创建配置文件 struts.xml，并在其中编写 Action 中各返回结果的不同处理页面。关键代码如下：

```
<struts>
<package name="first" extends="struts-default"><!-- 定义一个 package -->
<!-- 对 action 返回结果的配置 -->
    <action name="loginA" class="com.zx.action.LoginAction">
        <result name="success">/welcome.jsp</result>
        <result name="login">/index.jsp</result>
    </action>
</package>
</struts>
```

（4）创建显示页面 welcome.jsp。在这个页面中使用<s:property>标签来获取并显示相应的属性值。关键代码如下：

```
<body>
    登录成功，欢迎您，<s:property value="username" /><!-- 显示 Action 中的 username 属性 -->
</body>
```

运行本实例，在用户登录页面中输入如图 12.20 所示的用户名（mr）和密码（mrsoft），单击"登录"按钮，将显示如图 12.21 所示的登录成功页面。

12.10.2 实现简单的计算器

图 12.20 用户登录页面　图 12.21 登录成功页面

视频讲解：光盘\TM\Video\12\实现简单的计算器.exe

例 12.07 应用 Struts 2 来实现一个简单的计算器。（实例位置：光盘\TM\Instances\12.07）

（1）创建 index.jsp 页面，应用 Struts 2 的标签在该页面中添加实现计算器页面的表单及表单元素。关键代码如下：

```
<%@ taglib prefix="s" uri="/struts-tags" %>
<s:form action="jisuan">
    <s:label value="简单计算器"></s:label>
```

```
        <s:textfield name="num1" label="第一个数"></s:textfield>
        <s:select name="check" list="{'+','-','*','/'}" label="运算符"></s:select>
        <s:textfield name="num2" label="第二个数"></s:textfield>
        <s:submit value="计算"></s:submit>
    </s:form>
```

（2）创建 DealAction 类，让其继承 ActionSupport，在该类中定义实现计算器所需的属性，并为这些属性添加 setter()和 getter()方法，另外在该类中还需要实现 execute()方法。在 execute()方法中编写计算器代码，关键代码如下：

```
public String execute(){
    String x=getNum1();                          //获取第 1 个数
    String y=getNum2();                          //获取第 2 个数

    double num4=Double.parseDouble(x);           //将第 1 个数转换为 double 型
    double num5=Double.parseDouble(y);           //将第 2 个数转换为 double 型
    System.out.println(num4);
    if(check.equals("+")){                       //进行加法运算
        num3=num4+num5;
    }
    if(check.equals("-")){                       //进行减法运算
        num3=num4-num5;
    }
    if(check.equals("*")){                       //进行乘法运算
        num3=num4*num5;
    }
    if(check.equals("/")){                       //进行除法运算
        num3=num4/num5;
    }
        ActionContext.getContext().getSession().put("num3", num3);    //将计算结果保存到 session 中
    return SUCCESS;
}
```

（3）创建配置文件 struts.xml。在配置文件中编写 Action 中各返回结果的不同处理页面。关键代码如下：

```
<package name="first" extends="struts-default"><!-- 定义一个 package -->
<!-- 对 Action 返回结果的配置 -->
    <action name="jisuan" class="com.mr.action.DealAction">
        <result name="success">/result.jsp</result>
        <result name="login">/index.jsp</result>
    </action>
</package>
```

运行本实例，输入第一个数和第二个数并选择一个运算符，如图 12.22 所示，单击"计算"按钮，将显示如图 12.23 所示的计算结果页面。

12.10.3　Struts 2 标签实现的用户注册

图 12.22　简单计算器页面　图 12.23　计算结果页面

例 12.08　通过 Struts 2 框架提供的表单标签编写用户注册表单，将用户的注册信息输出到 JSP 页面中。（实例位置：光盘\TM\Instances\12.08）

（1）创建 index.jsp 页面，应用 Struts 2 的标签在该页面中添加用于收集用户注册信息的表单及表单元素。关键代码如下：

```
<%@ taglib prefix="s" uri="/struts-tags" %>
    <s:form action="userAction" method="post">
```

```
<s:textfield name="name" label="用户名" required="true" requiredposition="left"></s:textfield>
<s:password name="password" label="密　码" required="true" requiredposition="left"></s:password>
<s:radio name="sex" list="#{1 : '男', 0 : '女'}" label="性　别" required="true" requiredposition="left"></s:radio>
<s:select list="{'请选择省份','吉林','广东','山东','河南'}" name="province" label="省　份"></s:select>
<s:checkboxlist list="{'足球','羽毛球','乒乓球','篮球'}" name="hobby" label="爱　好"></s:checkboxlist>
<s:textarea name="description" cols="30" rows="5" label="描　述"></s:textarea>
<s:submit value="注册"></s:submit>
<s:reset value="重置"></s:reset>
</s:form>
```

（2）创建 UserAction 类，让其继承 ActionSupport，在该类中定义代表用户信息的属性，并为这些属性添加 setter()和 getter()方法，另外在该类中还需要实现 execute()方法，在 execute()方法中直接返回 SUCCESS。具体代码可以参见本书附带光盘。

（3）创建配置文件 struts.xml，并在其中编写 Action 中各返回结果的不同处理页面。关键代码如下：

```
<!-- 声明包 -->
<package name="myPackge" extends="struts-default">
    <!-- 创建 TagAction 的映射　-->
    <action name="userAction" class="com.lyq.action.UserAction">
        <!-- 注册成功的返回页面 -->
        <result>success.jsp</result>
    </action>
</package>
```

（4）编写 success.jsp 文件，在该文件中通过<s:property>标签获取并显示填写的用户注册信息。关键代码如下：

```
<%@ taglib prefix="s" uri="/struts-tags"%>
<ul>
    <li>用户名：<s:property value="name" /></li>
    <li>性　别：<s:property value="sex" /></li>
    <li>省　份：<s:property value="province" /></li>
    <li>爱　好：<s:property value="hobby" /></li>
    <li>描　述：<s:property value="description" /></li>
</ul>
```

运行本实例，输入用户注册信息，如图 12.24 所示，单击"注册"按钮，将显示获取到的注册信息，如图 12.25 所示。

图 12.24　用户注册页面

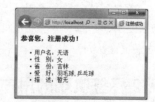

图 12.25　显示注册结果页面

12.10.4　XML 中配置数据验证器验证表单元素

视频讲解：光盘\TM\Video\12\XML 中配置数据验证器验证表单元素.exe

例 12.09　使用数据验证机制验证表单元素是否为空，以及两次输入的密码是否一致，根据验证结果给

出提示。（实例位置：光盘\TM\Instances\12.09）

（1）创建 index.jsp 页面，应用 Struts 2 的标签在该页面中添加用于收集用户注册信息的表单及表单元素。

（2）编写 ZhuceAction，名称为 ZhuceAction.java，并且为该 Action 指定一个校验文件 ZhuceAction-validation.xml。ZhuceAction-validation.xml 文件的关键代码如下：

```
<validators>
    <field name="name">
        <field-validator type="requiredstring">
            <param name="trim">true</param>
            <message>用户名不能为空</message>
        </field-validator>
    </field>
    <field name="pass">
        <field-validator type="requiredstring">
            <param name="trim">true</param>
            <message>密码不能为空</message>
        </field-validator>
    </field>
        <field name="rpass">
        <field-validator type="requiredstring">
            <param name="trim">true</param>
            <message>确认密码不能为空</message>
        </field-validator>
        <field-validator type="fieldexpression">
            <param name="expression"><![CDATA[(pass==rpass)]]></param>
            <message>两次输入密码不一致</message>
        </field-validator>
    </field>
        <field name="phone">
            <field-validator type="requiredstring">
            <param name="trim">true</param>
            <message>电话不能为空</message>
        </field-validator>
        <field-validator type="regex">
            <param name="expression"><![CDATA[(1\d{10})]]></param>
            <message>电话必须为 11 位数字，且必须以 1 开头</message>
        </field-validator>
    </field>
</validators>
```

运行本实例，在"用户名"文本框中输入"无语"，如图 12.26 所示，单击"提交"按钮，将显示如图 12.27 所示的验证结果。

12.10.5　级联下拉列表框

视频讲解：光盘\TM\Video\12\级联下拉列表框.exe

例 12.10　应用 Struts 2 提供的<s:doubleselect>标签实现级联下拉列表框。（实例位置：光盘\TM\Instances\12.10）

配置 Struts 2 并创建 index.jsp 文件，在该文件中将<s:doubleselect>标签放置在<s:form>标签中，实现级联下拉列表框。关键代码如下：

```
<%@taglib prefix="s" uri="/struts-tags"%>
<s:set name="bs" value="#{'吉林省':{'长春市','吉林市','延吉市','通化市'},'山东省':{'青岛市','滨州市'},'辽宁省':{'沈阳
```

311

```
市','大连市'}}"></s:set>
<s:form id="form">
    <s:doubleselect    name="dbselect"    label=" 籍 贯 "    doubleList="#bs[top]"    list="#bs.keySet()"
doubleName="a" ></s:doubleselect>
</s:form>
```

运行本实例，将显示如图 12.28 所示的级联下拉列表框。

图 12.26　用户注册页面

图 12.27　显示验证结果页面

图 12.28　级联下拉列表框

12.11　本章小结

本章向读者介绍了一种非常流行的 MVC 模型解决方案——Struts 技术，其中包括 MVC 设计模式、Struts 框架的体系、Struts 配置文件、Struts 框架中的视图组件与控制器组件。对于初学者来说，只有切实掌握 Struts 框架的体系，才能灵活地应用 Struts 框架进行开发。

12.12　学习成果检验

1．实现简单的投票器。（答案位置：光盘\TM\Instances\12.11）
2．实现权限验证拦截器。（答案位置：光盘\TM\Instances\12.12）
3．防止网页数据的重复提交。（答案位置：光盘\TM\Instances\12.13）

第 13 章

Hibernate 框架

（ 📹 视频讲解：65 分钟 ）

学习编程语言，重在掌握编程思想。在非面向对象的开发模式中，可以发现代码行云流水，但其重用价值并不高，给开发及维护带来了诸多不便。面向对象编程模式的到来改变了这一缺点。

面向对象是 Java 编程语言的特点，但在数据库的编程中，操作对象为关系型数据库，并不能对实体对象直接持久化，Hibernate 通过 ORM 技术解决了这一问题，在实体对象与数据库间提供了一座桥梁。

通过阅读本章，您可以：

▸▸ 理解 ORM 映射原理

▸▸ 理解软件设计的分层结构

▸▸ 了解持久化技术

▸▸ 掌握 Hibernate 配置方法

▸▸ 掌握 Hibernate 自动建表技术

▸▸ 掌握 Hibernate 对数据增、删、改、查的基本操作

▸▸ 理解 Hibernate 的缓存

▸▸ 了解延迟加载策略

13.1 Hibernate 简介

13.1.1 理解 ORM 原理

ORM（Object Relational Mapping）是对象到关系的映射，是一种解决实体对象与关系型数据库相互匹配的技术，其实现思想就是将数据库中的数据表映射为对象，对关系型数据以对象的形式进行操作。在软件开发中，对象和关系数据是业务实体的两种表现形式，ORM 通过使用描述对象和数据库之间映射的元数据，将对象自动持久化到关系数据库中。实质上，ORM 在业务逻辑层与数据库层之间充当桥梁的作用，它对对象（Object）到关系数据（Relational）进行映射（Mapping），如图 13.1 所示。

在 Hibernate 框架中，ORM 的设计思想得以具体实现。Hibernate 主要通过持久化类（*.java）、Hibernate 映射文件（*.hbm.xml）及 Hibernate 配置文件（*.cfg.xml）与数据库进行交互。其中，持久化类是操作对象，用于描述数据表的结构；映射文件指定持久化类与数据表之间的映射关系；配置文件用于指定 Hibernate 的属性信息等，如数据库的连接信息等。

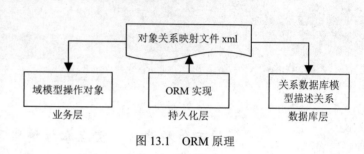

图 13.1　ORM 原理

13.1.2 Hibernate 的结构体系

Hibernate 对 ORM 进行了实现，是一个开放源代码的对象关系映射框架。在软件的分层结构中，Hibernate 在原有三层结构（MVC）的基础上，从业务逻辑层中分离出持久化层，专门负责数据的持久化操作，使业务逻辑层可以真正地专注于业务逻辑的开发，不再需要编写复杂的 SQL 语句。增加了持久化层的软件分层结构如图 13.2 所示。

在传统的软件设计结构中，并没有太多的分层理念，程序的代码非常集中，给程序的调试及后期维护带来了一定的困难。从业务逻辑层中分离出持久化层大大提高了程序的可扩展性及可维护性，程序之间的各种业务并非紧密耦合，使得程序更加健壮、更易于维护。在程序中 Hibernate 架构的应用如图 13.3 所示。

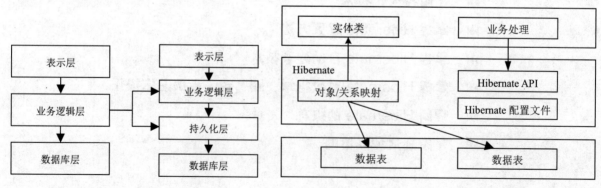

图 13.2　软件分层结构　　　　　图 13.3　Hibernate 架构的应用

从图 13.3 可以看出，Hibernate 封装了数据库的访问细节，并一直维护着实体类与关系型数据库中数据表之间的映射关系，业务处理可以通过 Hibernate 提供的 API 接口进行数据库操作。

Hibernate 的常用接口主要有 Configuration 接口、SessionFactory 接口、Session 接口、Transaction 接口、Query 接口和 Criteria 接口。这 6 个核心接口在 Hibernate 框架中发挥着重要的作用，使用这 6 个接口不仅可以获取数据连接、对数据进行持久化操作、HQL 查询等，而且还可以对事务进行控制。

1. Configuration 接口

Configuration 接口用于加载 Hibernate 的配置文件及启动 Hibernate，创建 SessionFactory 实例。在 Hibernate 的启动过程中，Configuration 对象首先加载 Hibernate 的配置文件并对其进行读取，然后根据配置创建 SessionFactory 对象。

2. SessionFactory 接口

SessionFactroy 接口用于对 Hibernate 进行初始化操作。它是一个 Session 工厂，Session 对象从此接口获取。通常一个项目只有一个 SessionFactroy 对象，因为它对应一个数据库；如果项目中存在多个数据库，可以存在多个 SessionFactory 对象。但要注意 SessionFactroy 是一个重量级对象，其创建比较耗时、占用资源，它是线程安全的。

3. Session 接口

Session 接口是操作数据库的核心对象，它负责管理所有与持久化相关的操作，也称为 CRUD 操作。使用此对象时应该注意，Session 对象与 SessionFactory 对象不同，它是非线程安全的，应避免多个线程共享同一个 Session，其创建不会消耗太多的资源。

4. Transaction 接口

Transaction 接口用于对事务的相关操作，如事务的提交、回滚等操作。

5. Query 接口

Query 接口主要用于对数据库的查询操作，功能十分强大，其单检索、分页查询等诸多方法为程序开发提供了方便。其中，面向对象查询语言 HQL 通过此接口进行实现。

6. Criteria 接口

Criteria 接口同样用于对数据的查询操作，它为 Hibernate 的另一种查询方式 QBC 提供了方法。

以上所述接口是 Hibernate 中常用的关键接口，其作用不仅仅局限于上述功能，它们的实现类及部分子接口同样发挥着强大的作用，为 Hibernate 的使用提供了更加灵活的方法。

13.1.3　Hibernate 实例状态

Hibernate 的实例状态分为 3 种，分别为 Transient（瞬时）状态、Persistent（持久）状态、Detached（脱管）状态。在开发 Hibernate 程序中，需要对这 3 种状态进行充分的理解，只有了解这 3 种状态所代表的意义，以及何种状态在 Hibenrate 的 Session 管理之内，才能更好地进行 Hibernate 的开发。下面分别对这 3 种状态进行介绍。

1. Transient（瞬时）

如果一个实体对象通过 new 关键字进行创建，并没有纳入 Hibernate Session 的管理之中，就被认定是 Transient（瞬时）状态。如果 Transient（瞬时）对象在程序中没有被引用，则将被垃圾回收器回收，其特征在于数据库中没有与之匹配的数据，也没有在 Hibernate 缓存管理之内。

2. Persistent（持久）

处于 Persistent（持久）状态的对象在数据库中有与之匹配的数据，在 Hibernate 缓存的管理之内。当持久对象有任何改动时，Hibernate 在更新缓存时将对其进行更新；如果 Persistent 状态变成了 Transient，Hibernate 同样会自动对其进行删除操作，不需要手动检查数据。

3．Detached（脱管）

Persistent（持久）对象在 Session 关闭后将变为 Detached（脱管）状态，其特征在于数据库中存在与之匹配的数据，但并没有在 Session 的管理之内。

实体对象的状态在 Hibernate 中是瞬息万变的，其状态变化情况如图 13.4 所示。

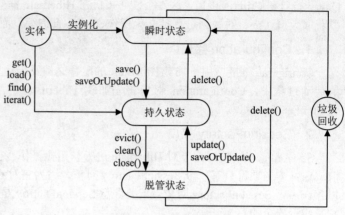

图 13.4　3 种实例状态

13.1.4　Hibernate 的适用性

目前，持久层框架并非只有 Hibernate，但 Hibernate 无疑是众多 O/R 框架中的佼佼者，深受广大程序员的关注，已经成为事实上标准的 O/R 映射技术。Hibernate 的应用十分广泛，不仅可以应用到 Java 的客户端程序，也可以应用到 JSP/Servlet 的 Web 开发中，可谓是能应用在任何使用 JDBC 的场合。

Hibernate 的优点如下：

☑ 商业级支持的开源产品。Hibernate 是 JBoss 公司推出的开源项目，因此使用 Hibernate 不必担心它会停止开发或不能得到技术支持。由于它是开源的，用户可以自定义对其进行扩展。

☑ 良好的移植性。Hibernate 框架是轻量级的框架，对实体对象实现了透明持久化。当持久层框架发生改变时，如不再使用 Hibernate 框架，而使用其他框架，那么不需要更改业务逻辑。也就是说，它是低侵入性的框架。

☑ 提高开发效率。Hibernate 封装了数据库的访问细节，程序员不必编写繁琐的 SQL 语句，可以专注于业务逻辑，同时通过面向对象的编程思想去操作数据库，因此使用 Hibernate 可以提高开发效率。

☑ 跨数据库平台。Hibernate 自身支持多种常用数据库，如 MySQL、Oracle、SQL Server 等。使用 Hibernate 不必担心底层数据库的类型，当更换底层数据库时，只需更改 Hibernate 的配置文件即可，而不需要更改程序的代码。

13.2　Hibernate 入门

13.2.1　Hibernate 包的下载与放置

在学习 Hibernate 之前，首先需要获取 Hibernate 提供的第三方包。在浏览器的地址栏中输入"http://www.hibernate.org"，按 Enter 键，打开其官方网站，从中可以获取到 Hibernate 的最新版本及帮助文档。单击导航菜单中的 Downloads 超链接，进入到如图 13.5 所示的下载页面，单击 release bundles 超链接即可下载最新版本的 Hibernate。

在下载成功后，将得到一个 ZIP 格式的压缩文件，解压此文件后可以看到其文件结构如图 13.6 所示。

其中 documentation 目录中保存的是 Hibernate 的 API 文档及帮助文档，这些内容在实际应用中经常被用到；lib 目录中保存的是 Hibernate 所需的全部 Jar 包；project 目录中保存的是源文件。

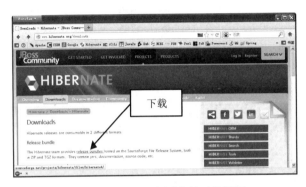

图 13.5　Hibernate 官网中的下载页面

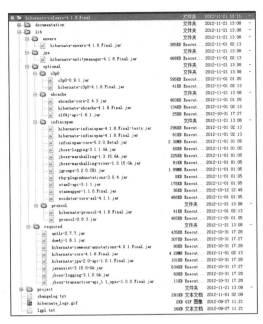

图 13.6　解压后的 Hibernate 压缩文件的目录结构

说明　本书使用的是 Hibernate 4.1.8 版本，在 Hibernate 的后续版本或其他版本中，可能会与本书介绍的有所区别。

在获取 Hibernate 包后，就可以进行 Hibernate 项目开发了，此时需要将 Hibernate 类库引入到项目之中。首先将图 13.6 所示的全部 Jar 包文件复制到一个单独的目录中，然后在 Eclipse 中创建对应的用户库并配置到构建路径中，或者直接将这些 Jar 文件复制到项目的 WEB-INF/lib 目录，这样 Hibernate 的支持类库就完成了添加。

13.2.2　Hibernate 配置文件

Hibernate 通过读取默认的 XML 配置文件 hibernate.cfg.xml 加载数据库的配置信息，该配置文件默认存储于项目的 classpath 根目录下。

首先来看一下连接 MySQL 数据库所用的 XML 配置文件。

```xml
<?xml version='1.0' encoding='UTF-8'?>
<!DOCTYPE hibernate-configuration PUBLIC
        "-//Hibernate/Hibernate Configuration DTD 3.0//EN"
        "http://www.hibernate.org/dtd/hibernate-configuration-3.0.dtd">
<hibernate-configuration>
    <session-factory>
        <!-- 数据库驱动 -->
        <property name="connection.driver_class">com.mysql.jdbc.Driver</property>
        <!-- 数据库连接的 URL -->
        <property name="connection.url">jdbc:mysql://localhost:3306/test</property>
        <!-- 数据库连接用户名 -->
        <property name="connection.username">root</property>
        <!-- 数据库连接密码 -->
        <property name="connection.password">111</property>
```

```
            <!-- Hibernate 方言 -->
            <property name="dialect">org.hibernate.dialect.MySQLDialect</property>
            <!-- 打印 SQL 语句 -->
            <property name="show_sql">true</property>
            <!-- 映射文件 -->
            <mapping resource="com/lyq/User.hbm.xml" />
        </session-factory>
    </hibernate-configuration>
```

hibernate.cfg.xml 文件的根元素为<hibernate-configuration>，每个<session-factory>元素可以有多个<property>和<mapping>子元素，通常情况下<session-factory>只有一个，每一个<session-factory>对应一个数据库；<property>元素用来配置 Hibernate 属性信息；<mapping>元素用来配置持久化类映射文件的相对路径。<property>元素的常用属性及说明如表 13.1 所示。

表 13.1　<property>元素的常用属性及说明

属　　性	说　　明
connection.driver_class	设置数据库驱动
connection.url	设置数据库连接的 URL
connection.username	设置连接数据库所使用的用户名
connection.password	设置连接数据库所使用的密码
dialect	设置连接数据库所使用的 Hibernate 方言
show_sql	是否打印 SQL 语句
format_sql	设置是否对 SQL 语句进行格式化
hbm2ddl.auto	设置自动建表

在项目实施过程中，当底层数据库发生变化时，不需要更改程序的源代码，只需要更改配置文件 Hibernate.cfg.xml 即可，提高了 Hibernate 使用的灵活性，同样也体现了 Hibernate 对数据库的跨平台性。

注意
　　建议在调试程序时将 Hibernate.show_sql 属性设置为 true，这样在运行程序时，会在控制台输出 SQL 语句，便于程序的调试；在发布应用时，应将该属性设置为 false，以减少信息的输出量，提高软件的运行性能。

13.2.3　编写持久化类

对象-关系映射（ORM）是 Hibernate 的基础。在 Hibernate 中，持久化类是 Hibernate 操作的对象，它与数据库中的数据表相对应，描述数据表的结构信息。在持久化类中，其属性信息与数据表中的字段相匹配。下面来看一个简单的持久化类。

```
public class User {
    private Integer id;          //ID 编号
    private String name;         //姓名
    private boolean sex;         //性别
    public Integer getId() {
        return id;
    }
    public void setId(Integer id) {
        this.id = id;
    }
}
```

```
public String getName() {
    return name;
}
public void setName(String name) {
    this.name = name;
}
public boolean isSex() {
    return sex;
}
public void setSex(boolean sex) {
    this.sex = sex;
}
}
```

User 类为用户持久化类，此类中定义了用户的基本属性，并提供了相应的 getXXX() 与 setXXX() 方法。从这个类可以看出，持久化类遵循 JavaBean 命名约定。由于持久化类只是一个普通的类，并没有特殊的功能，也就是说它不依赖于任何对象（没有实现任何接口，也没有继承任何类），又被称为 POJO 类。Hibernate 持久化类的编写遵循一定的规范，创建时需要注意以下几点。

- ☑ 声明一个默认的、无参的构造方法。Hibernate 在创建持久化类时，通过默认且没有参数的构造方法进行实例化，所以必须要提供一个无参的构造方法。
- ☑ 类的声明是非 final 类型的。如果 Hibernate 的持久化类声明为 final 类型，那么将不能使用延迟加载等设置，因为 Hibernate 的延迟加载通过代理实现；它要求持久化类是非 final 的。
- ☑ 拥有一个标识属性。标识属性通常对应数据表中的主键。此属性是可选的。为了更好地使用 Hibernate，推荐加入此属性，如 User 类中的 id 属性。
- ☑ 为属性声明访问器。Hibernate 在加载持久化类时，需要对其进行创建并赋值，所以在持久化类中属性声明 getXXX() 与 setXXX() 方法，这些方法为 public 类型。

13.2.4　编写映射文件

Hibernate 的映射文件与持久化类相互对应，映射文件指定持久化类与数据表之间的映射关系，如数据表的主键生成策略、字段的类型、一对一关联关系等。它与持久化类的关系密切，两者之间相互关联。在 Hibernate 中，映射文件的类型为.xml 格式，其命名方式规范为*.hbm.xml。例如，创建持久化类 User 对象的映射文件，代码如下：

```xml
<?xml version="1.0"?>
<!DOCTYPE hibernate-mapping PUBLIC
        "-//Hibernate/Hibernate Mapping DTD 3.0//EN"
        "http://www.hibernate.org/dtd/hibernate-mapping-3.0.dtd">

<hibernate-mapping>
    <class name="com.lyq.model.User" table="tb_user">
        <id name="id" column="id" type="int">
            <generator class="native"></generator>
        </id>
        <property name="name" type="string" not-null="true" length="50">
            <column name="name"></column>
        </property>
        <property name="sex" type="boolean">
            <column name="sex"/>
        </property>
    </class>
</hibernate-mapping>
```

1．<hibernate-mapping>元素

<hibernate-mapping>元素是 Hibernate 映射文件的根元素，其他元素嵌入在<hibernate-mapping>元素内，其常用属性主要有 package 属性，用于指定包名。

2．<class>元素

<class>元素用于指定持久化类和数据表的映射。其 name 属性指定持久类的完整类名（包含包名）；table 属性用于指定数据表的名称，如果不指定此属性，Hibernate 将使用类名作为表名。

> **技巧**　<class>元素的 name 属性也可以省略包名，不过其前提条件是在<hibernate-mapping>元素中 package 属性已明确指定了包名。

在<class>元素中包含一个<id>元素及多个<property>元素，其中<id>元素对应数据表中的标识，指定持久化类的 OID 和表主键的映射；<property>元素描述数据表中字段的属性。

（1）<id>元素

通过 name 属性指定持久化类中的属性，column 属性指定数据表中的字段名称，type 属性用于指定字段的类型。<id>元素的子元素<generator>用于配置数据表主键的生成策略，它通过 class 属性进行设置。Hibernate 常用内置主键生成策略及说明如表 13.2 所示。

表 13.2　Hibernate 常用内置主键生成策略及说明

标识生成策略	说　　　明
increment	适用于代理主键。由 Hibernate 以自增的方式生成，增量为 1
identity	适用于代理主键。由底层数据库生成，前提是底层数据库支持自增字段类型
sequence	适用于代理主键。Hibernate 根据底层数据库的序列生成，前提条件是底层数据库支持序列
hilo	适用于代理主键。Hibernate 根据 high/low 算法生成，Hibernate 把特定表的字段作为 heigh 值，在默认情况下选用 hibernate_unique_key 表的 next_hi 字段
native	适用于代理主键。根据底层数据库对自动生成标识符的支持能力，选择 identity、sequence 和 hilo
uuid	适用于代理主键。Hibernate 采用 128 位的 UUID（Universal Unique Identitication）算法生成，UUID 算法能够在网络环境生成唯一的字符串标识符，不推荐使用，因为字符串型要比整型占用更多的数据库空间
assigned	适用于自然主键。由 Java 应用程序负责生成，此时不能把 setId()方法声明为 private 类型，不推荐使用

（2）<property>元素

<property>元素用于配置数据表中字段的属性信息，通过此元素能够详细地对数据表的字段进行描述。<property>元素的常用配置属性及说明如表 13.3 所示。

表 13.3　<property>元素的常用配置属性及说明

属 性 名 称	说　　　明
name	指定持久化类中的属性名称
column	指定数据表中的字段名称
type	指定数据表中的字段类型
not-null	指定数据表字段的非空属性，它是一个布尔值
length	指定数据表中的字段长度
unique	指定数据表字段值是否唯一，它是一个布尔值
lazy	设置延迟加载

从映射文件可以看出，它在持久化类与数据库之间起着桥梁的作用，映射文件的建立描述了持久化类与数据表之间的映射关系，同样也告知了 Hibernate 数据表的结构等信息。

13.2.5　编写 Hibernate 的初始化类

Hibernate 的运行离不开 Session 对象，对于数据的增、删、改、查都要用到 Session，而 Session 对象依赖于 SessionFactory 对象，它需要通过 SessionFactory 进行获取。那么它是如何被创建，又如何管理 Session 呢？本节将对其进行详细讲解。

1．SessionFactory 的创建过程

Hibernate 通过 Configuration 类加载 Hibernate 配置信息，这主要是通过调用 Configuration 对象的 configure() 方法来实现。在默认情况下，Hibernate 加载 classpath 目录下的 hibernate.cfg.xml 文件。例如：

```
Configuration cfg = new Configuration().configure();          //加载 Hibernate 配置文件
```

加载完毕后通过 Configuration 对象的 buildSessionFactory() 方法创建 SessionFactory 对象。

在 Hibernate 4.1.8 中可以通过下面的代码来创建 SessionFactory 对象。

```
SessionFactory factory = cfg    .buildSessionFactory(new
ServiceRegistryBuilder().applySettings(cfg.getProperties())
                .buildServiceRegistry());
```

而在 Hibernate 3 中，就不需要为 buildSessionFactory() 方法指定参数，也就是说，可以使用下面的代码来实例化 SessionFactory。

```
factory =cfg.buildSessionFactory();                   //在 Hibernate 3 中实例化 SessionFactory
```

2．编写 Hibernate 初始化类

Session 对象是操作数据库的关键对象，与 SessionFactory 对象关系密切。SessionFactory 对象并非轻量级，其创建过程需占用大量资源，而 Session 对象虽然是轻量级对象，但要做到及时获取与及时关闭，因此需要编写一个类对两者进行管理。

例 13.01　Hibernate 的初始化类。（实例位置：光盘\TM\Instances\13.01）

```
public class HibernateUtil {
    private static final ThreadLocal<Session> threadLocal = new ThreadLocal<Session>();
    private static SessionFactory sessionFactory = null;            //SessionFactory 对象
    //静态块
    static {
        try {
            Configuration cfg = new Configuration().configure(); //加载 Hibernate 配置文件
            sessionFactory = cfg
                    .buildSessionFactory(new ServiceRegistryBuilder().applySettings(cfg.getProperties())
                            .buildServiceRegistry());
        } catch (Exception e) {
            System.err.println("创建会话工厂失败");
            e.printStackTrace();
        }
    }
```

```
/**
 * 获取 Session
 *
 * @return Session
 * @throws HibernateException
 */
public static Session getSession() throws HibernateException {
    Session session = (Session) threadLocal.get();
    if (session == null || !session.isOpen()) {
        if (sessionFactory == null) {
            rebuildSessionFactory();
        }
        session = (sessionFactory != null) ? sessionFactory.openSession(): null;threadLocal.set(session);
    }
    return session;
}

/**
 * 重建会话工厂
 */
public static void rebuildSessionFactory() {
    try {
        Configuration cfg = new Configuration().configure(); //加载 Hibernate 配置文件
        sessionFactory = cfg
                .buildSessionFactory(new ServiceRegistryBuilder().applySettings(cfg.getProperties())
                        .buildServiceRegistry());
    } catch (Exception e) {
        System.err.println("创建会话工厂失败");
        e.printStackTrace();
    }
}

/**
 * 获取 SessionFactory 对象
 *
 * @return SessionFactory 对象
 */
public static SessionFactory getSessionFactory() {
    return sessionFactory;
}

/**
 * 关闭 Session
 *
 * @throws HibernateException
 */
public static void closeSession() throws HibernateException {
    Session session = (Session) threadLocal.get();
    threadLocal.set(null);
    if (session != null) {
        session.close(); //关闭 Session
    }
}
}
```

SessionFactory 对象是重量级的对象，其创建过程比较耗时及占用资源，可以将其理解为是一个生产 Session 对象的工厂，当需要 Session 对象时从此工厂中获取即可，所以在整个程序的应用过程中最好只创建一次。例如，当用到一根钢筋时，可以到一个已存在的钢铁厂中去购买，而不需要去创建一个钢铁厂，再来生产所用的钢筋，这样的做法显得非常离谱。对于程序而言，Session 对象的应用是非常频繁的，如果用到 Session 对象就去创建一个 SessionFactory 对象，将会对程序的性能产生一定的负作用。因此，在 Hibernate 初始化类中应将 SessionFactory 对象的创建置于静态块中，实现在程序的应用过程中对其只创建一次，从而节省资源的占用。

注意　由于 SessionFactory 是线程安全的，但是 Session 不是，所以让多个线程共享一个 Session 对象可能会引起数据的冲突。为了保证 Session 的线程安全，引入了 ThreadLocal 对象，避免多个线程之间的数据共享。

13.3　自动建表技术

视频讲解：光盘\TM\Video\13\自动建表技术.exe

面向对象的编程思想在 Hibernate 框架中体现得淋漓尽致，它将数据库中的数据表看作是对象，对数据的操作同样以对象的方式进行处理。在 Hibernate 中，对于数据表存在着面向对象中的继承等关系，因此在开发 Hibernate 项目时确定实体对象及实体与实体之间的关系极其重要。

在确定实体对象及关系后，可以通过 Hibernate 提供的自动建表技术导出数据表。具体实现方式有两种，本节将对其进行详细介绍。

1．手动导出数据表

手动导出数据表用到 org.hibernate.tool.hbm2ddl.SchemaExport 类，其 create()方法用于数据表的导出。

例 13.02　手动导出数据表。（实例位置：光盘\TM\Instances\13.02）

```
@WebServlet("/ExportTables")
public class ExportTables extends HttpServlet {
    protected void doGet(HttpServletRequest request, HttpServletResponse response)
                                                    throws ServletException, IOException {
        Configuration cfg = new Configuration().configure();  //加载 Hibernate 配置文件
        //实例化 SchemaExport 对象
        SchemaExport export = new SchemaExport(cfg);
        //导出数据表
        export.create(true, true);
        …          //省略了向页面输出提示信息的代码
    }
}
```

create()方法有两个布尔型参数，其中第一个参数指定是否打印创建表所用的 DDL 语句，第二个参数指定是否在数据库中真正创建数据表。运行程序，将在控制台打印 DDL 语句，如图 13.7 所示。

2．Hibernate 配置文件自动建表

使用 Hibernate 配置文件进行自动建表，只需在 Hibernate 配置文件中加入配置代码即可。此种方法简单而又实用。例如：

```
<property name="hibernate.hbm2ddl.auto">create</property>
```

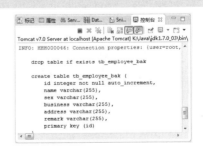

图 13.7　在控制台上打印 DDL 语句

在 Hibernate 配置文件中，hibernate.hbm2ddl.auto 属性用于设置自动建表。其取值有以下 3 种情况。

☑ create：使用此值，每次创建 SessionFactory 时都会重新创建数据表；如果数据表已存在将进行删除操作。要慎用。

☑ update：如果数据表不存在，则创建数据表；如果数据表存在，则检查数据表是否与映射文件相匹配，当不匹配时，更新数据表信息。

☑ none：使用此值，无论任何时候都不会创建或更新数据表。

在 Hibernate 框架的使用中，自动建表技术经常被用到，因为 Hibernate 对数据库操作进行了封装，符合 Java 面向对象的思维模式，当确定实体对象后，数据表也将自动被确定，从而为开发和测试提供了极大的方便。

13.4 Hibernate 持久化对象

📹 视频讲解：光盘\TM\Video\13\Hibernate 持久化对象.exe

Hibernate 框架对 JDBC 作了轻量级的封装，使用 Hibernate 对数据进行操作时，不必再写繁琐的 JDBC 代码，而是完全以面向对象的思维模式，通过 Session 接口对数据进行增、删、改、查操作。其使用方法十分简单，但要注意 Hibernate 对事务的控制。本节将针对这些方面进行讲解。

在学习 Hibernate 持久化之前，先来看一下 Hibernate 持久化对象的流程，如图 13.8 所示。

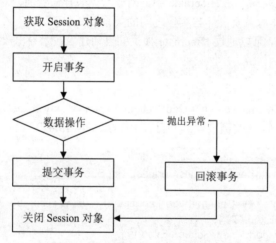

图 13.8 Hibernate 持久化对象的流程

下面将通过实体对象（药品信息）演示 Hibernate 对数据的增、删、改、查操作，其持久化对象为药品信息（Medicine）。关键代码如下：

```
public class Medicine {
    private Integer id;                     //ID 号
    private String name;                    //药品名称
    private double price;                   //价格
    private String factoryAdd;              //出厂地址
    private String Description;             //描述
    //省略 getXXX()与 setXXX()方法
}
```

13.4.1　添加数据

添加数据用到 Session 接口的 save()方法，其入口参数为 Object 类型，代表持久化对象。其语法格式如下：

```
public Serializable save(Object obj)
            throws HibernateException
```

☑　obj：持久化对象。

☑　返回值：所生成的标识。

例 13.03　向数据库中添加药品信息。（实例位置：光盘\TM\Instances\13.03）

```
@WebServlet("/SaveServlet")
public class SaveServlet extends HttpServlet {
    protected void doGet(HttpServletRequest request, HttpServletResponse response)
                                            throws ServletException, IOException {
        Session session = null;                    //声明 Session 对象
        try {
            //获取 Session
            session = HibernateUtil.getSession();
            //开启事务
            session.beginTransaction();
            //实例化药品对象，并对其属性赋值
            Medicine medicine = new Medicine();
            medicine.setName("感冒药 XX");
            medicine.setPrice(5.00);
            medicine.setFactoryAdd("XX 制药一厂");
            medicine.setDescription("最新感冒药");
            //保存药品对象
            session.save(medicine);
            //提交事务
            session.getTransaction().commit();
        } catch (Exception e) {
            e.printStackTrace();
            //出错将回滚事务
            session.getTransaction().rollback();
        }finally{
            HibernateUtil.closeSession();          //关闭 Session 对象
        }
        …      //省略了向页面输出提示信息的代码
    }
}
```

在执行 save()方法之前，首先创建药品对象 medicine，并对其属性赋值。此时 medicine 处于 Transient（瞬时）状态，并没有在 Session 的管理之中。当提交事务后，medicine 处于 Persistent（持久）状态，已经在 Session 的管理之中，且数据库中存在与之匹配的数据，如图 13.9 所示。当 Session 关闭后，medicine 脱离 Session 的管理，处于 Detached（脱管）状态。

id	name	price	factoryAdd	description
1	感冒药XX	5	XX制药一厂	最新感冒药

图 13.9　实例运行结果

13.4.2　查询数据

Session 接口提供了两个加载数据的方法，即 get()与 load()方法，它们都用于加载数据，但两者之间存在一定的区别。get()方法返回实际对象，而 load()方法返回对象的代理，只有在被调用时，Hibernate 才会发出 SQL 语句去查询对象。

1. get()方法

get()方法的语法格式如下：

```
public Object get(Class entityClass,
            Serializable id)
    throws HibernateException
```

- ☑ entityClass：持久化对象的类。
- ☑ id：标识。
- ☑ 返回值：持久化对象或 null 值。

例 13.04 使用 get()方法查询药品对象。（实例位置：光盘**TM\Instances\13.04**）

```
@WebServlet("/GetServlet")
public class GetServlet extends HttpServlet {
    protected void doGet(HttpServletRequest request, HttpServletResponse response)
                                                throws ServletException, IOException {
        Session session = null;                    //声明 Session 对象
        try {
            //获取 Session
            session = HibernateUtil.getSession();
            //开启事务
            session.beginTransaction();
            //查询药品 ID 为 1 的药品
            Medicine medicine = (Medicine)session.get(Medicine.class, new Integer(1));
            //输出药品信息
            response.setCharacterEncoding("GBK");
            PrintWriter out=response.getWriter();
            out.println("药品 ID： " + medicine.getId()+"<br>");
            out.println("药品名称： " + medicine.getName()+"<br>");
            out.println("药品价格： " + medicine.getPrice()+"<br>");
            out.println("出厂地址： " + medicine.getFactoryAdd()+"<br>");
            out.println("药品描述： " + medicine.getDescription()+"<br>");
            out.flush();
            out.close();
            //提交事务
            session.getTransaction().commit();
        } catch (Exception e) {
            e.printStackTrace();
            //出错将回滚事务
            session.getTransaction().rollback();
        }finally{
            //关闭 Session 对象
            HibernateUtil.closeSession();
        }
    }
}
```

当调用 Session 的 get()方法时，Hibernate 就会发出 SQL 语句进行查询，运行结果如图 13.10 所示。

2. load()方法

load()方法的语法格式如下：

```
public Object load(Class entityClass,
            Serializable id)
    throws HibernateException
```

☑ entityClass：持久化对象的类。

☑ id：标识。

☑ 返回值：持久化对象或 null 值。

例 13.05 使用 load()方法查询药品对象。（实例位置：**光盘\TM\Instances\13.05**）

```
@WebServlet("/LoadServlet")
public class LoadServlet extends HttpServlet {
    protected void doGet(HttpServletRequest request, HttpServletResponse response)
                                        throws ServletException, IOException {
        Session session = null;             //声明 Session 对象
        try {
            //获取 Session
            session = HibernateUtil.getSession();
            //开启事务
            session.beginTransaction();
            //查询药品 ID 为 1 的药品
            Medicine medicine = (Medicine)session.load(Medicine.class, new Integer(1));
            //输出药品信息
            response.setCharacterEncoding("GBK");
            PrintWriter out=response.getWriter();
            out.println("药品 ID： " + medicine.getId()+"<br>");
            out.println("药品名称： " + medicine.getName()+"<br>");
            out.println("药品价格： " + medicine.getPrice()+"<br>");
            out.println("出厂地址： " + medicine.getFactoryAdd()+"<br>");
            out.println("药品描述： " + medicine.getDescription()+"<br>");
            out.flush();
            out.close();
            //提交事务
            session.getTransaction().commit();
        } catch (Exception e) {
            e.printStackTrace();
            //出错将回滚事务
            session.getTransaction().rollback();
        }finally{
            //关闭 Session 对象
            HibernateUtil.closeSession();
        }
    }
}
```

当调用 Session 的 load()方法时，Hibernate 并不会立刻发出 SQL 语句进行查询，只有在引用对象时才会发出 SQL 语句，运行结果如图 13.11 所示。

图 13.10　通过 get()方法获取到的药品信息　　　图 13.11　通过 load()方法获取到的药品信息

13.4.3　删除数据

在 Hibernate 中删除数据与添加、查询数据有所不同，因为要删除的对象并不在 Session 的管理之中，通过 Session 并不能对其进行删除操作，所以需要将要删除的对象转换为持久状态，使其处于 Session 的管理之内，然后再通过 delete()方法进行删除。其语法格式如下：

```
public void delete(Object object)
        throws HibernateException
```

object：要删除的对象。

例 13.06   通过 delete()方法删除药品信息。（实例位置：光盘\TM\Instances\13.06）

```
@WebServlet("/DeleteServlet")
public class DeleteServlet extends HttpServlet {
    protected void doGet(HttpServletRequest request, HttpServletResponse response)
                                                throws ServletException, IOException {
        Session session = null;                             //声明 Session 对象
        try {
            //获取 Session
            session = HibernateUtil.getSession();
            //开启事务
            session.beginTransaction();
            //查询药品 ID 为 1 的药品
            Medicine medicine = (Medicine)session.load(Medicine.class, new Integer(1));
            session.delete(medicine); //删除指定的药品信息
            //提交事务
            session.getTransaction().commit();
        } catch (Exception e) {
            e.printStackTrace();
            //出错将回滚事务
            session.getTransaction().rollback();
        }finally{
            //关闭 Session 对象
            HibernateUtil.closeSession();
        }
        …    //省略了向页面输出提示信息的代码
    }
}
```

在进行删除操作之前，程序首先加载了药品对象 medicine，使其处于 Persistent（持久）状态，然后再进行删除操作。运行程序，Hibernate 将发出两条 SQL 语句，如图 13.12 所示。

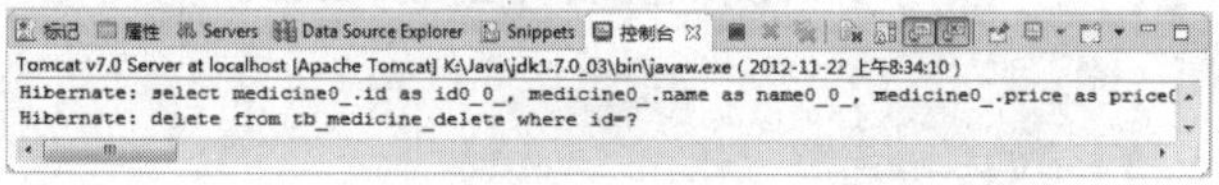

图 13.12   实例运行结果

13.4.4   修改数据

Hibernate 对数据的修改主要有两种情况：当实例对象处于 Persistent（持久）状态时，对于它所发生的任何更新操作，Hibernate 在更新缓存时都会对其进行自动更新；另一种情况是 Session 接口提供了 update()方法，调用此方法可对数据进行手动更新。

1．自动更新

自动更新数据的方法与删除数据相似，在操作之前都需要加载数据，因为要修改的数据并没有处于 Session 的管理之内。当通过 load()和 get()方法加载数据后，持久化对象便处于 Session 的管理之内，即处于持久状态，在进行数据修改时，Hibernate 将自动对数据进行更新操作。

例 13.07   修改药品信息。（实例位置：光盘\TM\Instances\13.07）

```
Session session = null;                             //声明 Session 对象
try {
```

```
    //获取 Session
    session = HibernateUtil.getSession();
    //开启事务
    session.beginTransaction();
    //加载药品对象
    Medicine medicine = (Medicine)session.load(Medicine.class, new Integer(1));
    medicine.setName("感冒胶囊");              //修改药品名称
    medicine.setPrice(10.05);                //修改药品价格
    //提交事务
    session.getTransaction().commit();
    …           //省略了向页面输出提示信息的代码
} catch (Exception e) {
    e.printStackTrace();
    //出错将回滚事务
    session.getTransaction().rollback();
}finally{
    //关闭 Session 对象
    HibernateUtil.closeSession();
}
```

对于 Persistent（持久）状态的对象，Hibernate 在更新缓存时将对数据进行对比，当对象发生变化时，Hibernate 将更新数据。运行程序，Hibernate 将发出两条 SQL 语句，如图 13.13 所示。

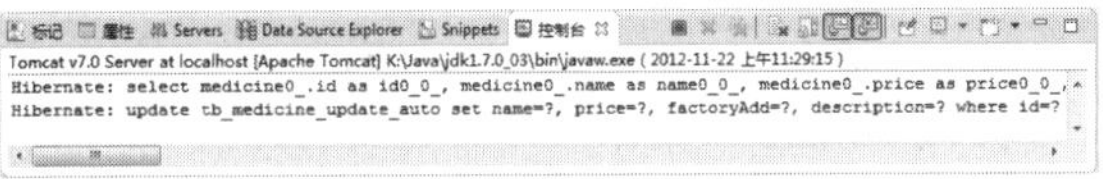

2．手动更新

手动更新主要是通过调用 Session 接口的 update() 方法来实现。其语法格式如下：

图 13.13　实例运行结果

```
public void update(Object obj)
            throws HibernateException
```

object：要更新的对象。

例 13.08　通过 update() 方法修改药品信息。（实例位置：光盘\TM\Instances\13.08）

```
Session session = null;                          //声明 Session 对象
try {
    //获取 Session
    session = HibernateUtil.getSession();
    //开启事务
    session.beginTransaction();
    //手动创建的 Detached 状态的药品对象
    Medicine medicine = new Medicine();
    medicine.setId(1);                           //药品 ID
    medicine.setName("感冒胶囊 001");             //药品名称
    session.update(medicine);                    //更新药品信息
    //提交事务
    session.getTransaction().commit();
        …                                        //省略了向页面输出提示信息的代码
} catch (Exception e) {
    e.printStackTrace();
    //出错将回滚事务
    session.getTransaction().rollback();
}finally{
    //关闭 Session 对象
    HibernateUtil.closeSession();
}
```

实例运行前，数据表中的数据如图 13.14 所示。由于程序中手动创建了 Detached 状态的药品对象，当更新数据时，对于持久化对象中没有值的属性也将会同步到数据库。运行程序后，数据表中的数据如图 13.15 所示。

使用此种方法，虽然 Hibernate 只发出一条 SQL 语句，如图 13.16 所示，但对没有设置值的属性，数据表中将会同步为空值，所以应该慎用。

id	name	price	factoryAdd	description
1	感冒药××	5	××制药一厂	最新感冒药

图 13.14　修改前数据表状态

id	name	price	factoryAdd	description
1	感冒胶囊001	0	NULL	NULL

图 13.15　修改后数据表状态

图 13.16　修改后数据表状态

13.5　Hibernate 缓存及延迟加载

视频讲解：光盘\TM\Video\13\Hibernate 缓存及延迟加载.exe

"缓存"在计算机世界中经常被用到，它在提高系统性能方面发挥着重要的作用。"缓存"的基本实现原理是将原始数据通过一定的算法备份并保存到新的媒介之中，使其访问速度远远高于原始数据的访问速度。不过，在实际应用中，"缓存"的实现是相当复杂的。通常情况下，其介质一般为内存，所以读写速度非常快。

在 Hibernate 框架中应用了"缓存"技术（其中分为 Session 的缓存、SessionFacroty 的缓存，也称为一级缓存和二级缓存），使 Hibernate 具有了强大的功能。

13.5.1　一级缓存

一级缓存是 Session 级的缓存，其生命周期很短，与 Session 相互对应。一级缓存由 Hibernate 进行管理，属于事务范围的缓存。

当程序调用 Session 的 load()方法、get()方法、save()方法、saveOrUpdate()方法、update()方法或查询接口方法时，Hibernate 会对实体对象进行缓存；当通过 load()或 get()方法查询实体对象时，Hibernate 会首先到缓存中查询，在找不到实体对象的情况下，Hibernate 才会发出 SQL 语句到数据库中查询，从而提高了 Hibernate 的使用效率。下面通过实例来了解一下一级缓存。

例 13.09　由于一级缓存的存在，在同一 Session 中连续两次查询同一对象，Hibernate 只发出一条 SQL 语句。（实例位置：光盘\TM\Instances\13.09）

```
Session session = null;                    //声明 Session 对象
try {
    //获取 Session
    session = HibernateUtil.getSession();
    //开启事务
    session.beginTransaction();
    System.out.println("第一次查询：");
    //查询药品
    Medicine medicine1 = (Medicine)session.get(Medicine.class, new Integer(1));
    //输出药品名称
    System.out.println("药品名称：" + medicine1.getName());

    System.out.println("第二次查询：");
    //查询药品
    Medicine medicine2 = (Medicine)session.get(Medicine.class, new Integer(1));
```

```
    //输出药品名称
    System.out.println("药品名称：" + medicine2.getName());
    //提交事务
    session.getTransaction().commit();
} catch (Exception e) {
    e.printStackTrace();
    //出错将回滚事务
    session.getTransaction().rollback();
}finally{
    //关闭 Session 对象
    HibernateUtil.closeSession();
}
```

当程序通过 get()方法第一次查询药品对象时，Hibernate 会发出一条 SQL 语句进行查询，此时 Hibernate 对其药品对象进行了一级缓存；当再次通过 get()方法查询时，Hibernate 就不会发出 SQL 语句了，因为药品已存在于一级缓存中。实例运行结果如图 13.17 所示。

图 13.17　实例运行结果

注意　一级缓存的生命周期与 Session 相对应，它并不会在 Session 之间共享，在不同的 Session 中不能得到在其他 Session 中缓存的实体对象。

13.5.2　二级缓存

二级缓存是 SessionFactory 级的缓存，其生命周期与 SessionFactory 一致。二级缓存可以在多个 Session 间共享，属于进程范围或群集范围的缓存。

二级缓存是一个可插拔的缓存插件，它的使用需要第三方缓存产品的支持。在 Hibernate 框架中，通过 Hibernate 配置文件配置二级缓存的使用策略。

下面通过 EHCache 演示二级缓存的使用，其中主要包括以下两步。

（1）加入缓存配置文件 ehcache.xml

ehcache.xml 用于设置二级缓存的缓存策略，此文件位于下载的 Hibernate 的 ZIP 包下的 etc 目录中，在使用过程中需要将此文件加入到项目的 src 目录中。

（2）设置 Hibernate 配置文件

在配置文件 hibernate.cfg.xml 中，设置开启二级缓存及指定缓存产品提供商，同时还需要指定二级缓存应用到的实体对象。例如：

```xml
<session-factory>
    <!-- 开启二级缓存 -->
    <property name="hibernate.cache.use_second_level_cache">true</property>
    <!-- 指定缓存产品提供商 -->
    <property name="hibernate.cache.region.factory_class">
                    org.hibernate.cache.ehcache.EhCacheRegionFactory</property>
    <!-- 映射文件 -->
    <mapping resource="com/wgh/model/Medicine.hbm.xml" />
    <!-- 指定二级缓存应用到的实体对象 -->
    <class-cache class="com.wgh.model.Medicine" usage="read-only" />
</session-factory>
```

例13.10　使用二级缓存在不同的 Session 中查询实体对象。（实例位置：光盘\TM\Instances \13.10）

```
Session session = null;                    //声明 Session 对象
//开启第一个 Session
try {
    //获取 Session
    session = HibernateUtil.getSession();
    //开启事务
    session.beginTransaction();
    System.out.println("第一次查询：");
    //查询药品
    Medicine medicine = (Medicine)session.get(Medicine.class, new Integer(1));
    //输出药品名称
    System.out.println("药品名称：" + medicine.getName());
    //提交事务
    session.getTransaction().commit();
} catch (Exception e) {
    e.printStackTrace();
    //出错将回滚事务
    session.getTransaction().rollback();
}finally{
    //关闭 Session 对象
    HibernateUtil.closeSession();
}
//开启第二个 Session
try {
    //获取 Session
    session = HibernateUtil.getSession();
    //开启事务
    session.beginTransaction();
    System.out.println("第二次查询：");
    //查询药品
    Medicine medicine = (Medicine)session.get(Medicine.class, new Integer(1));
    //输出药品名称
    System.out.println("药品名称：" + medicine.getName());
    //提交事务
    session.getTransaction().commit();
} catch (Exception e) {
    e.printStackTrace();
    //出错将回滚事务
    session.getTransaction().rollback();
}finally{
    //关闭 Session 对象
    HibernateUtil.closeSession();
}
```

二级缓存在 Session 之间是共享的，因此可在不同 Session 中加载同一对象，Hibernate 将只发出一条 SQL 语句，当第二次加载对象时，Hibernate 将从缓存中获取此对象。实例运行结果如图 13.18 所示。

对于二级缓存，可以使用一些不经常更新或参考的数据，此时其性能会得到明显的提升。例如一个新闻网站，当发布一条热点新闻时，会有成千上万的访问量，而此条新闻并没有发生任何变化，如

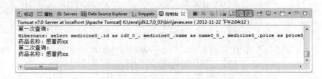

图 13.18　实例运行结果

果每一个用户访问都要查询数据库，将会在性能方面造成一定的问题，此时便可以考虑应用二级缓存。如果经常变化的数据应用二级缓存，则将失去意义。

13.5.3　Lazy 策略

Lazy 策略为延迟加载策略，Hibernate 通过 JDK 代理机制对其进行实现，它意味着使用延迟加载的对象，在获取对象时返回的是对象的代理，并不是对象的真正引用，只有在对象真正被调用时，Hibernate 才会对其进行查询，返回真正的对象。

Lazy 策略好比现实生活中用钱去买东西，如图 13.19 所示。在没有购买任何具体的物品时，"钱"只是一个代理对象，在购买成功之后，"钱"变成了实际的"物品"，也就相当于对象的代理返回了真正的对象引用；在购买物品之前，由于天气、时间等因素，将推迟一天购买此物品，此时相当于使用了 Lazy 策略进行延迟加载；在购买物品之前或延迟加载过程中，可能会有不需要此物品的情况发生，这样就不必购买此物品，从而节省了时间，这相当于 JVM 对其进行了垃圾回收。因此，使用 Hibernate 的延迟加载策略，在某种情况下将会对性能起到一定的优化作用。

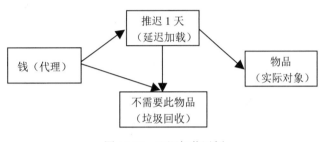

此外，Hibernate 的延迟加载还可以减少程序与数据库的连接次数，因为使用了延迟加载，Hibernate 将延缓执行 SQL 语句，减少数据库的访问次数，提高执行的效率。

图 13.19　延迟加载示例

例 13.11　使用延迟加载查询实体对象。（实例位置：光盘\TM\Instances\13.11）

```
Session session = null;              //声明 Session 对象
//开启第一个 session
try {
    //获取 Session
    session = HibernateUtil.getSession();
    //开启事务
    session.beginTransaction();
    System.out.println("第一次查询：");
    //查询药品
    Medicine medicine = (Medicine)session.load(Medicine.class, new Integer(1));
    //提交事务
    session.getTransaction().commit();
} catch (Exception e) {
    e.printStackTrace();
    //出错将回滚事务
    session.getTransaction().rollback();
}finally{
    //关闭 Session 对象
    HibernateUtil.closeSession();
}
//开启第二个 session
try {
    //获取 Session
    session = HibernateUtil.getSession();
    //开启事务
```

```
        session.beginTransaction();
        System.out.println("========================================");
        System.out.println("第二次查询：");
        //查询药品
        Medicine medicine = (Medicine)session.load(Medicine.class, new Integer(1));
        //输出药品名称
        System.out.println("药品名称：" + medicine.getName());
        //提交事务
        session.getTransaction().commit();
    } catch (Exception e) {
        e.printStackTrace();
        //出错将回滚事务
        session.getTransaction().rollback();
    }finally{
        //关闭 Session 对象
        HibernateUtil.closeSession();
    }
```

实例中开启了两个 Session 对象，两次查询均使用 load()方法进行查询，在第一次查询中，对于查询到的药品实例对象并没有进行任何引用，所以 Hibernate 没有发出 SQL 语句；而在第二次查询中，实例输出了药品对象的名称属性，对查询后的对象进行引用，Hibernate 发出了一条 SQL 语句，其运行结果如图 13.20 所示。

图 13.20　延迟加载测试

13.6　实　　战

Hibernate 框架是一个强大的持久层框架，作为 ORM 技术的一种解决方案，其实体对象到关系型数据库的映射使程序开发更加对象化。本节将通过两个综合实例介绍 Hibernate 框架的基本使用方法，深入了解其开发过程，巩固本章所学内容。

13.6.1　用户注册

视频讲解：光盘\TM\Video\13\用户注册.exe

在博客、论坛、留言等网站中都离不开用户注册模块，其应用十分广泛。从程序方面来考虑，用户注册实质就是对用户信息进行持久化的过程。对于用户详细信息可以将其封装为一个实体对象，而持久化过程使用 Hibernate 框架进行实现。

例 13.12　用户注册。（实例位置：光盘\TM\Instances\13.12）

（1）配置开发环境。此过程需要导入 Hibernate 支持类库、数据库驱动包、编写 hibernate.properties 文件、设置 Hibernate 的配置文件及创建 Hibernate 初始化类。其中 Hibernate 配置文件的关键代码如下：

```
<hibernate-configuration>
    <session-factory>
        <!-- 自动建表 -->
        <property name="hibernate.hbm2ddl.auto">create</property>
        <!-- 映射文件 -->
```

```
                <mapping resource="com/wgh/model/Customer.hbm.xml"/>
        </session-factory>
</hibernate-configuration>
```

由于此例的目的是演示用户注册过程，所以将自动建表属性设置为 create，这意味着每次注册新用户都要创建一个新的数据表。

由于 SessionFactory 对象及 Session 对象的自身特性，需要编写一个类对二者进行管理。实例中将其命名为 HibernateUtil 类，其编写方法参见 13.2.5 节。

（2）创建用户实体对象及配置映射关系，其中用户持久化类的名称为 Customer，此类封装用户的详细信息。关键代码如下：

```
public class Customer {
        private Integer id;          //标识
        private String username;     //用户名
        private String password;     //密码
        private Integer age;         //年龄
        private boolean sex;         //性别
        private String description;  //描述信息
        //省略了 getXXX()与 setXXX()方法
}
```

实体对象 Customer 类的映射文件为 Customer.hbm.xml，实例中将 Customer 对象映射为表 tb_Customer，并设置了主键的生成策略为自动生成。关键代码如下：

```
<hibernate-mapping>
        <class name="com.wgh.model.Customer" table="tb_Customer">
                <id name="id">
                        <generator class="native"/>
                </id>
                <property name="username" length="50" not-null="true"/>
                <property name="password" length="50" not-null="true"/>
                <property name="age"/>
                <property name="sex"/>
                <property name="description" type="text"/>
        </class>
</hibernate-mapping>
```

（3）创建名为 CustomerServlet 的类，它是一个 Servlet，用于处理 JSP 页面所提交的用户注册请求。在此 Servlet 中，通过 doPost()方法对请求进行处理。关键代码如下：

```
protected void doPost(HttpServletRequest request, HttpServletResponse response) throws ServletException,
IOException {
        //用户注册信息
        String username = new String(request.getParameter("username").getBytes("ISO-8859-1"),"GBK");
        String password = request.getParameter("password");
        String sex = request.getParameter("sex");
        String age = request.getParameter("age");
        String desc = new String(request.getParameter("description").getBytes("ISO-8859-1"),"GBK");
        System.out.println(username+password+sex+age+desc);
        //判断用户名与密码是否为空
        if(username != null && password != null){
                //实例化 Customer 对象
                Customer customer = new Customer();
                //对 customer 属性赋值
                customer.setUsername(username);
                customer.setPassword(password);
                if(sex != null){
```

```
            customer.setSex(sex.equals("1") ? true : false);
        }
        customer.setAge(Integer.parseInt(age));
        customer.setDescription(desc);
        //保存 customer
        saveCustomer(customer);
        request.setAttribute("info", "恭喜，注册成功！");
    }
    //转发到注册结果页面
    request.getRequestDispatcher("result.jsp").forward(request, response);
}
```

（4）在 CustomerServlet 中编写 saveCustomer()方法，将用户注册信息持久化到数据库中。关键代码如下：

```
public void saveCustomer(Customer customer){
    Session session = null;     //声明 Session 对象
    try {
        //获取 Session
        session = HibernateUtil.getSession();
        //开启事务
        session.beginTransaction();
        //保存用户信息
        session.save(customer);
        //提交事务
        session.getTransaction().commit();
    } catch (Exception e) {
        e.printStackTrace();
        //出错将回滚事务
        session.getTransaction().rollback();
    }finally{
        //关闭 Session 对象
        HibernateUtil.closeSession();
    }
}
```

（5）创建用户注册所需要的 JSP 页面，其名称为 index.jsp，它是程序的首页，用于放置用户注册的表单信息。关键代码如下：

```
<form action="CustomerServlet" method="post" onsubmit="return save();">
    <table align="center" border="0" cellpadding="3" cellspacing="1" width="500">
        <tr>
            <td align="right">用户名：</td>
            <td><input id="username" name="username" type="text" class="box1"></td>
        </tr>
        <tr>
            <td align="right">密码：</td>
            <td><input id="password" name="password" type="password" class="box1"></td>
        </tr>
        <tr>
            <td align="right">确认密码：</td>
            <td><input id="repassword" name="repassword" type="password" class="box1"></td>
        </tr>
        <tr>
            <td align="right">年龄：</td>
            <td><input id="age" name="age" type="text" class="box1"></td>
        </tr>
        <tr>
```

```
            <td align="right">性别：</td>
            <td>
                <input name="sex" type="radio" value="1" checked="checked">男
                <input name="sex" type="radio" value="0">女
            </td>
        </tr>
        <tr>
            <td align="right">描述：</td>
            <td><textarea name="description" cols="30" rows="5"></textarea></td>
        </tr>
        <tr>
            <td colspan="2" align="center" height="50">
                <input type="submit" value="注 册">
                      
                <input type="reset" value="重 置">
            </td>
        </tr>
    </table>
</form>
```

此表单的提交地址为 CustomerServlet，由 CustomerServlet 类的 doPost()方法进行处理。打开此页面（如图 13.21 所示），正确填写注册信息后，单击"注册"按钮，用户注册信息将被写入到数据库中。

13.6.2　修改数据

📹 视频讲解：光盘\TM\Video\13\修改数据.exe

Hibernate 对数据的修改操作与添加操作相比，步骤繁琐一点，在修改数据之前需要对其进行加载，使修改的对象处于 Session 的管理之中。本实例通过 Hibernate 框架，实现对学生信息的修改操作，其流程如图 13.22 所示。

图 13.21　用户注册

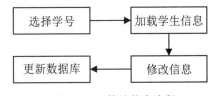

图 13.22　修改信息流程

例 13.13　修改数据。（实例位置：光盘\TM\Instances\13.13）

（1）配置开发环境，其配置方法参见 13.6.1 节。

（2）创建学生实体对象及配置映射关系，其中学生持久化类的名称为 Student，此类封装学生对象的基本信息。关键代码如下：

```
public class Student {
    private Integer id;         //学号
    private String name;        //姓名
    private Integer age;        //年龄
    private boolean sex;        //性别
    private String description; //描述信息
```

```
    //省略了 getXXX()与 setXXX()方法
}
```

实体对象 Student 类的映射文件为 Student.hbm.xml，实例中将 Student 对象映射为表 tb_student_update，并设置了主键的生成策略为自动生成。关键代码如下：

```xml
<hibernate-mapping>
    <class name="com.wgh.model.Student" table="tb_student_update">
        <id name="id">
            <generator class="native"/>
        </id>
        <property name="name" length="50" not-null="true"/>
        <property name="age"/>
        <property name="sex">
            <column name="sex" sql-type="int"/>
        </property>
        <property name="description" type="text"/>
    </class>
</hibernate-mapping>
```

其中性别属性为布尔型数据，实例中通过<column>标签的 sql-type 属性将其映射为 int 型数据。

（3）创建名为 StudentDao 的类，用于封装与学生对象相关的数据库操作。由于修改学生信息需要加载学生信息对象，所以在此类中要编写修改学生信息与查询学生信息的方法，即 saveOrUpdateStudent()和 findStudentById()方法。关键代码如下：

```java
public class StudentDao {
    /**
     * 保存或更新学生对象
     * @param student Student 对象
     */
    public void saveOrUpdateStudent(Student student){
        Session session = null;                //声明 Session 对象
        try {
            //获取 Session
            session = HibernateUtil.getSession();
            //开启事务
            session.beginTransaction();
            //保存或更新学生信息
            session.saveOrUpdate(student);
            //提交事务
            session.getTransaction().commit();
        } catch (Exception e) {
            e.printStackTrace();
            //出错将回滚事务
            session.getTransaction().rollback();
        }finally{
            //关闭 Session 对象
            HibernateUtil.closeSession();
        }
    }
    /**
     * 查询学生信息
     * @param id  学号
     * @return Student 对象
     */
    public Student findStudentById(Integer id){
```

```
        Session session = null;              //声明 Session 对象
        Student student = null;              //声明学生对象
        try {
                //获取 Session
                session = HibernateUtil.getSession();
                //开启事务
                session.beginTransaction();
                //查询学生信息
                student = (Student)session.get(Student.class, id);
                //提交事务
                session.getTransaction().commit();
        } catch (Exception e) {
                e.printStackTrace();
                //出错将回滚事务
                session.getTransaction().rollback();
        }finally{
                //关闭 Session 对象
                HibernateUtil.closeSession();
        }
        return student;
    }
}
```

技巧 Session 接口的 saveOrUpdate()方法用于保存或更新数据。此方法在使用过程中非常灵活,当传入的对象含有标识属性值时,Hibernate 将对其进行更新操作,否则 Hibernate 对其进行保存操作。

（4）编写用于处理修改学生信息请求的 Servlet,其中 FindStudent 类用于加载学生信息,在加载学生信息后将页面转发到 student_save.jsp 页面。关键代码如下:

```
//获取学号
String id = request.getParameter("id");
//有效性判断
if(id != null && !id.isEmpty()){
        //实例化 StudentDao
        StudentDao dao = new StudentDao();
        //查询指定学号的学生信息
        Student student = dao.findStudentById(Integer.parseInt(id));
        //将学生对象置入 request 中
        request.setAttribute("student", student);
}
//转发到 student_save.jsp 页面
request.getRequestDispatcher("student_save.jsp").forward(request, response);
```

SaveStudent 类用于处理更新学生信息请求,此 Servlet 对修改后的学生信息进行了封装,并调用 StudentDao 类的 saveOrUpdateStudent()方法对学生信息进行修改操作。关键代码如下:

```
//用户注册信息
String id = request.getParameter("id");
String name = new String(request.getParameter("name").getBytes("ISO-8859-1"),"GBK");
String sex = request.getParameter("sex");
String age = request.getParameter("age");
String desc = new String(request.getParameter("description").getBytes("ISO-8859-1"),"GBK");
//实例化 Student 对象
Student s = new Student();
```

```
//对 Student 对象中的属性赋值
s.setId(Integer.parseInt(id));
s.setName(name);
s.setSex(sex.equals("1") ? true : false);
s.setAge(Integer.parseInt(age));
s.setDescription(desc);
//实例化 StudentDao 对象
StudentDao dao = new StudentDao();
//保存或更新学生信息
dao.saveOrUpdateStudent(s);
request.setAttribute("info", "保存学生信息成功！！！ ");
request.getRequestDispatcher("result.jsp").forward(request, response);
```

（5）创建程序中所用到的 JSP 页面，其中首页为 index.jsp，提供选择学号的表单。关键代码如下：

```
<form action="FindStudent" method="post" onsubmit="return find();">
    <table align="center" border="0" cellpadding="3" cellspacing="1" width="500">
        <tr>
            <td align="right">学 号：</td>
            <td>
                <select name="id" id="stuId">
                    <option value="-1" selected="selected">请选择学号</option>
                    <option value="1">1</option>
                    <option value="2">2</option>
                    <option value="3">3</option>
                    <option value="4">4</option>
                    <option value="5">5</option>
                </select>
                <input type="submit" value="查 询">
            </td>
        </tr>
    </table>
</form>
```

此页面用于提供选择学号的表单，其运行结果如图 13.23 所示。

在创建 index.jsp 页面后，创建名为 student_save.jsp 的页面，提供修改学生信息的表单，其运行结果如图 13.24 所示；在修改成功后，将由 result.jsp 页面显示修改后的结果信息。

图 13.23 index.jsp 页面

图 13.24 修改学生信息

13.6.3 将实体对象保存到数据库

例 13.14 将实体对象保存到数据库。（实例位置：光盘\TM\Instances\13.14）

（1）配置开发环境，其配置方法参见 13.6.1 节。

（2）创建留言内容实体对象及配置映射关系，其中留言内容持久化类的名称为 TbMessage，此类封装留言内容。关键代码如下：

```java
public class TbMessage {
    private Integer id;                        //ID 号
    private String writer;                     //留言人
    private String content;                    //留言内容
    private Timestamp sendTime;                //留言时间
    …//省略了 getXXX()与 setXXX()方法
}
```

实体对象 TbMessage 类的映射文件为 TbMessage.hbm.xml，实例中将 TbMessage 对象映射为表 tb_message，并设置了主键的生成策略为自动生成。关键代码如下：

```xml
<hibernate-mapping>
    <class name="com.wgh.model.TbMessage" table="tb_message">
    <id name="id" column="id" type="int">
    <generator class="increment"/><!-- 设置 ID 字段自动增值 -->
    </id>
        <property name="writer" type="java.lang.String">
            <column name="writer" length="45" not-null="true">
                <comment>留言人</comment>
            </column>
        </property>
        <property name="content" type="java.lang.String">
            <column name="content" length="200" not-null="true">
                <comment>留言内容</comment>
            </column>
        </property>
        <property name="sendTime" type="java.sql.Timestamp">
            <column name="sendTime" length="19" not-null="false">
                <comment>留言时间</comment>
            </column>
        </property>
    </class>
</hibernate-mapping>
```

（3）创建名为 MessageServlet 的类，它是一个 Servlet，用于处理 JSP 页面所提交的留言请求。在此 Servlet 中，通过 doPost()方法对请求进行处理。关键代码如下：

```java
public void doPost(HttpServletRequest request, HttpServletResponse response)
        throws ServletException, IOException {
    response.setCharacterEncoding("GBK");
    request.setCharacterEncoding("GBK");
    String writer=request.getParameter("writer");      //获取留言人
    String content=request.getParameter("content");    //获取留言内容
    TbMessage message = new TbMessage();                //实例化对象
    message.setWriter(writer);                          //设置留言人属性的值
    message.setContent(content);                        //设置留言内容属性的值
    message.setSendTime(new java.sql.Timestamp(new java.util.Date().getTime()));
    String returnStr=saveMessage(message);              //保存留言信息
    //弹出提示信息并重定向页面
    PrintWriter out = response.getWriter();
    out.print("<script>alert('"+returnStr+"');window.location.href='forward.jsp';</script>");
    out.flush();
    out.close();
}
```

（4）在 CustomerServlet 中编写 saveMessage()方法，将留言信息持久化到数据库中。关键代码如下：

```
//保存留言信息
public String saveMessage(TbMessage message){
    Session session = null;                          //声明 Session 对象
    try {
        //获取 Session
        session = HibernateUtil.getSession();
        //开启事务
        session.beginTransaction();
        //保存留言信息
        session.save(message);
        //提交事务
        session.getTransaction().commit();
        return "留言信息保存成功！ ";
    } catch (Exception e) {
        e.printStackTrace();
        //出错将回滚事务
        session.getTransaction().rollback();
        return "保存留言信息失败！ ";
    }finally{
        //关闭 Session 对象
        HibernateUtil.closeSession();
    }
}
```

（5）编写填写留言信息页面，名称为 index.jsp，在该页面中添加用于收集留言的表单及表单元素。关键代码如下：

```
<form name="form1" method="post" action="MessageServlet" onSubmit="return check();">
    留言人：  <input name="writer" type="text" id="writer"> *
留言内容：<textarea name="content" cols="70" rows="9" class="wenbenkuang" id="content"></textarea>    *
<input name="Submit" type="submit" class="btn_bg" value="提    交">
    <input name="Submit2" type="reset" class="btn_bg" value="重    置">
</form>
```

此表单的提交地址为 MessageServlet，由 MessageServlet 类的 doPost()方法进行处理。打开此页面（如图 13.25 所示），正确填写留言信息后，单击"提交"按钮，留言信息将被写入到数据库中。

图 13.25　填写留言信息页面

13.6.4　更新实体对象

例 13.15　更新实体对象。（**实例位置：光盘\TM\Instances\13.15**）

（1）配置开发环境，其配置方法参见 13.6.1 节。

（2）编写数据表 tb_message 对应的持久化类 TbMessage 及对应的映射文件 TbMessage.hbm.xml。本实例的持久化与映射文件与例 13.14 完全相同。

（3）创建名为 MessageDao 的类，用于封装与留言对象相关的数据库操作。由于修改留言信息需要加载学生信息对象，所以在此类中要编写查询全部留言信息、修改留言信息与查询留言信息的方法，即 listMessage()、updateMessage()和 getMessage()方法。关键代码如下：

```
/**
 * 保存或更新留言对象
```

```java
 * @param message TbMessage 对象
 */
public String updateMessage(TbMessage message){
    Session session = null;                          //声明 Session 对象
    try {
        //获取 Session
        session = HibernateUtil.getSession();
        //开启事务
        session.beginTransaction();
        //保存或更新留言信息
        session.update(message);
        //提交事务
        session.getTransaction().commit();
        return "留言信息修改成功！ ";
    } catch (Exception e) {
        e.printStackTrace();
        //出错将回滚事务
        session.getTransaction().rollback();
        return "修改留言信息失败！ ";
    }finally{
        //关闭 Session 对象
        HibernateUtil.closeSession();
    }
}
/**
 * 查询留言信息
 * @param id  编号
 * @return TbMessage 对象
 */
public TbMessage getMessage(Integer id){
    Session session = null;                          //声明 Session 对象
    TbMessage message = null;                         //声明留言对象
    try {
        //获取 Session
        session = HibernateUtil.getSession();
        //开启事务
        session.beginTransaction();
        //查询留言信息
        message = (TbMessage)session.get(TbMessage.class, id);
        //提交事务
        session.getTransaction().commit();
    } catch (Exception e) {
        e.printStackTrace();
        //出错将回滚事务
        session.getTransaction().rollback();
    }finally{
        //关闭 Session 对象
        HibernateUtil.closeSession();
    }
    return message;
}
public List<TbMessage> listMessage() {
    Session session = null;                          //声明 Session 对象
```

```
        String hql="FROM TbMessage m ORDER BY m.sendTime DESC"; //降序查询全部留言信息
        List<TbMessage> list=null;
        try{
         session = HibernateUtil.getSession();
            Query query=session.createQuery(hql);
            list=(List<TbMessage>)query.list();
        }catch(Exception e){
            System.out.println("查询时的错误信息："+e.getMessage());
        }finally{
            session.close();
        }
        return list;
        }
```

（4）创建一个 Servlet，名称为 MessageServlet 类，用于完成业务逻辑处理。在该类中根据传递的 action 参数的值执行不同的方法，从而完成业务逻辑处理。在该类中，将利用步骤（3）中创建的 listMessage()、getMessage() 和 updateMessage() 方法实现显示留言列表和修改留言信息等功能。

（5）编写显示留言列表页面 listMessage.jsp 和显示要修改的留言信息的页面 showMessage.jsp。

运行本实例，将显示一个留言信息列表，如图 13.26 所示，单击要修改的留言信息后面的"修改"超链接，将进入到如图 13.27 所示的修改留言信息页面，在该页面中，默认显示要修改信息的原始值，修改信息后，单击"提交"按钮，将保存更新后的信息。

13.6.5 批量删除数据

例 13.16 批量删除数据。（实例位置：光盘\TM\Instances\13.16）

（1）配置开发环境，其配置方法参见 13.6.1 节。

（2）编写数据表 tb_student 所对应的持久化类 Student 及对应的映射文件 Student.hbm.xml。

（3）创建名为 StuDao 的类，它是程序中的核心类，用于封装与学生对象相关的数据库操作。在此类中，编写 deleteStudent() 方法用于批量删除数据，关键代码如下：

```
public void deleteStudent(String[] ids){
    Session session = null;
    try {
        session = HibernateUtil.getSession();                     //获取 Session
        session.beginTransaction();                               //开启事务
        for (String s : ids) {                                    //通过循环获取主键 id
            Integer id = Integer.valueOf(s);                      //转换为 Integer 型
            //通过 load()方法加载数据
            Student stu = (Student)session.load(Student.class, id);
            session.delete(stu);                                  //删除数据
        }
        session.getTransaction().commit();                        //提交事务
    } catch (Exception e) {
        e.printStackTrace();                                      //打印异常信息
        session.getTransaction().rollback();                      //回滚事务
    }finally{
        HibernateUtil.closeSession();                             //关闭 Session
    }
}
```

（4）创建一个 Servlet，名称为 StuServlet 类，在该类中使用 doPost() 方法对业务逻辑进行处理。在 doPost() 方法中，首先定义 String 类型的 command 参数，通过传入值进行业务逻辑的判断，并调用与其对应的方法对学生信息进行查询和删除操作。关键代码如下：

```java
public void doPost(HttpServletRequest request, HttpServletResponse response)
        throws ServletException, IOException {
    String command = request.getParameter("command");
    StuDao dao = new StuDao();
    if ("find".equals(command)) {                        //查询所有学生信息
        List<Student> list = dao.findAllStudent();
        request.setAttribute("list", list);
        request.getRequestDispatcher("stu_list.jsp").forward(request,response);
    } else if ("delete".equals(command)) {               //批量删除学生信息
        //获取学生 id
        String[] ids = request.getParameterValues("id");
        if(ids != null && ids.length > 0){
                dao.deleteStudent(ids);                   //批量删除学生信息
        }
        request.getRequestDispatcher("StuServlet?command=find").forward(request,response);
    }
}
```

（5）编写用于显示学生信息的列表页面 stu_list.jsp。

运行本实例，将显示一个学生信息列表，如图 13.28 所示，选中学生信息前面的复选框，可以选择要删除的学生信息，选择好要删除的学生信息后，单击"删除"按钮可以批量删除这些数据。

图 13.26　显示的留言列表页面

图 13.27　修改留言信息页面

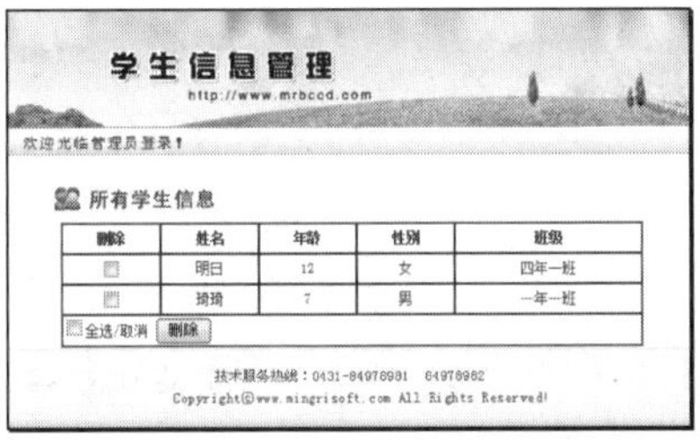

图 13.28　显示的学生列表页面

13.7　本章小结

本章向读者介绍了 ORM 映射原理及 Hibernate 框架的基本使用方法。在学习过程中，需要理解实体对象与数据表之间的映射关系，并在头脑中形成对象的概念，因为 Hibernate 完全以对象的形式来操作关系型数据库。其中，重点在于对 Hibernate 框架的理解。对于本章涉及的 Hibernate 框架的使用均为 Hibernate 的基本应用，其更强大的功能及更高级的使用方法将在本书的后续章节中进行全面的讲解。

13.8　学习成果检验

1．根据学号，查询学生的详细信息。（答案位置：光盘\TM\Instances\13.17）

2．录入图书信息。（答案位置：光盘\TM\Instances\13.18）

3．批量添加药品信息。（答案位置：光盘\TM\Instances\13.19）

第14章

Hibernate 高级应用

（ 📹 视频讲解：105 分钟 ）

目前，持久层框架并非只有 Hibernate，但在众多持久层框架中，Hibernate 凭借着其强大的功能、轻量级的实现、成熟的结构体系等诸多优点从中脱颖而出，在 Java 编程中得到了广泛的应用。本章将在第 13 章的基础上，对其进行更加深入的讲解。

通过阅读本章，您可以：

▶▶ 掌握关联关系的映射方法

▶▶ 理解单向关联与双向关联

▶▶ 掌握对象间的级联操作

▶▶ 掌握 HQL 查询语言

14.1　关联关系映射

视频讲解：光盘\TM\Video\14\关联关系映射.exe

Hibernate 框架是一个 ORM 框架，它以面向对象的编程方式操作数据库。在 Hibernate 中，"映射"发挥着巨大的作用，它将实体对象映射成数据表，实体对象的属性被映射为表中的字段，同样其实体之间的关联关系也是通过"映射"实现的。

14.1.1　单向关联与双向关联

在 Hibernate 框架中，实体对象之间的关系可分为一对一、多对一等关联关系，其关联类型主要分为单向关联与双向关联。

1．单向关联

单向关联指具有关联关系的实体对象之间的加载关系是单向的。它意味着，在具有关联关系的两个实体对象中，只有一个实体对象可以访问对方。如图 14.1 所示，从学生对象中可以加载到班级信息，反过来则不行。

2．双向关联

双向关联指具有关联关系的实体对象之间的加载关系是双向的。它意味着，在具有关联关系的两个实体对象中，彼此都可以访问对方。如图 14.2 所示，从学生对象中可以加载到班级信息，从班级对象中也可加载到学生信息。

图 14.1　单向关联　　　　　　　　　　　　　　　图 14.2　双向关联

14.1.2　多对一单向关联映射

多对一单向关联映射十分常见，在学习其映射方法之前，首先来了解一下多对一单向关联的实体。如图 14.3 所示，图书对象（Book）与图书类别对象（Category）为多对一的关联关系，多本图书对应一个类别，在 Book 对象中拥有 Category 的引用，它可以加载到一本图书的所属类别，而在 Category 的一端却不能加载到图书信息。

对于多对一单向关联映射，Hibernate 会在多的一端加入外键与一的一端建立关联关系，其映射后的数据表如图 14.4 所示。

图 14.3　多对一单向关联的实体对象　　　　　　　　图 14.4　映射后的数据表

例 14.01　建立图书对象（Book）与图书类别对象（Category）的多对一关联关系，通过单向关联进行映射。（实例位置：光盘\TM\Instances\14.01）

```xml
<?xml version="1.0"?>
<!DOCTYPE hibernate-mapping PUBLIC
        "-//Hibernate/Hibernate Mapping DTD 3.0//EN"
        "http://www.hibernate.org/dtd/hibernate-mapping-3.0.dtd">
<hibernate-mapping package="com.wgh.model">
    <class name="Book" table="tb_book_manytoone0">
        <!-- 主键 -->
        <id name="id">
            <generator class="native"/>
        </id>
        <!-- 图书名称 -->
        <property name="name" not-null="true" length="200" />
        <!-- 作者 -->
        <property name="author" not-null="true" length="50"/>
        <!-- 多对一关联映射 -->
        <many-to-one name="category" class="Category">
            <!-- 映射的字段 -->
            <column name="categoryId"/>
        </many-to-one>
    </class>
</hibernate-mapping>
```

Hibernate 的多对一单向关联是使用<many-to-one>标签进行映射，此标签用在多的一端。其中，name 属性用于指定持久化类中相对应的属性名，class 属性指定与其关联的对象。此外还需要指定数据表中所映射的字段，它使用子标签<column>进行设置，<column>标签的 name 属性用于一的一端的主键标识。

创建名称为 ExportTables 的 Servlet，在 doGet()方法中将数据表导出。关键代码如下：

```java
protected void doGet(HttpServletRequest request, HttpServletResponse response)
                                                    throws ServletException, IOException {
    Configuration cfg = new Configuration().configure();  //加载 Hibernate 配置文件
    //实例化 SchemaExport 对象
    SchemaExport export = new SchemaExport(cfg);
    //导出数据表
    export.create(true, true);
    …                                                       //省略了向页面输出提示信息的代码
}
```

运行本实例将在数据库中创建图书信息表（tb_book_manytoone0）与图书类别表（tb_Category_ manytoone0）。

例 14.02　多对一单向关联映射中对象的加载。（**实例位置：光盘\TM\Instances\14.02**）

```java
protected void doGet(HttpServletRequest request, HttpServletResponse response) throws ServletException,
IOException {
    Session session = null;                     //声明 Session 对象
    try {
        //获取 Session
        session = HibernateUtil.getSession();
        //开启事务
        session.beginTransaction();
        response.setCharacterEncoding("GBK");
        PrintWriter out=response.getWriter();
        //查询图书对象
        Book book = (Book)session.get(Book.class, new Integer(1));
        out.println("图书名称：" + book.getName()+" | ");
        out.println("图书类别：" + book.getCategory().getName()+"<br>");
```

```
            //提交事务
            session.getTransaction().commit();
            out.flush();
            out.close();
        } catch (Exception e) {
            e.printStackTrace();
            //出错将回滚事务
            session.getTransaction().rollback();
        }finally{
            //关闭 Session 对象
            HibernateUtil.closeSession();
        }
    }
```

本实例中，Book 对象持有 Category 对象的引用，从 Book 对象中可以得到 Category 对象的属性。实例运行结果如图 14.5 所示。

14.1.3　多对一双向关联映射

双向关联的实体对象都持有对方的引用，在任何一端都能加载到对方的信息。多对一双向关联映射实质是在多对一单向关联的基础上，加入了一对多关联关系。下面仍以图书对象（Book）与图书类别对象（Category）为例，讲解多对一双向关联映射，其实体关系如图 14.6 所示。

图 14.5　实例运行结果　　　　　　　　　图 14.6　多对一双向关联的实体对象

对于图书类别对象 Category，它拥有多个图书对象的引用，因此需要在 Category 对象中加入 Set 属性的图书集合 books，对于其映射文件也通过集合的方式进行映射。

例 14.03　建立图书对象（Book）与图书类别对象（Category）的多对一关联关系，通过双向关联进行映射，其中 Book 对象的映射文件与多对一单向关联中一致，并没有发生任何变化，而 Category 对象的映射文件通过<set>标签进行映射。（**实例位置：光盘\TM\Instances\14.03**）

```xml
<?xml version="1.0"?>
<!DOCTYPE hibernate-mapping PUBLIC
        "-//Hibernate/Hibernate Mapping DTD 3.0//EN"
        "http://www.hibernate.org/dtd/hibernate-mapping-3.0.dtd">
<hibernate-mapping    package="com.wgh.model">
    <class name="Category" table="tb_Category_manytoone3">
        <id name="id">
            <generator class="native"/>
        </id>
        <property name="name" not-null="true" length="200" />
        <!-- 一对多映射 -->
        <set name="books">
            <key column="categoryId"/>
```

```
                <one-to-many class="Book"/>
            </set>
        </class>
</hibernate-mapping>
```

<set>标签用于映射集合类型的属性，其中 name 属性用于指定持久化类中的属性名称。此标签通过子标签<key>指定数据表中的关联字段，对于一对多关联映射通过<one-to-many>标签进行映射，其 class 属性用于指定相关联的对象。

另外还需要在 Category 持久化类中添加一个 Set<Book>类型的 book 属性，并为其添加对应的 setXXX()和 getXXX()方法。关键代码如下：

```
private Set<Book> books;                        //Set 集合（类别中的所有图书）
public Set<Book> getBooks() {
    return books;
}
public void setBooks(Set<Book> books) {
    this.books = books;
}
```

创建名称为 ExportTables 的 Servlet，在 doGet()方法中将数据表导出。其代码与例 14.01 的完全相同，这里不再给出。

运行本实例将在数据库中创建图书信息表（tb_book_manytoone3）与图书类别表（tb_Category_ manytoone3）。

例 14.04　多对一双向关联映射中对象的加载。（**实例位置：光盘\TM\Instances\14.04**）

```
protected void doGet(HttpServletRequest request, HttpServletResponse response) throws ServletException,
IOException {
    Session session = null;                     //声明 Session 对象
    try {
        //获取 Session
        session = HibernateUtil.getSession();
        //开启事务
        session.beginTransaction();
        System.out.println("**********查询图书对象************");
        //查询图书对象
        Book book1 = (Book)session.get(Book.class, new Integer(1));
        System.out.println("图书名称：" + book1.getName());
        System.out.println("图书类别：" + book1.getCategory().getName());
        System.out.println("**********查询类别对象************");
        //查询类别对象
        Category c = (Category) session.load(Category.class, new Integer(1));
        System.out.println("类别名称：" + c.getName());
        Set<Book> books = c.getBooks();         //获取类别中的所有图书信息
        //通过迭代输出图书名称
        for (Iterator<Book> it = books.iterator(); it.hasNext();) {
            Book book2 = (Book) it.next();
            System.out.println("图书名称：" + book2.getName());
        }
        //提交事务
        session.getTransaction().commit();
    } catch (Exception e) {
        e.printStackTrace();
        //出错，将回滚事务
        session.getTransaction().rollback();
```

```
    }finally{
        //关闭 Session 对象
        HibernateUtil.closeSession();
    }
}
```

由于配置了图书与类别之间的多对一双向关联映射，所以 Book 对象与 Category 对象都持有对方的引用。图书类别属于多对一中一的一端，在一个类别中拥有多本图书，Hibernate 使用 Set 集合进行映射，因此当加载一个类别时，可以加载到类别中的所有图书。实例运行后，在控制台将显示如图 14.7 所示的运行结果。

图 14.7　控制台显示的运行结果

14.1.4　一对一主键关联映射

用户与身份证之间是一对一的关联关系，每一个用户对应一个身份证，同样每一个身份证也对应一个用户。在 Hibernate 中，可将一对一关联映射分为主键关联映射与外键关联映射。使用一对一主键关联映射时，其数据表的结构如图 14.8 所示。

从图 14.8 可以看出，IdCard 的主键参照了 User 的外键，它与 User 对象的主键是一一对应的关系。同样，Hibernate 的一对一主键关联映射也分为单向与双向映射。下面以双向映射为例进行讲解，其实体间的关系如图 14.9 所示。

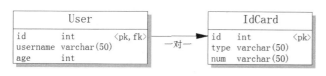

图 14.8　表关系　　　　　　　　　　　　　　　图 14.9　实体关系

例 14.05　用户（User）对象与证件（IdCard）对象为一对一的关联关系，两者之间通过一对一主键关联映射。

User 的映射文件 User.hbm.xml 的关键代码如下：（**实例位置：光盘\TM\Instances\14.05**）

```xml
<hibernate-mapping  package="com.wgh.model">
    <class name="com.wgh.model.User" table="tb_user_onetoone_p">
        <!-- 主键 id -->
        <id name="id">
            <generator class="native"/>
        </id>
        <!-- 姓名 -->
        <property name="username" not-null="true" />
        <!-- 年龄 -->
        <property name="age"/>
        <!-- 一对一映射 -->
        <one-to-one name="idCard"/>
    </class>
</hibernate-mapping>
```

IdCard 对象的主键参照了 User 对象的外键，其映射文件 IdCard.hbm.xml 的关键代码如下：

```xml
<hibernate-mapping package="com.wgh.model">
    <class name="com.wgh.model.IdCard" table="tb_idCard_onetoone_p">
        <!-- 主键 id -->
```

```
<id name="id">
    <!-- 参考 User 的外键 -->
    <generator class="foreign">
        <param name="property">user</param>
    </generator>
</id>
<!-- 证件号 -->
<property name="num" not-null="true"/>
<!-- 一对一映射 -->
<one-to-one name="user" constrained="true"/>
    </class>
</hibernate-mapping>
```

　　<one-to-one>标签用于建立一对一关联映射，其中 name 属性用于指定持久化类中的属性名称；constrained 属性用于建立一个约束，表明 IdCard 对象的主键参照了 User 的外键。

　　IdCard 的主键生成策略为 foreign，此种方式通过<parm>标签配置主键的来源。

　　创建名称为 ExportTables 的 Servlet，在 doGet()方法中将数据表导出。其代码与例 14.01 的完全相同，这里不再给出。

　　运行本实例将在数据库中创建用户表（tb_user_onetoone_p）与证件表（tb_idCard_onetoone_p）。

14.1.5　一对一外键关联映射

　　除一对一主键关联映射外，还有一对一外键关联映射。这种映射方式在其中一端加入一个外键指向另一端，其映射后形成的数据表如图 14.10 所示。

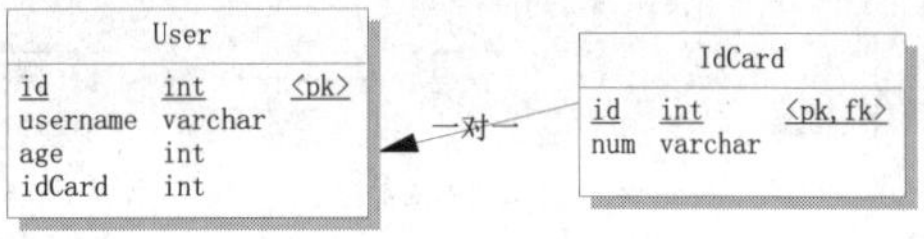

　　从图 14.10 中可以看出，这种映射方式与多对一映射方式相似，如果能限制 User 对象中 IdCard 的唯一性，那么两者之间实质上就构成了一对一关联关系。

图 14.10　表关系

　　例 14.06　用户（User）对象与证件（IdCard）对象为一对一的关联关系，在两者之间建立一对一外键关联映射。

　　IdCard 的映射文件 IdCard.hbm.xml 的关键代码如下：（实例位置：光盘\TM\Instances\14.06）

```
<hibernate-mapping>
    <class name="com.wgh.model.IdCard" table="tb_idCard_onetoone_f">
        <!-- 主键 id -->
        <id name="id">
            <generator class="native"/>
        </id>
        <!-- 证件号 -->
        <property name="num" not-null="true"/>
    </class>
</hibernate-mapping>
```

User 对象的映射文件 User.hbm.xml 的关键代码如下：

```
<hibernate-mapping>
    <class name="com.wgh.model.User" table="tb_user_onetoone_f">
        <!-- 主键 id -->
        <id name="id">
            <generator class="native"/>
        </id>
        <!-- 姓名 -->
        <property name="username" not-null="true" />
```

```
    <!-- 年龄 -->
    <property name="age"/>
    <!-- 一对一映射 -->
    <many-to-one name="idCard" unique="true"/>
    </class>
</hibernate-mapping>
```

在 IdCard 对象的映射文件中，并没有发生太大的变化，它只不过进行了普通的映射。而 User 对象的映射文件中，使用了<many-to-one>标签进行了映射，此标签用于多对一映射，但其 unique 属性可以限制其关联的唯一性，从而构成了一对一唯一外键关联映射。

创建名称为 ExportTables 的 Servlet，在 doGet()方法中将数据表导出。其代码与例 14.01 的完全相同，这里不再给出。

运行本实例将在数据库中创建用户表（tb_user_onetoone_f）与证件表（tb_idCard_onetoone_f）。

14.1.6　多对多关联映射

Hibernate 的多对多关联映射与多对一及一对一等映射方式不同，它需要借助于第 3 张表实现。例如学生和课程之间是多对多的关系，一个学生可以选修多门课程，而一门课程又可以被多个学生选修。对于此种关系，Hibernate 分别用两个实体的标识映射出第 3 张表，用此表来维护学生与课程之间的多对多关系，如图 14.11 所示。

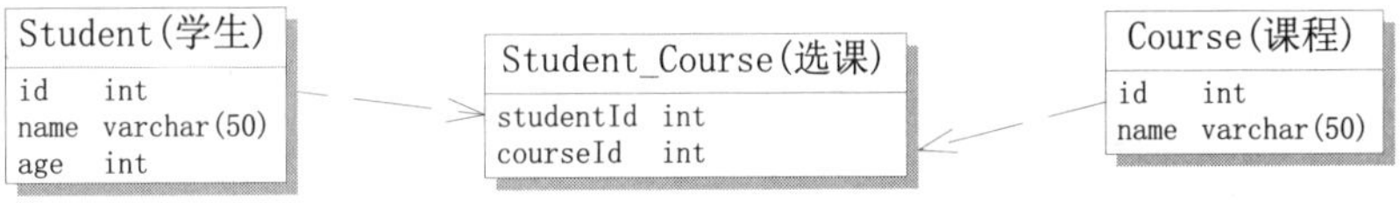

由于对象之间存在的是多对多的关系，彼此都可以拥有对方的多个引用，因此在设计持久化类中加入 Set 集合。

图 14.11　表关系

例 14.07　建立学生对象与课程对象双向多对多关联关系映射。

其中学生的持久化类为 Student，关键代码如下：（实例位置：光盘\TM\Instances\14.07）

```
public class Student {
    private Integer id;                    //ID
    private String name;                   //姓名
    private Integer age;                   //年龄
    private Set<Course> course;            //课程集合
    ...//省略 getXXX()与 setXXX()方法
}
```

课程的持久化类为 Course，关键代码如下：

```
public class Course {
    private Integer id;                    //ID
    private String name;                   //课程名称
    private Set<Student> students;         //学生集合
    ...//省略 getXXX()与 setXXX()方法
}
```

Student 对象的映射文件为 Student.hbm.xml，关键代码如下：

```
<hibernate-mapping package="com.wgh.model">
    <class name="Student" table="tb_student_manytomany">
        <!-- 主键 id -->
        <id name="id">
            <generator class="native"/>
        </id>
```

```
        <!-- 姓名 -->
        <property name="name" not-null="true" />
        <!-- 年龄 -->
        <property name="age"/>
        <set name="course" table="tb_student_course">
            <key column="studentId"></key>
            <many-to-many class="Course" column="courseId"/>
        </set>
    </class>
</hibernate-mapping>
```

Course 对象的映射文件为 Course.hbm.xml，关键代码如下：

```
<hibernate-mapping>
    <class name="com.wgh.model.Course" table="tb_course_manytomany">
        <!-- 主键id -->
        <id name="id">
            <generator class="native"/>
        </id>
        <!-- 姓名 -->
        <property name="name" not-null="true" />
        <!-- 多对多映射 -->
        <set name="students" table="tb_student_course">
            <key column="courseId"/>
            <many-to-many class="com.wgh.model.Student" column="studentId"/>
        </set>
    </class>
</hibernate-mapping>
```

多对多关联映射中，使用<set>标签进行集合的映射，其中 table 属性用于指定所映射的第 3 张表，其子标签<key>指定第 3 张表所形成的字段，子标签<many-to-many>映射多对多的关联关系。<many-to-many>标签的 class 属性指定关联的对象，column 指定所关联的字段。

由于本实例中使用的是双向多对多关联关系映射，所以在课程对象 Course 与学生对象 Student 中都要通过<set>标签进行映射。

创建名称为 ExportTables 的 Servlet，在 doGet()方法中将数据表导出。其代码与例 14.01 的完全相同，这里不再给出。

运行本实例将在数据库中创建学生表（tb_student_manytomany）、课程表（tb_course_manytomany）和学生课程表（tb_student_course）。

14.1.7 级联操作在关联中的使用

在数据库操作中，级联操作经常被用到，如级联更新、级联删除等。针对级联操作，Hibernate 提供了相应方法，它通过在映射文件中配置 cascade 属性来实现，其可选值有 4 种情况，如表 14.1 所示。

表 14.1　cascade 属性的可选值及说明

可 选 值	说　　　明
none	默认值，不进行级联操作
save-update	当保存或更新当前对象时，级联保存或更新关联对象
delete	当删除当前对象时，级联删除关联对象
all	当保存、更新或删除当前对象时，级联保存、更新或删除关联对象

例 14.08 图书对象（Book）与类别对象（Category）是多对一的关联关系，通过配置 cascade 属性对两者进行级联添加操作。

在 Book 的映射文件 Book.hbm.xml 中配置 cascade 属性值为 save-update，关键代码如下：（**实例位置：光盘\TM\Instances\14.08**）

```
<many-to-one name="category" class="Category" cascade="save-update">
    <!-- 映射的字段 -->
    <column name="categoryId"/>
</many-to-one>
```

创建名为 AddBook 的类对其进行级联添加操作，关键代码如下：

```
protected void doGet(HttpServletRequest request, HttpServletResponse response) throws ServletException,
IOException {
        Session session = null;              //声明 Session 对象
        try {
            //获取 Session
            session = HibernateUtil.getSession();
            //开启事务
            session.beginTransaction();
            //创建图书类别
            Category category = new Category();
            category.setName("Java 类图书");
            //创建一本图书
            Book b1 = new Book();
            b1.setName("Java 开发典型模块大全");
            b1.setAuthor("明日科技");
            b1.setCategory(category);
            //创建一本图书
            Book b2 = new Book();
            b2.setName("JSP 项目开发全程实录");
            b2.setAuthor("明日科技");
            b2.setCategory(category);
            //保存图书
            session.save(b1);
            session.save(b2);
            //提交事务
            session.getTransaction().commit();
        } catch (Exception e) {
            e.printStackTrace();
            //出错将回滚事务
            session.getTransaction().rollback();
        }finally{
            //关闭 Session 对象
            HibernateUtil.closeSession();
        }
    }
```

因为只对其进行添加操作，所以实例中将 cascade 属性设置为 save-update，在实际应用中可根据需求进行合理的设置。程序运行后 Hibernate 将发出 3 条 SQL 语句，如图 14.12 所示。

图 14.12 在控制台中显示 Hibernate 生成的 SQL 语句

14.2　HQL 检索方式

 视频讲解：光盘\TM\Video\14\HQL 检索方式.exe

HQL（Hibernate Query Language）查询语言是面向对象的查询语言，也是在 Hibernate 中最常用的。其语法和 SQL 语法有些相似，功能十分强大，几乎支持除特殊 SQL 扩展外的所有查询功能。此种查询方式为 Hibernate 官方推荐的标准查询方式。

14.2.1　HQL 的基本语法

HQL 检索方式与 SQL 相似，使用方法基本相同；但 HQL 是面向对象查询语言，其查询的目标为对象，而 SQL 查询的目标则为数据表；除此之外，在书写 HQL 语句时要注意，它对大小写是敏感的。其基本语法格式如下：

```
select "属性名" from "对象"
where "条件"
group by "属性名" having "分组条件"
order by "属性名" desc/asc
```

从上述基本语法可以看出，HQL 与 SQL 的用法基本是一样的；但要注意，在使用 HQL 时在头脑中一定要有对象的概念。例如：

```
select * from User u where u.id>10 order by u.id desc
```

此语句将查询 User 对象所对应数据表中的记录，条件为 id>10，并将返回的结果集按 id 的降序进行排序，语句中的 User 为对象。

在 HQL 查询语句中，同样支持 DML 风格的语句，如 update 语句、delete 语句，其使用方法与上述方法基本相同。不过，由于 Hibernate 缓存的存在，使用 DML 语句进行操作可能会造成与 Hibernate 缓存不同步的情况，从而导致脏数据的产生，所以在使用过程中应该尽量避免使用 DML 语句操作数据。

14.2.2　实体对象与动态实例化对象查询

1．实体对象查询

在 HQL 查询语句中，如果直接查询实体对象，不能使用 select *子句的形式，但可以使用"from 对象"的形式进行查询。例如：

```
from User
```

上述 HQL 语句意味着查询 User 对象所对应数据表中的所有记录，使用此语句可获取已封装好的 User 对象的集合。

2．动态实例化对象查询

在数据查询过程中，当数据表中存在大量字段时，如果通过 select *的形式将所有字段都查询出来，将会对性能方面造成一定的影响。在 HQL 中，可以通过只查询所需要的属性进行查询。例如：

```
select id, name from User
```

上述 HQL 语句只查询了 User 对象中的 id 与 name 属性，可以避免查询数据表中的所有字段而带来的性能方面的问题。但在 Hibernate 中，此语句返回的却是 Object 类型的数组，它失去了原有的对象状态，破坏了数据的封装性。要解决此问题，可以通过动态实例化对象来查询。例如：

```
select new User(id,name) from User
```

这种查询方式通过 new 关键字对实体对象动态实例化，它可以对数据做出封装，既不失去数据的封装性，又可提高查询的效率。

例 14.09　查询 User 对象中的所有数据。在 UserDao 类中编写 findUser()方法，用于查询所有 User 对象。（实例位置：光盘\TM\Instances\14.09）

```
//获取 Session
session = HibernateUtil.getSession();
session.beginTransaction();              //开启事务
String hql = "from User";                //HQL 语句
//创建 Query 对象
Query query = session.createQuery(hql);
list = query.list();                     //获取查询结果集
//提交事务
session.getTransaction().commit();
```

HQL 查询方式使用 Query 进行查询，其 list()方法返回查询的结果，实例中将其输出到网页之中，其运行结果如图 14.13 所示。

ID	姓名	性别	出生日期	部门
1	小王	男	1984-01-22	Java
2	小刘	女	1984-05-02	VC
3	小张	男	1983-12-22	Java
4	小井	男	1985-10-12	Java
5	小李	女	1984-01-12	VC

图 14.13　实例运行结果

14.2.3　条件查询与别名的使用

对于条件查询，在 HQL 语句中通过 where 子句来实现。例如：

```
from User where id = 1
```

上述语句用于实现查询 id 为 1 的 User 对象。

为了明确区分对象与对象中的属性，HQL 提供了以下使用对象别名的方法。

☑　第一种方法：

```
from User u where u.id = 1
```

☑　第二种方法：

```
from User as u where u.id = 1
```

第二种方法与第一种方法相比，多了一个关键字 as。

14.2.4　HQL 语句的动态赋值

在 JDBC 编程中，PreparedStatement 对象为开发提供了方便，它不但可为 SQL 语句进行动态赋值，而且可以避免 SQL 的注入式攻击；此外，由于它使用了 SQL 的缓存技术，还可以提高 SQL 语句的执行效率。在 HQL 查询语言中，也提供了类似的方法，其实现方式主要有以下两种。

1．"?"号代表参数

此种方式与 PreparedStatement 极其相似，通过 Query 对象的 setParameter()方法进行赋值，在 HQL 语句中以 "?"号代表参数。例如查询 id 为 3 的 User 对象，可以使用以下方法：

```
//HQL 语句
String hql = "from User u where u.id = ?";
//创建 Query 对象
Query query = session.createQuery(hql);
//HQL 参数赋值
query = query.setParameter(0, 3);
//获取查询结果集
list = query.list();
```

2. 自定义参数名称

此种方式也通过 Query 对象的 setParameter()方法进行赋值，但 HQL 语句中的参数可以自定义，它通过 ":"号与自定义参数名组合的方法实现。例如查询 id 为 3 的 User 对象，可以使用以下方法：

```
//HQL 语句
String hql = "from User u where u.id = :userId";
//创建 Query 对象
Query query = session.createQuery(hql);
//HQL 参数赋值
query = query.setParameter("userId", 3);
//获取查询结果集
list = query.list();
```

14.2.5 对象导航查询

HQL 查询语言符合 Java 程序员的编程习惯，查询过程都以对象的方式进行操作，当一个对象与另一个对象存在依赖关系时，可以通过 "." 符号进行导航。

例 14.10 对象导航查询。（实例位置：光盘\TM\Instances\14.10）

编写名为 QueryServlet 的 Servlet，在 doGet()方法中进行对象导航查询。关键代码如下：

```
//获取 Session
session = HibernateUtil.getSession();
//开启事务
session.beginTransaction();
//HQL 查询语句
String hql = "from Medicine m where m.category.name = ?";
//创建 Query 对象并对 HQL 动态赋值
Query query = session.createQuery(hql).setParameter(0, "感冒用药");
//获取查询结果集
List<Medicine> list = query.list();
//循环输出类别"感冒用药"中的药品名称
for(Medicine m : list){
    System.out.println("感冒用药：" + m.getName());
}
//提交事务
session.getTransaction().commit();
```

在本例中，查询了药品类别名称为"感冒用药"中的所有药品，并将药品的名称输出到控制台。其中使用 "." 符号进行导航，其 HQL 语句中的 m.category.name 代表药品类别的名称。实例运行结果如图 14.14 所示。

图 14.14 实例运行结果

14.2.6 排序查询

在获取数据结果集时，经常要对查询的结果集进行排序操作，以使其条理清晰、一目了然。HQL 查询语言同样提供了此功能，主要是通过 order by 子句来实现，对于排序类型使用 asc、desc 关键字。

例如：

```
from User u order by id asc
```

此 HQL 语句可以实现查询 User 对象，并按 id 的升序排序。

例如：

```
from User u order by age desc
```

此 HQL 语句可以实现查询 User 对象，并按年龄的降序排序。

14.2.7　聚合函数

在 HQL 查询语言中，支持常用聚合函数的使用，如 sum、count、max 和 min 等，其使用方法与 SQL 中基本相同。如查询数据表中的记录，使用 count(*)即可。

例如：

```
select count(*) from User u
```

此 HQL 语句可以实现查询 User 对象所对应的数据表中的记录数。

例如：

```
select max(u.id) from User u
```

此 HQL 语句可以实现查询 User 对象所对应的数据表中的最大 id 值。

14.2.8　分组操作

在 HQL 查询语言中，通常使用 group by 子句进行分组操作，其使用方法与 SQL 相似；此外，它也可以使用 having 关键字设置分组的条件。

例 14.11　通过分组操作统计部门人数。（**实例位置：光盘\TM\Instances\14.11**）

```
//获取 Session
Session session = HibernateUtil.getSession();
session.beginTransaction(); //开启事务
//HQL 语句
String hql = "select u.dept,count(*) from User u group by u.dept";
//创建 Query 对象
Query query = session.createQuery(hql);
//获取结果集
List<Object[]> list = query.list();
//循环输出部门名称及人数
for (Object[] obj : list) {
    System.out.print("部门: " + obj[0] + "---");
    System.out.println("人数: " + obj[1]);
}
//提交事务
session.getTransaction().commit();
```

在上述 HQL 语句中，count(*)用于统计部门的人数，group by u.dept 表示通过部门进行分组。实例运行前，数据表中的数据如图 14.15 所示；实例运行后将输出部门的人数，如图 14.16 所示。

id	name	sex	birth	dept
1	小王	男	1984-01-22	Java
2	小刘	女	1984-05-02	VC
3	小张	男	1983-12-22	Java
4	小井	男	1985-10-12	Java
5	小李	女	1984-01-12	VC

图 14.15　员工信息表数据

图 14.16　控制台显示结果

14.2.9　对日期时间的处理

在 HQL 查询语言中，提供了多种对日期时间进行查询的方法，如可以使用 "=" 号进行时间的精确匹配，使用 between…and 子句查询指定的时间范围；此外，在 HQL 语句中还可以使用 date_format()函数进行时间的模糊查询。

例 14.12 查询 1984 年 1 月出生的用户。（实例位置：光盘\TM\Instances\14.12）

```
//获取 Session
Session session = HibernateUtil.getSession();
session.beginTransaction(); //开启事务
//HQL 语句
String hql = "from User u where date_format(u.birth,'%Y-%m') = ?";
//创建 Query 对象
Query query = session.createQuery(hql)
                        .setParameter(0, "1984-01");
//获取结果集
List<User> list = query.list();
System.out.println("1984 年 1 月出生的用户有：");
//循环输出 1984 年 1 月出生的用户姓名及出生日期
for (User user : list) {
    System.out.print("姓名：    " + user.getName() + "\t");
    System.out.println("出生日期：    " + user.getBirth());
}
//提交事务
session.getTransaction().commit();
```

在上述 HQL 语句中，"date_format(u.birth,'%Y-%m')"用于格式化用户的出生日期。在实例运行前，数据表中的数据如图 14.15 所示；实例运行后将输出 1984 年 1 月出生的用户，如图 14.17 所示。

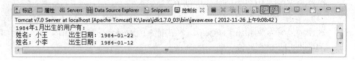

图 14.17　在控制台显示查询结果

14.2.10　联合查询

在对多表进行查询时，经常用到联合查询，通过它可以方便地对多表中的数据进行快速检索。与 SQL 相同，HQL 同样支持这种机制。在 HQL 中，可以使用内连接、外连接及全连接对多表进行联合操作，其使用方式如表 14.2 所示。

表 14.2　HQL 联合查询方式说明

查 询 方 式	说　　明
内连接	使用 inner join 子句，可以简写为 join
左外连接	使用 left outer join 子句，可以简写为 left join
右外连接	使用 right outer join 子句，可以简写为 right join
全连接	使用 full join 子句

在联合查询中，如果需要设置额外的条件，使用 HQL 的关键字 with 进行设置。例如：

```
from Student s left join s.classes c with c.id > 10
```

例 14.13 使用内连接查询药品信息及所属类别的名称。（实例位置：光盘\TM\Instances\14.13）

在本例中编写用于通过内连接查询药品信息及所属类别名称的 findMedAndCategory()方法，关键代码如下：

```
public List<Object[]> findMedAndCategory() {
    Session session = null; //声明 Session 对象
```

```
        List<Object[]> list = null;
        try {
            //获取 Session
            session = HibernateUtil.getSession();
            //开启事务
            session.beginTransaction();
            //HQL 查询语句
            String hql = "select m.id,m.name,m.price,m.factoryAdd,c.name from Medicine m inner join m.category c";
            //创建 Query 对象并获取结果集
            list = session.createQuery(hql)
                            .list();
            //提交事务
            session.getTransaction().commit();
        } catch (Exception e) {
            e.printStackTrace();
            //出错将回滚事务
            session.getTransaction().rollback();
        } finally {
            //关闭 Session 对象
            HibernateUtil.closeSession();
        }
        return list;
}
```

在上述 HQL 语句中，m.category c 是指药品对象的所属类别。实例运行结果如图 14.18 所示。

药品信息				
ID	药品名称	单价	出厂地址	所属类别
1	感冒胶囊A	5.0	制药一厂	感冒用药
2	感冒胶囊B	7.0	制药二厂	感冒用药
3	胃药A	12.0	制药三厂	胃肠用药
4	胃药B	10.0	制药四厂	胃肠用药

图 14.18　在浏览器中显示的商品信息

14.2.11　子查询

功能强大的 HQL 查询语言，几乎支持除 SQL 中一些特殊扩展功能外的所有查询方式，对于子查询在 HQL 中也是可以使用的。

例 14.14　使用子查询查询药品对象中最贵的药品名称。（**实例位置：光盘\TM\Instances\14.14**）
编写名为 Test 的类，在此类中通过 main()方法进行查询。关键代码如下：

```
//获取 Session
session = HibernateUtil.getSession();
session.beginTransaction(); //开启事务
//HQL 语句
String hql = "select med.name from Medicine med where med.price = (select max(price) from Medicine)";
//获取结果集
List<String> list = session.createQuery(hql).list();
//循环输出最贵的药品
for (String name : list) {
    System.out.println("最贵的药品为：  " + name);
}
//提交事务
session.getTransaction().commit();
```

在上述 HQL 语句中，其子句"select max(price) from Medicine"用于查询药品对象中最贵的价格，然后查询等于此价格的药品的名称，其运行结果如图 14.19 所示。

图 14.19　在控制台显示查询结果

14.3   实   战

Hibernate 框架是一个持久层框架，它以操作对象的方式操作关系型数据库。在 Hibernate 中，面向对象的编程思想表现得淋漓尽致，无论是持久化、关联关系映射，还是 HQL 检索方式等，"对象"的概念始终贯穿其中。本节将以实际应用为主，结合具体实例进行详细讲解。

14.3.1   多对一数据的添加与查询

视频讲解：光盘\TM\Video\14\多对一数据的添加与查询.exe

图书与图书类别之间是多对一的关系，多本图书对应一个类别。在下面的实例中，建立了两者之间的多对一关系，首先录入图书信息，然后通过 JSP 页面显示所有已录入的图书信息。

例 14.15   图书信息的添加与查询。（**实例位置：光盘\TM\Instances\14.15**）

（1）配置开发环境。此过程需要导入 Hibernate 支持类库、数据库驱动包、设置 Hibernate 的配置文件及创建 Hibernate 初始化类。

（2）创建图书实体对象 Book 与图书类别对象 Category，并建立它们之间的多对一关系。其中，Book 对象的映射文件为 Book.hbm.xml。关键代码如下：

```xml
<hibernate-mapping package="com.wgh.model">
    <class name="Book" table="tb_book_save">
        <!-- 标识 -->
        <id name="id">
            <generator class="uuid"/>
        </id>
        <!-- 图书名称 -->
        <property name="name" not-null="true" length="100"/>
        <!-- 图书价格 -->
        <property name="price" not-null="true"/>
        <!-- 作者 -->
        <property name="author"/>
        <!-- 描述 -->
        <property name="description" type="text"/>
        <!-- 多对一映射 -->
        <many-to-one name="category" class="Category" lazy="false">
            <column name="categoryid"/>
        </many-to-one>
    </class>
</hibernate-mapping>
```

在 Book.hbm.xml 映射文件中，主键的生成策略采用 uuid。图书类别对象 Category 的映射文件为 Category.hbm.xml，实例中采用了多对一单向关联。关键代码如下：

```xml
<hibernate-mapping package="com.wgh.model">
    <class name="Category" table="tb_book_category_save">
        <!-- 标识 -->
        <id name="id">
            <generator class="native"/>
        </id>
```

```
<!-- 类别名称 -->
            <property name="name" not-null="true" length="100"/>
    </class>
</hibernate-mapping>
```

（3）创建名为 BookDao 的类，用于封装与图书对象相关的数据库操作。在此类中分别编写保存图书信息、加载图书类别信息、查询所有图书信息的方法。关键代码如下：

```
public class BookDao {
    /**
     * 保存图书信息
     * @param book Book 对象
     */
    public void saveBook(Book book){
        Session session = null; //声明 Session 对象
        try {
            //获取 Session
            session = HibernateUtil.getSession();
            //开启事务
            session.beginTransaction();
            //保存图书信息
            session.save(book);
            //提交事务
            session.getTransaction().commit();
        } catch (Exception e) {
            e.printStackTrace();
            //出错将回滚事务
            session.getTransaction().rollback();
        } finally {
            //关闭 Session 对象
            HibernateUtil.closeSession();
        }
    }
    /**
     * 查询所有图书信息
     * @return List 集合
     */
    public List<Book> findBook(){
        Session session = null; //声明 Session 对象
        List<Book> list = null;
        try {
            //获取 Session
            session = HibernateUtil.getSession();
            //开启事务
            session.beginTransaction();
            String hql = "from Book";  //HQL 语句
            //查询所有图书
            list = session.createQuery(hql).list();
            //提交事务
            session.getTransaction().commit();
        } catch (Exception e) {
            e.printStackTrace();
            //出错将回滚事务
            session.getTransaction().rollback();
```

```
        } finally {
            //关闭 Session 对象
            HibernateUtil.closeSession();
        }
        return list;
    }
    /**
     * 加载类别信息
     * @param id  标识
     * @return Category 对象
     */
    public Category findCategory(Integer id){
        Session session = null; //声明 Session 对象
        Category category = null;
        try {
            //获取 Session
            session = HibernateUtil.getSession();
            //开启事务
            session.beginTransaction();
            //加载类别
            category = (Category)session.load(Category.class, id);
            //提交事务
            session.getTransaction().commit();
        } catch (Exception e) {
            e.printStackTrace();
            //出错将回滚事务
            session.getTransaction().rollback();
        } finally {
            //关闭 Session 对象
            HibernateUtil.closeSession();
        }
        return category;
    }
}
```

（4）创建处理页面请求的 Servlet。其中保存图书信息的 Servlet 名称为 SaveBook，在此类中通过 doPost()
方法对其进行处理。在处理过程中，由于页面传递的图书类别的信息为类别 ID，所以在保存图书对象前，
首先要加载图书的所属类别对象。关键代码如下：

```
public void doPost(HttpServletRequest request, HttpServletResponse response)
        throws ServletException, IOException {
    request.setCharacterEncoding("GBK");          //设置编码方式为 GBK
    //获取图书信息
    String cid = request.getParameter("category");
    String name = request.getParameter("name");
    String price = request.getParameter("price");
    String author = request.getParameter("author");
    String description = request.getParameter("description");
    //实例化 BookDao 对象
    BookDao dao = new BookDao();
    //查询类别
    Category category = dao.findCategory(Integer.parseInt(cid));
    //实例化图书对象
    Book book = new Book();
```

```
//对图书对象属性赋值
book.setName(name);
book.setPrice(Double.parseDouble(price));
book.setAuthor(author);
book.setDescription(description);
book.setCategory(category);
//保存图书
dao.saveBook(book);
//页面转发到 FindBook
request.getRequestDispatcher("/FindBook").forward(request, response);
}
```

在保存了图书信息之后，系统将所有图书信息以列表形式显示，因此需要编写处理查询所有图书信息的 Servlet，名称为 FindBook。关键代码如下：

```
public void doGet(HttpServletRequest request, HttpServletResponse response)
        throws ServletException, IOException {
    //实例化 BookDao 对象
    BookDao dao = new BookDao();
    //查询图书
    List<Book> list = dao.findBook();
    //将结果集放入到 request 中
    request.setAttribute("list", list);
    //转发到 book_list.jsp 页面
    request.getRequestDispatcher("book_list.jsp").forward(request, response);
}
```

（5）创建 JSP 页面。其中，index.jsp 页面为首页，在其中放置添加图书信息的表单，其运行结果如图 14.20 所示。

book_list.jsp 页面用于显示数据库中已添加的图书信息，在添加图书信息后，其显示效果如图 14.21 所示。

14.3.2　模糊查询药品信息

视频讲解：光盘\TM\Video\14\模糊查询药品信息.exe

模糊查询的应用非常广泛，可以对所查询的数据通过通配符进行模糊匹配。在下面的实例中，将通过这一查询方式对药品信息进行查找。实例中所用到的数据如图 14.22 所示。

图 14.20　index.jsp 页面

图 14.21　book_list.jsp 页面　　　　图 14.22　药品信息表中的数据

例 14.16　模糊查询药品信息。（实例位置：光盘\TM\Instances\14.16）

（1）配置开发环境。此过程需要导入 Hibernate 支持类库、数据库驱动包、设置 Hibernate 的配置文件及创建 Hibernate 初始化类。

（2）创建药品持久化对象 Medicine 及其映射文件 Medicine.hbm.xml。本实例未涉及关联关系映射，映射方法均为普通映射。其中药品对象 Medicine 类的关键代码如下：

```
public class Medicine {
    private Integer id;                        //ID
    private String name;                       //药品名称
    private double price;                      //药品价格
    private String factoryAdd;                 //出厂地址
    private String description;                //描述
    …   //省略 getXXX()与 setXXX()方法
}
```

（3）编写查询药品信息的数据库操作类，名称为 MedicineDao。此类中查询所有药品信息的方法为 findMedicine()，此方法没有任何参数，关键代码如下：

```
public List<Medicine> findMedicine() {
    Session session = null;                    //声明 Session 对象
    List<Medicine> list = null;
    try {
        //获取 Session
        session = HibernateUtil.getSession();
        //开启事务
        session.beginTransaction();
        //HQL 查询语句
        String hql = "from Medicine";
        //获取结果集
        list = session.createQuery(hql).list();
        //提交事务
        session.getTransaction().commit();
    } catch (Exception e) {
        e.printStackTrace();
        //出错将回滚事务
        session.getTransaction().rollback();
    } finally {
        //关闭 Session 对象
        HibernateUtil.closeSession(session);
    }
    return list;
}
```

模糊查询的方法为 findMedicine()，它是查询所有药品信息方法的重载，有一个 String 类型的入口参数。关键代码如下：

```
public List<Medicine> findMedicine(String keyWord) {
    Session session = null;                    //声明 Session 对象
    List<Medicine> list = null;
    try {
        //获取 Session
        session = HibernateUtil.getSession();
        //开启事务
        session.beginTransaction();
        //HQL 查询语句
        String hql = "from Medicine m where m.name like ? or m.description like ?";
        //创建 Query 对象并对 HQL 语句动态赋值
        Query query    = session.createQuery(hql)
```

```
                                            .setParameter(0, "%" + keyWord + "%")
                                            .setParameter(1, "%" + keyWord + "%");
                //获取结果集
                list = query.list();
                //提交事务
                session.getTransaction().commit();
        } catch (Exception e) {
                e.printStackTrace();
                //出错将回滚事务
                session.getTransaction().rollback();
        } finally {
                //关闭 Session 对象
                HibernateUtil.closeSession(session);
        }
        return list;
}
```

此方法中，使用了 like 关键字及通配符进行模糊查询，并且对 HQL 语句进行了动态赋值。在模糊匹配过程中，分别对"药品名称"、"描述信息"字段做了配置查询。

技巧　通配符"%"匹配的是 0 或更多且任意长度的字符串，在模糊查询中可使用此通配符进行模糊匹配。

（4）创建名为 MedServlet 的类，它是处理查询药品信息请求的 Servlet。在此 Servlet 中，定义了一个 String 类型的 command 参数，当参数值为 blur 时，将进行模糊查询，否则将查询所有药品信息。关键代码如下：

```
public void doPost(HttpServletRequest request, HttpServletResponse response)
        throws ServletException, IOException {
    request.setCharacterEncoding("GBK");            //设置请求的编码方式
    //查询类别
    String command = request.getParameter("command");
    //实例化 MedDao 对象
    MedDao dao = new MedDao();
    //结果集对象
    List<Medicine> list = null;
    //判断查询类型
    if("blur".equalsIgnoreCase(command)){
            //查询关键字
            String keyWord = request.getParameter("keyWord");
            //模糊查询
            list = dao.findMedicine(keyWord);
    }else{
            //查询所有药品信息
            list = dao.findMedicine();
    }
    //将结果集放入 request 对象中
    request.setAttribute("list", list);
    //转发到 med_list.jsp 页面
    request.getRequestDispatcher("med_list.jsp").forward(request, response);
}
```

（5）创建 med_list.jsp 页面，用于显示药品信息的查询结果。例如查询关键字为"感冒"，返回结果如

图 14.23 所示。

14.3.3　内连接查询图书信息

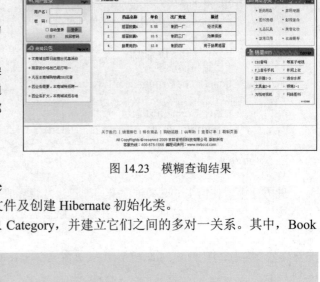

图 14.23　模糊查询结果

📀 视频讲解：光盘\TM\Video\14\内连接查询图书信息.exe

内连接查询可以对多个表中的数据进行联合操作，其使用方法十分简单。在下面的实例中，将通过内连接同时查询图书信息表与图书类别表中的部分字段，在 JSP 页面中显示查询结果。

例 14.17　内连接查询图书信息。（实例位置：光盘\TM\Instances\14.17）

（1）配置开发环境。此过程需要导入 Hibernate 支持类库、数据库驱动包、设置 Hibernate 的配置文件及创建 Hibernate 初始化类。

（2）创建图书实体对象 Book 与图书类别对象 Category，并建立它们之间的多对一关系。其中，Book 对象的映射文件为 Book.hbm.xml。关键代码如下：

```xml
<hibernate-mapping package="com.wgh.model">
    <class name="Book" table="tb_book_save">
        <!-- 标识 -->
        <id name="id">
            <generator class="uuid"/>
        </id>
        <!-- 图书名称 -->
        <property name="name" not-null="true" length="100"/>
        <!-- 图书价格 -->
        <property name="price" not-null="true"/>
        <!-- 作者 -->
        <property name="author"/>
        <!-- 描述 -->
        <property name="description" type="text"/>
        <!-- 多对一映射 -->
        <many-to-one name="category" class="Category" lazy="false">
            <column name="categoryid"/>
        </many-to-one>
    </class>
</hibernate-mapping>
```

在 Book.hbm.xml 映射文件中，主键的生成策略采用 uuid。图书类别对象 Category 的映射文件为 Category.hbm.xml，实例中采用了多对一单向关联。关键代码如下：

```xml
<hibernate-mapping package="com.wgh.model">
    <class name="Category" table="tb_book_category_save">
        <!-- 标识 -->
        <id name="id">
            <generator class="native"/>
        </id>
        <!-- 类别名称 -->
        <property name="name" not-null="true" length="100"/>
    </class>
</hibernate-mapping>
```

（3）创建名为 BookDao 的类，用于封装与图书对象有关的数据库操作。在此类中编写 findBook()方法，通过内连接查询图书信息与所属类别信息。关键代码如下：

```
public List<Book> findBook(){
    Session session = null; //声明 Session 对象
    List<Book> list = null;
    try {
        //获取 Session
        session = HibernateUtil.getSession();
        //开启事务
        session.beginTransaction();
        String hql = "select b.name,b.author,b.price,c.name,c.description from Book b join b.category c";
        //HQL 语句
        //查询所有图书
        list = session.createQuery(hql).list();
        //提交事务
        session.getTransaction().commit();
    } catch (Exception e) {
        e.printStackTrace();
        //出错将回滚事务
        session.getTransaction().rollback();
    } finally {
        //关闭 Session 对象
        HibernateUtil.closeSession(session);
    }
    return list;
}
```

（4）创建名为 FindBook 的类，即处理查询图书信息请求的 Servlet。在此类中，使用 doGet()方法通过调用 BookDao 类中的相应方法对查询请求进行处理。关键代码如下：

```
public void doGet(HttpServletRequest request, HttpServletResponse response)
        throws ServletException, IOException {
    //实例化 BookDao 对象
    BookDao dao = new BookDao();
    //查询图书
    List<Book> list = dao.findBook();
    //将结果集放入到 request 中
    request.setAttribute("list", list);
    //转发到 book_list.jsp 页面
    request.getRequestDispatcher("book_list.jsp").forward(request, response);
}
```

（5）创建显示图书信息列表的 book_list.jsp 页面，使用 JSTL 标签与 EL 表达式获取图书对象。关键代码如下：

```
<table align="center" border="0" cellpadding="3" cellspacing="1" width="700">
    <tr align="center">
        <td colspan="5"><br><h1>图书信息列表</h1></td>
    </tr>
    <tr align="center">
        <td><b>图书名称</b></td>
        <td><b>作 者</b></td>
        <td><b>价 格</b></td>
        <td><b>所属类别</b></td>
        <td><b>类别描述</b></td>
    </tr>
```

369

```
    <c:if test="${!empty list}">
        <c:forEach items="${list}" var="obj">
            <tr align="center">
                <td>${obj[0]}</td>
                <td>${obj[1]}</td>
                <td>${obj[2]}</td>
                <td>${obj[3]}</td>
                <td>${obj[4]}</td>
            </tr>
        </c:forEach>
    </c:if>
</table>
```

由于是对多表的联合操作，查询返回的结果集对象并不是已定义的持久化对象，所以在获取其属性时，JSTL 标签以数组的方式进行读取。实例运行结果如图 14.24 所示。

图 14.24　内连接查询图书信息

14.3.4　利用多态查询判断用户登录身份

视频讲解：光盘\TM\Video\14\利用多态查询判断用户登录身份.exe

当实体对象存在继承关系时，它具有多态性，所以通过 Hibernate 进行对象查询，某些时候并不能确定对象的所属类型。例如，父类用户对象 User，与它的两个子类包括管理员与普通用户对象，在查询 User 所返回的对象，并不能确定属于管理员或者普通用户对象，因此要对其进行判断。

例 14.18　利用多态查询判断用户登录身份。（实例位置：光盘\TM\Instances\14.18）

（1）配置开发环境。此过程需要导入 Hibernate 支持类库、数据库驱动包、设置 Hibernate 的配置文件及创建 Hibernate 初始化类。

（2）创建持久化父类 User、管理员类 Administrator 与普通用户类 Guest，具体代码读者可参见光盘中的源程序，持久映射文件 User.hbm.xml，关键代码如下：

```
<hibernate-mapping package="com.wgh.model">
    <class name="User" table="tb_user_login">
        <id name="id">
            <generator class="native"/>
        </id>
        <!-- 声明一个鉴别器 -->
        <discriminator column="type" type="string"/>
        <!-- 映射普通属性 -->
        <property name="username" not-null="true"/>
```

```
            <property name="password" not-null="true"/>
            <!-- 声明子类 Administrator -->
            <subclass name="Administrator" discriminator-value="admin" />
            <!-- 声明子类 Guest -->
            <subclass name="Guest" discriminator-value="guest" />
            <!-- 声明子类 PowerUser -->
            <subclass name="PowerUser" discriminator-value="power" />
    </class>
</hibernate-mapping>
```

（3）编写工具类 UserDao，在该类中定义按用户名与密码查询用户对象的 findUser()方法，关键代码如下：

```
public User findUser(String username, String password){
    Session session = null; //声明 Session 对象
    User user = null;
    try {
        //获取 Session
        session = HibernateUtil.getSession();
        //开启事务
        session.beginTransaction();
        //HQL 查询语句
        String hql = "from User u where u.username = ? and password = ?";
        //获取 Query 对象并对 HQL 语句动态赋值
        Query query = session.createQuery(hql)
                            .setParameter(0, username)
                            .setParameter(1, password);
        //单值检索查询 User
        user = (User)query.uniqueResult();
        //提交事务
        session.getTransaction().commit();
    } catch (Exception e) {
        e.printStackTrace();
        //出错将回滚事务
        session.getTransaction().rollback();
    } finally {
        //关闭 Session 对象
        HibernateUtil.closeSession();
    }
    return user;
}
```

（4）在以 UserLogin 为名称的 Servlet 中，实现验证用户身份。关键代码如下：

```
public void doPost(HttpServletRequest request, HttpServletResponse response)
        throws ServletException, IOException {
    //获取用户名及密码
    String username = request.getParameter("username");
    String password = request.getParameter("password");
    String info = null;          //结果信息
    //实例化 UserDao 类
    UserDao dao = new UserDao();
    //查询获取 User 对象
    User user = dao.findUser(username, password);
    if(user != null){
        //判断用户身份
        if(user instanceof Administrator){
            info = username + ":你好，管理员！";
```

```
        }else if(user instanceof PowerUser){
            info = username + ":你好，超级用户！";
        }else if(user instanceof Guest){
            info = username + ":你好，来宾用户！";
        }
    }else{
        info = "用户名或密码错误！";
    }
    //将结果信息放入 request 中
    request.setAttribute("info", info);
    //页面转发到 result.jsp 页面
    request.getRequestDispatcher("result.jsp").forward(request, response);
}
```

实例运行结果如图 14.25 和图 14.26 所示。

14.3.5 HQL 排序查询订单信息

 视频讲解：光盘\TM\Video\14\HQL 排序
查询订单信息.exe

HQL 检索方式中也提供了排序查询的方式，
同样也可以使用 order by 子句来实现，排序类型使
用 asc 与 desc 来实现。

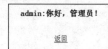

图 14.25　输入用户名和密码　　图 14.26　显示登录结果

例 14.19　实现查询订单表，按订单的升序显示查询结果。（实例位置：光盘\TM\Instances\14.19）

（1）配置开发环境。此过程需要导入 Hibernate 支持类库、数据库驱动包、设置 Hibernate 的配置文件
及创建 Hibernate 初始化类。

（2）创建订单表对象的持久化类 Order，以及对应的映射文件 User.hbm.xml，实现持久化类与数据库
表的映射。映射文件 User.hbm.xml 的关键代码如下：

```
<hibernate-mapping package="com.wgh.model">
    <class name="Order" table="tb_order">          <!-- 定义映射类与映射表 -->
        <id name="id">
            <generator class="native"/>            <!-- 主键映射 -->
        </id>
        <property name="oName" type="string"/>
        <property name="oPrice" type = "integer" />   <!-- 指定映射属性与数据类型 -->
        <property name="oaddress" type="string"/>
    </class>
</hibernate-mapping>
```

（3）在以 OrderServlet 为名称的 Servlet 中，实现升序排序订单信息，并输出在页面中。关键代码如下：
```
public void doGet(HttpServletRequest request, HttpServletResponse response)
        throws ServletException, IOException {
    Session session = null;
    try {
        //获取 Session
        session = HibernateUtil.getSession();
        session.beginTransaction(); //开启事务
        //HQL 语句
        String hql = "from Order order by oPrice";
        //创建 Query 对象
        Query query = session.createQuery(hql);
```

```
//获取结果集
List<Order> list = query.list();
response.setCharacterEncoding("GBK");
PrintWriter out=response.getWriter();
out.println("按订单金额升序排序：<br>");
for (Order order : list) {
    out.print("姓名：    " + order.getoName() + "\t");
    out.print("订单金额：  " + order.getoPrice()+ "\t");
    out.println("所属地区：  " + order.getOaddress()+"<br>");
}
out.flush();
out.close();
//提交事务
session.getTransaction().commit();
} catch (Exception e) {
    e.printStackTrace();
    //出错将回滚事务
    session.getTransaction().rollback();
} finally {
    //关闭 Session 对象
    HibernateUtil.closeSession();
}
}
```

实例运行结果如图 14.27 所示。

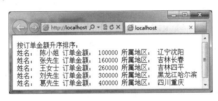

图 14.27　升序排序订单

14.4　本 章 小 结

本章主要介绍了 Hibernate 中实体对象的关联关系的映射、实体对象的继承关系、HQL 查询语言等。在项目开发过程中，本章内容十分重要，读者需要掌握实体对象关系的建立及映射方法，因为 Hibernate 完全以操作对象的方式来操作数据库，同时也要注意 Hibernate 的缓存处理。HQL 查询语言为 Hibernate 官方推荐的标准查询方式，几乎支持除特殊 SQL 扩展外的所有查询功能，需要重点掌握。

当然，Hibernate 框架一些更强大的功能还有待于读者进一步学习、研究。对于其 QBC 查询方式、抓取策略等内容本章并未提及，更多具体应用可查阅 Hibernate 的 API 文档资料。

14.5　学习成果检验

1. 利用 HQL 查询订单总金额。（答案位置：光盘\TM\Instances\14.20）
2. 利用 HQL 统计图书信息。（答案位置：光盘\TM\Instances\14.21）
3. 建立部门与员工之间的一对多关系，并统计部门信息。（答案位置：光盘\TM\Instances\14.22）

第15章

综合实验（四）——JSP+Hibernate 实现留言模块

（ 📹 视频讲解：72 分钟）

📹 视频讲解：光盘\TM\Video\15\JSP+Hibernate 实现留言模块.exe

经过前面两章的学习，读者应该对 Hibernate 框架的使用和配置有了较为深入的了解。在此基础上，本章将综合运用 JSP 技术与 Hibernate 框架实现留言模块，全面总结、巩固前面所学知识。

通过阅读本章，您可以：

▶▶ 熟悉留言板模块的基本开发流程

▶▶ 巩固 Servlet 技术的使用

▶▶ 掌握 Hibernate 技术在 Web 开发中的使用

▶▶ 掌握如何确定实体及其关系

▶▶ 掌握实体对象的关联关系及级联操作

▶▶ 掌握如何使用 ThreadLocal 解决 Session 对象的访问冲突

▶▶ 掌握 Hibernate 框架分页查询技术的使用

15.1　实　例　说　明

在大型网站中一般都会设有留言模块，为用户与网站之间的沟通提供桥梁的作用。通过留言模块，用户可以反馈网站中存在的问题，提出自己的建议或意见，而网站可以据此分析需求、改善服务，从而更快、更好地成长。另外，其使用非常方便，没有太多复杂的功能，用户很容易接受。

15.1.1　实现功能

方便、快捷、操作简单是留言板的特点，与论坛或邮件等相比它更简洁明了，所以在其功能实现方面不需要过于复杂，要做到短小精悍。下面综合运用 JSP 技术与 Hibernate 框架开发留言板系统，其实现的具体功能如下：

- ☑ 用户注册及登录。
- ☑ 浏览留言信息。
- ☑ 发表留言信息。
- ☑ 管理员回复留言。
- ☑ 管理员修改回复信息。
- ☑ 管理员删除留言。

运行结果如图 15.1 所示。

15.1.2　系统流程

留言板系统流程如图 15.2 所示。

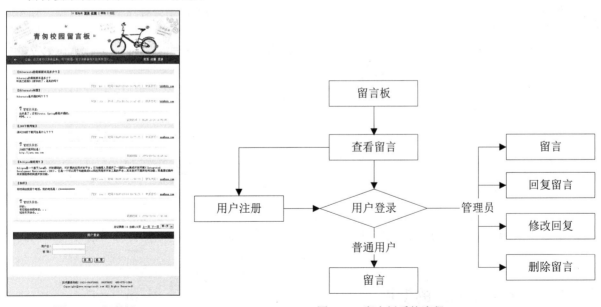

图 15.1　留言板　　　　　　　　　　图 15.2　留言板系统流程

在该系统中，打开程序主页可查看所有留言信息及回复信息；没有登录的用户不能进行留言操作，只有已注册的用户在登录后才可以发表留言信息；如果登录的用户为管理员，则将拥有回复信息、修改回复信息、删除回复信息等操作权限。

15.1.3 逻辑分层结构

留言板程序由 4 层结构组成，分别为表示层、业务逻辑层、持久层与数据库层，如图 15.3 所示。其中，表示层由 JSP 页面组成，提供程序与用户之间交互的界面；业务逻辑层用于处理程序中的各种业务逻辑，主要由 Servlet 进行控制；持久层由 Hibernate 框架组成，负责应用程序与关系型数据库之间的操作；数据库层为应用程序所使用的数据库，本实例中为 MySQL 数据库。

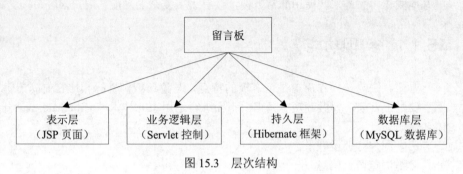

图 15.3 层次结构

15.2 技 术 要 点

15.2.1 确定实体及关系

Hibernate 框架是一个 O/R 映射框架，它以操作实体对象的方式来操作数据库，所以在使用 Hibernate 框架开发程序之前，首先要确定实体对象及其关系。在本实例中，留言板程序主要有 3 个实体对象，分别为用户实体、留言实体与回复信息实体，如图 15.4 所示。

留言实体是 3 个实体对象中的核心对象，其中留言与用户之间是多对一的关系，一个用户可以发表多条留言；而留言与回复之间是一对一的关系，一条留言信息只能对应一条回复信息。

在留言板程序中，用户对象有两种类型，一种为管理员用户，另一种为来宾用户。由于两种用户具有一定的共性，如用户名、密码等属性，实例中使用继承的关系进行描述，如图 15.5 所示。

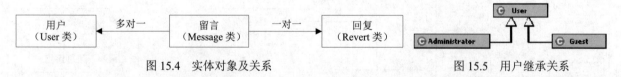

图 15.4 实体对象及关系　　　　　　　　图 15.5 用户继承关系

User 类为父类，拥有管理员对象与来宾对象的共同属性；Administrator 类与 Guest 类为 User 类的子类，它们都继承了 User 类，分别为管理员对象与来宾对象，在继承 User 对象后它们将具有 User 对象中的属性与方法。

15.2.2 ThreadLocal 的使用

在 Hibernate 框架的应用中，Session 对象的管理是非常重要的。由于它并非线程安全，稍有不慎将可能导致脏数据的产生。而在 J2EE 应用中，多线程的应用是必不可少的，如果采用同步机制来限制对 Session 对象的并发访问，将会对性能方面造成严重的影响。本实例中采用 ThreadLocal 对象来解决这一问题，防止多个线程对 Session 对象的访问冲突。

ThreadLocal 对象实质是线程中的局部变量，它为每一个线程提供一个副本，每一个线程都可以独立修改与自己相绑定的副本，而不会影响到其他线程中的副本，从而在多个线程之间提供了安全的共享对象。因此，将 Session 对象封装到 ThreadLocal 中是一个良好的解决方案。在使用 ThreadLocal 之前，先来了解一下它的几个常用方法。

1．set()方法

set()方法用于将对象装载到 ThreadLocal 中。其语法格式如下：

```
public void set(T value)
```

2．get()方法

get()方法用于从 ThreadLocal 对象中获取已装载的对象。其语法格式如下：

```
public T get()
```

3．remove()方法

remove()方法用于移除 ThreadLocal 对象中装载的对象。其语法格式如下：

```
public void remove()
```

了解了 ThreadLocal 对象，在开发留言板程序时就可以对 Session 对象进行安全有效的控制。本实例中，便是通过上述的 3 个方法对非线程安全的 Session 对象进行管理，从而解决了多线程间 Session 对象的共享冲突问题。

15.3　实　现　过　程

（本章代码全部在光盘\TM\Instances\MessageBoard 路径下）

留言模块主要实现了用户留言、管理员回复留言、管理员管理留言等功能，其实现过程相对简单，主要涉及 JSP、Servlet 与 Hibernate 框架的应用。在开发过程中，需要注意 Session 对象的控制，要做到及时获取与及时关闭，从而保证数据的安全。

15.3.1　搭建开发环境

在编写代码之前，首先要搭建开发环境。本项目中主要涉及 Hibernate 框架，因此需要引入 Hibernate 的支持类库与 MySQL 驱动包、设置 Hibernate 配置文件。

1．设置 Hibernate 配置文件

编写 hibernate.properties 文件，用于指定连接数据库所需的配置信息，包括数据库驱动、连接 URL、用户名、密码和 Hibernate 方言等。hibernate.properties 文件的关键代码如下：

代码位置：MessageBoard\src\hibernate.properties

```
#数据库驱动
hibernate.connection.driver_class = com.mysql.jdbc.Driver
#数据库连接的 URL
hibernate.connection.url = jdbc:mysql://localhost:3306/db_database15
#用户名
hibernate.connection.username = root
```

```
#密码
hibernate.connection.password = 111
#是否显示 SQL 语句
hibernate.show_sql=true
#Hibernate 方言
hibernate.dialect = org.hibernate.dialect.MySQLDialect
```

除了需要编写 hibernate.properties 文件外，还需要创建 hibernate.cfg.xml，用于指定映射文件。关键代码如下：

代码位置：MessageBoard\src\hibernate.cfg.xml

```xml
<hibernate-configuration>
    <session-factory>
        <!-- 映射文件 -->
        <mapping resource="com/lyq/model/Message.hbm.xml"/>
        <mapping resource="com/lyq/model/Revert.hbm.xml"/>
        <mapping resource="com/lyq/model/User.hbm.xml"/>
    </session-factory>
</hibernate-configuration>
```

2. 编写 Hibernate 初始化类

Hibernate 初始化类的名称为 HibernateUtil，主要用于初始化 SessionFactory、获取 Session 对象及关闭 Session。由于 Sessin 并不是线程安全的，此类中借助于 ThreadLocal 对象进行管理。关键代码如下：

代码位置：MessageBoard\src\com\lyq\util\HibernateUtil.java

```java
public class HibernateUtil {
    private static final ThreadLocal<Session> threadLocal = new ThreadLocal<Session>();
    private static SessionFactory sessionFactory = null; //SessionFactory 对象
    //静态块
    static {
        try {
            Configuration cfg = new Configuration().configure(); //加载 Hibernate 配置文件
            sessionFactory = cfg
                    .buildSessionFactory(new ServiceRegistryBuilder().buildServiceRegistry());
        } catch (Exception e) {
            System.err.println("创建会话工厂失败");
            e.printStackTrace();
        }
    }
    /**
     * 获取 Session
     *
     * @return Session
     * @throws HibernateException
     */
    public static Session getSession() throws HibernateException {
        Session session = (Session) threadLocal.get();
        if (session == null || !session.isOpen()) {
            if (sessionFactory == null) {
                rebuildSessionFactory();
            }
            session = (sessionFactory != null) ? sessionFactory.openSession()
                    : null;
            threadLocal.set(session);
```

```
        }
        return session;
    }
    /**
     * 重建会话工厂
     */
    public static void rebuildSessionFactory() {
        try {
            Configuration cfg = new Configuration().configure(); //加载 Hibernate 配置文件
            sessionFactory = cfg
                    .buildSessionFactory(new ServiceRegistryBuilder()
                            .buildServiceRegistry());
        } catch (Exception e) {
            System.err.println("创建会话工厂失败");
            e.printStackTrace();
        }
    }
    /**
     * 获取 SessionFactory 对象
     *
     * @return SessionFactory 对象
     */
    public static SessionFactory getSessionFactory() {
        return sessionFactory;
    }
    /**
     * 关闭 Session
     *
     * @throws HibernateException
     */
    public static void closeSession() throws HibernateException {
        Session session = (Session) threadLocal.get();
        threadLocal.set(null);
        if (session != null) {
            session.close(); //关闭 Session
        }
    }
}
```

15.3.2　实体类与映射

留言板程序中所用到的实体类如图 15.4 所示，它们之间存在着关联关系。其中，Message 类为留言信息实体类；Revert 类为回复信息实体类；User 类为用户信息实体类，此类拥有两个子类，分别为管理员用户 Administrator 类与来宾用户 Guest 类。

1. 留言信息

Message 类为留言信息实体类，它与用户 User 之间为多对一的关联关系，与回复对象 Revert 之间为一对一的关联关系。关键代码如下：

代码位置：MessageBoard\src\com\lyq\model\Message.java

```
public class Message {
    private Integer id;                     //ID 编号
```

```
    private String title;                 //标题
    private String content;               //内容
    private Date createTime;              //留言时间
    private Revert revert;                //回复
    private User user;                    //留言用户
    …//省略 getXXX()与 setXXX()方法
}
```

Message 类的映射文件为 Message.hbm.xml，它所映射的数据表名为 tb_message，其主键生成策略为自动生成。关键代码如下：

代码位置：MessageBoard\src\com\lyq\model\Message.hbm.xml

```xml
<?xml version="1.0"?>
<!DOCTYPE hibernate-mapping PUBLIC
    "-//Hibernate/Hibernate Mapping DTD 3.0//EN"
    "http://hibernate.sourceforge.net/hibernate-mapping-3.0.dtd">
<hibernate-mapping package="com.lyq.model">
    <class name="Message" table="tb_message">
        <id name="id">
            <generator class="native"/>
        </id>
        <property name="title" not-null="true"/>
        <property name="content" type="text" not-null="true"/>
        <property name="createTime"/>
        <!-- 映射与用户的多对一关系 -->
        <many-to-one name="user" class="User" lazy="false">
            <column name="userid" />
        </many-to-one>
        <!-- 映射与回复的一对一关系 -->
        <many-to-one name="revert" class="Revert" unique="true" cascade="all" lazy="false"/>
    </class>
</hibernate-mapping>
```

在此映射文件中，通过两个<many-to-one>标签映射了 Message 对象与 User 对象之间的多对一关联关系、Message 对象与 Revert 对象之间的一对一关联关系（一对一关联映射中，需要使用 unique 属性对唯一性进行限制）。映射后形成的数据表如图 15.6 所示。

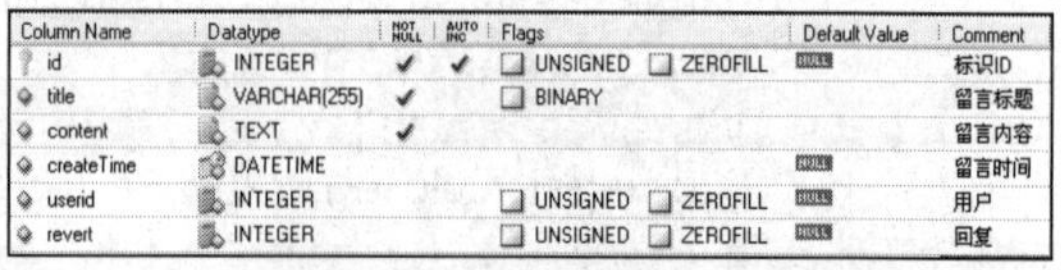

Column Name	Datatype	NOT NULL	AUTO INC	Flags			Default Value	Comment
id	INTEGER	✓	✓	☐ UNSIGNED	☐ ZEROFILL		NULL	标识ID
title	VARCHAR(255)	✓		☐ BINARY				留言标题
content	TEXT	✓						留言内容
createTime	DATETIME						NULL	留言时间
userid	INTEGER			☐ UNSIGNED	☐ ZEROFILL		NULL	用户
revert	INTEGER			☐ UNSIGNED	☐ ZEROFILL		NULL	回复

图 15.6   tb_message 表

> **技巧**　当映射文件用到同一个包下的实体对象时，可通过<hibernate-mapping>标签的 package 指定包名；在用到不同对象时，就不需要写完整的类名了，如<many-to-one>标签的 name 属性并不需要写完整的类名（包名+类名）。

2. 回复信息

回复信息的实体类为 Revert 类，它与 Message 对象为一对一的关系，在此将其设置为双向关联。关键代码如下：

代码位置：MessageBoard\src\com\lyq\model\Revert.java

```
public class Revert {
    private Integer id;                   //回复 ID
    private String content;               //回复内容
```

```
    private Date revertTime;              //回复时间
    private Message message;              //留言
    …//省略 getXXX()与 setXXX()方法
}
```

Revert 类的映射文件为 Revert.hbm.xml，它所映射的数据表名为 tb_revert，其主键生成策略为自动生成。关键代码如下：

代码位置：MessageBoard\src\com\lyq\model\Revert.hbm.xml

```
<?xml version="1.0"?>
<!DOCTYPE hibernate-mapping PUBLIC
        "-//Hibernate/Hibernate Mapping DTD 3.0//EN"
        "http://www.hibernate.org/dtd/hibernate-mapping-3.0.dtd">
<hibernate-mapping package="com.lyq.model">
    <class name="Revert" table="tb_revert">
        <id name="id">
            <generator class="native"/>
        </id>
        <property name="content" type="text" not-null="true"/>
        <property name="revertTime"/>
        <!-- 映射与留言对象的一对一关系 -->
        <one-to-one name="message" property-ref="revert"/>
    </class>
</hibernate-mapping>
```

在此映射文件中，通过<one-to-one>标签映射了 Revert 对象与 Message 对象的一对一关联关系。映射后形成的数据表如图 15.7 所示。

3．用户信息

在留言板程序中，用户对象有两种类型，一种为管理员用户，另一种为来宾用户，如图 15.5 所示。在本例中采用继承映射来映射两种用户类型，其中父类为 User。关键代码如下：

图 15.7　tb_revert 表

代码位置：MessageBoard\src\com\lyq\model\User.java

```
public class User {
    private Integer id;                   //ID 编号
    private String username;              //用户名
    private String password;              //密码
    private String email;                 //邮箱
    …//省略 getXXX()与 setXXX()方法
}
```

在对象的继承关系中，父类拥有子类间具有共性的东西，而子类继承父类后拥有父类中的属性与方法；当然，子类也可以扩展父类，创建属于自己的属性及方法。在本例中，由于留言板功能比较简单，子类并没有对父类进行扩展。

Administrator 类为管理员用户，关键代码如下：

代码位置：MessageBoard\src\com\lyq\model\Administrator.java

```
public class Administrator extends User {
}
```

Guest 类为来宾用户，关键代码如下：

代码位置：MessageBoard\src\com\lyq\model\Guest.java

```
public class Guest extends User {
}
```

由于两个子类并没有太多不同的属性，映射成一张表并不会产生太多的冗余字段，所以在此使用"类继承树映射成一张表"的方式进行映射。User 对象的映射文件为 User.hbm.xml，关键代码如下：

代码位置：MessageBoard\src\com\lyq\model\User.hbm.xml

```xml
<?xml version="1.0"?>
<!DOCTYPE hibernate-mapping PUBLIC
        "-//Hibernate/Hibernate Mapping DTD 3.0//EN"
        "http://www.hibernate.org/dtd/hibernate-mapping-3.0.dtd">
<hibernate-mapping package="com.lyq.model">
    <class name="User" table="tb_user">
        <id name="id">
            <generator class="native"/>
        </id>
        <!-- 鉴别器 -->
        <discriminator column="type" type="string"/>
        <property name="username" length="50" not-null="true" unique="true"/>
        <property name="password" length="50" not-null="true"/>
        <property name="email" length="50" not-null="true"/>
        <!-- 子类（通过鉴别值进行区分） -->
        <subclass name="Guest" discriminator-value="user_guest"/>
        <subclass name="Administrator" discriminator-value="user_admin"/>
    </class>
</hibernate-mapping>
```

通过类继承树映射成一张表进行映射，需要配置鉴别器与子类的鉴别值。鉴别器使用<discriminator>进行配置，其 column 属性用于设置鉴别字段，type 属性为鉴别字段的类型，实例中采用的是字符串。子类的映射通过<subclass>进行映射，并通过 discriminator-value 属性指定鉴别字段的值。映射后形成的数据表如图 15.8 所示。

图 15.8 tb_user 表

15.3.3 注册模块

用户注册实质是一个对用户信息持久化的过程，所以需要对数据库进行操作。在本实例中将与用户有关的数据库操作及与用户相关的请求操作各封装为一个类，分别用于对业务层及持久层的处理。

（1）创建名为 UserDao 的类，它是与用户相关的数据库操作类，位于 com.lyq.dao 包中。其中持久化用户信息的方法为 saveUser()，关键代码如下：

代码位置：MessageBoard\src\com\lyq\dao\UserDao.java

```java
public void saveUser(User user){
    Session session = null;                          //Session 对象
    try {
        //获取 Session
        session = HibernateUtil.getSession();
        session.beginTransaction();                  //开启事务
        session.save(user);                          //持久化 user
        session.getTransaction().commit();           //提交事务
    } catch (Exception e) {
        e.printStackTrace();                         //打印异常信息
        session.getTransaction().rollback();         //回滚事务
    }finally{
```

```
        HibernateUtil.closeSession();                      //关闭 Session
    }
}
```

　　用户名是用户的一个标识，在用户注册过程中，需要判断用户名是否被注册，对于已经被注册的用户名将不能重复注册。所以，在 UserDao 类中创建 findUserByName()方法，用于判断用户是否已被注册；返回一个布尔值。关键代码如下：

代码位置：MessageBoard\src\com\lyq\dao\UserDao.java

```
public boolean findUserByName(String username){
    Session session = null;                                //Session 对象
    boolean exist = false;
    try {
        //获取 Session
        session = HibernateUtil.getSession();
        session.beginTransaction();                        //开启事务
        //HQL 查询语句
        String hql = "from User u where u.username=?";
        Query query = session.createQuery(hql)             //创建 Query 对象
                        .setParameter(0, username);        //动态赋值
        Object user = query.uniqueResult();                //返回 User 对象
        //如果用户存在 exist 为 true
        if(user != null){
            exist = true;
        }
        session.getTransaction().commit();                 //提交事务
    } catch (Exception e) {
        e.printStackTrace();                               //打印异常信息
        session.getTransaction().rollback();               //回滚事务
    }finally{
        HibernateUtil.closeSession();                      //关闭 Session
    }
    return exist;
}
```

　　（2）创建名为 UserServlet 的 Servlet 类，用于封装与用户相关的请求操作，位于 com.lyq.service 包中。此类中通过接收 method 参数值，判断业务请求类型并对其进行处理。其中用户注册的 method 值为 guestReg，对其进行处理的关键代码如下：

代码位置：MessageBoard\src\com\lyq\service\UserServlet.java

```
//请求参数
String method = request.getParameter("method");
if(method != null){
//用户注册
    if("guestReg".equalsIgnoreCase(method)){
        //用户名
        String username = request.getParameter("username");
        //密码
        String password = request.getParameter("password");
        //电子邮箱
        String email = request.getParameter("email");
        //创建 UserDao
        UserDao dao = new UserDao();
```

```
        //判断用户名是否为 null 或空的字符串
        if(username != null && !username.isEmpty()){
                //判断用户名是否存在
                if(dao.findUserByName(username)){
                        //如果用户名已存在，进行错误处理
                        request.setAttribute("error", "您注册的用户名已存在！");
                        System.out.println("您注册的用户名已存在！");
                        request.getRequestDispatcher("error.jsp").forward(request, response);
                }else{
                        //实例化一个 User 对象
                        User user = new Guest();
                        //对 user 中的属性赋值
                        user.setUsername(username);
                        user.setPassword(password);
                        user.setEmail(email);
                        //保存 user
                        dao.saveUser(user);
                        request.getRequestDispatcher("index.jsp").forward(request, response);
                }
        }
    }
}
```

在注册过程中，程序首先通过 UserDao 类的 findUserByName()方法判断用户名是否已经被注册，如果用户名已被注册，则转发到 error.jsp 页面进行错误处理，否则进行持久化用户注册信息。

（3）创建 user_reg.jsp 页面（用户注册页面），在此页面中编写用户注册所需的表单，此表单通过 post()方法提交到业务层 UserServlet。关键代码如下：

代码位置：MessageBoard\WebRoot\user_reg.jsp

```html
<form action="UserServlet" method="post" onsubmit="return reg(this);">
    <input type="hidden" name="method" value="guestReg" />
    <table align="center" width="100%" border="0" bgcolor="#C1C1C1" cellpadding="1" cellspacing="1">
     <tr>
        <td colspan="2" align="center" height="30" bgcolor="#941F53">
                <font class="title2">用 户 注 册</font>
            </td>
    </tr>
    <tr bgcolor="#FAFAFA" height="30">
        <td align="right">用户名：</td>
        <td>
            <input type="text" name="username"/><font color="red"> *</font>
            不能有空格，可以是中文，长度在 3-50 字节以内
        </td>
    </tr>
    <tr bgcolor="#FAFAFA">
        <td align="right">密 码：</td>
        <td>
            <input type="password" name="password" class="input1">
            <font color="red"> *</font>
            英文字母或数字，不少于 6 位
        </td>
    </tr>
```

```html
<tr bgcolor="#FAFAFA">
    <td align="right">确认密码：</td>
    <td>
        <input type="password" name="repassword" class="input1">
        <font color="red"> *</font>
    </td>
</tr>
<tr bgcolor="#FAFAFA">
    <td align="right">电子邮件：</td>
    <td>
        <input type="text" name="email"/>
        <font color="red"> *</font>
        <input type="checkbox"> 公开邮箱
    </td>
</tr>
<tr bgcolor="#FAFAFA">
    <td colspan="2" align="center" height="50">
        <input type="submit" value="注册"/>
        <input type="reset" value="重置"/>
    </td>
</tr>
</table>
</form>
```

在此表单中包含了一个隐藏元素 method，其值为 guestReg。它是提交的请求类别参数，指示 UserServlet 进行用户注册处理。此页面的运行结果如图 15.9 所示。

15.3.4   用户登录

用户登录时，系统需要对用户名及密码进行判断，如果数据库中存在用户所输入的用户名及密码，那么可以成功登录，否则登录失败。

图 15.9   用户注册页面

（1）在 UserDao 类中编写 findUser()方法，用于处理用户登录，即根据用户名及密码查询用户对象。关键代码如下：

代码位置：MessageBoard\src\com\lyq\dao\UserDao.java

```java
public User findUser(String username, String password){
    Session session = null;                                    //Session 对象
    User user = null;                                          //用户
    try {
        //获取 Session
        session = HibernateUtil.getSession();
        session.beginTransaction();                            //开启事务
        //HQL 查询语句
        String hql = "from User u where u.username=? and u.password=?";
        Query query = session.createQuery(hql)                 //创建 Query 对象
                        .setParameter(0, username)             //动态赋值
                        .setParameter(1, password);            //动态赋值
        user = (User)query.uniqueResult();                     //返回 User 对象
        session.getTransaction().commit();                     //提交事务
    } catch (Exception e) {
```

```
        e.printStackTrace();                              //打印异常信息
        session.getTransaction().rollback();              //回滚事务
    }finally{
        HibernateUtil.closeSession();                     //关闭 Session
    }
    return user;
}
```

此方法有两个入口参数，分别为用户名及密码，它们是 HQL 语句中的参数。在程序中通过 Query 对象的 setParameter()方法对 HQL 语句进行动态赋值，然后调用 Query 对象的 uniqueResult()方法进行单值检索，当查询到 User 对象时，此方法返回所查询到的 User 对象，否则返回 null 值。

注意 在 Hibernate 查询中，当期望查询结果返回单个对象时，可以使用 Query 对象的 uniqueResult() 方法进行单值检索；但要注意，使用此方法在返回多条记录时，Hibernate 将抛出异常。

（2）在 UserServlet 类中编写用户登录请求代码，对用户登录请求进行处理，其请求类别为 userLogin。关键代码如下：

代码位置：MessageBoard\src\com\lyq\service\UserServlet.java

```
//用户登录
else if("userLogin".equalsIgnoreCase(method)){
    String username = request.getParameter("username");
    String password = request.getParameter("password");
    //实例化 UserDao
    UserDao dao = new UserDao();
    //根据用户名、密码查询 User
    User user = dao.findUser(username, password);
    //判断用户是否登录成功
    if(user != null){
        //判断 user 是否是管理员对象
        if(user instanceof Administrator){
            //将管理员对象放入到 Session 中
            request.getSession().setAttribute("admin", user);
        }
        //将用户对象放入到 Session 中
        request.getSession().setAttribute("user", user);
        request.getRequestDispatcher("index.jsp").forward(request, response);
    }else{
        //登录失败
        request.setAttribute("error", "用户名或密码错误 ！");
        request.getRequestDispatcher("error.jsp").forward(request, response);
    }
}
```

由于在程序中存在两种用户类型，在此通过多态查询对用户类型进行判断，然后分别对普通用户与管理员用户做出处理，当用户登录成功后将用户对象保存在 session 之中。

（3）创建用户登录页面 user_login.jsp，在此页面中编写用户登录所需要的表单。关键代码如下：

代码位置：MessageBoard\WebRoot\user_login.jsp

```
<form action="UserServlet" method="post" onsubmit="return login(this);">
    <input type="hidden" name="method" value="userLogin">
```

```
<table border="0" width="750" align="center" cellpadding="1" cellspacing="1"  bgcolor="#F0F0F0">
    <tr bordercolor="#FFFFFF">
        <td colspan="2" align="center" height="32" bgcolor="#941F53">
            <font class="title2">用户登录</font>
            <a name="login"></a>
        </td>
    </tr>
    <tr>
        <td height="20"></td>
    </tr>
    <tr bordercolor="#FFFFFF">
        <td align="right">用户名：</td>
        <td>
            <input type="text" name="username">
        </td>
    </tr>
    <tr bordercolor="#FFFFFF">
        <td align="right">密 码：</td>
        <td>
            <input type="password" name="password" class="input1">
        </td>
    </tr>
    <tr bordercolor="#FFFFFF">
        <td colspan="2" align="center" height="50">
            <input type="submit" value="登 录" />
            <input type="reset" value="重 置" />
        </td>
    </tr>
</table>
</form>
```

15.3.5 实现留言

　　程序中只有登录的用户才能留言，所以在用户留言之前需要判断用户是否登录，如果没有登录，将不能提交留言信息。

　　（1）创建名为 MessageDao 的类，它位于 com.lyq.dao 包中，是与留言信息相关的数据库操作类。在此类中编写持久化留言信息的 saveMessage()方法，关键代码如下：

代码位置：MessageBoard\src\com\lyq\dao\MessageDao.java

```
public void saveMessage(Message message){
    Session session = null;                         //Session 对象
    try {
        //获取 Session
        session = HibernateUtil.getSession();
        session.beginTransaction();                 //开启事务
        session.saveOrUpdate(message);              //持久化留言信息
        session.getTransaction().commit();          //提交事务
    } catch (Exception e) {
        e.printStackTrace();                        //打印异常信息
        session.getTransaction().rollback();        //回滚事务
    }finally{
```

```
        HibernateUtil.closeSession();              //关闭 Session
    }
}
```

> **技巧** Session 接口的 saveOrUpdate()方法用于保存或更新数据，其入口参数为 Object 类型，当传入的对象未包含实体所映射的标识时，它将对数据进行保存操作，否则将会对数据进行更新操作。实例中调用此方法对留言信息进行了持久化操作，这样就不需要既编写保存数据的方法又编写修改数据的方法，从而减少了程序的代码量。

（2）创建名为 MessageServlet 的类，它位于 com.lyq.service 包中，是与留言信息相关的请求处理类。首先在此类中编写 isLogin()方法，判断用户是否处于登录状态，返回用户是否登录的布尔值。关键代码如下：

代码位置：MessageBoard\src\com\lyq\service\MessageServlet.java

```java
public void isLogin(HttpServletRequest request, HttpServletResponse response)
        throws ServletException, IOException {
    //判断 Session 中的 user 值是否为 null
    if (request.getSession().getAttribute("user") == null) {
        //用户没有登录进行错误处理
        request.setAttribute("error", "对不起，您还没有登录！");
        request.getRequestDispatcher("error.jsp")
                .forward(request, response);
    }
}
```

然后在 doPost()方法中编写处理留言请求的代码，此方法中仍然使用参数 method 判断请求的类别，其中留言请求的值为 save。关键代码如下：

代码位置：MessageBoard\src\com\lyq\service\MessageServlet.java

```java
//留言
if ("save".equalsIgnoreCase(method)) {
    //判断用户是否登录
    this.isLogin(request, response);
    //标题
    String title = request.getParameter("title");
    //内容
    String content = request.getParameter("content");
    //如果留言内容含有换行符，将替换为<br>
    if (content.indexOf("\n") != -1) {
        content = content.replaceAll("\n", "<br>");
    }
    //用户
    User user = (User) request.getSession().getAttribute("user");
    //创建 Message 对象并对其进行赋值
    Message message = new Message();
    message.setTitle(title);
    message.setContent(content);
    message.setCreateTime(new Date());
    message.setUser(user);
    //实例化 MessageDao
    MessageDao dao = new MessageDao();
    dao.saveMessage(message); //保存留言
```

```
request.getRequestDispatcher("MessageServlet?method=view")
        .forward(request, response);
}
```

在处理留言请求操作中，程序首先调用 isLogin()方法判断用户是否已经登录，在用户登录的状态下，才可以将留言信息保存到数据库中。

注意 由于在 HTML 语言中换行符与普通换行符不同，为了网页的美观，程序中使用 String 对象的 replaceAll()方法对换行符进行了简单处理。

（3）编写用户留言的 JSP 页面，在其中创建用户留言的表单。由于用户只在登录后才能留言，实例中将留言表单放置于 user_login.jsp 页面中。关键代码如下：

代码位置：MessageBoard\WebRoot\user_login.jsp

```
<c:choose>
    <c:when test="${empty user}">
        <!--用户登录表单省略-->
    </c:when>
    <c:otherwise>
        <form action="MessageServlet" method="post" onsubmit="return message(this);">
            <input type="hidden" name="method" value="save">
            <table border="0" width="750" align="center" cellpadding="1" cellspacing="1"  bgcolor="#F0F0F0">
                <tr bordercolor="#FFFFFF">
                    <td colspan="2" align="center" height="32" bgcolor="#941F53">
                        <font class="title2">我 要 留 言</font>
                    </td>
                </tr>
                <tr>
                    <td height="10"></td>
                </tr>
                <tr bordercolor="#FFFFFF">
                    <td align="right">标 题：</td>
                    <td>
                        <input type="text" name="title" size="30">
                    </td>
                </tr>
                <tr bordercolor="#FFFFFF">
                    <td align="right">内 容：</td>
                    <td>
                        <textarea rows="8" cols="50" name="content"></textarea>
                    </td>
                </tr>
                <tr bordercolor="#FFFFFF">
                    <td colspan="2" align="center" height="50">
                        <input type="submit" value="留 言" />
                    </td>
                </tr>
            </table>
        </form>
    </c:otherwise>
</c:choose>
```

实例中将用户登录表单与用户留言表单都放置在 user_login.jsp 页面中，并使用 JSTL 标签进行判断，当

用户处于登录状态时，页面显示留言表单；当用户没有处于
登录状态时，页面显示登录表单，如图 15.10 所示。

15.3.6 分页查看留言信息

Hibernate 为数据分页查询提供了便捷的方法，通过
Query 接口进行实现；同时为了增加程序的可扩展性和灵活
性，在分页查询中使用了自定义的分页组件，此组件的优点
颇多，可以让程序变得更加灵活，而且其代码可重用性非常高。

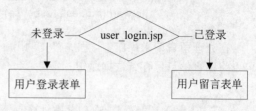

图 15.10 user_login.jsp 页面

（1）编写名为 PageModel 的类（一个自定义分页组件），用于封装分页信息，如结果集、页码和记录
等。关键代码如下：

代码位置：MessageBoard\src\com\lyq\util\PageModel.java

```java
public class PageModel {
    private int currPage;       //当前页
    private int totalRecords;   //总记录数
    private List<?> list;       //结果集
    private int pageSize;       //每页记录数
    //省略部分代码
    /**
     * 获取总页数
     * @return  总页数
     */
    public int getTotalPage(){
        return (totalRecords + pageSize- 1) / pageSize;
    }
    /**
     * 获取第一页
     * @return  第一页
     */
    public int getFirstPage(){
        return 1;
    }
    /**
     * 获取上一页
     * @return  上一页
     */
    public int getPreviousPage(){
        return currPage <= 1 ? 1 : currPage - 1;
    }
    /**
     * 获取下一页
     * @return  下一页
     */
    public int getNextPage(){
        if(currPage >= getTotalPage()){
            return getLastPage();
        }
        return currPage + 1;
    }
    /**
```

```
     * 获取最后一页
     * @return 最后一页
     */
    public int getLastPage(){
        //如果总页数等于 0 返回 1，否则返回总页数
        return getTotalPage() <= 0 ? 1 : getTotalPage();
    }
}
```

此组件实质是一个 JavaBean，适用于大多数数据的分页查询。由于结果信息并不是确定的，其 list 属性以 List<?>的形式进行声明。

（2）在 MessageDao 类中，编写分页查询留言信息所需要的方法。其中分页查询中需要知道总记录数，通过 getTotalRecords()方法进行查询。关键代码如下：

代码位置：MessageBoard\src\com\lyq\dao\MessageDao.java

```
public int getTotalRecords(Session session){
    //HQL 查询语句
    String hql = "select count(*) from Message";
    //创建 Query 对象
    Query query = session.createQuery(hql);
    //单值检索
    Long totalRecords = (Long) query.uniqueResult();
    //返回总记录数
    return totalRecords.intValue();
}
```

在分页查询中，查询结果集与查询结果集中的总记录数需要在同一个事务中进行，否则可能将查询到不准确的信息。因此，在 getTotalRecords()方法中传递了 Session 对象，从而确保两者在同一事务中进行查询。

在编写了查询总记录数的方法之后，编写分页查询留言信息方法 findPaging()。它有两个入口参数，其中 currPage 指当前页面是多少页；pageSize 指每一页显示多少条记录。关键代码如下：

代码位置：MessageBoard\src\com\lyq\dao\MessageDao.java

```
public PageModel findPaging(int currPage, int pageSize){
    Session session = null;                                      //Session 对象
    PageModel pageModel = null;
    try {
        //获取 Session
        session = HibernateUtil.getSession();
        session.beginTransaction();                              //开启事务
        //HQL 查询语句，按留言时间降序排序
        String hql = "from Message m order by m.createTime desc";
        List<Message> list = session.createQuery(hql)            //创建 Query 对象
                        .setFirstResult((currPage - 1) * pageSize) //设置起始位置
                        .setMaxResults(pageSize)                 //设置记录数
                        .list();                                 //返回结果集
        pageModel = new PageModel();                             //实例化 pageModel
        pageModel.setCurrPage(currPage);                         //设置当前页
        pageModel.setList(list);                                 //设置结果集
        pageModel.setPageSize(pageSize);                         //设置每页记录数
        //设置总记录数
        pageModel.setTotalRecords(getTotalRecords(session));
        session.getTransaction().commit();                       //提交事务
    } catch (Exception e) {
        e.printStackTrace();                                     //打印异常信息
        session.getTransaction().rollback();                     //回滚事务
```

```
    }finally{
        HibernateUtil.closeSession();                    //关闭 Session
    }
    return pageModel;
}
```

> **技巧**
>
> Session接口的createQuery()方法返回的是Query对象,而Query对象的setFirstResult()和setMax Results()方法返回的仍然是 Query 对象,在程序中以连续的方式将这几个操作写在一起,可以减少程序的代码量。

Query 接口的 setFirstResult()方法用于设置查询记录的起始位置,setMaxResults()方法用于设置查询后返回的记录数,list()方法用于获取结果集。在 findPaging()方法中,程序按留言信息的发布时间进行降序查询,也就是说最后发布的留言将显示在最前面的页码中。在查询后,将分页信息封装成 pageModel 对象,并将其返回。

(3) 在 MessageServlet 类中,编写处理查看留言请求的代码。关键代码如下:

代码位置:MessageBoard\src\com\lyq\service\MessageServlet.java

```
//查看留言
else if ("view".equalsIgnoreCase(method)) {
    //获取页码
    String page = request.getParameter("currPage");
    int currPage = 1;                                //当前页
    int pageSize = 5;                                //每页显示 5 条记录
    //如果 page 变量不为空则对 currPage 赋值
    if (page != null) {
        currPage = Integer.parseInt(page);
    }
    MessageDao dao = new MessageDao();               //实例化 MessageDao
    //获取分页组件
    PageModel pageModel = dao.findPaging(currPage, pageSize);
    request.setAttribute("pageModel", pageModel);
    request.getRequestDispatcher("message_list.jsp").forward(
            request, response);
}
```

MessageServlet 类是处理留言信息相关请求的 Servlet 类,分页查询留言信息的请求由此类进行处理,其请求类别的值为 view。在此类中,通过调用 MessageDao 类的 findPaging()方法获取分页查询组件对象 PageModel,并将其装载到 request 对象中转发到相应的 JSP 页面显示。

(4) 在 message_list.jsp 页面中,通过 JSTL 标签与 EL 表达式输出用户留言信息。关键代码如下:

代码位置:MessageBoard\WebRoot\message_list.jsp

```
<!-- 循环输出留言信息 -->
<c:forEach items="${pageModel.list}" var="m">
<tr><td>
    <!-- 留言板内容 -->
    <table border="0" width="750" align="center" cellpadding="0"
        cellspacing="0">
        <tr bordercolor="#FFFFFF" bgcolor="#F0F0F0">
            <td height="22">
                <!-- 留言标题 -->
                <font class="title1">【${m.title}】</font>
            </td>
```

```html
<td align="right">
        <!-- 判断管理员用户是否登录 -->
        <c:if test="${!empty admin}">
            <c:if test="${empty m.revert}">
                <a href="ManagerServlet?method=revert&id=${m.id}">回复</a>
            </c:if>
            <a href="ManagerServlet?method=delete&id=${m.id}">删除</a>
        </c:if>
    </td>
</tr>
<tr bordercolor="#FFFFFF" bgcolor="#FFFFFF">
    <td colspan="2">
        <!-- 留言内容 -->
        <div class="td1">${m.content}</div>
    </td>
</tr>
<tr bordercolor="#FFFFFF" bgcolor="#FFFFFF">
    <td colspan="2" align="right" class="td2">
        网友：${m.user.username} | 
        时间：<fmt:formatDate pattern="yyyy-dd-MM HH:mm:ss"
            value="${m.createTime}" /> | 
        联系方式：
        <a href="mailto:${m.user.email}">${m.user.email}</a>
    </td>
</tr>
<!-- 判断是否存在回复信息 -->
<c:if test="${!empty m.revert.content}">
<!-- 输出回复信息 -->
<tr><td colspan="2">
    <div class="hf" align="center">
    <table border="0" cellpadding="1" cellspacing="1" width="690">
        <tr>
            <td align="left" valign="middle">
            <img src="images/admin.jpg" width="13" height="18">
            <font class="hf-title">管理员回复：</font></td>
            <td align="right">
                <!-- 判断是否是管理员登录 -->
                <c:if test="${!empty admin}">
                    <a href="ManagerServlet?method=revert&id=${m.id}">修改</a>
                </c:if>
            </td>
        </tr>
        <tr>
            <td colspan="2" height="2" bgcolor="#F0F0F0"></td>
        </tr>
        <tr>
            <td colspan="2">${m.revert.content}</td>
        </tr>
        <tr>
            <td colspan="2" align="right" class="td2">回复时间：
            <fmt:formatDate pattern="yyyy-dd-MM HH:mm:ss"
            value="${m.revert.revertTime}" />
            </td>
        </tr>
```

```
            </table>
        </div>
    </td></tr>
    </c:if>
  </table>
</td></tr>
</c:forEach>
```

留言对象与用户对象之间是多对一的关联关系，而留言对象与回复对象之间又是一对一的关系，所以在加载留言信息的同时可以将回复信息与用户信息加载出来。在此页面中，通过 EL 表达式对对象进行加载。

在循环输出留言信息的同时，通过代码"<c:if test="${!empty admin}">"对登录用户是否是管理员进行判断，当登录用户为管理员时，将为管理员输出回复、删除等链接，如图 15.11 所示。

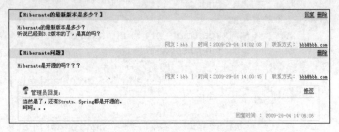

图 15.11　以管理员权限查看留言信息

> **技巧**　<fmt>标签是 JSTL 标签库中的格式化标签，<fmt:formatDate>用于格式化时间类型的值，其属性 pattern 用于设置格式化的模式，如实例中将其格式化为 yyyy-dd-MM HH:mm:ss 样式。

在输出了用户留言信息后，还需要添加分页条对页码进行导航。关键代码如下：

代码位置：MessageBoard\WebRoot\message_list.jsp

```
<!-- 分页条 -->
<table border="0" width="750" align="center">
    <tr>
    <td align="right">
        总记录数：${pageModel.totalRecords}
        当前${pageModel.currPage}/${pageModel.totalPage}页
        <a href="MessageServlet?method=view&currPage=${pageModel.previousPage}">
            上一页
        </a>
        <a href="MessageServlet?method=view&currPage=${pageModel.nextPage}">
            下一页
        </a>
        <select id="currpage" onchange="changePage()">
            <c:forEach begin="1" end="${pageModel.totalPage}"
                varStatus="vs">
                <c:choose>
                    <c:when test="${pageModel.currPage ne vs.count}">
                        <option value="${vs.count}">
                            第${vs.count}页
                        </option>
                    </c:when>
                    <c:otherwise>
                        <option value="${vs.count}" selected="selected">
                            第${vs.count}页
                        </option>
                    </c:otherwise>
                </c:choose>
```

```
            </c:forEach>
        </select>
    </td>
    </tr>
</table>
```

在<c:forEach>标签中，varStatus 是循环变量的状态，在使用过程中可通过 count 属性获取循环变量的数值。

此分页条中使用了下拉列表跳转，这是通过 JavaScript 脚本实现的，当选择某一页码时，程序将自动跳转到该页面。关键代码如下：

代码位置：MessageBoard\WebRoot\message_list.jsp

```
<script type="text/javascript">
    function changePage() {
        var currPage = document.getElementById("currPage").value;
        window.self.location = "MessageServlet?method=view&currPage="
                + currPage;
    }
</script>
```

15.3.7　管理员相关操作

在留言板程序中，管理员主要执行删除留言、回复留言、修改回复 3 个操作。对于数据库操作均由 MessageDao 类进行处理；在业务层的操作中，由于涉及系统安全性问题，将管理员操作的相关请求单独封装在 ManagerServlet 类中。

1．数据库操作类

删除留言的数据库操作封装在 MessageDao 类中，其方法为 deleteMessage()。此方法的入口参数为 Integer 类型，代表将要删除的标识 ID。关键代码如下：

代码位置：MessageBoard\src\com\lyq\dao\MessageDao.java

```
public void deleteMessage(Integer id){
    Session session = null;                          //Session 对象
    try {
        //获取 Session
        session = HibernateUtil.getSession();
        session.beginTransaction();                  //开启事务
        //加载指定 ID 的留言信息
        Message message = (Message)session.get(Message.class, id);
        session.delete(message);                     //删除留言
        session.getTransaction().commit();           //提交事务
    } catch (Exception e) {
        e.printStackTrace();                         //打印异常信息
        session.getTransaction().rollback();         //回滚事务
    }finally{
        HibernateUtil.closeSession();                //关闭 Session
    }
}
```

由于留言对象与回复对象存在一对一的关联关系，且其映射文件中又配置了级联关系，所以对回复信息的持久化操作可以通过留言信息进行控制。当对回复信息进行添加和修改时，只需将回复信息保存到留言对象中，Hibernate 将会对两者进行级联更新操作。

2．请求的处理

从设计安全角度考虑，对管理员的操作要进行严格的验证。本例中将管理员操作的相关业务请求封装在 ManagerServlet 类中，它是一个 Servlet，通过 isAdmin()方法对管理员用户进行验证，对于非管理员用户请求程序将跳转到错误页面。关键代码如下：

代码位置：MessageBoard\src\com\lyq\service\ManagerServlet.java

```java
public void isAdmin(HttpServletRequest request, HttpServletResponse response)
        throws ServletException, IOException {
    //判断是否是管理员身份
    if (request.getSession().getAttribute("admin") == null) {
        request.setAttribute("error", "对不起，您没有权限进行操作！");
        request.getRequestDispatcher("error.jsp")
                .forward(request, response);
    }
}
```

对于管理员的操作请求通过 doPost()方法进行处理，在处理之前首先调用 isAdmin()方法对管理员身份进行验证，只有验证通过才可以对请求进行处理。关键代码如下：

代码位置：MessageBoard\src\com\lyq\service\ManagerServlet.java

```java
public void doPost(HttpServletRequest request, HttpServletResponse response)
        throws ServletException, IOException {
    //判断是否具有管理员权限
    this.isAdmin(request, response);
    //获取请求类型
    String method = request.getParameter("method");
    //删除留言信息
    if("delete".equalsIgnoreCase(method)){
        String id = request.getParameter("id");
        if(id != null){
            //实例化 MessageDao
            MessageDao dao = new MessageDao();
            //删除留言信息
            dao.deleteMessage(Integer.valueOf(id));
        }
        request.getRequestDispatcher("index.jsp").forward(request, response);
    }
    //回复留言
    else if("revert".equalsIgnoreCase(method)){
        //获取留言的 ID 号
        String msgId = request.getParameter("id");
        //实例化 MessageDao
        MessageDao dao = new MessageDao();
        //加载留言
        Message message = dao.getMessage(Integer.valueOf(msgId));
```

```
        request.setAttribute("message", message);
        request.getRequestDispatcher("admin_revert.jsp").forward(request, response);
    }
    //保存回复信息
    else if("saveOrUpdateRevert".equalsIgnoreCase(method)){
        //获取留言的 ID 号
        String msgId = request.getParameter("id");
        //获取回复的内容
        String content = request.getParameter("content");
        //如果回复的内容含有换行符，将替换为<br>
        if(content.indexOf("\n") != -1){
            content = content.replaceAll("\n", "<br>");
        }
        //创建 MessageDao
        MessageDao dao = new MessageDao();
        //加载留言
        Message message = dao.getMessage(Integer.valueOf(msgId));
        if(message != null){
            //从留言中加载回复信息
            Revert revert = message.getRevert();
            if(revert == null){
                //创建回复
                revert = new Revert();
            }
            revert.setContent(content);
            revert.setRevertTime(new Date());
            //向留言中添加回复
            message.setRevert(revert);
            //更新留言
            dao.saveMessage(message);
        }
        request.getRequestDispatcher("index.jsp").forward(request, response);
    }
    //没有传递参数值 method
    else{
        request.getRequestDispatcher("index.jsp").forward(request, response);
    }
}
```

在 doPost()方法中仍然通过接收参数 method 来判断请求的类型，当其值为 delete 时将进行删除留言操作；当值为 revert 时将查询留言信息并跳转到回复页面；当值为 saveOrUpdateRevert 时，将对回复信息进行持久化操作。

对于持久化回复信息操作，实例中使用级联更新的方法对其进行持久化，其操作流程如图 15.12 所示。

当提交留言的回复信息时，程序首先加载与回复信息对应的留言对象，如果在留言对象中存在回复信息，则对此

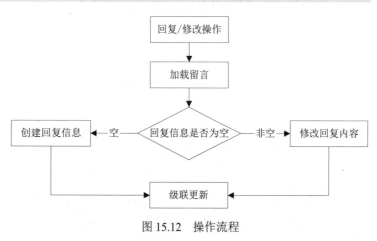

图 15.12　操作流程

条留言的回复信息进行修改，再进行级联更新操作；如果留言对象中不存在回复信息，则证明管理员还没有对此条留言进行回复，程序将创建留言对象，再进行级联更新操作。

3．回复与修改页面

回复留言与修改回复信息所需要的表单一致，本例中将其定义在 admin_revert.jsp 页面中。在此页面中通过 EL 表达式设置表单值，当留言中存在回复信息，管理员可对其进行更改提交；当留言中不存在回复信息时，管理员可回复留言再进行提交。表单关键代码如下：

代码位置：MessageBoard\WebRoot\admin_revert.jsp

```
<c:if test="${empty message or empty admin}">
    <c:set scope="request" var="error" value="您无权访问此页！！！ "></c:set>
    <jsp:forward page="error.jsp"></jsp:forward>
</c:if>
<!--省略部分代码 -->
<table align="center" width="100%" border="0" bgcolor="#C1C1C1"
    cellpadding="1" cellspacing="1">
    <tr>
        <td colspan="2" align="center" height="30" bgcolor="#941F53">
            <font class="title2">回 复 留 言</font>
        </td>
    </tr>
    <tr bgcolor="#FAFAFA">
        <td align="right" height="25" width="100">
            <b>标 题： </b>
        </td>
        <td>
             ${message.title}
        </td>
    </tr>
    <tr bgcolor="#FAFAFA">
        <td align="right">
            <b>内 容： </b>
        </td>
        <td>
             ${message.content}
        </td>
    </tr>
    <tr bgcolor="#FAFAFA">
        <td align="right" height="25">
            <b>网 友： </b>
        </td>
        <td>
             ${message.user.username}
        </td>
    </tr>
    <tr bgcolor="#FAFAFA">
        <td align="right">
            <b>回复留言： </b>
        </td>
        <td>
            <form action="ManagerServlet" method="post">
                <table border="0">
```

```
                    <tr>
                        <td>
                            <input type="hidden" name="method" value="saveOrUpdateRevert">
                            <input type="hidden" name="id" value="${message.id}">
                            <textarea rows="5" cols="50" name="content">
                                ${message.revert.content}
                            </textarea>
                        </td>
                        <td align="center" valign="middle">
                            <input type="submit" value="回 复" />
                        </td>
                    </tr>
                </table>
            </form>
        </td>
    </tr>
</table>
```

在此页面中，通过<c:if>标签判断用户是否为管理员身份；如果不是以管理员身份登录，通过<c:set>标签设置错误信息，并将页面跳转到 error.jsp 页面；当管理员回复留言时，其页面如图 15.13 所示。

图 15.13　回复留言页面

15.4　运行项目

项目开发完成后，就可以在 Eclipse 中运行该项目了，具体步骤参见 5.6 节。

15.5　本章小结

本章以留言模块为例，对 JSP、Servlet 和 Hibernate 技术进行全面的应用，从而对 JSP、Servlet 与 Hibernate 的知识进行巩固。实例采用 Model2 架构模式进行开发，涉及 Hibernate 框架中的多对一关联关系映射、一对一关联关系映射、继承映射以及 HQL 查询方法等。其中 Session 对象的线程安全问题是通过 ThreadLocal 对象解决的，这也是本章难点所在，需重点掌握。

第*16*章

Spring 框架

（ 视频讲解：92 分钟 ）

Spring 翻译成中文是春天的意思，象征着它为 Java 带来了一种全新的编程思想。Spring 是一个轻量级开源框架，其目的是解决企业应用开发的复杂性。该框架的优势是模块化的 IoC 设计模式，使开发人员可以专心开发程序的模块部分。

通过阅读本章，您可以：

▶▶ 了解 Spring 的主要思想与作用

▶▶ 掌握 Spring IoC

▶▶ 了解 Spring AOP

▶▶ 掌握 Spring Bean 的使用方法

▶▶ 掌握 ApplicationContext 对象的高级功能

▶▶ 了解 Spring 的持久化操作

▶▶ 掌握 Spring 整合 Hibernate 操作数据库

16.1　Spring 概述

Spring 是一个开源框架，由 Rod Johnson 创建，从 2003 年年初正式启动。它能够降低开发企业应用程序的复杂性，使用 Spring 替代 EJB 开发企业级应用，而不用担心工作量太大、开发进度难以控制和复杂的测试过程等问题。Spring 简化了企业应用的开发、降低了开发成本并整合了各种流行框架，它以 IoC 和 AOP（面向切面编程）两种先进的技术为基础完美地简化了企业级开发的复杂度。

16.1.1　Spring 组成

Spring 框架主要由七大模块组成，它们提供了企业级开发需要的所有功能。每个模块都可以单独使用，也可以和其他模块组合使用，灵活且方便的部署可以使开发的程序更加简洁灵活。如图 16.1 所示为 Spring 的七大模块。

图 16.1　Spring 的七大模块

1. Spring Core 模块

该模块是 Spring 的核心容器，它实现了 IoC 模式和 Spring 框架的基础功能。在模块中包含的最重要的 BeanFactory 类是 Spring 的核心类，负责配置与管理 JavaBean。它采用 Factory 模式实现了 IoC 容器，即依赖注入。

2. Context 模块

该模块继承 BeanFactory（或者说 Spring 核心）类，并且添加了事件处理、国际化、资源加载、透明加载，以及数据校验等功能。它还提供了框架式的 Bean 的访问方式和很多企业级的功能，如 JNDI 访问、支持 EJB、远程调用、集成模板框架、E-mail 和定时任务调度等。

3. AOP 模块

Spring 集成了所有 AOP 功能，通过事务管理可以将任意 Spring 管理的对象 AOP 化。Spring 提供了用标准 Java 语言编写的 AOP 框架，其中大部分内容都是根据 AOP 联盟的 API 开发。它使应用程序抛开了 EJB 的复杂性，但拥有传统 EJB 的关键功能。

4. DAO 模块

该模块提供了 JDBC 的抽象层，简化了数据库厂商的异常错误（不再从 SQLException 继承大批代码），大幅度减少了代码的编写并且提供了对声明式和编程式事务的支持。

5. ORM 映射模块

该模块提供了对现有 ORM 框架的支持，各种流行的 ORM 框架已经非常成熟，并且拥有大规模的市场（如 Hibernate）。Spring 没有必要开发新的 ORM 工具，但是为 Hibernate 提供了完美的整合功能，并且支持其他 ORM 工具。

6. Web 模块

该模块建立在 Spring Context 基础之上，提供了 Servlet 监听器的 Context 和 Web 应用的上下文，为现有的 Web 框架如 JSF、Tapestry 和 Struts 等提供了集成。

7. MVC 模块

该模块建立在 Spring 核心功能之上，使其拥有 Spring 框架的所有特性，从而能够适应多种多视图、模板技术、国际化和验证服务，实现控制逻辑和业务逻辑的清晰分离。

16.1.2　下载 Spring

在使用 Spring 之前必须首先在 Spring 的官方网站免费下载 Spring 工具包，其网址为 http://www.springsource.org/ download。在该网站可以免费获取 Spring 的帮助文档和 Jar 包，本书中的所有实例使用的 Spring 的 Jar 包的版本为 spring-framework-3.1.1.RELEASE。

将 dist 目录下的所有 Jar 包导入到项目中，随后即可开发 Spring 的项目。

注意　不同版本之间的 Jar 包可能会存在不同，所以读者应尽量保证使用与本书一致的 Jar 包版本。

16.1.3　配置 Spring

获得并打开 Spring 的发布包之后，其 dist 目录中包含 Spring 的 20 个 Jar 文件，其相关功能说明如表 16.1 所示。

表 16.1　Spring 的 Jar 包相关功能说明

Jar 包的名称	说　　明
org.springframework.aop-3.1.1.RELEASE.jar	Spring 的 AOP 模块
org.springframework.asm-3.1.1.RELEASE.jar	Spring 独立的 asm 程序，相比 2.5 版本，需要额外的 asm.jar 包
org.springframework.aspects-3.1.1.RELEASE.jar	Spring 提供的对 AspectJ 框架的整合
org.springframework.beans-3.1.1.RELEASE.jar	Spring 的 IoC（依赖注入）的基础实现
org.springframework.context.support-3.1.1.RELEASE.jar	Spring 上下文的扩展支持，用于 MVC 方面
org.springframework.context-3.1.1.RELEASE.jar	Spring 的上下文，Spring 提供在基础 IoC 功能上的扩展服务，此外还提供许多企业级服务的支持，如邮件服务、任务调度、JNDI 定位、EJB 集成、远程访问、缓存以及各种视图层框架的封装等
org.springframework.core-3.1.1.RELEASE.jar	Spring 的核心模块
org.springframework.expression-3.1.1.RELEASE.jar	Spring 的表达式语言
org.springframework.instrument.tomcat-3.1.1.RELEASE.jar	Spring 对 Tomcat 连接池的支持
org.springframework.instrument-3.1.1.RELEASE.jar	Spring 对服务器的代理接口
org.springframework.jdbc-3.1.1.RELEASE.jar	Spring 的 JDBC 模块
org.springframework.jms-3.1.1.RELEASE.jar	Spring 为简化 JMS API 使用而做的简单封装
org.springframework.orm-3.1.1.RELEASE.jar	Spring 的 ORM 模块，支持 Hibernate 和 JDO 等 ORM 工具
org.springframework.oxm-3.1.1.RELEASE.jar	Spring 对 Object/XMl 的映射的支持，可以让 Java 与 XML 之间来回切换
org.springframework.test-3.1.1.RELEASE.jar	Spring 对 Junit 等测试框架的简单封装
org.springframework.transaction-3.1.1.RELEASE.jar	Spring 为 JDBC、Hibernate、JDO 和 JPA 等提供的一致的声明式和编程式事务管理
org.springframework.web.portlet-3.1.1.RELEASE.jar	Spring MVC 的增强
org.springframework.web.servlet-3.1.1.RELEASE.jar	Spring 对 Java EE6.0 和 Servlet 3.0 的支持
org.springframework.web.struts-3.1.1.RELEASE.jar	整合 Struts
org.springframework.web-3.1.1.RELEASE.jar	Sping 的 Web 模块，包含 Web application context

除了表 16.1 中给出的这些 Jar 包以外，Spring 还需要 commons-logging.jar 和 aopalliance.jar 包的支持。其中，commons-logging.jar 包可以到 http://commons.apache.org/logging/网站上下载；aopalliance.jar 包可以到 http://sourceforge.net/projects/aopalliance/files/网站上下载。

得到这些包以后，可以在应用 Spring 的 Web 项目的 WEB-INF 文件夹下的 lib 文件夹中，Web 服务器启动时会自动加载 lib 中的所有 Jar 文件。在使用 Eclipse 开发工具时，也可以将这些包配置为一个用户库，然后在需要应用 Spring 的项目中，加载这个用户库即可。

Spring 的配置结构如图 16.2 所示。

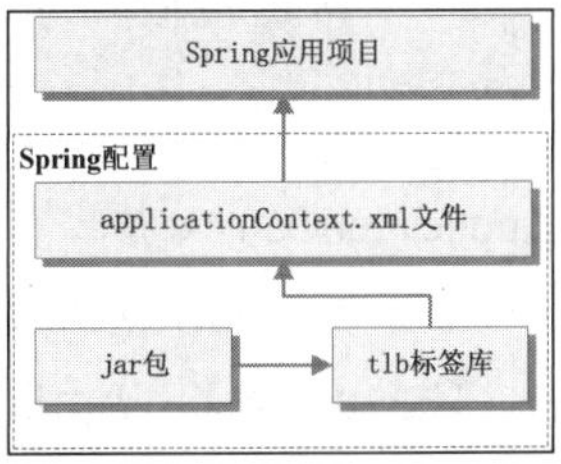

图 16.2　Spring 的配置结构

16.1.4　使用 BeanFactory 管理 Bean

BeanFactory 采用了 Java 经典的工厂模式，通过从 XML 配置文件或属性文件（.properties）中读取 JavaBean 的定义来创建、配置和管理 JavaBean。BeanFactory 有很多实现类，其中 XmlBeanFactory 可以通过流行的 XML 文件格式读取配置信息来加载 JavaBean。BeanFactory 在 Spring 中的作用如图 16.3 所示。

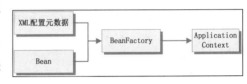

图 16.3　BeanFactory 在 Spring 中的作用

例如，加载 Bean 配置的代码如下：
```
Resource resource = new ClassPathResource("applicationContext.xml"); //加载配置文件
BeanFactory factory = new XmlBeanFactory(resource);
Test   test = (Test) factory.getBean("test");                        //获取 Bean
```
ClassPathResource 读取 XML 文件并传参给 XmlBeanFactory，applicationContext.xml 文件的代码如下：
```
<beans
    xmlns="http://www.springframework.org/schema/beans"
    xmlns:xsi="http://www.w3.org/2001/XMLSchema-instance"
    xsi:schemaLocation="http://www.springframework.org/schema/beans
http://www.springframework.org/schema/beans/spring-beans-3.0.xsd">
    <bean id="test" class="com.mr.test.Test"/>
</beans>
```
在<beans>标签中通过<bean>标签定义 JavaBean 的名称和类型，在程序代码中利用 BeanFactory 的 getBean()方法获取 JavaBean 的实例并且向上转换为需要的接口类型，这样在容器中开始这个 JavaBean 的生命周期。

说明　BeanFactory 在调用 getBean()方法之前不会实例化任何对象，只有在需要创建 JavaBean 的实例对象时才会为其分配资源空间，使其更适合物理资源受限制的应用程序，尤其是内存受限制的环境。

Spring 中 Bean 的生命周期包括实例化 JavaBean、初始化 JavaBean、使用 JavaBean 和销毁 JavaBean 4 个阶段。

16.1.5　应用 ApllicationContext

BeanFactory 实现了 IoC 控制，所以可以称为"IoC 容器"，而 ApplicationContext 扩展了 BeanFactory 容器并添加了对 I18N（国际化）和生命周期事件的发布监听等更加强大的功能，使之成为 Spring 中强大的企业级 IoC 容器。在这个容器中提供了对其他框架和 EJB 的集成、远程调用、WebService、任务调度和 JNDI 等企业服务，在 Spring 应用中大多采用 ApplicationContext 容器来开发企业级的程序。

说明　ApplicationContext 不仅提供了 BeanFactory 的所有特性，而且也允许使用更多的声明方式来得到所需的功能。

ApplicationContext 接口有如下 3 个实现类，可以实例化其中任何一个类来创建 Spring 的 ApplicationContext 容器。

1. ClassPathXmlApplicationContext 类

从当前类路径中检索配置文件并加载来创建容器的实例，其语法格式如下：

```
ApplicationContext context=new ClassPathXmlApplicationContext(String configLocation);
```
configLocation：指定 Spring 配置文件的名称和位置。

2. FileSystemXmlApplicationContext 类

该类不从类路径中获取配置文件，而是通过参数指定配置文件的位置，可以获取类路径之外的资源。其语法格式如下：

```
ApplicationContext context=new FileSystemXmlApplicationContext(String config Location);
```

3. WebApplicationContext 类

WebApplicationContext 是 Spring 的 Web 应用容器，在 Servlet 中使用该类的方法，一是在 Servlet 的 web.xml 文件中配置 Spring 的 ContextLoaderListener 监听器；二是修改 web.xml 配置文件，在其中添加一个 Servlet，定义使用 Spring 的 org.springframework.web.context.Context LoaderServlet 类。

说明　JavaBean 在 ApplicationContext 和 BeanFactory 容器中的生命周期基本相同，如果在 JavaBean 中实现了 ApplicationContextAware 接口，容器会调用 JavaBean 的 setApplicationContext()方法将容器本身注入到 JavaBean 中，使 JavaBean 包含容器的应用。

16.2　Spring IoC

视频讲解：光盘\TM\Video\16\Spring IoC.exe

Spring 框架中的各个部分充分使用了依赖注入（Dependency Injection）技术，使代码中不再有单实例垃圾和麻烦的属性文件，取而代之的是一致和优雅的程序应用代码。

16.2.1　控制反转与依赖注入

使程序组件或类之间尽量形成一种松耦合的结构，开发人员在使用类的实例之前需要创建对象的实例。IoC 将创建实例的任务交给 IoC 容器，这样开发应用代码时只需要直接使用类的实例，这就是 IoC 控制反转。通常用一个所谓的好莱坞原则（Don't call me. I will call you，请不要给我打电话，我会打给你）来比喻这种控制反转的关系。Martin Fowler 曾专门写了一篇文章——Inversion of Control Containers and the Dependency Injection pattern 来讨论控制反转这个概念，并提出了一个更为准确的概念，即"依赖注入"。

依赖注入有如下 3 种实现类型，Spring 支持后两种。

1．接口注入

该类型基于接口将调用与实现分离，这种依赖注入方式必须实现容器所规定的接口。使程序代码和容器的 API 绑定在一起，这不是理想的依赖注入方式。

2．Setter 注入

该类型基于 JavaBean 的 setter()方法为属性赋值，在实际开发中得到了最广泛的应用（其中很大一部分得益于 Spring 框架的影响）。例如：

```
public class User {
    private String name;
    public String getName() {
        return name;
    }
    public void setName(String name) {
        this.name = name;
    }
}
```

在上述代码中定义了一个字段属性 name 并且使用 getter()和 setter()方法，这两个方法可以为字段属性赋值。

3．构造器注入

该类型基于构造方法为属性赋值，容器通过调用类的构造方法将其所需的依赖关系注入其中。例如：

```
public class User {
    private String name;
    public User(String name){                            //构造器
        this.name=name;                                  //为属性赋值
    }
}
```

在上述代码中使用构造方法为属性赋值，这样做的好处是在实例化类对象的同时完成了属性的初始化。

> **说明**　由于在控制反转模式下把对象放入在 XML 文件中定义，所以开发人员实现一个子类更为简单，即只需要修改 XML 文件。而且控制反转颠覆了"使用对象之前必须创建"的传统观念，开发人员不必再关注类是如何创建的，只需从容器中抓取一个类后直接调用即可。

16.2.2　配置 Bean

在 Spring 中无论使用哪种容器，都需要从配置文件中读取 JavaBean 的定义信息，然后根据定义信息创建 JavaBean 的实例对象并注入其依赖的属性。由此可见，Spring 中所谓的配置主要是对 JavaBean 的定义和依赖关系而言，JavaBean 的配置也针对配置文件。

要在 Spring IoC 容器中获取一个 bean，首先要在配置文件中的<beans>元素中配置一个子元素<bean>，Spring 的控制反转机制会根据<bean>元素的配置来实例化这个 bean 实例。

例如配置一个简单的 JavaBean：

```
<bean id="test" class="com.mr.Test"/>
```

其中，id 属性为 bean 的名称；class 属性为对应的类名，这样通过 BeanFactory 容器的 getBean("test")方法即可获取该类的实例。

16.2.3 Setter 注入

一个简单的 JavaBean 的最明显规则是一个私有属性对应 setter()和 getter()方法，以封装属性。既然 JavaBean 有 setter()方法来设置 Bean 的属性，Spring 就会有相应的支持。配置文件中的<property>元素可以为 JavaBean 的 setter()方法传参，即通过 setter()方法为属性赋值。

例 16.01 通过 Spring 的赋值为用户 JavaBean 的属性赋值。（实例位置：**光盘\TM\Instances\16.01**）
首先创建用户的 JavaBean，关键代码如下：

```
public class User {
    private String name;                              //用户姓名
    private Integer age;                              //年龄
    private String sex;                               //性别
    …                                                 //省略的 setter()和 getter()方法
}
```

在 Spring 的配置文件 applicationContext.xml 中配置该 JavaBean，关键代码如下：

```
<!-- User Bean -->
<bean name="user" class="com.mr.user.User">
    <property name="name">
        <value>无语</value>
    </property>
    <property name="age">
        <value>30</value>
    </property>
    <property name="sex">
        <value>女</value>
    </property>
</bean>
```

在上面的代码中，<value>标签用于为 name 属性赋值，这是一个普通的赋值标签。直接在成对的<value>标签中放入数值或其他赋值标签，Spring 会把这个标签提供的属性值注入到指定的 JavaBean 中。

说明　如果 JavaBean 的某个属性是 List 集合或数组类型，则需要使用<list>标签为 List 集合或数组类型的每一个元素赋值。

创建名称为 ManagerServlet 的 Servlet，在其 doGet()方法中，首先装载配置文件并获取 Bean，然后通过 Bean 对象的相应 getXXX()方法获取并输出用户信息。关键代码如下：

```
ApplicationContext factory=new ClassPathXmlApplicationContext("applicationContext.xml");  //装载配置文件
User user = (User) factory.getBean("user");                    //获取 Bean
System.out.println("用户姓名——"+user.getName());               //输出用户的姓名
System.out.println("用户年龄——"+user.getAge());                //输出用户的年龄
System.out.println("用户性别——"+user.getSex());                //输出用户的性别
```

程序运行后控制台输出的信息如图 16.4 所示。

16.2.4 构造器注入

在类被实例化时其构造方法被调用并且只能调用一次，所以构造器被常用于类的初始化操作。<constructor-arg>是<bean>元素的子元

图 16.4 控制台输出的信息

素，通过<constructor-arg>元素的<value>子元素可以为构造方法传参。

例 16.02　通过 Spring 的构造器注入为用户 JavaBean 的属性赋值。（实例位置：光盘\TM\Instances\16.02）

在用户 JavaBean 中创建构造方法，关键代码如下：

```
public class User {
    private String name;                        //用户姓名
    private Integer age;                        //年龄
    private String sex;                         //性别
    //构造方法
    public User(String name,Integer age,String sex){
        this.name=name;
        this.age=age;
        this.sex=sex;
    }
    //输出 JavaBean 的属性值方法
    public void printInfo(){
        System.out.println("用户姓名——"+name);     //输出用户的姓名
        System.out.println("用户年龄——"+age);      //输出用户的年龄
        System.out.println("用户性别——"+sex);      //输出用户的性别
    }
}
```

在 Spring 的配置文件 applicationContext.xml 中通过<constructor-arg>元素为 JavaBean 的属性赋值，关键代码如下：

```
<!-- User Bean -->
<bean name="user" class="com.mr.user.User">
    <constructor-arg>
        <value>无语</value>
    </constructor-arg>
    <constructor-arg>
        <value>30</value>
    </constructor-arg>
    <constructor-arg>
        <value>女</value>
    </constructor-arg>
</bean>
```

注意　容器通过多个<constructor-arg>标签为构造方法传参，如果标签的赋值顺序与构造方法中参数的顺序或类型不同，程序会产生异常，可以使用<constructor-arg>元素的 index 属性和 type 属性解决此类问题。

说明　index 属性用于指定当前<constructor-arg>标签为构造方法的哪个参数赋值；type 属性用于指定参数类型以确定要为构造方法的哪个参数赋值，当需要赋值的属性在构造方法中没有相同的类型时，可以使用这个参数。

创建名称为 ManagerServlet 的 Servlet，在其 doGet()方法中，首先装载配置文件并获取 Bean，然后调用 Bean 对象的 printInfo()方法输出用户信息。关键代码如下：

```
ApplicationContext factory=new ClassPathXmlApplicationContext("applicationContext.xml");   //装载配置文件
User user = (User) factory.getBean("user");                                                //获取 Bean
user.printInfo();
```

程序运行后控制台输出的信息如图 16.5 所示。

图 16.5　控制台输出的信息

> **技巧**　由于大量的构造器参数，特别是当某些属性可选时可能使程序的效率低下。因此通常情况下，Spring 开发团队提倡使用 Setter 注入，这也是目前应用开发中最常使用的注入方式。
>
> 　　构造器注入方式也有优点，它一次性将所有的依赖注入。即在程序未完全初始化的状态下，注入对象不会被调用；此外对象也不可能再次被重新注入。对于注入类型的选择并没有硬性的规定，对于那些没有源代码的第三方类或者没有提供 Setter() 方法的遗留代码，只能选择构造器注入方式实现依赖注入。

16.2.5　引用其他 Bean

Spring 利用 IoC 将 JavaBean 所需要的属性注入其中，不需要编写程序代码来初始化 JavaBean 的属性，使程序代码整洁且规范化。主要是降低了 JavaBean 之间的耦合度，Spring 开发的项目中的 JavaBean 不需要修改任何代码即可应用到其他程序中，在 Spring 中可以通过配置文件使用<ref>元素引用其他 JavaBean 的实例对象。

例 16.03　将 User 对象注入到 Spring 的控制器 Manager 中，并在控制器中执行 User 的 printInfo() 方法。（实例位置：光盘\TM\Instances\16.03）

在控制器 Manager 中注入 User 对象，关键代码如下：

```java
public class Manager extends AbstractController {
    private User user;                                  //注入 User 对象
    public User getUser() {
        return user;
    }
    public void setUser(User user) {
        this.user = user;
    }
    protected ModelAndView handleRequestInternal(HttpServletRequest arg0,
            HttpServletResponse arg1) throws Exception {
        user.printInfo();                               //执行 User 中的信息打印方法
        return null;
    }
}
```

在上面的代码中，Manager 类继承自 AbstractController 控制器，该控制器是 Spring 中最基本的控制器，所有的 Spring 控制器都继承该控制器，它提供了诸如缓存支持和 mimetype 设置这样的功能。当一个类从 AbstractController 继承时，需要实现 handleRequestInternal() 抽象方法，该方法用来实现自己的逻辑，并返回一个 ModelAndView 对象，在本例中返回一个 null。

> **说明**　如果在控制器中返回一个 ModelAndView 对象，那么该对象需要在 Spring 的配置文件 applicationContext.xml 中配置。

408

在 Spring 的配置文件 applicationContext.xml 中设置 JavaBean 的注入，关键代码如下：

```
<!-- 注入 JavaBean -->
<bean name="/main.do" class="com.mr.main.Manager">
    <property name="user">
        <ref local="user"/>
    </property>
</bean>
```

在 web.xml 文件中配置自动加载 applicationContext.xml 文件，在项目启动时 Spring 的配置信息自动加载到程序中，所以在调用 JavaBean 时不再需要实例化 BeanFactory 对象。关键代码如下：

```
<!--设置自动加载配置文件-->
<servlet>
    <servlet-name>dispatcherServlet</servlet-name>
    <servlet-class>org.springframework.web.servlet.DispatcherServlet</servlet-class>
    <init-param>
        <param-name>contextConfigLocation</param-name>
        <param-value>/WEB-INF/applicationContext.xml</param-value>
    </init-param>
    <load-on-startup>1</load-on-startup>
</servlet>
<servlet-mapping>
    <servlet-name>dispatcherServlet</servlet-name>
    <url-pattern>*.do</url-pattern>
</servlet-mapping>
```

程序运行，在 IE 浏览器中单击"执行 JavaBean 的注入"超链接，控制台将显示如图 16.6 所示的内容。

16.2.6 创建匿名内部 JavaBean

图 16.6 控制台输出的信息

在编程中经常遇到匿名的内部类，在 Spring 中需要匿名内部类的地方直接用<bean>标签定义一个内部类即可。如果要使这个内部类匿名，可以不指定<bean>标签的 id 或 name 属性，如下面这段代码：

```
<!--定义学生匿名内部类-->
<bean id="school" class="School">
    <property name="student">
        <bean class="Student"/>
    </property>
</bean>
```

上述代码定义了匿名的 Student 类，并将这个匿名内部类赋给了 School 类的实例对象。

16.3 AOP 概述

Spring AOP 是继 Spring IoC 之后的 Spring 框架的又一大特性，也是该框架的核心内容。AOP 是一种思想，所有符合该思想的技术都可以是看作 AOP 的实现。Spring AOP 建立在 Java 的代理机制之上，Spring 框架已经基本实现了 AOP 的思想。在众多的 AOP 实现技术中，Spring AOP 做得最好，也是最为成熟的。

Spring AOP 的接口实现了 AOP 联盟（Alliance）定制标准化接口，这就意味着它已经走向了标准化，将得到更快的发展。

说明 AOP 联盟由多个团体组成，这些团体致力于各个 Java AOP 子项目的开发。它们与 Spring 有相同的信念，即让 AOP 使开发复杂的企业级应用变得更简单，且脉络更清晰；同时它们也在很保守地为 AOP 制定标准化的统一接口，使不同的 AOP 技术之间相互兼容。

16.3.1 AOP 术语

Spring AOP 实现基于 Java 的代理机制，从 JDK1.3 开始就支持代理功能。但是性能成为一个很大问题，为此出现了 CGLIB 代理机制。它可以生成字节码，所以其性能会高于 JDK 代理。Spring 支持这两种代理方式。但是随着 JVM（Java 虚拟机）性能的不断提高，这两种代理性能的差距会越来越小。

Spring AOP 的相关术语如下。

1．切面（Aspect）

切面是对象操作过程中的截面，如图 16.7 所示。

由于平行四边形拦截了程序流程，所以 Spring 形象将其称为“切面”。所谓的“面向切面编程”正是指如此，本书后面提到的“切面”即指这个“平行四边形”。

实际上“切面”是一段程序代码，这段代码将被“植入”到程序流程中。

2．连接点（Join Point）

对象操作过程中的某个阶段点，如图 16.8 所示。其中，在程序流程上的任意一点都可以是连接点。

它实际上是对象的一个操作，如对象调用某个方法、读写对象的实例或者某个方法抛出了异常等。

3．切入点（Pointcut）

切入点是连接点的集合，如图 16.9 所示。

其中，切面与程序流程的“交叉点”即程序的切入点，确切地说它是“切面注入”到程序中的位置，即“切面”是通过切入点被“注入”的。在程序中可以有多个切入点。

4．通知（Advice）

通知是某个切入点被横切后所采取的处理逻辑，即在“切入点”处拦截程序后通过通知来执行切面，如图 16.10 所示。

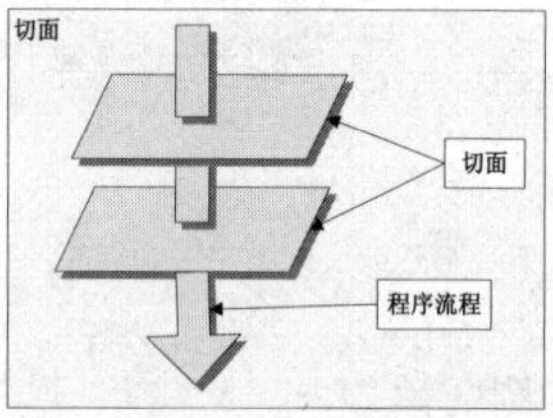

图 16.7　切面

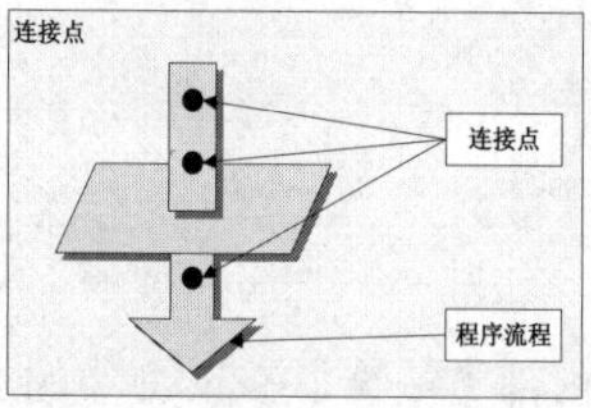

图 16.8　连接点

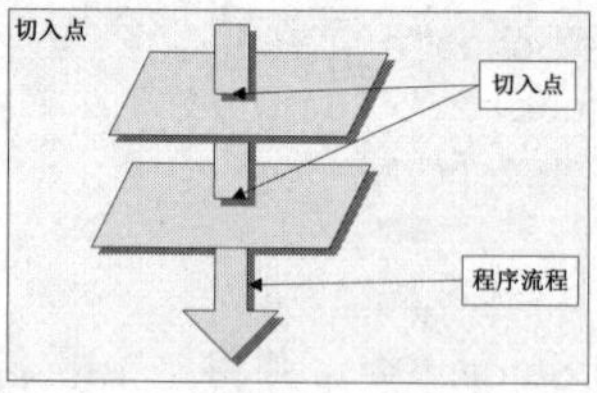

图 16.9　切入点

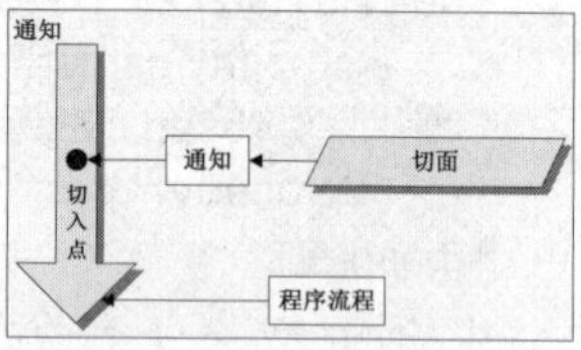

图 16.10　通知

5．目标对象（Target）

所有被通知的对象（也可以理解为被代理的对象）都是目标对象，目标对象及其属性改变、行为调用和方法传参的变化被 AOP 所关注，AOP 会注意目标对象的变动，并随时准备向目标对象“注入切面”。

6．织入（Weaving）

织入是将切面功能应用到目标对象的过程，由代理工厂并创建一个代理对象，这个代理可以为目标对象执行切面功能。

AOP 的织入方式有 3 种，即编译时期（Compile time）织入、类加载时期（Classload time）织入和执行期（Runtime）织入。Spring AOP 一般多见于最后一种。

7．引入（Introduction）

对一个已编译的类（class），在运行时期动态地向其中加载属性和方法。

16.3.2　AOP 的简单实现

下面讲解 Spring AOP 简单实例的实现过程，以说明 AOP 编程的特点。

例 16.04　利用 Spring AOP 使日志输出与方法分离，以在调用目标方法之前执行日志输出。（**实例位置：光盘\TM\Instances\16.04**）

首先创建 Target 类，它是被代理的目标对象。其中有一个 execute()方法可以专注自己的职能，使用 AOP 对 execute()方法输出日志，在执行该方法前输出日志。目标对象的关键代码如下：

```
public class Target {
    //程序执行的方法
    public void execute(String name){
        System.out.println("程序开始执行：" + name);    //输出信息
    }
}
```

通知可以拦截目标对象的 execute()方法，并执行日志输出。创建通知的关键代码如下：

```
public class LoggerExecute implements MethodInterceptor {
    public Object invoke(MethodInvocation invocation) throws Throwable {
        before();                                //执行前置通知
        invocation.proceed();                    //proceed()方法是执行目标对象的 execute()方法
        return null;
    }
    //前置通知，before()方法在 invocation.proceed()之前执行，用于输出提示信息
    private void before() {
        System.out.println("程序开始执行！ ");
    }
}
```

使用 AOP 的功能必须创建代理，关键代码如下：

```
public class Manger {
    //创建代理
    public static void main(String[] args) {
        Target target = new Target();              //创建目标对象
        ProxyFactory di=new ProxyFactory();
        di.addAdvice(new LoggerExecute());
        di.setTarget(target);
        Target proxy=(Target)di.getProxy();
        proxy.execute(" AOP 的简单实现");          //代理执行 execute()方法
    }
}
```

程序运行后，在控制台输出的信息如图 16.11 所示。

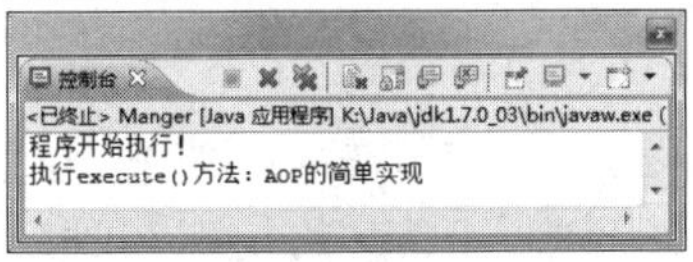

图 16.11　控制台输出的信息

16.4 Spring 的切入点

视频讲解：光盘\TM\Video\16\Spring 的切入点.exe

Spring 的切入点（Pointcut）是 Spring AOP 比较重要的概念，它表示注入切面的位置。根据切入点织入的位置不同，Spring 提供了 3 种类型的切入点，即静态切入点、动态切入点和自定义切入点。

16.4.1 静态与动态切入点

静态与动态切入点需要在程序中选择使用。

1. 静态切入点

静态切入点可以为对象的方法签名，如在某个对象中调用 execute()方法时，这个方法即静态切入点。静态切入点需要在配置文件指定，关键代码如下：

```
<bean id="pointcutAdvisor"
    class="org.springframework.aop.support.RegexpMethodPointcutAdvisor">
    <property name="advice">
        <ref bean="MyAdvisor" /><!-- 指定通知 -->
    </property>
    <property name="patterns">
        <list>
          <value>.*getConn*.</value><!-- 指定所有以 getConn 开头的方法名都是切入点 -->
            <value>.*closeConn*.</value>
        </list>
    </property>
</bean>
```

在上面的代码中，正则表达式".*getConn*."表示所有以 getConn 开头的方法都是切入点；正则表达式".*closeConn*."表示所有以 closeConn 开头的方法都是切入点。

> **说明**　正则表达式由数学家 Stephen Kleene 于 1956 年提出，用其可以匹配一些指定的表达式，而不是列出每一个表达式的具体写法。

由于静态切入点只在代理创建时执行一次，然后缓存结果。下一次调用时直接从缓存中读取即可，所以在性能上要远高于动态切入点。第一次将静态切入点织入切面时，首先会计算切入点的位置，它通过反射在程序运行时获得调用的方法名。如果这个方法名是定义的切入点，则织入切面。然后缓存第一次计算结果，以后不需要再次计算，这样使用静态切入点的程序性能会好很多。

虽然使用静态切入点的性能会高一些，但是当需要通知的目标对象的类型多于一种，而且需要织入的方法很多时，使用静态切入点编程会很繁琐。而且使用静态切入不是很灵活且降低性能，这时可以选用动态切入点。

2. 动态切入点

静态切入点只能应用在相对不变的位置，而动态切入点可应用在相对变化的位置，如方法的参数上。由于在程序运行过程中传递的参数是变化的，所以切入点也随之变化，它会根据不同的参数来织入不同的切面。由于每次织入都要重新计算切入点的位置，而且结果不能缓存，所以动态切入点比静态切入点的性能要低得多。但是它能够随着程序中参数的变化而织入不同的切面，所以比静态切入点要灵活得多。

在程序中可以选择使用静态切入点和动态切入点，当程序对性能要求很高且相对注入不是很复杂时可以选用静态切入点；当程序对性能要求不是很高且注入比较复杂时可以使用动态切入点。

16.4.2　深入静态切入点

静态切入点在某个方法名上织入切面，所以在织入程序代码前要匹配方法名，即判断当前正在调用的方法是不是已经定义的静态切入点。如果是，说明方法匹配成功并织入切面；否则匹配失败，不织入切面。这个匹配过程由 Spring 自动实现，不需要编程的干预。

实际上 Spring 使用 boolean matches(Method,Class)方法来匹配切入点，并利用 method.getName()方法反射取得正在运行的方法名。在 boolean matches(Method,Class)方法中，Method 是 java.lang.reflect.Method 类型，method.getName()利用反射取得正在运行的方法名。Class 是目标对象的类型。该方法在 AOP 创建代理时被调用并返回结果，true 表示将切面织入；false 则不织入。静态切入点的匹配过程的代码如下：

```xml
<!-- 深入静态切入点 -->
<bean id=" pointcutAdvisor "
    class="org.springframework.aop.support.RegexpMethodPointcutAdvisor">
    <property name="patterns">
        <list>
            <value>.*execute.*</value><!-- 指定切入点 -->
        </list>
    </property>
</bean>
```

matches()方法匹配成功后的代码如下：

```java
public bollean matches(Method method,Class targetClass){
        return(method.getName().equals("execute"));              //匹配切入点成功
}
```

16.4.3　深入切入点底层

掌握 Spring 切入点底层将有助于更加深刻地理解切入点。

Pointcut 接口是切入点的定义接口，用其来规定可切入的连接点的属性。通过扩展此接口可以处理其他类型的连接点，如域等（但是这样做很罕见）。定义切入点接口的代码如下：

```java
public interface Pointcut {
    ClassFilter getClassFilter();
    MethodMatcher getMethodMatcher();
}
```

使用 ClassFilter 接口来匹配目标类，代码如下：

```java
public interface ClassFilter {
    boolean matches(Class class);
}
```

可以看到，在 ClassFilter 接口中定义了 matches()方法，即与目标类匹配。其中 class 代表被检测的 Class 实例，该实例是应用切入点的目标对象。如果返回 true，表示目标对象可以被应用切入点；否则不可以应用切入点。

使用 MethodMatcher 接口来匹配目标类的方法或方法的参数，关键代码如下：

```
public interface MethodMatcher {
    boolean matches(Method m,Class targetClass);
    boolean isRuntime();
    boolean matches(Method m,Class targetClass,Object[] args);
}
```

Spring 是执行静态切入点还是动态切入点取决于 isRuntime()方法的返回值，在匹配切入点之前 Spring 会调用 isRuntime()方法。如果返回 false，则执行静态切入点；否则执行动态切入点。

16.4.4　Spring 中的其他切入点

Spring 提供了丰富的切入点供用户选择使用，目的是使切面灵活地注入到程序中的所需位置。例如，使用流程切入点可以根据当前调用堆栈中的类和方法来实施切入。Spring 常见的切入点如表 16.2 所示。

表 16.2　Spring 常见的切入点

切入点实现类	说　明
org.springframework.aop.support.JdkRegexpMethodPointcut	JDK 正则表达式方法切入点
org.springframework.aop.support.NameMatchMethodPointcut	名称匹配器方法切入点
org.springframework.aop.support.StaticMethodMatcherPointcut	静态方法匹配器切入点
org.springframework.aop.support.ControlFlowPointcut	流程切入点
org.springframework.aop.support.DynamicMethodMatcherPointcut	动态方法匹配器切入点

技巧　如果 Spring 提供的切入点无法满足开发需求，可以自定义切入点。Spring 提供的切入点很多，可以选择一个继承它并重载 matches()方法，也可以直接继承 Pointcut 接口并且重载 getClassFilter()和 getMethodMatcher()方法，这样可以编写切入点的实现。

16.5　Aspect 对 AOP 的支持

视频讲解：光盘\TM\Video\16\Aspect 对 AOP 的支持.exe

Aspect 即 Spring 中所说的切面，它是对象操作过程中的截面，在 AOP 中是一个非常重要的概念。

16.5.1　Aspect 概述

Aspect 是对系统中的对象操作过程中截面逻辑进行模块化封装的 AOP 概念实体，通常情况下可以包含多个切入点和通知。

说明　AspectJ 是 Spring 框架 2.0 版本之后增加的新特性，Spring 使用了 AspectJ 提供的一个库来完成切入点的解析和匹配。但是 AOP 在运行时仍旧是纯粹的 Spring AOP，并不依赖于 AspectJ 的编译器或者织入器，在底层中使用的仍然是 Spring 2.0 之前的实现体系。使用 AspectJ 需要在应用程序的 classpath 中引入 org.springframework.aspects-3.1.1.RELEASE.jar，这个 Jar 包可以在 Spring 的发布包的 dist 目录中找到。

例如，以 AspectJ 形式定义的 Aspect，代码如下：

```
aspect AjStyleAspect
{
    //切入点定义
    pointcut query()：call(public * get*(...));
    pointcut delete()：execution(public void delete(...));
    ...
    //通知
    before():query(){...}
    after returnint:delete(){...}
    ...
}
```

在 Spring 2.0 版本之后，可以通过使用@AspectJ 的注解并结合 POJO 的方式来实现 Aspect。

16.5.2   Spring 中的 Aspect

最初在 Spring 中没有完全明确的 Aspect 概念，只是在 Spring 中的 Aspect 的实现和特性有所特殊而已，而 Advisor 就是 Spring 中的 Aspect。

Advisor 是切入点的配置器，它能将 Adivce（通知）注入程序中切入点的位置，并可以直接编程实现 Advisor，也可以通过 XML 来配置切入点和 Advisor。由于 Spring 的切入点的多样性，而 Advisor 是为各种切入点而设计的配置器，因此相应地 Advisor 也有很多。

在 Spring 中的 Advisor 的实现体系由两个分支家族构成，即 PointctuAdvisor 和 IntrodcutionAdvisor 家族。家族的每个分支下都含有多个类和接口，其体系结构如图 16.12 所示。

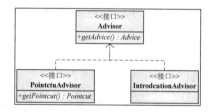

图 16.12   Advisor 的体系结构

在 Spring 中常用的两个 Advisor 都是 PointctuAdvisor 家族中的子民，它们是 DefaultPointcutAdvisor 和 NameMatchMethodPointcutAdvisor。

16.5.3   DefaultPointcutAdvisor 切入点配置器

DefaultPointcutAdvisor 位于 org.springframework.aop.support.DefaultPointcutAdvisor 包下的默认切入点通知者，它可以把一个通知配给一个切入点，使用之前首先要创建一个切入点和通知。

首先创建一个通知，这个通知可以自定义，关键代码如下：

```
public TestAdvice implements MethodInterceptor {
    public Object invoke(MethodInvocation mi) throws Throwable {
        Object Val=mi.proceed();
        return Val;
    }
}
```

然后创建自定义切入点，Spring 提供了多种类型的切入点，可以选择一个继承它并且分别重写 matches() 和 getClassFilter()方法，实现自己定义的切入点。关键代码如下：

```
public class TestStaticPointcut extends StaticMethodMatcherPointcut {
    public boolean matches (Method method Class targetClass){
        return ("targetMethod".equals(method.getName()));
    }
    public ClassFilter getClassFilter() {
```

```
        return new ClassFilter() {
            public boolean matches(Class clazz) {
                return (clazz==targetClass.class);
            }
        };
    }
}
```

分别创建一个通知和切入点的实例，关键代码如下：

```
Pointcut pointcut=new TestStaticPointcut ();              //创建一个切入点
Advice advice=new TestAdvice ();                          //创建一个通知
```

如果使用 SpringAOP 的切面注入功能，需要创建 AOP 代理。通过 Spring 的代理工厂来实现，关键代码如下：

```
Target target =new Target();                              //创建一个目标对象的实例
ProxyFactory proxy= new ProxyFactory();
proxy.setTarget(target);                                  //target 为目标对象
//前面已经对 advisor 做了配置，现在需要将 advisor 设置在代理工厂里
proxy.setAdivsor(advisor);
Target proxy = (Target) proxy.getProxy();
Proxy...//此处省略的是代理调用目标对象的方法，目的是实施拦截注入通知
```

16.5.4 NameMatchMethodPointcutAdvisor 切入点配置器

此配置器位于 org.springframework.aop.support..NameMatchMethodPointcutAdvisor 包中，是方法名切入点通知者，使用它可以更加简洁地将方法名设置为切入点。关键代码如下：

```
NameMatchMethodPointcutAdvisor advice=new NameMatchMethodPointcutAdvisor(new TestAdvice());
advice.addMethodName("targetMethod1name");
advice.addMethodName("targetMethod2name");
advice.addMethodName("targetMethod3name");
advice.addMethodName("targetMethod3name");
...//可以继续添加方法的名称
...//省略创建代理，可以参考 16.5.3 节创建 AOP 代理
```

在上面的代码中，new TestAdvice()为一个通知；advice.addMethodName("targetMethod1name")方法的 targetMethod1name 参数是一个方法名称，advice.addMethodName("targetMethod1name")表示将 targetMethod1name()方法添加为切入点。

当程序调用 targetMethod1()方法时会执行通知 TestAdvice。

16.6 Spring 持久化

视频讲解：光盘\TM\Video\16\Spring 持久化.exe

在 Spring 中关于数据持久化的服务主要是支持数据访问对象（DAO）和数据库 JDBC，其中数据访问对象是实际开发过程中应用比较广泛的技术。

16.6.1 DAO 模式

DAO（Data Access Object，数据访问对象）描述了一个应用中 DAO 的角色，它提供了读写数据库中数

据的一种方法。通过接口提供对外服务，程序的其他模块通过这些接口来访问数据库。这样会有很多好处，首先由于服务对象不再和特定的接口实现绑定在一起，使其易于测试。因为它提供的是一种服务，在不需要连接数据库的条件下即可进行单元测试，极大地提高了开发效率；其次通过使用与持久化技术无关的方法访问数据库，在应用程序的设计和使用上都有很大的灵活性，对于系统性能和应用也是一个飞跃。

> **说明**　DAO 的主要作用是将持久性相关的问题与一般的业务规则和工作流隔离开来，它为定义业务层可以访问的持久性操作引入了一个接口并且隐藏了实现的具体细节。该接口的功能将依赖于采用的持久性技术而改变，但是 DAO 接口可以基本上保持不变。

DAO 属于 O/R Mapping 技术的一种，在该技术发布之前开发人员需要直接借助 JDBC 和 SQL 来完成与数据库的通信；在发布之后，开发人员能够使用 DAO 或其他不同的 DAO 框架来实现与 RDBMS（关系数据库管理系统）的交互。借助于 O/R Mapping 技术，开发人员能够将对象属性映射到数据表的字段并将对象映射到 RDBMS 中，这些 Mapping 技术能够为应用自动创建高效的 SQL 语句等；除此之外，O/R Mapping 技术还提供了延迟加载和缓存等高级特征，而 DAO 是 O/R Mapping 技术的一种实现，因此使用 DAO 能够大量节省开发时间，并减少代码量和开发的成本。

16.6.2　Spring 的 DAO 理念

Spring 提供了一套抽象的 DAO 类供开发人员扩展，这有利于以统一的方式操作各种 DAO 技术，如 JDO 和 JDBC 等。这些抽象的 DAO 类提供了设置数据源及相关辅助信息的方法，而其中的一些方法与具体的 DAO 技术相关。目前 Spring DAO 提供了如下抽象类。

☑ JdbcDaoSupport：JDBC DAO 抽象类，开发人员需要为其设置数据源（DataSource）。通过子类能够获得 JdbcTemplate 来访问数据库。

☑ HibernateDaoSupport：Hibernate DAO 抽象类，开发人员需要为其配置 Hibernate SessionFactory，通过其子类能够获得 Hibernate 实现。

☑ JdoDaoSupport：Spring 为 JDO 提供的 DAO 抽象类，开发人员需要为它配置 PersistenceManagerFactory，通过其子类能够获得 JdoTemplate。

在使用 Spring 的 DAO 框架存取数据库时，无须接触使用特定的数据库技术，通过一个数据存取接口来操作即可。

例 16.05　在 Spring 中利用 DAO 模式在 tb_user 表中添加数据。
（实例位置：光盘\TM\Instances\16.05）

实例中 DAO 模式实现的示意如图 16.13 所示。

定义一个实体类对象 User，然后在类中定义对应数据表字段的属性，关键代码如下：

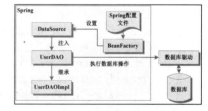

图 16.13　DAO 模式实现的示意

```
public class User {
    private Integer id;                        //唯一标识
    private String name;                       //姓名
    private Integer age;                       //年龄
    private String sex;                        //性别
    …                                          //省略的 setter()和 getter()方法
}
```

创建接口 UserDAOImpl，并定义用来执行数据添加的 insert()方法。该方法使用的参数是 User 实体对象，关键代码如下：

```java
public interface UserDAOImpl {
    public void inserUser(User user);                          //添加用户信息的方法
}
```

编写实现这个 DAO 接口的 UserDAO 类，并在其中实现接口中定义的方法。首先定义一个用于操作数据库的数据源对象 DataSource，通过它创建一个数据库连接对象以建立与数据库的连接，这个数据源对象在 Spring 中提供了 javax.sql.DataSource 接口的实现，只须在 Spring 的配置文件中完成相关配置即可。这个类中实现了接口的抽象方法 insert()，通过这个方法访问数据库，关键代码如下：

```java
public class UserDAO implements UserDAOImpl {
    private DataSource dataSource;                             //注入 DataSource
    public DataSource getDataSource() {
        return dataSource;
    }
    public void setDataSource(DataSource dataSource) {
        this.dataSource = dataSource;
    }
    //向数据表 tb_user 中添加数据
    public void inserUser(User user) {
        String name = user.getName();                         //获取姓名
        Integer age = user.getAge();                          //获取年龄
        String sex = user.getSex();                           //获取性别
        Connection conn = null;                               //定义 Connection
        Statement stmt = null;                                //定义 Statement
        try {
            conn = dataSource.getConnection();                //获取数据库连接
            stmt = conn.createStatement();
            stmt.execute("INSERT INTO tb_user (name,age,sex) "
                + "VALUES('"+name+"','" + age + "','" + sex + "')");  //添加数据的 SQL 语句
        } catch (SQLException e) {
            e.printStackTrace();
        }
        …                                                     //省略的代码
    }
}
```

编写 Spring 的配置文件 applicationContext.xml，在其中首先定义一个 JavaBean 名为 DataSource 的数据源，它是 Spring 中的 DriverManagerDataSource 类的实例，然后在配置前面编写完的 userDAO 类，并且注入其 DataSource 属性值。配置代码如下：

```xml
<!-- 配置数据源 -->
<bean id="dataSource" class="org.springframework.jdbc.datasource.DriverManagerDataSource">
    <property name="driverClassName">
        <value>com.mysql.jdbc.Driver</value>
    </property>
    <property name="url">
        <value>jdbc:mysql://localhost:3306/db_database16</value>
    </property>
    <property name="username">
        <value>root</value>
    </property>
    <property name="password">
        <value>111</value>
    </property>
</bean>
<!-- 为 UserDAO 注入数据源 -->
```

```
<bean id="userDAO" class="com.mr.dao.UserDAO">
    <property name="dataSource">
        <ref local="dataSource"/>
    </property>
</bean>
```

创建类 Manger，其 main()方法中的关键代码如下：

```
ApplicationContext factory = new ClassPathXmlApplicationContext("applicationContext.xml");   //装载配置文件
User user = new User();                                        //实例化 User 对象
user.setName("张三");                                          //设置姓名
user.setAge(new Integer(30));                                  //设置年龄
user.setSex("男");                                            //设置性别
UserDAO userDAO = (UserDAO) factory.getBean("userDAO");        //获取 UserDAO
userDAO.inserUser(user);                                       //执行添加方法
System.out.println("数据添加成功!!!");
```

运行程序后，数据表 tb_user 中添加的数据如图 16.14 所示。

id	name	age	sex
1	明日	30	男

图 16.14　tb_user 数据表中的数据

16.6.3　事务管理

Spring 中的事务基于 AOP 实现，而 Spring 的 AOP 以方法为单位，所以 Spring 的事务属性是对事务应用的方法的策略描述。这些属性为传播行为、隔离级别、只读和超时属性。

> **说明**　事务管理在应用程序中至关重要，它是一系列任务组成的工作单元，其中的所有任务必须同时执行。而且只有两种可能的执行结果，即全部成功和全部失败。

事务的管理通常分为如下两种方式。

1．编程式事务管理

在 Spring 中主要有两种编程式事务的实现方法，分别使用 PlatformTransactionManager 接口的事务管理器或 TransactionTemplate 实现。两者各有优缺点，推荐使用后者实现方式，因其符合 Spring 的模板模式。

> **说明**　TransactionTemplate 模板和 Spring 的其他模板一样封装了打开和关闭资源等常用重复代码，在编写程序时只需完成需要的业务代码即可。

例 16.06　利用 TransactionTemplate 实现 Spring 编程式事务管理。（实例位置：光盘**TM\Instances\16.06**）

首先需要在 Spring 的配置文件中声明事务管理器和 TransactionTemplate，关键代码如下：

```
<!-- 定义 TransactionTemplate 模板 -->
<bean id="transactionTemplate" class="org.springframework.transaction.support. TransactionTemplate">
    <property name="transactionManager">
        <ref bean="transactionManager"/>
    </property>
    <property name="propagationBehaviorName">
    <!-- 限定事务的传播行为，规定当前方法必须运行在事务中，如果没有事务，则创建一个。一个新的事务和
方法一同开始，随着方法的返回或抛出异常而终止-->
        <value>PROPAGATION_REQUIRED</value>
    </property>
</bean>
<!-- 定义事务管理器 -->
```

```
<bean id="transactionManager"
    class="org.springframework.jdbc.datasource.DataSourceTransactionManager">
    <property name="dataSource">
        <ref bean="dataSource" />
    </property>
</bean>
```

创建类 TransactionExample 定义添加数据的方法,在方法中执行两次添加数据库操作并用事务保护操作,关键代码如下:

```
public class TransactionExample {
    DataSource dataSource;                                        //注入数据源
    PlatformTransactionManager transactionManager;               //注入事务管理器
    TransactionTemplate transactionTemplate;                     //注入 TransactionTemplate 模板
    …                                                            //省略的 setter()和 getter()方法
    public void transactionOperation() {
        transactionTemplate.execute(new TransactionCallback() {
            public Object doInTransaction(TransactionStatus status) {
                Connection conn = DataSourceUtils.getConnection(dataSource);  //获得数据库连接
                try {
                    Statement stmt = conn.createStatement();
                    //执行两次添加方法
                    stmt.execute("insert into tb_user(name,age,sex) values('小强','26','男')");
                    stmt.execute("insert into tb_user(name,age,sex) values('小红','22','女')");
                    System.out.println("操作执行成功! ");
                } catch (Exception e) {
                    transactionManager.rollback(status);          //事务回滚
                    System.out.println("操作执行失败,事务回滚! ");
                    System.out.println("原因: "+e.getMessage());
                }
                return null;
            }
        });
    }
}
```

在上面的代码中,以匿名类的方式定义 TransactionCallback 接口的实现来处理事务管理。

创建 Manger 类,其 main()方法中的代码如下:

```
ApplicationContext factory = new ClassPathXmlApplicationContext("applicationContext.xml");  //装载配置文件
//获取 TransactionExample
TransactionExample transactionExample = (TransactionExample) factory.getBean ("transactionExample");
transactionExample.transactionOperation();                       //执行添加方法
```

为了测试事务是否配置正确,在 transactionOperation()方法中执行两次添加操作的语句之间添加两句代码制造人为的异常。即当第一条操作语句执行成功后,第二条语句因为程序的异常无法执行成功。这种情况下如果事务成功回滚,说明事务配置成功,添加的代码如下:

```
int a=0;                                                         //制造异常测试事务是否配置成功
a=9/a;
```

程序执行后控制台输出的信息如图 16.15 所示,数据表 tb_user 中没有插入数据。

2. 声明式事务管理

声明式事务不涉及组建依赖关系,它通过 AOP 实现事务管理,在使用声明式事务时不需编写任何代码即可通过实现基于容器的事务管

图 16.15　控制台输出的信息

理。Spring 提供了一些可供选择的辅助类，它们简化了传统的数据库操作流程。在一定程度上节省了工作量，提高了编码效率，所以推荐使用声明式事务。

在 Spring 中常用 TransactionProxyFactoryBean 完成声明式事务管理。

说明　使用 TransactionProxyFactoryBean 需要注入所依赖的事务管理器，并设置代理的目标对象、代理对象的生成方式和事务属性。代理对象是在目标对象上生成的包含事物和 AOP 切面的新对象，它可以赋给目标的引用来替代目标对象以支持事务或 AOP 提供的切面功能。

例 16.07　利用 TransactionProxyFactoryBean 实现 Spring 声明式事务管理。（实例位置：光盘\TM\Instances\16.07）

在配置文件中定义数据源 DataSource 和事务管理器，该管理器被注入到 TransactionProxy FactoryBean 中，设置代理对象和事务属性。这里的目标对象的定义以内部类方式定义，配置文件中的关键代码如下：

```
<!-- 定义 TransactionProxy -->
<bean id="transactionProxy"
    class="org.springframework.transaction.interceptor.TransactionProxyFactoryBean">
    <property name="transactionManager">
        <ref local="transactionManager" />
    </property>
    <property name="target">
            <!--以内部类的形式指定代理的目标对象-->
            <bean id="addDAO" class="com.mr.dao.AddDAO">
                <property name="dataSource">
                    <ref local="dataSource" />
                </property>
            </bean>
    </property>
    <property name="proxyTargetClass" value="true" />
    <property name="transactionAttributes">
        <props>
            <!--通过正则表达式匹配事务性方法，并指定方法的事务属性，即代理对象中只要是以 add 开头的
方法名必须运行在事务中-->
            <prop key="add*">PROPAGATION_REQUIRED</prop>
        </props>
    </property>
</bean>
```

编写操作数据库的 AddDAO 类，在该类的 addUser()方法中执行了两次数据插入操作。这个方法在配置 TransactionProxyFactoryBean 时被定义为事务性方法，并指定了事务属性，所以方法中的所有数据库操作都被当作一个事务处理。该类中的关键代码如下：

```
public class AddDAO extends JdbcDaoSupport {
    //添加用户的方法
    public void addUser(User user){
        //执行添加方法的 SQL 语句
        String sql="insert into tb_user (name,age,sex) values('" +
                user.getName() + "','" + user.getAge()+ "','" + user.getSex()+ "')";
        //执行两次添加方法
        getJdbcTemplate().execute(sql);
        getJdbcTemplate().execute(sql);
    }
}
```

创建类 Manger，其 main()方法中的代码如下：

```
ApplicationContext factory = new ClassPathXmlApplicationContext("applicationContext.xml");    //装载配置文件
AddDAO addDAO = (AddDAO)factory.getBean("transactionProxy"); //获取 AddDAO
User user = new User();                                      //实例化 User 实体对象
user.setName("张三");                                        //设置姓名
user.setAge(30);                                             //设置年龄
user.setSex("男");                                           //设置性别
addDAO.addUser(user);                                        //执行数据库添加方法
```

可以延用例 16.06 中制造程序异常的方法测试配置的事务。

16.6.4 应用 JdbcTemplate 操作数据库

JdbcTemplate 类是 Spring 的核心类之一，可以在 org.springframework.jdbc.core 包中找到。该类在内部已经处理数据库资源的建立和释放，并可以避免一些常见的错误，如关闭连接及抛出异常等，因此使用 JdbcTemplate 类简化了编写 JDBC 时所需的基础代码。

JdbcTemplate 类可以直接通过数据源的引用实例化，然后在服务中使用，也可以通过依赖注入的方式在 ApplicationContext 中产生并作为 JavaBean 的引用给服务使用。

说明 JdbcTemplate 类运行了核心的 JDBC 工作流程，如应用程序要创建和执行 Statement 对象，只需在代码中提供 SQL 语句。该类可以执行 SQL 中的查询、更新或者调用存储过程等操作，并且生成结果集的迭代数据。它还可以捕捉 JDBC 的异常并转换为 org.springframework.dao 包中定义并能够提供更多信息的异常处理体系。

JdbcTemplate 类中提供了接口来方便访问和处理数据库中的数据，这些方法提供了基本的选项用于执行查询和更新数据库操作。JdbcTemplate 类提供了很多重载的方法用于数据查询和更新，提高了程序的灵活性。表 16.3 所示为 JdbcTemplate 中常用的数据查询方法。

表 16.3　JdbcTemplate 中常用的数据查询方法

方 法 名 称	说　　明
int QueryForInt(String sql)	返回查询的数量，通常是聚合函数数值
int QueryForInt(String sql,Object[] args)	
long QueryForLong(String sql)	返回查询的信息数量
long QueryForLong(String sql,Object[] args)	
Object queryforObject(string sql,Class requiredType)	返回满足条件的查询对象
Object queryforObject(string sql,Class requiredType,Object[] args)	
List queryForList(String sql)	返回满足条件的对象 List 集合
List queryForList(String sql,Object[] args)	

说明 sql 参数指定查询条件的语句，requiredType 指定返回对象的类型，args 指定查询语句的条件参数。

例 16.08　利用 JdbcTemplate 在数据表 tb_user 中添加用户信息。（**实例位置：光盘\TM\Instances\16.08**）

在配置文件 applicationContext.xml 中配置 JdbcTemplate 和数据源，关键代码如下：

```
<!-- 配置 JdbcTemplate -->
<bean id="jdbcTemplate" class="org.springframework.jdbc.core.JdbcTemplate">
    <property name="dataSource">
        <ref local="dataSource"/>
    </property>
</bean>
```

创建类 AddUser 获取 JdbcTemplate 对象，并利用其 update()方法执行数据库的添加操作，其 main()方法中的关键代码如下：

```
DriverManagerDataSource ds = null;
JdbcTemplate jtl = null;
ApplicationContext factory = new ClassPathXmlApplicationContext("applicationContext.xml");//获取配置文件
jtl =(JdbcTemplate)factory.getBean("jdbcTemplate");                 //获取 JdbcTemplate
String sql = "insert into tb_user(name,age,sex) values ('小明','23','男')";   //SQL 语句
jtl.update(sql);                                                    //执行添加操作
```

程序运行后，tb_user 表中添加的数据如图 16.16 所示。

JdbcTemplate 类实现了很多方法的重载特征，在实例中使用了其写入数据的常用方法 update(String)。

id	name	age	sex
10	小明	23	男

图 16.16　tb_user 表中添加的数据

16.6.5　与 Hibernate 整合

在 Spring 中整合 Hibernate 4 时，已经不再提供 HibenateTemplate 和 HibernateDaoSupport 类了，而只有一个称为 LocalSessionFactoryBean 的 SessionFactoryBean，通过它可以实现基于注解或是 XML 文件来配置映射文件。

Hibernate 的连接和事务管理等从建立 SessionFactory 类开始，该类在应用程序中通常只存在一个实例。因而其底层的 DataSource 可以使用 Spring 的 IoC 注入，之后注入 SessionFactory 到依赖的对象之中。

 说明

在应用的整个生命周期中只要保存一个 SessionFactory 实例即可。

在 Spring 中配置 SessionFactory 对象通过实例化 LocalSessionFactoryBean 类来完成，为了让该对象获取连接的后台数据库的信息，需要创建一个 hibernate.properties 文件，在该文件中指定数据库连接所需的信息。hibernate.properties 文件的关键代码如下：

```
#数据库驱动
hibernate.connection.driver_class = com.mysql.jdbc.Driver
#数据库连接的 URL
hibernate.connection.url = jdbc:mysql://localhost:3306/db_database16
#用户名
hibernate.connection.username = root
#密码
hibernate.connection.password = 111
```

在 Spring 的配置文件中，引入 hibernate.properties 文件并配置数据源 dataSource，关键代码如下：

```
<!-- 引入配置文件 -->
<bean
    class="org.springframework.beans.factory.config.PropertyPlaceholderConfigurer">
    <property name="locations">
        <value>classpath:hibernate.properties</value>
    </property>
```

```
</bean>
<bean id="dataSource"
    class="org.springframework.jdbc.datasource.DriverManagerDataSource">
    <property name="driverClassName" value="${hibernate.connection.driver_class}" />
    <property name="url" value="${hibernate.connection.url}" />
    <property name="username" value="${hibernate.connection.username}" />
    <property name="password" value="${hibernate.connection.password}" />
</bean>
```

通过一个 LocalSessionFactoryBean 配置 Hibernate,通过 Hibernate 的多个属性可以控制其行为。其中最重要的是 mappingResources 属性,通过其 value 值指定 Hibernate 使用的映射文件,关键代码如下:

```
<bean id="sessionFactory"
    class="org.springframework.orm.hibernate4.LocalSessionFactoryBean">
    <property name="dataSource">
        <ref bean="dataSource" />
    </property>
    <property name="hibernateProperties">
        <props>
            <!-- 数据库连接方言  -->
            <prop key="hibernate.dialect">org.hibernate.dialect.MySQLDialect</prop>
            <!-- 在控制台输出 SQL 语句  -->
            <prop key="hibernate.show_sql">true</prop>
            <!-- 格式化控制台输出的 SQL 语句  -->
            <prop key="hibernate.format_sql">true</prop>
        </props>
    </property>
    <!--Hibernate 映射文件 -->
    <property name="mappingResources">
        <list>
            <value>com/mr/user/User.hbm.xml</value>
        </list>
    </property>
</bean>
```

配置完成之后即可使用 Spring 提供的支持 Hibernate 的类,如被称为 LocalSessionFactoryBean 的 SessionFactoryBean 可以实现 Hibernate 的大部分功能,为开发实际项目带来了方便。

16.6.6 整合 Spring 与 Hibernate 在 tb_user 表中添加信息

该实例主要演示在 Spring 中使用 Hibernate 框架完成数据持久化。它主要通过以下方法来实现:首先通过在 applicationContext.xml 文件中配置的 LocalSessionFactoryBean 类的 SessionFactoryBean 来定义 Hibernate 的 SessionFactory,然后创建一个 DAO 类文件,在该文件中编写完成数据库操作的方法。

例 16.09 整合 Spring 与 Hibernate 在 tb_user 表中添加信息。(**实例位置:光盘\TM\Instances\16.09**)

首先创建 Spring 的配置文件 applicationContext.xml,用于配置 LocalSessionFactoryBean。

编写一个执行数据库操作的 DAO 类文件 UserDAO,在该类中,首先定义一个 SessionFactory 属性,并为该属性添加对应的 setter()和 getter()方法,然后定义一个获取 Session 对象的 getSession()方法,最后再定义一个保存用户信息的方法,在该方法中调用 Session 对象的 save()方法保存用户信息。UserDAO 类的关键代码如下:

```
public class UserDAO {
    private SessionFactory sessionFactory;            //定义 SessionFactory 属性
    //保存用户的方法
```

```
public void insert(User user) {
    this.getSession().save(user);
}
/**
 * 获取 Session 对象
 */
protected Session getSession() {
    return sessionFactory.openSession();
}
public SessionFactory getSessionFactory() {
    return sessionFactory;
}
public void setSessionFactory(SessionFactory sessionFactory) {
    this.sessionFactory = sessionFactory;
}
}
```

将 UserDAO 类配置到 Spring 的配置文件中，关键代码如下：

```
<!-- 注入 SessionFactory -->
<bean id="userDAO" class="com.mr.dao.UserDAO">
    <property name="sessionFactory">
    <ref local="sessionFactory" />
    </property>
</bean>
```

创建 AddUser 类，在其中调用添加用户的方法，其 main()方法中的关键代码如下：

```
//添加用户信息
public static void main(String[] args) {
    ApplicationContext factory = new ClassPathXmlApplicationContext("applicationContext.xml");//获取配置文件
    UserDAO userDAO = (UserDAO)factory.getBean("userDAO");          //获取 UserDAO
    User user = new User();                                        //实例化 User 对象
    user.setName("Spring 与 Hibernate 整合");                      //设置姓名
    user.setAge(20);                                               //设置年龄
    user.setSex("男");                                             //设置性别
    userDAO.insert(user);                                          //执行用户添加的方法
    System.out.println("添加成功！");
}
```

程序运行后在 tb_user 表中添加的数据如图 16.17 所示。

id	name	age	sex
12	Spring与Hibernate整合	20	男

图 16.17　tb_user 表中添加的数据

16.7　实　　战

通过上面的介绍，读者已经对 Spring 有了一定的了解，接下来将通过几个具体的实例演示 Spring 在实际开发过程中的用法，以此巩固所学知识。

16.7.1　使用 Spring 对员工表进行增、删、改、查操作

视频讲解：光盘\TM\Video\16\使用 **Spring** 对员工表进行增、删、改、查操作.exe

在实际的开发过程中往往需要针对数据库进行各种各样的操作，如在下面的实例中使用 JdbcTemplate

对员工信息表进行增、删、改、查操作。运行本实例首先会在首页中显示出所有员工信息,如图 16.18 所示。

单击"插入新记录"超链接,进入到录入新员工信息页面,如图 16.19 所示。在此输入新员工信息后单击"确定"按钮,新员工的信息将被保存到数据库中,并返回到首页。

图 16.18　显示所有员工信息　　　　　　　图 16.19　录入新员工信息

单击首页中每条记录对应的"修改"超链接,进入到修改当前记录页面,如图 16.20 所示。在其中对当前员工信息进行修改后单击"确定"按钮,数据库中的员工信息将被修改。

单击首页中每条记录对应的"删除"超链接,则可将当前记录从数据库中删除。

例 16.10　使用 Spring 对员工表进行增、删、改、查的操作。(**实例位置:光盘\TM\Instances\16.10**)

(1) 设计员工信息表 tb_employee,其结构如图 16.21 所示。

图 16.20　修改员工信息　　　　　　　图 16.21　tb_employee 数据表结构

(2) 编写 Employee.java 类文件,用于映射数据表中字段。关键代码如下:

```java
public class Employee{
    private Integer id;          //员工编号
    private String name;         //员工姓名
    private String dept;         //所在部门
    private String level;        //员工职务
    public Integer getId() {
        return this.id;
    }
    public void setId(Integer id) {
        this.id = id;
    }
    public String getName() {
        return this.name;
    }
    public void setName(String name) {
```

```
        this.name = name;
    }
    public String getDept() {
        return this.dept;
    }
    public void setDept(String dept) {
        this.dept = dept;
    }
    public String getLevel() {
        return this.level;
    }
    public void setLevel(String level) {
        this.level = level;
    }
}
```

（3）编写 EmployeeDao.java 类，该类继承自 JdbcDaoSupport 类，主要用于对数据库进行操作。关键代码如下：

```
public class EmployeeDao extends JdbcDaoSupport {
    /**
     * 插入新记录
     * @param employee - Employee 类对象
     */
    public void insert(Employee employee){
        Object[ ] o = {employee.getName(),employee.getDept(),employee.getLevel()};
        getJdbcTemplate().update("INSERT INTO tb_employee(name,dept,level) values (?,?,?)", o);
    }
    /**
     * @更新记录
     * @param employee - Employee 类对象
     */
    public void update(Employee employee){
        Object[ ] o = {employee.getName(),employee.getDept(),employee.getLevel(),employee.getId()};
        getJdbcTemplate().update("UPDATE tb_employee set name=?,dept=?,level=? WHERE id = ?", o);
    }
    /**
     * 根据 id 删除记录
     * @param id - Integer 员工编号
     */
    public void delete(Integer id){
        Object[ ] o = {id};
        getJdbcTemplate().update("DELETE FROM tb_employee WHERE id = ?",o);
    }
    /**
     * 根据 id 查找记录
     * @param id - Integer 员工编号
     * @return List 存放指定 id 员工信息的集合对象
     */
    public List findById(Integer id){
        Object[ ] o = {id};
        List list = getJdbcTemplate().queryForList("SELECT * FROM tb_employee WHERE id = ?", o);
        return list;
```

```
    }
    /**
     * 查询全部记录
     * @return List 存放所有员工信息的集合对象
     */
    public List findAll(){
        List list = getJdbcTemplate().queryForList("SELECT * FROM tb_employee");
        return list;
    }
}
```

（4）编写 EmployeeServlet.java 文件，它是一个 Servlet，用于根据用户请求的参数不同调用不同的操作数据库的方法。关键代码如下：

```
public class EmployeeServlet extends HttpServlet {
    private EmployeeDao employeeDao;
    public void init() throws ServletException {
        super.init();
        //获取 Spring 上下文对象
        ApplicationContext webContext=new ClassPathXmlApplicationContext("applicationContext.xml");
        //从上下文对象中获取 employeeDao 对象
        employeeDao = (EmployeeDao) webContext.getBean("employeeDao");
    }
```

doGet()方法对应页面中的 get 请求，在此让 get 请求去执行 doPost()方法。关键代码如下：

```
public void doGet(HttpServletRequest request, HttpServletResponse response)
        throws ServletException, IOException {
    doPost(request, response);        //让 get 请求执行 doPost()方法
}
```

doPost()方法对应页面中的 post 请求，该方法从 request 对象中获取 action 参数，并根据参数的类型调用对应的操作数据库的方法。关键代码如下：

```
public void doPost(HttpServletRequest request, HttpServletResponse response)
        throws ServletException, IOException {
    int action = Integer.parseInt(request.getParameter("action"));    //获取请求中的参数
    switch(action){
    case 1:
        doFindAll(request, response);                //查找数据表中的全部记录
        break;
    case 2:
        doInsert(request, response);                 //向数据表中插入记录
        break;
    case 3:
        doUpdate(request, response);                 //更新记录
        break;
    case 4:
        doDelete(request, response);                 //删除记录
        break;
    case 5:
        doFindById(request, response);               //按 id 查询记录
        break;
    }
}

//插入记录
```

```java
public void doInsert(HttpServletRequest request, HttpServletResponse response) throws ServletException,
IOException{
        Employee employee = new Employee();
        employee.setName(request.getParameter("name"));
        employee.setDept(request.getParameter("dept"));
        employee.setLevel(request.getParameter("level"));
        employeeDao.insert(employee);
        doFindAll(request, response);
    }
    //按照 id 更新数据表中的记录
    public void doUpdate(HttpServletRequest request, HttpServletResponse response) throws ServletException,
IOException{
        Employee employee = new Employee();
        employee.setName(request.getParameter("name"));
        employee.setDept(request.getParameter("dept"));
        employee.setLevel(request.getParameter("level"));
        employee.setId(Integer.parseInt(request.getParameter("id")));
        employeeDao.update(employee);
        doFindAll(request, response);
    }
    //按照 id 删除数据表中的记录
    public void doDelete(HttpServletRequest request, HttpServletResponse response)throws ServletException,
IOException{
        employeeDao.delete(Integer.parseInt(request.getParameter("id")));
        doFindAll(request, response);
    }
    //按照 id 查找数据记录
    public void doFindById(HttpServletRequest request, HttpServletResponse response) throws ServletException,
IOException{
        List list = employeeDao.findById(Integer.parseInt(request.getParameter("id")));
        request.setAttribute("list", list);
        request.getRequestDispatcher("update.jsp").forward(request, response);
    }
    //查出数据表中的全部记录
    public void doFindAll(HttpServletRequest request, HttpServletResponse response) throws ServletException,
IOException{
        List list = employeeDao.findAll();
        request.setAttribute("list", list);
        request.getRequestDispatcher("show.jsp").forward(request, response);
    }
}
```

（5）编写 applicationContext.xml 配置文件，在该文件中配置一个数据源 dataSource 和 jdbcTemlate，并将 jdbcTemplate 注入到 employeeDao 中。关键代码如下：

```xml
<?xml version="1.0" encoding="UTF-8"?>
<beans
    xmlns="http://www.springframework.org/schema/beans"
    xmlns:xsi="http://www.w3.org/2001/XMLSchema-instance"
    xsi:schemaLocation="http://www.springframework.org/schema/beans
http://www.springframework.org/schema/beans/spring-beans-2.5.xsd">
    <!-- 配置数据源 -->
    <bean id="dataSource"
        class="org.springframework.jdbc.datasource.DriverManagerDataSource">
        <property name="driverClassName">
            <value>com.mysql.jdbc.Driver</value>
```

```
        </property>
        <property name="url">
            <value>jdbc:mysql://localhost:3306/db_database16
            </value>
        </property>
        <property name="username">
            <value>root</value>
        </property>
        <property name="password">
            <value>111</value>
        </property>
    </bean>
    <!-- 配置 jdbcTemplate -->
    <bean id="jdbcTemplate" class="org.springframework.jdbc.core.JdbcTemplate">
        <property name="dataSource">
            <ref local="dataSource"/>
        </property>
    </bean>
    <!-- 将 jdbcTemplate 注入到 employeeDao 中 -->
    <bean id="employeeDao" class="dao.EmployeeDao">
        <property name="jdbcTemplate" ref="jdbcTemplate"/>
    </bean>
</beans>
```

（6）编写 index.jsp 首页文件，在该页面中自动转向 show.jsp 页面。关键代码如下：

```
<%@ page language="java" import="java.util.*" pageEncoding="GBK"%>
<%@ taglib prefix="c" uri="http://java.sun.com/jsp/jstl/core"%>
<!DOCTYPE HTML PUBLIC "-//W3C//DTD HTML 4.01 Transitional//EN">
<html>
    <body>
        <c:redirect url="EmployeeServlet">
            <c:param name="action" value="1" />
        </c:redirect>
    </body>
</html>
```

（7）编写 show.jsp 页面文件，该页面从 request 对象中获取保存有表中所有数据的 list 列表，并通过
<c:forEach>标签将 list 列表中的所有信息显示在页面中。关键代码如下：

```
<a href="insert.jsp" class="STYLE1">插入新记录</a>
<table border="1" align="center" cellpadding="1" cellspacing="1"
        bordercolor="#F7FCFF" bgcolor="#BEEFFF">
    <tr align="center">
    <td width="50" height="23" align="center" bordercolor="#F7FCFF"
        bgcolor="#F7FCFF">
        <span class="STYLE3">编号</span>
    </td>
    <td width="100" height="23" align="center" bordercolor="#F7FCFF"
        bgcolor="#F7FCFF">
        <span class="STYLE3">姓名</span>
    </td>
    <td width="50" height="23" align="center" bordercolor="#F7FCFF"
        bgcolor="#F7FCFF">
        <span class="STYLE3">性别</span>
    </td>
    <td width="200" height="23" align="center" bordercolor="#F7FCFF"
```

```
            bgcolor="#F7FCFF">
            <span class="STYLE3">职务</span>
    </td>
    <td width="70" height="23" align="center" bordercolor="#F7FCFF"
        bgcolor="#F7FCFF">
        <span class="STYLE3">操作</span>
    </td>
</tr>
<c:forEach items='${list }' var="item" varStatus="i">
    <tr>
        <td height="23" align="center" bordercolor="#F7FCFF"
            bgcolor="#F7FCFF" class="STYLE3">
            <c:out value="${item.id}" />
        </td>
        <td height="23" align="center" bordercolor="#F7FCFF"
            bgcolor="#F7FCFF" class="STYLE3">
            <c:out value="${item.name}" />
        </td>
        <td height="23" align="center" bordercolor="#F7FCFF"
            bgcolor="#F7FCFF" class="STYLE3">
            <c:out value="${item.dept}" />
        </td>
        <td height="23" align="center" bordercolor="#F7FCFF"
            bgcolor="#F7FCFF" class="STYLE3">
            <c:out value="${item.level}" />
        </td>
        <td height="23" align="center" bordercolor="#F7FCFF"
            bgcolor="#F7FCFF" class="STYLE3">
            <a href='EmployeeServlet?action=5&id=<c:out value="${item.id}"/>'>修改</a>
            <a href='EmployeeServlet?action=4&id=<c:out value="${item.id}"/>'>删除</a>
        </td>
        </tr>
    </c:forEach>
</table>
```

（8）编写 insert.jsp 页面文件，用于输入新的员工信息。关键代码如下：

```
<form action="EmployeeServlet?action=2" method="post">
<table>
    <tr>
        <td width="50" height="26" align="center"><span class="STYLE2">姓名：</span></td>
        <td width="200" height="23"><input type="text" name="name"></td>
    </tr>
    <tr>
        <td height="26" align="center"><span class="STYLE2">部门：</span></td>
        <td height="23"><input type="text" name="dept"> </td>
    </tr>
    <tr>
        <td height="26" align="center"><span class="STYLE2">职务：</span></td>
        <td height="23"><input type="text" name="level"> </td>
    </tr>
    <tr>
        <td height="23" colspan="2" align="center"><input type="submit" value="确定"> </td>
    </tr>
</table>
</form>
```

（9）编写 update.jsp 页面文件，用于修改员工信息。关键代码如下：

```html
<form action="EmployeeServlet?action=3" method="post">
<table>
    <tr>
        <td width="50" height="26" align="center"><span class="STYLE2">姓名：</span></td>
        <td width="200" height="23"><input type="text" name="name" value="${list[0].name}"></td>
    </tr>
    <tr>
        <td height="26" align="center"><span class="STYLE2">部门：</span></td>
        <td height="23"><input type="text" name="dept" value="${list[0].dept}"> </td>
    </tr>
    <tr>
        <td height="26" align="center"><span class="STYLE2">职务：</span></td>
        <td height="23">
            <input name="level" type="text" value="${list[0].level}">
            <input type="hidden" name="id" value="${list[0].id}">
        </td>
    </tr>
    <tr>
        <td height="23" colspan="2" align="center">
        <input type="submit" value="确定">  
        <input type="reset" value="重置">
        </td>
    </tr>
</table>
</form>
```

16.7.2　使用 Spring 整合 Hibernate 操作商品库存表

JdbcTemplate 只是 Spring 对 JDBC 所做的简单封装，虽然可以实现对数据库的操作，但并不支持数据库连接池和缓存技术，所以在实际开发中很少使用，其主要用途是对程序进行测试。

Hibernate 是当前非常流行的持久层框架，在下面的实例中将使用 Spring 整合 Hibernate 对数据库进行基本的操作。运行本实例，在其首页中将显示出库存信息，如图 16.22 所示。

单击"添加新产品"超链接，可以添加新的商品信息，如图 16.23 所示。录入新的商品信息后单击"添加"按钮，商品信息将被保存到数据库中，并在返回的首页中显示出新添加的商品。

图 16.22　显示所有库存信息

图 16.23　录入新商品

在首页中单击与商品对应的"修改"超链接，在打开的页面中可以对当前的商品信息进行修改，如图 16.24 所示；如果在首页中单击与商品对应的"删除"超链接，则可删除该商品。

例 16.11　Spring 整合 Hibernate 操作商品库存表。（实例位置：光盘\TM\Instances\16.11）

（1）设计商品库存表 tb_commodity，其结构如图 16.25 所示。

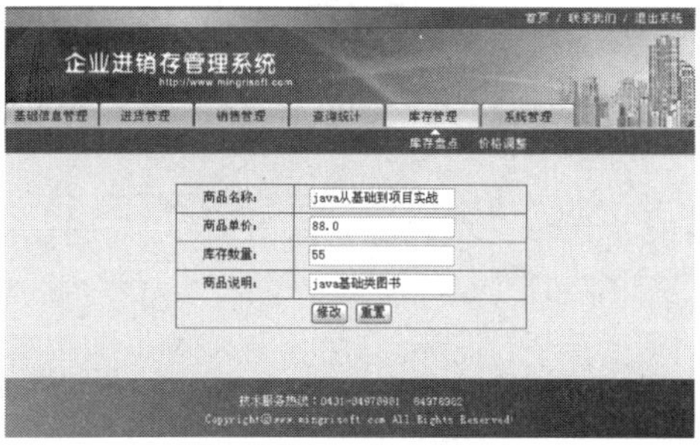

图 16.24　修改商品信息

Column Name	Datatype	NOT NULL	AUTO INC	Comment
id	INTEGER	✓	✓	商品编号
name	VARCHAR(20)			商品名称
count	INTEGER			商品数量
price	DECIMAL(6,2)			商品单价
remark	VARCHAR(60)			商品说明

图 16.25　数据表 tb_commodity 的结构

（2）编写 Commodity.java 实体类文件，关键代码如下：

```
public class Commodity implements java.io.Serializable {
	private Integer id;			//商品编号
	private String name;			//商品名称
	private Integer count;			//商品数量
	private Double price;			//商品单价
	private String remark;			//商品说明
	public Commodity() {
	}
	public Commodity(String name, Integer count, Double price, String remark) {
		this.name = name;
		this.count = count;
		this.price = price;
		this.remark = remark;
	}
	public Integer getId() {
		return this.id;
	}
	…	//省略部分 setter()和 getter()方法
}
```

（3）编写实体类与数据表对应的映射文件 Commodity.hbm.xml，关键代码如下：

```
<?xml version="1.0" encoding="utf-8"?>
<!DOCTYPE hibernate-mapping PUBLIC
		"-//Hibernate/Hibernate Mapping DTD 3.0//EN"
		"http://www.hibernate.org/dtd/hibernate-mapping-3.0.dtd">
<hibernate-mapping>
    <class name="com.jwy.dao.Commodity" table="tb_commodity" catalog="db_database16">
	<!-- 主键 -->
		<id name="id" type="java.lang.Integer">
			<column name="id" />
			<!-- 设置主键生成方式，自动适应 -->
			<generator class="native"></generator>
		</id>
		<property name="name" type="java.lang.String">
			<column name="name" length="20">
				<comment>商品名称</comment>
			</column>
		</property>
		<property name="count" type="java.lang.Integer">
			<column name="count">
```

```
                    <comment>商品数量</comment>
                </column>
            </property>
            <property name="price" type="java.lang.Double">
                <column name="price" precision="6">
                    <comment>商品单价</comment>
                </column>
            </property>
            <property name="remark" type="java.lang.String">
                <column name="remark" length="60">
                    <comment>商品说明</comment>
                </column>
            </property>
        </class>
</hibernate-mapping>
```

（4）编写 CommodityDao.java 类文件，主要用于对数据库进行操作。关键代码如下：

```java
public class CommodityDao {
    private SessionFactory sessionFactory;
    /**
     * 插入记录
     * @param commodity
     */
    public void insert(Commodity commodity){
        this.getSession().save(commodity);
    }
    /**
     * 更新记录
     * @param commodity 实体对象
     */
    public void update(Commodity commodity){
        Session session=this.getSession();              //开启 Session
        session.update(commodity);                      //执行更新方法
        session.flush();                                //输出缓存
    }
    /**
     * 删除记录
     * @param id 要删除的记录编号
     */
    public void delete(Integer id){
        Session session=this.getSession();              //开启 Session
        Commodity commodity = new Commodity();
        commodity.setId(id);                            //设置 ID 属性
        session.delete(commodity);                      //执行删除方法
        session.flush();                                //输出缓存
    }
    /**
     * 按照 id 查找记录
     * @param id
     * @return Commodity 对象
     */
    public Commodity findById(Integer id){
        Commodity commodity = (Commodity) this.getSession().get(Commodity.class, id);
        return commodity;
```

```
        }
        /**
         * 查找表中所有记录
         * @return 返回 List 集合对象
         */
        public List findAll(){
            Query query=this.getSession().createQuery("from Commodity");
            List list = query.list();
            return list;
        }
        /**
         * 获取 Session 对象
         */
        protected Session getSession() {
            return sessionFactory.openSession();               //开启 session
        }
        public SessionFactory getSessionFactory() {
            return sessionFactory;
        }
        public void setSessionFactory(SessionFactory sessionFactory) {
            this.sessionFactory = sessionFactory;
        }
    }
}
```

（5）编写 CommodityServlet.java 类文件，该类继承自 HttpServlet 类，是一个 Servlet，用于根据请求中的不同参数调用不同的数据库操作方法。关键代码如下：

```
public class CommodityServlet extends HttpServlet {
    private CommodityDao commodityDao;
    //该 Servlet 为初始化时执行的方法，它将从 Spring 容器中获取 commodityDao 对象
    public void init() throws ServletException {
        ApplicationContext webContext = new ClassPathXmlApplicationContext("applicationContext.xml");
        commodityDao = (CommodityDao) webContext.getBean("commodityDao");
    }
```

doGet()方法对应表单中的 Get 请求，在此让该方法去执行 doPost()方法。关键代码如下：

```
    public void doGet(HttpServletRequest request, HttpServletResponse response)
            throws ServletException, IOException {
        doPost(request, response);                      //让 Get 请求去执行 doPost()方法
    }
```

doPost()方法与表单中的 Post 请求对应，它从请求获取 actions 的值，然后根据不同请求值调用不同的方法对数据库进行操作。关键代码如下：

```
    public void doPost(HttpServletRequest request, HttpServletResponse response)
            throws ServletException, IOException {
        int action = Integer.parseInt(request.getParameter("action"));
        switch (action) {
        case 1:
            doFindAll(request, response);               //查找全部记录
            break;
        case 2:
            doInsert(request, response);                //插入记录
            break;
        case 3:
            doUpdate(request, response);                //更新记录
            break;
```

```
        case 4:
            doDelete(request, response);          //删除记录
            break;
        case 5:
            doFindById(request, response);        //按照主键 id 查找记录
            break;
        }
    }
    ...//省略部分代码
}
```

（6）在该类中编写 doInsert()方法，从请求对象中获取用户输入的信息并封装到 commodity 对象内，然后调用 commodityDao 对象的 insert()方法将其插入到数据表中。关键代码如下：

```
public void doInsert(HttpServletRequest request,
        HttpServletResponse response) throws ServletException, IOException {
    Commodity commodity = new Commodity();
    commodity.setName(request.getParameter("name"));
    commodity.setPrice(Double.valueOf(request.getParameter("price")));
    commodity.setCount(Integer.valueOf(request.getParameter("count")));
    commodity.setRemark(request.getParameter("remark"));
    commodityDao.insert(commodity);
    doFindAll(request, response);
}
```

（7）在该类中编写 doUpdate()方法，从请求对象中获取用户对数据的修改信息与信息的编号，封装在 commodity 对象中，并通过调用 commodityDao 对象的 update()方法，按照编号更新数据表中的信息。关键代码如下：

```
public void doUpdate(HttpServletRequest request,
        HttpServletResponse response) throws ServletException, IOException {
    Commodity commodity = new Commodity();
    commodity.setId(Integer.valueOf(request.getParameter("id")));
    commodity.setName(request.getParameter("name"));
    commodity.setPrice(Double.valueOf(request.getParameter("price")));
    commodity.setCount(Integer.valueOf(request.getParameter("count")));
    commodity.setRemark(request.getParameter("remark"));
    commodityDao.update(commodity);
    doFindAll(request, response);
}
```

（8）在该类中编写 doDelete()方法，从请求对象中获取要删除的记录的编号，然后调用删除数据记录的方法，将数据表中的记录删除。关键代码如下：

```
public void doDelete(HttpServletRequest request,
        HttpServletResponse response) throws ServletException, IOException {
    commodityDao.delete(Integer.valueOf(request.getParameter("id")));
    doFindAll(request, response);
}
```

（9）编写 doFindById()方法，按照指定编号在数据库中查找记录，并将找到的记录封装在 commodity 对象中，保存在请求对象 request 中。关键代码如下：

```
public void doFindById(HttpServletRequest request,
        HttpServletResponse response) throws ServletException, IOException {
    Commodity commodity = commodityDao.findById(Integer.valueOf(request
            .getParameter("id")));
    request.setAttribute("commodity", commodity);
    request.getRequestDispatcher("../update.jsp")
```

```
                    .forward(request, response);
    }
```

（10）编写 doFindAll()方法，调用 commodityDao 的 findAll()方法将数据表中的所有记录都查找出来，保存在 request 对象的 list 属性中。关键代码如下：

```
public void doFindAll(HttpServletRequest request,
        HttpServletResponse response) throws ServletException, IOException {
    List list = commodityDao.findAll();
    request.setAttribute("list", list);
    request.getRequestDispatcher("../show.jsp").forward(request, response);
    return;
}
```

（11）编写 Spring 配置文件 applicationContext.xml，在该配置文件中设置 Bean 之间的依赖关系。关键代码如下：

```xml
<?xml version="1.0" encoding="UTF-8"?>
<beans xmlns="http://www.springframework.org/schema/beans"
    xmlns:xsi="http://www.w3.org/2001/XMLSchema-instance"
    xsi:schemaLocation="http://www.springframework.org/schema/beans
http://www.springframework.org/schema/beans/spring-beans-2.5.xsd">
    <!-- 引入配置文件 -->
    <bean
        class="org.springframework.beans.factory.config.PropertyPlaceholderConfigurer">
        <property name="locations">
            <value>classpath:hibernate.properties</value>
        </property>
    </bean>

    <bean id="dataSource"
        class="org.springframework.jdbc.datasource.DriverManagerDataSource">
        <property name="driverClassName" value="${hibernate.connection.driver_class}" />
        <property name="url" value="${hibernate.connection.url}" />
        <property name="username" value="${hibernate.connection.username}" />
        <property name="password" value="${hibernate.connection.password}" />
    </bean>
    <!-- 定义 Hibernate 的 sessionFactory -->
    <bean id="sessionFactory" class="org.springframework.orm.hibernate4.LocalSessionFactoryBean">
        <property name="dataSource">
            <ref bean="dataSource" />
        </property>
        <!-- 配置映射文件  -->
        <property name="mappingResources">
            <list>
                <value>com/jwy/dao/Commodity.hbm.xml</value>
            </list>
        </property>
    </bean>
    <!-- 注入 SessionFactory -->
    <bean id="commodityDao" class="com.jwy.dao.CommodityDao">
        <property name="sessionFactory">
            <ref local="sessionFactory" />
        </property>
    </bean>
</beans>
```

（12）编写 index.jsp、show.jsp、insert.jsp 和 update.jsp 页面文件，这些页面文件与例 16.10 的功能基本

相同，具体代码参见配书光盘中的源代码。

16.7.3 利用 DAO 模式向商品信息表中添加数据

视频讲解：光盘\TM\Video\16\利用 DAO 模式向商品信息表中添加数据.exe

例 16.12 在 Spring 中利用 DAO 模式向商品信息表中添加数据。（实例位置：光盘\TM\Instances\16.12）

（1）设计商品库存表 tb_goods，其结构如图 16.26 所示。

（2）创建名称为 GoodsInfo 的 JavaBean 类，用于封装商品信息。

	id	name	price	type
	1	方便面	1.5	食品
	2	面包	2.5	食品
	3	牛奶	2	饮品
	4	矿泉水	1	饮品

图 16.26 数据表 tb_goods 的结构

GoodsInfo 类的关键代码如下：

```
public class GoodsInfo {
    private int id;                              //商品编号
    private String name;                         //商品名称
    private float price;                         //商品价格
    private String type;                         //商品类别
    …                                            //省略了 setter()和 getter()方法
}
```

（3）创建操作商品信息的接口 GoodsDAO，并定义添加商品信息的 addGoods()方法，参数类型为 GoodsInfo 实体对象，关键代码如下：

```
public interface GoodsDAO {
    public void addGoods(GoodsInfo goods);       //添加商品信息的方法
}
```

（4）编写实现这个 DAO 接口的 GoodsDaoImpl 类，并在这个类中实现接口中定义的方法。首先定义一个用于操作数据库的数据源对象 DataSource，通过它创建一个数据库连接对象建立与数据库的连接，这个数据源对象在 Spring 中提供了 javax.sql.DataSource 接口的实现，只需在 Spring 的配置文件中进行相关的配置即可，稍后会讲到关于 Spring 的配置文件。这个类中实现了接口的 addGoods()方法，通过这个方法访问数据库，关键代码如下：

```
public class GoodsDaoImpl implements GoodsDao {
    private DataSource dataSource;                       //注入 DataSource
    public DataSource getDataSource() {
        return dataSource;
    }
    public void setDataSource(DataSource dataSource) {
        this.dataSource = dataSource;
    }
    public void addGoods(GoodsInfo goods) {
        Connection conn=null;
        PreparedStatement stmt=null;
        try{
            conn = dataSource.getConnection();           //获取数据库连接
            String sql = "insert into tb_goods(name,price,type) values(?,?,?);";//插入商品信息的 SQL 语句
            stmt = conn.prepareStatement(sql);           //创建预编译对象
            stmt.setString(1, goods.getName());          //为商品名称赋值
            stmt.setFloat(2, goods.getPrice());          //为商品价格赋值
            stmt.setString(3, goods.getType());          //为商品类别赋值
            stmt.executeUpdate();                        //编译执行，更新数据库
        }catch(Exception ex){
            ex.printStackTrace();
        }
```

```
                ...                                     //省略了其他代码
        }
}
```

（5）编写 Spring 的配置文件 applicationContext.xml，在这个配置文件中首先定义一个 JavaBean 名称为
DataSource 的数据源，它是 Spring 中的 DriverManagerDataSource 类的实例，然后在配置前面编写完的
GoodsDAOImpl 类，并且注入它的 DataSource 属性值。关键代码如下：

```
<!-- 配置数据源 -->
<bean id="dataSource"
        class="org.springframework.jdbc.datasource.DriverManagerDataSource">
    <property name="driverClassName">
        <value>com.mysql.jdbc.Driver</value>
    </property>
    <property name="url">
        <value>jdbc:mysql://localhost:3306/db_database16
        </value>
    </property>
    <property name="username">
        <value>root</value>
    </property>
    <property name="password">
        <value>111</value>
    </property>
</bean>
<!-- 为 GoodsDaoImpl 注入数据源 -->
<bean id="goodsDao" class="com.lh.dao.impl.GoodsDaoImpl">
    <property name="dataSource">
        <ref local="dataSource"/>
    </property>
</bean>
</beans>
```

（6）创建添加商品信息的表单页 index.jsp，设置表单提交到 save.jsp 处理页。

（7）创建 save.jsp 页，关键代码如下：

```
<%
    String name = request.getParameter("name");         //获取商品名称
    String price = request.getParameter("price");        //获取商品价格
    String type = request.getParameter("type");         //获取商品类别
    GoodsInfo goods = new GoodsInfo();                  //创建商品的 JavaBean
    goods.setName(name);                               //添加商品名称
    goods.setPrice(Float.parseFloat(price));            //添加商品价格
    goods.setType(type);                               //添加商品类别
    ApplicationContext factory = new ClassPathXmlApplicationContext("applicationContext.xml");
    GoodsDaoImpl dao = (GoodsDaoImpl)factory.getBean("goodsDao");     //获取 Bean 的实例
    dao.addGoods(goods);                              //调用方法添加商品信息
%>
```

运行本实例，在页面的表单中输入商品信息，如图 16.27 所示，单击"添加到
数据库"按钮，即可将该数据添加到数据表 tb_goods 中。

16.7.4　Spring AOP 实现用户注册

图 16.27　填写商品信息

视频讲解：光盘\TM\Video\16\Spring AOP 实现用户注册.exe

例 16.13　应用 Spring AOP 编程实现用户注册功能。（实例位置：光盘\TM\Instances\16.13）

（1）创建代理接口，在该接口中声明了 3 个方法，即 getConn()为连接数据库方法，execute(sql)是执行 SQL 语句的方法，closeConn()为关闭数据方法。关键代码如下：

```
public interface UserInterface {
    public abstract void getConn();                          //获取数据库连接的方法
    public abstract void executeInsert(String sql);          //执行添加操作
    public abstract void closeConn();                        //关闭数据库连接
}
```

（2）创建数据库管理的抽象类，该抽象类主要实现接口的 getConn()方法完成数据库的连接。首先要继承 UserInterface 接口，然后实现接口中的 getConn()方法，分别在程序中定义一个私有的成员变量 Con 和 Stmt。当连接创建好后，其他对象可以通过调用 getStmt()方法来获得数据库连接。关键代码如下：

```
public abstract class ConnClass implements UserInterface {
    private static Logger logger = Logger.getLogger(AfterAdvice.class.getName());
    private Connection Con = null;
    private Statement Stmt = null;
    …                                                        //省略的 setter()和 getter()方法
    //获取数据连接
    public void getConn() {
        String url = "jdbc:mysql://localhost:3306/db_database16";   //连接数据的 URL
        try {
            Class.forName("com.mysql.jdbc.Driver");          //数据库驱动
            Con = DriverManager.getConnection(url, "root", "111");  //连接数据库
            logger.info("Connection 已经创建!");
            Stmt = Con.createStatement();                    //创建连接状态
            logger.info("Statement 已经创建!");
        } catch (ClassNotFoundException e) {
            e.printStackTrace();
        } catch (SQLException e) {
            e.printStackTrace();
        }
    }
}
```

（3）创建 Before 通知，该通知会在 execute()方法执行之前执行，目的是创建数据库连接。为插入数据（执行 execute()方法）做准备。关键代码如下：

```
public void before(Method arg0, Object[] arg1, Object arg2)
                throws Throwable {
    logger.info("Before 通知开始。。。。。。。 ");
    if (arg2 instanceof UserInterface) {
        UserInterface di = (UserInterface) arg2;             //arg2 为目标对象
        di.getConn();                                        //调用 getConn()方法创建连接
    }
    //以下是将 getConn()方法创建的连接状态传递给 ExecuteInsert 实现类
    ConnClass ci = (ConnClass) arg2;                         //转换为抽象类对象
    ExecuteInsert bi = (ExecuteInsert) arg2;                 //转换为实现类对象
    //将连接状态设置给实现类，目的是让 execute()方法执行前先获得连接
    bi.setState(ci.getStmt());
}
```

说明 从 Before 通知的字面意思可以看出，它会在目标对象的方法执行之前执行。在具体应用中需要实现 org.springframework.aop.MethodBeforeAdvice 接口，并且要重写默认的 before()方法，该方法会在目标对象所指定的方法之前执行。在 before()方法执行完后，如果没有异常，将会接着执行目标对象的方法。

（4）创建后置通知，该通知会在 execute()方法执行之后执行，目的是关闭数据库的连接。关键代码如下：

```
public void afterReturning(Object returnValue, Method method, Object[] args, Object target) throws Throwable {
    logger.info("After 通知开始。。。。。。 ");                    //利用 log4j 输出信息
    if (method.getName().equals("executeInsert")){
        if ( target instanceof   UserInterface ){               //后置通知执行后关闭数据库连接
            UserInterface di=(UserInterface) target;
            di.closeConn();                                      //关闭数据库连接
        }
    }
}
```

说明　　After 通知和 Before 通知非常相似，不过它会在目标对象的方法执行之后执行，在具体应用中需要实现 org.springframework.aop.AfterReturningAdvice 接口，还需要实现 AfterReturningAdvice 接口中的 afterReturning()方法，该方法会在目标对象所指定的方法之后执行。

（5）创建 commitAction 类，该类是一个 Spring MVC 的控制器类，类似于 Struts 中的 Action 类。在这里可以把它理解为一个 Servlet，其功能主要是获得表单数据，然后插入数据库。关键代码如下：

```
public ModelAndView execute(HttpServletRequest request,HttpServletResponse response)
        throws SQLException,ServletException, IOException {
    request.setCharacterEncoding("GBK");                    //设置编码格式
    String username = new String(request.getParameter("username").getBytes("ISO-8859-1"),"GBK");//获取用户名
    String password = new String(request.getParameter("password").getBytes("ISO-8859-1"),"GBK");//获取密码
    String realname = new String(request.getParameter("realname").getBytes("ISO-8859-1"),"GBK");//获取真名
    String age = request.getParameter("age");               //获取年龄
    String tel =request.getParameter("tel");                //获取电话
    //执行添加操作的 SQL 语句
    String sql="insert into tb_user2 (username,password,realname,age,tel) values('"+username+"','"+ password+"',
'"+realname+"','"+age+"','"+tel+"')";
    System.out.println(".........................");
    myCheckClass.executeInsert(sql);                        //执行添加操作
    System.out.println(".........................");
    Map msg = new HashMap();
    return new ModelAndView("index", msg);
}
```

运行本实例，在用户注册页面中输入用户注册信息，单击"注册"按钮，在控制台上输出如图 16.28 所示的执行结果。

图 16.28　在控制台上输出的结果

16.7.5　利用 JdbcTemplate 向员工信息表中添加数据

视频讲解：光盘\TM\Video\16\利用 **JdbcTemplate** 向员工信息表中添加数据.exe

例 16.14　利用 JdbcTemplate 向员工信息表中添加数据。（**实例位置**：光盘\TM\Instances\16.14）

（1）创建封装员工信息的 JavaBean 类 Employee，关键代码如下：

```
public class Employee {
    private int id;             //编号
    private String name;        //姓名
    private String sex;         //性别
    private int age;            //年龄
    private String dept;        //部门
```

```
        private String duty;           //职务
        private String telephone;    //联系电话
        …                              //省略了 getter()和 setter()方法
    }
```

（2）创建操作数据库的 Dao 类 EmpDao，声明一个 JdbcTemplate 类型属性，并添加 getter()和 setter() 方法，用于将 JdbcTemplate 注入到 Empdao，然后编写一个向员工信息表添加数据的方法。关键代码如下：

```
public class EmpDao {
        private JdbcTemplate jdbcTemplate;//注入 JdbcTemplate
        public JdbcTemplate getJdbcTemplate() {
            return jdbcTemplate;
        }
        public void setJdbcTemplate(JdbcTemplate jdbcTemplate) {
            this.jdbcTemplate = jdbcTemplate;
        }
        public void addEmp(Employee emp){//向员工信息表添加数据的方法
            String name=emp.getName();
            String sex = emp.getSex();
            int age = emp.getAge();
            String dept = emp.getDept();
            String duty = emp.getDuty();
            String telephone = emp.getTelephone();
            String sql = "insert into tb_employee(name,sex,age,dept,duty,telephone)
                        values('"+name+"','"+sex+"','"+age+"','"+dept+"','"+duty+"','"+telephone+"')";
            jdbcTemplate.update(sql); //调用 JdbcTemplate 的 update()方法向员工信息表插入数据
        }
    }
```

（3）在 Spring 的 applicationContext.xml 文件中，首先配置 DataSource 数据源，然后配置 JdbcTemplate，将数据源对象注入 JdbcTemplate 中，最后配置 EmpDao，并将 JdbcTemplate 注入 EmpDao。关键代码如下：

```
    <!-- 配置数据源 -->
    <bean id="dataSource"
        class="org.springframework.jdbc.datasource.DriverManagerDataSource">
        <property name="driverClassName">
            <value>com.mysql.jdbc.Driver</value>
        </property>
        <property name="url">
            <value>jdbc:mysql://localhost:3306/db_database16
            </value>
        </property>
        <property name="username">
            <value>root</value>
        </property>
        <property name="password">
            <value>111</value>
        </property>
    </bean>
    <!-- 配置 JdbcTemplate -->
    <bean id="jdbcTemplate" class="org.springframework.jdbc.core.JdbcTemplate">
        <property name="dataSource">
            <ref local="dataSource"/>
        </property>
    </bean>
    <!-- 配置 Dao -->
    <bean id="empDao" class="com.lh.dao.EmpDao">
        <property name="jdbcTemplate">
```

```
                    <ref local="jdbcTemplate"/>
            </property>
        </bean>
```

（4）创建填写员工信息的表单页 index.jsp。

（5）创建处理表单数据的 save.jsp 页，关键代码如下：

```
<%
    String name = request.getParameter("name");                    //获取表单数据
    String sex = request.getParameter("sex");
    String age = request.getParameter("age");
    String dept = request.getParameter("dept");
    String duty = request.getParameter("duty");
    String tel = request.getParameter("telephone");
    Employee emp = new Employee();                                 //创建封装员工信息的 JavaBen
    emp.setName(name);
    emp.setSex(sex);
    emp.setAge(Integer.parseInt(age));
    emp.setDept(dept);
    emp.setDuty(duty);
    emp.setTelephone(tel);
    ApplicationContext factory = new ClassPathXmlApplicationContext("applicationContext.xml");
    EmpDao dao = (EmpDao)factory.getBean("empDao");                //获取 Dao 对象
    dao.addEmp(emp);                                               //调用方法，添加员工信息
%>
```

运行本实例，在录入员工信息的页面中输入员工信息，如图 16.29 所示，单击"添加到数据库"按钮，即可将该员工信息保存到数据库中。

图 16.29 输入员工信息页面

16.8 本章小结

本章首先介绍了 Spring 框架核心技术 IoC、AOP 和 Bean 的相关知识，以及对 Bean 的配置与装载；然后讲解了 Spring 提供的资源获取、国际化等功能；最后介绍了 Spring 对数据持久层的支持。通过本章的学习，读者应该掌握 Spring 的核心技术。

16.9 学习成果检验

1．利用 Spring 整合 Hibernate 来实现批量添加数据。（答案位置：光盘\TM\Instances\16.15）

2．将用户信息封装为一个 JavaBean，在 Spring 的配置文件中为它注入属性，然后使用 Java 程序调用该 JavaBean，在控制台输出信息。（答案位置：光盘\TM\Instances\16.16）

3．配置自定义属性编辑器，为 JavaBean 注入日期时间型数据，并通过控制台进行输出。（答案位置：光盘\TM\Instances\16.17）

第17章

Spring MVC 框架

(🎬 视频讲解：87分钟)

MVC 是一种经典的设计模式，特别是最近几年，更是受到广大 Web 开发人员的一致好评。它把输入、处理与显示分为 3 个模块，各模块各司其职、分工协作，高效完成不同的任务。

针对这一特点，随着 Web 开发技术的不断发展，涌现出了很多优秀的 MVC 实现品。程序开发人员可以直接使用它们，而不需要再为 Web 应用程序重新构建框架、规划软件模块。其中 Spring MVC 是基于 MVC 的 Web 应用框架，本章将详细介绍它的具体应用。

通过阅读本章，您可以：

▶▶ 了解 Spring MVC 中的组件

▶▶ 理解 Spring MVC 核心控制器的作用

▶▶ 掌握 Spring MVC 控制器映射的配置方法

▶▶ 掌握 Spring MVC 常用的业务控制器

▶▶ 了解 Spring MVC 视图解析器

▶▶ 了解常见 MVC 框架

17.1　Spring MVC 简介

前面已经学习了 MVC 模式以及 MVC 的实现品 Struts 框架，初步领略了 MVC 设计思想的优势；其实在 Spring 中也提供了 MVC 模式的实现品，即 Spring MVC。

17.1.1　Spring MVC 的特点

Spring MVC 相当灵活，且可以扩展。其 MVC 框架是围绕 DispatcherServlet 这个核心展开的。核心控制器的作用就是截获请求，并将其分发到相应的业务控制器中，由业务控制器调用业务处理方法处理业务逻辑，返回一个模型和视图对象，核心控制器再根据此对象找到视图显示出处理结果，如图 17.1 所示。

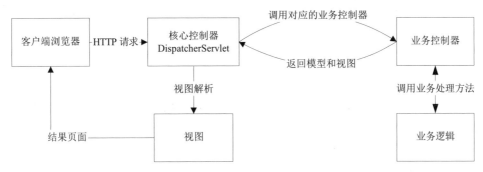

图 17.1　Spring MVC 请求处理流程

另外，Spring MVC 框架还包括处理器映射、视图解析、国际化解析、文件上传解析等其他功能，这些功能都可以通过配置来实现。

17.1.2　Spring MVC 的不足

有利必有弊，由于 Spring 的 MVC 框架想达到一种完美的解决方案，并与 Web 应用结合在一起，导致 Spring MVC 框架难以脱离 Servlet 独立运行；另外过于细化的组件划分比较繁琐，降低了软件开发的效率。

17.2　Spring MVC 中的组件

Spring MVC 的角色划分非常清晰，各组件的功能单一，很好地达到了高内聚低耦合的效果。Spring MVC 框架中的组件主要有核心控制器、业务控制器、控制器映射、模型与视图、视图解析器以及 Command 对象，下面分别进行介绍。

17.2.1　核心控制器

Spring MVC 的核心控制器就是 DispatcherServlet，它负责接收 HTTP 请求，并组织协调 Spring MVC 的各组件共同完成处理请求的工作。此外，核心控制器还有一项重要的工作，就是加载配置文件初始化上下文应用对象 ApplicationContext。

核心控制器主要负责拦截用户请求，将请求封闭成对象数据并创建 ApplicationContext 与 Spring MVC

各个组件，并将它们装配到 DispatcherServlet 的实例中。

17.2.2　业务控制器

Spring MVC 中的业务控制器分为很多种，核心控制器会根据不同的业务请求调用不同的业务控制器，所有的业务控制器都必须实现 Controller 接口；用户也可以扩展自己的业务控制器。

17.2.3　控制器映射

控制器映射又被称为处理器映射，它是一种映射策略，Spring MVC 中内置了以下多种控制器映射策略。
- ☑　SimpleUrlHandlerMapping：URL 映射控制器。
- ☑　BeanNameUrlHandlerMapping：文件名映射控制器。
- ☑　ControllerClassNameHandlerMapping：短类名控制器。

另外，在 Spring MVC 中还允许用户自定义处理器映射。

17.2.4　模型与视图

Spring MVC 与其他大部分 MVC 框架一样，都没有提供专门的模型组件。Spring 的模型对象由普通的 map 对象来充当。大部分的业务控制器都会返回一个 ModelAndView 对象，用来负责传递模型层处理后的结果集与指定的视图层名称。

17.2.5　视图解析器

视图的作用就是显示结果。Spring 支持多种格式的视图，如 JSP、JSTL、Excel 和 PDF 等。大部分的控制器都会返回一个 ModelAndView 对象，该对象里仅有一个视图的逻辑名称，这个名称并没有与指定的视图关联，它们的关联操作就是通过视图解析器来完成的。通过视图解析器就可以在不同的视图技术之间自由切换。

17.2.6　Command 对象

Command 对象就是普通的 Java 对象，用于封装用户请求中的参数。该对象属于控制器，由核心控制器创建，并与请求一起转发到业务控制器中。

17.3　Spring MVC 核心控制器

Spring MVC 是一个基于用户请求驱动的 Web 框架，其设计核心就是用来转发用户请求的核心控制器 DispatcherServlet。其主要作用就是截获用户请求，所以它必须在应用程序启动时自动加载，并配置要截获的请求类型，这就需要在 web.xml 文件中对核心控制器进行配置。下面通过一段代码讲解如何配置 DispatcherServlet。

```
<servlet>
    <!-- 声明 Servlet -->
    <servlet-name>dispatcherServlet</servlet-name>
```

```
        <servlet-class>org.springframework.web.servlet.DispatcherServlet
        </servlet-class>
        <!-- 初始化上下文对象 -->
        <init-param>
            <!-- 参数名称 -->
            <param-name>contextConfigLocation</param-name>
            <!-- 加载配置文件 -->
            <param-value>/WEB-INF/applicationContext.xml</param-value>
        </init-param>
        <!-- 设置启动的优先级 -->
        <load-on-startup>1</load-on-startup>
    </servlet>
    <!-- 采用通配符映射所有 HTML 类型的请求 -->
    <servlet-mapping>
        <servlet-name>dispatcherServlet</servlet-name>
        <url-pattern>*.html</url-pattern>
    </servlet-mapping>
```

在上面的配置文件中声明了一个名为 dispatcherServlet 的 Servlet 对象，并采用通配符的方式将所有 HTML 类型的请求都映射到了 DispatcherServlet 对象上。另外我们还为 Servlet 初始化了一个 contextConfigLocation 属性，该属性加载了 WEB-INF 文件夹下的 applicationContext.xml 配置文件（如果要在初始化时加载多个配置文件，则可以使用逗号将其分隔开），这样就将配置信息加载到了上下文环境中。

17.4　Spring MVC 控制器映射

　　视频讲解：光盘\TM\Video\17\Spring MVC 控制器映射.exe

通过控制器映射（HandlerMapping），DispatcherServlet 可以找到用来处理对应 HTTP 请求的业务控制器。Spring 提供了不同的 HandlerMapping 实现类，能够根据 URL 请求信息的不同查找当前环境中指定的处理器。

17.4.1　配置 BeanNameUrlHandlerMapping

BeanNameUrlHandlerMapping 主要用来将 URL 请求映射到处理器，它会在 Spring 中查找与 URL 请求名称相同的处理器。可以使用如下代码在 Spring 配置文件中定义一个控制器映射：

```
<bean id="handlerMapping" class="org.springframework.web.servlet.handler.
BeanNameUrlHandlerMapping"/>
```

接下来在浏览器中请求 http://127.0.0.1:8080/mrSoft/userLogin.html 这个 URL 地址，如图 17.2 所示，BeanNameUrlHandlerMapping 将自动查找名为 userLogin.html 的处理器 Bean。

　　说明　　如果在 Spring 配置文件中没有定义控制器映射，DispatcherServlet 会默认创建一个 BeanNameUrlHandlerMapping。

http://127.0.0.1:8080/mrSoft/userLogin.html

请求名称

图 17.2　URL 请求名称

BeanNameUrlHandlerMapping 的使用方法非常简单，它将处理器名称直接绑定在 URL 请求中。这样虽然方便，但显得非常生硬、功能单一、不够灵活，更不利于代码的维护。因此，在大多数情况下不建议用户使用该控制器映射。用户可以考滤使用 SimpleUrlHandlerMapping。

17.4.2　配置 SimpleUrlHandlerMapping

SimpleUrlHandlerMapping 使用 mappings 属性来定义 URL 到处理器的映射关系，其中 mappings 属性的类型为 Properties，这样处理器就可以采用标准的 Bean 名称，而不需要与 URL 中的请求名称相同。在配置文件中定义一个 SimpleUrlHandlerMapping 的关键代码如下：

```
<bean class="org.springframework.web.servlet.handler.SimpleUrlHandlerMapping">
    <property name="mappings">
        <props>
            <prop key="/index.html">forwardController</prop>
            <prop key="/stu/*.html">forwardController</prop>
            <prop key="/userLogin.html">userLogin</prop>
        </props>
    </property>
</bean>
```

在 SimpleUrlHandlerMapping 中不需要指定 Bean 的 id 与 name 属性，DispatcherServlet 可以自动探测到；另外，可以使用通配符"？"、"*"将多个文件映射到同一个控制器上。在上面的代码中，""/stu/*.html""表示将 stu 目录下所有后缀名为 html 的请求都设置为转向 forwardController 控制器。

17.4.3　多个控制器映射

在 Web 应用程序中使用一个控制器映射很难完成解析所有请求的工作，这时就要配置多个控制器映射，并通过 order 属性来指定它们的优先级。DispatcherServlet 会顺序使用控制器映射解析 URL 中的请求，直到返回正确的结果。

17.5　Spring MVC 业务控制器

视频讲解：光盘\TM\Video\17\Spring MVC 业务控制器.exe

核心控制器只是负责拦截用户请求，但无法完成业务操作，因此还需要业务控制器的帮助。业务控制器是由用户定义的,用户定义的业务控制器只要实现 org.springframework.mvc.Controller 接口即可。Controller 接口的源代码如下：

```
public interface Controller {
    ModelAndView handleRequest(HttpServletRequest request, HttpServletResponse response) throws Exception;
}
```

在该接口中定义了一个 handleReques()方法来处理用户请求,并返回一个 ModelAndView 对象。如图 17.3 所示，Spring MVC 通过实现 Controller 接口为我们提供了丰富的控制器功能。越是底端的控制器功能越强大，以便完成复杂的业务流程。接下来介绍几种常用的业务控制器。

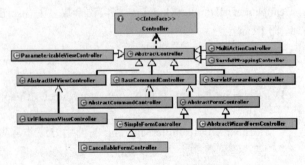

图 17.3　Controller 控制器结构

17.5.1　简单控制器

从图 17.3 中可以看到，AbstractController 类实现了 Controller 接口，是所有控制器的父类；此外，该类还通过继承 WebContentGenerator 为我们提供了一些其他的辅助功能。下面来看一个使用简单控制器实现的实例。

运行本实例，首先进入 index.jsp 页面（如图 17.4 所示），输入用户信息后单击"注册"按钮，DispatcherServlet 会将用户请求截获，并转发给与请求名称对应的 regController 控制器，在控制器中对数据进行处理后，返回到 reg.jsp 页面，在该页面中将用户输入的注册信息显示出来，如图 17.5 所示。

例 17.01 使用简单控制器获取表单数据。（实例位置：光盘\TM\Instances\17.01）

图 17.4 用户注册页面　图 17.5 显示用户注册信息

（1）编写 regController.java 类文件，并让该类继承 AbstractController 简单控制器类。在该类中获取用户输入的表单信息，并将其保存在 map 对象中，由视图模型对象返回。关键代码如下：

```
public class regController extends AbstractController {
    protected ModelAndView handleRequestInternal(HttpServletRequest request,
            HttpServletResponse response) throws Exception {
        return new ModelAndView("reg.jsp");          //返回视图模型
    }
}
```

（2）编写 applicationContext.xml 配置文件，在该文件中配置上面编写的控制器。关键代码如下：

```
<beans
    xmlns="http://www.springframework.org/schema/beans"
    xmlns:xsi="http://www.w3.org/2001/XMLSchema-instance"
    xsi:schemaLocation="http://www.springframework.org/schema/beans
http://www.springframework.org/schema/beans/spring-beans-3.0.xsd">
    <!-- 配置控制器 -->
    <bean name="/regController.html" class="com.jwy.controller.regController"/>
</beans>
```

（3）在 web.xml 文件中配置核心控制器，并让其截获所有以.html 结尾的请求。关键代码如下：

```
<servlet>
    <!-- 定义 Servlet 名称 -->
    <servlet-name>dispatcherServlet</servlet-name>
    <!-- Servlet 具体实现类 -->
    <servlet-class>org.springframework.web.servlet.DispatcherServlet</servlet-class>
    <!-- 初始化上下文对象 -->
    <init-param>
        <!-- 参数名称 -->
        <param-name>contextConfigLocation</param-name>
        <!-- 加载配置文件 -->
        <param-value>/WEB-INF/applicationContext.xml</param-value>
    </init-param>
    <!-- 设置启动的优先级 -->
    <load-on-startup>1</load-on-startup>
</servlet>
<!-- 采用通配符映射所有 HTML 类型的请求 -->
<servlet-mapping>
    <servlet-name>dispatcherServlet</servlet-name>
    <url-pattern>*.html</url-pattern>
</servlet-mapping>
```

（4）编写 index.jsp 首页文件，在该文件中定义 form 表单，让用户在表单中输入用户信息，并让该表单请求在 applicationContext.xml 文件中定义的 simpleController.html 控制器。关键代码如下：

449

```
<form action="regController.html" method="post">
<table>
    <tr>
        <td>输入用户名：</td>
        <td><input type="text" name="name"></td>
    </tr>
    <tr>
        <td>输入密码：</td>
        <td><input type="password" name="pwd"></td>
    </tr>
    <tr>
        <td>确认密码：</td>
        <td><input type="password" name="pwd1"></td>
    </tr>
    <tr>
        <td>电子邮箱：</td>
        <td><input type="text" name="mail"></td>
    </tr>
    <tr>
        <td colspan="2">
            <input type="submit" value="注册">
            <input type="reset" value="重置">
        </td>
    </tr>
</table>
</form>
```

（5）编写 reg.jsp 页面文件，使用 EL 表达式将 map 集合对象中的用户输入信息显示出来。关键代码如下：

```
<%request.setCharacterEncoding("GBK"); %>
<table align="center" border="1">
    <tr>
        <td height="23"><span class="STYLE2">用户名：</span></td>
        <td height="23"><span class="STYLE2">${param.name }</span></td>
    </tr>
    <tr>
        <td height="23"><span class="STYLE2">密码：</span></td>
        <td height="23"><span class="STYLE2">${param.pwd }</span></td>
    </tr>
    <tr>
        <td height="23"><span class="STYLE2">邮箱：</span></td>
        <td height="23"><span class="STYLE2">${param.mail }</span></td>
    </tr>
    <tr>
        <td height="23" colspan="2" align="center"><a href="index.jsp" class="STYLE2">返回</a></td>
    </tr>
</table>
```

通常情况下不会使用简单控制器来当作控制器的父类，因为 Spring 在简单控制器的基础上提供了许多功能单一的、更简单的控制器，我们可以使用这些现成的控制器来降低开发控制器的负担，提高开发效率。

17.5.2　参数映射控制器

ParameterizableViewController（参数映射控制器）与简单控制器的功能相似。在例 17.01 中，把返回的视图名称直接硬编码在控制器中，这样写非常不利于程序的维护，而使用参数映射控制器 ParameterizableViewController

就可以解决这个问题。在该类中提供了 getter()与 setter()方法，所以可以直接在配置文件中使用该类来进行请求的转发操作。

对于例 17.01，可以将 simpleController.java 文件删除并在配置文件中将控制器类改为 ParameterizableView Controller，为其配置要进入的视图名称就可以实现参数映射控制器的功能。

例 17.02　参数映射控制器。（实例位置：光盘\TM\Instances\17.02）

```
<!-- 配置参数映射控制器 -->
<bean name="/regController.html"
      class="org.springframework.web.servlet.mvc.ParameterizableViewController">
      <!-- 配置视图名称 -->
      <property name="viewName">
          <value>reg.jsp</value>
      </property>
</bean>
```

在本实例中，直接将 regController.html 请求通过 ParameterizableViewController 转发到了 reg.jsp 页面，与使用简单控制器相比省去了扩展简单控制器的步骤。

17.5.3　文件名映射控制器

UrlFilenameViewController（文件名映射控制器）也是用于请求转发的控制器。该控制器与其他控制器的区别在于使用了"前缀+请求名+后缀"的方式来生成视图的名称。该类中声明了 prefix 与 suffix 属性，并且提供了 getter()与 setter()方法，所以不需要对该类进行扩展，即可直接使用。

通过对例 17.02 配置文件的简单修改，即可实现使用文件名映射控制器转发请求的功能。

例 17.03　文件名映射控制器。（实例位置：光盘\TM\Instances\17.03）

本实例只修改了例 17.02 的 applicationContext.xml 配置文件，修改后的配置文件如下：

```
<!-- 文件名映射控制器 -->
<bean name="/reg.html" class="org.springframework.web.servlet.mvc.UrlFilenameViewController">
    <!-- 前缀 -->
    <property name="prefix">
        <value>/</value>
    </property>
    <!-- 后缀 -->
    <property name="suffix">
        <value>.jsp</value>
    </property>
</bean>
```

在上面的配置文件中，为 reg.html 配置了视图的前缀"/"，即项目的根目录；还配置了视图的后缀".jsp"。这时如果请求 reg.html，文件名映射控制器将根据视图的前缀与后缀生成 reg.jsp 来访问 reg.jsp 页面。

> **说明**　WEB-INF 是一个受保护的文件夹，客户端不能直接访问该文件夹内的文件。为了提高安全性，可以将所有的 JSP 页面文件全部存放在 WEB-INF 文件夹下的 JSP 目录内，然后通过配置"/WEB-INF/jsp/"前缀来访问这些文件。

17.5.4　表单控制器

表单在网页中有着非常重要的地位，在与用户交互时可以起到采集数据的作用。在 Spring MVC 中提供了表单控制器（SimpleFormController）来获取表单中的信息。只要把页面中表单元素与 Bean 中的属性设置为相同的名称，表单控制器就会将表单中的数据封闭成一个 Bean 对象。

通过扩展 SimpleFormController 类并重写该类中的 onSubmit()方法，可以实现我们自己的表单控制器，当表单被提交时会执行 onSubmit()方法。

例 17.04　利用表单控制器验证用户登录。（实例位置：光盘\TM\Instances\17.04）

（1）编写实体类 User 来封装表单中的用户名与密码，使用 setter()与 getter()方法读出数据。关键代码如下：

```java
public class User {
    private String userName;
    private String userPwd;
    public String getUserName() {
        return userName;
    }
    public void setUserName(String userName) {
        this.userName = userName;
    }
    …//省略部分代码
}
```

（2）编写控制器类 UserLoginController，并让该类继承 SimpleFormController 表单控制器类，并重写 onSubmit()方法，在该方法中对用户提交的用户名与密码进行验证，如果验证成功进入到欢迎页面，如果验证失败则返回到输入页面并显示出错误信息。关键代码如下：

```java
public class UserLoginController extends SimpleFormController {
    protected ModelAndView onSubmit(Object command) throws Exception {
        User user = (User)command;
        String userName = user.getUserName();
        String userPwd = user.getUserPwd();
        Map map = new HashMap();
        if("mr".equals(userName)&&"mrsoft".equals(userPwd)){
            map.put("user", user);
            return new ModelAndView(getSuccessView(),"map",map);
        }else{
            map.put("error", "用户名或密码不正确，请重新输入！");
            return new ModelAndView(getFormView(),"map",map);
        }
    }
}
```

（3）在上面的代码中，onSubmit()方法传入了一个 Object 类型的对象，该对象就是封装了表单数据的实体对象。该对象是从何而来的呢？接下来看一下 Spring 的配置文件 applicationContext.xml，该配置文件的关键代码如下：

```xml
<!-- 表单控制器 -->
<bean name="/userLogin.html" class="com.mr.controller.UserLoginController">
    <property name="commandClass">
        <value>com.mr.controller.User</value>
    </property>
    <!-- 输入表单数据页面 -->
    <property name="formView">
        <value>index.jsp</value>
    </property>
    <!-- 表单提交后转入页面 -->
    <property name="successView">
        <value>login.jsp</value>
    </property>
</bean>
```

　　在这个配置文件中，首先配置了一个表单控制器 UserLoginController，然后将 commandClass 参数设置为 com.mr.controller.User 类型，这样在表单被提交时 Spring 会自动将表单中的数据封装到 User 类型的对象，并传递到 onSubmit()方法中。接下来还配置了 formView 与 successView 参数，这两个参数分别用来输入信息的表单页面与表单处理完成之后的转向页面。下面就来编写这两个页面。

　　（4）编写 index.jsp 页面文件，该页面中含有一个<form>元素（需要注意的是，在此并没有为该元素设置 action 属性）。关键代码如下：

```
<form method="post">
<center>${map.error }</center>
<table align="center">
<tr>
    <td height="23"><span class="STYLE3">输入用户名：</span></td>
    <td height="23"><input name="userName" type="text"></td>
</tr>
<tr>
    <td height="23"><span class="STYLE3">输入密码：</span></td>
    <td height="23"><input name="userPwd" type="password"></td>
</tr>
<tr>
    <td height="23" colspan="2" align="center">
        <input type="submit" value="登录">
        <input type="reset" value="重置">
    </td>
</tr>
</table>
</form>
```

　　（5）编写 login.jsp 页面文件，登录验证成功后会转向该页面，并在该页面中显示出欢迎信息。关键代码如下：

```
<center>
    系统登录成功<br>${map.user.userName}，欢迎光临！
</center>
```

　　（6）配置 web.xml 文件，与前面实例的配置一样，也是配置 DispatcherServlet 让其截获所有以.html 结尾的请求。

　　（7）在浏览器的地址栏中输入 "http://localhost:8080/17.04/userLogin.html" 来访问该项目，这时可以看到用户登录页面，如图 17.6 所示。输入用户名 "mr" 与密码 "mrsoft" 后，即可进入欢迎页面，如图 17.7 所示。

　　有人可能会问，在 index.jsp 页面中并没有设置 action 属性，表单为什么会被正确提交呢？那是因为 Spring MVC 的表单控制器与正常的表单处理流程有所不同，该控制器从被请求时起就已经开始控制表单了。表单的载入、提交、转向结果页都是由表单控制器来控制，流程如图 17.8 所示。因此，我们也是从 userLogin.html 来访问表单的。

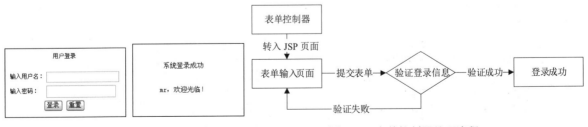

图 17.6　用户登录页面　　图 17.7　欢迎页面　　　　　　图 17.8　表单控制器处理流程

17.5.5 Spring 编码过滤器解决中文乱码

用户在通过表单向服务器提交数据时，往往都会包含一些中文信息，由于编码方式的不同，在服务器端获取到的这些中文信息常常会变成乱码。此时通常都会使用编码过滤器来解决这个经典的问题，在前面的实例中我们也自己编写了解决中文乱码的过滤器类。不过在 Spring 中，并不需要用户自己编写编码过滤器类，因为 Spring 为用户提供了一个现成的用于解决中文乱码问题的过滤器类 CharacterEncodingFilter，用户只需要在 web.xml 中进行简单的配置就可以了。例如：

```xml
<!-- Spring 编码过滤器 -->
<filter>
    <filter-name>encodingFilter</filter-name>
    <filter-class>org.springframework.web.filter.CharacterEncodingFilter
</filter-class>
    <!-- 编码方式 -->
    <init-param>
        <param-name>encoding</param-name>
        <param-value>gbk</param-value>
    </init-param>
    <!-- 强行进行编码转换 -->
    <init-param>
        <param-name>forceEncoding</param-name>
        <param-value>true</param-value>
    </init-param>
</filter>
<filter-mapping>
    <filter-name>encodingFilter</filter-name>
    <url-pattern>/*</url-pattern>
    <dispatcher>REQUEST</dispatcher>
    <dispatcher>FORWARD</dispatcher>
</filter-mapping>
```

通过上面的这段过滤器配置文件，即可将所有的 URL 请求以及转发请求的编码都转换成 GBK 格式。

17.5.6 多动作控制器

顾名思义，MultiActionController（多动作控制器）是指一个控制器可以执行很多动作。在应用程序的开发过程中，如果程序非常庞大，往往需要用户定义很多的控制器，这样非常不利于管理。这时可以考虑将功能相近的一类控制器放在一起，如对用户信息的查询、增加、修改、删除。Spring MVC 提供的多动作控制器 MultiActionController 就可以实现这个功能。

MultiActionController 与其他控制器完全不同，它可以在一个控制器中定义多个方法，只要继承 MultiActionController 类即可实现多方法控制器。在该控制器中定义的方法的返回值可以是 ModelAndView、Map 或 void，并且有两个参数，分别为 HttpServletRequest 与 HttpServletResponse。例如：

```java
public class UserOperationController extends MultiActionController {
    public ModelAndView insertUser(HttpServletRequest request,
        HttpServletResponse response)        //……省略方法体
    public ModelAndView updateUser(HttpServletRequest request,
        HttpServletResponse response)        //……省略方法体
}
```

上面的代码在多动作控制器中声明了两个方法，即 insertUser()与 updateUser()方法。下面需要配置一个方法名解析器，通过 method 参数来指定目标方法名。代码如下：

```
<!-- 多动作控制器 -->
<bean id="userOperation" class="com.jwy.cotroller.UserOperationController">
<!-- 指定方法名解析器 -->
    <property name="methodNameResolver" ref="methodNameResolver" />
</bean>
<!-- 方法名解析器 -->
<bean id="methodNameResolver"
    class="org.springframework.web.servlet.mvc.multiaction.ParameterMethodNameResolver">
    <property name="paramName" value="method" />
</bean>
```

这样就可以通过 http://localhost:8080/userManagerModule/userOperation.html?method=insertUser 与 http://localhost: 8080/userManagerModule/userOperation.html?method=updateUser 这两个 URL 分别访问这两个方法。

例 17.05 使用多动作控制器进行加、减、乘、除运算。（**实例位置：光盘\TM\Instances\17.05**）

（1）编写 OperationController 类，该类继承自 MultiActionController 类，用于实现多动作控制器的功能。关键代码如下：

```
public class OperationController extends MultiActionController {
    public ModelAndView plus(HttpServletRequest request,
            HttpServletResponse response) {
        int num1 = Integer.valueOf(request.getParameter("num1"));
        int num2 = Integer.valueOf(request.getParameter("num2"));
        String exper = "运算结果：<br><br>    " + num1 + "+" + num2
                + "=" + (num1 + num2);
        Map<String, String> map = new HashMap<String, String>();
        map.put("num1", num1 + "");
        map.put("num2", num2 + "");
        map.put("exper", exper);
        return new ModelAndView("index.jsp", "map", map);
    }
    //……省略部分代码
}
```

在该类中创建了 plus()方法，利用该方法对两个表达式进行加法运算，并将运算结果返回。另外，在进行除法运算时要判断除数是否为 0，因为当除数为 0 时系统会出现异常信息。

（2）在配置文件中配置前面编写的多动作控制器以及方法解析器，关键代码如下：

```
<!-- 配置多动作控制器 -->
<bean name="/operation.html" class="com.jwy.controller.OperationController">
    <property name="methodNameResolver" ref="methodNameResolver" />
</bean>
<!-- 配置方法解析器 -->
<bean id="methodNameResolver"
    class="org.springframework.web.servlet.mvc.multiaction.ParameterMethodNameResolver">
    <property name="paramName" value="method" />
</bean>
```

（3）编写 index.jsp 页面文件，用于输入要进行运算的两个数，并显示出相应的运算结果。关键代码如下：

```
<script type="text/javascript">
    function run(url){
        if(check(document.f1.num1.value)&&check(document.f1.num2.value)){
            document.f1.action=url;
            document.f1.submit();
        }
    }
```

```
function check(num){
        var re = /^[0-9]*$/;
        if(re.test(num)){
            return true;
        }else{
            alert("你输入的"+num+"不是整数");
            return false;
        }
    }
</script>
</head>
<body>
    输入操作数（整数）：
  <form name="f1" action="" method="post">
    操作数 1：<input type="text" name="num1" size="6" value="${map.num1 }">
    操作数 2：<input type="text" name="num2" size="6" value="${map.num2 }"><br><br>
    <input type="button" value="加法" onclick="run('operation.html?method=plus')">
    <input type="button" value="减法" onclick="run('operation.html?method=minus')">
    <input type="button" value="乘法" onclick="run('operation.html?method=multiply')">
    <input type="button" value="除法" onclick="run('operation.html?method=division')">
</form>
    ${map.exper}
</body>
```

在上面的代码中，在 URL 请求中增加了一个 method 参数来指定调用控制器中的哪个方法。首先使用 JavaScript 脚本验证输入的数据是否为整数，然后将表单数据提交到对应的方法中，最后使用 EL 表达式将计算结果输出到页面中。实例运行结果如图 17.9 所示。

图 17.9　实例运行结果

17.6　视图解析器

在现在的 Web 应用程序开发过程中，可以输出的视图种类多种多样。Spring 提供了多种不同类型的视图实现技术，在 org.springframework.web.servlet.view 的不同子包中可以看到不同的视图实现方式，如图 17.10 所示。通过视图解析器就可以对不同形式的视图进行操作。

17.6.1　视图解析器介绍

Spring MVC 控制器中的大部分方法都会返回一个 ModelAndView 类型的对象，在该对象中包含一个逻辑视图名，Spring 通过视图解析器将这个逻辑视图名与实际的视图关联到一起。所有的视图解析器都实现了 ViewResolver 接口，该接口中只定义了一个 resolveViewName()

图 17.10　视图实现技术

方法，通过该方法根据逻辑视图名和一个本地化对象得到一个视图对象。该方法声明如下：
```
View resolveViewName(String viewName, Locale locale) throws Exception;
```

 456

由于可供选择的视图类型非常丰富，相应地
Spring MVC 提供了种类繁多的视图解析器，如
图 17.11 所示。通过使用这些视图解析器，就可
以生成用户所需类型的视图。

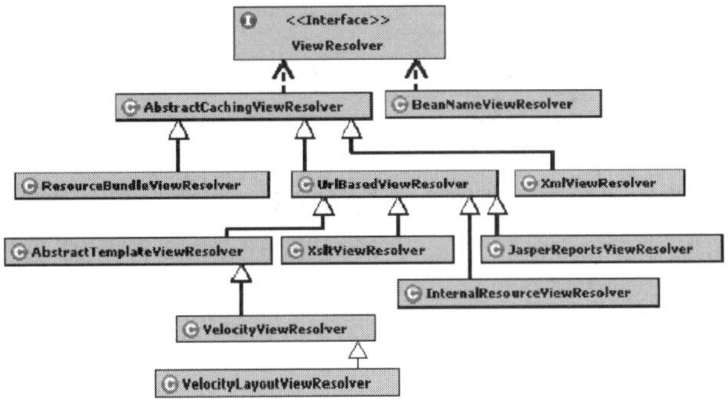

☑ BeanNameViewResolver：可以直接将逻
辑视图名解析为 DispatcherServlet 上下
文中的 Bean 对象。

☑ AbstractCachingViewResolver：这是一
个抽象的视图解析器类，用来缓存视
图。继承了它的子类都可以缓存视图。

☑ XmlViewResolver：该视图解析器与
BeanNameViewResolver 功能相似，但

图 17.11　视图解析器结构

它可以从 XML 配置文件中读取视图映射信息。默认的文件路径为/WEB-INF/views.xml。

☑ ResourceBundleViewResolver：在进行国际化操作时将资源文件与视图文件绑定，根据不同的本地
化对象提供不同的结果。

☑ InternalResourceViewResolver：UrlBasedViewResolver 的子类，可以通过 setViewClass 方法将视图
名解析为一个 URL 文件。

17.6.2　配置 InternalResourceViewResolver

通常使用InternalResourceViewResolver将逻辑视图名映射到保存在WEB-INF文件夹中的JSP页面文件，
即通过"前缀+逻辑视图名+后缀"的方式得到一个指向确定地址的JSP页面文件。配置方法如下：

```
<!-- 配置视图解析器 -->
<bean id="viewResolver"
class="org.springframework.web.servlet.view.InternalResourceViewResolver">
    <!-- 视图解析器类 -->
    <property name="viewClass">
        <value>org.springframework.web.servlet.view.JstlView
        </value>
    </property>
    <!-- 视图前缀 -->
    <property name="prefix">
        <value>/WEB-INF/jsp/</value>
    </property>
    <!-- 视图后缀 -->
    <property name="suffix">
        <value>.jsp</value>
    </property>
</bean>
```

这时假设有一个 index.html 请求，该请求将会被解析成/WEB-INF/jsp/index.jsp。

17.7　常见的其他第三方 MVC 框架

Spring 提供 MVC 框架是想证明实现一个 MVC 框架是一件很容易的事情，我们没有必要一定要使用

Spring 的 MVC 框架，这是因为 Spring 还提供了整合目前主流的 MVC 框架（如 Struts、JSF 和 Struts2 等）的功能。

17.7.1 Struts

Struts 是目前使用率最高的 MVC 框架之一，最早的代码出现于 2000 年 5 月，直到 2001 年 6 月发布了 1.0 版本。Struts 是 Apache 基金会 Jakarta 项目组的一个 Open Source 项目，它采用 MVC 模式，能够很好地帮助 Java 开发者利用 J2EE 开发 Web 应用。到目前为止，Struts 仍占有 MVC 市场的大部分份额以及丰富的社区资源。

17.7.2 JSF

JSF 是一种用于构建 Java Web 应用程序的标准框架，由于它被加入到 JavaEE5 的技术规范中，因此得到了业界的广泛支持。它引入了基于组件和事件驱动的开发模式，提供了以组件为中心的用户界面构建方法，使开发人员可以使用类似于处理传统界面的方式来开发 Web 应用程序。

17.7.3 Struts 2

Struts 2 相对于 Struts 而言是一个全新的框架，它并没有继承 Struts 的血脉，而是从 WebWork 发展而来。在经历了几年的各自发展后，WebWork 和 Struts 社区决定合而为一，即产生了 Struts 2。因为 Struts 2 是从 WebWork 发展而来，其实算不上一个全新的框架，所以在稳定性、性能等各方面也就有了良好的保证。

17.8 实　　战

17.8.1 应用参数映射控制器映射 JSP 页面

　　视频讲解：光盘\TM\Video\17\应用参数映射控制器映射 JSP 页面.exe

例 17.06 应用参数映射控制器映射 JSP 页面。（实例位置：光盘\TM\Instances\17.06）

（1）在 applicationContext.xml 文件中配置参数映射控制器以及视图分解器，关键代码如下：

```xml
<?xml version="1.0" encoding="UTF-8"?>
<beans
    xmlns="http://www.springframework.org/schema/beans"
    xmlns:xsi="http://www.w3.org/2001/XMLSchema-instance"
    xsi:schemaLocation="http://www.springframework.org/schema/beans
http://www.springframework.org/schema/beans/spring-beans-3.0.xsd">
        <!-- 定义视图分解器 -->
    <bean id="viewResolver"
        class="org.springframework.web.servlet.view.InternalResourceViewResolver">
        <property name="viewClass">
            <value>org.springframework.web.servlet.view.InternalResourceView</value>
        </property>
        <!-- 设置前缀，即视图所在的路径 -->
        <property name="prefix" value="/WEB-INF/jsp/" />
        <!-- 设置后缀，即视图的扩展名 -->
```

```
                <property name="suffix" value=".jsp" />
        </bean>
        <bean name="/sys01.do" class="org.springframework.web.servlet.mvc.ParameterizableViewController">
                <property name="viewName" value="sys01"/>
        </bean>
        <bean name="/sys02.do" class="org.springframework.web.servlet.mvc.ParameterizableViewController">
                <property name="viewName" value="sys02"/>
        </bean>
        <bean name="/sys03.do" class="org.springframework.web.servlet.mvc.ParameterizableViewController">
                <property name="viewName" value="sys03"/>
        </bean>
        <bean name="/sys04.do" class="org.springframework.web.servlet.mvc.ParameterizableViewController">
                <property name="viewName" value="sys04"/>
        </bean>
</beans>
```

（2）在 web.xml 文件中配置 Spring 控制器，关键代码如下：

```
<servlet>
        <servlet-name>dispatcherServlet</servlet-name>
        <servlet-class>org.springframework.web.servlet.DispatcherServlet</servlet-class>
        <init-param>
                <param-name>contextConfigLocation</param-name>
                <param-value>/WEB-INF/applicationContext.xml</param-value>
        </init-param>
        <load-on-startup>1</load-on-startup>
</servlet>
<servlet-mapping>
        <servlet-name>dispatcherServlet</servlet-name>
        <url-pattern>*.do</url-pattern>
</servlet-mapping>
```

（3）编写 index.jsp 页面文件，在该页面中编写超链接按钮，关键代码如下：

```
<center>
<img align="middle" src="images/main.jpg" width="800" height="660" border="0" usemap="#Map">
<map name="Map">
  <area shape="rect" coords="615,180,789,236" href="sys01.do">
<area shape="rect" coords="614,252,788,304" href="sys02.do">
<area shape="rect" coords="549,318,782,372" href="sys03.do">
<area shape="rect" coords="605,387,792,443" href="sys04.do">
</map>
</center>
```

（4）在 WEB-INF\JSP\文件夹下编写 sys01.jsp、sys02.jsp、sys03.jsp 和 sys04.jsp 页面文件。

运行程序，在页面中将显示 4 个进入不同页面的超链接，如图 17.12 所示，单击"进销存 01"、"进销存 02"、"进销存 03"和"进销存 04"按钮，将分别进入到不同的页面。

图 17.12　映射到不同 JSP 页面的超链接

17.8.2　利用向导控制器实现分步用户注册

视频讲解：光盘\TM\Video\17\利用向导控制器实现分步用户注册.exe

例 17.07　利用 Spring 向导控制器实现分步用户注册。（**实例位置：光盘\TM\Instances\17.07**）

（1）编写 User.java 实体类文件，用于封装用户输入的表单信息，关键代码如下：

```
public class User {
    private String userName;        //用户名
    private String pwd;             //密码
    private String pwd1;            //确认密码
    private String qq;              //QQ 号码
    private String mail;            //电子邮箱
    private String tel;             //电话
    private String addr;            //地址
    private String name;            //姓名
    private String age;             //年龄
    private String sex;             //性别
    private String high;            //身高
    private String weight;          //体重
    public String getPwd1() {
        return pwd1;
    }
    public void setPwd1(String pwd1) {
        this.pwd1 = pwd1;
    }
    …//省略部分代码
}
```

（2）编写向导控制器 GuideController.java 类，该类继承自 AbstractWizardFormController 类，关键代码如下：

```
public class GuideController extends AbstractWizardFormController {
    private String cancelView;      //取消时跳转的页面
    private String finishView;      //完成后跳转的页面
    public void setCancelView(String cancelView) {
        this.cancelView = cancelView;
    }
    public void setFinishView(String finishView) {
        this.finishView = finishView;
    }
    //最后提交表单时执行的方法
    protected ModelAndView processFinish(HttpServletRequest arg0,
            HttpServletResponse arg1, Object arg2, BindException arg3)
            throws Exception {
        User fullUser = (User)arg2;
        return new ModelAndView(finishView,"user",fullUser);
    }
    //取消时执行的方法
    protected ModelAndView processCancel(HttpServletRequest request,
            HttpServletResponse response, Object command, BindException errors)
            throws Exception {
        return new ModelAndView(cancelView);
    }
}
```

（3）在 applicationContext.xml 文件中配置表单对象，与向导页面中的视图，关键代码如下：

```
<bean name="user" class="com.jwy.User" />
<bean name="/userReg.do" class="com.jwy.GuideController">
    <!-- 封装表单的对象 -->
    <property name="commandClass" value="com.jwy.User" />
```

```
<!-- 向导页面 -->
<property name="pages" value="onePage,twoPage,threePage" />
<!-- 取消后转向的视图 -->
<property name="cancelView" value="index" />
<!-- 向导完成后转向的视图 -->
<property name="finishView" value="ok" />
</bean>
```

（4）在 web.xml 文件中配置 dispatcherServlet，关键代码如下：

```
<servlet>
    <servlet-name>dispatcherServlet</servlet-name>
    <servlet-class>org.springframework.web.servlet.DispatcherServlet</servlet-class>
    <init-param>
        <param-name>contextConfigLocation</param-name>
        <param-value>/WEB-INF/applicationContext.xml</param-value>
    </init-param>
    <load-on-startup>1</load-on-startup>
</servlet>
<servlet-mapping>
    <servlet-name>dispatcherServlet</servlet-name>
    <url-pattern>*.do</url-pattern>
</servlet-mapping>
```

（5）编写 onePage.jsp、twoPage.jsp 和 threePage.jsp 页面文件，并使用_targetX 的命名方式为"上一步"与"下一步"按钮命名，X 为要转到的页面的索引（例如要转到 onePage.jsp 页面就是_target0），关键代码如下：

```
<form:form>
    姓名：<form:input path="name"/><br>
    年龄：<form:input path="age"/><br>
    性别：<form:input path="sex"/><br>
    身高：<form:input path="high"/><br>
    体重：<form:input path="weight"/><br>
    <input type="submit" name="_target0" value="上一步">
    <input type="submit" name="_target2" value="下一步"><br>
</form:form>
```

（6）另外还有"确定"按钮，该按钮的 name 属性为_finish，与控制器中的 processFinish()方法相对应，本实例中"确定"按钮的代码如下：

```
<input type="submit" name="_finish" value="确定" >
```

运行程序，单击"注册"超链接，进入用户注册的第一步，输入用户的基本信息，如图 17.13 所示。

单击"下一步"按钮，进入用户个人信息页面，如图 17.14 所示。

图 17.13　输入用户的基本信息

图 17.14　用户个人信息

输入完成后单击"下一步"按钮，进入到输入用户联系方式页面，如图 17.15 所示。

在用户输入信息的过程中，单击"上一步"按钮可以返回到上一页面。输入完全部信息后单击"确定"按钮，用户所输入的全部内容将显示在页面中，如图 17.16 所示。

图 17.15 用户联系方式   图 17.16 显示用户信息

17.8.3 利用表单控制器实现验证处理

🎬 **视频讲解：光盘\TM\Video\17\利用表单控制器实现验证处理.exe**

在使用 Spring 框架中的 MVC 模式进行 Web 程序设计时，表单控制器 SimpleFormController 是经常用到的，通常将表单中的数据验证结合在控制器中使用，以达到数据验证的功能。

例 17.08　利用表单控制器实现验证处理。（**实例位置：光盘\TM\Instances\17.08**）

（1）创建 UserForm.java 类文件，并定义对应属性名称以及 getter()和 setter()方法，关键代码如下：

```java
public class UserForm {
    private String userid;
    private String username;
    private String password;
    public String getPassword() {
    return password;
    }
    public void setPassword(String password) {
    this.password = password;
    }
    public String getUserid() {
    return userid;
    }
    public void setUserid(String userid) {
    this.userid = userid;
    }
    public String getUsername() {
    return username;
    }
    public void setUsername(String username) {
    this.username = username;
    }
}
```

（2）创建 UserValidator.java 类文件，此类继承 Validator 类，在 validate()方法中编写用来验证的关键代码如下：

```java
import org.springframework.validation.*;
public class UserValidator implements Validator {
public boolean supports(Class cs) {
```

```
return cs.equals(UserForm.class);
}
public void validate(Object obj, Errors errors) {
    UserForm form = (UserForm)obj;
ValidationUtils.rejectIfEmptyOrWhitespace(errors, "userid", null, "用户输入的 ID 值不允许为空值!!!");
ValidationUtils.rejectIfEmptyOrWhitespace(errors, "username", null, "用户输入的姓名不允许为空值!!!");
ValidationUtils.rejectIfEmptyOrWhitespace(errors, "password", null, "用户输入的口令不允许为空值!!!");
if(form.getUsername().length() < 4){
    errors.rejectValue("username", "less-than-four",null,"系统提示：输入的用户名称不能少于两个汉字");
    }
    }
}
```

（3）创建 form.jsp，用于显示验证信息，在文件中通过 Spring 标签来显示用户输入的错误信息，关键代码如下：

```
<spring:bind path="command.*">
    <font color="red">
    <b>${status.errorMessage}</b>
    </font>
    </spring:bind>
```

（4）创建 applicationContext.xml 配置文件，用于配置验证类以及用户相应的表单提交操作，关键代码如下：

```
<bean name="uservalidator" class="com.UserValidator"/>
    <bean name="/save.do" class="com.UserController">
    <property name="commandClass">
    <value>com.UserForm</value>
    </property>
    <property name="validator">
    <ref bean="uservalidator"/>
    </property>
    <property name="formView">
    <value>form</value>
    </property>
</bean>
```

运行程序，当进行表单数据提交时，将显示对不符合要求数据的验证结果，如图 17.17 所示，如果输入的内容全部符合要求，则显示登录成功页面。

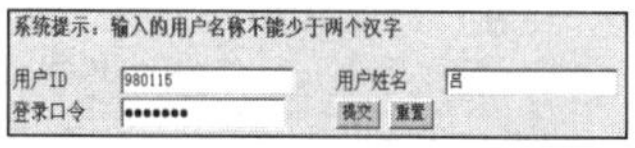

17.8.4　利用多动作控制器实现数据查询和删除操作

图 17.17　表单数据验证结果

📹 视频讲解：光盘\TM\Video\17\利用多动作控制器实现数据查询和删除操作.exe

例 17.09　利用 Spring 的多动作控制器实现数据查询和删除操作。（实例位置：光盘\TM\Instances\17.09）

（1）创建 StudentDao.java 类文件。首先导入需要的程序类包，然后定义 JdbcTemplate 模板的实例对象 jtl，该对象使用 Spring 的 IoC 依赖注入特征，在这个类中定义了 executeSql() 和 querySql() 两个方法，分别用来完成对数据库的删除和查询操作。关键代码如下：

```
import java.util.List;
import org.springframework.jdbc.core.JdbcTemplate;
public class StudentDao {
private JdbcTemplate jtl = null;
public JdbcTemplate getJtl() {
return jtl;
}
```

```
public void setJtl(JdbcTemplate jtl) {
    this.jtl = jtl;
}
public void executeSql(String deleteSql){
    jtl.execute(deleteSql);
}
public List querySql(String selectsql){
    return jtl.queryForList(selectsql);
}
}
```

（2）创建 StudentMutilAction.java 类文件，该类继承 MultiActionController 类。在类中定义一个类型为 StudentDao 的对象 dao 用于执行数据库操作，该对象使用 Spring 的 IoC 依赖注入，再定义一个查询方法 QueryUser()用来查询满足条件的数据。关键代码如下：

```
String propName = request.getParameter("select1");
String conName = request.getParameter("select2");
if (conName.equals("DY")) conName = ">";
if (conName.equals("XY")) conName = "<";
if (conName.equals("DEY")) conName = "=";
    String strValue = request.getParameter("strvalue");
    String sqlSelect;
    sqlSelect = "select * from tb_stuinfo where " + propName + " " + conName + "'" + strValue + "'";;
List liststu = dao.querySql(sqlSelect);
Map map = new HashMap();
map.put("stulist", liststu);
return new ModelAndView("index",map);
```

（3）在 WEB-INF 文件夹下创建 applicationContext.xml 配置文件，作用是对控制器的请求操作，关键代码如下：

```
<bean name="/*user.do" class="com.StudentMutilAction">
    <property name="methodNameResolver">
    <ref bean="paraMethodResolver"/>
    </property>
    <property name="dao">
    <ref local="daosupport"/>
    </property>
    </bean>
```

（4）创建 index.jsp 页面文件，作用是对控制器的请求操作，关键代码如下：

```
<c:forEach var="stuinf" items="${stulist}">
<tr>
<td height="28" align="center">
<c:out value="${stuinf.name}" />
</td>
<td height="28" align="center">
    <c:out value="${stuinf.sex}"/>
</td>
<td height="28" align="center">
    <c:out value="${stuinf.sfzhm}"/>
</td>
<td height="28" align="center">
<fmt:formatDate value="${stuinf.csrq}" dateStyle="long"/>
</td>
<td height="28" align="center">
    <c:out value="${stuinf.jtdh}" />
</td>
```

```
<td height="28" align="center">
    <c:out value="${stuinf.jtdz}" />
    </td>
<td height="28" align="center">
<input type="button" value="删除" onclick="window.location.href('deleteuser.do?id=${stuinf.stu_id}')" />
</td>
</tr>
</c:forEach>
```

运行程序，设置"查询字段"为"身份证号"，"运算符"为"等于"，条件为 11，单击"查询"按钮，将查询到符合条件的数据，如图 17.18 所示，单击"删除"按钮可以删除该条数据。

17.8.5 使用 Spring MVC 编写在线通讯录

视频讲解：光盘\TM\Video\17\使用 **Spring MVC** 编写在线通讯录**.exe**

本实例通过使用 Spring MVC 框架实现了一个简单的在线通讯录功能,用户可以向通讯录内添加联系人,可以修改联系人的联系方式,还可以删除已经存在的联系人。

例 17.10　在线通讯录。（实例位置：光盘\TM\Instances\17.10）

（1）设计联系人信息表 tb_addrBook，其结构如图 17.19 所示。

图 17.18　按身份证号查询的结果　　　　图 17.19　tb_addrBook 表结构

（2）编写 AddrBook.java 实体类文件，关键代码如下：

```java
public class AddrBook {
    private Integer id;                          //编号
    private String name;                         //姓名
    private String company;                      //公司
    private String job;                          //职位
    private String tel;                          //办公电话
    private String mobile;                       //移动电话
    private String mail;                         //电子邮件
    private String fax;                          //传真
    public Integer getId() {
        return id;
    }
    public void setId(Integer id) {
        this.id = id;
    }
    ...//省略部分 getter()与 setter()方法
}
```

（3）编写 IAddrBookDao.java 接口，在该接口中声明对数据表操作的方法。关键代码如下：

```java
public interface IAddrBookDao {
    public void insert(AddrBook addrBook);       //向数据表插入数据
    public void update(AddrBook addrBook);       //更新数据表中的数据
    public void delete(Integer id);              //按主键 id 删除数据表中的数据
    public List<Map> findByAll();                //查询数据表中的所有数据
```

```
        public AddrBook findById(Integer id);          //按主键 id 查询数据
}
```

（4）编写 IAddrBookDao 接口的实现类 AddrBookDao，该类继承自 JdbcDaoSupport 类，实现在 IAddrBookDao 接口中声明的方法。关键代码如下：

```
public class AddrBookDao extends JdbcDaoSupport implements IAddrBookDao {
    public List<Map> findByAll() {
        List list = getJdbcTemplate().queryForList("SELECT * FROM tb_addrBook");
        return list;
    }
    public AddrBook findById(Integer id) {
        AddrBook addrBook = new AddrBook();
        List<Map> list = getJdbcTemplate().queryForList("SELECT * FROM tb_addrBook WHERE id="+id);
        for (int i = 0; i < list.size(); i++) {
            Map map =   list.get(i);
            addrBook.setId(Integer.valueOf(map.get("id").toString()));
            addrBook.setName(map.get("name").toString());
            addrBook.setCompany(map.get("company").toString());
            addrBook.setJob(map.get("job").toString());
            addrBook.setTel(map.get("tel").toString());
            addrBook.setMobile(map.get("mobile").toString());
            addrBook.setFax(map.get("fax").toString());
            addrBook.setMail(map.get("mail").toString());
        }
        return addrBook;
    }
    public void insert(AddrBook addrBook) {
        Object[ ] o = { addrBook.getName(), addrBook.getCompany(),
                addrBook.getJob(), addrBook.getTel(),
                addrBook.getMobile(), addrBook.getFax(), addrBook.getMail() };
        getJdbcTemplate().update(
                "INSERT INTO "
                        + "tb_addrBook(name,company,job,tel,mobile,fax,mail) "
                        + "values (?,?,?,?,?,?,?)",o);
    }
    public void update(AddrBook addrBook) {
        Object[ ] o = { addrBook.getName(), addrBook.getCompany(),
                addrBook.getJob(), addrBook.getTel(), addrBook.getMobile(),
                addrBook.getFax(), addrBook.getMail(),addrBook.getId()};
        getJdbcTemplate().update("UPDATE tb_addrBook SET
                name=?,company=?,job=?,tel=?,mobile=?,fax=?,mail=? WHERE id=?",o);
    }
    public void delete(Integer id) {
        getJdbcTemplate().update("DELETE FROM tb_addrBook WHERE id="+id);
    }
}
```

（5）编写多动作控制器类 AddrBookController，该类继承自 MultiActionController 类，在该类中声明 IAddrBookDao 类型的私有成员变量 addrBookDao，通过 setter 方法为其赋值。关键代码如下：

```
public class AddrBookController extends MultiActionController {
    private IAddrBookDao addrBookDao;
    public void setAddrBookDao(IAddrBookDao addrBookDao) {
        this.addrBookDao = addrBookDao;
    }
}
```

在该类中添加 insertAndUpdate() 方法，在该方法中首先从页面中获取表单中的数据信息，然后通过用户编号 id 属性来判断是执行插入还是更新方法。如果 id 属性的值为 0，说明是一条新的记录，这时调用插入数据的方法，否则执行更新数据记录的方法。关键代码如下：

```java
public ModelAndView insertAndUpdate(HttpServletRequest request,HttpServletResponse response){
    AddrBook addrBook = new AddrBook();
    addrBook.setName(request.getParameter("name"));
    addrBook.setCompany(request.getParameter("company"));
    addrBook.setJob(request.getParameter("job"));
    addrBook.setTel(request.getParameter("tel"));
    addrBook.setMobile(request.getParameter("mobile"));
    addrBook.setMail(request.getParameter("mail"));
    addrBook.setFax(request.getParameter("fax"));
    addrBook.setId(Integer.valueOf(request.getParameter("id")));
    if(addrBook.getId()==0){
        addrBookDao.insert(addrBook);           //执行插入方法
    }else{
        addrBookDao.update(addrBook);           //执行更新方法
    }
    return findByAll(request, response);
}
```

在 AddrBookController 类中分别编写 delete()（用于删除数据库记录）、findByAll()（用于查询数据表中的所有记录）和 findById() 方法（根据主键 id 查询一条记录）。关键代码如下：

```java
public ModelAndView delete(HttpServletRequest request,HttpServletResponse response){
    Integer id = Integer.valueOf(request.getParameter("id"));
    addrBookDao.delete(id);
    return null;
}
public ModelAndView findByAll(HttpServletRequest request,HttpServletResponse response){
    System.out.println("Enter findByAll");
    List<Map> list = addrBookDao.findByAll();
    return new ModelAndView("show","list",list);
}
public ModelAndView findById(HttpServletRequest request,HttpServletResponse response){
    Integer id = Integer.valueOf(request.getParameter("id"));
    AddrBook addrBook = addrBookDao.findById(id);
    return new ModelAndView("insertAndUpdate","addrBook",addrBook);
}
```

（6）编写 Spring 配置文件 applicationContext.xml。首先配置 id 为 dataSource 的数据源 Bean。关键代码如下：

```xml
<bean id="dataSource" class="org.springframework.jdbc.datasource.DriverManagerDataSource">
    <property name="driverClassName">
        <value>com.mysql.jdbc.Driver</value>
    </property>
    <property name="url">
        <value>jdbc:mysql://localhost:3306/db_database17</value>
    </property>
    <property name="username">
        <value>root</value>
    </property>
    <property name="password">
        <value>111</value>
    </property>
</bean>
```

然后配置视图解析器 Bean。因为编写的 JSP 页面文件存放在项目的根目录下，所以视图解析器的前缀为斜杠 "/"，后缀为 ".jsp"。关键代码如下：

```
<!-- 配置视图解析器 -->
<bean id="viewResolver" class="org.springframework.web.servlet.view.InternalResourceViewResolver">
    <!-- 视图前缀 -->
    <property name="prefix">
        <value>/</value>
    </property>
    <!-- 视图后缀 -->
    <property name="suffix">
        <value>.jsp</value>
    </property>
</bean>
```

最后配置数据库操作类，为其注入数据源；配置多动作解析器和编写多动作控制器。关键代码如下：

```
<!-- 配置 AddrBookDao 类 -->
<bean id="addrBookDao" class="com.jwy.dao.AddrBookDao">
    <!-- 注入数据源 -->
    <property name="dataSource" ref="dataSource" />
</bean>

<!-- 配置 AddrBookController 类 -->
<bean name="/addrBook.html" class="com.jwy.controller.AddrBookController">
    <!-- 注入 addrBookDao -->
    <property name="addrBookDao" ref="addrBookDao" />
    <!-- 注入多动作解析器 -->
    <property name="methodNameResolver">
        <ref bean="paraMethodResolver" />
    </property>
</bean>
<!-- 配置多动作解析器 -->
<bean id="paraMethodResolver"
    class="org.springframework.web.servlet.mvc.multiaction.ParameterMethodNameResolver">
    <property name="paramName" value="method" />
</bean>
```

（7）在 web.xml 文件中配置 Spring 核心控制器与编码过滤器，具体方法在前面章节中已经介绍过，在此不再赘述，关键代码参见配书光盘。

（8）编写 index.jsp 页面文件。该页是本实例的首页，在其中通过 JavaScript 脚本自动调用多动作控制器的 findByAll()方法。关键代码如下：

```
<body>
  <script type="text/javascript">
    window.location = "addrBook.html?method=findByAll"
  </script>
</body>
```

（9）编写 show.jsp 页面文件，用于显示数据表中的所有记录。关键代码如下：

```
<table border="1" align="center" cellpadding="0" cellspacing="0">
    <tr>
        <td height="24" colspan="9" align="right">
            <a href="insertAndUpdate.jsp">添加新记录</a>
        </td>
    </tr>
    <tr>
        <td height="24"><div align="center"><strong>姓名</strong></div></td>
```

```
            <td height="24"><div align="center"><strong>工作单位</strong></div></td>
            <td height="24"><div align="center"><strong>职位</strong></div></td>
            <td height="24"><div align="center"><strong>办公电话</strong></div></td>
            <td height="24"><div align="center"><strong>移动电话</strong></div></td>
            <td height="24"><div align="center"><strong>传真</strong></div></td>
            <td height="24"><div align="center"><strong>电子邮件</strong></div></td>
            <td height="24" colspan="2"><div align="center"><strong>操作</strong></div></td>
        </tr>
        <c:forEach items="${list}" var="item" varStatus="i">
            <tr>
                <td height="24">${item.name}</td>
                <td height="24">${item.company}</td>
                <td height="24">${item.job}</td>
                <td height="24">${item.tel}</td>
                <td height="24">${item.mobile}</td>
                <td height="24">${item.fax}</td>
                <td height="24">${item.mail}</td>
                <td height="24"><a href="addrBook.html?method=findById&id=${item.id}">修改</a></td>
                <td height="24"><a href="addrBook.html?method=delete&id=${item.id}">删除</a></td>
            </tr>
        </c:forEach>
    </table>
```

（10）编写 insertAndUpdate.jsp 页面文件，在该页面中通过一个隐藏表单来判断添加与修改数据信息。关键代码如下：

```
<form name="f1" method="post" action="addrBook.html?method=insertAndUpdate">
    <table align="center">
        <tr>
            <td height="24">姓名：</td>
            <td height="24">
                <input type="text" name="name" value="${addrBook.name==null?'':addrBook.name}">
                <input type="hidden" name="id" value="${addrBook.id==null?0:addrBook.id}">
            </td>
        </tr>
        <tr>
            <td height="24">工作单位：</td>
            <td height="24"><input type="text" name="company"
                        value="${addrBook.company==null?'':addrBook.company}"></td>
        </tr>
        <tr>
            <td height="24">职位：</td>
            <td height="24"><input type="text" name="job"
                        value="${addrBook.job==null?'':addrBook.job}"></td>
        </tr>
        <tr>
            <td height="24">办公电话：</td>
            <td height="24"><input type="text" name="tel"
                        value="${addrBook.tel==null?'':addrBook.tel}"></td>
        </tr>
        <tr>
            <td height="24">移动电话：</td>
            <td height="24"><input type="text" name="mobile"
                        value="${addrBook.mobile==null?'':addrBook.mobile}"></td>
        </tr>
```

```
    <tr>
        <td height="24">传真：</td>
        <td height="24"><input type="text" name="fax"
                    value="${addrBook.fax==null?'':addrBook.fax}"></td>
    </tr>
    <tr>
        <td height="24">电子邮箱：</td>
        <td height="24"><input type="text" name="mail"
                    value="${addrBook.mail==null?'':addrBook.mail}"></td>
    </tr>
    <tr>
        <td height="24" colspan="2">
            <div align="center">
                <input type="submit" value="确定">  <input type="reset"    value="重置">
            </div></td>
    </tr>
</table>
</form>
```

（11）运行程序，将显示出已经保存在数据表中的信息，如图 17.20 所示。

单击"添加新记录"超链接进入输入新记录页面，如图 17.21 所示；单击记录后面的"修改"超链接，进入到修改记录页面，如图 17.22 所示；单击"删除"超链接，则可删除当前对应记录。

图 17.20　显示通讯录中的信息

图 17.21　添加新联系人

图 17.22　修改联系人信息

17.9　本章小结

本章前半部分主要介绍了 Spring MVC 的配置方法，并通过实例讲解了 Spring MVC 的核心控制器与常用的业务控制器使用方法。

17.10　学习成果检验

1．使用 Spring MVC 编写用户留言。（答案位置：光盘\TM\Instances\17.11）
2．通过 Spring MVC 实现图书信息管理。（答案位置：光盘\TM\Instances\17.12）

第18章

综合实验（五）——Spring+Hibernate 实现用户管理模块

（ 📹 视频讲解：62 分钟）

📹 视频讲解：光盘\TM\Video\18\Spring+Hibernate 实现用户管理模块.exe

在大部分的网络应用软件中，无论是 C/S 模式还是 B/S 模式，都需要包含一个用户管理模块，来对使用该软件的用户进行管理。

本章将通过 Spring MVC 框架与 Hibernate 框架的整合开发一个简单的用户管理模块，实现对用户及用户所在部门的管理。

通过阅读本章，您可以：

▶▶ 了解项目开发过程中一个模块的实现流程

▶▶ 掌握 Hibernate 的实际应用

▶▶ 掌握 Spring 整合 Hibernate 的具体方法

▶▶ 了解 Spring 对 Hibernate 的控制方法

18.1　系统功能模块设计

前面已经学习了 Hibernate 与 Spring 的理论知识，本章将通过实现一个用户管理模块来对 Hibernate 与 Spring 的整合应用进行具体的演示。

在绝大多数的应用软件中都会有一个对用户进行管理的模块即用户管理模块，但在不同的应用软件中会根据软件的具体需求不同来实现不同的功能。本章将模拟对一个公司的员工用户进行管理，实现比较常用的两个功能，即对用户的管理与用户所在部门的管理，如图 18.1 所示。

从图 18.1 可以看到，用户管理模块又被分为两个细化的子模块。其中一个是部门管理子模块，主要实现对部门的查询、增加、修改与删除等功能；另一个是用户管理子模块，主要实现对用户的查询、增加、修改与删除等功能。有了具体的功能之后，接下来即可据此进行数据库的设计。

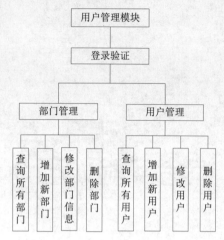

图 18.1　用户管理功能模块

18.2　数据库设计

在设计数据库时，需要创建两张数据表，分别用来保存部门信息与用户信息。

☑　tb_deptinfo 数据表：主要用来保存部门信息，其结构如图 18.2 所示。

☑　tb_userinfo 数据表：用来保存用户信息，其结构如图 18.3 所示。

图 18.2　tb_deptinfo 表结构　　　　　图 18.3　tb_userinfo 表结构

在 tb_userinfo 表中，字段 dept（部门编号）与 tb_deptinfo 表中的主键 number 为一对一关系，即一个员工只能对应一个部门，这样就可以通过员工编号查询到员工所在部门的信息。

18.3　技　术　要　点

本实例在创建新用户时需要上传用户照片，在此用到了前面介绍的 Commons-FileUpload 上传组件。首先将照片以指定的名称保存在服务器的指定文件夹内，然后将照片名称保存在数据库中，在显示照片时根据照片的名称到指定的文件夹内找出照片。

18.4 文件夹结构设计

在完成功能模块设计与数据库设计之后，接下来创建一个 Java Web 项目，并将可能用到的文件夹都创建出来，将同一类型的文件放置在相同的文件夹内，从而便于项目的管理与维护。项目文件夹结构如图 18.4 所示。

在本实例中将所有的 JSP 页面文件都存放在 WEB-INF 下的 JSP 文件夹以及 JSP 文件夹内的子文件夹中。WEB-INF 是一个受保护的文件夹，存放在该文件夹内的文件以及子文件夹都无法从外部直接访问，只有通过视图映射的方式才能访问，这样也就提高了系统的安全性。

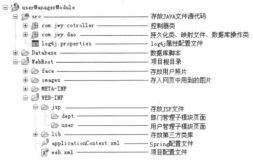

图 18.4 项目文件夹结构

18.5 实 体 映 射

18.5.1 部门信息

DeptInfo 为部门信息实体类，用于封装部门信息。关键代码如下：（以下"**代码位置**"在光盘**\TM\Instances** 路径下）

代码位置：userManagerModule\src\com\jwy\dao\DeptInfo.dao

```java
public class DeptInfo implements java.io.Serializable {
    private Integer number;              //部门编号
    private String name;                 //部门名称
    private String createDate;           //部门创建日期
    private String remark;               //部门介绍
    …//省略 getter()与 setter()方法
}
```

DeptInfo 类的映射文件为 DeptInfo.hbm.xml，它所映射的数据表名为 tb_deptInfo，其主键生成策略为自动生成。关键代码如下：

代码位置：userManagerModule\src\com\jwy\dao\DeptInfo.hbm.xml

```xml
<?xml version="1.0"?>
<!DOCTYPE hibernate-mapping PUBLIC
        "-//Hibernate/Hibernate Mapping DTD 3.0//EN"
        "http://www.hibernate.org/dtd/hibernate-mapping-3.0.dtd">
<hibernate-mapping>
    <class name="com.jwy.dao.DeptInfo" table="tb_deptinfo" catalog="db_database18">
        <id name="number" type="java.lang.Integer">
            <column name="number" />
            <generator class="native"></generator>
        </id>
        <property name="name" type="java.lang.String">
            <column name="name" length="45" not-null="true">
                <comment>部门名称</comment>
```

```
        </column>
    </property>
    <property name="createDate" type="java.lang.String">
        <column name="createDate" length="10" not-null="true">
            <comment>建立日期</comment>
        </column>
    </property>
    <property name="remark" type="java.lang.String">
        <column name="remark" length="45" not-null="true">
            <comment>部门介绍</comment>
        </column>
    </property>
    </class>
</hibernate-mapping>
```

18.5.2　用户信息

UserInfo 为用户信息实体类，用于封装用户信息。该类中的 dept 属性与 tb_deptInfo1（部门信息表）中的 number 字段关联，用于查询用户所在部门信息。UserInfo 类的关键代码如下：

代码位置：userManagerModule\src\com\jwy\dao\UserInfo.java

```
public class UserInfo implements java.io.Serializable {
    private Integer number;          //用户编号
    private String id;               //登录账号
    private String name;             //用户姓名
    private String sex;              //用户性别
    private String birthday;         //出生日期
    private String come;             //入职日期
    private String pwd;              //登录密码
    private Integer dept;            //所在部门编号
    private String face;             //照片路径
    private String remark;           //个人介绍
    …//省略 getter()与 setter()方法
}
```

UserInfo 类的映射文件为 UserInfo.hbm.xml，它所映射的数据表名为 tb_userInfo，其主键生成策略为自动生成。关键代码如下：

代码位置：userManagerModule\src\com\jwy\dao\UserInfo.hbm.xml

```
<?xml version="1.0"?>
<!DOCTYPE hibernate-mapping PUBLIC
        "-//Hibernate/Hibernate Mapping DTD 3.0//EN"
        "http://www.hibernate.org/dtd/hibernate-mapping-3.0.dtd">
<hibernate-mapping>
    <class name="com.jwy.dao.UserInfo" table="tb_userinfo" catalog="db_database18">
        <id name="number" type="java.lang.Integer">
            <column name="number" />
            <generator class="native"></generator>
        </id>
        <property name="id" type="java.lang.String">
            <column name="id" length="20" not-null="true">
                <comment>登录名称</comment>
            </column>
```

```
        </property>
        <property name="name" type="java.lang.String">
            <column name="name" length="20" not-null="true">
                <comment>姓名</comment>
            </column>
        </property>
        //省略部分代码
    </class>
</hibernate-mapping>
```

18.6 设计操作数据库的接口与类

18.6.1 部门信息 DAO 接口 IDeptInfoDao

IDeptInfoDao 接口主要定义了操作部门信息表的方法，其中包括 delete()方法（按照主键编号删除一条记录）、findAll()方法（查询表中所有记录）、findById()方法（根据主键编号查询记录）、insert()方法（插入一条新记录）和 update()方法（更新记录）。该接口的关键代码如下：

代码位置：userManagerModule\src\com\jwy\dao\IDeptInfoDao.java

```
public interface IDeptInfoDao {
    public void delete(Integer number);          //根据主键删除记录
    public List<Object> findAll() ;              //查询所有记录
    public Object findById(Integer number);      //根据主键编号查询记录
    public void insert(Object o) ;               //插入新记录
    public void update(Object o) ;               //更新记录
}
```

18.6.2 部门信息 DAO 实现类 DeptInfoDao

编写 DeptInfoDao 类，该类继承了 HibernateDaoSupport 类，通过使用注释形式的事务与 HibernateTemplate 模板实现了 IDeptInfoDao 接口中声明的方法。关键代码如下：

代码位置：userManagerModule\src\com\jwy\dao\DeptInfoDao.java

```
public class DeptInfoDao implements IDeptInfoDao {
    private SessionFactory sessionFactory;
    @Transactional(propagation = Propagation.REQUIRED)
    public void delete(Integer number) {
        Session session=this.getSession();                              //开启 session
        DeptInfo dept = (DeptInfo)session.load(DeptInfo.class, number);
        session.delete(dept);                                           //删除数据
        session.flush();                                                //输出缓存
    }
    @Transactional(propagation = Propagation.REQUIRED, readOnly = true)
    public List<Object> findAll() {
        Query query=this.getSession().createQuery("FROM DeptInfo");     //通过 HQL 查询全部部门信息
        List list = query.list();
        return list;
    }
```

```java
    @Transactional(propagation = Propagation.REQUIRED, readOnly = true)
    public Object findById(Integer number) {
        DeptInfo dept = (DeptInfo) this.getSession().get(DeptInfo.class,number);   //根据编写查找数据
        return dept;
    }
    @Transactional(propagation = Propagation.REQUIRED)
    public void insert(Object o) {
        this.getSession().save(o);                            //保存数据
    }
    @Transactional(propagation = Propagation.REQUIRED)
    public void update(Object o) {
        Session session=this.getSession();                    //开启 session
        session.update(o);                                    //更新数据
        session.flush();                                      //输出缓存
    }
    /**
     * 获取 Session 对象
     */
    protected Session getSession() {
        return sessionFactory.openSession();
    }
    public SessionFactory getSessionFactory() {
        return sessionFactory;
    }
    public void setSessionFactory(SessionFactory sessionFactory) {
        this.sessionFactory = sessionFactory;
    }
}
```

18.6.3 用户信息 DAO 接口 IUserInfoDao

IUserInfoDao 接口用来定义新增、修改、删除以及按照各种条件对用户信息表进行查询操作的方法。该接口的关键代码如下：

代码位置：userManagerModule\src\com\jwy\dao\IUserInfoDao.java

```java
public interface IUserInfoDao {
    public void delete(Integer number);                  //根据主键编号删除记录
    public List<Object> findAll();                        //查询表中所有记录
    public Object findById(Integer number) ;              //根据主键编号查询用户信息
    public void insert(Object o);                         //插入新用户信息
    public void update(Object o);                         //更新用户信息
    public List findByNamePwd(String id,String pwd);      //验证用户登录信息
    public boolean findByName(String id);                 //检查用户名是否被占用
    public List findJion();                               //使用部门编号联合查询出用户所在部门名称
    public boolean findBydept(Integer dept);              //查询指定部门是否有员工
}
```

18.6.4 用户信息 DAO 实现类 IUserInfoDao

编写 IUserInfoDao 类，该类继承了 HibernateDaoSupport，通过使用模板类使用注释形式的事务与 Hibernate 模板实现了 IUserInfoDao 接口中声明的方法。关键代码如下：

代码位置：userManagerModule\src\com\jwy\dao\IUserInfoDao.java

```java
public class UserInfoDao implements IUserInfoDao {
    private SessionFactory sessionFactory;
    /**
     * 检证用户名密码
     * @param id    - 登录 id
     * @param pwd - 登录密码
     * @return  返回 list 对象
     */
    @Transactional(propagation = Propagation.REQUIRED, readOnly = true)
    public List findByNamePwd(String id, String pwd) {
        Query query=this.getSession().createQuery("FROM UserInfo WHERE id = '" + id + "' AND pwd = '"
                + pwd + "'");
        List list = query.list();
        return list;
    }
    /**
     * 验证登录名称是否可用
     * @param id                - 登录名称
     * @return  真，可以使用。假，已经存在
     */
    @Transactional(propagation = Propagation.REQUIRED, readOnly = true)
    public boolean findByName(String id) {
        Query query=this.getSession().createQuery("FROM UserInfo WHERE id = '" + id + "'");
        List list = query.list();
        if (list.isEmpty()) {
            return true;
        } else {
            return false;
        }
    }
    /**
     * 使用部门编号联合查询出用户所在部门名称
     * @return list
     */
    @Transactional(propagation = Propagation.REQUIRED, readOnly = true)
    public List findJion() {
        Query q = getSession().createQuery("from UserInfo u,DeptInfo d where u.dept=d.number order by
u.number");
        List list = q.list();
        return list;
    }

    /**
     * 查询指定部门是否有员工
     * @param dept - 部门编号
     * @return  如果此部门中没有员工返回 true，否则返回 false
     */
    @Transactional(propagation = Propagation.REQUIRED, readOnly = true)
    public boolean findBydept(Integer dept) {
        Query q = getSession().createQuery("FROM UserInfo WHERE dept = '" + dept + "'");
        List list = q.list();
```

```
        if (list.isEmpty()) {
            return true;
        } else {
            return false;
        }
    }
    …//省略部分代码
}
```

在上面的代码中只给出了几个按照特定条件对数据库进行查询的方法，省略了对数据库进行插入、修改和删除的方法，完整代码参见配书光盘。

18.7　登录子模块

用户登录子模块用于验证用户输入的用户名与密码是否正确，在本实例中将编号为 1 的用户作为系统管理员，其他人为普通用户。系统登录流程如图 18.5 所示。

18.7.1　登录子模块控制器

UserLoginController.java 类主要用于对用户输入的登录信息进行验证。该类继承了 SimpleFormController 类，是一个表单控制器类。首先在该类中声明两个对数据表操作的对象，然后编写 setter()方法，通过依赖注入的形式为其赋值；接下来编写 onSubmit()方法，该方法在表单被提交时执行，通过获取表单中用户输入的信息与数据库中保存的信息进行比较来验证用户身份，验证成功转入对应的页面，验证失败则将提示错误并返回登录页面。关键代码如下：

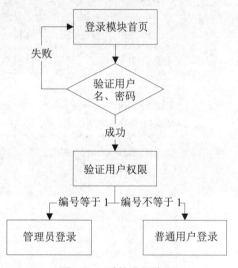

图 18.5　系统登录流程

代码位置：userManagerModule\src\com\jwy\cotroller\UserLoginController.java

```
public class UserLoginController extends SimpleFormController {
    private IUserInfoDao userInfoDao;
    private IDeptInfoDao deptInfoDao;
    public void setDeptInfoDao(IDeptInfoDao deptInfoDao) {
        this.deptInfoDao = deptInfoDao;
    }
    public void setUserInfoDao(IUserInfoDao userInfoDao) {
        this.userInfoDao = userInfoDao;
    }
    protected ModelAndView onSubmit(Object command) throws Exception {
        UserInfo user = (UserInfo) command;            //获取实体对象
        List list = (List) userInfoDao.findByNamePwd(user.getId(),user.getPwd()); //验证用户身份
        if(list.isEmpty()){                              //为空登录失败，返回错误信息
            return new ModelAndView(getFormView(),"error","登录失败，用户名不存在或密码不正确！");
        }else{
            user = (UserInfo) list.get(0);
            if(user.getNumber()==1){                     //编号等于 1 为系统管理员登录
                return new ModelAndView(getSuccessView()); //进入验证成功页面
```

```
        }else{                                        //否则为普通用户登录
            DeptInfo dept = (DeptInfo) deptInfoDao.findById(user.getDept());//查询出用户所在部门信息
            Map map = new HashMap();
            map.put("dept", dept);
            map.put("user", user);
            return new ModelAndView("userInfo","map",map);    //返回显示用户信息页面
        }
    }
}
}
```

18.7.2　登录子模块 JSP 页面

（1）编写 index.jsp 页面文件，该页面为本实例的首页，用于输入登录账号与密码，页面效果如图 18.6 所示。在该页面中使用了一个 EL 表达式${error}来显示登录失败的错误信息，关键代码如下：

代码位置：userManagerModule\WebRoot\WEB-INF\jsp\index.jsp

```
<form method="post">
    <table width="500" height="195" align="center" background="images/login.jpg">
        <tr>
        <td colspan="2"> </td>
        <td>${error}</td>
    </tr>
    <tr>
        <td width="214"> </td>
            <td width="68">用户名：</td>
        <td width="202"><input name="id" type="text"></td>
        </tr>
    <tr>
        <td> </td>
            <td>密码：</td>
        <td><input name="pwd" type="password"></td>
        </tr>
        <tr>
        <td> </td>
            <td colspan="2" align="right"><input type="submit" value="登　录"></td>
        </tr>
    </table>
</form>
```

（2）编写 userInfo.jsp 页面，用于显示以普通用户身份登录的用户的详细信息，如图 18.7 所示。

图 18.6　系统登录页面

图 18.7　普通用户登录

在本实例中对于普通用户没有提供过多的功能，只能看到自己的资料信息。关键代码如下：

479

代码位置：userManagerModule\WebRoot\WEB-INF\jsp\userInfo.jsp

```
<table width="500" border="0" align="center" cellpadding="0" cellspacing="1" bgcolor="#000000">
    <tr>
        <td height="24" colspan="5" align="center" bgcolor="#FFFFFF">用户信息</td>
    </tr>
    <tr>
        <td height="24" rowspan="4" align="center" valign="middle" bgcolor="#FFFFFF">
        <img src="face/${map.user.face}"/></td>
        <td height="24" bgcolor="#FFFFFF">用户姓名：</td>
        <td height="24" bgcolor="#FFFFFF">${map.user.name}</td>
        <td height="24" bgcolor="#FFFFFF">用户性别：</td>
        <td height="24" bgcolor="#FFFFFF">${map.user.sex}</td>
    </tr>
    <tr>
        <td height="24" bgcolor="#FFFFFF">出生日期：</td>
        <td height="24" bgcolor="#FFFFFF">${map.user.birthday}</td>
        <td height="24" bgcolor="#FFFFFF">入职日期：</td>
        <td height="24" bgcolor="#FFFFFF">${map.user.come}</td>
    </tr>
    <tr>
        <td height="24" bgcolor="#FFFFFF">个人简介：</td>
        <td height="24" colspan="3" bgcolor="#FFFFFF">${map.user.remark}</td>
    </tr>
</table><br>
<table width="500" border="0" align="center" cellpadding="0" cellspacing="1" bgcolor="#000000">
    <tr>
        <td height="24" colspan="4" align="center" bgcolor="#FFFFFF" class="STYLE6">所在部门信息</td>
    </tr>
    <tr>
        <td height="24" bgcolor="#FFFFFF" class="STYLE6">部门名称：</td>
        <td height="24" bgcolor="#FFFFFF" class="STYLE6">${map.dept.name}</td>
        <td height="24" bgcolor="#FFFFFF" class="STYLE6">建立时间：</td>
        <td height="24" bgcolor="#FFFFFF" class="STYLE6">${map.dept.createDate}</td>
    </tr>
    <tr>
        <td height="24" bgcolor="#FFFFFF" class="STYLE6">部门介绍：</td>
        <td height="24" colspan="3" bgcolor="#FFFFFF" class="STYLE6">${map.dept.remark}</td>
    </tr>
</table>
```

（3）如果登录用户的编号等于 1 则说明该用户为系统管理员，系统将转到管理员页面。管理员页面 admin.jsp 是一个框架，关键代码如下：

代码位置：userManagerModule\WebRoot\WEB-INF\jsp\admin.jsp

```
<frameset rows="167,*,73" cols="*" frameborder="no" border="0" framespacing="0">
  <frame src="top.html" name="topFrame" scrolling="No" noresize="noresize" id="topFrame" />
  <frameset cols="196,*" frameborder="no" border="0" framespacing="0">
  <frame src="left.html" name="leftFrame" scrolling="No" noresize="noresize" id="leftFrame" />
    <frame src="main.html" name="mainFrame" id="mainFrame" />
  </frameset>
    <frame src="bottom.html" name="topFrame" scrolling="No" noresize="noresize" id="topFrame" />
    <frame>
</frameset>
```

该框架分为 4 个部分，其中顶部 top.jsp 页面与底部 bottom.jsp 页面都是固定的图片；中间部分又被分为左、右两个部分，右半部分 main.jsp 页面用于显示具体数据信息（以上 3 个页面的具体代码参见配书光盘），而部门管理、用户管理以及退出系统功能全部在左侧的 left.jsp 页面文件中，如图 18.8 所示。

在 left.jsp 页面中使用热点地图的方式建立了 3 个超链接区域（热点地图不属于本实例介绍的重点，对于热点地图相关技术不了解的读者可以查阅一下有关 HTML 的书籍）。该页面的关键代码如下：

图 18.8　管理员页面

代码位置：userManagerModule\WebRoot\WEB-INF\jsp\left.jsp

```
<img src="images/23_02.gif" border="0" usemap="#Map">
<map name="Map">
    <area shape="rect" coords="64,58,174,86"
        href="deptOperation.html?method=showDept" target="mainFrame">
    <area shape="rect" coords="64,88,174,116"
        href="userOperation.html?method=showUser" target="mainFrame">
    <area shape="rect" coords="64,118,174,146" href="index.html" target="_top">
</map>
```

18.8　部门管理子模块

部门管理子模块主要用于对公司的部门进行管理，可以创建一个新部门，可以修改现有部门的信息，还可以删除一个已经存在的部门。不过需要注意的是，在本实例中由于用户与部门为一对一关系，也就意味着管理员不能删除一个有员工存在的部门，所以在删除部门时就需要进行判断，看该部门中是否还存在员工，如果存在则该部门不可以被删除。部门管理的流程如图 18.9 所示。

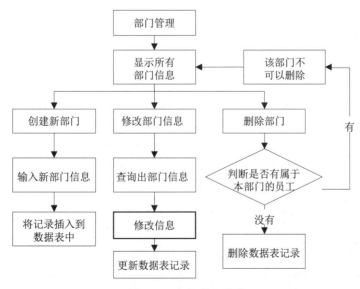

图 18.9　部门管理流程

18.8.1　部门管理子模块控制器

DeptOperationController 类继承自 MultiActionController 类，是一个多动作控制器类，主要用于执行对部门进行管理的方法。首先在该类中声明数据库操作 DAO 接口的对象，然后编写 setter()方法以便通过依赖注入的方式为它们赋值。关键代码如下：

代码位置：userManagerModule\src\com\jwy\cotroller\DeptOperationController.java

```java
public class DeptOperationController extends MultiActionController {
    private IDeptInfoDao deptInfoDao;
    private IUserInfoDao userInfoDao;
    public void setDeptInfoDao(IDeptInfoDao deptInfoDao) {
        this.deptInfoDao = deptInfoDao;
    }
    public void setUserInfoDao(IUserInfoDao userInfoDao) {
        this.userInfoDao = userInfoDao;
    }
}
```

接下来在该控制器中添加 insertOrUpdateDept()方法，用于插入或更新数据记录。首先从表单获取用户输入的信息，然后通过页面中的隐藏域部门编号来判断是需要插入还是更新数据记录。如果编号为 0，则说明是新添加的部门，否则就是需要进行更新的部门。关键代码如下：

代码位置：userManagerModule\src\com\jwy\cotroller\DeptOperationController.java

```java
public ModelAndView insertOrUpdateDept(HttpServletRequest request,HttpServletResponse response){
    DeptInfo dept = new DeptInfo();                                       //声明 dept 对象
    dept.setName(request.getParameter("name"));                           //获取部门名称
    dept.setCreateDate(request.getParameter("createDate"));               //获取部门创建时间
    dept.setRemark(request.getParameter("remark"));                       //获取部门介绍
    dept.setNumber(Integer.valueOf(request.getParameter("number")));      //获取部门编号
    if(dept.getNumber()==0){
        deptInfoDao.insert(dept);                                         //调用插入方法
    }else{
        deptInfoDao.update(dept);                                         //调用更新方法
    }
    return showDept(request, response);
}
```

然后在该控制器中添加 deleteDept()方法，用于删除指定的部门信息。但在删除之前要查询部门中是否存在用户，如果存在就不能删除此部门，并给出提示信息。关键代码如下：

代码位置：userManagerModule\src\com\jwy\cotroller\DeptOperationController.java

```java
public ModelAndView deleteDept(HttpServletRequest request,HttpServletResponse response)
    throws Exception{
    Integer number = Integer.valueOf(request.getParameter("number"));     //获取要删除的部门编号
    //在删除部门之前先查询该部门中有没有员工，如果有则不能删除该部门
    boolean bool = userInfoDao.findBydept(number);
    String message = "";                                                  //提示信息
    if(bool){                                                             //部门中没有员工，可以删除
        deptInfoDao.delete(number);                                      //调用删除的方法
        message = "部门删除成功！ ";
```

```
        }else{                                              //有员工属于该部门
              message = "不能删除有员工的部门！";
        }
        PrintWriter out = response.getWriter();             //获取 out 对象
        out.print("<script type='text/javascript'>");
        out.print("alert('"+message+"');");                 //输出提示信息
        out.print("window.location='deptOperation.html?method=showDept';");  //转入部门管理首页
        out.print("</script>");
        out.close();                                        //关闭 out 对象
        return null;
}
```

最后在该控制器内编写负责执行查询操作的方法，其中 showDept()方法用于查询数据表中全部信息，findById()方法按照指定的编号查询信息。关键代码如下：

代码位置：userManagerModule\src\com\jwy\cotroller\DeptOperationController.java

```
public ModelAndView showDept(HttpServletRequest request,HttpServletResponse response){
        List list = deptInfoDao.findAll();                  //获取表中所有信息
        return new ModelAndView("dept/showDept","list",list);  //返回部门管理首页
}
public ModelAndView findById(HttpServletRequest request,HttpServletResponse response){
        //按照部门编号查找部门
        DeptInfo dept = (DeptInfo) deptInfoDao.findById(Integer.valueOf(request.getParameter("number")));
        return new ModelAndView("dept/insertOrUpdateDept","dept",dept);
}
```

18.8.2　部门管理子模块 JSP 页面

部门管理子模块的 JSP 页面文件全都存放在 dept 文件夹内。

（1）编写 showDept.jsp 页面文件，该页面是部门管理子模块的首页。以管理员身份登录后，单击页面左侧的"部门管理"超链接即可进入此页面，如图 18.10 所示。

在该页面中通过循环控制器中传递过来的保存有所有部门信息的 list 对象来显示已经存在的部门信息，关键代码如下：

图 18.10　部门管理首页

代码位置：userManagerModule\WebRoot\WEB-INF\jsp\dept\showDept.jsp

```
<table width="775">
    <tr>
        <td height="40" align="center"><a href="insertOrUpdateDept.html">创建新部门</a></td>
    </tr>
</table>
<table border="1" cellpadding="0" cellspacing="1" bordercolor="#F0F4FF" bgcolor="#999999">
    <tr>
        <td height="24" bgcolor="#F0F4FF"><div align="center" class="STYLE5">部门编号</div></td>
        <td bgcolor="#F0F4FF"><div align="center" class="STYLE5">部门名称</div></td>
        <td bgcolor="#F0F4FF"><div align="center" class="STYLE5">部门成立日期</div></td>
        <td bgcolor="#F0F4FF"><div align="center" class="STYLE5">部门介绍</div></td>
        <td bgcolor="#F0F4FF"><div align="center" class="STYLE5">操作</div></td>
```

```
        </tr>
        <c:forEach items="${list}" var="item" varStatus="i">
            <tr>
            <td height="24" bgcolor="#F0F4FF"><c:out value="${item.number}"/></td>
            <td bgcolor="#F0F4FF"><c:out value="${item.name}"/></td>
            <td bgcolor="#F0F4FF"><c:out value="${item.createDate}"/></td>
                <td bgcolor="#F0F4FF"><c:out value="${item.remark}"/></td>
                <td bgcolor="#F0F4FF">
            <a href="deptOperation.html?method=findById&number=${item.number}">修改</a>  
            <a href="deptOperation.html?method=deleteDept&number=${item.number}">删除</a>
                </td>
            </tr>
        </c:forEach>
    </table>
</table>
```

（2）编写 insertOrUpdateDept.jsp 页面文件，用于创建或修改部门信息。在该文件中有一个隐藏表单域，用于保存要修改部门的编号。在此使用 EL 表达式中的三元运算符来判断如果没有部门编号被传递过来，就将隐藏域的值设为 0，否则设为前面传递过来的值。控制器会根据这个编号来更新对应的数据记录，如果是 0 则会执行创建新部门的方法。关键代码如下：

代码位置：userManagerModule\WebRoot\WEB-INF\jsp\dept\insertOrUpdateDept.jsp

```
<form action="deptOperation.html?method=insertOrUpdateDept" method="post">
    <table style="position: relative;top:20px;left:40px">
        <tr>
            <td height="24"><span class="STYLE6">部门名称：</span></td>
            <td height="24">
                <input name="name" type="text" value="${dept.name}">
                <input name="number" type="hidden" value="${dept.number==null?0:dept.number}">
            </td>
        </tr>
        <tr>
            <td height="24"><span class="STYLE6">部门成立日期：</span></td>
            <td height="24"><input name="createDate" type="text" value="${dept.createDate}"></td>
        </tr>
        <tr>
            <td height="24"><span class="STYLE6">部门介绍：</span></td>
            <td height="24"><input name="remark" type="text" value="${dept.remark}"></td>
        </tr>
        <tr>
            <td height="24" colspan="2" align="right">
                <span class="STYLE6"><input type="submit" value="确定">  </span>
            </td>
        </tr>
    </table>
</form>
```

18.9　用户管理子模块

用户管理子模块为本实例的核心部分，主要用于对用户进行管理，其中包括添加新用户、修改当前用户信息、删除指定用户。用户管理的流程如图 18.11 所示。

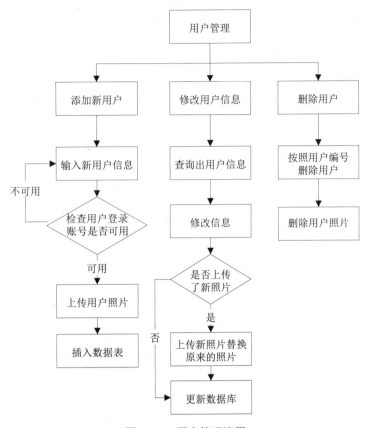

图 18.11　用户管理流程

在本模块中包含一个上传用户照片的功能。在添加新用户时，首先需要判断登录账号是否已经被占用，如果已被占用则返回输入信息页面，给出提示信息；否则将用户的照片上传至服务器磁盘中，然后将用户信息与照片名称一同插入数据库。

在修改用户信息时，首先要判断是否修改了用户的照片，如果修改了，则将新照片上传至服务器并覆盖原照片，然后更新数据库中的用户信息；如果没修改过，则直接更新数据库中的信息。

在删除指定用户时，首先按照用户编号删除数据表中的记录，然后再删除服务器磁盘中存储的用户照片。

18.9.1　用户管理子模块文件上传类

FileUpload 类主要用于上传文件。在该类中首先获取为用户设定的登录账号，并判断该账号是否已经被占用，如果已被占用则直接返回一个空的 map 对象，如果没有被占用则将文件上传至服务器当前项目的 face 文件夹中并用登录账号对文件重命名；然后将表单中的其他信息以键、值对的形式封装在 map 对象中。关键代码如下：

代码位置：userManagerModule\src\com\jwy\cotroller\FileUpload.java

```
public class FileUpload {
    private IUserInfoDao userInfoDao;            //声明 userInfoDao 对象，用于判断登录账号是否被占用
    public void setUserInfoDao(IUserInfoDao userInfoDao) {  //声明 set()方法，以依赖注入的方式为其赋值
        this.userInfoDao = userInfoDao;
```

```
        }
        public Map upload(HttpServletRequest request, HttpServletResponse response) throws Exception {
            Map<String, String> map = new HashMap<String, String>();        //声明 map 对象用于保存表单信息
            File file = null;                                                //声明文件对象
            DiskFileItemFactory factory = new DiskFileItemFactory();
            ServletFileUpload upload = new ServletFileUpload(factory);
            List items = upload.parseRequest(request);                       //解析请求信息
            Iterator itr = items.iterator();                                 //枚举方法
            while (itr.hasNext()) {
                FileItem item = (FileItem) itr.next();                       //获取表单对象
                if (!item.isFormField()) {                                   //判断如果是文件
                    if (!item.getName().equals("") && item.getName() != null) {        //判断是否选择了新的照片
                        //根据用户登录账号是否已经被占用，判断是新建还是更新
                        if (!userInfoDao.findByName(map.get("id"))&& map.get("number") == null) {
                            Map m = null;
                            return m; //如果已经被占用，返回一个空的 map 对象
                        }
                        String name = item.getName(); //获取文件扩展名
                        //使用用户登录账号为文件重命名
                        name = name.substring(name.lastIndexOf('.'), name.length());
                        file = new File(request.getSession().getServletContext().getRealPath("/")
                            + "\\face", map.get("id").toString() + name); //获取根目录对应的真实物理路径
                        item.write(file); //将文件保存在服务器的物理磁盘中
                        map.put("face", map.get("id").toString() + name); //将文件名保存在 map 对象中
                    }
                } else {           //不是文件，直接将表单中的信息存入 map 对象
                    //默认的编码为 iso-8859-1，在此转换为 GBK，否则会出现乱码
                    map.put(item.getFieldName(), new String(item.getString().getBytes("iso-8859-1"), "GBK"));
                }
            }
            return map;     //返回 map 对象
        }
    }
}
```

18.9.2 用户管理子模块控制器类

UserOperationController 类继承自 MultiActionController 类，是一个多动作控制器，用于执行对用户信息表进行操作的相关方法。首先在该类中声明成员对象，然后编写 setter()方法通过依赖注入的方式为其赋值。关键代码如下：

代码位置：userManagerModule\src\com\jwy\cotroller\UserOperationController.java

```
public class UserOperationController extends MultiActionController {
    private IUserInfoDao userInfoDao;
    private FileUpload fileUpload;
    private IDeptInfoDao deptInfoDao;
    public void setUserInfoDao(IUserInfoDao userInfoDao) {
        this.userInfoDao = userInfoDao;
    }
    public void setDeptInfoDao(IDeptInfoDao deptInfoDao) {
        this.deptInfoDao = deptInfoDao;
```

```
        }
        public void setFileUpload(FileUpload fileUpload) {
                this.fileUpload = fileUpload;
        }
    }
```

接下来在该类中编写 insertUser()方法。该方法首先调用文件上传类中的 upload()方法判断新添加用户的
登录账号是否可用，然后上传用户照片，并返回一个 map 对象。接下来判断 map 对象，如果对象不为空则
说明登录账号可以使用并且用户照片也已经上传成功，这样就可以从该 map 对象中获取表单中的信息，并
插入到数据库中。如果 map 对象为空则说明登录账号已经被占用，系统将给出提示信息，并返回到信息输
入页面以重新设定登录账号。该方法的关键代码如下：

```
public ModelAndView insertUser(HttpServletRequest request,HttpServletResponse response)
        throws Exception{
        Map<String,String> map = fileUpload.upload(request, response);//首先上传图片，并返回表单中的其他信息
        if(map!=null){                                                  //map 不为空说明登录账号可以使用
                UserInfo user = new UserInfo();                         //声明 user 实体对象
                user.setId(map.get("id"));
                user.setPwd(map.get("pwd"));
                user.setName(map.get("name"));
                user.setSex(map.get("sex"));
                user.setBirthday(map.get("birthday"));
                user.setCome(map.get("come"));
                user.setDept(Integer.valueOf(map.get("dept").toString()));
                user.setFace(map.get("face"));
                user.setRemark(map.get("remark"));
                userInfoDao.insert(user);                               //调用插入数据的方法
        }else{                                                          //登录账号已经被占用
                PrintWriter out = response.getWriter();                 //获取 out 对象
                out.print("<script type='text/javascript'>");
                out.print("alert('不能用此登录账号注册，此账号已经被占用！');");    //输出提示信息
                out.print("window.history.go(-1);");                    //后退网页
                out.print("</script>");
                out.close();
        }
        return null;
    }
```

在该类中编写 updateUser()方法，该方法同样调用 upload()方法判断是否需要更新用户照片，并进行更
新；然后获取表单中的信息，并使用该信息更新数据表中的记录。关键代码如下：

```
public ModelAndView updateUser(HttpServletRequest request,HttpServletResponse response)
        throws Exception {
        Map<String,String> map = fileUpload.upload(request, response);//首先上传图片，并返回表单中的其他信息
        UserInfo user = new UserInfo();                                 //声明 user 实体对象
        user.setId(map.get("id"));                                      //为对象属性赋值
        …//省略部分赋值代码
        user.setNumber(Integer.valueOf(map.get("number").toString()));
        userInfoDao.update(user);                                       //调用更新数据记录的方法
        return showUser(request, response);                             //返回用户管理首页
    }
```

接下来在该类中编写 deleteUser()方法，该方法通过获取 URL 请求信息中的用户编号参数来删除数据库
中对应的用户信息。关键代码如下：

```
public ModelAndView deleteUser(HttpServletRequest request,HttpServletResponse response)
```

```
throws Exception{
Integer number = Integer.valueOf(request.getParameter("number"));    //获取用户编号
userInfoDao.delete(number);                                          //调用删除数据记录的方法
PrintWriter out = response.getWriter();                              //获取 out 对象
out.print("<script type='text/javascript'>");
out.print("alert('员工删除成功！');");                                 //输出提示信息
out.print("window.location='userOperation.html?method=showUser';");  //返回用户管理首页
out.print("</script>");
out.close();
return null;
}
```

最后编写 showUser()方法，获取保存查询到的所有用户信息的 List 集合对象，将其传递到用户管理首页；编写 findById()方法按照指定的用户编号查询出用户信息，传递到修改用户信息页面。关键代码如下：

```
public ModelAndView showUser(HttpServletRequest request,HttpServletResponse response){
    List list = userInfoDao.findJion();
    return new ModelAndView("user/showUser","list",list);
}
public ModelAndView findById(HttpServletRequest request,HttpServletResponse response){
    String number = request.getParameter("number");
    List list = deptInfoDao.findAll();                           //查询部门编号与名称
    if(number == null||number.equals("")){                       //插入新记录
        return new ModelAndView("user/insertUser","map",list);
    }else{                                                       //更新记录
        UserInfo user =   (UserInfo) userInfoDao.findById(Integer.valueOf(number));
        Map map = new HashMap();
        map.put("user", user);
        map.put("list", list);
        return new ModelAndView("user/updateUser","map",map);
    }
}
```

18.9.3 用户管理子模块 JSP 页面

用户管理子模块的 JSP 页面文件全都存放在 user 文件夹内。

（1）编写 showUser.jsp 页面文件，该页面是用户管理子模块的首页。以管理员身份登录后，单击页面左侧的"用户管理"超链接便会打开此页面，如图 18.12 所示。

该页面使用 JSTL 标签库中的<c:forEach>和<c:out>标签循环显示查询到的所有用户信息，并根据数据表中保存的用户照片名称找到用户对应的照片文件，显示在页面中。关键代码如下：

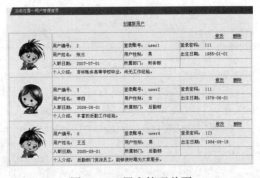

图 18.12   用户管理首页

代码位置：userManagerModule\WebRoot\WEB-INF\jsp\user\showUser.jsp

```
<table width="730" border="0" cellspacing="1" bgcolor="#999999">
    <c:forEach items="${list}" var="item" varStatus="i">
        <tr>
            <td width="128" height="128" rowspan="5" align="center" valign="middle" bgcolor="#F0F4FF">
                <img src="face/${item[0].face}">
            </td>
```

```
            <td height="23" colspan="3" align="right" bgcolor="#F0F4FF">
                <a href="userOperation.html?method=findById&number=${item[0].number}">修改</a>
                <a href="userOperation.html?method=deleteUser&number=${item[0].number}">删除</a>
            </td>
        </tr>
        <tr>
            <td height="23" bgcolor="#F0F4FF">用户编号：<c:out value="${item[0].number}" /></td>
            <td height="23" bgcolor="#F0F4FF">登录账号：<c:out value="${item[0].id}" /></td>
            <td height="23" bgcolor="#F0F4FF">登录密码：<c:out value="${item[0].pwd}" /></td>
        </tr>
        <tr>
            <td height="23" bgcolor="#F0F4FF">用户姓名：<c:out value="${item[0].name}" /></td>
            <td height="23" bgcolor="#F0F4FF">用户性别：<c:out value="${item[0].sex}" /></td>
            <td height="23" bgcolor="#F0F4FF">出生日期：<c:out value="${item[0].birthday}" /></td>
        </tr>
        <tr>
            <td height="23" bgcolor="#F0F4FF">入职日期：<c:out value="${item[0].come}" /></td>
            <td height="23" bgcolor="#F0F4FF">所属部门：<c:out value="${item[1].name}" /></td>
            <td height="23" bgcolor="#F0F4FF"> </td>
        </tr>
        <tr>
            <td colspan="3" bgcolor="#F0F4FF">个人介绍：<c:out value="${item[0].remark}" /></td>
        </tr>
    </c:forEach>
</table>
```

（2）编写 insertUser.jsp 页面文件，用于在添加新用户时通过 form 表单将用户信息提交到后台对应的控制器中。关键代码如下：

代码位置：userManagerModule\WebRoot\WEB-INF\jsp\user\insertUser.jsp

```
<form name="f1" action="userOperation.html?method=insertUser"
        method="post" enctype="multipart/form-data" onSubmit="return check()">
    <table width="540px" border="0" cellspacing="1" bgcolor="#999999">
        <tr>
            <td height="32" bgcolor="#F0F4FF"><div align="center">登录账号：</div></td>
            <td bgcolor="#F0F4FF"> <input type="text" name="id" id="id"></td>
            <td bgcolor="#F0F4FF"> 6-10 位英文字母或数字</td></tr>
        <tr>
            <td height="32" bgcolor="#F0F4FF"><div align="center">登录密码：</div></td>
            <td bgcolor="#F0F4FF"> <input type="text" name="pwd" id="pwd"></td>
            <td bgcolor="#F0F4FF"> 6-10 位英文字母或数字</td></tr>
        <tr>
            <td height="32" bgcolor="#F0F4FF"><div align="center">用户姓名：</div></td>
            <td bgcolor="#F0F4FF"> <input type="text" name="name" id="name"></td>
            <td bgcolor="#F0F4FF"> 10 位以内中文</td></tr>
        <tr>
            <td height="32" bgcolor="#F0F4FF"><div align="center">用户性别：</div></td>
            <td bgcolor="#F0F4FF"><input type="radio" value="男" name="sex">男
                                <input type="radio" value="女" name="sex">女</td>
            <td bgcolor="#F0F4FF">选择用户性别</td></tr>
        <tr>
            <td height="32" bgcolor="#F0F4FF"><div align="center">出生日期：</div></td>
            <td bgcolor="#F0F4FF"> <input type="text" name="birthday"></td>
```

```
                    <td bgcolor="#F0F4FF">格式：YYYY-MM-DD</td></tr>
            <tr>
                <td height="32" bgcolor="#F0F4FF"><div align="center">入职日期：</div></td>
                <td bgcolor="#F0F4FF"> <input type="text" name="come"></td>
                <td bgcolor="#F0F4FF">格式：YYYY-MM-DD</td></tr>
            <tr>
                <td height="32" bgcolor="#F0F4FF"><div align="center">所属部门：</div></td>
                <td bgcolor="#F0F4FF"> 
                    <select name="dept">
                        <option value="0">选择部门...</option>
                        <c:forEach items="${map}" var="item" varStatus="i">
                            <option value="${item.number}">${item.name}</option>
                        </c:forEach>
                    </select>
                </td>
                <td bgcolor="#F0F4FF">选择所在部门</td></tr>
            <tr>
                <td height="32" bgcolor="#F0F4FF"><div align="center">用户照片：</div></td>
                <td colspan="2" bgcolor="#F0F4FF"> 
                    <input type="file" name="file" onChange="testFileType(this)"></td></tr>
            <tr>
                <td bgcolor="#F0F4FF"><div align="center">个人简介：</div></td>
                <td colspan="2" bgcolor="#F0F4FF"> 
                    <textarea name="remark" cols="40" rows="5" id="remark"></textarea>
                </td></tr>
            <tr>
                <td height="32" colspan="3" align="center" bgcolor="#F0F4FF">
                    <input type="submit" value="确定">  
                    <input type="reset" value="重置">
                </td></tr>
        </table>
</form>
```

（3）编写 updateUser.jsp 页面文件，用于修改用户信息。该页面中的表单与添加新用户页面相同，只是增加了一个用于保存用户编号的隐藏标签，并且在访问该页面之前需要按照用户编号将要进行修改的用户信息查询出来传递到该页面中，然后使用 EL 表达式显示在表单中。关键代码如下：

代码位置：userManagerModule\WebRoot\WEB-INF\jsp\user\updateUser.jsp

```
<form name="f1" action="userOperation.html?method=updateUser"
    method="post" enctype="multipart/form-data" onSubmit="return check()">
    <table width="540px" cellspacing="1" bgcolor="#999999" style="position:relative; top:20px; left:40px">
        <tr>
            <td height="32" bgcolor="#F0F4FF">登录账号：</td>
            <td height="32" bgcolor="#F0F4FF"> 
                <input type="text" name="id" id="id" value="${map.user.id}" readonly="readonly">
                <input type="hidden" name="number" value="${map.user.number}">
                <input type="hidden" name="face" value="${map.user.face}"></td>
            <td height="32" bgcolor="#F0F4FF">该项不可以修改</td>
        </tr>
        <tr>
            <td height="32" bgcolor="#F0F4FF">登录密码：</td>
            <td height="32" bgcolor="#F0F4FF">
                <input type="text" name="pwd" id="pwd" value="${map.user.pwd}"></td>
```

```
        <td height="32" bgcolor="#F0F4FF">6-10 位英文字母或数字</td>
      </tr>
      …//省略部分代码
    </table>
</form>
```

18.10　配　置　文　件

18.10.1　在 src 文件内编写 log4j.properties

编写 log4j 属性配置文件，将错误信息输出到 Web 服务器的控制台中，这样有利于程序的调试，很快找出错误原因。log4j.properties 属性文件的配置方法在第 16 章中已经介绍过，在此不再赘述；文件代码参见配书光盘。

18.10.2　创建 Spring 配置文件 applicationContext.xml

在 WEB-INF 文件夹内创建 applicationContext.xml 配置文件。因为在本实例中使用了声明式的事务管理方式，所以需要在配置文件的<beans>标签中加入对声明式事务的支持。关键代码如下：

代码位置：userManagerModule\WebRoot\WEB-INF\applicationContext.xml

```
<?xml version="1.0" encoding="UTF-8"?>
<beans
    xmlns="http://www.springframework.org/schema/beans"
    xmlns:xsi="http://www.w3.org/2001/XMLSchema-instance"
    xmlns:tx="http://www.springframework.org/schema/tx"
    xsi:schemaLocation="http://www.springframework.org/schema/beans
    http://www.springframework.org/schema/beans/spring-beans-3.0.xsd
    http://www.springframework.org/schema/tx
    http://www.springframework.org/schema/tx/spring-tx-3.0.xsd
    ">
</beans>
```

接下来配置数据源以及 session 工厂。在此引入 hibernate.properties 文件中的属性来配置数据源，并将数据源注入到 session 工厂中。关键代码如下：

代码位置：userManagerModule\WebRoot\WEB-INF\applicationContext.xml

```
    <!-- 引入配置文件 -->
    <bean
        class="org.springframework.beans.factory.config.PropertyPlaceholderConfigurer">
        <property name="locations">
            <value>classpath:hibernate.properties</value>
        </property>
    </bean>
    <bean id="dataSource"
        class="org.springframework.jdbc.datasource.DriverManagerDataSource">
        <property name="driverClassName" value="${hibernate.connection.driver_class}" />
        <property name="url" value="${hibernate.connection.url}" />
        <property name="username" value="${hibernate.connection.username}" />
```

```xml
        <property name="password" value="${hibernate.connection.password}" />
    </bean>
    <!-- 配置 session 工厂 -->
    <bean id="sessionFactory"
        class="org.springframework.orm.hibernate4.LocalSessionFactoryBean">
        <property name="dataSource">
            <ref bean="dataSource" />
        </property>
        <property name="mappingResources">
            <list>
                <value>com\jwy\dao\UserInfo.hbm.xml
                </value>
                <value>com\jwy\dao\DeptInfo.hbm.xml
                </value>
            </list>
        </property>
        <property name="hibernateProperties">
            <props>
                <prop key="hibernate.dialect">
                    org.hibernate.dialect.MySQLDialect
                </prop>
                <prop key="hibernate.show_sql">true</prop>
                <prop key="hibernate.format_sql">true</prop>
            </props>
        </property>
    </bean>
```

然后配置视图解析器与文件名映射控制器，访问所有被保存在 WEB-INF 文件夹内的 JSP 页面文件。配置方法如下：

代码位置：userManagerModule\WebRoot\WEB-INF\applicationContext.xml

```xml
<!-- 配置视图解析器 -->
<bean id="viewResolver"
    class="org.springframework.web.servlet.view.InternalResourceViewResolver">
    <property name="viewClass">
        <value>org.springframework.web.servlet.view.JstlView</value>
    </property>
    <property name="prefix">
        <value>/WEB-INF/jsp/</value>
    </property>
    <property name="suffix">
        <value>.jsp</value>
    </property>
</bean>
<!-- 文件名映射控制器 -->
<bean id="urlMapping" class="org.springframework.web.servlet.handler.SimpleUrlHandlerMapping">
    <property name="mappings">
        <props>
            <prop key="/admin.html">forwardController</prop>
            <prop key="/top.html">forwardController</prop>
            <prop key="/left.html">forwardController</prop>
            <prop key="/main.html">forwardController</prop>
            <prop key="/bottom.html">forwardController</prop>
```

```xml
                <prop key="/userInfo.html">forwardController</prop>
                <prop key="/insertOrUpdateDept.html">insertOrUpdateDept</prop>
                <prop key="/index.html">userLogin</prop>
                <prop key="/deptOperation.html">deptOperation</prop>
                <prop key="/userOperation.html">userOperation</prop>
            </props>
        </property>
</bean>
<bean id="forwardController" class="org.springframework.web.servlet.mvc.UrlFilenameViewController"/>
<!-- 视图映射 -->
<bean id="insertOrUpdateDept" class="org.springframework.web.servlet.mvc.ParameterizableViewController">
        <property name="viewName" value="dept/insertOrUpdateDept"/>
</bean>
<bean id="insertUser" class="org.springframework.web.servlet.mvc.ParameterizableViewController">
        <property name="viewName" value="user/insertUser"/>
</bean>
```

然后定义事务管理器及注释驱动，将 session 工厂注入到事务管理器类中，对使用了@Transaction 注释的 DAO 类进行事务管理。关键代码如下：

代码位置：userManagerModule\WebRoot\WEB-INF\applicationContext.xml

```xml
<!-- 定义事务管理器 -->
<bean id="transactionManager"
        class="org.springframework.orm.hibernate4.HibernateTransactionManager">
        <property name="sessionFactory" ref="sessionFactory" />
</bean>
<!-- 定义注释驱动 -->
<tx:annotation-driven transaction-manager="transactionManager" />
```

最后定义数据操作 Bean、文件上传 Bean、表单控制器以及多动作控制器。关键代码如下：

代码位置：userManagerModule\WebRoot\WEB-INF\applicationContext.xml

```xml
<bean id="userInfoDao" class="com.jwy.dao.UserInfoDao">
        <property name="sessionFactory"><ref bean="sessionFactory" /></property>
</bean>
<bean id="deptInfoDao" class="com.jwy.dao.DeptInfoDao">
        <property name="sessionFactory" ref="sessionFactory"/>
</bean>
<bean id="fileUpload" class="com.jwy.cotroller.FileUpload">
        <property name="userInfoDao" ref="userInfoDao"/>
</bean>
<!-- 表单控制器 -->
<bean id="userLogin" class="com.jwy.cotroller.UserLoginController">
        <property name="commandClass"><value>com.jwy.dao.UserInfo</value></property>
        <property name="sessionForm"><value>true</value></property>
        <property name="formView"><value>index</value></property>
        <property name="successView"><value>admin</value></property>
        <property name="userInfoDao" ref="userInfoDao"/>
        <property name="deptInfoDao" ref="deptInfoDao"/>
</bean>
<!-- 多动作控制器 -->
<bean id="deptOperation" class="com.jwy.cotroller.DeptOperationController">
        <property name="deptInfoDao" ref="deptInfoDao"/>
        <property name="userInfoDao" ref="userInfoDao"/>
```

```
    <property name="methodNameResolver" ref="methodNameResolver"/>
</bean>
<bean id="userOperation" class="com.jwy.cotroller.UserOperationController">
    <property name="userInfoDao" ref="userInfoDao"/>
    <property name="deptInfoDao" ref="deptInfoDao"/>
    <property name="fileUpload" ref="fileUpload"/>
    <property name="methodNameResolver" ref="methodNameResolver"/>
</bean>
<!-- 方法名解析器 -->
<bean id="methodNameResolver"
        class="org.springframework.web.servlet.mvc.multiaction.ParameterMethodNameResolver">
    <property name="paramName" value="method"/>
</bean>
```

18.10.3　配置 web.xml

在 web.xml 文件中需要配置自动加载 applicationContext.xml 以及编码过滤器，对于 web.xml 的配置方法在前面的章节中已经介绍过了，具体配置代码参见配书光盘中的配置文件。

注意 在配置项目首页时，无法将 WEB-INF/jsp 文件夹内的 index.jsp 文件设置为项目的首页。此时可以在 WebRoot 中创建一个 forworld.jsp 文件,将该文件设置为项目的首页,并在该页面中编写 JavaScript 脚本代码让其自动请求实际的首页。forworld.jsp 文件的关键代码如下:

代码位置：userManagerModule\WebRoot\forworld.jsp

```
<body>
    <script type="text/javascript">
     window.location = "index.html";
    </script>
</body>
```

18.11　运　行　项　目

项目开发完成后，就可以在 Eclipse 中运行该项目了，具体步骤参见 5.6 节。

18.12　本　章　小　结

本章首先介绍了用户管理模块中包含的各子模块的具体功能，然后通过对具体功能的分析设计出具体的实现流程，最后根据流程进行代码的编写。通过对本章的学习，读者可以掌握如何整合 Spring MVC 与 Hibernate 进行项目的开发。

实用技术

第19章

数据分页

（ 视频讲解：45分钟 ）

在浏览网站时，经常会看到其中的数据以分页的形式显示。例如在博客网站中，可能会因为博主上传的图片或文章过多，在一页中无法将这些信息全部显示，这时就需要实现分页显示数据的功能。在Java Web 应用中，数据分页显示是一项很常见且很重要的技术，本章将进行详细介绍。

通过阅读本章，您可以：

▶▶ 掌握实现数据分页的基本思想

▶▶ 掌握将 SQL Server 数据库中的数据进行分页显示的方法

▶▶ 掌握将 MySQL 数据库中的数据进行分页显示的方法

▶▶ 掌握应用 Hibernate 技术实现数据分页

19.1　SQL Server 数据库分页

分页显示数据的实现方式有多种，但无论使用哪种分页机制，其基本思路是大致相同的。

（1）确定记录跨度，即确定每页显示的记录条数，可根据实际情况而定。

（2）获取记录总数，即获取要显示在页面中的总记录数，其目的是根据该数来确定总的分页数。

（3）确定分页后的总页数。可根据公式"总记录数/跨度"计算分页后的总页数。需要注意的是，如果总页数中有余数，则舍去余数，将总页数加 1。

（4）根据当前页数显示数据。如果该页数小于 1，则使其等于 1；如果大于最大页数，则使其等于最大页数。

（5）通过 for 循环语句分页显示查询结果。

下面将使用标准的 SQL 语句实现数据分页显示，以这种方式实现的分页适用于任意数据库。

19.1.1　获取前 n 条记录

在分页显示效果中，如果每页允许显示 4 条记录，则在第一页中显示第 1～4 条记录，在第二页中显示第 5～8 条记录，在第 3 页中显示第 9～12 条记录……如果需要获取数据表中前 n 条数据，怎么办呢？SQL Server 数据库中提供了 top 关键字，通过该关键字可以获取数据表中保存的前 n 条数据。

语法格式如下：

```
SELECT TOP n [PERCENT]
FROM table
WHERE …
ORDER BY
```

其中，参数 n 为要查询的数据记录条数。例如要查询数据表中的前 4 条记录，可通过语句 select top 4 实现。如果使用关键字 PERCENT，则表示返回行的百分比，而不是行数。

例如在分页效果中，在第一页要求显示数据表中前 4 条记录，可通过 top 关键字实现。SQL 语句如下：

```
select top 4 * from tb_employee
```

上面的语句实现的是查询 tb_employee 表中的前 4 条记录，执行过程如图 19.1 所示。

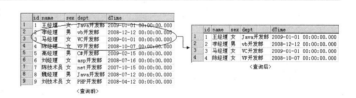

图 19.1　查询前 4 条记录

19.1.2　获取分页数据

在分页开发过程中，每页显示的数据是根据页数的变化而变化的，因此，分页中显示的数据要根据当前页码来确定。指定页码中显示的数据，关键是确定从查询结果集中第几条数据开始显示，至第几条数据结束。如果将 tb_employee 数据表中数据进行分页显示，要求每页显示 4 条记录，则每页显示内容如图 19.2 所示。

从图 19.2 可知，分页后每页显示的内容是根据页码的变化而变化的，通过 top 关键字，可实现获取分页后每页应该显示的数据，关键是确定从数据表中的第几条数据开始显示。

例如，将数据表 tb_employee 进行分页显示，获取分页后第二页中的数据。SQL 语句如下：

```
select top 4 * from tb_employee where id not
in ( select top 4 id from tb_employee order by id ASC)
 order by id ASC
```

其中，数字 4 用于代表每页应显示的记录数，该语句中给定的查询条件 where id not in(select top 4 id from tb_employee order by id ASC)用于表示查询的结果中不包含数据表中的前 4 条记录。上述代码的执行结果如图 19.3 所示。

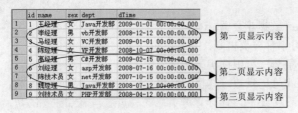

图 19.2 将 tb_employee 表进行分页显示   图 19.3   获取分页后第二页中的数据

在 Java 程序中，可以通过给定参数来获取分页后的数据。例如，在 Java 程序中获取分页后的数据。代码如下：

```
String sql = "select top "+pagesize+" * from tb_commodity where id not
in(select top "+(page-1)*pagesize+" id from tb_commodity order by id ASC) order by id ASC";
```

☑ pagesize：用于指定分页后每页显示的记录数。

☑ page：用于指定当前页数。

19.2   MySQL 数据库分页

视频讲解：光盘\TM\Video\19\MySQL 数据库分页.exe

MySQL 数据库提供了 LIMIT 函数，利用该函数可轻松地实现数据分页。

19.2.1   LIMIT 函数

LIMIT 函数用来限制 SELECT 查询语句返回的行数。如果包含 LIMIT 子句的 SQL 语句中同时包含 GROUP BY 子句与 ORDER BY 子句，则 LIMIT 子句位于 GROUP BY 子句与 ORDER BY 子句之后。

语法格式如下：

```
SELECT [DISTIN|UNIQUE](*,columnname[AS alias],…)
FROM table
WHERE …
ORDER BY…
LIMIT([offset],rows
```

☑ offset：指定要返回的第一行的偏移量。开始行的偏移量是 0。

☑ rows：指定返回行的数目。

该函数中的第一个参数 offset 是可选的。如果只给定一个参数，则表示指定偏移量为 0 的返回行的最大数目。表达式 limit(5)与表达式 limit(0,5)是等价的。

19.2.2   获取分页数据

获取分页后每页应该显示的数据是实现分页功能的一个关键部分，MySQL 数据库获取分页数据时可以使用 LIMIT 函数。从 19.2.1 节中介绍的 LIMIT 函数的语法可知，LIMIT 函数包含两个 int 型参数，分别用于指定返回的第一行的偏移量与返回行的数目。这样，就可以通过给定 LIMIT 第一个参数为"（页数-1）* 每页显示记录数"、第二个参数为"每页显示记录数"来获取分页数据。

例 19.01　创建获取分页数据方法 findOrder()；该类中包含两个 int 型参数，分别用于指定当前页数与每页显示的记录数。返回查询结果集 ResultSet 对象。（实例位置：光盘\TM\Instances\19.01）

```
public ResultSet findOrder(int page,int pagesize) {
    String strSql = "select * from tb_orderform order by id limit "+(page-1)*pagesize+
    ","+pagesize+"";                                    //定义 SQL 查询语句
    Statement pstmt = null;
    ResultSet rs = null;                                //定义查询结果集对象
    try {
        pstmt = conn.createStatement();
        rs = pstmt.executeQuery(strSql);                //执行查询语句
    } catch (Exception e) {
        e.printStackTrace();
    } finally {
        try {
            if (pstmt != null) {
                rs.close();
                pstmt.close();
            }
        } catch (Exception e) {
            e.printStackTrace();
        }
    }
    return rs;                                          //返回结果集
}
```

在页面中调用 findOrder()方法，通过给定参数即可实现将 tb_orderform 表中的数据进行分页显示。例如，运行 PaginationUtil.java 文件，在 main()方法中实现了获取第二页信息的功能，每页显示 5 条记录。运行结果如图 19.4 所示。

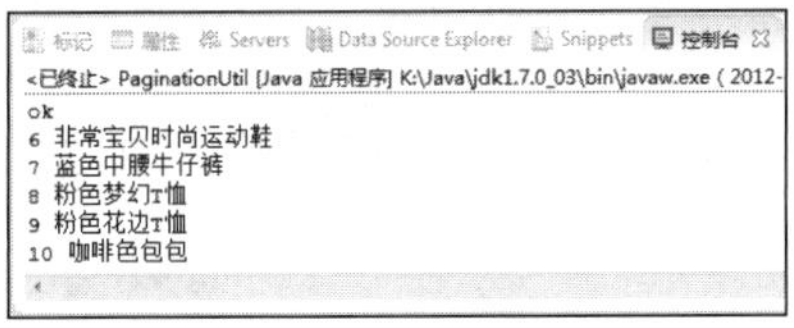

19.2.3　获取总页数

实现分页的程序中，需要获取分页后的总页数。总页数可以根据公式"总记录数/每页显示的记录数"来计算，但需要注意一点，

图 19.4　显示第二页的信息

如果"总记录数/每页显示的记录数"有余数，则需要将总页数加 1。然而，在编写程序时无法准确地判断"总记录数/每页显示的记录数"是否有余数。此时可将该公式修改为"总页数=（总记录数-1）/每页显示的记录数+1"，这样无论在"总记录数/每页显示的记录数"是否整除的情况下，都可以准确地计算出分页后的总页数。

19.3　Hibernate 分页

🎞 **视频讲解：光盘\TM\Video\19\Hibernate 分页.exe**

Hibernate 作为一个成熟且强大的持久层框架，可实现条件查询、投影查询、分组查询、连接查询等基本的查询；对于分页技术，Hibernate 也提供了很好的支持，利用 HQL 与 QBC 检索方式都可实现分页检索。

19.3.1　HQL 分页

Hibernate 提供了分页检索的功能，当检索结果的数据量很大时，可以采用分页检索的方式，每次从数

据库中检索部分数据。HQL 检索方式主要是通过 setFirstResult()与 setMaxResults()方法来实现。

1. setFirstResult()方法

setFirstResult()方法用于检索数据开始索引位置，索引位置的起始值为 0。语法格式如下：

```
setFirstResult(int index)
```

index：设定要查询数据的起始位置。

2. setMaxResults()方法

setMaxResults()方法用于计算每次最多加载的记录条数，默认情况下从设定的开始索引位置到最后。语法格式如下：

```
setMaxResults(int amount)
```

amount：设定每次加载的记录条数。

例如，通过 HQL 检索，检索出从索引位置 3 开始的 6 条记录。代码如下：

```
Query q = session.createQuery("form Order");   //定义查询的数据表
q.setFirstResult(3);
q.setMaxResults(6);
```

19.3.2 QBC 分页

利用 QBC 检索方式同样可实现分页检索。Criteria 类同样提供了 setFirstResult()与 setMaxResults()方法来获取分页数据，语法与 HQL 检索方式中的 setFirstResult()和 setMaxResults()方法相同，这里不再赘述。

例如，通过 QBC 检索方式，检索出从索引位置 3 开始的 6 条记录。代码如下：

```
Criteria criteria = session.createCriteria(Order.class);
criteria.setFirstResult(3);
criteria.setMaxResults(6);
```

19.4 分页商品信息查询模块

视频讲解：光盘\TM\Video\19\分页商品信息查询模块.exe

19.4.1 模块介绍

掌握了实现分页技术的基本思想后，即可开发带有分页技术的项目了。大多数项目都包含有数据分页功能，下面来看一个分页商品信息查询模块。本模块将商品归为 5 类，分别为"韩版 T 恤"、"时尚牛仔裤"、"鞋帽类"、"餐具类"和"家用电器"。在模块首页，显示了最近上架的 4 件商品；当单击"韩版 T 恤"等超链接时，系统就会将该类商品显示出来。笔者设计了每页最多可显示 4 件商品，当商品过多时，提供了分页显示数据功能。本模块首页如图 19.5 所示。

19.4.2 系统流程

本模块实现的是将商品信息分页显示在页面中，为了使读者更清晰地了解本模块，下面给出本模块的系统流程图，如图 19.6 所示。

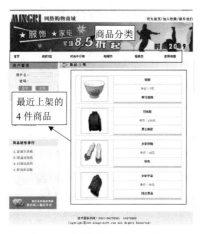

图 19.5　本模块首页运行结果

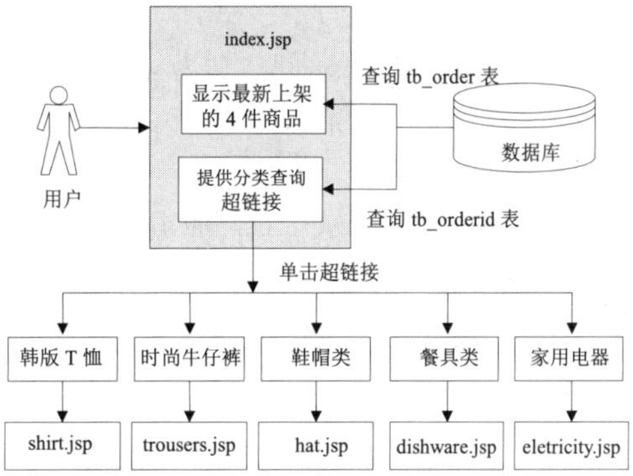

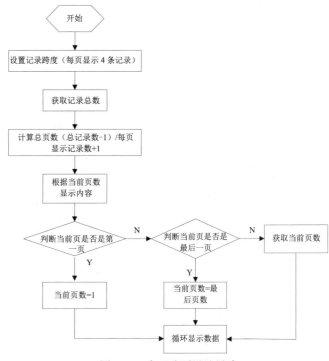

图 19.6　系统流程图

19.4.3　关键技术

本模块实现的是将 MySQL 数据库中的数据进行分页显示。通过 LIMIT 函数获取分页数据，通过公式“（总记录数-1）/每页显示记录数+1”获取分页后的总页数，并提供了进入下一页、上一页的超链接。如果当前页是分页后的第一页，则不显示“第一页”超链接；如果当前页是分页后的最后一页，则不显示“下一页”超链接。本模块的设计思路如图 19.7 所示。

图 19.7　实现分页设计思路

19.4.4　数据库设计

本模块采用的数据库为 MySQL 数据库，数据库名称为 db_database19；用到了两张数据表，即 tb_orderid（商品分类表）、tb_order（商品信息表）。

1．tb_orderid 表

tb_orderid 表用于保存商品分类信息，其结构如图 19.8 所示。

2．tb_order 表

tb_order 表用于保存商品信息，其结构如图 19.9 所示。

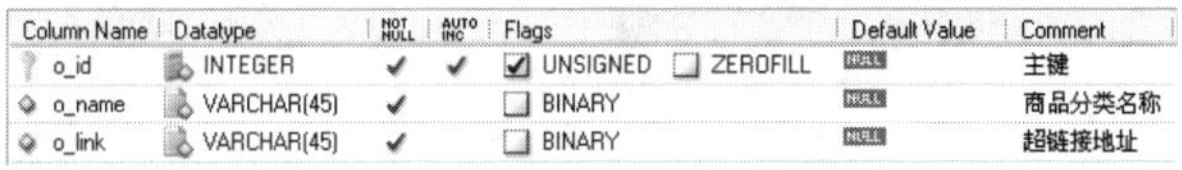

Column Name	Datatype	NOT NULL	AUTO INC	Flags	Default Value	Comment
o_id	INTEGER	✔	✔	☑ UNSIGNED ☐ ZEROFILL	NULL	主键
o_name	VARCHAR(45)	✔		☐ BINARY	NULL	商品分类名称
o_link	VARCHAR(45)	✔		☐ BINARY	NULL	超链接地址

图 19.8　tb_orderid 表结构

Column Name	Datatype	NOT NULL	AUTO INC	Flags	Default Value	Comment
id	INTEGER	✔	✔	☑ UNSIGNED ☐ ZEROFILL	NULL	主键
order_name	VARCHAR(45)	✔		☐ BINARY	NULL	商品名称
order_price	VARCHAR(45)	✔		☐ BINARY	NULL	商品单价
order_explain	VARCHAR(45)	✔		☐ BINARY	NULL	商品说明
o_id	INTEGER	✔		☑ UNSIGNED ☐ ZEROFILL	NULL	商品类型
order_picture	VARCHAR(45)	✔		☐ BINARY	NULL	商品图片

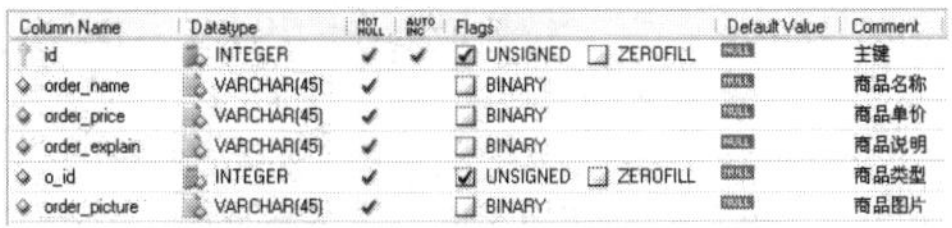

图 19.9　tb_order 表结构

19.4.5 实现过程

（1）利用开发工具 Eclipse 创建名为 paginationOrder 的 Web 项目。

（2）编写与数据表对应的 JavaBean 对象，JavaBean 中包含的属性与数据表中的字段一一对应。与 tb_orderid 表对应的 Java Bean 代码如下：

代码位置：光盘\TM\Instances\paginationOrder\src\com\cdd\bean\Oid.java

```java
public class Oid {
    private int id;                              //对应数据表中主键
    private String o_name;                       //对应数据表中 o_name 字段
    private String o_like;                       //对应数据表中 o_like 字段
    public String getO_like() {
        return o_like;
    }
    public void setO_like(String o_like) {
        this.o_like = o_like;
    }
    public int getId() {
        return id;
    }
    …//省略了其他属性的 setXXX()与 getXXX()方法
}
```

与 tb_order 表对应的 JavaBean 代码如下：

代码位置：光盘\TM\Instances\paginationOrder\src\com\cdd\bean\Order.java

```java
public class Order {
    private int id;                              //对应数据表主键
    private String order_name;                   //对应 order_name 字段
    private String order_price;                  //对应 order_price 字段
    private String order_explain;                //对应 order_explain 字段
    private int oid;                             //对应 oid 字段
    public int getId() {
        return id;
    }
    public void setId(int id) {
        this.id = id;
    }
    …//省略了其他属性的 setXXX()与 getXXX()方法
}
```

（3）编写获取数据库连接类 GetConn，该类在静态块中实现加载数据库驱动，并创建方法 getConn()，该方法以 Connection 对象作为返回值。关键代码如下：

代码位置：光盘\TM\Instances\paginationOrder\src\com\cdd\jdbc\GetConn.java

```java
public class GetConn {
    static {
        try {
            Class.forName("com.mysql.jdbc.Driver");      //在静态块中实现加载数据库驱动
        } catch (ClassNotFoundException e) {
            e.printStackTrace();
        }
    }
    public Connection getConn(){
        Connection connection = null;                    //创建数据库连接对象
```

```
String url = "jdbc:mysql://localhost:3306/db_database19"; //指定数据库连接 URL
String userName = "root";                                 //连接数据库用户名
String passWord = "111";                                  //连接数据库密码
try {
        connection = DriverManager.getConnection(url,userName, passWord);     //获取数据库连接
} catch (SQLException e) {
        e.printStackTrace();
}
return connection;
    }
}
```

（4）本实例提供了按商品类型查询商品功能，在页头部分显示商品类型。商品类型信息保存在 tb_orderid 表中。创建 FindOid 类，该类中包含有查询 tb_orderid 表中所有数据的方法 allOderID()，该方法返回值为 List 类型对象。关键代码如下：

代码位置：光盘\TM\Instances\paginationOrder\src\com\cdd\jdbc\FindOid.java

```
public List allOderID(){
    List list = new ArrayList();                        //创建集合类对象
    try {
        GetConn gc = new GetConn();                     //创建保存有连接数据库类的对象
        Connection conn = gc.getConn();                 //获取数据库连接
        Statement pstmt = conn.createStatement();
        pstmt.execute("select * from tb_orderid");      //定义查询 tb_orderid 表的 SQL 语句
        ResultSet rs =pstmt.getResultSet();             //创建查询结果集
        while(rs.next()){                               //循环遍历查询结果集
            Oid oid = new Oid();
            oid.setId(rs.getInt(1));                    //获取查询结果
            oid.setO_name(rs.getString(2));
            oid.setO_like(rs.getString(3));
            list.add(oid);                              //向集合中添加对象
        }
    } catch (SQLException e) {
        e.printStackTrace();
    }
    return list;                                        //返回查询结果
}
```

（5）在 top.jsp 页面中调用查询商品类型方法 allOderID()，并将商品类型名称以超链接的形式显示在页面中，当单击商品类型名称超链接时，将在相应页面显示商品信息，将商品类型编号作为请求转发的参数。关键代码如下：

代码位置：光盘\TM\Instances\paginationOrder\WebRoot\top.jsp

```
<tr align="center">
  <td width="65" height="31"
  onMouseOver="this.style.backgroundImage='url(image/fg_top04.jpg)'"
  onMouseOut="this.style.backgroundImage=''"><a href="index.jsp" class="a4">首页</a></td>
  <%
    FindOid fid = new FindOid();                        //创建保存有查询商品分类方法的类对象
    List list = fid.allOderID();                        //获取商品类型集合
    for(int i = 0;i<list.size();i++){                   //循环遍历商品类型集合
        Oid oid = (Oid)list.get(i);                     //获取保存在集合中的商品类型对象
  %>
  <td width="65" onMouseOver="this.style.backgroundImage='url(image/fg_top04.jpg)'"
      onMouseOut="this.style.backgroundImage=''">     <!-- 页面中显示商品超链接、商品类型名称 -->
```

```
            <a href="<%=oid.getO_like()%>?id=<%=oid.getId()%>" class="a4"><%=oid.getO_name() %></a></td>
    <%}%>
</tr>
```

（6）如图 19.4 所示，在系统首页显示了最近上架的 4 件商品，这 4 件商品是在 tb_order 表通过查询得到的主键 id 最大的 4 件商品。编写查询 id 号最大的 4 件商品的方法，关键代码如下：

代码位置：光盘\TM\Instances\paginationOrder\src\com\cdd\jdbc\FindOrder.java

```
public List FindOder(){
    List list = new ArrayList();                                //定义集合对象
    try {
        Statement pstmt = conn.createStatement();
        pstmt.execute("select * from tb_order order by id desc limit 0,4");   //查询 id 号最大的 4 件商品
        ResultSet rs =pstmt.getResultSet();                     //获取查询结果集
        while(rs.next()){
            Order order = new Order();                          //创建与商品信息表对应的 JavaBean 对象
            order.setId(rs.getInt("o_id"));                     //获取查询数据
            order.setOrder_name(rs.getString("order_name"));
            order.setOid(rs.getInt("o_id"));
            order.setOrder_price(rs.getString("order_price"));
            order.setOrder_explain(rs.getString("order_explain"));
            order.setOrder_picture(rs.getString("order_picture"));
            list.add(order);                                    //向集合中添加对象
        }
    } catch (SQLException e) {
        e.printStackTrace();
    }
    return list;                                                //返回查询结果
}
```

（7）在 index.jsp 页面中，通过<jsp:include>标签，使 index.jsp 页面包含 top.jsp 页面与 down.jsp 页面。相关代码如下：

代码位置：光盘\TM\Instances\paginationOrder\WebRoot\index.jsp

```
<jsp:include page="top.jsp" flush="true"/>
```

在该页面中，通过调用查询最新商品方法 FindOder()将最新上架的 4 件商品显示在页面中。关键代码如下：

代码位置：光盘\TM\Instances\paginationOrder\WebRoot\index.jsp

```
<td width="755" height="100" valign="middle">
<%
FindOrder findOrder = new FindOrder();                          //创建保存有查询最新 4 件商品类对象
List list = findOrder.FindOder();                               //获取商品集合
for (int i = 0; i < list.size(); i++) {                         //循环遍历商品集合
    Order order = (Order) list.get(i);                          //获取集合中对象
%>
<table width="760" border="0" align="center" cellpadding="0"
    cellspacing="0">
    <tr>
        <td width="230"> </td>
        <td width="530"><br>
<table width="82%" border="0" align="center" cellpadding="0"
    cellspacing="0" bordercolor="#CCCCCC">
    <tr>
        <td height="90" bordercolor="#666666">
        <table width="100%" border="1" align="center" cellpadding="1"
            cellspacing="1" bordercolor="#FFFFFF" bgcolor="#CCCCCC">
            <tr>
```

```
                    <td width="36%" rowspan="4" bgcolor="#FFFFFF">
                        <div align="center">
                            <input name="image" type="image"  <!-- 将商品图片显示在页面中 -->
                                src="<%=order.getOrder_picture()%>" width="110"  height="100">
                        </div>
                    </td>
                    <td width="64%" bgcolor="#FFFFFF">            <!-- 将商品名称显示在页面中 -->
                        <div align="center"><%=order.getOrder_name()%></div>
                    </td>
                </tr>
                <tr>
                    <td bgcolor="#FFFFFF">
                        <div align="center">                     <!-- 将商品单价显示在页面中 -->
                            <font color="#F14D83">单价：<%=order.getOrder_price()%>元</font>
                        </div>
                    </td>
                </tr>
                <tr>
                    <td bgcolor="#FFFFFF">                        <!-- 将商品说明显示在页面中 -->
                        <div align="center"><%=order.getOrder_explain()%></div>
                    </td>
                </tr>
```

（8）本模块提供了按商品类型查询商品功能，例如单击"家用电器"超链接后，会将该类商品显示在页面中；如果该类商品总数超过 4 件，则提供了分页显示的功能，如图 19.10 所示。

图 19.10 "家用电器"类商品展示

下面介绍获取分页中页面显示内容的方法 fOrder()。该方法包含 3 个参数，分别用于指定当前页码、每页显示几条记录、商品类型编号，将查询结果作为返回值。关键代码如下：

代码位置：光盘\TM\Instances\paginationOrder\com\cdd\jdbc\FindOrder.java

```
public List fOrder(int page,int pagesize,int oid) {
    String strSql = "select * from tb_order" +
            " where o_id="+oid+" order by id limit "+(page-1)*pagesize+
            ","+pagesize+" ";                          //定义 SQL 查询语句
    Statement pstmt = null;                            //创建 Statement 对象
    List list = new ArrayList();                       //创建 List 集合对象
    ResultSet rs = null;                               //定义查询结果集对象
    try {
        pstmt = conn.createStatement();
        rs = pstmt.executeQuery(strSql);               //执行查询语句
        while(rs.next()){                              //循环遍历查询结果集
```

```
            Order order = new Order();                    //创建与商品信息表对象的 JavaBean 对象
            order.setId(rs.getInt(1));                     //获取查询数据
            order.setOrder_name(rs.getString("order_name"));
            order.setOrder_explain(rs.getString("order_explain"));
            order.setOrder_price(rs.getString("order_price"));
            order.setOid(rs.getInt("o_id"));
            order.setOrder_picture(rs.getString("order_picture"));
            list.add(order);
        }
        conn.close();
    } catch (Exception e) {
        e.printStackTrace();
    } finally {
        try {
            if (pstmt != null) {
                rs.close();
                pstmt.close();
            }
        } catch (Exception e) {
            e.printStackTrace();
        }
    }
    return list;                                           //返回结果集
}
```

（9）编写获取分页总页码方法 allPage()，该方法有两个 int 型参数，分别用于指定每页显示的记录数、商品类型，将查询的总页码返回。关键代码如下：

代码位置：光盘\TM\Instances\paginationOrder\com\cdd\jdbc\FindOrder.java

```
public int allPage(int row,int oid){
    int allp=0;                                            //定义保存总页码变量
    try {
        Statement pstmt = conn.createStatement();
        pstmt.execute("select count(*) from" +
                " tb_order where o_id ="+oid);             //定义查询 SQL 语句
        ResultSet rs =pstmt.getResultSet();                //获取查询结果集
        rs.next();
        int all=rs.getInt(1);                              //获取查询结果
        allp=(all-1)/row+1;                                //获取总页数
        conn.close();                                      //关闭数据库连接
    } catch (SQLException e) {
        e.printStackTrace();
    }
    return allp;
}
```

（10）在 eletricity.jsp 页面中，通过调用 fOrder()方法获取分页数据。fOrder()方法的参数为保存在 request 对象中的当前页码、定义每页显示 4 条记录、保存在 request 对象中的当前商品编号。关键代码如下：

代码位置：光盘\TM\Instances\paginationOrder\WebRoot\eletricity.jsp

```
<tr>
    <td width="755" height="100" valign="middle">
<%
FindOrder findOrder = new FindOrder();                     //创建包含有商品信息查询方法的类对象
String oid = request.getParameter("id");                   //获取商品类型编号
int id = Integer.parseInt(oid);                            //将其转换为 int 型
int pageNo = 0;                                            //定义当前页码为 int 型变量
    if (request.getParameter("No") == null) {              //如果保存在 request 中的当前页码为空
```

```
                pageNo = 1;                                    //当前页面为第一页
            } else {
                pageNo = Integer.parseInt(request.getParameter("No"));
            }
List list = findOrder.fOrder(pageNo,4,id);                     //获取分页数据
for(int i = 0;i<list.size();i++){                              //循环遍历查询结果
        Order order = (Order)list.get(i);                      //获取保存在查询结果集中的对象
    %>
    <table width="760"   border="0" align="center" cellpadding="0" cellspacing="0">
      <tr>
      <td width="230"> </td>
      <td width="530"><br>
    <table width="82%" border="0" align="center" cellpadding="0" cellspacing="0" bordercolor="#CCCCCC">
      <tr>
        <td height="90" bordercolor="#666666" >
            <table width="100%"   border="1" align="center"
                cellpadding="1" cellspacing="1" bordercolor="#FFFFFF" bgcolor="#CCCCCC" >
            <tr>
            <td width="36%" rowspan="4" bgcolor="#FFFFFF"><div align="center">
                <!-- 将商品图片显示在页面中 -->
                <input name="image"  type="image" src="<%=order.getOrder_picture()%>" width="110" height="100">
    </div></td><!-- 将商品名称显示在页面中 -->
<td width="64%" bgcolor="#FFFFFF"><div align="center"><%=order.getOrder_name()%></div></td>
            </tr>
            <tr>
            <td bgcolor="#FFFFFF"><div align="center">
            <!-- 将商品单价显示在页面中 -->
            <font color="#F14D83">单价：<%=order.getOrder_price()%>元</font></div></td>
            </tr> <tr>
                <td bgcolor="#FFFFFF">
                <!-- 将商品说明显示在页面中 -->
<div align="center"><%=order.getOrder_explain()%></div></td>
                </tr>
                <tr> </tr>
                </table></td>
            </tr>
            </table></td>
        </tr>
```

（11）编写在页面中显示"上一页"、"下一页"超链接代码，只有当前页码大于 1，才可显示"上一页"超链接；只有当前页码小于最大页码，才可显示"下一页"超链接。关键代码如下：

代码位置：光盘\TM\Instances\paginationOrder\WebRoot\eletricity.jsp

```
</tr>
<%}
int all = findOrder.allPage(4,id);                             //获取总页码
%>
<tr width="50">
<td colspan="2" align="center">
       共<%=all%>页   当前位于第<%=pageNo%>页  <!-- 页面显示当前页码与总页码 -->
<%
    if (pageNo > 1) {                                          //如果当前页码大于 1
%>
<a href="eletricity.jsp?No=<%=pageNo - 1%>&id=<%=id%>"> 上一页</a><!-- 页面显示"上一页"超链接 -->
<%}
    if (pageNo < all) {                                        //如果当前页码小于最大页码
%>
```

```
<a href="eletricity.jsp?No=<%=pageNo + 1%>&id=<%=id%>">下一页</a><!-- 页面显示"下一页"超链接 -->
<%
    }
%>
</td></tr>
```

19.5 实 战

19.5.1 对 SQL Server 2008 数据库进行分页

例 19.02 对 SQL Server 2008 数据库进行分页。（实例位置：光盘**TM\Instances\19.02**）

（1）创建操作数据库类 UserDao。通过构造方法 UserDao()加载数据库驱动，定义 Connection()方法创建与数据库的连接，定义 selectStatic()方法执行查询操作，定义 closeConnection()方法关闭数据库。详细代码请参考光盘。

（2）创建 index.jsp 页面。首先通过 JavaBean 标签调用数据库操作类 UserDao，并定义在分页输出数据中使用的参数。关键代码如下：

```
<%@page contentType="text/html" pageEncoding="GBK" import="java.sql.*,java.util.*,java.lang.*"%>
<jsp:useBean id="selectall" scope="page" class="com.wgh.dao.UserDao"></jsp:useBean>
<%!
    int CountPage = 0;
    int CurrPage = 1;
    int PageSize = 5;
    int CountRow = 0;
%>
```

然后，设置接收数据的参数，当第一次显示页面参数为空时，设为 1。根据当前页面的参数获取到显示的数据集。关键代码如下：

```
<%
    String StrPage = request.getParameter("Page");
    if (StrPage == null) {                          //判断当页面的值为空时
        CurrPage = 1;                               //赋值为 1
    } else {
        CurrPage = Integer.parseInt(StrPage);       //如果不为空则获取该值
    }
    String SQL = "Select * From tb_ClassList";      //定义查询语句
    ResultSet Rs = selectall.selectStatic(SQL);     //执行查询语句
    Rs.last();                                      //获取查询结果集
    int i = 0;                                      //定义数字变量
    CountRow = Rs.getRow();                         //获取查询结果集的行数
    CountPage = (CountRow / PageSize);              //计算将数据分成几页
    if (CountRow % PageSize > 0)                    //判断如果页数大于 0
        CountPage++;                                //则增加该值
    String sql = "select top "+PageSize+" * from tb_ClassList where CID not in(select top "+
(CurrPage-1)*PageSize+" CID from tb_ClassList order by CID ASC) order by CID ASC";
    Rs = selectall.selectStatic(sql);              //执行查询语句
    while (Rs.next()) {                             //循环输出查询结果
%>
<tr>
    <td nowrap><span class="style3"><%=Rs.getString("CID")%></span></td>
    <td nowrap><span class="style3"><%=Rs.getString("CName")%></span></td>
    <td nowrap><span class="style3"><%=Rs.getString("CStartDate")%></span></td>
```

```
        </tr>
<%
            }
            selectall.closeConnection();                    //关闭数据库
%>
```

设置"下一页"、"上一页"和"最后一页"超链接，链接到 index.jsp 页面，指定 Page 作为栏目标识，将页数作为参数值。关键代码如下：

```
<tr>
        <td width="251">
            [<%=CurrPage%>/<%=CountPage%>] 每页 5 条 共<%=CountRow%>条记录<%=(CurrPage - 1) * 5 + 1%>
        </td>
        <td width="260"><div align="right">
<%  if (CurrPage > 1) {    %>
        <a href="index.jsp?Page=<%=CurrPage - 1%>">上一页</a>
<%  }     %>
<%  if (CurrPage < CountPage) {    %>
        <a href="index.jsp?Page=<%=CurrPage + 1%>">下一页</a>
<%  }     %>
        <a href="index.jsp?Page=<%=CountPage%>">最后一页</a></div>
        </td>
</tr>
```

实例运行结果如图 19.11 所示。

19.5.2　转到指定页的分页

例 19.03　实现转到指定页的分页。(实例位置：光盘\TM\ Instances\19.03)

图 19.11　分页显示运行结果

(1) 创建数据库操作类，定义构造方法 UserDao()加载数据库驱动，定义 Connection()方法创建与数据库的连接，定义 selectStatic()方法执行查询操作，定义 closeConnection()方法关闭数据库。详细代码请参考光盘。

(2) 创建 index.jsp 页面。首先，通过 JavaBean 标签调用数据库操作类 UserDao，并定义在分页输出数据中使用的参数。关键代码如下：

```
<%@ page language="java" import="java.sql.*,java.lang.*,java.util.*"
        contentType="text/html; charset=gbk" pageEncoding="GBK"%>
<jsp:useBean id="selectall" scope="page" class="com.wgh.dao.UserDao" />
<%!
        int CountPage = 0;
        int CurrPage = 1;
        int PageSize = 5;
        int CountRow = 0;
%>
```

然后，根据传递的参数获取当前显示的页码，执行查询结语句，获取到结果集并定位显示数据。关键代码如下：

```
<%
        String StrPage = request.getParameter("Page");          //获取当前页
        if (StrPage == null || StrPage == "") {
            CurrPage = 1;                                        //定义当前页为第一页
        } else {
            CurrPage = Integer.parseInt(StrPage);                //获取当前页的值
        }
        ResultSet Rs;
        String SQL = "Select * From tb_ClassList";               //定义 SQL 语句
```

```
Rs = selectall.selectStatic(SQL);                              //执行查询语句
Rs.last();
int i = 0;
CountRow = Rs.getRow();                                        //获取查询结果集中的记录数
CountPage = (CountRow / PageSize);                             //计算总的页数
if (CountRow % PageSize > 0)
    CountPage++;
Rs.first();                                                    //获取第一条记录
if (CountRow > 0) {
    Rs.absolute(CurrPage * PageSize - PageSize + 1);           //指定跳转的页码
    while (i < PageSize && !Rs.isAfterLast()) {                //循环输出数据
%>
    <tr>
        <td height="30" align="center" nowrap>
            <span class="style3"><%=Rs.getString("CID")%></span>
        </td>
    </tr>
<%
            Rs.next();
            i++;
        }
        selectall.closeConnection();
    }
%>
```

最后，创建"上一页"、"下一页"和"最后一页"超链接，链接到 index.jsp 页面，指定 Page 作为栏目标识，将页数作为参数值。关键代码如下：

```
<tr><td height="30" nowrap>
    [<%=CurrPage%>/<%=CountPage%>] 每页 5 条  共<%=CountRow%>条记录  请输入页次
    <input name="Page" type="text" size="4">
    <input type="submit" name="Submit" value="GO">
<%
    if (CurrPage > 1) {
%>
    <a href="index.jsp?Page=<%=CurrPage - 1%>&Values=<%=v%>">上一页</a>
<%    }    %>
<%
    if (CurrPage < CountPage) {
%>
    <a href="index.jsp?Page=<%=CurrPage + 1%>&Values=<%=v%>">下一页</a>
<%    }    %>
    <a href="index.jsp?Page=<%=CountPage%>&Values=<%=v%>">最后一页</a>
</td></tr>
```

实例运行结果如图 19.12 所示。

19.5.3 具有页码跳转功能的分页

例 19.04 实现具有页码跳转功能的分页。（**实例位置：光盘\TM\Instances\19.04**）

（1）创建数据库操作类，定义构造方法 UserDao()加载数据库驱动，定义 Connection()方法创建与数据库的连接，定义 selectStatic()方法执行查询操作，定义 closeConnection()

图 19.12 转到第二页的结果

方法关闭数据库。详细代码请参考光盘。

（2）创建 index.jsp 页面。首先，通过 JavaBean 标签调用数据库操作类 UserDao，并定义在分页输出数据中使用的参数。关键代码如下：

```java
<%@ page language="java" import="java.sql.*,java.lang.*,java.util.*"
    contentType="text/html; charset=gbk" pageEncoding="GBK"%>
<jsp:useBean id="selectall" scope="page" class="com.wgh.dao.UserDao" />
<%!
    int CountPage = 0;
    int CurrPage = 1;
    int PageSize = 5;
    int CountRow = 0;
%>
```

然后，根据传递的参数获取当前显示的页码，执行查询结语句，获取到结果集并定位显示数据。关键代码如下：

```java
<%
    String StrPage = request.getParameter("Page");              //获取当前页
    if (StrPage == null || StrPage == "") {
        CurrPage = 1;                                           //定义当前页为第一页
    } else {
        CurrPage = Integer.parseInt(StrPage);                  //获取当前页的值
    }
    ResultSet Rs;
    String SQL = "Select * From tb_ClassList";                 //定义 SQL 语句
    Rs = selectall.selectStatic(SQL);                          //执行查询语句
    Rs.last();
    int i = 0;
    CountRow = Rs.getRow();                                    //获取查询结果集中的记录数
    CountPage = (CountRow / PageSize);                         //计算总的页数
    if (CountRow % PageSize > 0)
        CountPage++;
    Rs.first();                                                //获取第一条记录
    if (CountRow > 0) {
        Rs.absolute(CurrPage * PageSize - PageSize + 1);       //指定跳转的页码
        while (i < PageSize && !Rs.isAfterLast()) {            //循环输出数据
%>
    <tr>
        <td height="30" align="center" nowrap>
            <span class="style3"><%=Rs.getString("CID")%></span>
        </td>
    </tr>
<%
            Rs.next();
            i++;
        }
        selectall.closeConnection();
    }
%>
```

最后，通过 for 循环语句输出页码，并设置页面跳转的超链接。关键代码如下：

```html
<tr>
    <td width="251">[<%=CurrPage%>/<%=CountPage%>] 每页 5 条 共<%=CountRow%>条记录</td>
    <td width="260"><div align="right">
        <%
```

```
        for (int ii = 1; ii <= CountPage; ii++) {
%>
        <a href="index.jsp?Page=<%=ii%>"><%=ii%></a>
<%  }   %>
    </div></td>
</tr>
```

实例运行结果如图 19.13 所示。

图 19.13   转到第二页的结果

19.5.4   分栏显示

例 19.05   实现分栏显示。（实例位置：光盘\TM\
Instances\19.05）

（1）创建数据库操作类，定义构造方法 UserDao()
加载数据库驱动，定义 Connection()方法创建与数据库的
连接，定义 selectStatic()方法执行查询操作，定义 closeConnection()方法关闭数据库。详细代码请参考光盘。

（2）创建 Sort 类，定义获取记录个数和返回结果集的方法。关键代码如下：

```
public class Sort {
    UserDao dao = new UserDao();                           //实例化数据库操作类
    public int GetCount(final String SQL) {
        try {
            ResultSet Rs = dao.selectStatic(SQL);          //执行查询语句
            Rs.last();
            return Rs.getRow();                            //获取结果集中的记录数
        } catch (SQLException e) {
            System.out.println("组数量获取失败！");
            return 0;
        }
    }
    public ResultSet GetRs(final String SQL) {
        try {
            ResultSet Rs = dao.selectStatic(SQL);          //执行查询语句
            return Rs;                                     //返回结果集
        } catch (SQLException e) {
            System.out.println("记录数量获取失败！");
            return null;
        }
    }
}
```

（3）创建 index.jsp 页面，首先通过 JavaBean 标签调用 UserDao 类和 Sort 类；然后编写 SQL 语句，执
行查询操作；最后通过双重 For 循环实现查询结果的分栏输出。关键代码如下：

```
<%@ page language="java" import="java.sql.*,java.lang.*,java.util.*"
    contentType="text/html; charset=gbk" pageEncoding="GBK"%>
<jsp:useBean id="selectall" scope="page" class="com.wgh.dao.UserDao" />
<jsp:useBean id="sort" scope="page" class="com.wgh.sort.Sort" />
<%
    int RowCount = sort.GetCount("Select * From tb_BookUnit");    //记录数
    ResultSet Rs = sort.GetRs("Select * From tb_BookUnit");       //返回查询结果集
    int HRow = RowCount/5;                                        //行数
    if (RowCount%5>0)
        HRow++;
        for (int i = 0 ;i<HRow;i++){%>
```

```
<p>
<%
        for (int j=i*5+1;j<=(i+1)*5;j++){
            Rs.absolute(j);
            if (Rs.isAfterLast())
            break;
        %>
        <a href="index.jsp"><%=Rs.getString("BName")%></a>
<%  }       %>
        </p>
<%  }       %>
```

实例运行结果如图 19.14 所示。

19.5.5　应用 Hibernate 分页

例 19.06　实现应用 Hibernate 分页。（**实例位置：光盘\TM\Instances\19.06**）

（1）在本章数据库 db_database19 中创建本实例应用的数据表，名称为 tb_hibernatefenye。表中相关字段与数据类型如图 19.15 所示。

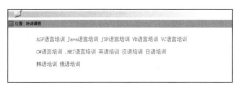

图 19.14　分栏显示数据　　　　　图 19.15　数据表结构图

（2）创建 tb_hibernatefenye 数据表的实体类，名称为 TbHibernatefenye。创建对应数据表字段的实体类成员变量。关键代码如下：

```
public class TbHibernatefenye    implements java.io.Serializable {
    private Integer id;                    //ID 编号
    private String productName;            //商品名称
    private float price;                   //单价
    private int num;                       //库存数量
    private String unit;                   //计量单位
    private Date inDate;                   //入库日期
    private String baozhiTime;             //质保时间
    …//省略部分代码
}
```

（3）创建数据表与实体类的 XML 映射文件 TbHibernatefenye.hbm.xml，在该映射文件中设置主键生成方式为 identity，是主键自动累加编号，然后设置其他表字段对应的实体类成员变量和非空约束。关键代码如下：

```
<?xml version="1.0"?>
<!DOCTYPE hibernate-mapping PUBLIC
        "-//Hibernate/Hibernate Mapping DTD 3.0//EN"
        "http://www.hibernate.org/dtd/hibernate-mapping-3.0.dtd">
<hibernate-mapping>
    <class name="com.model.TbHibernatefenye" table="tb_hibernatefenye" catalog="db_database19">
        <id name="id" type="java.lang.Integer">
            <column name="id" />
            <generator class="identity" />
        </id>
        <property name="productName" type="string">
```

```
                <column name="productName" length="45" not-null="true" />
            </property>
            <property name="price" type="float">
                <column name="price" precision="12" scale="0" not-null="true" />
            </property>
            <property name="num" type="int">
                <column name="num" not-null="true" />
            </property>
            <property name="unit" type="string">
                <column name="unit" length="45" not-null="true" />
            </property>
            <property name="inDate" type="timestamp">
                <column name="inDate" length="19" not-null="true" />
            </property>
            <property name="baozhiTime" type="string">
                <column name="baozhiTime" length="45" not-null="true" />
            </property>
        </class>
</hibernate-mapping>
```

（4）编写处理分页请求的 Servlet，名称为 PageServlet。它将接收前台页面的请求，并且定义了 process Request()方法处理分页数据，该方法被 Servlet 处理页面请求的 doGet()和 doPost()方法调用，也就是说由 processRequest()方法处理这两种页面请求。

该方法首先从请求对象中获取分页参数，然后调用分页业务类的方法，获取指定页码的数据，并把这些数据保存到请求对象的属性中，最后将请求转发给显示分页结果的页面。关键代码如下：

```
protected void processRequest(HttpServletRequest request, HttpServletResponse response)
        throws ServletException, IOException {
    response.setContentType("text/html;charset=GBK");            //设置响应请求的数据类型
    //获取分页参数
    int page = ServletRequestUtils.getIntParameter(request, "page", 1);
    Map model = fenyeService.getPageData(page);                  //使用分页业务类获取分页数据
    request.setAttribute("model", model);                        //把分页数据保存为请求对象的属性
    //转发请求到分页结果页面
    request.getRequestDispatcher("fenye.jsp").forward(request, response);
}
```

（5）编写分页业务类，名称为 FenyeService。它用于处理数据分页的业务逻辑，核心方法为 getPage Data()，该方法首先创建一个保存分页数据的 List 集合对象，然后通过数据库操作类获取分页数据初始化该集合对象。然后再创建分页参数对象，并通过数据库操作类初始化分页参数，最后创建 Map 集合对象作为前台页面显示的数据模型，把分页数据和分页参数全部保存到这个数据模型中，并将数据模型作为方法的返回值。关键代码如下。

说明　分页参数包括数据分页的最大页数、当前页编码、上一页和下一页等参数，这些参数被笔者定义为 PageArgs 类。

```
public Map getPageData(int page) {
    List products = null;                                        //创建保存分页数据的 List 集合
    try {
        products = dao.getProducts(page);                        //从数据库操作类获取分页数据
    } catch (Exception ex) {
        ex.printStackTrace();
    }
    PageArgs pageArgs = dao.getPageArgs();                        //创建并初始化分页参数对象
```

```
        pageArgs.setPageNum(page);                      //设置当前页的编号
        Map model = new HashMap();                       //创建页面的数据模型
        model.put("list", products);                     //保存分页数据到模型中
        model.put("pageArgs", pageArgs);                 //保存分页参数到模型中
        return model;                                    //返回数据模型
}
```

（6）创建 PageArgs 类，该类用于封装分页参数，并且提供访问这些参数的 getter()和 setter()方法，其中在 setPageNum()方法中加入了更新上一页和下一页页码参数的业务处理。关键代码如下：

```
public class PageArgs {
        private int pageNum;                             //当前页码
        private int pageSize;                            //页面大小
        private long maxPage;                            //最大页数
        private int prePage;                             //上一页的页码
        private int nextPage;                            //下一页的页码
        public void setPageNum(int pageNum) {
            this.pageNum = pageNum;
            prePage=pageNum-1<=1?1:pageNum-1;            //设置上一页的页码
            //设置下一页的页码
            nextPage=(int) (pageNum + 1 >= maxPage ? maxPage : pageNum + 1);
        }
…//省略部分代码
}
```

（7）编写 HibernateUtil 类，它是本实例的一个工具类。该类在静态代码段中初始化 Hibernate 的 SessionFactory 类的实例对象。关键代码如下：

```
static {
    try {
        //初始化 SessionFactory
        Configuration cfg = new Configuration().configure();     //加载 Hibernate 配置文件
          sessionFactory = cfg
                    .buildSessionFactory(new ServiceRegistryBuilder().applySettings(cfg.getProperties())
                        .buildServiceRegistry());
    } catch (Throwable ex) {
        System.err.println("Initial SessionFactory creation failed." + ex);
        throw new ExceptionInInitializerError(ex);
    }
}
```

（8）编写 HibernateDao 类，该类是本实例的数据库操作类，它使用 Hibernate 技术执行数据库的相关操作。其中 getPageArgs()方法用于获取分页参数，它返回的结果是 PageArgs 类的实例对象。关键代码如下：

```
public class HibernateDao {
        private int pageSize=4;                          //定义分页的页面大小
        public PageArgs getPageArgs() {
            //使用工具类创建 Session 实例对象
            Session session = HibernateUtil.getSessionFactory().openSession();
            //创建执行查询的 Quest 类的对象
            Query query = session.createQuery("SELECT count(*) FROM TbHibernatefenye");
            List list = query.list();                    //将查询结果保存在 List 集合中
            session.close();                             //关闭 session
            long count = (Long) list.get(0);             //获取总数据量
            PageArgs pag = new PageArgs();               //创建分页参数对象
            pag.setPageSize(pageSize);                   //设置分页大小参数
            pag.setMaxPage((count + pageSize - 1) / pageSize); //设置最大页码参数
            pag.setPageNum(1);                           //设置当前页码参数
```

```
        return pag;                                    //返回分页参数对象
    }
```

该类的 getProducts()方法用于获取 page 参数指定页码的数据，方法的核心在于设置了查询的起始范围和本次查询的结果集大小，这样就能够获取需要的数据量，最后把查询的结果保存在 List 集合中，并把该 List 集合做完方法的返回值。关键代码如下：

```java
public List getProducts(final int page) throws Exception {
    if (pageSize == 0) {                               //如果分页大小参数为 0，抛出异常
        throw new Exception("产品分页的页面大小不能为0");
    }
    //使用工具类创建 Session 实例对象
    Session session = HibernateUtil.getSessionFactory().openSession();
    //创建执行查询的 Quest 类的对象
    Query query = session.createQuery("FROM TbHibernatefenye p order by p.id desc");
    //设置查询的起始范围
    query.setFirstResult((page - 1) * pageSize);
    //设置本次查询的结果集大小
    query.setMaxResults(pageSize);
    List list=query.list();                            //将查询结果保存到 List 集合
    session.close();                                   //关闭 session
    return list;                                       //返回结果集
    }
}
```

实例运行结果如图 19.16 所示。

图 19.16　第二页的显示结果

19.6　本章小结

数据分页是每个 Web 开发者都必须掌握的内容，本章详细介绍了数据分页的基本思想、将 SQL Server 数据库中的数据实现分页、利用 LIMIT 函数实现数据分页、利用 Hibernate 技术实现数据分页。在讲解过程中，为了便于理解，结合了大量实例。希望通过本章的学习，读者能够熟练地掌握数据分页技术，并加以扩展，编写出更加完美的分页程序。

19.7　学习成果检验

1．在学生管理系统中，实现将学生信息进行分页显示。（答案位置：光盘\TM\Instances\19.07）
2．在图书馆管理系统中，实现将图书信息进行分页显示。（答案位置：光盘\TM\Instances\19.08）
3．在博客网站中，实现将发表的博客文章进行分页显示。（答案位置：光盘\TM\Instances\19.09）

第20章

文件上传与下载

（📹 视频讲解：50分钟）

在开发网站时，经常需要实现操作文件资源的功能，常用的文件操作包括文件上传与下载。在 Java Web 中，实现文件上传通常有两种方法，一种是使用 Servlet 3.0 的新特性来实现，另一种是使用 Common-FileUpload 组件实现；实现文件下载通常使用流实现。本章将详细介绍如何在 Java Web 中实现文件下传与下载。

通过阅读本章，您可以：

▶▶ 掌握使用 Servlet 3.0 的新特性实现文件上传

▶▶ 掌握如何使用 Commons-FileUpload 组件上传文件

▶▶ 掌握应用 Spring 实现文件上传

▶▶ 掌握以输出流方式实现文件下载

20.1　使用 Servlet 3.0 的新特性实现文件上传

视频讲解：光盘\TM\Video\20\使用 Servlet 3.0 的新特性实现文件上传.exe

在 Servlet 3.0 出现之前，不使用第三方组件实现文件上传是一件很麻烦的事情，而 Servlet 3.0 出现以后就摆脱了这一问题。使用 Servlet 3.0 可以十分方便地实现文件的上传。实现文件上传需要以下两项内容：

☑　添加@MultipartConfig 注解。

☑　从 request 对象中获取 Part 文件对象。

@MultipartConfig 注解需要标注在@WebServlet 注释之上。具有如表 20.1 所示的常用属性。

表 20.1　@MultipartConfig 注释的常用属性

属　性　名	类　　型	是否可选	描述
fileSizeThreshold	int	是	当数据量大于该值时，内容将被写入文件
location	String	是	存放临时生成的文件地址
maxFileSize	long	是	允许上传的文件最大值。默认值为-1，表示没有限制
maxRequestSize	long	是	针对该 multipart/form-data 请求的最大数量，默认值为-1，表示没有限制

除了要配置@MultipartConfig 注解之外，还需要使用两个重要的方法，即 getPart()与 getParts()方法。下面对这两个方法进行详细的介绍。

☑　Part getPart(String name)

☑　Collection<Part>getParts()

getPart()方法的 name 参数表示请求的 name 文件。getParts()方法可获取请求中的所有文件。上传文件用 javax.servlet.http.Part 对象来表示。Part 接口提供了处理文件的简易方法，如 write()和 delete()方法等。

例 20.01　应用 Servlet 实现文件上传。（实例位置：光盘\TM\Instances\20.01）

（1）编写具有上传文件组件的 JSP 页面，在该页面中还包含有"上传"按钮。关键代码如下：

```
<form action="UploadServlet" enctype="multipart/form-data" method ="post" >
    选择文件<input type="file" name="file1" id= "file1"/>
    <input type="submit" name="upload" value="上传" />
</form>
```

（2）编写处理上传文件的 Servlet，在该 Servlet 中对上传文件进行控制。关键代码如下：

```
@WebServlet("/UploadServlet")
@MultipartConfig(location = "d:/temp")
public class UploadServlet extends HttpServlet {
    private static final long serialVersionUID = 1L;
    protected void doPost(HttpServletRequest request, HttpServletResponse response)
 throws ServletException, IOException {
        response.setContentType("text/html;charset=GBK");
        PrintWriter out = response.getWriter();
        String path = this.getServletContext().getRealPath("/");       //获取服务器地址
        Part p = request.getPart("file1");                              //获取用户选择的上传文件
        if (p.getContentType().contains("image")) {                    //仅处理上传的图像文件
            ApplicationPart ap = (ApplicationPart) p;
            String fname1 = ap.getFilename();                          //获取上传文件名
            int path_idx = fname1.lastIndexOf("\\") + 1;               //对上传文件名进行截取
            String fname2 = fname1.substring(path_idx, fname1.length());
            p.write(path + "/upload/" + fname2);                       //写入 Web 项目根路径下的 upload 文件夹中
```

```
                out.write("文件上传成功");
        }
        else{
                out.write("请选择图片文件！！！ ");
        }
    }
}
```

运行本程序，选择上传文件后，如果上传文件是图片文件，单击"上传"按钮后，即可实现文件上传，如图 20.1 所示。

图 20.1　上传文件

20.2　使用 Commons-FileUpload 组件实现文件上传

Commons-FileUpload 组件是 Apache 组织下的 jakarta-commons 项目组下的一个小项目，该组件可以方便地将 multipart/form-data 类型请求中的各种表单域解析出来，并实现一个或多个文件的上传，同时也可以限制上传文件的大小等内容。在使用 Commons-FileUpload 组件时，需要先下载该组件。该组件可以到 http://commons.apache.org/fileupload/网站下载。

说明　Commons-FileUpload 组件需要 commons-io 包的支持，所以在下载 Commons-FileUpload 组件时，还需要连 commons-io 组件一起下载。

20.2.1　添加表单及表单元素

在上传文件页面中，添加用于上传文件的表单及表单元素。在该表单中，需要通过文件域指定要上传的文件。在表单中添加文件域的语法格式如下：

```
<input name="file" type="file" size="尺寸">
```

☑　name：用于指定文件域的名称。
☑　type：用于指定标记的类型，这里设置为 file，表示文件域。
☑　size：用于指定文件域中文本框的长度。
例如，在表单中添加一个名称为 file 的文件，可以使用下面的代码：

```
<input name="file" type="file" size="35">
```

注意　在实现文件上传时，必须将 form 表单的 enctype 属性设置为 multipart/form-data，否则将不能上传文件。

20.2.2　创建上传对象

在应用 Commons-FileUpload 组件实现文件上传时，需要创建一个工厂对象，并根据该工厂对象创建一个新的文件上传对象。关键代码如下：

```
DiskFileItemFactory factory = new DiskFileItemFactory();        //基于磁盘文件项目创建一个工厂对象
ServletFileUpload upload = new ServletFileUpload(factory);      //创建一个新的文件上传对象
```

在使用上面的两行代码时，需要导入相应的类，关键代码如下：

```
import org.apache.commons.fileupload.disk.DiskFileItemFactory;
import org.apache.commons.fileupload.servlet.ServletFileUpload;
```

20.2.3 解析上传请求

创建一个文件上传对象后，就可以应用这个对象解析上传请求。在解析上传请求时，首先要获取全部的表单项，这可以通过文件上传对象的 parseRequest()方法来实现。parseRequest()方法的语法格式如下：

```
public List parseRequest(HttpServletRequst request) throws FileUploadException
```

request：HttpServletRequest 对象。

例如，应用该方法获取全部表单项，并保存到 items 中的具体代码如下：

```
List items = upload.parseRequest(request);                     //获取全部的表单项
```

通过 parseRequest()方法获取的全部表单项将保存到 List 集合中，并且保存到 List 集合中的表单项，不管是文件域还是普通表单域，都当成 FileItem 对象处理。在进行文件上传时，可以通过 FileItem 对象的 isFormField()方法判断表单项是文件域还是普通表单域。如果该方法的返回值为 true，则表示是一个普通表单域，否则是一个文件域。isFormField()方法的语法格式如下：

```
public boolean isFormField()
```

例如，应用 isFormField()方法判断文件域的具体代码如下：

```
if (!item.isFormField()) {                                     //判断是否为文件域
    …    //此处省略了部分代码
}
```

在实现文件上传时，还需要获取上传文件的文件名，这可以通过 FileItem 类的 getName()方法实现。getName()方法的语法格式如下：

```
public String getName();
```

注意　getName()方法仅当该表单域是文件域时，才有效。

例如，通过 getName()方法获取上传文件的文件名的具体代码如下：

```
String fileName=item.getName();                                //获取文件名
```

在上传文件时，还可以通过 getSize()方法获取上传文件大小。getSize()方法的语法格式如下：

```
public long getSize()
```

例如，通过 getSize()方法获取上传文件大小的具体代码如下：

```
long upFileSize=item.getSize();                                //获取上传文件的大小
```

在上传文件时，还可以通过 getContentType()方法获取上传文件的类型。getContentType()方法的语法格式如下：

```
java.lang.String getContentType()
```

例如，通过 getContentType()方法获取上传文件类型的具体代码如下：

```
String type=item.getContentType();                             //获取文件类型
```

例 20.02　应用 Commons-FileUpload 组件将文件上传到服务器。（实例位置：光盘\TM\Instances\20.02）

（1）创建 index.jsp 页面，在其中包含文件上传表单项，实现文件上传操作时，需要将 form 表单的 enctype 属性值设置为 multipart/form-data。index.jsp 页面的关键代码如下：

```
<!-- 定义表单 -->
<form action="UploadServlet" method="post"   enctype="multipart/form-data" name="form1" id="form1"
```

```
                    onsubmit="return validate()">
                    <ul>
                            <li>请选择要上传的附件：</li>
                            <li>上传文件：　<input type="file" name="file" /> <!-- 文件上传组件 --></li>
                            <li><input type="submit" name="Submit" value="上传" />
<input type="reset" name="Submit2" value="重置" /></li>
                    </ul>
                    <%
                            if (request.getAttribute("result") != null) {          //判断保存在 request 范围内的对象是否为空
                                    out.println("<script >alert('" + request.getAttribute("result")
                                            + "');</script>");                      //页面显示提示信息
                            }
                    %>
            </form>
```

（2）当用户单击"上传"按钮时，系统将提交 URL 地址为 UploadServlet 的 Servlet，在该 Servlet 中处理文件上传请求。关键代码如下：

```
public void doPost(HttpServletRequest request, HttpServletResponse response)
        throws ServletException, IOException {
    String adjunctname ;
    String fileDir = request.getRealPath("upload/");          //指定上传文件的保存地址
    String message = "文件上传成功";
    String address = "";
    if(ServletFileUpload.isMultipartContent(request)){        //判断是否是上传文件
    DiskFileItemFactory factory = new DiskFileItemFactory();
    factory.setSizeThreshold(20*1024);                        //设置内存中允许存储的字节数
    factory.setRepository(factory.getRepository());           //设置存放临时文件的目录
    ServletFileUpload upload = new ServletFileUpload(factory);     //创建新的上传文件句柄
    int size = 2*1024*1024;                                   //指定上传文件的大小
    List formlists = null;                                    //创建保存上传文件的集合对象
    try {
            formlists = upload.parseRequest(request);         //获取上传文件集合
    } catch (FileUploadException e) {
            e.printStackTrace();
    }
    Iterator iter = formlists.iterator();                     //获取上传文件迭代器
    while(iter.hasNext()){
            FileItem formitem = (FileItem)iter.next();        //获取每个上传文件
            if(!formitem.isFormField()){                      //忽略不是上传文件的表单域
                String name = formitem.getName();             //获取上传文件的名称
                if(formitem.getSize()>size){                  //如果上传文件大于规定的上传文件的大小
                    message = "您上传的文件太大，请选择不超过 2M 的文件";
                    break;                                    //退出程序
                }
                String adjunctsize = new Long(formitem.getSize()).toString();      //获取上传文件的大小
                if((name == null) ||(name.equals(""))&&(adjunctsize.equals("0")))   //如果上传文件为空
                    continue;                                 //退出程序
                adjunctname = name.substring(name.lastIndexOf("\\")+1,name.length());
                address = fileDir+"\\"+adjunctname;           //创建上传文件的保存地址
                File saveFile = new File(address);            //根据文件保存地址创建文件
                try {
                    formitem.write(saveFile);                 //向文件写数据
```

```
                } catch (Exception e) {
                        e.printStackTrace();
                }
            }
        }
    }
    request.setAttribute("result", message);                    //将提示信息保存在 request 对象中
    RequestDispatcher requestDispatcher = request
            .getRequestDispatcher("index.jsp");                 //设置相应返回地址
    requestDispatcher.forward(request, response);
}
```

运行本实例，单击"浏览"按钮，选择要上传的文件，注意要上传的文件不能大于 2MB，如图 20.2 所示，单击"上传"按钮即可将该文件上传到服务器的指定文件夹中。

图 20.2　上传文件到服务器上

20.3　Spring 文件上传

视频讲解：光盘\TM\Video\20\Spring 文件上传.exe

Spring 是简洁、高效的 Java EE 开发框架，其文件上传功能是通过 Struts 提供的 Commons-FileUpload 组件来实现。

使用 Spring 实现文件上传功能，首先需要在 DispatcherServlet 上下文中添加分段文件解析器。这样，每个请求就会被检查是否包含上传文件，如果有，则应用上下文中已经定义的 MultipartResolver 就会被调用。

20.3.1　配置文件上传解析器

在使用 Spring 实现文件上传时，需要配置文件上下文解析器。Spring 的 CommonsMultipartResolver 类用于解析上传的文件数据，该类位于 org.springframework.web.multipart.commons 包中。

例如，在 Spring 配置文件 dispatcher-servlet.xml 中配置文件上传解析器，代码如下：

```xml
<bean name="multipartResolver"
class="org.springframework.web.multipart.commons.CommonsMultipartResolver">
    <property name="defaultEncoding" value="gbk"/>              //设置编码格式
    <property name="maxUploadSize" value="50000"/>              //限制上传文件大小
    <property name="uploadTempDir" value="upload/temp"/>        //设置临时文件夹
</bean>
```

☑　defaultEncoding：该属性用于设置默认的编码格式，必须与用户 JSP 的 pageEncoding 属性相一致。

☑　maxUploadSize：该属性用于设置上传文件的最大字节数。

☑　uploadTempDir：该属性用于设置处理文件上传的临时文件夹。文件上传结束后，临时文件夹中的过程性文件会被自动清除。

20.3.2　编写文件上传表单页面

Spring 实现文件上传时，表单元素的编码类型同样必须设置为 multipart/form-data。可以通过 Spring 框架的 form 表单标签库定义<form:form>表单，在表单中定义文件上传 file 控件。

例如，定义文件上传表单页面，代码如下：

```
<%@taglib prefix="form" uri="http://www.springframework.org/tags/form" %>
<html>
    <head>
        <meta http-equiv="Content-Type" content="text/html; charset=GBK">
        <title>Spring 的文件上传</title>
    </head>
    <body>
        <form:form enctype="multipart/form-data">
            上传文件<input type="file" name="attach" value="" /><br>
            <input type="submit" value="上传" />
            <input type="reset" value="重置" />
        </form:form>
    </body>
</html>
```

成功创建上传文件页面后，可以创建与页面对应的表单类，用于保存页面表单的所有数据。在表单类中上传文件对应的属性类型为 MultipartFile，该属性类型与 Struts 中的 FormFile 类型相同，封装了上传文件的内容、文件名等信息。

例如，创建与上传文件对应的表单类，代码如下：

```
public class PhotoUploadBean {
    private MultipartFile attach;        //对应上传文件属性
    public MultipartFile getAttach() {
        return attach;
    }
    public void setAttach(MultipartFile attach) {
        this.attach = attach;
    }
}
```

20.3.3　编写文件上传控制器

文件上传控制器继承自 SimpleFormController，用于处理页面请求。在该类的构造方法中，必须调用 setCommandClass()方法设置表单控制器的表单对象类型。在重写父类的 onSubmit()方法中，实现处理文件上传的业务。该方法从表单对象中读取用户上传的表单数据，然后把上传的文件保存到指定的文件夹中，最后返回显示上传成功的视图对象。

例如，处理文件上传控制器类，代码如下：

```
public class FileUploadController extends SimpleFormController {
    private String uploadPath;                        //文件上传路径
    public String getUploadPath() {
        return uploadPath;
    }
    public void setUploadPath(String uploadPath) {
```

```
            this.uploadPath = uploadPath;
    }
    public FileUploadController() {
        setCommandClass(PhotoUploadBean.class);    //设置表单控制器的表单对象
    }
    protected ModelAndView onSubmit(HttpServletRequest request,
            HttpServletResponse response, Object command, BindException errors)
            throws Exception {
        PhotoUploadBean bean = (PhotoUploadBean) command; //获取表单对象
        String root = request.getRealPath("/");          //获取当前 Web 项目的真实路径
        File file = new File(root + uploadPath + "/");    //定义上传路径的 File 对象
        file.mkdirs();                                    //创建上传文件夹
        //获取上传文件的文件名
        final String fileName1 = bean.getAttach().getOriginalFilename();
        //判断是否选择了上传文件
        if (fileName1 != null && !fileName1.isEmpty()) {
            //把文件保存到上传路径
            bean.getAttach().transferTo(new File(file, fileName1));
        }
        return new ModelAndView("success");              //返回 success 视图
    }
}
```

文件上传控制器类编写完成后，需要在 Spring 配置文件 dispatcher-servlet.xml 中对其进行配置。示例代码如下：

```
<bean name="fileUploadController" class="controller.FileUploadController">
    <property name="uploadPath" value="upload"/>
    <property name="formView" value="index"/>
    <property name="successView" value="success"/>
</bean>
```

20.4　实现文件下载

对于文件下载，大家也不陌生，相信多数人都有过从网络中下载 MP3 歌曲或电影的经历。随着网络的不断发展，文件下载功能远不止于下载歌曲和电影了，现在很多网站都提供了下载各类资源的功能。因此，有必要学习如何实现文件下载。

由于实现文件下载功能比较简单，通常情况下，不使用第三方组件实现，而是直接使用 Java 语言的输入/输出流实现。

在实现文件下载时，通常需要文件类（File）、文件字节输入流类（FileInputStream）和字节输出流类（OutputStream）。

20.4.1　文件类

java.io 包中的 File 类封装了系统的文件或目录的相关信息，如文件类型、文件路径等。File 类提供了以下两种创建 File 对象的方法。

方法 1：通过指定的文件路径字符串来创建 File 对象，语法格式如下：

```
File(String path);
```

例如，创建文件 ps.jpg（位于 E:\11\upload 目录下）所对应的 File 对象，可以使用下面的代码：

```
File file = new File("E:\11\upload\ps.jpg");
```

方法 2：通过指定父路径与子路径字符串来创建 File 对象，语法格式如下：

```
File(String parent,String child);
```

其中，parent 指定文件的父路径，child 指定文件的子路径。

例如，创建文件 ps.jpg（位于 E:\11\upload 目录下）所对应的 File 对象，可以使用下面的代码：

```
File file = new File("E:\11\upload","ps.jpg");
```

技巧 在进行文件下载时，创建要下载文件所对应的文件对象时，通常应用 HttpServletRequest 对象的 getRealPath()方法获取文件所在的绝对路径。例如，要创建当前 Web 应用中 upload 目录下的指定文件所对应的 File 对象，可以使用下面的代码：

```
File file = new File(request.getRealPath("/upload"), "ps.jpg");        //创建要下载文件所对应的文件对象
```

20.4.2 文件字节输入流

文件字节输入流 FileInputStream 类继承自 InputStream，可以从指定的文件中读取字节数据。可通过指定的文件对象来构建 FileInputStream 对象，或根据指定的文件名称和路径来构建 FileInputStream 类对象。

语法 1：根据指定的文件对象创建 FileInputStream 对象，语法格式如下：

```
FileInputStream(File file)
```

例如，创建一个文件对象，再应用该对象一个 FileInputStream 对象，可以使用下面的代码：

```
File file = new File("E:\11\upload","ps.jpg");
FileInputStream in = new FileInputStream(file);
```

语法 2：根据文件名称与文件路径构建 FileInputStream 对象，语法格式如下：

```
FileInputStream(String path)
```

通过 FileInputStream 类的 read()方法，可以读取指定文件的内容。

例如，读取 E:\text\temp.txt 文件的内容可以使用下面的代码：

```
File file = new File("E:\text\temp.txt");                              //创建文件对象
try {
    FileInputStream fis = new FileInputStream(file);                  //创建文件字节输入流
    int length;
    while((length = fis.read())!=-1){                                 //循环读取文件内容
        System.out.println((char)length);
    }
    fis.close();                                                       //关闭文件字节输入流
} catch (Exception e) {
    e.printStackTrace();
}
```

说明 上面的方法只有当读取的文件内容是英文或数字时，才能正常显示。

20.4.3 字节输出流

字节输出流 OutputStream 类中，定义了多种操作输出流的方法。通过字节输出流可以将数据以字节为单位输出并保存到指定文件中。字节输出流对象可以通过 HttpServletResponse 类的 getOutputStream()方法获取。例如，在 Servlet 中，获取字节输出流对象，可以使用下面的代码：

```
OutputStream os = response.getOutputStream();                        //创建字节输出流对象
```
创建字节输出流对象后，就可以通过其 write()方法实现向文件中写入数据。

例如，将通过文件字节输入流读取的内容，通过字节输出流写入到指定文件中，可以使用下面的代码：
```
FileInputStream in = new FileInputStream(file);                      //创建文件字节输入流
OutputStream os = response.getOutputStream();                        //创建输出流对象
int data = 0;
while ((data = in.read()) != -1) {                                   //循环读取文件
    os.write(data);                                                  //向指定目录中写文件
}
```

例 20.03 采用输出流方式实现文件下载。（**实例位置：光盘\TM\Instances\20.03**）

（1）创建 index.jps 页面，在其中为用户提供 MP3 文件下载超链接，关键代码如下：
```
    <table style="margin-top:10px;" width="500" border="1" align="center" cellpadding="0" cellspacing="0"
bordercolor="#FFFFFF" bordercolorlight="#FFFFFF" bordercolordark="#FFCCCC">
  <tr>
    <td width="29%" height="27" align="center">标题</td>
    <td width="14%" height="27" align="center">上传人</td>
    <td width="23%" height="27" align="center">上传时间</td>
    <td width="6%" height="27" align="center">下载</td>
    </tr>
  <tr>
    <td height="29" align="center">新歌</td>
    <td align="center">小雨</td>
    <td align="center">2012 年 7 月 24 日</td>
    <td align="center">
      <a href="DownServlet?path=<%=getServletContext().getRealPath("新歌.mp3") %>">下载</a>
    </td>
    </tr>
</table>
```

（2）当单击"下载"超链接时，系统将请求提交到名称为 DownServlet 的 Servlet。在该 Servlet 中，首先获取下载文件的地址，并根据该地址创建文件字节输入流，再通过该流读取下载文件内容，最后将读取的内容通过输出流写到目标文件中。关键代码如下：
```
public void doPost(HttpServletRequest request, HttpServletResponse response)
        throws ServletException, IOException {
    String path=request.getParameter("path");                        //获取上传文件的路径
    path=new String(path.getBytes("ISO-8859-1"),"GBK");
    File file = new File(path);                                       //根据该路径创建文件对象
    InputStream in = new FileInputStream(file);                       //创建文件字节输入流
    OutputStream os = response.getOutputStream();                     //创建输出流对象
    response.addHeader("Content-Disposition", "attachment;filename="
            + new String(file.getName().getBytes("GBK"),"ISO-8859-1"));  //设置应答头信息
    response.addHeader("Content-Length", file.length() + "");
    response.setCharacterEncoding("GBK");
    response.setContentType("application/octet-stream");
    int data = 0;
    while ((data = in.read()) != -1) {                                //循环读取文件
        os.write(data);                                              //向指定目录中写文件
    }
    os.close();                                                       //关闭流
    in.close();
}
```
运行本实例，将显示如图 20.3 所示的运行结果。

图 20.3　采用输出流方式实现文件下载

20.5　MP3 乐园

视频讲解：光盘\TM\Video\20\MP3 乐园.exe

通过本章的学习，相信读者已经初步掌握了文件上传与下载技术，接下来就动手实践一下，应用文件上传、下载技术实现 MP3 乐园系统。

20.5.1　模块介绍

百度等大型网站都提供了 MP3 音乐欣赏功能，大多数网民也比较喜欢在网络中搜索自己希望的音乐。MP3 乐园就是这样一个模块——为广大用户提供一个音乐欣赏的渠道。通过本系统，可以将自己喜欢的 MP3 文件上传到网络中，供其他人一起分享。在上传文件的过程中，可以设置该文件是所有网友都可以下载，还是只允许本站会员下载。如果系统中有喜欢的 MP3 音乐，也可以下载到本机上。本模块主页运行结果如图 20.4 所示。

图 20.4　MP3 乐园模块主页

20.5.2　系统流程

本系统主页显示了最新上传的 MP3 文件，如果用户想要下载所有的 MP3 文件，必须登录系统。此外，本站还提供了注册功能。本站会员可以上传 MP3 文件，上传文件的上限是 2MB。本模块系统流程图如图 20.5 所示。

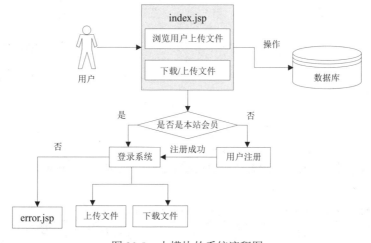

图 20.5　本模块的系统流程图

527

20.5.3　关键技术

在此利用 JSP+Servlet 技术实现 MP3 乐园模块。其中应用了 Commons-FileUpload 上传组件，并通过流技术实现文件下载。在实现文件上传时，需要将用户添加的"文件名称"、"限制下载用户"等内容保存到数据库中；此外，还需要将 form 表单的 enctype 属性设置为 multipart/form-data。进行如此设置后，无法通过 request 对象的 getParameter()方法获取表单值，不过 Commons-FileUpload 组件提供了相应的方法来获取表单项的值。

Commons-FileUpload 组件在进行表单处理时，需要使用 ServletFileUpload 类的 parseRequest(request)方法获取 List 集合，集合中的每项都封装为 FileItem，可以通过 fileItem.isFormField()判断出是普通的表单属性还是一个文件。如果是一个普通菜单项，则可以通过 getFieldName()方法获取表单项的名称。

语法格式如下：

`getFieldName()`

该方法以 String 类型值将表单项名称返回。

获取表单项的名称后，需要获取指定表单项的值。FileItem 接口的 getString()方法就是用于获取表单项内容的。该方法有两种重载形式。语法格式分别如下：

`getString();`
`getString(String encoding)`

第一种形式：以默认的编码格式返回表单项内容。

第二种形式：以指定参数的编码格式返回表单项的内容。

20.5.4　数据库设计

本模块采用的数据库为 MySQL 数据库，数据库名称为 db_database20。本模块共涉及两张数据表，分别是 tb_user（用户信息表）和 tb_file（文件信息表）。

☑　tb_user 表：用于存储用户信息，其结构如图 20.6 所示。

☑　tb_file 表：用于保存用户上传的文件信息，其结构如图 20.7 所示。

Column Name	Datatype	NOT NULL	AUTO INC	Flags	Default Value	Comment
id	INTEGER	✓	✓	☑ UNSIGNED ☐ ZEROFILL	NULL	主键
user_name	VARCHAR(45)	✓		☐ BINARY	NULL	用户名
user_password	VARCHAR(45)	✓		☐ BINARY	NULL	用户密码
user_email	VARCHAR(45)	✓		☐ BINARY	NULL	用户邮箱
user_sex	VARCHAR(45)	✓		☐ BINARY	NULL	用户性别
user_phone	VARCHAR(45)	✓		☐ BINARY	NULL	用户电话
user_QQ	VARCHAR(45)	✓		☐ BINARY	NULL	用户QQ

图 20.6　tb_user 表结构

Column Name	Datatype	NOT NULL	AUTO INC	Flags	Default Value	Comment
id	INTEGER	✓	✓	☑ UNSIGNED ☐ ZEROFILL	NULL	主键
file_name	VARCHAR(45)	✓		☐ BINARY	NULL	文件名称
file_uploadPerson	VARCHAR(45)	✓		☐ BINARY	NULL	上传文件名
file_address	VARCHAR(300)	✓		☐ BINARY	NULL	上传地址
file_uptime	VARCHAR(45)	✓		☐ BINARY	NULL	文件上传时间
file_downPerson	VARCHAR(45)	✓		☐ BINARY	NULL	允许下载人

图 20.7　tb_file 表结构

20.5.5　公共类编写

（1）创建名为 MP3Eden 的 Web 项目，在其中添加连接 MySQL 数据库的驱动包 mysql-connector-java-3.0.16-ga-bin.jar、文件上传组件 commons-io-1.1.jar 与 commons-fileUpload-1.2.1.jar。

（2）创建 GetConn 类，该类中包含有获取数据库连接方法 getConnection()，该方法返回 Connection 对象。关键代码如下：

代码位置：光盘\TM\Instances\MP3Eden\src\com\cdd\jdbc\GetConn.java

```
import java.sql.*;
public class GetConn {
```

```
    public Connection conn = null;                              //创建 Connection 对象
    //获取数据库连接方法
    public Connection getConnection() {
        try {
            Class.forName("com.mysql.jdbc.Driver");         //加载数据库驱动
            String url = "jdbc:mysql://localhost:3306/db_database20";
            String user = "root";
            String passWord = "111";
            conn = DriverManager.getConnection(
                    url, user, passWord);
                //getConnection()方法中的参数分别用于指定连接数据库的 URL、用户名和密码
            if (conn != null) {
                System.out.println("数据库连接成功");
            }
        } catch (Exception e) {
            e.printStackTrace();
        }                                                   //异常处理
        return conn;                                        //返回 Connection 对象
    }
}
```

（3）编写与数据表对应的 JavaBean，本模块将数据表中信息封装在 JavaBean 中，JavaBean 中的属性与数据表中字段一一对应，并包含了各属性的 setXXX()与 getXXX()方法。

☑　与 tb_user 表对应的 JavaBean 类 User，关键代码如下：

代码位置：光盘\TM\Instances\MP3Eden\src\com\cdd\bean\User.java

```
public class User {
    private int id;
    private String user_name;
    private String user_password;
    private String user_email;
    private String user_sex;
    private String user_phone;
    private String user_QQ;
    …//省略了属性的 setXXX()与 getXXX()方法
}
```

☑　与 tb_file 表对应的 JavaBean 类 UpFile，关键代码如下：

代码位置：光盘\TM\Instances\MP3Eden\src\com\cdd\bean\UpFile.java

```
public class UpFile {
    private int id;
    private String file_name;
    private String file_uploadPerson;
    private String file_uptime;
    private String file_downPerson;
    private String file_address;
    …//省略了各属性的 setXXX()与 getXXX()方法
}
```

（4）在用户上传文件时，需要将上传时间保存到数据库中，因此需要编写获取系统时间方法。关键代码如下：

代码位置：光盘\TM\Instances\MP3Eden\src\com\cdd\util\GetTime.java

```
public class GetTime {
    public String currentlyTime() {
```

```
        Date date = new Date();                              //创建日期类对象
        //获取当前年份、月份、日期、星期等内容
        DateFormat dateFormat = DateFormat.getDateInstance(DateFormat.FULL);
        return dateFormat.format(date);                      //返回当前日期
    }
}
```

20.5.6　实现系统登录

本站只允许会员上传文件，会员在上传文件的
过程中，如果将下载文件的限制设置为"只允许本
站会员下载"，则只有登录系统后才可下载其上传
的文件。用户可以通过单击首页中的"登录"超链
接进行登录，如图 20.8 所示。

图 20.8　登录模块运行结果

（1）在登录页面中编写验证用户身份代码，
需要用户输入用户名、密码，系统将检索用户。编
写按用户名、密码检索用户方法，关键代码如下：

代码位置：光盘\TM\Instances\MP3Eden\src\com\cdd\jdbc\UserUtil.java

```
public User findUser(User user) {
    String sql = "select * from tb_user where user_name=?" +
            " and user_password = ?";                        //定义数据添加的 SQL 语句
    PreparedStatement statement;
    try {
        User newuser = new User();
        statement = connection.prepareStatement(sql);        //实例化 PreparedStatement 对象
        statement.setString(1, user.getUser_name());
        statement.setString(2, user.getUser_password());
        ResultSet rest = statement.executeQuery();           //执行 SQL 语句
        while(rest.next()){
            newuser.setId(rest.getInt(1));
        }
        return newuser;
    } catch (SQLException e) {
        e.printStackTrace();
        return null;
    }
}
```

（2）当用户单击"登录"按钮时，系统将提交 URL 地址 EnterServlet。根据 web.xml 文件的配置，该
地址对应的 Servlet 为 EnterServlet。在该 Servlet 中实现验证用户身份，并返回相应页面。关键代码如下：

代码位置：光盘\TM\Instances\MP3Eden\src\com\cdd\servlet\EnterServlet.java

```
public void doPost(HttpServletRequest request, HttpServletResponse response)
        throws ServletException, IOException {
    UserUtil userUtil = new UserUtil();                      //创建保存有用户验证方法类对象
    User user = new User();                                  //创建 JavaBean 类对象
    user.setUser_name(request.getParameter("UID"));          //获取用户添加的用户名信息
    user.setUser_password(request.getParameter("PWD"));      //获取用户添加的用户密码信息
    User use = userUtil.findUser(user);                      //查询用户信息
```

```
if(use.getId()>0){                                          //如果查询出的用户 id 大于 0
    request.getSession().setAttribute("User",user);         //将检索出的用户保存在 session 对象中
    RequestDispatcher requestDispatcher = request
    .getRequestDispatcher("index.jsp");                     //设置相应返回地址
    requestDispatcher.forward(request, response);
}
else{
    RequestDispatcher requestDispatcher = request
    .getRequestDispatcher("error.jsp");                     //设置相应返回地址
    requestDispatcher.forward(request, response);
}
}
```

20.5.7　实现用户注册

当用户单击主页中的"注册"超链接，或单击登录页面中的"注册"按钮时，即会进入到用户注册页面，其运行结果如图 20.9 所示。

（1）当输入用户信息后，单击"确定保存"按钮，系统就会将用户添加的用户信息保存到 tb_user 表中。首先编写向 tb_user 表中保存数据的方法，该方法以 User 对象为参数。关键代码如下：

代码位置：光盘\TM\Instances\MP3Eden\src\com\cdd\jdbc\UserUtil.java

```
public void insertUser(User user) {
    String sql = "insert into tb_user values (?,?,?,?,?,?,?)";   //定义数据添加的 SQL 语句
    PreparedStatement statement;
    try {
        statement = connection.prepareStatement(sql);           //实例化 PreparedStatement 对象
        statement.setString(1, null);                           //设置预处理语句参数
        statement.setString(2, user.getUser_name());
        statement.setString(3, user.getUser_password());
        statement.setString(4, user.getUser_email());
        statement.setString(5, user.getUser_sex());
        statement.setString(6, user.getUser_phone());
        statement.setString(7, user.getUser_QQ());
        statement.executeUpdate();                              //执行 SQL 语句
    } catch (SQLException e) {
        e.printStackTrace();
    }
}
```

tb_user 表中的用户名要求唯一性，用户可以通过单击注册页面中的"用户名验证"按钮来验证注册的用户名是否在 tb_user 表中存在。编写按用户名查询用户信息方法，关键代码如下：

代码位置：光盘\TM\Instances\MP3Eden\src\com\cdd\jdbc\UserUtil.java

```
public User findUserName(String name) {
    String sql = "select * from tb_user where user_name='"+name+"'";   //定义数据添加的 SQL 语句
    Statement statement;
    try {
        User newuser = new User();
        statement = connection.createStatement();

        ResultSet rest = statement.executeQuery(sql);           //执行 SQL 语句
```

```
        while(rest.next()){
            newuser.setId(rest.getInt(1));
        }
        return newuser;
    } catch (SQLException e) {
        e.printStackTrace();
        return null;
    }
}
```

（2）当用户在注册页面中单击"注册"或"用户名验证"按钮，系统都将提交表单至 UserInsertServlet，在该 Servlet 中首先判断用户是要进行用户名验证还是用户注册，并调用相应的方法。关键代码如下：

代码位置：光盘\TM\Instances\MP3Eden\src\com\cdd\servlet\UserInsertServlet.java

```java
public void doPost(HttpServletRequest request, HttpServletResponse response)
        throws ServletException, IOException {
    String message = request.getParameter("Submit");                    //获取提交按钮表单值
    UserUtil userUtil = new UserUtil();                                  //创建保存有用户操作方法类对象
    if (message.equals("确定保存")) {                                     //如果用户执行注册操作
        User users = userUtil.findUserName(request.getParameter("account"));   //获取用户注册姓名
        String mess = "用户名可以使用";
        if (users.getId() > 0) {                                         //如果查询 User 对象 ID 属性大于 0
            mess = "用户名不可以使用";                                     //定义提示信息
            request.setAttribute("message", mess);                       //将提示信息保存在 request 对象中
            return;                                                      //退出程序
        }
        User user = new User();                                          //创建用户对象
        user.setUser_name(request.getParameter("account"));             //设置 User 对象参数
        user.setUser_password(request.getParameter("password1"));
        user.setUser_sex(request.getParameter("sex"));
        user.setUser_email(request.getParameter("email"));
        user.setUser_phone(request.getParameter("tel"));
        user.setUser_QQ(request.getParameter("QQNumber"));
        userUtil.insertUser(user);                                       //执行添加操作
    } else if (message.equals("用户名验证")) {                            //如果用户进行用户名验证
        User user = userUtil.findUserName(request.getParameter("account"));
        String mess = "用户名可以使用";
        if (user.getId() > 0) {
            mess = "用户名不可以使用";
        }
        request.setAttribute("message", mess);
    }

    RequestDispatcher requestDispatcher = request
            .getRequestDispatcher("register.jsp");                       //设置相应返回地址
    requestDispatcher.forward(request, response);
}
```

20.5.8 实现文件上传

当用户登录成功后，单击系统首页中的"上传文件"超链接，即可进入如图 20.10 所示的文件上传页面。

图 20.9　用户注册页面运行结果　　　　　　　图 20.10　文件上传页面

（1）当用户单击"上传文件"按钮时，系统将上传的文件保存到服务器中，同时将用户添加的信息保存到数据库中。编写向 tb_file 表中保存数据的方法，关键代码如下：

代码位置：光盘\TM\Instances\MP3Eden\src\com\cdd\jdbc\FileUtil.java

```java
public void insertFile(UpFile file) {
    String sql = "insert into tb_file values" +
            " (?,?,?,?,?,?,?)";                               //定义数据添加的 SQL 语句
    System.out.println("SQL:"+sql);
    PreparedStatement statement;
    try {
        statement = connection.prepareStatement(sql);        //实例化 PreparedStatement 对象
        statement.setString(1, null);                        //设置预处理语句参数
        statement.setString(2, file.getFile_name());
        statement.setString(3, file.getFile_uploadPerson());
        statement.setString(4, file.getFile_address());
        statement.setString(5, file.getFile_uptime());
        statement.setString(6, file.getFile_downPerson());
        statement.executeUpdate();                           //执行 SQL 语句
        connection.close();
    } catch (SQLException e) {
        e.printStackTrace();
    }
}
```

（2）完成文件信息添加后，单击"上传文件"按钮，系统将提交 URL 地址为 FileUploadServlet，在该 Servlet 中实现将用户选择的文件上传至服务器，同时将文件信息保存到数据库中。首先需要对用户选择的上传文件进行验证，满足条件的上传至服务器，否则不进行任何操作。关键代码如下：

代码位置：光盘\TM\Instances\MP3Eden\src\com\cdd\servlet\FileUploadServlet.java

```java
public void doPost(HttpServletRequest request, HttpServletResponse response)
        throws ServletException, IOException {
    String adjunctname;
    String fileDir = request.getRealPath("file/");           //定义文件上传到服务器中的文件夹
    String message = "文件上传成功";
    String fileAddress = "";                                 //定义文件上传地址
```

```
String fileName = "";                                        //映射上传文件名称
String uploadperson = "";                                    //文件上传人
String downPerson = "";                                      //下载人
if (ServletFileUpload.isMultipartContent(request)) {         //如果是一个上传文件
    DiskFileItemFactory factory = new DiskFileItemFactory();
    factory.setSizeThreshold(20 * 1024);                     //设置内存中允许存储的字节数
    factory.setRepository(factory.getRepository());
    ServletFileUpload upload = new ServletFileUpload(factory);
    upload.setHeaderEncoding("gbk");
    int size = 2 * 1024 * 1024;                              //定义允许上传文件的上限
    List formlists = null;
    try {
        formlists = upload.parseRequest(request);            //获取上传文件集合
    } catch (FileUploadException e) {
        e.printStackTrace();
    }
    Iterator iter = formlists.iterator();                    //获取上传文件迭代器
    while (iter.hasNext()) {
        FileItem formitem = (FileItem) iter.next();
        if (!formitem.isFormField()) {
            String name = formitem.getName();                //获取上传文件名称
            if (!name.endsWith("mp3")) {                     //如果用户上传文件不是 MP3 文件
                message = "上传的文件格式不正确";
                request.setAttribute("result", message);     //将提示信息保存在 request 对象中
                RequestDispatcher requestDispatcher = request
                        .getRequestDispatcher("sendInformation.jsp"); //设置相应返回地址
                requestDispatcher.forward(request, response);
                return;
            } else if (formitem.getSize() > size) {          //如果用户上传文件过大
                message = "您上传的文件太大，请选择不超过 2MB 的文件";
                return;
            }
            else {
                String adjunctsize = new Long(formitem.getSize())
                        .toString();                         //获取上传文件大小
                if ((name == null) || (name.equals("")
                        && (adjunctsize.equals("0")))        //如果用户上传内容为空
                    continue;
                adjunctname = name.substring(
                        name.lastIndexOf("\\") + 1, name.length()); //获取上传文件文件名
                fileAddress = fileDir + "\\" + adjunctname;  //定义文件保存地址
                File saveFile = new File(fileAddress);       //创建文件
                try {
                    formitem.write(saveFile);                //向文件写数据
                } catch (Exception e) {
                    e.printStackTrace();
                }
            }
        } else {
            String formname = formitem.getFieldName();       //获取表单项名称
            String con = formitem.getString("gbk");          //获取表单值
```

```
                    if (formname.equals("fileName")) {
                        fileName = con;
                    } else if (formname.equals("restrict")) {

                        downPerson = con;
                    } else if (formname.equals("uploadperson")) {
                        uploadperson = con;
                    }
                }
            }
            UpFile upFile = new UpFile();                    //创建 UpFile 对象
            upFile.setFile_name(fileName);                   //设置该对象属性
            upFile.setFile_uploadPerson(uploadperson);
            upFile.setFile_address(fileAddress);
            upFile.setFile_downPerson(downPerson);
            GetTime gettime = new GetTime();
            upFile.setFile_uptime(gettime.currentlyTime());
            FileUtil fileUtil = new FileUtil();
            fileUtil.insertFile(upFile);                     //添加操作
        }
        request.setAttribute("result", message);             //将提示信息保存在 request 对象中
        RequestDispatcher requestDispatcher = request
                .getRequestDispatcher("sendInformation.jsp"); //设置相应返回地址
        requestDispatcher.forward(request, response);
    }
```

20.5.9 文件下载

当用户单击如图 20.11 所示的"下载"超链接时，可实现对本网站中的 MP3 文件进行下载。

图 20.11   文件浏览页面运行结果

文件下载在 DownServlet 中实现，关键代码如下：

代码位置：光盘\TM\Instances\MP3Eden\src\com\cdd\servlet\DownServlet.java

```
public void doPost(HttpServletRequest request, HttpServletResponse response)
        throws ServletException, IOException {
    String path=request.getParameter("path");             //获取上传文件的路径
    path=new String(path.getBytes("iso-8859-1"));
    File file = new File(path);                            //根据该路径创建文件对象
    InputStream in = new FileInputStream(file);           //创建文件字节输入流
    OutputStream os = response.getOutputStream();         //创建输出流对象
```

```
response.addHeader("Content-Disposition", "attachment;filename="
        + new String(file.getName().getBytes("gbk"),"iso-8859-1"));       //设置应答头信息
response.addHeader("Content-Length", file.length() + "");
response.setCharacterEncoding("gbk");
response.setContentType("application/octet-stream");
int data = 0;
while ((data = in.read()) != -1) {                                        //循环读取文件
        os.write(data);                                                   //向指定目录中写文件
}
os.close();                                                               //关闭流
in.close();

}
```

20.6 本 章 小 结

　　本章主要介绍了在 Java Web 开发中常用的文件上传与下载的方法。首先介绍的是使用 Servlet 3.0 的新特性实现文件上传，该方法比较简单，如果您的服务器支持 Servlet 3.0 使用该方法实现文件上传是个不错的选择；然后介绍了使用 Commons-FileUpload 组件实现文件上传，Commons-FileUpload 组件是一个比较成熟的组件，使用它实现文件上传也比较方便；接下来介绍了通过流实现文件下载，文件下载也比较重要，需要重点掌握；最后以一个实例来巩固了本章所学内容。

20.7 学习成果检验

1．在博客网站中添加照片上传功能。（答案位置：光盘\TM\Instances\20.04）
2．批量文件上传。（答案位置：光盘\TM\Instances\20.05）
3．实现将服务器中的文件下载到本地磁盘中。（答案位置：光盘\TM\Instances\20.06）

第21章

PDF 与 Excel 组件

（ 📹 视频讲解：64 分钟 ）

PDF 与 Excel 是目前在办公领域应用比较频繁的两种文件格式，但是在 Java 环境中并没有提供直接对其进行操作的类库，不过可以通过第三方开发的类库来对这两种文件进行读写操作。本章将详细介绍可以对这两种文件进行操作的第三方开源组件——iText、PDFBox 和 POI。

通过阅读本章，您可以：

- ▸▸ 了解 iText 组件
- ▸▸ 掌握使用 iText 组件快速创建一个 PDF 文档
- ▸▸ 了解 PDFBox 组件
- ▸▸ 掌握使用 PDFBox 组件对 PDF 文档进行读取
- ▸▸ 了解 POI 组件
- ▸▸ 掌握使用 POI 组件创建一个 Excel 文档
- ▸▸ 掌握使用 POI 组件读取 Excel 文档内容

21.1　PDF 概述

PDF（Portable Document Format，可移植文档格式）是由 Adobe 公司推出的一种电子文档格式，一经问世，便凭借其与操作系统无关、跨平台的特性，迅速发展成为在 Internet 上进行电子文档开发和数字化信息传播的理想格式。目前使用该格式发布的电子书、网络资料、电子邮件越来越多，PDF 已经渐渐成为数字化信息存储的一个工业标准。

21.1.1　PDF 的优点

使用 PDF 格式制作的电子书籍可以具有纸制书籍的质感与阅读效果，给人一种仿佛在读纸制书籍的感受。相对于纸制书籍而言，它可以设定个性化的阅读方式，由读者任意设定显示内容百分比，这是纸制书籍无法达到的。此外，基于其与平台无关性，读者可以在移动终端中方便地进行文档的阅读。

Adobe 公司以 PDF 文档技术为核心，提供了一整套用于生成、编辑与阅读 PDF 文档的软件，并提供了可以支持中文字符的亚洲语言包。

21.1.2　PDF 阅读工具

Acrobat Reader 是由 Adobe 公司出品的一款免费的 PDF 文档阅读工具，可以在其官方网站 www.adobe.com 上下载。针对不同操作系统，该软件提供了多个版本。该软件具有良好的稳定性与兼容性，不仅可以实现 PDF 文档的阅读，还可以查看 PDF 文件的相关信息。美中不足的是，该软件由于版本不断更新、功能不断完善，其体积已经日益庞大，从而影响了软件的启动速度。

Foxit Reader 是由第三方公司开发的一款 PDF 文档阅读工具，可以在其主页 www.foxitSoftware.com 上下载。该软件也属于免费软件，可以实现绝大部分的 PDF 文档阅读功能，并且它是绿色版，体积非常小巧，下载后无须安装即可直接使用。

21.2　PDF 组件简介

在 Java 语言中，我们可以通过第三方组件包来直接对 PDF 文档进行操作，如 iText。该组件不仅可以生成 PDF 格式的文档，而且还支持生成 HTML、RTF 和 XML 等格式的文件。不过，它也有缺点，那就是不支持 PDF 文件的读取。如果想要在 Java 语言中读取一个 PDF 文档，就需要用到另一个开源组件 PDFBox。

21.2.1　iText 组件简介

iText 是一个主要用于快速生成 PDF 文档的 Java 类库，利用它可以快速地生成一个包含有文本、表格与图片的只读的 PDF 文档文件。它与 Java Servlet 进行了很好的结合，用户能够轻松地控制 PDF 文档在 Servlet 中的输出。

21.2.2　iText 组件的获取

在浏览器地址栏中输入"http://itextpdf.com/"，进入到如图 21.1 所示的 iText 组件的官方网站首页。

在该页面中，单击 Download iText 按钮，在进入的下载页面中再单击 Download iText 超链接，将显示如图 21.2 所示的下载列表页面。

图 21.1　iText 组件的官方网站首页

图 21.2　下载列表页面

> **注意**　要想让 iText 组件对中文有良好的支持，还需要用到一个亚洲语言包，该包可以直接在图 21.2 所示的下载列表中，通过单击 extrajars 超链接下载到。

21.2.3　iText 组件关键类简介

在 iText 组件中，将一个 PDF 文档从大到小分为文档、章节、小节、段落、表格、列表、图片等对象，如表 21.1 所示。

表 21.1　PDF 文档对应类对象

类 对 象	说　　明
com.lowagie.text.Document	表示一个完整的 PDF 文档对象，需要创建一个书写器 text.pdf.PdfWriter 将 Document 文档对象与目标文件关联起来
com.lowagie.text.Chapter	表示 PDF 文档中的一个章节。可以使用 setTitle()方法为其设置标题
com.lowagie.text.Section	表示 PDF 文档中的小节
com.lowagie.text.Pargraph	表示 PDF 文档中的一个段落
com.lowagie.text.Table	表示 PDF 文档中的一个表格
com.lowagie.text.List	表示 PDF 文档中的一个列表
com.lowagie.text.Image	表示 PDF 文档中的一个图片对象

21.3　应用 iText 组件生成 PDF 文档

视频讲解：光盘\TM\Video\21\应用 iText 组件生成 PDF 文档.exe

在了解了 iText 组件中的关键类之后，就可以着手创建一个 PDF 文档了。要创建一个 PDF 文档非常简单，首先建立 Document 文档对象，然后通过书写器关联文档对象与目标文件，接下来可以设置文档摘要，如果不需要对文档设置摘要则可直接打开文档对象添加内容，最后关闭该文档对象。

21.3.1　创建 Document 对象的实例

Document 对象共有 3 个构造方法。

☑　public Document()

此构造方法以 A4 纸大小为默认值构造一个 PDF 文档,默认页边距为 36 磅。

☑　public Document(Rectangle pageSize)

此构造方法使用 Rectangle 参数来指定 PDF 文档的页面尺寸,默认页边距为 36 磅。例如要创建一个 B5 页面大小的 PDF 文档,代码如下:

```
Document document = new Document(PageSize.B5);
```

另外还可以通过 rotate()方法将版式设置为横向。例如:

```
Document document = new Document(PageSize.B5.rotate());
```

☑　public Document(Rectangle pageSize,float marginLeft,float marginRight,float marginTop,float marginBottom)

通过此构造方法,用户可以自定义页面尺寸及左、右、上、下 4 个方向的页边距。例如,将一个 PDF 文档页面尺寸设置为 A4 大小,并将 4 个方向的页边距都设置为 50,代码如下:

```
Document document = new Document(PageSize.A4,72,72,72,72);
```

 说明　在 iText 组件中使用的度量单位为最基本的排版单位——磅。例如,A4 纸的宽度为 21 厘米,要转换为磅,首先应转换为英寸(21 厘米/2.54=8.2677 英寸),然后再转换为磅(8.2677 英寸×72=595 磅)。

通常情况下,页面尺寸可以直接在 PageSize 类中定义好的属性中选取,但在特殊的情况下也可以通过自定义 Rectangle 参数来设置页面尺寸。Rectangle 参数不仅可以用来设置页面的大小,还可以设置页面背景颜色。例如,将文件设置为 A4 页面大小,背景颜色为红色,代码如下:

```
Rectangle pageSize = new Rectangle(842,595);
pageSize.setBackgroundColor(java.awt.Color.RED);
```

21.3.2　获取 PdfWrite 实例

使用 getInstance()方法就可以获取一个 PdfWrite 的实例。该方法为静态方法,其语法格式如下:

```
public static PdfWriter getInstance(Document document,OutputStream os)
throws DocumentException
```

☑　document:一个 PDF 文档。

☑　os:所有类型的输出流。

例如,要将一个 document 文档对象输出到 firstPdf.pdf 文件中,可以通过下面的代码来实现。

```
Document document = new Document();
PdfWriter.getInstance(document, new FileOutputStream("firstPdf.pdf"));
```

21.3.3　为 PDF 文档添加内容

在使用 PDF 书写器将一个 document 文档与实际文件进行关联之后,使用 open()方法将文档打开,然后就可以在文档中添加内容了。

例 21.01　使用 iText 组件包创建第一个 PDF 文档。(实例位置:光盘\TM\Instances\21.01)

```
public class firstPdf {
    public static void main(String[] args) throws Exception{
        Document document = new Document(PageSize.A4);                        //创建 document 对象
```

```
            PdfWriter.getInstance(document, new FileOutputStream("firstPdf.pdf"));    //创建书写器
            document.open();                                                           //打开文档
            String context = "This is my first PDF document!";                         //文档内容
            Paragraph paragraph = new Paragraph(context);                              //创建段落
            document.add(paragraph);                                                   //将段落添加到文档中
            document.close();                                                          //关闭文档
    }
}
```

本实例运行之后，会在项目的根目录下生成一个名为 firsePdf.pdf 的 PDF 文档，使用 Adobe Reader 将其打开，即可看到之前在 PDF 文档中输入的内容，如图 21.3 所示。

21.3.4　字体与中文字符的显示

通过 Font 类，可以对文档中的内容设置指定的字体。Font 类的构造方法声明如下：
```
public Font(int family,float size,int style,Color color)
```
- ☑　family：语言种类。
- ☑　size：文字大小。
- ☑　style：文字类型。
- ☑　color：文字颜色。

如果将例 21.01 中的"This is my first PDF document！"替换成中文字符"这是我的第一个 PDF 文档！"，再次运行程序，可以看到文档中并没有将这些中文字符显示出来，这时就需要用到前面介绍过的 iTextAsian.jar 亚洲字符集包。首先创建一个支持中文字符的基础字体，然后使用这个基础字体对象来创建字体 Font 对象，最后使用该字体对象来设置要显示的中文内容。

例 21.02　使用 iText 组件包创建第一个 PDF 文档。（实例位置：光盘\TM\Instances\21.02）
```
public class ChinesePDF {
    public static void main(String[] args) throws Exception {
        //创建一个对中文字符集支持的基础字体
        BaseFont bfChinese = BaseFont.createFont("STSong-Light",
                "UniGB-UCS2-H", BaseFont.NOT_EMBEDDED);
        Font font = new Font(bfChinese, 12, Font.BOLD);        //使用基础字体对象创建新字体对像，粗体 12 号字
        BaseColor baseColor=new BaseColor(255,0,0);
        font.setColor(baseColor);                              //设置文字颜色
        Document document = new Document(PageSize.A4);         //创建 document 对象
        PdfWriter.getInstance(document, new FileOutputStream("chinesePDF.pdf"));    //创建书写器
        document.open();                                       //打开文档
        String context = "这是一个能显示中文的 PDF 文档！ ";     //文档内容
        Paragraph paragraph = new Paragraph(context, font);    //创建段落，并设置字体
        paragraph.setAlignment(Paragraph.ALIGN_CENTER);        //设置段落居中
        document.add(paragraph);                               //将段落添加到文档中
        document.close();
    }
}
```

在本实例中还使用了 Paragraph 对象的 setAlignment()方法将要输出的内容设置为居中显示，实例运行结果如图 21.4 所示。

21.3.5　创建表格

在 PDF 中还支持对表格进行处理，主要是

图 21.3　第一个 PDF 文档

图 21.4　显示中文内容

通过 com.lowagie.text.Table 和 com.lowagie.text.pdf. PdfPTable 类来实现。其中，Table 类用来处理比较简单的表格，而 PdfPTable 类通常用来处理相对复杂一些的表格。下面的实例将介绍在 PDF 中显示一个普通的表格。

例 21.03　在 PDF 文档中输出课程表。（实例位置：光盘**TM\Instances\21.03**）

```java
public static void main(String[] args) throws Exception {
    String[] tableTitle = { "", "星期一", "星期二", "星期三", "星期四", "星期五" };  //表头
    String[][] context = { { "第一节", "语文", "数学", "外语", "语文", "数学" },
                { "第二节", "数学", "语文", "语文", "数学", "外语" },
                { "第三节", "自然", "美术", "数学", "自然", "体育" },
                { "第四节", "音乐", "英语", "体育", "英语", "劳动" } };
    //创建一个对中文字符集支持的基础字体
    BaseFont bfChinese = BaseFont.createFont("STSong-Light",
            "UniGB-UCS2-H", BaseFont.NOT_EMBEDDED);
    //使用基础字体对象创建新字体对象，粗体 12 号红色字
    Font font = new Font(bfChinese, 12, Font.BOLD);
    font.setColor(255, 0, 0);                                    //设置文字颜色
    Document document = new Document(PageSize.A4);               //创建 document 对象
    PdfWriter.getInstance(document, new FileOutputStream("tablePDF.pdf")); //创建书写器
    document.open();                                            //打开文档
    String title = "XX 小学一年二班课程表";                       //文档标题
    Paragraph paragraph = new Paragraph(title, font);           //创建段落，并设置字体
    paragraph.setAlignment(Paragraph.ALIGN_CENTER);             //设置段落居中
    document.add(paragraph);                                    //将段落添加到文档中
    PdfPTable table = new PdfPTable(6);                         //建立一个 6 列的空白表格对象
    table.setSpacingBefore(30f);                               //设置表格上面空白宽度
    for (int i = 0; i < tableTitle.length; i++) {              //循环写入表头
        paragraph = new Paragraph(tableTitle[i], new Font(bfChinese, 10,Font.BOLD));
        PdfPCell cell = new PdfPCell(paragraph);               //建立一个单元格
        cell.setHorizontalAlignment(Element.ALIGN_CENTER);    //设置内容水平居中显示
        cell.setVerticalAlignment(Element.ALIGN_MIDDLE);      //设置垂直居中
        table.addCell(cell);                                  //将单元格加入表格
    }
    for (int i = 0; i < context.length; i++) {                //循环写入表文
        for (int j = 0; j < context[i].length; j++) {
            PdfPCell cell = new PdfPCell(new Paragraph(context[i][j],
                    new Font(bfChinese, 10)));                //建立一个单元格
            cell.setHorizontalAlignment(Element.ALIGN_CENTER);//设置内容水平居中显示
            cell.setVerticalAlignment(Element.ALIGN_MIDDLE);  //设置垂直居中
            table.addCell(cell);                              //将单元格加入表格
        }
    }
    document.add(table);                                      //将表格加入文档中
    document.close();                                         //关闭文档
}
```

运行本实例后，在项目的根目录下将创建一个名为 tablePDF.pdf 的 PDF 文档，其内容为一个小学课程表，如图 21.5 所示。本实例使用了一个二维数组来存储表格的正文内容，并嵌套使用两个 for 循环来将二维数组中的内容输出到表格中。

21.3.6　插入图像

在 iText 组件中支持 JPEG、PNG 或者 GIF 格式的图像文件。我们可以使用 com.lowagie.text.Image 类的 getInstance()方法来构造一个图片对象，然后将其添加到 PDF 文档中。同时在该类中还提供了一些对图片进

行处理的方法，如设置图片位置、大小、对齐方式、旋转图片、设置文字环绕方式等。

例 21.04　在 PDF 文档中添加图片。（实例位置：光盘\TM\Instances\21.04）

```
public class ImgPdf {
    public static void main(String[] args) throws    Exception {
        Document document = new Document();                        //创建 document 对象
        Image img = Image.getInstance("test.bmp");                 //创建 Image 图片对象
        img.scalePercent(40);                                      //缩放到 40%大小
        img.setRotationDegrees(180);                               //旋转 180 度
        img.setAlignment(Image.ALIGN_CENTER);                      //居中显示
        PdfWriter.getInstance(document, new FileOutputStream("imgPdf.pdf"));
        document.open();                                           //打开 document 文档对象
        document.add(img);                                         //将图片添加到文档中
        document.close();                                          //关闭文档
    }
}
```

本实例使用了一个名为 test.bmp 的图像文件来创建一个 Image 对象，并将该对象添加到了 PDF 文档中。在加入 PDF 文档之前，将图片缩小至原始图片的 40%大小，旋转了 180°，并设置图片水平居中显示，如图 21.6 所示。

图 21.5　输出表格

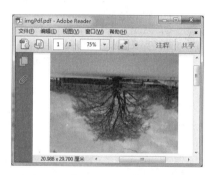

图 21.6　在 PDF 文档中添加图片

21.4　应用 PDFBox 组件解析 PDF 文档

视频讲解：光盘\TM\Video\21\应用 PDFBox 组件解析 PDF 文档.exe

iText 组件只适用于快速生成一个 PDF 文档，如果要对一个现有的 PDF 文档进行读取与修改 iText 组件就无能为力了。此时可以使用另一个开源——PDFBox。

21.4.1　PDFBox 组件简介

PDFBox 是一个开源的、可以对 PDF 文档进行操作的 Java PDF 类库。它不仅可以创建一个新的 PDF 文档，还可以操作现有的 PDF 文档，如提取文档内容、将一个 PDF 文档转换为文本文档或将一个文本文档转换为 PDF 文档以及对 PDF 文档进行加密/解密等。

21.4.2　PDFBox 组件的获取

在浏览器的地址栏中输入"http://pdfbox.apache.org/"，将进入到 PDFBox 官方网站的首页，在该页面中单击 Download 超链接，将进入到如图 21.7 所示的下载页面，在该页面中选择要下载的 PDFBox 组件就可以获取到 PDFBox 组件了。

21.4.3 应用 PDFBox 组件解析 PDF 文档

使用 PDFBox 组件解析一个 PDF 格式的文档非常简单，下面通过一个具体的实例来演示如何将前文中创建的第一个 PDF 文档的内容读取出来。

例 21.05 读取 PDF 文档中的内容。（实例位置：光盘\TM\Instances\21.05）

（1）将例 21.01 中创建的 PDF 文档复制到当前项目的根目录中。

（2）创建 ReadPdf 类，在该类中编写 main()方法来对 firstPdf.pdf 文档进行解析操作。关键代码如下：

```java
public static void main(String[] args) {
    File file = new File("firstPdf.pdf");                        //创建对象
    FileInputStream in = null;                                   //声明文件输入流
    try{
        in = new FileInputStream(file);                          //获取文件输入流
        PDFParser parser = new PDFParser(in);                    //创建一个 PDF 解析器
        parser.parse();                                          //对 PDF 文档进行解析
        PDDocument document = parser.getPDDocument();            //获取解析后的文档对象
        PDFTextStripper stripper = new PDFTextStripper();        //创建 PDF 文档剥离器
        String result = stripper.getText(document);              //获取文档内容
        System.out.println("文件内容如下：");
        System.out.println(result);                              //在控制台中输出文档内容
        in.close();
    }catch(Exception e){
        e.printStackTrace();
    }
}
```

运行本实例后，会在控制台输出文档中的具体内容，如图 21.8 所示。

图 21.7 PDFBox 下载页面

图 21.8 输出 PDF 文档内容

21.5　Excel 组件简介

Excel 是微软 Office 办公套件的一个重要组成部分，主要用来对各种数据进行处理、统计分析和辅助决策，广泛应用于数据管理、统计、财经、金融等领域。

21.5.1　常用 Excel 组件

Java API 并没有提供用于操作 Excel 文件的相关类库。想要对一个 Excel 文件进行读、写操作，需要使用第三方类库。目前用来操作 Excel 文件的第三方组件主要有 Apache POI 组件与 jExcelAPI（即 jxl 组件）。下面将重点介绍使用 Apache POI 来操作 Excel 文件。

21.5.2　POI 组件简介

POI 组件是 Apache 组织的一个开源项目，其开发目的是让 Java 语言可以对 Microsoft 的 Office 系列办公软件进行读/写操作。目前 POI 组件已经实现了对 MS Excel、MS Word 及 MS PowerPoint 等格式的文件进行操作的功能。

21.5.3　POI 组件的获取

想要获取到最新的 POI 组件以及 POI 组件最新动态，可以访问 http://poi.apache.org/index.html。打开如图 21.9 所示页面后，可以看到目前 POI 组件的最新版本为 POI 3.8 available。

单击页面中的 downloads 超链接，将进入到对应版本的下载页面，如图 21.10 所示。该页面中提供了多个能够下载 POI 组件的超链接，通过任何一个链接都可以下载到 POI 组件。

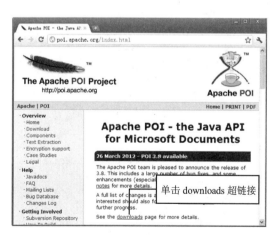

图 21.9　POI 官方网站首页

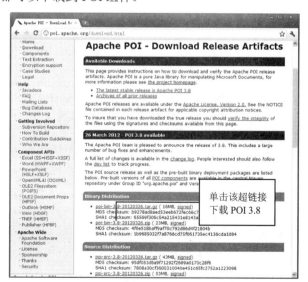

图 21.10　下载页面

21.5.4　POI 组件关键类简介

在一个 Excel 文档中,可以将其内容由大到小分为工
作簿、工作表、行、单元格等几个元素,如图 21.11 所示。

在 POI 组件中,分别定义了不同的对象来表示不同的
Excel 文档元素,如表 21.2 所示。

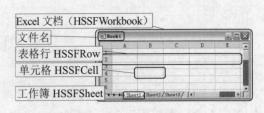

图 21.11　Excel 文档元素

表 21.2　PDF 文档对应类对象

类 对 象	说　明
org.apache.poi.hssf.usermodel.HSSFWorkbook	表示一个完整的 Excel 文档
org.apache.poi.hssf.usermodel.HSSFSheet	表示 Excel 文档中的一个工作簿
org.apache.poi.hssf.usermodel.HSSFRow	表示工作簿中的一行
org.apache.poi.hssf.usermodel.HSSFCell	表示一个单元格

21.6　应用 POI 组件读写 Excel 文档

视频讲解:光盘\TM\Video\21\应用 POI 组件读写 Excel 文档.exe

在了解了 POI 组件与 Excel 文档中的元素的对应关系之后,就可以根据这种关系来操作 Excel 文档了。

21.6.1　创建一个 Excel 文档

本节将通过一个实例来介绍使用 POI API 组件创建 Excel 文档的具体方法。在本实例中首先依次创建
Excel 文档对象、工作簿对象、行对象及单元格对象,然后将一个字符串写入到单元格对象中,并通过文件
输出流将文件保存在磁盘中。

例 21.06　第一个 Excel 文档。(实例位置:光盘\TM\Instances\21.06)

```java
public class firstExcel {
    public static void main(String[] args) throws Exception {
        HSSFWorkbook workBook = new HSSFWorkbook();          //创建一个 Excel 文档对象
        HSSFSheet sheet = workBook.createSheet();            //创建一个工作簿对象
        HSSFRow row = sheet.createRow(0);                    //创建一个行对象
        HSSFCell cell = row.createCell(0);                   //在本行的第一个单元格中写入数据
        //声明文本内容
        HSSFRichTextString text =   new HSSFRichTextString("这是我的第一个 Excel 文档!");
        cell.setCellValue(text);                             //将文本对象加入单元格
        //文件输出流
        FileOutputStream os = new FileOutputStream("firstExcel.xls");
        workBook.write(os);                                  //将文档对象写入文件输出流
        os.close();                                          //关闭文件输出流
    }
}
```

运行程序,系统会在项目的根目录下创建一个名为 firstExcel.xls 的 Excel 文档,其内容如图 21.12 所示,
在第一行第一列显示出了所指定的文字。

21.6.2　设置字体样式

通过对上面内容的学习，自己创建一个 Excel 文档，并将指定的内容加入到文档中。为了让创建的 Excel 文档更加美观，还可以为不同的内容设定不同的文字样式以及文字对齐方式。

例 21.07　对 Excel 文档进行格式设置。（**实例位置：光盘\TM\Instances\21.07**）

```java
public class styleExcel {
    public static void main(String[] args) throws Exception {
        HSSFWorkbook workBook = new HSSFWorkbook();              //创建一个 Excel 文档对象
        HSSFSheet sheet = workBook.createSheet();                //创建一个工作簿对象
        sheet.setColumnWidth(1, 10000);                          //设置第二列的宽度
        HSSFRow row = sheet.createRow(1);                        //创建一个行对象
        row.setHeightInPoints(23);                              //设置行高 23 像素
        HSSFCellStyle style = workBook.createCellStyle();       //创建样式对象
        //设置字体
        HSSFFont font = workBook.createFont();                   //创建字体对象
        font.setFontHeightInPoints((short)15);                   //设置字体大小
        font.setBoldweight(HSSFFont.BOLDWEIGHT_BOLD);            //设置粗体
        font.setFontName("黑体");                                 //设置为黑体字
        style.setFont(font);                                     //将字体加入到样式对象
        //设置对齐方式
        style.setAlignment(HSSFCellStyle.ALIGN_CENTER_SELECTION); //水平居中
        style.setVerticalAlignment(HSSFCellStyle.VERTICAL_CENTER); //垂直居中
        //设置边框
        style.setBorderTop(HSSFCellStyle.BORDER_THICK);          //顶部边框粗线
        style.setTopBorderColor(HSSFColor.RED.index);            //设置为红色
        style.setBorderBottom(HSSFCellStyle.BORDER_DOUBLE);      //底部边框双线
        style.setBorderLeft(HSSFCellStyle.BORDER_MEDIUM);        //左边边框
        style.setBorderRight(HSSFCellStyle.BORDER_MEDIUM);       //右边边框
        //格式化日期
        style.setDataFormat(HSSFDataFormat.getBuiltinFormat("m/d/yy h:mm"));
        HSSFCell cell = row.createCell(1);                       //创建单元格
        cell.setCellValue(new Date());                           //写入当前日期
        cell.setCellStyle(style);                                //应用样式对象
        //文件输出流
        FileOutputStream os = new FileOutputStream("styleExcel.xls");
        workBook.write(os);                                      //将文档对象写入文件输出流
        os.close();                                              //关闭文件输出流
    }
}
```

在本实例中，通过使用 HSSFCellStyle 类的对应方法对单元格的上、下、左、右 4 个边框进行了设置，并使用 setDataFormat()方法对当前日期进行了格式化操作。实例运行结果如图 21.13 所示。

图 21.12　第一个 Excel 文档

图 21.13　样式设置

21.6.3　合并单元格

合并单元格是 Excel 中的一项常用功能，通过该功能可以制作出结构比较复杂的表格。POI 组件也提供了合并单元格的功能。在进行单元格合并操作时，首先通过单元格坐标创建一个 CellRangeAddress 类的对象，然后使用 Sheet 类的 addMergedRegion()方法将 CellRangeAddress 对象加入到工作簿。CellRangeAddress 类的构造方法如下：

```
public CellRangeAddress(int firstRow,int lastRow,int firstCol,int lastCol)
```

- ☑ firstRow：要合并的单元格起始行号。
- ☑ lastRow：要合并的单元格结束行号。
- ☑ firstCol：要合并的单元格起始列号。
- ☑ lastCol：要合并的单元格结束列号。

下面将通过一个具体的实例来演示如何使用 POI 组件在 Excel 中合并单元格。

例 21.08　合并单元格。（实例位置：光盘\TM\Instances\21.08）

```java
public static void main(String[] args) throws Exception {
    HSSFWorkbook workBook = new HSSFWorkbook();              //创建一个 Excel 文档对象
    HSSFSheet sheet = workBook.createSheet();                //创建一个工作簿对象
    //设置样式
    HSSFCellStyle titleStyle = workBook.createCellStyle();    //创建样式对象
    titleStyle.setAlignment(HSSFCellStyle.ALIGN_CENTER_SELECTION);  //水平居中
    titleStyle.setVerticalAlignment(HSSFCellStyle.VERTICAL_CENTER);  //垂直居中
    //设置字体
    HSSFFont titleFont = workBook.createFont();              //创建字体对象
    titleFont.setFontHeightInPoints((short) 15);             //设置字体大小
    titleFont.setBoldweight(HSSFFont.BOLDWEIGHT_BOLD);       //设置粗体
    titleFont.setFontName("黑体"); //设置为黑体字
    titleStyle.setFont(titleFont);
    //合并单元格操作
    sheet.addMergedRegion(new CellRangeAddress(0, 1, 0, 7));
    sheet.addMergedRegion(new CellRangeAddress(2, 2, 5, 7));
    sheet.addMergedRegion(new CellRangeAddress(3, 3, 1, 3));
    HSSFRow row = null;
    HSSFCell cell = null;
    row = sheet.createRow(0);
    cell = row.createCell(0);
    cell.setCellStyle(titleStyle);
    cell.setCellValue(new HSSFRichTextString("明日公司员工详细信息"));
    //设置表文样式
    HSSFCellStyle tableStyle = workBook.createCellStyle();
    //设置表文字体
    HSSFFont tableFont = workBook.createFont();
    tableFont.setFontHeightInPoints((short) 12);            //设置字体大小
    tableFont.setFontName("宋体");                           //设置为黑体字
    tableStyle.setFont(tableFont);
    String[] row1 = { "姓名：", "李**", "性别：", "女", "出生日期：", "1985 年 5 月 27" };
    String[] row2 = { "家庭住址：", "吉林省长春市朝阳区*****", "", "", "邮编：", "130021",
            "家庭电话：", "8562*****" };
    row = sheet.createRow(2);
    for (int i = 0; i < row1.length; i++) {
```

```
                cell = row.createCell(i);
                cell.setCellStyle(tableStyle);
                cell.setCellValue(new HSSFRichTextString(row1[i]));
        }
        row = sheet.createRow(3);
        for (int i = 0; i < row2.length; i++) {
                cell = row.createCell(i);
                cell.setCellStyle(tableStyle);
                cell.setCellValue(new HSSFRichTextString(row2[i]));
        }
        //文件输出流
        FileOutputStream os = new FileOutputStream("unionExcel.xls");
        workBook.write(os);                          //将文档对象写入文件输出流
        os.close();                                  //关闭文件输出流
}
```

运行程序，系统将在项目的根目录下创建一个名为 unionExcel.xls 的 Excel 文档。其中有 3 处用到了合并单元格操作：首先是表格的标题部分，在此将表格的第一行与第二行的 A～H 列合并成了一个单元格；然后将第 3 行的 F～H 列合并为一个单元格；最后将第 4 行的 B～E 列合并为一个单元格。实例运行结果如图21.14所示。

21.6.4　读取 Excel 文档内容

POI 组件除了可以用于创建一个 Excel 文档之外，还可以对一个现有的 Excel 文档进行读写操作。下面通过一个实例来介绍如何使用 POI 组件读出 Excel 文档中的内容。

例 21.09　读取 Excel 文档内容。（实例位置：光盘\TM\Instances\21.09）

```
public static void main(String[] args) throws Exception {
        //创建文件输入流对象
        FileInputStream is = new FileInputStream("readExcel.xls");
        //创建 POI 文件系统对象
        POIFSFileSystem ts = new POIFSFileSystem(is);
        //获取文档对象
        HSSFWorkbook wb = new HSSFWorkbook(ts);
        //获取工作簿
        HSSFSheet sheet = wb.getSheetAt(0);
        //声明行对象
        HSSFRow row = null;
        //通过循环获取每一行
        for (int i = 0; sheet.getRow(i)!=null; i++) {
                row = sheet.getRow(i);
                //循环获取一行的中列
                for (int j = 0; row.getCell(j)!=null; j++) {
                        System.out.print(row.getCell(j)+" ");
                }
                System.out.println();
        }
}
```

在运行本实例之前，首先要创建一个文件名为 readExcel.xls 的 Excel 文档，并将其保存在项目的根目录下，文档内容如图 21.15 所示。

接下来运行本实例，程序将会对之前创建的 Excel 文档进行读取操作，并将读取到的内容输出到控制台中，如图 21.16 所示。

图 21.14　合并单元格　　　图 21.15　要读取的 Excel 文档　图 21.16　将 Excel 文档内容输出到控制台

21.7　实　　战

21.7.1　将数据库中的内容导出为 PDF 文档

视频讲解：光盘\TM\Video\21\将数据库中的内容导出为 PDF 文档.exe

在实际开发过程中，从数据库中查询数据信息并将其导出为 PDF 格式的文档功能经常会用到。下面一起来看看如何把从数据库中查询出来的学生信息导出到 PDF 格式的文档中。

例 21.10　将数据信息导出到 PDF 文档中。（实例位置：光盘\TM\Instances\21.10）

（1）编写数据库操作类 StuInfoDao，在该类中编写 getConnection()方法，用于获取一个数据库连接。关键代码如下：

```java
public class StuInfoDao {
    public static Connection getConnection(){
        Connection con = null;                              //声明数据库连接对象
        String url = "jdbc:mysql://localhost:3306/db_database21";  //声明数据库连接字符串
        String userName = "root";                           //数据库用户名
        String pwd = "111";                                 //数据库密码
        try {
            Class.forName("com.mysql.jdbc.Driver");         //加载数据库驱动类
            con = DriverManager.getConnection(url,userName,pwd); //创建数据库连接
        } catch (Exception e) {
            e.printStackTrace();
        }
        return con;                                         //返回数据库连接
    }
}
```

接下来，在该类中编写 findByAll()方法，用于查询出数据表中的所有信息。该方法的关键代码如下：

```java
public List<String[]> findByAll(){
    List<String[]> list = new ArrayList<String[]>();        //声明 list 对象
    Connection con = null;                                  //声明数据库连接对象
    Statement st = null;                                    //声明 Statement 对象
    ResultSet rs = null;                                    //声明 ResultSet 对象
    try{
        con = getConnection();                              //获取数据库连接
        st = con.createStatement();                         //创建 st 对象
        rs = st.executeQuery("SELECT * FROM tb_stuInfo");   //执行 SQL 语句，返回结果集
        while(rs.next()){                                   //循环结果集
            String[] stuInfo = new String[6];               //声明字符串数组
            stuInfo[0]=rs.getInt("id")+"";                  //将查询到的字段内容保存到数组中
            stuInfo[1]=rs.getString("stuId");
            stuInfo[2]=rs.getString("name");
```

```
                stuInfo[3]=rs.getString("sex");
                stuInfo[4]=rs.getString("birthday");
                stuInfo[5]=rs.getString("tel");
                list.add(stuInfo);
            }
            rs.close();                                    //关闭 rs 对象
            st.close();                                    //关闭 st 对象
        }catch (Exception e) {
            e.printStackTrace();
        }finally{
            try {
                con.close();                               //关闭数据库连接对象
            } catch (SQLException e) {
                e.printStackTrace();
            }
        }
        return list;                                       //返回 list 列表对象
}
```

（2）编写 index.jsp 页面文件。该页面是本实例的首页，在其中显示出查询到的数据表中的所有信息，并添加"导出为 PDF 文档"超链接。关键代码如下：

```
<body>
    学生信息<br>
    <a href="toPDF.jsp">导出为 PDF 文档</a>
    <table>
        <tr>
            <td>学号</td>
            <td>姓名</td>
            <td>性别</td>
            <td>出生日期</td>
            <td>联系电话</td>
        </tr>
<%
    List<String[]> list = new StuInfoDao().findByAll();
    for(int i=0;i<list.size();i++){
        String[] stuInfo = list.get(i);
%>
    <tr>
            <td><%= stuInfo[1] %></td>
            <td><%= stuInfo[2] %></td>
            <td><%= stuInfo[3] %></td>
            <td><%= stuInfo[4] %></td>
            <td><%= stuInfo[5] %></td>
        </tr>
<%
    }
%>
</body>
```

（3）编写 toPDF.jsp 页面文件，用于直接将查询到的内容保存到本地磁盘中。关键代码如下：

```
<%
out.clear();
out = pageContext.pushBody();
response.setHeader("Content-Disposition","attachment;filename=stuInfo.pdf");
response.setContentType("application/x-download; charset=utf-8");
```

```
java.util.List<String[]> list = new StuInfoDao().findByAll();
//创建一个对中文字符集支持的基础字体
BaseFont bfChinese = BaseFont.createFont("STSong-Light",
        "UniGB-UCS2-H", BaseFont.NOT_EMBEDDED);
//使用基础字体对象创建新字体对像，粗体 12 号字
Font font = new Font(bfChinese, 12, Font.BOLD);
Document document = new Document(PageSize.A4);              //创建 document 对象
PdfWriter.getInstance(document, response.getOutputStream()); //创建书写器
document.open();                                           //打开文档
String title = "学生信息表";                                 //文档标题
Paragraph paragraph = new Paragraph(title, font);          //创建段落，并设置字体
paragraph.setAlignment(Paragraph.ALIGN_CENTER);           //设置段落居中
document.add(paragraph);                                   //将段落添加到文档中
PdfPTable table = new PdfPTable(5);                        //建立一个 5 列的空白表格对象
table.setSpacingBefore(30f);                               //设置表格上面的空白宽度
String[] tableTitle = { "学号", "姓名", "性别", "出生日期", "联系电话" };  //表头
for (int i = 0; i < tableTitle.length; i++) {             //循环写入表头
    paragraph = new Paragraph(tableTitle[i], new Font(bfChinese, 10,Font.BOLD));
    PdfPCell cell = new PdfPCell(paragraph);              //建立一个单元格
    cell.setHorizontalAlignment(Element.ALIGN_CENTER);   //设置内容水平居中显示
    cell.setVerticalAlignment(Element.ALIGN_MIDDLE);     //设置垂直居中
    table.addCell(cell);                                 //将单元格加入表格
}
for(int i=0;i<list.size();i++){                           //循环写入表文
String[] stuInfo = list.get(i);
for(int j=1;j<stuInfo.length;j++){
    PdfPCell cell = new PdfPCell(new Paragraph(stuInfo[j],
            new Font(bfChinese, 10)));                   //建立一个单元格
        cell.setHorizontalAlignment(Element.ALIGN_CENTER); //设置内容水平居中显示
        cell.setVerticalAlignment(Element.ALIGN_MIDDLE);   //设置垂直居中
        table.addCell(cell);                             //将单元格加入表格
    }
}
    document.add(table);                                 //将表格加入文档中
    document.close();                                    //关闭文档
%>
```

（4）运行本实例，首先会把查询到的学生信息显示在网页中，如图 21.17 所示。

单击页面中的"导出为 PDF"按钮，便可以将查询到的信息导出为一个 PDF 文档，其内容格式如图 21.18 所示。

图 21.17　在网页中显示学生信息

图 21.18　导出为 PDF 文档

21.7.2　将数据库中的内容导出为 Excel 文档

📺 视频讲解：光盘\TM\Video\21\将数据库中的内容导出为 Excel 文档.exe

对于 PDF 文档来说，我们只能对其进行查看与打印，并不能对其进行编辑。Excel 文档就大大不同了，我们可以将数据直接导出为 Excel 格式的文档，这样就可以对文档中的内容进行编辑了。下面就来将学生信息表的内容导出为一个 Excel 格式的文档。

例 21.11　将数据信息导出到 Excel 文档中。（实例位置：光盘\TM\Instances\21.11）

（1）本实例中的数据库操作类 stuInfoDao 与首页文件 index.jsp 与例 21.10 基本相同，只是首页中的超链接指向了 toExcel.jsp 页面，其关键代码可以参考例 21.10 或配书光盘中的源文件。

（2）编写 toExcel.jsp 页面文件，在其中直接将查询到的学生信息保存在一个 Excel 文档中。关键代码如下：

```
<%
    out.clear();
    out = pageContext.pushBody();
    response.setHeader("Content-Disposition","attachment;filename=stuInfo.xls");
    response.setContentType("application/x-download; charset=utf-8");
    java.util.List<String[]> list = new StuInfoDao().findByAll();
    HSSFWorkbook workBook = new HSSFWorkbook();                    //创建一个 Excel 文档对象
    HSSFSheet sheet = workBook.createSheet();                      //创建一个工作簿对象
    //设置样式
    HSSFCellStyle titleStyle = workBook.createCellStyle();         //创建样式对象
    titleStyle.setAlignment(HSSFCellStyle.ALIGN_CENTER_SELECTION); //水平居中
    titleStyle.setVerticalAlignment(HSSFCellStyle.VERTICAL_CENTER); //垂直居中
    //设置字体
    HSSFFont titleFont = workBook.createFont();                    //创建字体对象
    titleFont.setFontHeightInPoints((short) 15);                   //设置字体大小
    titleFont.setBoldweight(HSSFFont.BOLDWEIGHT_BOLD);             //设置粗体
    titleFont.setFontName("黑体");                                  //设置为黑体字
    titleStyle.setFont(titleFont);
    //合并单元格操作
    sheet.addMergedRegion(new CellRangeAddress(0, 1, 0, 5));
    HSSFRow row = null;
    HSSFCell cell = null;
    row = sheet.createRow(0);
    cell = row.createCell(0);
    cell.setCellStyle(titleStyle);
    cell.setCellValue(new HSSFRichTextString("学生信息表"));
    //设置表文样式
    HSSFCellStyle tableStyle = workBook.createCellStyle();
    tableStyle.setBorderBottom((short)1);                          //设置单元格底部边框样式
    tableStyle.setBorderTop((short)1);                             //设置单元格顶部边框样式
    tableStyle.setBorderLeft((short)1);                            //设置单元格左边框样式
    tableStyle.setBorderRight((short)1);                           //设置单元格右边框样式
    tableStyle.setAlignment(HSSFCellStyle.ALIGN_CENTER);
    //设置表文字体
    HSSFFont tableFont = workBook.createFont();
    tableFont.setFontHeightInPoints((short) 12);                   //设置字体大小
```

```
        tableFont.setFontName("宋体");                              //设置为宋体字
        tableStyle.setFont(tableFont);
        String[] title = {"编号","学号","姓名","性别","生日","电话"};        //表头
        row = sheet.createRow(2);
        for (int i = 0; i < title.length; i++) {                    //循环输出表头
            cell = row.createCell(i);
            cell.setCellStyle(tableStyle);
            cell.setCellValue(new HSSFRichTextString(title[i]));
        }
        for (int i = 0; i < list.size(); i++) {                     //循环输出表文
            row = sheet.createRow(i+3);
            String[] stuInfo = list.get(i);
            for (int j = 0; j < stuInfo.length; j++) {
                cell = row.createCell(j);
            cell.setCellStyle(tableStyle);
            cell.setCellValue(new HSSFRichTextString(stuInfo[j]));
            }
        }
        workBook.write(response.getOutputStream());                 //将文档对象写入文件输出流
%>
```

（3）运行程序，可以看到将在项目的首页中显示出所有查询出的学生信息，单击"导出为 Excel 文档"超链接即可将查询到的学生信息导出为 Excel 格式的文档，其内容如图 21.19 所示。

21.7.3   设置 Excel 文档中的字体样式

例 21.12   设置 Excel 文档中的字体样式。（**实例位置：光盘\TM\Instances\21.12**）

创建用于操作 Excel 的工具类 ExcelOperationUtil，编写创建 Excel 文档的 createExcelFile()方法，然后在方法中为指定的单元格设置字体样式。关键代码如下：

```
public boolean CreateExcelFile(String filePath,String fileName){
    try{
        HSSFWorkbook workbook = new HSSFWorkbook();                 //创建 Excel 工作簿对象
        HSSFSheet sheet = workbook.createSheet();                   //在工作簿中创建工作表对象
        workbook.setSheetName(0, "测试");                           //设置工作表的名称
        HSSFRow row1 = sheet.createRow(0);                          //在工作表中创建行对象
        sheet.addMergedRegion(new Region(0,(short)0,0,(short)5));//合并第一行的第 1~5 个之间的单元格
        HSSFFont font = workbook.createFont();                      //创建字体对象
        font.setColor(HSSFColor.SKY_BLUE.index);                    //设置字体颜色
        font.setFontHeightInPoints((short)14);                      //设置字号
        font.setFontName("楷体");                                   //设置字体样式
        font.setItalic(true);                                       //是否倾斜
        font.setStrikeout(false);                                   //是否带有删除线
        font.setUnderline(HSSFFont.U_SINGLE);                       //设置下划线
        HSSFCellStyle cellStyle = workbook.createCellStyle();
        cellStyle.setFont(font);                                    //将字体设置添加到样式中
        HSSFCell titleCell = row1.createCell(0);
        titleCell.setCellValue("员工信息表");
        titleCell.setCellStyle(cellStyle);
        …//此处省略了添加的其他单元格的代码
        File xlsFile = new File(filePath,fileName);
        FileOutputStream fos = new FileOutputStream(xlsFile);
```

```
            workbook.write(fos);                        //将文档对象写入文件输出流
            fos.close();
            return true;
        } catch (Exception e) {
            e.printStackTrace();
            return false;
        }
}
```

运行程序，输入 Excel 文档的名称和保存路径，如图 21.20 所示，单击"创建"按钮后，将在指定磁盘路径中创建一个 Excel 文档，并设置了指定单元格的字体样式，如图 21.21 所示。

图 21.19　Excel 格式文档内容　　图 21.20　输入 Excel 文档的名称和保存路径　　图 21.21　设置单元格的字体样式

21.7.4   读取 Excel 文件的数据到数据库

例 21.13　读取 Excel 文件的数据到数据库。（实例位置：光盘\TM\Instances\21.13）

（1）创建用于封装员工信息的 JavaBean 类 Employee，关键代码如下：

```
public class Employee {
        private String name;
        private String sex;
        private String dept;
        private String duty;
        private String telephone;
}
```

（2）创建用于操作 Excel 的工具类 ExcelOperationUtil，编写读取 Excel 文件数据的 readExcelFileToDB() 方法，参数 filePath 指的是 Excel 文件的路径。在该方法中，读取 Excel 文件的数据，将每一行数据封装在 Employee 对象中，然后再循环每一行，将封装好的每一行的 Employee 对象添加到 List 集合中。关键代码如下：

```
public List<Employee> readExcelFileToDB(String filePath){
    List<Employee> list = new ArrayList<Employee>();
    try{
        FileInputStream fis = new FileInputStream(filePath);
        POIFSFileSystem fs   = new POIFSFileSystem(fis);
        HSSFWorkbook workbook = new HSSFWorkbook(fs);       //创建 Excel 工作簿对象
        HSSFSheet sheet = workbook.getSheetAt(0);           //获取第一个工作表
        for(int i=2;i<=sheet.getLastRowNum();i++){          //循环 Excel 文件的每一行
            Employee emp = new Employee();
            HSSFRow row = sheet.getRow(i);                  //获取第 i 行
            HSSFCell cell1 = row.getCell(0);
            HSSFCell cell2 = row.getCell(1);
            HSSFCell cell3 = row.getCell(2);
            HSSFCell cell4 = row.getCell(3);
            HSSFCell cell5 = row.getCell(4);
            String name = cell1.getStringCellValue();       //获取第 i 行的第一个单元格的数据
```

```
            emp.setName(name);
            String sex = cell2.getStringCellValue();          //获取第 i 行的第二个单元格的数据
            emp.setSex(sex);
            String dept = cell3.getStringCellValue();          //获取第 i 行的第 3 个单元格的数据
            emp.setDept(dept);
            String duty = cell4.getStringCellValue();          //获取第 i 行的第 4 个单元格的数据
            emp.setDuty(duty);
            String phone = cell5.getStringCellValue();         //获取第 i 行的第 5 个单元格的数据
            emp.setTelephone(phone);
            list.add(emp);
        }
        fis.close();
        return list;
    } catch (Exception e) {
        e.printStackTrace();
        return null;
    }
}
```

说明 由于将 List 集合的数据添加到数据库的方法比较简单，所以此处省略了这一部分内容。具体代码可以查看本书附赠的光盘，此处不进行详细介绍。

运行程序，单击"保存到数据库"后，可以将如图 21.22 所示的 Excel 文件的数据保存到数据库中。保存到数据的结果如图 21.23 所示。

21.7.5 设置 Excel 文件的打印属性

例 21.14 设置 Excel 文件的打印属性。（实例位置：光盘\TM\Instances\21.14）

（1）创建用于操作 Excel 的工具类 ExcelOperationUtil，编写设置打印属性的 setPrint()方法，参数 sheet 指的是要设置打印属性的工作表对象。关键代码如下：

```
public HSSFSheet setPrint(HSSFSheet sheet){
        HSSFHeader header = sheet.getHeader();
        header.setRight("页眉");                              //添加右侧页眉
        HSSFHeader.fontSize((short)8);                        //设置字号
        HSSFFooter footer = sheet.getFooter();
        HSSFFooter.fontSize((short)8);                        //设置字号
        footer.setRight("页脚");                              //添加右侧页脚
        sheet.setPrintGridlines(true);                        //打印网格线
        HSSFPrintSetup printSet = sheet.getPrintSetup();
        printSet.setFitWidth((short)2);                       //设置页宽
        printSet.setFitHeight((short)2);                      //设置页高
        printSet.setPaperSize(HSSFPrintSetup.A4_PAPERSIZE);   //设置打印纸大小
        printSet.setHeaderMargin(5.5);                        //设置页眉边距
        printSet.setFooterMargin(5.5);                        //设置页脚边距
        sheet.setVerticallyCenter(true);                      //设置垂直居中
        sheet.setHorizontallyCenter(true);                    //设置水平居中
        return sheet;
}
```

（2）在导出数据的 readDataToExcelFile()方法中，调用 setPrint()方法设置打印属性。关键代码如下：

```
public boolean readDataToExcelFile(List<Employee> list){
    try{
        HSSFWorkbook workbook = new HSSFWorkbook();              //创建 Excel 工作簿对象
        HSSFSheet sheet = workbook.createSheet();                //在工作簿中创建工作表对象
        sheet = this.setPrint(sheet);                            //调用设置打印属性的方法，设置工作表的打印属性
        workbook.setSheetName(0, "测试");                        //设置工作表的名称
        HSSFRow row1 = sheet.createRow(0);                       //在工作表中创建行对象
        sheet.addMergedRegion(new Region(0,(short)0,0,(short)4));//合并第一行的第 1～5 个之间的单元格
        HSSFCell titleCell = row1.createCell(0);
        titleCell.setCellValue("员工信息表");
        …//此处省略了其他非关键代码
        File xlsFile = new File("C:\\员工信息表.xls");
        FileOutputStream fos = new FileOutputStream(xlsFile);
        workbook.write(fos);                                     //将文档对象写入文件输出流
        fos.close();
        return true;
    } catch (Exception e) {
        e.printStackTrace();
        return false;
    }
}
```

　　运行程序，在页面中将显示员工信息表，单击"导出"按钮后，将在 C 盘根目录下生成一个名称为"员工信息表.xls"的 Excel 文件，打开该文件，并进行打印预览时可以看到如图 21.24 所示的效果。

图 21.22　Excel 文件　图 21.23　导入到数据库中员工信息表的数据　图 21.24　设置 Excel 文件的打印属性

21.8　本章小结

　　本章主要向读者介绍了在 Java 环境中操作 PDF 文档与 Excel 文档的相关组件。通过对本章的学习，相信读者已掌握了如何使用 iText 组件快速创建一个 PDF 文档、使用 PDFBox 组件读取 PDF 文档中的内容以及使用 POI 组件对 Excel 文档进行读写操作。

21.9　学习成果检验

1. 将商品信息数据生成 PDF 文档。（答案位置：光盘\TM\Instances\21.15）
2. 将图书列表信息导出为 Excel 文档。（答案位置：光盘\TM\Instances\21.16）

第22章

动态图表

（ 视频讲解：74分钟 ）

以图形报表的形式对数据进行统计分析，其显示结果非常直观、清晰，查看者能够一目了然。然而图表的制作非常繁琐，而且当数据发生变化时，需要对其进行重新绘制。在 Java 语言中，JFreeChart 组件为图形报表技术提供了解决方案。

JFreeChart 组件用于绘制动态图表，其强大的功能、出色的制图效果及便捷的操作方法在 Java 领域中已得到一致的认可。本章将向读者介绍 JFreeChart 组件的使用方法及常见动态图表案例。

通过阅读本章，您可以：

▶▶ 了解动态图表

▶▶ 掌握 JFreeChart 组件的制图方法

▶▶ 掌握制图对象

▶▶ 理解数据集合

▶▶ 掌握常用绘图区对象类型及关系

▶▶ 掌握坐标轴对象类型及关系

▶▶ 掌握图片渲染对象

▶▶ 了解 JFreeChart 组件的内置 JDBC

22.1　JFreeChart 简介

JFreeChart 是 Java 中开源的制图组件，主要用于生成各种动态图表。在 Java 的图形报表技术中，JFreeChart 组件提供了方便、快捷、灵活的制图方法。

22.1.1　认识 JFreeChart 组件

作为一个功能强大的图形报表组件，JFreeChart 为 Java 的图形报表技术提供了解决方案。在 Java 项目的应用中，JFreeChart 组件几乎可以满足目前图形报表的所有需求。

JFreeChart 组件可以生成各种各样的图形报表，如常用的柱形图、区域图、饼形图、折线图、时序图和甘特图等；而对于同一种类型的图表，JFreeChart 组件还提供了不同的表现方式。这些效果可以在下载 JFreeChart 组件后，通过运行 JFreeChart 提供的例子程序 jfreechart-1.0.14-demo.ja 进行查看，其运行后的效果如图 22.1 所示。

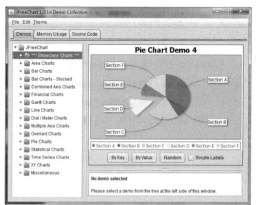

图 22.1　JFreeChart 演示程序

22.1.2　JFreeChart 的下载与使用

JFreeChart 是开源站点 SourceForge.net 上的一个 Java 项目，它是开放源代码的图形报表组件，其主页为 http://www. jfree.org/jfreechart/index.html，在此页面可以下载到 JFreeChart 组件的最新版本，打开此页面如图 22.2 所示，单击页面中的 DownLoad 导航链接将进入下载页面，选择所要下载的产品 JFreeChart 即可进行下载，在本书编写时它的最新版本为 1.0.14 版本，本章内容将以此版本为例进行讲解。

下载成功后将得到一个名称为 jfreechart-1.0.14.zip 的压缩包，此压缩包中包含 JFreeChart 组件源码、示例、支持类库等文件，将其解压缩后的文件结构如图 22.3 所示。

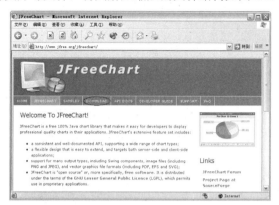

图 22.2　JFreeChart 主页　　　　　　　　图 22.3　jfreechart-1.0.14 文件结构

其中 jfreechart-1.0.14-demo.jar 文件为 JFreeChart 组件提供的演示文件，运行此文件可以看到 JFreeChart 组件制作的各种图表的样式及效果；source 文件夹为 JFreeChart 的源代码文件夹，在此文件夹中可以查看到

JFreeChart 组件的源代码；lib 文件夹为 JFreeChart 的支持类库，在本章内容中，主要用到 jfreechart-1.0.14.jar 和 jcommon-1.0.17.jar 两个 jar 包。

22.2　JFreeChart 的核心对象

视频讲解：光盘\TM\Video\22\JFreeChart 的核心对象.exe

JFreeChart 组件对绘制图表的细节进行了封装，它对外提供了绘制图形及设置图形属性的接口与方法，因此在 JFreeChart 组件的使用过程中，不必关心它所绘制的图形报表是如何实现的，但要了解 JFreeChart 组件的结构及掌握其核心对象。

22.2.1　制图对象

JFreeChart 类是一个制图对象，它代表着一种制图类型。例如，创建一个柱形图，首先需要创建一个柱形图的制图对象 JFreeChart；创建一个饼形图，需要创建一个饼形图的制图对象 JFreeChart。在制图过程中，只有在创建制图对象 JFreeChart 后，才可以生成实际的图片。

在 JFreeChart 类中，可以设置所生成图片的边界、字体、背景、透明度等属性，其常用方法及说明如表 22.1 所示。

表 22.1　JFreeChart 类的常用方法及说明

方　　法	说　　明
public void setAntiAlias(boolean flag)	设置字体模糊边界
public void setBackgroundImage(Image image)	设置背景图片
public void setBackgroundImageAlignment(int alignment)	设置背景图片对齐方式,其参数常量定义在 org.jfree.ui.Align 类中
public void setBackgroundImageAlpha(float alpha)	设置背景图片透明度
public void setBackgroundPaint(Paint paint)	设置背景颜色
public void setBorderPaint(Paint paint)	设置边界线条颜色
public void setBorderVisible(boolean visible)	设置边界线条是否可见

22.2.2　制图工厂对象

在生成图形报表时，制图对象 JFreeChart 是必不可少的对象，它可以直接通过 new 关键字进行实例化，也可以通过制图工厂 ChartFactory 类进行实例化。当使用 new 关键字进行实例化时，需要设置大量的属性信息，因为 JFreeChart 组件提供的图表种类很多，对于每一种图表都要进行特殊的设置，非常繁琐。因此在使用过程中，一般都使用制图工厂 ChartFactory 类进行创建。

制图工厂 ChartFactory 是一个抽象类，它不能被实例化，但提供了创建各种制图对象的方法，如创建柱形图对象、区域图对象、饼形图对象、折线图对象等方法，这些方法都是静态方法，可直接创建 JFreeChart 对象，并且是属于某一种具体的图表类型的 JFreeChart 对象，使用非常方便。ChartFactory 类的常用方法及说明如表 22.2 所示。

表 22.2　ChartFactory 类的常用方法及说明

图 表 类 型	方　　法	说　　明
柱形图	public static JFreeChart createBarChart()	创建一个常规的柱形图对象
	public static JFreeChart createBarChart3D()	创建一个 3D 效果的柱形图对象
饼形图	public static JFreeChart createPieChart()	创建一个常规的饼形图对象
	public static JFreeChart createPieChart3D()	创建一个 3D 效果的饼形图对象
区域图	public static JFreeChart createAreaChart()	创建一个常规的区域图对象
折线图	public static JFreeChart createLineChart()	创建一个常规的折线图对象
	public static JFreeChart createLineChart3D()	创建一个 3D 效果的折线图对象
时序图	public static JFreeChart createTimeSeriesChart()	创建一个常规的时序图对象

除表 22.2 中所列的方法外，ChartFactory 类还有很多创建各种类型制图对象的方法，在此就不一一列举了。在 ChartFactory 类中，对于同种类型的制图对象提供了一个或多个方法，如表 22.2 中的常规制图对象与 3D 效果的制图对象的方法。

ChartFactory 类可以理解为是一个生产制图对象 JFreeChart 的工厂，当需要用到某一种类型的制图对象时，通过此工厂进行获取。例如：

```
JFreeChart chart = ChartFactory.createPieChart3D(
            "饼形图",                  //图表的标题
            initPieData(),            //饼形图的数据集对象
            true,                     //是否显示图例
            true,                     //是否显示提示文本
            false);                   //是否生成超链接
```

上述代码通过 ChartFactory 类的 createPieChart3D()方法，创建了一个 3D 效果的饼形图 JFreeChart 对象。

22.2.3　数据集合对象

在 JFreeChart 组件的图形报表技术应用中，绘制一个图表需要一定的数据，JFreeChart 组件通过提供的数据进行计算并绘制出图表信息。由于在数据的分析计算中并不是单一的数值，绘制图表时就要为 JFreeChart 组件提供数据集合。

数据集合对象是用于装载绘制图表所需要的数据集。在 JFreeChart 组件中，针对不同图表类型提供了不同的数据集合对象，它们所具有的作用也是不同的。本节将以常用的数据集合对象为例讲解 JFreeChart 中的数据集合对象。在学习 JFreeChart 数据集合对象前，先来了解一下常用数据集合对象之间的关系，如图 22.4 所示。

Dataset 接口是数据集合的核心对象，从图 22.4 中可以看出，所有数据集合对象都直接或间接地实现了此接口。图 22.4 中类名以 Abstract 开头的类均为抽象类，它们并不能实例化，但为其子类提供了公共属性与方法；DefaultCategoryDataset 类、DefaultPieDataset 类、XYSeriesCollection 类与 TimeSeriesCollection 类为经常用到的数据集合对象，其说明如表 22.3 所示。

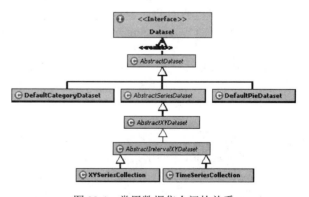

图 22.4　常用数据集合间的关系

表 22.3　常用数据集合对象及说明

数据集合对象	说　　明
DefaultCategoryDataset 类	默认的类别数据集合对象，可用于创建柱形图、区域图数据集合等
DefaultPieDataset 类	默认的饼形图数据集合对象，可用于创建饼形图数据集合
XYSeriesCollection 类	描述坐标轴序列类型的数据集合对象，可用于创建折线图等数据集合
TimeSeriesCollection 类	描述时间序列的数据集合对象，可用于创建时序图等数据集合

　　数据集合是数据集的封装对象，在 JFreeChart 组件的使用过程中，绘制每一种图形都需要用到数据集合对象。图 22.4 中只介绍了常用的数据集合关系，除了这些数据集合外，JFreeChart 还针对不同图表类型提供了不同的数据集合，由于篇幅原因，不能一一介绍，其使用方法参见 JFreeChart 组件的 API 文档。例如：

```
//创建数据集合
DefaultCategoryDataset dataSet = new DefaultCategoryDataset();
//向数据集合中添加数据
dataSet.addValue(100, "长春", "土豆");
```

上述代码将创建一个 DefaultCategoryDataset 类型的数据集合，并调用 addValue()方法向数据集合中添加一个数据。

22.2.4　绘图区对象

　　通过数据集合生成的数据图表，可以通过绘图区对象进行属性设置，如背景色、透明度等。绘图区对象是 JFreeChart 组件中的一个重要对象，由 Plot 类定义，可以通过此类设置绘图区属性及样式，其常用方法及说明如表 22.4 所示。

表 22.4　Plot 类的常用方法及说明

方　　法	说　　明
public void setBackgroundImage(Image image)	设置数据区的背景图片
public void setBackgroundImageAlignment(int alignment)	设置数据区的背景图片对齐方式（参数常量在 org.jfree.ui. Align 类中定义）
public void setBackgroundAlpha(float alpha)	设置数据区的背景透明度，范围在 0.0～1.0 间
public void setForegroundAlpha(float alpha)	设置数据区的前景透明度，范围在 0.0～1.0 间
public void setDataAreaRatio(double ratio)	设置数据区占整个图表区的百分比
public void setOutLinePaint(Paint paint)	设置数据区的边界线条颜色
public void setNoDataMessage(String message)	设置没有数据时显示的消息

　　JFreeChart 所能生成的图形报表是多种多样的，仅仅一个 Plot 类并不能满足绘图区样式的设置，在对不同类型图形的设置中，可以通过 Plot 的子类进行实现，其常用子类的类图如图 22.5 所示。

1. PiePlot 类

　　PiePlot 类是 Plot 类的子类，主要用于描述 PieDataset 数据集合类型的图表，通常使用此类来绘制一个饼形图，其常用方法及说明如表 22.5 所示。

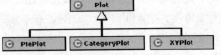

图 22.5　常用绘图区对象及关系

表 22.5　PiePlot 类的常用方法及说明

方　　法	说　　明
public void setDataset(PieDataset dataset)	设置绘制图表所需要的数据集合
public void setCircular(boolean flag)	设置饼形图是否一定是正圆
public void setStartAngle(double angle)	设置饼形图的初始角度
public void setDirection(Rotation direction)	设置饼形图的旋转方向
public void setExplodePercent(int section,double percent)	在显示饼形图时，设置突出显示部分的距离
public void setLabelFont(Font font)	设置分类标签字体（3D 效果下无效）
public void setLabelPaint(Paint paint)	设置分类标签字体颜色（3D 效果下无效）

2．CategoryPlot 类

CategoryPlot 是 Plot 类的子类，主要用于描述 CategoryDataset 数据集合类型的图表，它支持折线图、区域图等，其常用方法及说明如表 22.6 所示。

表 22.6　CategoryPlot 类的常用方法及说明

方　　法	说　　明
public void setDataset(PieDataset dataset)	设置绘制图表所需要的数据集合
public void setColumnRenderingOrder(SortOrder order)	设置数据分类的排序方式
public void setAxisOffset(Spacer offset)	设置坐标轴到数据区的间距
public void setOrientation(PlotOrientation orientation)	设置数据区的方向（横向或纵向）
public void setDomainAxis(CategoryAxis axis)	设置数据区的分类轴
public void setRangeAxis(ValueAxis axis)	设置数据区的数据轴
public void addAnnotation(CategoryAnnotation annotation)	设置数据区的注释

3．XYPlot 类

XYPlot 类是 Plot 类的子类，主要用于描述 XYDataset 数据集合类型的图表。此类可以具有 0 或多个数据集合，并且每一个数据集合可以与一个渲染对象相关联，其常用方法及说明如表 22.7 所示。

表 22.7　XYPlot 类的常用方法及说明

方　　法	说　　明
public ValueAxis getDomainAxis()	返回 X 轴
public ValueAxis getRangeAxis()	返回 Y 轴
public void setDomainAxis(ValueAxis axis)	设置 X 轴
public void setRangeAxis(ValueAxis axis)	设置 Y 轴

22.2.5　坐标轴对象

在 JFreeChart 组件中涉及坐标轴类型的图表时，其样式与属性由坐标轴对象 Axis 类进行控制。此类是坐标轴对象的父类，其常用方法及说明如表 22.8 所示。

表 22.8　Axis 类的常用方法及说明

方　　法	说　　明
public void setVisible(boolean flag)	设置坐标轴是否可见
public void setAxisLinePaint(Paint paint)	设置坐标轴线条颜色，此设置在 3D 效果下无效
public void setAxisLineVisible(boolean visible)	设置坐标轴线条是否可见

续表

方　　法	说　　明
public void setLabel(String label)	设置坐标轴标题
public void setLabelFont(Font font)	设置坐标轴标题字体
public void setLabelPaint(Paint paint)	设置坐标轴标题颜色
public void setLabelAngle(double angle)	设置坐标轴标题旋转角度

JFreeChart 组件针对不同类型的图表对象，提供了不同类型的坐标轴对象，由 Axis 类的子类进行扩展，其常用子类的类图如图 22.6 所示。

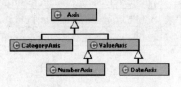

图 22.6　常用坐标轴对象及关系

1. CategoryAxis 类

CategoryAxis 类是 Axis 类的子类，主要用于对分类轴的相关属性进行设置，其常用方法及说明如表 22.9 所示。

表 22.9　CategoryAxis 类的常用方法及说明

方　　法	说　　明
public void setCategoryMargin(double margin)	设置分类轴边距
public void setLowerMargin(double margin)	设置分类轴下边距或左边距
public void setUpperMargin(double margin)	设置分类轴上边距或右边距
public void setVerticalCategoryLabels(boolean flag)	设置分类轴标题是否旋转到垂直
public void setMaxCategoryLabelWidthRatio(float ratio)	设置分类轴分类标签的最大宽度

2. ValueAxis 类

ValueAxis 类是 Axis 类的子类，也是 NumberAxis 类与 DateAxis 类的父类，主要用于对数据轴的相关属性进行设置，其常用方法及说明如表 22.10 所示。

表 22.10　ValueAxis 类的常用方法及说明

方　　法	说　　明
public void setAutoRange(boolean auto)	设置数据轴数据范围是否为自动
public void setFixedAutoRange(double length)	设置数据轴固定数据范围
public void setInverted(boolean flag)	设置数据轴是否反向
public void setLowerMargin(double margin)	设置分类轴下边距或左边距
public void setUpperMargin(double margin)	设置分类轴上边距或右边距
public void setLowerBound(double min)	设置数据轴上显示的最小值
public void setUpperBound(double max)	设置数据轴上显示的最大值

3. NumberAxis 类

NumberAxis 类是 ValueAxis 类的子类，主要用于对数值类型数据轴的相关属性进行设置，其常用方法及说明如表 22.11 所示。

表 22.11　NumberAxis 类的常用方法及说明

方　　法	说　　明
public void setAutoRangeIncludesZero(boolean flag)	设置是否强制在自动选择的数据范围中包含 0
public void setAutoRangeStickyZero(boolean flag)	设置是否强制在整个数据轴中包含 0，即使 0 不在数据范围中
public void setNumberFormatOverride(NumberFormat formatter)	设置数据轴数据标签的显示格式

4．DateAxis 类

DateAxis 类是 ValueAxis 类的子类，主要用于对日期轴的相关属性进行设置，其常用方法及说明如表 22.12 所示。

表 22.12　DateAxis 类的常用方法及说明

方　　法	说　　明
public void setMaximumDate(Date maximumDate)	设置日期轴上的最小日期
Public void setMinimumDate(Date minimumDate)	设置日期轴上的最大日期
public void setDateFormatOverride(DateFormat formatter)	设置日期轴日期标签的显示格式
public void setTickUnit(DateTickUnit unit)	设置日期轴的日期标签

22.2.6　图片渲染对象

图片渲染对象用于渲染和显示图表，它在图表的显示效果方面起着很大作用。在 JFreeChart 组件中，渲染对象定义为 AbstractRenderer 类，此类是所有渲染对象的父类，但它是一个抽象类，其常用方法及说明如表 22.13 所示。

表 22.13　AbstractRenderer 类的常用方法及说明

方　　法	说　　明
public void setItemLabelAnchorOffset(double offset)	设置数据标签与数据点的偏移
public void setItemLabelsVisible(boolean visible)	设置数据标签是否可见
public void setItemLabelFont(Font font)	设置数据标签的字体
public void setItemLabelPaint(Paint paint)	设置数据标签的字体颜色
public void setOutLinePaint(Paint paint)	设置图形边框的线条颜色
public void setPaint(Paint paint)	设置所有分类图形的颜色
public void setSeriesItemLabelsVisible(int series,boolean visible)	设置分类的数据标签是否可见
public void setSeriesItemLabelFont(int series,Font font)	设置分类的数据标签的字体
public void setSeriesItemLabelPaint(int series,Paint paint)	设置分类的数据标签的字体颜色

在图片渲染对象中，JFreeChart 组件同样对 AbstractRenderer 类进行了扩展，在使用过程中可根据实际需要，选择合适的 AbstractRenderer 类的子类对象。

22.3　JFreeChart 的应用

视频讲解：光盘\TM\Video\22\JFreeChart 的应用.exe

JFreeChart 组件是 Java 领域中一个功能强大的图形报表组件，在 Web 项目中使用此组件，其制图过程主要分为 3 步来实现，分别为配置 JFreeChart、创建数据集合与 JFreeChart 实例及设置图表的相关属性。

22.3.1　如何获取图片

JFreeChart 组件能够生成.JPEG、.PNG 格式的图片，其输出方式可以直接存储在硬盘中，也可以交给 JFreeChart 组件进行管理。在 Web 应用中，所生成的图形报表一般均为动态图表，如果对每次生成的图表都进行直接存储,将会产生大量的垃圾文件,时间长了必须进行清理。因此,由 JFreeChart 组件进行管理来生成图片是一个不错的选择,它不仅可以提供图片的路径,而且在查看图片后 JFreeChart 组件会自动进行清理。

1. 配置 JFreeChart

JFreeChart 组件提供了一个 Servlet 文件用于获取生成的图片,此 Servlet 文件存在于 JFreeChart 组件包中,所以在使用过程中,需要将其配置到 Web.xml 文件中。关键代码如下:

```xml
<?xml version="1.0" encoding="UTF-8"?>
<web-app xmlns:xsi="http://www.w3.org/2001/XMLSchema-instance"
 xmlns="http://java.sun.com/xml/ns/javaee"
 xmlns:web="http://java.sun.com/xml/ns/javaee/web-app_2_5.xsd"
 xsi:schemaLocation="http://java.sun.com/xml/ns/javaee
 http://java.sun.com/xml/ns/javaee/web-app_3_0.xsd" id="WebApp_ID" version="3.0">
    <servlet>
        <servlet-name>DisplayChart</servlet-name>
        <servlet-class>org.jfree.chart.servlet.DisplayChart</servlet-class>
    </servlet>
    <servlet-mapping>
        <servlet-name>DisplayChart</servlet-name>
        <url-pattern>/servlet/DisplayChart</url-pattern>
    </servlet-mapping>
</web-app>
```

从上述代码可以看出,其配置与普通的 Servlet 配置是完全相同的。

2. 获取图片

在输出图片之前,首先要生成 JFreeChart 组件所绘制的图片。此操作通过调用 ServletUtilities 类的 saveChartAsJPEG()方法来实现,它返回一个.JPEG 格式的图片名称。其语法格式如下:

```
public static String saveChartAsJPEG(JFreeChart chart, int width,
                                     int height, HttpSession session)
            throws IOException
```

- ☑ chart:制图对象 JfreeChart。
- ☑ width:所生成图片的宽度。
- ☑ height:所生成图片的高度。
- ☑ session:HttpSession 对象。

通过此方法生成图片后,调用已注册的 JFreeChart 提供的 Servlet 类 DisplayChart,即可获取图片的相对路径。

例如,在 JSP 页面中获取图片,代码如下:

```jsp
<%
    String fileName = ServletUtilities.saveChartAsJPEG(ChartUtil.createChart(), 450, 300, session);
    String graphURL = request.getContextPath() + "/DisplayChart?filename=" + fileName;
%>
```

上述代码生成了一个宽为 450、高为 300 的图片,其文件名为 fileName,其路径为 graphURL,通过此路径即可对所生成的图片进行访问。

22.3.2 创建数据集合与 JFreeChart 实例

JFreeChart 类是一个制图对象,它的创建需要一个数据集合对象,在拥有数据集合后即可通过制图工厂进行创建。JFreeChart 提供的数据集合是多种多样的,在实际应用中要根据自己的需要选择合适的数据集合对象。对于不同的数据集合对象，其创建及添加数据的方法也是不同的。

例 22.01　使用柱形图统计 Java 图书销量，通过 DefaultCategoryDataset 数据集合对象创建柱形图制图对象。（实例位置：光盘**TM\\Instances\\22.01**）

```java
public class ChartUtil {
    /**
     * 创建数据集合
     * @return CategoryDataset 对象
     */
    public static CategoryDataset createDataSet() {
        DefaultCategoryDataset dataSet = new DefaultCategoryDataset(); //实例化 DefaultCategoryDataset 对象
        //向数据集合中添加数据
        dataSet.addValue(550, "Java 图书", "Java SE 类");
        dataSet.addValue(100, "Java 图书", "Java ME 类");
        dataSet.addValue(960, "Java 图书", "Java EE 类");
        return dataSet;
    }
    /**
     * 创建 JFreeChart 对象
     * @return JFreeChart 对象
     */
    public static JFreeChart createChart() {
        StandardChartTheme standardChartTheme = new StandardChartTheme("CN");        //创建主题样式
        standardChartTheme.setExtraLargeFont(new Font("隶书", Font.BOLD, 20));        //设置标题字体
        standardChartTheme.setRegularFont(new Font("微软雅黑", Font.PLAIN, 15));      //设置图例的字体
        standardChartTheme.setLargeFont(new Font("微软雅黑", Font.PLAIN, 15));        //设置轴向的字体
        ChartFactory.setChartTheme(standardChartTheme);                              //设置主题样式
        //通过 ChartFactory 创建 JFreeChart
        JFreeChart chart = ChartFactory.createBarChart3D(
                "Java 图书销量统计",                    //图表标题
                "Java 图书",                            //横轴标题
                "销量（本）",                           //纵轴标题
                createDataSet(),                        //数据集合
                PlotOrientation.VERTICAL,               //图表方向
                false,                                  //是否显示图例标识
                false,                                  //是否显示 tooltips
                false);                                 //是否支持超链接
        return chart;
    }
}
```

ChartUtil 类是一个自定义的制图工具类，其中 createDataSet()方法用于创建柱形图所需的数据集合，返回 CategoryDataset 对象；createChart()方法用于创建制图对象 JFreeChart，在此方法中通过 ChartFactory 对象的 createBarChart3D()方法创建一个 3D 效果的柱形图对象，并将其返回。

在 JSP 页面中通过 JFreeChart 组件提供的 Servlet 类 DisplayChart 来获取图片，本实例中在 index.jsp 页面中输出图片。关键代码如下：

```jsp
<%@ page language="java" contentType="text/html" pageEncoding="GBK"%>
<%@ page import="org.jfree.chart.servlet.ServletUtilities,com.wgh.util.ChartUtil"%>
<!DOCTYPE HTML>
<html>
  <head>
    <title>Java 图书销量统计</title>
  </head>
```

```
<body>
  <%
  String fileName = ServletUtilities.saveChartAsJPEG(ChartUtil.createChart(),450,300,session);
  String graphURL = request.getContextPath() + "/DisplayChart?filename=" + fileName;
  %>
  <img src="<%=graphURL%>" border="1">
  </body>
</html>
```

在输出图片之前，首先要生成 JFreeChart 组件所绘制的图片。此操作通过调用 ServletUtilities 类的 saveChartAsJPEG()方法来实现，它返回一个.JPEG 格式的图片名称。

在获取此图片名称后，通过代码"request.getContextPath() + "/DisplayChart?filename=" + fileName"即可获取到图片的路径，其运行结果如图 22.7 所示。

22.3.3   图表相关属性的设置

通常情况下，为了使所生成的图片更加美观、大方，需要对所生成的图片进行一定的设置，如制图对象设置、绘图区设置、坐标轴设置及图片渲染等。

例 22.02   使用柱形图统计 Java 类图书第 1～4 季度销量。首先创建数据集合对象 DefaultCategoryDataset，并添加 4 个季度的销量数据。（实例位置：光盘\TM\Instances\22.02）

```java
public static CategoryDataset createDataSet() {
    //实例化 DefaultCategoryDataset 对象
    DefaultCategoryDataset dataSet = new DefaultCategoryDataset();
    //添加第一季度数据
    dataSet.addValue(6000, "第一季度", "Java SE 类");
    dataSet.addValue(3000, "第一季度", "Java ME 类");
    dataSet.addValue(12000, "第一季度", "Java EE 类");
    //添加第二季度数据
    dataSet.addValue(8000, "第二季度", "Java SE 类");
    dataSet.addValue(4000, "第二季度", "Java ME 类");
    dataSet.addValue(6000, "第二季度", "Java EE 类");
    //添加第三季度数据
    dataSet.addValue(5000, "第三季度", "Java SE 类");
    dataSet.addValue(4000, "第三季度", "Java ME 类");
    dataSet.addValue(8000, "第三季度", "Java EE 类");
    //添加第四季度数据
    dataSet.addValue(8000, "第四季度", "Java SE 类");
    dataSet.addValue(2000, "第四季度", "Java ME 类");
    dataSet.addValue(9000, "第四季度", "Java EE 类");
    return dataSet;
}
```

createDataSet()方法定义在 ChartUtil 类中，它是一个自定义的制图工具类。在此类中还包含创建制图对象的 createChart()方法，用于创建柱形图对象。关键代码如下：

```java
public static JFreeChart createChart() {
    //通过 ChartFactory 创建 JFreeChart
    JFreeChart chart = ChartFactory.createBarChart3D(
            "Java 图书销量统计",                              //图表标题
            "Java 图书",                                    //横轴标题
            "销量（本）",                                    //纵轴标题
            createDataSet(),                              //数据集合
```

```
                    PlotOrientation.VERTICAL,                        //图表方向
                    true,                                            //是否显示图例标识
                    false,                                           //是否显示 tooltips
                    false);                                          //是否支持超链接
Image image = null;                                                  //背景图片
try {
        image = ImageIO.read(ChartUtil.class.getResource("test.JPG")); //创建背景图片
} catch (IOException e) {
        e.printStackTrace();
}
chart.getTitle().setFont(new Font("隶书",Font.BOLD,25));            //设置标题字体
chart.getLegend().setItemFont(new Font("宋体",Font.PLAIN,12));      //设置图例类别字体
chart.setBorderVisible(true);                                        //设置显示边框
//实例化 TextTitle 对象
TextTitle subTitle = new TextTitle("2012 年 Java 类图书全国销量统计（Java SE、Java ME、Java EE）");
subTitle.setVerticalAlignment(VerticalAlignment.BOTTOM);            //设置居中显示
chart.addSubtitle(subTitle);                                         //添加子标题
CategoryPlot plot = chart.getCategoryPlot();                         //获取绘图区对象
plot.setForegroundAlpha(0.8F);                                       //设置绘图区前景色透明度
plot.setBackgroundAlpha(0.5F);                                       //设置绘图区背景色透明度
plot.setBackgroundImage(image);                                      //设置绘图区背景图片
CategoryAxis categoryAxis = plot.getDomainAxis();                    //获取坐标轴对象
categoryAxis.setLabelFont(new Font("微软雅黑",Font.PLAIN,12));      //设置坐标轴标题字体
categoryAxis.setTickLabelFont(new Font("微软雅黑",Font.PLAIN,12));  //设置坐标轴标尺值字体
categoryAxis.setCategoryLabelPositions(CategoryLabelPositions.UP_45); //设置坐标轴标题旋转角度
ValueAxis valueAxis = plot.getRangeAxis();                           //获取数据轴对象
valueAxis.setLabelFont(new Font("微软雅黑",Font.PLAIN,12));         //设置数据轴字体
BarRenderer3D renderer = new BarRenderer3D();                        //获取图片渲染对象
renderer.setItemMargin(0.32);                                        //设置柱子间的间距
plot.setRenderer(renderer);                                          //设置图片渲染对象
return chart;
}
```

在此方法中，首先创建了一个 3D 效果的柱形图对象；之后分别对制图对象、绘图区对象、坐标轴对象、图片渲染对象等属性进行设置，并添加了一个子标题。实例中通过 index.jsp 页面进行输出，其运行结果如图 22.8 所示。

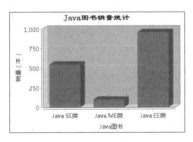

图 22.7　柱形图统计 Java 图书销量

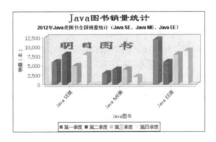

图 22.8　柱形图统计 Java 图书 4 个季度销量

22.3.4　JFreeChart 内置 JDBC 的使用

在实际开发过程中，数据集合中的数据大部分来自于数据库，因此在制图前需要进行数据库操作来获取数据。JFreeChart 组件对这一过程进行了封装，通过自定义的 SQL 语句即可获取到已封装好的数据集合对象。

常用的 JDBC 数据集合对象有 3 种，分别为 JDBCCategoryDataset（JDBC 填充类别数据集合）、

JDBCPieDataset（JDBC 填充饼形图数据集合）、JDBCXYDataset（JDBC 填充坐标轴数据集合）。它们的使用方法都非常简单，如创建 JDBCPieDataset 对象的语法格式如下：

```
public JDBCPieDataset(String url,
                      String driverName,
                      String user,
                      String password)
    throws SQLException, ClassNotFoundException
```

- ☑ url：数据库连接的 URL。
- ☑ driverName：数据库的驱动类。
- ☑ user：数据库连接用户名。
- ☑ password：数据库连接密码。

创建了 JDBCPieDataset 对象后，可以通过 executeQuery()方法查询数据库，其入口参数为 String 类型的 SQL 语句。执行此方法后，将返回拥有数据的数据集合对象。

id	category	val
1	数码产品	300
2	家用电器	110
3	日常用品	160
4	服装	240
5	水果蔬菜	220
6	其他	50

例 22.03 使用饼形图对商城各类别商品月销量进行统计，其数据集合由 JFreeChart 组件查询数据库后自动生成，其数据表 tb_shop 中的数据如图 22.9 所示。（实例位置：光盘\TM\Instances\22.03）

图 22.9　tb_shop 表中的数据

数据集合与制图对象的创建定义在 ChartUtil 类中，它是一个自定义制图工具类，主要用于创建数据集合及制图对象。关键代码如下：

```java
public class ChartUtil {
    /**
     * 查询数据库并初始化数据集合
     * @return PieDataset 对象
     */
    public static PieDataset initPieData() {
        String driverName = "com.mysql.jdbc.Driver";                         //数据库驱动
        String url = "jdbc:mysql://localhost:3306/db_database12";            //数据库连接 url
        String user = "root";                                                //数据库用户名
        String password = "111";                                             //数据库密码
        JDBCPieDataset dataset = null;                                       //数据集合
        try {
            dataset = new JDBCPieDataset(url, driverName, user, password);   //通过 JDBC 创建数据集合
                String query = "select category,val from tb_shop";           //SQL 语句
            dataset.executeQuery(query);                                     //查询并向数据集合中添加数据
            dataset.close();                                                 //关闭数据库连接
        } catch (Exception e) {
            e.printStackTrace();
        }
        return dataset;
    }
    /**
     * 创建饼形图实例
     * @return JFreeChart 对象
     */
    public static JFreeChart createChart() {
        //创建 3D 饼形图表
        JFreeChart chart = ChartFactory.createPieChart3D(
                "XX 商城月销量统计",                                          //图表的标题
                initPieData(),                                               //饼形图的数据集对象
                true,                                                        //是否显示图例
```

```
                true,                              //是否显示提示文本
                false);                            //是否生成超链接
        chart.getTitle().setFont(new Font("隶书",Font.BOLD,25));     //设置标题字体
        chart.getLegend().setItemFont(new Font("宋体",Font.BOLD,15)); //设置图例类别字体
        PiePlot plot = (PiePlot) chart.getPlot();   //获得绘图区对象
        plot.setForegroundAlpha(0.5f);              //设置前景透明度
        plot.setLabelFont(new Font("宋体",Font.PLAIN,12));  //设置分类标签的字体
        plot.setCircular(true);                      //设置饼形为正圆
        //设置分类标签的格式
        plot.setLabelGenerator(new StandardPieSectionLabelGenerator("{0}={2}",
                NumberFormat.getNumberInstance(),
                NumberFormat.getPercentInstance()));
        return chart;
    }
}
```

其中，initPieData()方法用于创建数据集合对象。在此方法中，使用 JDBCPieDataset 类通过 JDBC 查询数据库获取数据集合对象。

createChart()方法用于创建饼形图制图对象。在创建制图对象后，对其相关属性进行了设置。

注意 PiePlot 类的 setLabelGenerator()方法用于设置分类标签的格式,其参数为 StandardPieSection Label Generator 对象,此对象的入口参数 ""{0}={2}"" 用于指定类别名称及所占有的百分比, {0}代表类别名称, {2}代表百分比。

编写了 ChartUtil 类后，通过 index.jsp 页面查看图片。关键代码如下：

```
<%@ page language="java" contentType="text/html" pageEncoding="GBK"%>
<%@ page import="org.jfree.chart.servlet.ServletUtilities,com.wgh.util.ChartUtil"%>
<!DOCTYPE HTML>
<html>
  <head>
    <title>商城月销量统计</title>
  </head>
  <body>
    <%
    String fileName = ServletUtilities.saveChartAsJPEG(ChartUtil.createChart(),500,300,session);
    String graphURL = request.getContextPath() + "/DisplayChart?filename=" + fileName;
    %>
    <div align="center">
        <img src="<%=graphURL%>" border="1">
    </div>
  </body>
</html>
```

实例运行结果如图 22.10 所示。

22.3.5　中文乱码的解决方案

由于 JFreeChart 组件的版本、操作平台、JDK 的设置等因素，在使用 JFreeChart 组件时可能会出现中文乱码的现象。遇到此问题时，可通过设置乱码文字的字体来解决。在此提供以下两种解决此问题的方法。

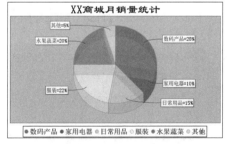

图 22.10　饼形图分析商城月销量

1．设置主题样式

在制图前，创建主题样式并指定样式中的字体，通过 ChartFactory 的 setChartTheme()方法设置主题样式。在指定制图样式后，ChartFactory 对象创建的制图对象将按此样式进行显示，图表中的文字将按指定的字体进行显示。例如：

```
//创建主题样式
StandardChartTheme standardChartTheme = new StandardChartTheme("CN");
//设置标题字体
standardChartTheme.setExtraLargeFont(new Font("隶书", Font.BOLD, 20));
//设置图例的字体
standardChartTheme.setRegularFont(new Font("宋体", Font.PLAIN, 15));
//设置轴向的字体
standardChartTheme.setLargeFont(new Font("宋体", Font.PLAIN, 15));
//应用主题样式
ChartFactory.setChartTheme(standardChartTheme);
```

通过上述代码设置主题样式后，再通过 ChartFactory 创建 JFreeChart 的对象，即可解决中文乱码问题。

2．指定乱码文字的字体

此方法通过指定制图对象中的中文字体来解决中文乱码问题。在图中任何用到中文的地方，都要对字体进行设置。此操作将涉及 JFreeChart 对象、Plot 对象、坐标轴对象的属性设置。例如：

```
JFreeChart chart = null;
//省略部分代码
//设置标题字体
chart.getTitle().setFont(new Font("隶书",Font.BOLD,25));
//设置图例类别字体
chart.getLegend().setItemFont(new Font("宋体",Font.BOLD,15));
//获得绘图区对象
PiePlot plot = (PiePlot) chart.getPlot();
//设置分类标签的字体
plot.setLabelFont(new Font("宋体",Font.PLAIN,12));
```

不同的制图对象类型，其相关字体的设置可能存在差异，对于各对象中所用到的字体设置，可参阅 22.2 节或 JFreeChart 组件的 API 文档。

22.4 实 战

JFreeChart 组件是一个功能强大的图形报表组件，可以用来绘制多种多样的图表。本节将通过两个使用 JFreeChart 组件生成图形报表的典型案例来进一步加深理解，巩固所学知识。

22.4.1 JFreeChart 绘制折线图

视频讲解：光盘\TM\Video\22\JFreeChart 绘制折线图.exe

对于数据的变化、发展情况或发展趋势可以使用折线图来描述，其显示方式非常直观。本实例将使用折线图对 2004—2008 年杀毒软件杀毒数量进行统计，其显示效果分为普通样式及 3D 样式。本实例数据集合的数据随机生成，每次显示结果并非一致。

例 22.04 使用折线图统计 2004—2008 年优秀杀毒软件的杀毒情况。（实例位置：光盘\TM\Instances\22.04）

（1）在 Web.xml 文件中，配置 JFreeChart 读取图片的 Servlet。关键代码如下：

```
<servlet>
    <servlet-name>DisplayChart</servlet-name>
    <servlet-class>org.jfree.chart.servlet.DisplayChart</servlet-class>
</servlet>
<servlet-mapping>
    <servlet-name>DisplayChart</servlet-name>
    <url-pattern>/DisplayChart</url-pattern>
</servlet-mapping>
```

（2）创建自定义制图工具类 ChartUtil，在此类中编写两个方法，分别用于创建数据集合及创建制图对象。关键代码如下：

```
public class ChartUtil {
    //字体
    private static final Font PLOT_FONT = new Font("宋体", Font.BOLD, 15);
    /**
     * 创建数据集合
     * @return CategoryDataset 对象
     */
    public static CategoryDataset createDataSet() {
        //图例名称
        String[] line = { "杀毒软件一", "杀毒软件二", "杀毒软件三" };
        //类别
        String[] category = { "2004 年","2005 年", "2006 年", "2007 年", "2008 年" };
        Random random = new Random();   //实例化 Random 对象
        //实例化 DefaultCategoryDataset 对象
        DefaultCategoryDataset dataSet = new DefaultCategoryDataset();
        //使用循环向数据集合中添加数据
        for (int i = 0; i < line.length; i++) {
            for (int j = 0; j < category.length; j++) {
                dataSet.addValue(100000 + random.nextInt(100000), line[i],
                        category[j]);
            }
        }
        return dataSet;
    }
    /**
     * 生成制图对象
     * @param is3D  是否为 3D 效果
     * @return JFreeChart 对象
     */
    public static JFreeChart createChart(boolean is3D) {
        JFreeChart chart = null;
        if(is3D){
            chart = ChartFactory.createLineChart3D(
                    "2004-2008 年优秀杀毒软件杀毒数量统计",      //图表标题
                    "杀毒软件",                                //X 轴标题
                    "查杀病毒数量",                            //Y 轴标题
                    createDataSet(),                        //绘图数据集
                    PlotOrientation.VERTICAL,               //绘制方向
                    true,                                   //显示图例
                    true,                                   //采用标准生成器
                    false                                   //是否生成超链接
```

```
                    );
        }else{
            chart = ChartFactory.createLineChart("2004-2008 年优秀杀毒软件杀毒数量统计", //图表标题
                    "杀毒软件",                          //X 轴标题
                    "查杀病毒数量",                        //Y 轴标题
                    createDataSet(),                     //绘图数据集
                    PlotOrientation.VERTICAL,            //绘制方向
                    true,                                //是否显示图例
                    true,                                //是否采用标准生成器
                    false                                //是否生成超链接
                    );
        }

        //设置标题字体
        chart.getTitle().setFont(new Font("隶书", Font.BOLD, 23));
        //设置图例类别字体
        chart.getLegend().setItemFont(new Font("宋体", Font.BOLD, 15));
        chart.setBackgroundPaint(new Color(192,228,106));       //设置背景色
        //获取绘图区对象
        CategoryPlot plot = chart.getCategoryPlot();
        plot.getDomainAxis().setLabelFont(PLOT_FONT);           //设置横轴字体
        plot.getDomainAxis().setTickLabelFont(PLOT_FONT);       //设置坐标轴标尺值字体
        plot.getRangeAxis().setLabelFont(PLOT_FONT);            //设置纵轴字体
        plot.setBackgroundPaint(Color.WHITE);                   //设置绘图区背景色
        plot.setRangeGridlinePaint(Color.RED);                  //设置水平方向背景线颜色
        plot.setRangeGridlinesVisible(true);                    //设置是否显示水平方向背景线，默认值为 true
        plot.setDomainGridlinePaint(Color.RED);                 //设置垂直方向背景线颜色
        plot.setDomainGridlinesVisible(true);                   //设置是否显示垂直方向背景线，默认值为 false
        //获取折线对象
        LineAndShapeRenderer renderer = (LineAndShapeRenderer) plot
                    .getRenderer();
        BasicStroke realLine = new BasicStroke(1.6f);           //设置实线
        float dashes[] = { 8.0f };                              //定义虚线数组
        BasicStroke brokenLine = new BasicStroke(1.6f,          //线条粗细
                    BasicStroke.CAP_SQUARE,                     //端点风格
                    BasicStroke.JOIN_MITER,                     //折点风格
                    8.f,                                        //折点处理办法
                    dashes,                                     //虚线数组
                    0.0f);                                      //虚线偏移量
        renderer.setSeriesStroke(1, brokenLine);                //利用虚线绘制
        renderer.setSeriesStroke(2, brokenLine);                //利用虚线绘制
        renderer.setSeriesStroke(3, realLine);                  //利用实线绘制
        return chart;
    }
}
```

其中，createDataSet()方法用于创建数据集合对象，实例中使用 JDK 中的 Random 类所产生的随机数据进行填充，它返回 CategoryDataset 对象；createChart()方法用于创建折线图实例对象，此方法的入口参数为 Boolean 类型，用于设置所创建的 JFreeChart 对象是否为 3D 效果。

（3）创建名为 CharServlet 的类，它是一个 Servlet。此类通过 doGet()方法处理制图请求。关键代码如下：

```
//显示样式（是否为 3D 效果）
String style = request.getParameter("style");
String fileName = null;                          //生成图片的文件名
```

```
if(style != null && "3d".equals(style)){
    //获取生成图片的名称
    fileName = ServletUtilities.saveChartAsJPEG(
            ChartUtil.createChart(true), 500, 300, request.getSession());
}else{
    fileName = ServletUtilities.saveChartAsJPEG(
            ChartUtil.createChart(false), 500, 300, request.getSession());
}
//获取图片的路径
String graphURL = request.getContextPath() + "/DisplayChart?filename=" + fileName;
//将路径放到 request 对象中
request.setAttribute("graphURL", graphURL);
//页面转发到 result.jsp
request.getRequestDispatcher("result.jsp").forward(request, response);
```

（4）编写 index.jsp 页面，它是程序中的首页，在其中提供以"普通样式"、"3D 样式"查看的超链接。关键代码如下：

```
<body>
    <div align="center">
        <h1>查看统计报表</h1>
        <a href="ChartServlet">普通样式</a>
        <a href="ChartServlet?style=3d">3D 样式</a>
    </div>
</body>
```

（5）创建 result.jsp 页面，用于显示动态图表。关键代码如下：

```
<div align="center">
    <img src="${graphURL}" border="1">
    <br><br>
    <a href="index.jsp">返回</a>
</div>
```

实例运行后，两种样式分别如图 22.11 和图 22.12 所示。

 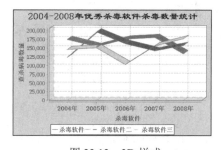

图 22.11　普通样式　　　　　　　　图 22.12　3D 样式

22.4.2　JFreeChart 绘制区域图

视频讲解：光盘\TM\Video\22\JFreeChart 绘制区域图.exe

区域图可以用于描述数据对比情况、部分与整体的关系、数据的变化程度等，其表现形式多种多样。在本实例中，通过统计某门户网站流量，使用区域图对新闻网、娱乐网和体育网 3 个类别进行对比分析。本实例数据集合的数据随机生成，每次显示结果并非一致。

例 22.05　使用区域图对比分析某门户网站新闻网、娱乐网与体育网流量数据。（实例位置：光盘\TM\Instances\22.05）

（1）在 Web.xml 文件中，配置 JFreeChart 读取图片的 Servlet。

（2）创建自定义制图工具类 ChartUtil，在此类中编写两个方法，分别用于创建数据集合及创建制图对象。关键代码如下：

```java
public class ChartUtil {
    //字体
    private static final Font PLOT_FONT = new Font("宋体", Font.BOLD, 15);
    /**
     * 创建数据集合
     * @return CategoryDataset 对象
     */
    public static CategoryDataset createDataset() {
        //实例化 DefaultCategoryDataset 对象
        DefaultCategoryDataset defaultcategorydataset = new DefaultCategoryDataset();
        Random random = new Random();                          //创建 Random 对象
        //向数据集合加入 6 个月的数据
        for (int i = 1; i < 7; i++) {
            defaultcategorydataset.addValue(random.nextInt(5000) + 5000, "新闻网站", i + "月份");
            defaultcategorydataset.addValue(random.nextInt(5000) + 5000, "娱乐网站", i + "月份");
            defaultcategorydataset.addValue(random.nextInt(5000) + 5000, "体育网站", i + "月份");
        }
        return defaultcategorydataset;
    }
    /**
     * 生成制图对象
     * @return JFreeChart 对象
     */
    public static JFreeChart createChart(){
        JFreeChart chart = ChartFactory.createAreaChart(
                "XX 门户网站流量统计分析",               //图表标题
                "网站类别",                              //横轴标题
                "流量（IP）",                            //纵轴标题
                createDataset(),                         //制图的数据集
                PlotOrientation.VERTICAL,                //定义区域图的方向为纵向
                true,                                    //是否显示图例标识
                true,                                    //是否显示 tooltips
                false);                                  //是否支持超链接
        //设置标题字体
        chart.getTitle().setFont(new Font("隶书", Font.BOLD, 25));
        //设置图例类别字体
        chart.getLegend().setItemFont(new Font("宋体", Font.BOLD, 15));
        //设置背景色
        chart.setBackgroundPaint(new Color(160,214,248));
        //获取绘图区对象
        CategoryPlot plot = chart.getCategoryPlot();
        plot.getDomainAxis().setLabelFont(PLOT_FONT);        //设置横轴字体
        plot.getDomainAxis().setTickLabelFont(PLOT_FONT);    //设置坐标轴标尺值字体
        plot.getRangeAxis().setLabelFont(PLOT_FONT);         //设置纵轴字体
        plot.setForegroundAlpha(0.4F);                       //设置透明度
        plot.setDomainGridlinesVisible(true);                //设置显示网格
        return chart;
    }
}
```

在此类中，定义了一个 final 类型的常量 PLOT_FONT，它是实例中用到的字体。其中，createDataset()
方法用于创建数据集合对象，此方法中使用 Random 类产生的随机数据填充数据集合，返回 CategoryDataset
对象；createChart()方法用于创建制图对象，区域图使用 createAreaChart()方法进行创建。

（3）创建名为 CharServlet 的类，它是一个 Servlet。此类通过 doGet()方法处理制图请求，关键代码如下：

```
//获取生成图片的名称
String fileName = ServletUtilities.saveChartAsJPEG(
                ChartUtil.createChart(), 500, 300, request.getSession());
//获取图片的路径
String graphURL = request.getContextPath() + "/DisplayChart?filename=" + fileName;
//将路径放到 request 对象中
request.setAttribute("graphURL", graphURL);
//页面转发到 result.jsp
request.getRequestDispatcher("result.jsp").forward(request, response);
```

（4）编写 index.jsp 页面，它是程序中的首页。此页面通过<jsp:forward>标签发送制图请求，关键代码
如下：

```
<jsp:forward page="ChartServlet"></jsp:forward>
```

（5）创建 result.jsp 页面，用于显示动态图表。实例运行结果如
图 22.13 所示。

22.4.3　JFreeChart 绘制时序图

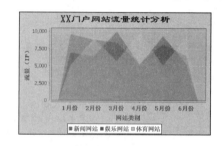

图 22.13　区域图

视频讲解：光盘\TM\Video\22\JFreeChart 绘制时序图.exe

时序图可用于统计、分析数据随时间变化的发展情况，它的创
建需要用到 XYDataset 数据集合。在本实例中，使用 TimeSeries 对
象填充了一年 365 天的数据，然后通过时序图统计产品的年销量。
本实例数据集合的数据随机生成，每次显示结果并非一致。

例 22.06　通过时序图统计产品的年销量，数据集合中填充了一年 365 天的数据。（实例位置：光盘\TM\
Instances\22.06）

（1）在 Web.xml 文件中，配置 JFreeChart 读取图片的 Servlet。

（2）创建自定义制图工具类 ChartUtil，在此类中编写两个方法，分别用于创建数据集合及创建制图对
象。关键代码如下：

```
public class ChartUtil {
    //字体
    private static final Font PLOT_FONT = new Font("黑体", Font.ITALIC , 18);
    /**
     * 创建数据集合
     * @return XYDataset 对象
     */
    public static XYDataset createDataset() {
        //实例化 TimeSeries 对象
        TimeSeries timeseries = new TimeSeries("Data");
        Day day = new Day(1, 1, 2008);              //实例化 Day
        double d = 3000D;
        //添加一年 365 天的数据
        for (int i = 0; i < 365; i++) {
            d = d + (Math.random() - 0.5) * 10;     //创建随机数据
            timeseries.add(day, d);                 //向数据集合中添加数据
```

```
            day = (Day) day.next();
        }
        //创建 TimeSeriesCollection 集合对象
        TimeSeriesCollection timeSeriesCollection = new TimeSeriesCollection(timeseries);
        //返回数据集合对象
        return timeSeriesCollection;
    }
    /**
     * 生成制图对象
     * @return JFreeChart 对象
     */
    public static JFreeChart createChart(){
        //创建时序图对象
        JFreeChart chart = ChartFactory.createTimeSeriesChart(
                "编程词典全国销量统计",                        //标题
                "销售月份",                                  //时间轴标签
                "销量（份）",                                //数据轴标签
                createDataset(),                           //数据集合
                false,                                     //是否显示图例标识
                false,                                     //是否显示 tooltips
                false);                                    //是否支持超链接
        //设置标题字体
        chart.getTitle().setFont(new Font("隶书", Font.BOLD, 26));
        //设置背景色
        chart.setBackgroundPaint(new Color(252,175,134));
        XYPlot plot = chart.getXYPlot();                   //获取图表的绘制属性
        plot.setDomainGridlinesVisible(false);             //设置网格不显示
        //获取时间轴对象
        DateAxis dateAxis = (DateAxis) plot.getDomainAxis();
        dateAxis.setLabelFont(PLOT_FONT);                  //设置时间轴字体
        //设置时间轴标尺值字体
        dateAxis.setTickLabelFont(new Font("宋体",Font.PLAIN,12));
        dateAxis.setLowerMargin(0.0);                      //设置时间轴上显示的最小值
        //获取数据轴对象
        ValueAxis valueAxis = plot.getRangeAxis();
        valueAxis.setLabelFont(PLOT_FONT);                 //设置数据字体
        DateFormat format = new SimpleDateFormat("MM 月份");//创建日期格式对象
        //创建 DateTickUnit 对象
        DateTickUnit dtu = new DateTickUnit(DateTickUnitType.DAY,29,format);
        dateAxis.setTickUnit(dtu);                         //设置日期轴的日期标签
        return chart;
    }
}
```

此类中属性 PLOT_FONT 是一静态的字体常量对象，使用此对象可以避免反复用到的字体对象被多次创建。

createDataset()方法用于创建数据集合对象。时序图的数据集合与其他数据集合不同，它需要添加一个时间段内的所有数据，通常采用 TimeSeries 类进行添加。由于数据量较大，实例中通过 Math 类的 random()方法进行随机生成。

createChart()方法用于创建制图对象，它返回 JFreeChart 对象。由于时序图属于坐标轴类型的图表，实例中通过日期轴对象 DateAxis 与时间轴对象 ValueAxis 对相关属性进行设置。

（3）创建名为 CharServlet 的类，它是一个 Servlet。此类通过 doGet()方法处理制图请求，关键代码如下：

```
//获取生成图片的名称
String fileName = ServletUtilities.saveChartAsJPEG(
                ChartUtil.createChart(), 600, 300, request.getSession());
//获取图片的路径
String graphURL = request.getContextPath() + "/DisplayChart?filename=" + fileName;
//将路径放到 request 对象中
request.setAttribute("graphURL", graphURL);
//页面转发到 result.jsp
request.getRequestDispatcher("result.jsp").forward(request, response);
```

（4）编写 index.jsp 页面，它是程序中的首页。此页面通过<jsp:forward>标签发送制图请求，关键代码如下：

```
<jsp:forward page="ChartServlet"></jsp:forward>
```

（5）创建 result.jsp 页面，用于显示图表。实例运行结果如图 22.14 所示。

22.4.4　利用柱状图显示某网站的访问量

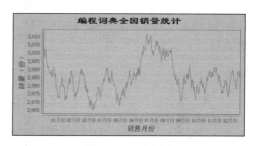

图 22.14　时序图

视频讲解：光盘\TM\Video\22\利用柱状图显示某网站的访问量.exe

在开发软件的过程中，经常需要进行数据统计及分析，并将分析结果通过柱形图的方式展示出来，使分析结果更直观。

例 22.07　利用柱状图显示某网站的访问量。（实例位置：光盘\TM\Instances\22.07）

（1）创建名称为 ChartUtil 的类，用于绘制图表及初始化图表所用到的数据。首先编写生成柱状图数据集合的 getDataset()方法，关键代码如下：

```
private static CategoryDataset getDataset(){
        DefaultCategoryDataset dataset = new DefaultCategoryDataset();//创建数据集合对象
        for(int i=1;i<=6;i++){
                dataset.addValue(new Random().nextInt(200), "新闻模块", (i+8)+":00");//添加数据
                dataset.addValue(new Random().nextInt(200), "论坛模块", (i+8)+":00");//添加数据
                dataset.addValue(new Random().nextInt(200), "下载模块", (i+8)+":00");//添加数据
                dataset.addValue(new Random().nextInt(200), "博客模块", (i+8)+":00");//添加数据
        }
        return dataset;
    }
```

（2）编写 createChart()方法，用于创建 JFreeChart 对象绘制柱形图表。程序中通过绘图工厂 ChartFactory 进行创建，关键代码如下：

```
public static JFreeChart createChart(){
        StandardChartTheme standardChartTheme = new StandardChartTheme("CN"); //创建制图的主题样式
        standardChartTheme.setLargeFont(new Font("黑体", Font.BOLD, 16));        //设置轴向的字体
        standardChartTheme.setRegularFont(new Font("宋体", Font.BOLD, 16));       //设置图例的字体
        standardChartTheme.setExtraLargeFont(new Font("隶书", Font.BOLD, 24));    //设置标题字体
        ChartFactory.setChartTheme(standardChartTheme);                         //设置制图工厂使用主题
        //创建效果图
        JFreeChart chart = ChartFactory.createBarChart(
                                "某网站的访问量",                //图表标题
                                "",                             //坐标标题
                                "访问量",                        //坐标标题
                                getDataset(),                   //绘制数据
```

```
                                         PlotOrientation.VERTICAL,           //直方图的方向，竖向
                                         true,                               //定义图表是否包含图例
                                         true,                               //定义图表是否包含提示
                                         false);                             //定义图表是否包含 URL
       chart.setBackgroundPaint(new Color(168, 219, 219));                   //定义图框颜色
       CategoryPlot plot = chart.getCategoryPlot();                          //获得图表对象引用，自行设置绘制属性
       plot.setBackgroundPaint(new Color(219, 219, 127));                    //设置绘图区域背景色
       plot.setDomainGridlinePaint(Color.BLACK);                             //设置垂直方向标准线的颜色
       plot.setDomainGridlinesVisible(false);                                //设置垂直方向标准线是否显示，false 为默认值
       plot.setRangeGridlinePaint(Color.RED);                                //设置水平方向标准线的颜色
       plot.setRangeGridlinesVisible(true);                                  //设置水平方向标准线是否显示，true 为默认值

       //设置横轴标题文字的旋转方向
       CategoryAxis domainAxis = (CategoryAxis) plot.getDomainAxis();
       domainAxis.setCategoryLabelPositions(
               CategoryLabelPositions.createDownRotationLabelPositions(Math.PI / 16.0) );
                                                                             //文字旋转弧度，接受双精度参数
       return chart;
   }
```

（3）创建 index.jsp 页，显示生成的柱状图。关键代码如下：

```
<body>
    <%  //通过 saveAsJPEG()方法生成饼状图的 JPEG 图像，并返回一个临时图像名称
        String filename = ServletUtilities.saveChartAsJPEG(ChartUtil.createChart(),400,300,session);
        String chartUrl = path+"/DisplayChart?filename="+filename;     //获取生成图像的相对路径
    %>
    <img alt="" src="<%=chartUrl %>">
</body>
```

实例运行结果如图 22.15 所示。

22.4.5 利用饼图显示不同编程语言的市场占有率

视频讲解：光盘\TM\Video\22\利用饼图显示不同编程语言的市场占有率.exe

例 22.08 利用饼图显示不同编程语言的市场占有率。（实例位置：光盘\TM\Instances\22.08）

（1）创建 ChartUtil 类，在该类中编写生成饼图数据集合的 getDataset()方法，关键代码如下：

```
    private static PieDataset getDataset(){
        DefaultPieDataset dataset = new DefaultPieDataset();              //创建饼图数据集合
        dataset.setValue("Java", 30);                                    //添加数据
        dataset.setValue("C#", 25);                                      //添加数据
        dataset.setValue("C++", 20);                                     //添加数据
        dataset.setValue("PHP", 15);                                     //添加数据
        dataset.setValue("C 语言", 10);                                   //添加数据
        return dataset;
    }
```

（2）编写生成饼图的 createChart()方法，关键代码如下：

```
public static JFreeChart createChart(){
    StandardChartTheme standardChartTheme = new StandardChartTheme("CN");//创建制图的主题样式
    standardChartTheme.setLargeFont(new Font("黑体", Font.BOLD, 16));      //设置轴向的字体
    standardChartTheme.setRegularFont(new Font("宋体", Font.BOLD, 16));    //设置图例的字体
    standardChartTheme.setExtraLargeFont(new Font("隶书", Font.BOLD, 24)); //设置标题字体
    ChartFactory.setChartTheme(standardChartTheme);                      //设置制图工厂使用主题
```

```
    JFreeChart chart = ChartFactory.createPieChart(
                                "不同编程语言的市场占有率",          //图表标题
                                getDataset(),                          //绘制数据
                                true,                                  //定义图表是否包含图例
                                true,                                  //定义图表是否包含提示
                                false);                                //定义图表是否包含 URL
    PiePlot plot = (PiePlot)chart.getPlot();
    plot.setLabelGenerator(
            new StandardPieSectionLabelGenerator("{0}{2}",
            NumberFormat.getNumberInstance(),
            NumberFormat.getPercentInstance()));//设置分类标签的格式，更改数字的显示格式为百分比
    plot.setBackgroundAlpha(0.8f);                                     //设置背景透明度
    plot.setForegroundAlpha(0.4f);                                     //设置前景透明度
    return chart;
}</body>
```

实例运行结果如图 22.16 所示。

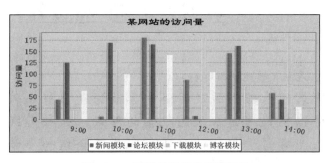

图 22.15 网站访问量柱形图统计

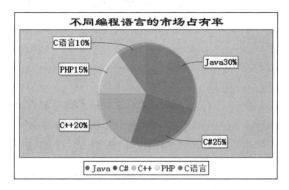

图 22.16 不同编程语言的市场占有率情况

22.5 本章小结

本章主要介绍了开源组件 JFreeChart 的使用方法。在学习过程中，重点应掌握 JFreeChart 组件的核心对象以及核心对象中子类与父类之间的关系，从而确定在什么样的情况下使用何种对象。随着 JFreeChart 组件版本的不断更新，其功能越来越强大，制图效果也越来越完善。JFreeChart 组件所能绘制的图表是千变万化的，本章所涉及的图表均为常用图形报表，主要是对其方法进行讲解，其更多应用参见 JFreeChart 组件的例子程序及 API 文档资料。

22.6 学习成果检验

1. 使用 JFreeChart 内置 JDBC 创建数据集合对象，绘制柱形图。（答案位置：光盘\TM\Instances\22.09）
2. 利用 JFreeChart 绘制组合图。（答案位置：光盘\TM\Instances\22.10）

第 23 章

综合实验（六）——在线投票统计模块

（ 📹 视频讲解：63分钟）

📹 视频讲解：光盘\TM\Video\23\在线投票统计模块.exe

数据的收集和分析是决策的基础，通过网络收集数据是当前比较常用的一种形式，利用网络收集数据通常采用投票的形式，这种形式方便网络用户录入信息，从而有利于信息的收集。本章将介绍一个带有投票和统计功能的适用模块。

通过阅读本章，您可以：

▶▶ 了解项目开发过程中一个模块的实现流程

▶▶ 掌握利用 JFreeChart 绘制柱形图的方法

▶▶ 掌握利用 JFreeChart 绘制饼形图的方法

▶▶ 掌握实现双击收缩或展开图片的方法

▶▶ 掌握多条件控制生成统计图的方法

▶▶ 掌握实现统计图热点标签的方法

23.1 系统功能模块设计

23.1.1 功能描述

投票统计模块主要用于收集和分析数据，即对在线投票数据利用统计图进行统计分析，并且提供了多角度分析数据的功能，该模块的功能结构图如图 23.1 所示。

23.1.2 系统流程

投票统计模块的系统流程如图 23.2 所示。

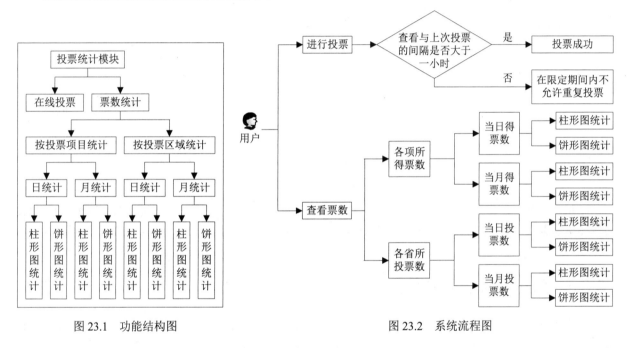

图 23.1　功能结构图　　　　　　　　　　图 23.2　系统流程图

23.2 数据库设计

投票统计模块的底层数据库采用的是 SQL Server 2008 数据库，数据库的名称为 db_vote，在该数据库中共有 3 个数据表，即 tb_area、tb_option 和 tb_voter，下面将依次介绍这 3 个数据表的结构。

☑ tb_area 数据表用来保存各个 IP 段所属的区域，例如哪个 IP 段属于吉林省，该表的具体结构如表 23.1 所示。

表 23.1　tb_area 数据表的表结构

字　段　名	数据类型	允 许 为 空	是 否 主 键	默　认　值	描　　述
area_ipStart	bigint(8)	是	否	NULL	起始 IP
area_ipEnd	bigint(8)	是	否	NULL	终止 IP
area_name	varchar(200)	是	否	NULL	所属区域

☑ tb_option 数据表用来保存参与投票的选项的基本信息，例如选项的名称和在所有选项中的排列次序，该表的具体结构如表 23.2 所示。

表 23.2　tb_option 数据表的表结构

字　段　名	数据类型	允许为空	是否主键	默认值	描　述
id	int(4)	否	否	（自动编号）	编号
option_name	varchar(50)	是	否	NULL	选项名称
option_ballot	int(4)	是	否	NULL	票数
option_order	int(4)	是	否	NULL	排列顺序

☑ tb_voter 数据表用来保存每次投票的基本信息，例如投票机器的 IP 地址和投票时间，该表的具体结构如表 23.3 所示。

表 23.3　tb_voter 数据表的表结构

字　段　名	数据类型	允许为空	是否主键	默认值	描　述
id	int(4)	否	是	（自动编号）	编号
voter_ip	bigint(8)	是	否	NULL	投票人 IP
voter_voteoption	int(4)	是	否	NULL	选中选项的 id
voter_votetime	datetime(8)	是	否	NULL	上次投票时间

23.3　关　键　技　术

在开发投票统计模块的过程中，将用到一些比较适用的技术，这些技术对实现设计功能是比较关键的，所以熟练掌握这些技术的应用方法是实现设计功能的基础，下面将对这些技术在模块中的具体应用做详细讲解。

23.3.1　双击鼠标展开图片技术

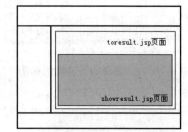

如图 23.3 所示为模块主页面（main.jsp）的结构，其中 toresult.jsp 页面是通过 iframe 框架包含的，在该页面中又通过 iframe 框架包含了 showresult.jsp 页面，投票结果统计图就显示在 showresult.jsp 页面上。本模块实现的图片缩放显示实际上就是通过脚本将 toresult.jsp 页面中的 iframe 框架的高度设置为显示图片的 showresult.jsp 页面的高度，然后再调整 main.jsp 页面中的 iframe 框架的高度为 toresult.jsp 页面的高度。

图 23.3　利用饼形图统计

在 showresult.jsp 页面中，将图片嵌入到<div>层中，具体的嵌入代码如下：

代码位置：光盘\vote\WebContent\showresult.jsp

```
<div ondblclick="size()">
    <img id="pic" src="plot/${requestScope.path}.jpg" title="双击收缩图片"
                    alt="正在加载图片，请稍等..." usemap="#mymap" style="border:0">
</div>
```

说明

为<div>元素设置 ondblclick 属性，表示当双击该<div>层时将执行脚本方法 size()。

脚本方法 size()用来实现缩放图片的功能，该方法的完整代码如下：

代码位置：光盘\vote\WebContent\js\vote.js

```
var mark1="off";
var mark2="off";
function size(){
    //获取父页面（toresult.jsp）中 id 属性值为 resultpic 的元素（这里为 iframe 框架）
    var tag1=parent.document.getElementById("resultpic");
    if(mark1=="off"){
        mark1="on";
        //将 tag1 元素的高度设置为 showresult.jsp 页面的高度，实现放大效果
        tag1.height=document.body.scrollHeight;
    }else{
        mark1="off";
        //将 tag1 元素的高度设置为指定值，实现缩小效果
        tag1.height=350;
    }
    //获取父页面的父页面（main.jsp）中 id 属性值为 resultpage 的元素（这里为 iframe 框架）
    var tag2=parent.parent.document.getElementById("resultpage");
    if(mark2=="off"){
        mark2="on";
        //将 tag2 元素的高度设置为 showresult.jsp 的父页面 toresult.jsp 的高度，实现放大效果
        tag2.height=parent.document.body.scrollHeight;
    }else{
        mark2="off";
        //将 tag2 元素的高度设置为指定值，实现缩小效果
        tag2.height=450;
    }
}
```

说明　代码中定义了 mark1 和 mark2 两个开关变量，用来标记当前是缩小图片显示区域，还是放大图片显示区域的操作。

23.3.2　判断 IP 所属地区技术

通过 IP 地址，可以判断出其所属的地区，例如 IP 地址 221.8.65.74 属于吉林省，这是因为为每个地区分配了一个或几个 IP 段，例如吉林省的 IP 段之一为 3708289023～3708420094。一个 IP 地址由 4 个段位组成，而上面给出的 IP 段是一个整数区间，下面将详细介绍将一个 IP 地址转换为其对应整数的方法。

在将 IP 地址转换为其对应的整数时，需要将 IP 地址的每个段位转换成二进制数，不足 8 位的在左边用 0 补齐，然后依次将这 4 个二进制数首尾连接，将得到一个完整的二进制流，将该二进制流转换为对应的十进制数，就是该 IP 地址所对应的整数。

下面以将 IP 地址 221.8.65.74 转换为其对应的整数为例，详细讲解具体的转换方法。首先将每个段位转换成二进制数，如表 23.4 所示。

表 23.4　各段位值对应的二进制数

段　位　值	对应二进制数	段　位　值	对应二进制数
221	11011101	65	01000001
8	00001000	74	01001010

然后依次将这 4 个二进制数首尾连接，得到二进制流 11011101000010000100000101001010，在这里需要严格遵循以下原则：

- ☑ 对于不足 8 位的二进制数要在左边用 0 补齐。
- ☑ 连接顺序为从左向右。

最后将二进制流 11011101000010000100000101001010 转换为对应的十进制数，转换后得到的十进制数为 3708305738，会发现它正好在 3708289023～3708420094 之间。方法 getIpNum(String ip)负责将 IP 地址转换为对应整数，该方法的完整代码如下：

代码位置：光盘\vote\src\com\toolsbean\StringHandler.java

```
public static long getIpNum(String ip) {
    long ipNum = 0;
    if (ip != null && !ip.equals("")) {
        String[] subips = ip.split("\\.");          //以符号"."分割IP，获取各段位值
        for (int i = 0; i < subips.length; i++) {    //遍历个段位值
            ipNum = ipNum << 8;                       //向左移8位
            ipNum += Integer.parseInt(subips[i]);     //累加段位值
        }
    }
    return ipNum;
}
```

23.4 公共模块设计

在程序开发过程中，经常会用到一些公共模块，如数据为连接及操作的类、字符串处理的类及 Struts 配置等。因此，在开发系统前首先需要设置这些公共模块。下面将具体介绍许愿模块中所使用的公共模块的设计过程。

23.4.1 数据库操作类的设计与实现

数据库操作类包括建立数据库连接和与数据库进行通信，与数据库的通信通常情况下为执行增、删、改和查的操作，即添加、删除、修改和查询记录。

DB 类用来实现对数据库的操作，即负责与数据库进行直接通信，在该类中定义了如下几个属性。

代码位置：光盘\vote\src\com\toolsbean\DB.java

```
private Connection con;                              //数据库连接
private PreparedStatement pstm;                      //用来执行动态 SQL 语句的状态对象
private String user = "sa";                          //用户名
private String password = "";                        //密码
private String className="com.microsoft.sqlserver.jdbc.SQLServerDriver";
private String url="jdbc:sqlserver://localhost:1433;DatabaseName=db_vote";
```

在构造方法中将加载数据库的驱动，该类的构造方法的完整代码如下：

代码位置：光盘\vote\src\com\toolsbean\DB.java

```
**
 *@功能：构造方法，在该方法中加载数据库驱动
 */
public DB() {
    try {
```

```
        Class.forName(className);                          //加载数据库驱动
    } catch (ClassNotFoundException e) {
        System.out.println("加载数据库驱动失败！");
        e.printStackTrace();
    }
}
```

getCon()方法负责建立与数据库的连接，在创建之前判断是否存在可用的数据库连接，该方法的完整代码如下：

代码位置：光盘\vote\src\com\toolsbean\DB.java

```
/**
 *@功能：创建数据库连接
 *@返回值：数据库连接对象
 */
public Connection getCon() {
    if (con == null) {
        try {
            con = DriverManager.getConnection(url, user, password); //创建数据库连接
        } catch (SQLException e) {
            System.out.println("创建数据库连接失败！");
            con = null;
            e.printStackTrace();
        }
    }
    return con;
}
```

doPstm(String sql, Object[] params)方法负责执行动态的 SQL 语句，实现对记录的增、删、改和查的操作，在执行动态 SQL 语句之前，需要先为动态 SQL 语句中的参数赋值，该方法的完整代码如下：

代码位置：光盘\vote\src\com\toolsbean\DB.java

```
/**
 *@功能：为动态 SQL 语句中的参数赋值，并执行该动态的 SQL 语句
 */
public void doPstm(String sql, Object[] params) {
    if (sql != null && !sql.equals("")) {
        if (params == null)
            params = new Object[0];
        getCon();
        if (con != null) {
            try {
                System.out.println(sql);
                //创建 PreparedStatement 类的对象
                pstm = con.prepareStatement(sql,
                        ResultSet.TYPE_SCROLL_INSENSITIVE,
                        ResultSet.CONCUR_READ_ONLY);
                for (int i = 0; i < params.length; i++) {
                    pstm.setObject(i + 1, params[i]);          //为动态 SQL 语句中的参数赋值
                }
                pstm.execute();                                //执行动态 SQL 语句
            } catch (SQLException e) {
                System.out.println("doPstm()方法出错！");
                e.printStackTrace();
            }
```

```
        }
    }
}
```

动态 SQL 语句中参数的索引值是从 1 开始的，而不是从 0 开始。

getRs()方法用来获取调用 doPstm()方法执行查询操作后返回的 ResultSet 结果集，该方法的完整代码如下：

代码位置：光盘\vote\src\com\toolsbean\DB.java

```java
/**
 * @功能：获取调用 doPstm()方法执行查询操作后返回的 ResultSet 结果集
 * @返回值：ResultSet
 * @throws SQLException
 */
public ResultSet getRs() throws SQLException {
    return pstm.getResultSet();              //获得并返回查询结果集
}
```

getCount()方法用来获取调用 doPstm()方法执行更新操作后返回影响的记录数，该方法的完整代码如下：

代码位置：光盘\vote\src\com\toolsbean\DB.java

```java
/**
 * @功能：获取调用 doPstm()方法执行更新操作后返回影响的记录数
 * @返回值：int
 * @throws SQLException
 */
public int getCount() throws SQLException {
    return pstm.getUpdateCount();            //获得并返回影响记录的条数
}
```

方法 closed()用来关闭数据库连接，即释放 PrepareStatement 与 Connection 对象，该方法的完整代码如下：

代码位置：光盘\vote\src\com\toolsbean\DB.java

```java
/**
 * @功能：释放 PrepareStatement 与 Connection 对象
 */
public void closed() {
    try {
        if (pstm != null) {
            pstm.close();
        }
    } catch (SQLException e) {
        System.out.println("关闭 pstm 对象失败！");
        e.printStackTrace();
    }
    try {
        if (con != null) {
            con.close();
        }
    } catch (SQLException e) {
        System.out.println("关闭 con 对象失败！");
        e.printStackTrace();
    }
}
```

23.4.2 投票过滤器类的设计与实现

并不是用户的每次投票都能成功，如连续投票，因为这样的投票通常情况下为恶意投票，将导致投票结果不真实。

VoteLimitFilter 类负责过滤投票者的信息，决定该次投票是否成功，该类中的 doFilter()方法负责具体的过滤操作，该方法的完整代码如下：

代码位置：光盘\vote\src\com\filter\VoteLimitFilter.java

```java
public void doFilter(ServletRequest srequest, ServletResponse sresponse,
        FilterChain chain) throws IOException, ServletException {
    HttpServletRequest request = (HttpServletRequest) srequest;
    HttpServletResponse response = (HttpServletResponse) sresponse;
    HttpSession session = request.getSession();
    //查询服务器端该 IP 上次投票的时间
    String ip = request.getRemoteAddr();                        //获取客户端 IP
    long ipnum = StringHandler.getIpNum(ip);
    int optionid = Integer.parseInt(request.getParameter("movie"));     //获取选择的选项 ID
    try {
        VoterDao voterDao = new VoterDao();
        Date now = new Date();                              //获取当前时间
        Date last = voterDao.getLastVoteTime(ipnum);            //获取该 IP 的上次投票时间
        if (last == null) {                         //数据库中没有记录该 IP，则该 IP 地址没有投过票
            addCookie(request, response);           //在客户端的 cookie 中记录该用户已经投过票
            Object[] params = { ipnum, optionid,
                    StringHandler.timeTostr(now) };
            voterDao.saveVoteTime(params);          //在数据库中记录该 IP 选择的选项 ID 和投票时间
            chain.doFilter(request, response);
        } else {            //该 IP 地址投过票，则接着判断客户端 cookie 中是否记录了用户的投票情况（用来解
            //决局域网中某个 IP 投票后，其他 IP 不能再进行投票的问题）
            boolean voteincookie = seeCookie(request);     //判断当前使用该 IP 的用户的客户端的 cookie 中
            //是否记录了投票标记
            if (voteincookie) {                         //如果记录了该用户已经投过票
                request.setAttribute("message", "● 您已经投过票了，1 小时内不允许重复投票！ ");
                RequestDispatcher rd = request.getRequestDispatcher("fail.jsp");
                rd.forward(request, response);
            } else {                    //没有记录该用户是否投过票，则接着判断当前 session 中是否记
                //录了用户投票的情况（用来解决用户投票后，删除本地 cookie 实现重复投票）
                String ido = (String) session.getAttribute("ido");
                if ("yes".equals(ido)) {                //当前用户已投过票
                    request.setAttribute("message",
                            "● 您已经投过票了，1 小时内不允许重复投票！ ");
                    RequestDispatcher rd = request.getRequestDispatcher("fail.jsp");
                    rd.forward(request, response);
                } else {
                    addCookie(request, response);       //在客户端的 cookie 中记录该用户已经投过票
                    Object[] params = { ipnum, optionid, StringHandler.timeTostr(now) };
                    voterDao.saveVoteTime(params);      //记录使用该 IP 的用户的投票时间
                    chain.doFilter(request, response);
                }
```

```
        }
      }
    } catch (SQLException e) {
        e.printStackTrace();
    }
}
```

在 doFilter()方法中调用了 seeCookie()方法，该方法用来判断当前使用该 IP 的用户的客户端的 cookie 中是否记录了投票标记。该方法的完整代码如下：

代码位置：光盘\vote\src\com\filter\VoteLimitFilter.java

```
private boolean seeCookie(HttpServletRequest request) {
    boolean hasvote = false;                                      //默认为未投过票
    String webName = request.getContextPath();                    //获得路径
    webName = webName.substring(1);
    String cookiename = webName + ".voter";
    Cookie[] cookies = request.getCookies();                      //获得 Cookie 信息
    if (cookies != null && cookies.length != 0) {
        for (int i = 0; i < cookies.length; i++) {
            Cookie single = cookies[i];
            if (single.getName().equals(cookiename) && single.getValue().equals("I Have Vote")) {
                hasvote = true;                                   //已经投过票
                break;
            }
        }
    }
    return hasvote;
}
```

说明 如果通过 IP 地址判断已经投过票，则进一步通过 Cookie 信息判断是否投过票，这样会避免一个局域网只允许投一次票，因为在一个局域网中会有多台机器，每台机器投一次票并不是重复投票。

23.5 实现投票功能

所有参与投票的选项将组成一个单选按钮组，即每次只能为一个选项投票，选中相应的单选按钮后单击"投票"按钮，完成投票操作，如图 23.4 所示为投票区的效果。

图 23.4 投票区效果图

图 23.4 所示的投票区由如下代码实现，所有参与投票的选项的信息保存在数据库中，这里通过循环将所有参与投票的选项显示到页面中。

代码位置：光盘\vote\WebContent\main.jsp

```
<form action="vote" name="voteform" method="post" target="resultpage">
<table border="0" width="100%">
    <tr height="95" align="center"><td colspan="2"><img src="images/lefttopbg.jpg"></td></tr>
    <c:set var="options" value="${requestScope.optionlist}"/>
    <c:if test="${empty options}">
    <tr><td colspan="2">没有投票选项</td></tr>
    </c:if>
    <c:if test="${!empty options}">
    <c:forEach var="option" varStatus="ovs" items="${options}">
    <tr>
        <td style="padding-left:20"><img src="images/title.jpg"> ${option.optionName}</td>
        <td align="center"><input type="radio" name="movie" value="${option.id}"
            onclick="message.innerHTML=""></td>
    </tr>
    <tr><td colspan="2"><img src="images/line.jpg"></td></tr>
    </c:forEach>
    </c:if>
    <tr height="40">
        <td><b><span id="message" style="color:red"></span></b></td>
        <td><input type="button" value="" name="voteb"
            style="background-image:url(images/submit.jpg);border:0;width:76;height:23"
            onclick="checkvote()"></td>
    </tr>
</table>
</form>
```

单击"投票"按钮将执行 VoteServlet 类中的 doPost()方法，在该方法中将调用 vote()方法提交投票。doPost()方法的完整代码如下：

代码位置：光盘\vote\src\com\servlet\VoteServlet.java

```
protected void doPost(HttpServletRequest request,
        HttpServletResponse response) throws ServletException, IOException {
    width = 0;
    height = 0;
    String servletPath = request.getServletPath();
    if ("/vote".equals(servletPath))            //由提交投票触发
        vote(request, response);
    else if ("/showresult".equals(servletPath)) //由查看结果触发
        showresult(request, response);
}
```

23.6　实现柱形图统计功能

当利用柱形图按投票项进行统计时，采用的是垂直绘制的柱形图，具体效果如图 23.5 所示；当利用柱形图按投票地区进行统计时，采用的是水平绘制的柱形图，具体效果如图 23.6 所示。

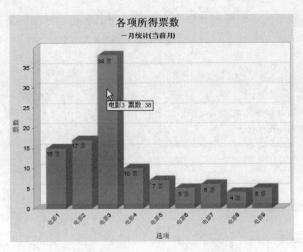

图 23.5　垂直绘制的柱形图

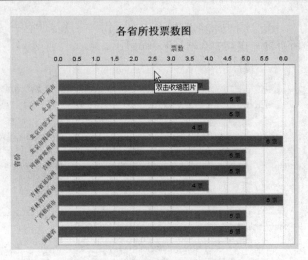

图 23.6　水平绘制的柱形图

VoteServlet 类中的 getChartForBar(String action, String method)方法负责创建柱形统计图对象，其完整代码如下：

代码位置：光盘\vote\src\com\servlet\VoteServlet.java

```
/**
 *@功能：生成代表柱形图的 JFreeChart 对象
 *@返回值：JFreeChart 对象
 */
private JFreeChart getChartForBar(String action, String method) {
    CategoryDataset dataset = null;
    JFreeChart chart = null;
    String title1 = "";
    String title2 = "";
    String subtitle = "";
    if ("day".equals(method))
        subtitle = "一日统计(今日)";
    else if ("month".equals(method))
        subtitle = "一月统计(当前月)";
    if ("area".equals(action)) {                           //处理查看"各省的投票数"的请求
        dataset = getDataSetForBarAndArea(method);          //获取数据集
        title1 = "各省所投票数图";
        title2 = "省份";
        width = 500;
        height = 100 + 25 * dataset.getColumnCount();
        if (dataset != null && dataset.getColumnCount() > 0) {
            chart = ChartFactory.createBarChart(title1, title2, "票数", dataset,
                            PlotOrientation.HORIZONTAL, false, true, false);
            chart.addSubtitle(new TextTitle(subtitle));     //添加副标题
        }
    } else {                                               //处理查看"各选项得票数"的请求
        dataset = getDataSetForBarAndOption(method);        //获取数据集
        title1 = "各项所得票数";
        title2 = "选项";
        width = 80 + 50 * dataset.getColumnCount();
        height = 400;
        if (dataset != null && dataset.getColumnCount() > 0) {
```

```
                    chart = ChartFactory.createBarChart3D(title1, title2, "票数",
                                    dataset, PlotOrientation.VERTICAL, false, true, false);
                    chart.addSubtitle(new TextTitle(subtitle));         //添加副标题
            }
        }
        setCN();                                                        //设置字体解决中文乱码
        return chart;
    }
```

说明 水平绘制的柱形图和垂直绘制的柱形图并无实质性的区别，只是两种不同的表现形式，就类似于平面图和立体图一样。

在 getChartForBar()方法中调用了 getDataSetForBarAndArea(String method)和 getDataSetForBarAndOption(String method)方法。getDataSetForBarAndArea()方法用来创建按投票地区统计的柱形图的绘图数据集对象，该方法的完整代码如下：

代码位置：光盘\vote\src\com\servlet\VoteServlet.java

```
/**
 * @功能：创建用于绘制柱形图的绘图数据集对象（按投票地区统计）
 * @返回值：CategoryDataset 对象
 */
private CategoryDataset getDataSetForBarAndArea(String method) {
    DefaultCategoryDataset dataset = null;
    AreaDao areaDao = new AreaDao();
    List areas = null;
    if ("all".equals(method))                           //按地区统计总投票数
        areas = areaDao.getAreas();
    else if ("day".equals(method))                      //按地区统计当日的投票数
        areas = areaDao.getAreasForDay();
    else if ("month".equals(method))                    //按地区统计当月的投票数
        areas = areaDao.getAreasForMonth();
    areaDao.closed();
    if (areas != null && areas.size() > 0) {
        dataset = new DefaultCategoryDataset();         //创建柱形图的绘图数据集对象
        for (int i = 0; i < areas.size(); i++) {
            AreaBean single = (AreaBean) areas.get(i);
            if (single.getAreaBallot() > 0)
                dataset.addValue(single.getAreaBallot(), "", single.getAreaName()); //添加绘图数据
        }
    }
    return dataset;
}
```

getDataSetForBarAndOption()方法用来创建按投票项统计的柱形图的绘图数据集对象，该方法的完整代码如下：

代码位置：光盘\vote\src\com\servlet\VoteServlet.java

```
/**
 * @功能：创建用于绘制柱形图的绘图数据集对象（按投票项统计）
 * @返回值：CategoryDataset 对象
 */
```

```
private CategoryDataset getDataSetForBarAndOption(String method) {
    OptionDao optionDao = new OptionDao();
    List options = null;
    if ("all".equals(method))                                        //按投票项统计总得票数
        options = optionDao.getOptions();
    else if ("day".equals(method))                                   //按投票项统计当日的得票数
        options = optionDao.getOptionsForDay();
    else if ("month".equals(method))                                 //按投票项统计当月的得票数
        options = optionDao.getOptionsForMonth();
    optionDao.closed();
    DefaultCategoryDataset dataset = new DefaultCategoryDataset();
    for (int i = 0; i < options.size(); i++) {
        OptionBean single = (OptionBean) options.get(i);
        dataset.addValue(single.getOptionBallot(), "", single .getOptionName());   //添加绘图数据
    }
    return dataset;
}
```

23.7 实现饼形图统计功能

饼形图用来以百分比的形式展示一组相关数据之间的比例关系，此时这些数据将被看作一个整体。
图 23.7 展示了各项的得票数占总得票数的百分比。

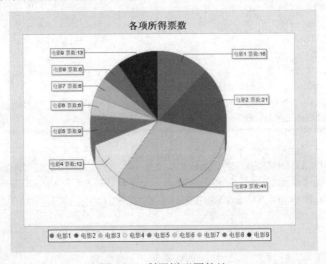

图 23.7 利用饼形图统计

VoteServlet 类中的 getChartForPie(String action, String method)方法负责创建饼形统计图对象，该方法的
完整代码如下：

代码位置：光盘\vote\src\com\servlet\VoteServlet.java

```
/**
 * @功能：生成代表饼形图的 JFreeChart 对象
 * @返回值：JFreeChart 对象
 */
private JFreeChart getChartForPie(String action, String method) {
```

```
            DefaultPieDataset dataset = null;
            JFreeChart chart = null;
            String title = "";
            String subtitle = "";
            width = 550;
            height = 430;
            //定义统计图的副标题
            if ("day".equals(method))
                subtitle = "一日统计(今日)";
            else if ("month".equals(method))
                subtitle = "一月统计(当前月)";
            if ("area".equals(action)) {                       //处理查看"各省的投票数"的请求
                dataset = getDataSetForPieAndArea(method);     //获取数据集
                title = "各省所投票数图";
            } else {                                           //处理查看"各选项得票数"的请求
                dataset = getDataSetForPieAndOption(method);   //获取数据集
                title = "各项所得票数";
            }
            if (dataset != null && dataset.getItemCount() > 0) {
                chart = ChartFactory.createPieChart3D(title, dataset, true, true, false);
                chart.addSubtitle(new TextTitle(subtitle));    //为统计图添加副标题
            }
            setCN();                                           //设置字体解决中文乱码
            return chart;
        }
```

在 getChartForBar()方法中调用了 getDataSetForPieAndArea(String method)和 getDataSetForPieAndOption (String method)方法。getDataSetForPieAndArea()方法用来创建按投票地区统计的饼形图的绘图数据集对象，该方法的完整代码如下：

代码位置：光盘\vote\src\com\servlet\VoteServlet.java

```
/**
 * @功能：创建用于绘制饼形图的绘图数据集对象（按投票地区统计）
 * @返回值：DefaultPieDataset 对象
 */
private DefaultPieDataset getDataSetForPieAndArea(String method) {
    DefaultPieDataset dataset = null;
    AreaDao areaDao = new AreaDao();
    List areas = null;
    if ("all".equals(method))                               //按地区统计总投票数
        areas = areaDao.getAreas();
    else if ("day".equals(method))                          //按地区统计当日的投票数
        areas = areaDao.getAreasForDay();
    else if ("month".equals(method))                        //按地区统计当月的投票数
        areas = areaDao.getAreasForMonth();
    areaDao.closed();
    if (areas != null && areas.size() > 0) {
        dataset = new DefaultPieDataset();                  //创建饼形图的绘图数据集对象
        for (int i = 0; i < areas.size(); i++) {
            AreaBean single = (AreaBean) areas.get(i);
            if (single.getAreaBallot() > 0)
                dataset.setValue(single.getAreaName(), single.getAreaBallot());    //添加绘图数据
        }
    }
```

```
        return dataset;
}
```

> **注意** 在封装用来绘制饼形图的绘图数据时，并不需要计算出百分比，直接传入绘图数据即可，饼形图的绘图数据集会自动计算出该数据占传入数据总和的百分比。

getDataSetForPieAndOption()方法用来创建按投票项统计的饼形图的绘图数据集对象，该方法的完整代码如下：

代码位置：光盘\vote\src\com\servlet\VoteServlet.java

```java
/**
 * @功能：创建用于绘制饼形图的绘图数据集对象（按投票项统计）
 * @返回值：DefaultPieDataset 对象
 */
private getDataSetForPieAndOption(String method) {
    DefaultPieDataset dataset = null;
    OptionDao optionDao = new OptionDao();
    List options = null;
    if ("all".equals(method))                          //按投票项统计总得票数
        options = optionDao.getOptions();
    else if ("day".equals(method))                     //按投票项统计当日的得票数
        options = optionDao.getOptionsForDay();
    else if ("month".equals(method))                   //按投票项统计当月的得票数
        options = optionDao.getOptionsForMonth();
    optionDao.closed();
    if (options != null && options.size() != 0) {
        dataset = new DefaultPieDataset();             //创建饼形图的绘图数据集对象
        for (int i = 0; i < options.size(); i++) {
            OptionBean single = (OptionBean) options.get(i);
            if (single.getOptionBallot() > 0)
                dataset.setValue(single.getOptionName(), single.getOptionBallot()); //添加绘图数据
        }
    }
    return dataset;
}
```

23.8 运 行 项 目

项目开发完成后，就可以在 Eclipse 中运行该项目了，具体步骤参见 5.6 节。

23.9 本 章 小 结

本章通过一个典型的在线投票统计模块，向读者介绍了应用 jFreeChart 实现各种动态图表的具体应用，以及根据 IP 地址判断所属地区的实际应用。通过本章的学习，读者应该掌握在线投票的基本技术，以及通过动态图表来显示投票结果等技术。

第**5**篇

项目实战

第24章

基于 SSH2 的电子商城网站

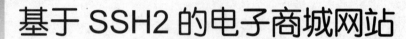

（ 📹 视频讲解：48 分钟）

📹 视频讲解：光盘\TM\Video\24\基于 SSH2 的电子商城网站.exe

　　喜欢网上购物的读者一定登录过淘宝网，也一定被网页上展示的琳琅满目的商品所吸引，忍不住拍一个自己喜爱的商品，如今有越来越多的人加入到网购的行列，做网上店铺的老板，做新时代的购物潮人，你是否也想过开发一个自己的网上商城？本章将带领读者一起进入网络商城开发的旅程。

　　通过阅读本章，您可以：

▶▶　理解软件的逻辑分层结构

▶▶　了解实际项目的设计方法

▶▶　掌握如何搭建 SSH2 的项目环境

▶▶　掌握如何进行数据分页

▶▶　掌握如何实现购物车

▶▶　掌握如何实现订单功能

24.1　需 求 分 析

近年来，随着 Internet 的迅速崛起，互联网用户的爆炸式增长以及互联网对传统行业的冲击让其成为人们快速获取、发布和传递信息的重要渠道。于是电子商务逐渐流行起来，越来越多的商家在网上建起网上商城，向消费者展示出一种全新的购物理念，同时也有越来越多的网友加入到网上购物的行列。

笔者充分利用 Internet 这个平台，实现一种全新的购物方式——网上购物，其目的是方便广大网友购物，让网友足不出户就可以逛商城买商品，为此构建 GO 购网络商城。

24.2　系 统 设 计

24.2.1　系统目标

GO 购网络商城系统是基于 B/S 模式的电子商务网站，用于满足不同人群的购物需求，笔者通过对现有商务网站的考察和研究，从经营者和消费者的角度出发，以高效管理、满足消费者需求为原则，要求本系统满足以下要求：

- ☑ 统一友好的操作界面，具有良好的用户体验。
- ☑ 商品分类详尽，可按不同类别查看商品信息。
- ☑ 推荐产品、人气商品以及热销产品的展示。
- ☑ 会员信息的注册及验证。
- ☑ 用户可通过关键字搜索指定的产品信息。
- ☑ 用户可通过购物车一次购买多件商品。
- ☑ 实现收银台的功能，用户选择商品后可以在线提交订单。
- ☑ 提供简单的安全模型，用户必须先登录，才允许购买商品。
- ☑ 用户可查看自己的订单信息。
- ☑ 设计网站后台，管理网站的各项基本数据。
- ☑ 系统运行安全稳定、响应及时。

24.2.2　系统功能结构

GO 购网络商城系统分为前台和后台两个部分，前台的功能结构如图 24.1 所示。后台的功能结构如图 24.2 所示。

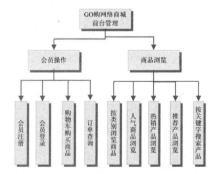

图 24.1　GO 购网络商城前台的功能结构

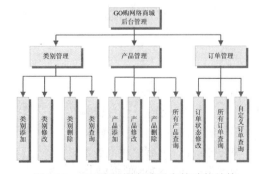

图 24.2　GO 购网络商城后台的功能结构

24.2.3　系统流程图

GO 购网络商城的系统流程图如图 24.3 所示。

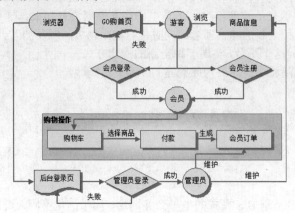

图 24.3　GO 购网络商城的系统流程图

24.3　项目开发及运行环境

24.3.1　服务器最低配置

- ☑　CPU：P4 3.2GHz。
- ☑　内存：1GB 以上。
- ☑　硬盘空间：40GB。
- ☑　操作系统：Windows 7、Windows XP 或者 Windows 2003。
- ☑　网络支持：因特网或校园网。
- ☑　数据库：MySQL 5.1。
- ☑　Java 开发包：JDK 1.7 以上。
- ☑　Web 服务器：Tomcat 7.0。
- ☑　开发工具：Eclipse IDE for Java EE。

24.3.2　客户端最低配置

本系统的软件开发环境如下。
- ☑　CPU：赛扬 1.8 以上。
- ☑　内存：512MB 以上。
- ☑　网络：接入 Internet 或校园网。
- ☑　显示器：17in 以上显示器。
- ☑　浏览器：IE 8.0 或者更高版本。
- ☑　分辨率：1024×768 像素以上。

24.4　系统文件夹组织结构

为了使项目的程序更加容易管理和维护，在正式编写之前需要定制好项目的系统文件夹的组织结构，将项目中功能类似或者同一个模块的文件放在同一个包中，包名将以模块名称命名。Java 类的组织结构如图 24.4 所示。

在应用中为了提高系统的安全性，避免用户直接输入地址就可以访问 JSP 页面资源，可以利用项目中的 WEB-INF 文件夹对页面进行保护，众所周知 WEB-INF 文件夹中的文件是不能直接访问的，所以在开发的时候直接将 GO 购网络商城的 JSP 页面放入该文件夹中，这样用户只能通过 Action 才能访问指定的 JSP 页面。视图层 JSP 文件的文件夹组织结构如图 24.5 所示。

图 24.4　GO 购网络商城 Java 类的文件夹组织结构

图 24.5　GO 购网络商城 JSP 文件夹组织结构

> **说明**　WEB-INF 文件夹并不影响页面的转发机制，因为转发是一个内部操作，可以通过 Servlet 或 Action（Action 的本质也是 Servlet）对其进行访问。

24.5　数据库与数据表设计

开发应用程序时，对数据库的操作是必不可少的，数据库设计是根据程序的需求及其实现功能所制定的，数据库设计的合理性将直接影响到程序的开发过程。本系统采用 MySQL 数据库，通过 Hibernate 实现系统的持久化操作。

24.5.1　E-R 图设计

为核心实体对象设计的 E-R 图如下：

（1）tb_customer（会员信息表）的 E-R 图如图 24.6 所示。

（2）tb_order（订单信息表）的 E-R 图如图 24.7 所示。

（3）tb_orderitem（订单条目信息表）的 E-R 图如图 24.8 所示。

（4）tb_productinfo（商品信息表）的 E-R 图如图 24.9 所示。

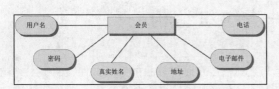

图 24.6　tb_customer 表的 E-R 图

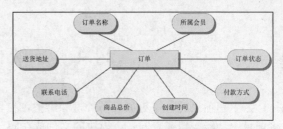

图 24.7　tb_order 表的 E-R 图

图 24.8　tb_orderitem 表的 E-R 图

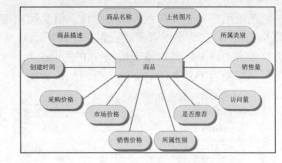

图 24.9　tb_productinfo 表的 E-R 图

（5）tb_productcategory（商品类别信息表）的 E-R 图如图 24.10 所示。

24.5.2　创建数据库及数据表

创建的数据库名为 db_shop，其中包含 tb_customer、tb_order、tb_orderitem、tb_productinfo、tb_productcategory、tb_user 和 tb_uploadfile 共 7 张数据表。下面对重要的数据表分别进行介绍。

图 24.10　tb_productcategory 表的 E-R 图

☑　tb_customer：该表用于保存会员的注册信息，其结构如表 24.1 所示。

表 24.1　tb_customer 表的结构

字　段　名	数据类型	是否为空	是否主键	默认值	说　明
id	INT(10)	否	是	NULL	系统自动编号
username	VARCHAR(50)	否	否	NULL	会员名称
password	VARCHAR(50)	否	否	NULL	登录密码
realname	VARCHAR(20)	是	否	NULL	真实姓名
address	VARCHAR(200)	是	否	NULL	地址
email	VARCHAR(50)	是	否	NULL	电子邮件
mobile	VARCHAR(11)	是	否	NULL	电话号码

☑　tb_order：该表用于保存会员的订单信息，其结构如表 24.2 所示。

表 24.2　tb_order 表的结构

字　段　名	数据类型	是否为空	是否主键	默认值	说　明
id	INT(10)	否	是	NULL	系统自动编号
Name	VARCHAR(50)	否	否	NULL	订单名称
Address	VARCHAR(200)	否	否	NULL	送货地址

字　段　名	数 据 类 型	是 否 为 空	是 否 主 键	默　认　值	说　　明
mobile	VARCHAR(11)	否	否	NULL	电话
totalPrice	FLOAT	是	否	NULL	采购价格
createTime	DATETIME	是	否	NULL	创建时间
paymentWay	VARCHAR(15)	是	否	NULL	支付方式
orderState	VARCHAR(10)	是	否	NULL	订单状态
customerId	INT(11)	是	否	NULL	会员 ID

☑　tb_orderitem：该表用于保存会员订单的条目信息，其结构如表 24.3 所示。

表 24.3　tb_orderitem 表的结构

字　段　名	数 据 类 型	是 否 为 空	是 否 主 键	默　认　值	说　　明
id	INT(10)	否	是	NULL	系统自动编号
productId	INT(11)	否	否	NULL	商品 ID
productName	VARCHAR(200)	否	否	NULL	商品名称
productPrice	FLOAT	否	否	NULL	商品价格
amount	INT(11)	是	否	NULL	商品数量
orderId	VARCHAR(30)	是	否	NULL	订单 ID

☑　tb_productinfo：该表用于保存商品信息，其结构如表 24.4 所示。

表 24.4　tb_productinfo 表的结构

字　段　名	数 据 类 型	是 否 为 空	是 否 主 键	默　认　值	说　　明
id	INT(10)	否	是	NULL	系统自动编号
name	VARCHAR(100)	否	否	NULL	商品名称
description	TEXT	是	否	NULL	商品描述
createTime	DATETIME	是	否	NULL	创建时间
baseprice	FLOAT	是	否	NULL	采购价格
marketprice	FLOAT	是	否	NULL	市场价格
sellprice	FLOAT	是	否	NULL	销售价格
sexrequest	VARCHAR(5)	是	否	NULL	所属性别
commend	BIT(1)	是	否	NULL	是否推荐
clickcount	INT(11)	是	否	NULL	浏览量
sellCount	INT(11)	是	否	NULL	销售量
categoryId	INT(11)	是	否	NULL	商品类别 ID
uploadFile	INT(11)	是	否	NULL	上传文件 ID

☑　tb_user：该表用于保存网站后台管理员信息，其结构如表 24.5 所示。

表 24.5　tb_user 表的结构

字　段　名	数 据 类 型	是 否 为 空	是 否 主 键	默　认　值	说　　明
id	INT(10)	否	是	NULL	系统自动编号
username	VARCHAR(50)	否	否	NULL	用户名
password	VARCHAR(50)	否	否	NULL	登录密码

24.6 搭建项目环境

项目开发的第一步是搭建项目环境及项目集成框架等，在此之前需要将 Spring、Struts 2、Hibernate 及系统应用的其他 Jar 包导入到项目的 lib 文件下。

24.6.1 配置 Struts 2

在项目的 ClassPath 下创建 struts.xml 文件，其配置代码如下：

代码位置：光盘\MR\Instance\Shop\src\struts.xml

```xml
<?xml version="1.0" encoding="UTF-8"?>
<!DOCTYPE struts PUBLIC
    "-//Apache Software Foundation//DTD Struts Configuration 2.3//EN"
    "http://struts.apache.org/dtds/struts-2.3.dtd">
<struts>
    <!-- 前后台公共视图的映射 -->
    <include file="com/lyq/action/struts-default.xml" />
    <!-- 后台管理的 Struts 2 配置文件 -->
    <include file="com/lyq/action/struts-admin.xml" />
    <!-- 前台管理的 Struts 2 配置文件 -->
    <include file="com/lyq/action/struts-front.xml" />
</struts>
```

将 Struts 2 配置文件分为 3 个部分，struts-default.xml 文件为前后台公共的视图映射配置文件，关键代码如下：

代码位置：光盘\MR\Instance\Shop\src\com\lyq\action\struts-default.xml

```xml
<?xml version="1.0" encoding="UTF-8" ?>
<!DOCTYPE struts PUBLIC
    "-//Apache Software Foundation//DTD Struts Configuration 2.3//EN"
    "http://struts.apache.org/dtds/struts-2.3.dtd">
<struts>
    <!-- OGNL 可以使用静态方法 -->
    <constant name="struts.ognl.allowStaticMethodAccess" value="true"/>
    <package name="shop-default" abstract="true" extends="struts-default">
        <global-results>
                        ……<!--省略的配置信息 -->
        </global-results>
        <global-exception-mappings>
            <exception-mapping result="error" exception="com.lyq.util.AppException"></exception-mapping>
        </global-exception-mappings>
    </package>
</struts>
```

后台管理的 Struts 2 配置文件 struts-admin.xml 主要负责后台用户请求的 Action 和视图映射，关键代码如下：

代码位置：光盘\MR\Instance\Shop\src\com\lyq\action\struts-admin.xml

```xml
<?xml version="1.0" encoding="UTF-8"?>
<!DOCTYPE struts PUBLIC
```

```
    "-//Apache Software Foundation//DTD Struts Configuration 2.3//EN"
    "http://struts.apache.org/dtds/struts-2.3.dtd">
<struts>
    <!-- 后台管理 -->
    <package name="shop.admin" namespace="/admin" extends="shop-default">
        <!-- 配置拦截器 -->
        <interceptors>
            <!-- 验证用户登录的拦截器 -->
            <interceptor name="loginInterceptor"
                class="com.lyq.action.interceptor.UserLoginInterceptor"/>
            <interceptor-stack name="adminDefaultStack">
                <interceptor-ref name="loginInterceptor"/>
            <interceptor-ref name="defaultStack"/>
            </interceptor-stack>
        </interceptors>
        <action name="admin_*" class="indexAction" method="{1}">
            <result name="top">/WEB-INF/pages/admin/top.jsp</result>
                …<!--省略的 Action 配置 -->
                <interceptor-ref name="adminDefaultStack"/>
        </action>
    </package>
    <package name="shop.admin.user" namespace="/admin/user" extends="shop- default">
        <action name="user_*" method="{1}" class="userAction"></action>
    </package>
    <!-- 栏目管理 -->
    <package name="shop.admin.category" namespace="/admin/product" extends= "shop.admin">
        <action name="category_*" method="{1}" class="productCategoryAction">
            …<!--省略的 Action 配置 -->
            <interceptor-ref name="adminDefaultStack"/>
        </action>
    </package>
    <!-- 商品管理 -->
    <package name="shop.admin.product" namespace="/admin/product" extends= "shop.admin">
        <action name="product_*" method="{1}" class="productAction">
            …<!--省略的 Action 配置 -->
            <interceptor-ref name="adminDefaultStack"/>
        </action>
    </package>
    <!-- 订单管理 -->
    <package name="shop.admin.order" namespace="/admin/product" extends= "shop.admin">
        <action name="order_*" method="{1}" class="orderAction">
            …<!--省略的 Action 配置 -->
            <interceptor-ref name="adminDefaultStack"/>
        </action>
    </package>
</struts>
```

前台管理的 Struts 2 配置文件 struts-front.xml 主要负责后台用户请求的 Action 和视图映射,关键代码如下:

代码位置:光盘\MR\Instance\Shop\src\com\lyq\action\struts-front.xml

```
<?xml version="1.0" encoding="UTF-8"?>
<!DOCTYPE struts PUBLIC
    "-//Apache Software Foundation//DTD Struts Configuration 2.3//EN"
    "http://struts.apache.org/dtds/struts-2.3.dtd">
```

```
<struts>
    <!-- 程序前台 -->
    <package name="shop.front" extends="shop-default">
        <!-- 配置拦截器 -->
        <interceptors>
            <!-- 验证用户登录的拦截器 -->
            <interceptor name="loginInterceptor"
                class="com.lyq.action.interceptor.CustomerLoginInteceptor"/>
            <interceptor-stack name="customerDefaultStack">
                <interceptor-ref name="loginInterceptor"/>
                <interceptor-ref name="defaultStack"/>
            </interceptor-stack>
        </interceptors>
        <action name="index" class="indexAction">
            <result>/WEB-INF/pages/index.jsp</result>
    </action>
</package>
<!-- 消费者 Action -->
<package name="shop.customer" extends="shop-default" namespace="/customer">
    <action name="customer_*" method="{1}" class="customerAction"></action>
</package>
<!-- 商品 Action -->
<package name="shop.product" extends="shop-default" namespace="/product">
    <action name="product_*" class="productAction" method="{1}">
        …<!--省略的 Action 配置 -->
    </action>
</package>
<!-- 购物车 Action -->
<package name="shop.cart" extends="shop.front" namespace="/product">
    <action name="cart_*" class="cartAction" method="{1}">
        …<!--省略的 Action 配置 -->
        <interceptor-ref name="customerDefaultStack"/>
    </action>
</package>
<!-- 订单 Action -->
<package name="shop.order" extends="shop.front" namespace="/product">
    <action name="order_*" class="orderAction" method="{1}">
        …<!--省略的 Action 配置 -->
        <interceptor-ref name="customerDefaultStack"/>
    </action>
</package>
</struts>
```

24.6.2 配置 Hibernate

在 Hibernate 的配置文件中配置数据库的连接信息、数据库方言及打印 SQL 语句等属性，关键代码如下：

代码位置：光盘\MR\Instance\Shop\src\hibernate.cfg.xml

```
<?xml version="1.0" encoding="UTF-8"?>
<!DOCTYPE hibernate-configuration PUBLIC
        "-//Hibernate/Hibernate Configuration DTD 3.0//EN"
        "http://www.hibernate.org/dtd/hibernate-configuration-3.0.dtd">
```

```
<hibernate-configuration>
    <session-factory>
        <!-- 数据库方言 -->
        <property name="hibernate.dialect">org.hibernate.dialect.MySQLDialect</property>
        <!-- 数据库驱动 -->
        <property name="hibernate.connection.driver_class">com.mysql.jdbc.Driver</property>
        <!-- 数据库连接信息 -->
        <property name="hibernate.connection.url">jdbc:mysql://localhost:3306/db_shop</property>
        <property name="hibernate.connection.username">root</property>
        <property name="hibernate.connection.password">111</property>
        <!-- 打印 SQL 语句 -->
        <property name="hibernate.show_sql">true</property>
        <!-- 不格式化 SQL 语句 -->
        <property name="hibernate.format_sql">false</property>
        <!-- 为 Session 指定一个自定义策略 -->
        <property name="hibernate.current_session_context_class">org.springframework.orm.hibernate4.SpringSessionContext</property>
        <!-- C3P0 JDBC 连接池 -->
        <property name="hibernate.c3p0.max_size">20</property>
        <property name="hibernate.c3p0.min_size">5</property>
        <property name="hibernate.c3p0.timeout">120</property>
        <property name="hibernate.c3p0.max_statements">100</property>
        <property name="hibernate.c3p0.idle_test_period">120</property>
        <property name="hibernate.c3p0.acquire_increment">2</property>
        <property name="hibernate.c3p0.validate">true</property>
        <!-- 映射文件 -->
        <mapping resource="com/lyq/model/user/User.hbm.xml"/>
    …<!--省略的映射文件 -->
    </session-factory>
</hibernate-configuration>
```

说明　C3P0 是一个随 Hibernate 一起开发的 JDBC 连接池，位于 Hibernate 源文件的 lib 目录下。如果在配置文件中设置了 hibernate.c3p0.* 的相关属性，Hibernate 会使用 C3P0ConnectionProvider 来缓存 JDBC 连接。

24.6.3　配置 Spring

利用 Spring 加载 Hibernate 的配置文件及 Session 管理类，在配置 Spring 时只需要配置 Spring 的核心配置文件 applicationContext-common.xml 即可，关键代码如下：

代码位置：光盘\MR\Instance\Shop\src\applicationContext-common.xml

```
<?xml version="1.0" encoding="UTF-8"?>
<beans xmlns="http://www.springframework.org/schema/beans"
    xmlns:xsi="http://www.w3.org/2001/XMLSchema-instance"
    xmlns:context="http://www.springframework.org/schema/context"
    xmlns:aop="http://www.springframework.org/schema/aop"
    xmlns:tx="http://www.springframework.org/schema/tx"
    xsi:schemaLocation="http://www.springframework.org/schema/beans
        http://www.springframework.org/schema/beans/spring-beans-3.0.xsd
```

```
                http://www.springframework.org/schema/context
                http://www.springframework.org/schema/context/spring-context-3.0.xsd
                http://www.springframework.org/schema/aop
                http://www.springframework.org/schema/aop/spring-aop-3.0.xsd
                http://www.springframework.org/schema/tx
                http://www.springframework.org/schema/tx/spring-tx-3.0.xsd">
    <context:annotation-config/>
    <context:component-scan base-package="com.lyq"/>
    <!-- 配置 sessionFactory -->
    <bean id="sessionFactory"
        class="org.springframework.orm.hibernate4.LocalSessionFactoryBean">
        <property name="configLocation">
            <value>classpath:hibernate.cfg.xml</value>
        </property>
    </bean>
    <!-- 配置事务管理器 -->
    <bean id="transactionManager"
        class="org.springframework.orm.hibernate4.HibernateTransactionManager">
        <property name="sessionFactory">
            <ref bean="sessionFactory" />
        </property>
    </bean>
    <tx:annotation-driven transaction-manager="transactionManager" />
</beans>
```

24.6.4 配置 web.xml

web.xml 的配置文件是项目的基本配置文件，通过该文件设置实例化 Spring 容器、过滤器、Struts 2，以及默认执行的操作，关键代码如下：

代码位置：光盘\MR\Instance\Shop\WebContent\WEB-INF\web.xml

```xml
<?xml version="1.0" encoding="UTF-8"?>
<web-app xmlns:xsi="http://www.w3.org/2001/XMLSchema-instance"
    xmlns="http://java.sun.com/xml/ns/javaee"
    xmlns:web="http://java.sun.com/xml/ns/javaee/web-app_2_5.xsd"
    xsi:schemaLocation="http://java.sun.com/xml/ns/javaee
http://java.sun.com/xml/ns/javaee/web-app_3_0.xsd"
    id="WebApp_ID" version="3.0">
    <display-name>Shop</display-name>
    <!-- 对 Spring 容器进行实例化  -->
    <listener>
        <listener-class>org.springframework.web.context.ContextLoaderListener</listener-class>
    </listener>
    <context-param>
        <param-name>contextConfigLocation</param-name>
        <param-value>classpath:applicationContext-*.xml</param-value>
    </context-param>
    <!-- OpenSessionInViewFilter 过滤器 -->
    <filter>
        <filter-name>openSessionInViewFilter</filter-name>
        <filter-class>org.springframework.orm.hibernate4.support.OpenSessionInViewFilter</filter-class>
    </filter>
```

```
<filter-mapping>
    <filter-name>openSessionInViewFilter</filter-name>
    <url-pattern>/*</url-pattern>
</filter-mapping>
<!--Struts 2 配置 -->
<filter>
    <filter-name>struts2</filter-name>
    <filter-class>org.apache.struts2.dispatcher.ng.filter.StrutsPrepareAndExecuteFilter</filter-class>
</filter>
<filter-mapping>
    <filter-name>struts2</filter-name>
    <url-pattern>/*</url-pattern>
</filter-mapping>
<!-- 设置程序的默认欢迎页面 -->
<welcome-file-list>
    <welcome-file>index.jsp</welcome-file>
</welcome-file-list>
</web-app>
```

24.7　公共类设计

在项目中经常会有一些公共类，例如一些自定义的字符串处理方法，抽取系统中的公共模块更加有利于代码重用，同时也能提高程序的开发效率，在进行正式开发时首先要进行的就是公共类的编写。下面介绍 GO 购网络商城的公共类。

24.7.1　泛型工具类

为了将一些公用的持久化方法提取出来，首先需要实现获取实体对象的类型方法，本系统通过创建一个泛型工具类 GenericsUtils 来达到此目的。关键代码如下：

代码位置：光盘\MR\Instance\Shop\src\com\lyq\util\GenericsUtils

```java
public class GenericsUtils {
    /**
     * 获取泛型的类型
     * @param clazz
     * @return Class
     */
    @SuppressWarnings("unchecked")
    public static Class getGenericType(Class clazz){
        Type genType = clazz.getGenericSuperclass();                    //得到泛型父类
        Type[] types = ((ParameterizedType) genType).getActualTypeArguments();
        if (!(types[0] instanceof Class)) {
            return Object.class;
        }
        return (Class) types[0];
    }
    /**
     * 获取对象的类名称
     * @param clazz
     * @return 类名称
```

```
    */
    @SuppressWarnings("unchecked")
    public static String getGenericName(Class clazz){
        return clazz.getSimpleName();
    }
}
```

24.7.2　数据持久化类

本系统利用 DAO 模式封装数据库的基本操作方法，自定义的数据库操作的公共方法如表 24.6 所示。

表 24.6　自定义的数据库操作的公共方法

方　　法	说　　明	参 数 说 明
save(Object obj)	数据添加方法	obj：实体对象
saveOrUpdate(Object obj)	数据添加或保存方法	obj：实体对象
delete(Serializable ... ids)	数据删除方法	ids：删除指定数据的标识
get(Serializable entityId)	查找单条数据加载方法	entityId：查找指定信息的标识
load(Serializable entityId)	查找单条数据加载方法	entityId：查找指定信息的标识
uniqueResult(String hql, Object[] queryParams)	HQL 查找单条数据方法	hql：查询的 HQL 语句 queryParams：查询的条件参数

根据自定义的数据库操作的公共方法创建接口 BaseDao<T>，关键代码如下：

代码位置：光盘\MR\Instance\Shop\src\com\lyq\dao\BaseDao

```
public interface BaseDao<T> {
    //基本数据库操作方法
    public void save(Object obj);                              //保存数据
    public void saveOrUpdate(Object obj);                      //保存或修改数据
    public void update(Object obj);                            //修改数据
    public void delete(Serializable ... ids);                  //删除数据
    public T get(Serializable entityId);                       //加载实体对象
    public T load(Serializable entityId);                      //加载实体对象
    public Object uniqueResult(String hql, Object[] queryParams);  //使用 HQL 语句操作
}
```

创建 DaoSupport 类，该类继承 BaseDao<T>接口，在其中实现接口中的自定义方法，关键代码如下：

代码位置：光盘\MR\Instance\Shop\src\com\lyq\dao\DaoSupport

```
public class DaoSupport<T> implements BaseDao<T>{
    //泛型的类型
    protected Class<T> entityClass = GenericsUtils.getGenericType(this.getClass());
    @Override
    public void delete(Serializable ... ids) {
        for (Serializable id : ids) {
            T t = (T) getSession().load(this.entityClass, id);
            getSession().delete(t);
        }
    }
    /**
     * 利用 get()方法加载对象，获取对象的详细信息
     */
    @Transactional(propagation=Propagation.NOT_SUPPORTED,readOnly=true)
```

```java
public T get(Serializable entityId) {
    return (T) getSession().get(this.entityClass, entityId);
}
/**
 * 利用 load()方法加载对象，获取对象的详细信息
 */
@Transactional(propagation=Propagation.NOT_SUPPORTED,readOnly=true)
public T load(Serializable entityId) {
    return (T) getSession().load(this.entityClass, entityId);
}
/**
 * 利用 HQL 语句查找单条信息
 */
@Override
@Transactional(propagation=Propagation.NOT_SUPPORTED,readOnly=true)
public Object uniqueResult(final String hql,final Object[] queryParams) {
    Query query=getSession().createQuery(hql);
    setQueryParams(query, queryParams);//设置查询参数
    return query.uniqueResult();
}
/**
 * 获取指定对象的信息条数
 */
@Transactional(propagation=Propagation.NOT_SUPPORTED,readOnly=true)
public long getCount() {
    String hql = "select count(*) from " + GenericsUtils.getGenericName(this.entityClass);
    return (Long)uniqueResult(hql,null);
}
/**
 * 利用 save()方法保存对象的详细信息
 */
@Override
public void save(Object obj) {
    getSession().save(obj);
}
@Override
public void saveOrUpdate(Object obj) {
    getSession().saveOrUpdate(obj);
}
/**
 * 利用 update()方法修改对象的详细信息
 */
@Override
public void update(Object obj) {
    getSession().update(obj);
}
/**
 * 获取 Session 对象
 * @return
 */
@Autowired
@Qualifier("sessionFactory")
private SessionFactory sessionFactory;
protected Session getSession(){
```

```
        return sessionFactory.getCurrentSession();
    }
}
```

24.7.3 分页设计

本系统应用 Hibernate 的 find()方法实现数据分页，将该方法封装在创建类 DaoSupport 中。

1. 分页实体对象

定义分页的实体对象，并封装分页的基本属性信息和分页过程中使用的获取页码的方法。关键代码如下：

代码位置：光盘\MR\Instance\Shop\src\com\lyq\model\PageModel

```java
public class PageModel<T> {
    private int totalRecords;                                    //总记录数
    private List<T> list;                                        //结果集
    private int pageNo;                                          //当前页
    private int pageSize;                                        //每页显示多少条
    /**
     * 取得第一页
     */
    public int getTopPageNo() {
    return 1;
    }
    /**
     * 取得上一页
     */
    public int getPreviousPageNo() {
    if (pageNo <= 1) {
    return 1;
    }
    return pageNo -1;
    }
    /**
     * 取得下一页
     */
    public int getNextPageNo() {
    if (pageNo >= getTotalPages()) {                             //如果当前页大于页码
    return getTotalPages() == 0 ? 1 : getTotalPages();          //返回最后一页
    }
    return pageNo + 1;
    }
    /**
     * 取得最后一页
     */
    public int getBottomPageNo() {
    return getTotalPages() == 0 ? 1 : getTotalPages();          //如果总页数为 0 返回 1，反之返回总页数
    }
    /**
     * 取得总页数
     */
    public int getTotalPages() {
```

```
        return(totalRecords + pageSize - 1) / pageSize;
    }
    ...                                              //省略的 setter()和 getter()方法
}
```

在取得上一页页码的 getPreviousPageNo()方法中，如果当前页的页码数为首页，那么上一页返回的页码数为 1。

在获取最后一页的 getBottomPageNo()方法中，通过三目运算符判断返回的页码。如果总页数为 0，则返回 1；否则返回总页面数。当数据库中没有任何数据时，总页数为 0。

在取得总页码数的 getTotalPages()方法中，总页的计算公式为（总记录数+页面显示记录数-1）/页面显示记录数；另一种方式是使用（总记录数/页面显示记录数）计算总页码，如图 24.11 和图 24.12 所示。

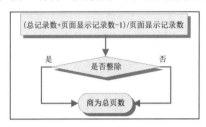

图 24.11　系统中计算总页码的方式

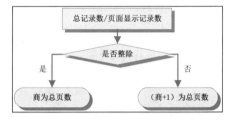

图 24.12　（总记录数/页面显示记录数）方式

2．自定义分页方法

在公共接口中定义的分页方法如表 24.7 所示，这些方法使用相同的分页方法，只是参数不同。

表 24.7　自定义分页方法

方　　法	说　　明	参　数　说　明
getCount()	获取总记录数	无
find(int pageNo, int maxResult)	普通分页方法	pageNo：当前页数
		maxResult：每页显示的记录数
find(int pageNo, int maxResult,String where, Object[] queryParams)	搜索分页方法	pageNo 与 maxResult：同上
		where：查询条件
		queryParams：hql 参数值
find(int pageNo, int maxResult,Map<String, String> orderby)	排序分页方法	其他参数：同上
		orderby：排序的条件参数
find(String where, Object[ ] queryParams,Map<String, String> orderby, int pageNo, int maxResult)	按条件分页并排序	所有参数：同上

代码位置：光盘\MR\Instance\Shop\src\com\lyq\dao\BaseDao

```
public interface BaseDao<T> {
    ...                                              //基本数据库操作方法
    //分页操作
    public long getCount();                          //获取总信息数
    public PageModel<T> find(int pageNo, int maxResult);    //普通分页操作
    //搜索信息分页方法
    public PageModel<T> find(int pageNo, int maxResult,String where, Object[] queryParams);
    //按指定条件排序分页方法
    public PageModel<T> find(int pageNo, int maxResult,Map<String, String> orderby);
    //按指定条件分页和排序的分页方法
    public PageModel<T> find(String where, Object[] queryParams,
```

```
            Map<String, String> orderby, int pageNo, int maxResult);
}
```

在 DaoSupport 类中，实现结构自定义的 find()分页方法，其简单流程如图 24.13 所示。

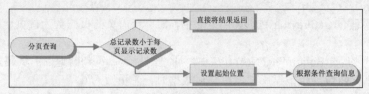

图 24.13 分页方法的简单流程

该方法有 5 个参数，与表 24.7 所示的 5 个方法的参数相同，关键代码如下：

代码位置：光盘\MR\Instance\Shop\src\com\lyq\dao\PageModel

```java
public PageModel<T> find(final String where, final Object[] queryParams,
            final Map<String, String> orderby, final int pageNo,
            final int maxResult) {
    final PageModel<T> pageModel = new PageModel<T>();        //实例化分页对象
    pageModel.setPageNo(pageNo);                              //设置当前页数
    pageModel.setPageSize(maxResult);                        //设置每页显示记录数
    getTemplate().execute(new HibernateCallback() {          //执行内部方法
    @Override
    public Object doInHibernate(Session session) throws HibernateException, SQLException {
    String hql = new StringBuffer().append("from ")          //添加 form 字段
            .append(GenericsUtils.getGenericName(entityClass)) //添加对象类型
            .append(" ")                                     //添加空格
            .append(where == null ? "" : where)              //如果 where 为 null 就添加空格，反之添加 where
            .append(createOrderBy(orderby))                  //添加排序条件参数
            .toString();                                     //转换为字符串
    Query query = session.createQuery(hql);                  //执行查询
    setQueryParams(query,queryParams);                       //为参数赋值
    List<T> list = null;                                     //定义 list 对象
    //如果 maxResult<0，则查询所有
    if(maxResult < 0 && pageNo < 0){
    list = query.list();                                     //将查询结果转换为 list 对象
    }else{
    list = query.setFirstResult(getFirstResult(pageNo, maxResult)) //设置分页起始位置
            .setMaxResults(maxResult)                        //设置每页显示的记录数
            .list();                                         //将查询结果转换为 list 对象
            //定义查询总记录数的 HQL 语句
            hql = new StringBuffer().append("select count(*) from ")  //添加 HQL 语句
            .append(GenericsUtils.getGenericName(entityClass))       //添加对象类型
            .append(" ")                                     //添加空格
            .append(where == null ? "" : where)              //如果 where 为 null 就添加空格，反之添加 where
            .toString();                                     //转换为字符串
            query = session.createQuery(hql);                //执行查询
            setQueryParams(query,queryParams);               //设置 hql 参数
            int totalRecords = ((Long) query.uniqueResult()).intValue(); //类型转换
            pageModel.setTotalRecords(totalRecords);         //设置总记录数
    }
    pageModel.setList(list);                                 //将查询的 list 对象放入实体对象中
            return null;
    }
```

```
    });
    return pageModel;                                          //返回分页的实体对象
}
```

在上述代码中使用了 StringBuffer() 的 append() 方法拼接查询的 HQL 语句，通过 toString() 方法将拼接的 HQL 语句转换为字符串。通过 getFirstResult() 方法获取分页的起始位置，关键代码如下：

代码位置：光盘\MR\Instance\Shop\src\com\lyq\dao\PageModel

```
protected int getFirstResult(int pageNo,int maxResult){
    int firstResult = (pageNo-1) * maxResult;
    return firstResult < 0 ? 0 : firstResult;
}
```

代码中的分页起始位置为（当前页码-1）×页面显示记录数。如果页面起始位置小于 0，则返回 0；否则返回程序计算的起始位置。

24.7.4　字符串工具类

StringUitl 类中主要实现了字符串与其他数据类型的转换，例如将日期时间型数据转换为指定格式的字符串，处理订单号码的生成以及验证字符串和浮点数的有效性。该类中声明的所有方法都是静态方法，以便在其他类中可以通过 StringUitl 类名直接调用。

1．日期格式转换方法

在方法中通过 new Date() 方法获取当前的系统时间，通过 SimpleDateFormat 的 format() 方法将日期格式转换为指定的日期格式。该方法主要是在操作数据库时作为一个有效字段使用，如订单的创建日期等。关键代码如下：

代码位置：光盘\MR\Instance\Shop\src\com\lyq\util\StringUitl

```
public static String getStringTime(){
    Date date = new Date();                                              //获取当前系统时间
    SimpleDateFormat sdf = new SimpleDateFormat("yyyyMMddHHmmssSSSS"); //设置格式化格式
    return sdf.format(date);                                             //返回格式化后的时间
}
```

2．订单号生成方法

为了确保每个订单号码的唯一性，StringBuffer 对象将当前系统时间和随机生成的 3 位数字拼接的字符串作为订单号，关键代码如下：

代码位置：光盘\MR\Instance\Shop\src\com\lyq\util\StringUitl

```
public static String createOrderId(){
    StringBuffer sb = new StringBuffer();                     //定义字符串对象
    sb.append(getStringTime());                               //向字符串对象中添加当前系统时间
    for (int i = 0; i < 3; i++) {                             //随机生成 3 位数
        sb.append(random.nextInt(9));                         //将随机生成的数字添加到字符串对象中
    }
    return sb.toString();                                     //返回字符串
}
```

3．验证字符串和浮点数的有效性方法

为了验证信息的合法性，防止用户将非法信息添加到数据库中，在 StringUitl 类中通过自定义的方法验证字符串和浮点数的有效性，由于两个方法使用的方式与代码基本类似，所以只对验证字符串的方法进行讲解。

该方法返回的是一个布尔常量，主要是验证字符串是否为空，关键代码如下：

代码位置：光盘\MR\Instance\Shop\src\com\lyq\util\StringUitl

```
public static boolean validateString(String s){
    if(s != null && s.trim().length() > 0){          //如果字符串不为空返回 true
    return true;
    }
    return false;                                      //字符串为空返回 false
}
```

24.8 登录与注册模块设计

如果要提高网站的安全性，防止非法用户进入网站，可以在让用户进入网站前先进行注册，注册成功的用户才可以通过购物车购买商品。用户注册在大多数网站中都是不可缺少的功能，也是用户参与网站活动最为直接的桥梁。通过用户注册，可以有效地对用户信息进行采集，并将合法的用户信息保存到指定的数据表中，当用户注册操作完毕后，通常情况下，该注册用户将直接登录该网站。

由于 GO 购网络商城主要分为前台和后台两个部分，所以登录也分为前台登录和后台登录两个部分的功能。前台的登录针对的是在 GO 购网络商城注册的会员，后台登录主要针对的是网站的管理员，而注册模块主要针对的就是前台想进行购物的游客。登录注册模块的框架如图 24.14 所示。

24.8.1 注册

在安全注册与登录操作过程中应严格验证表单内容，以提高网站的安全性，防止非法用户进入网站。

本模块中的注册页面为 customer_reg.jsp，如图 24.15 所示。其中用户名要求是 5～32 个字符；密码表单与重复输入密码表单必须一致；邮箱地址表单必须是正确的地址，且通过 Struts 2 的校验器校验；住址与手机两个表单在用户购买商品生成订单时直接获取相关的送货信息。

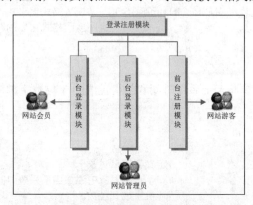

图 24.14 登录注册模块的框架

图 24.15 会员注册页面

实现注册表单页面的关键代码如下：

代码位置：光盘\MR\Instance\Shop\WebContent\WEB-INF\pages\user\customer_reg.jsp

```
<s:form action="customer_save" name="/user" method="post">
<s:fielderror></s:fielderror>
用 户 名：<s:textfield name="username" cssClass="bian"></s:textfield>*
密   码：<s:password name="password" cssClass="bian"></s:password>*
确认密码：<s:password name="repassword" cssClass="bian"></s:password>*
邮箱地址：<s:textfield name="email" cssClass="bian"></s:textfield>*
```

```
住　址：<s:textfield name="address" cssClass="bian"></s:textfield>
手　机：<s:textfield name="mobile" cssClass="bian"></s:textfield>
    <s:submit value="登　录" type="image" src="%{context_path}/css/images/dl_08.gif"></s:submit>
    </s:form>
```

1. 表单验证

在本模块中使用 XML 文件对表单中的信息进行合法性验证，利用 requiredsting 校验器对 CustomerAction 类中的字段进行非空验证，利用 stringlength 校验器对 CustomerAction 类中的字段长度进行验证，利用 email 校验器对邮箱地址的格式进行验证。在 CustomerAction 类的包下新建 XML 文件，关键代码如下：

代码位置：光盘\MR\Instance\Shop\src\com\lyq\action\user\CustomerAction-customer_save-validation.xml

```xml
CustomerAction-customer_save-validation.xml
<?xml version="1.0" encoding="UTF-8"?>
<!DOCTYPE validators PUBLIC    "-//OpenSymphony Group//XWork Validator 1.0.3//EN"
    "http://www.opensymphony.com/xwork/xwork-validator-1.0.3.dtd" >
<validators>
    <field name="username">
            <field-validator type="requiredstring" >
                    <message>用户名不能为空</message>
            </field-validator>
            <field-validator type="stringlength">
                    <param name="minLength">5</param>
                    <param name="maxLength">32</param>
                    <message>用户名长度必须在${minLength}到${maxLength}之间</message>
            </field-validator>
    </field>
    <field name="password">
            <field-validator type="requiredstring">
                    <message>密码不能为空</message>
            </field-validator>
            <field-validator type="stringlength">
                    <param name="minLength">6</param>
                    <message>密码长度必须在${minLength}位以上</message>
            </field-validator>
    </field>
    <field name="repassword">
            <field-validator type="requiredstring" short-circuit="true">
                    <message>确认密码不能为空</message>
            </field-validator>
            <field-validator type="fieldexpression">
                    <param name="expression">password == repassword</param>
                    <message>两次密码不一致</message>
            </field-validator>
    </field>
    <field name="email">
            <field-validator type="requiredstring">
                    <message>邮箱不能为空</message>
            </field-validator>
            <field-validator type="email">
                    <message>邮箱格式不正确</message>
            </field-validator>
    </field>
</validators>
```

注意 Struts 2 的另一种表单验证方式是 Aciton 类重写 ActionSupport 类的 validate()方法，应用该方法的步骤如下：

（1）通过转换器将请求参数转换为相应的 bean 属性。

（2）判断转换过程是否出现异常。如果有，则将其保存在 ActionContext 中，conversionError 拦截器再封装为 fieldError；否则执行下一步操作。

（3）利用反射（Reflection）来调用 validateXxx()方法（其中 Xxx 表示 Action 的方法名）。

（4）调用 validate()方法。

（5）如果经过上述步骤没有出现 fieldError，则调用 Action 方法；否则会跳过 Action 方法，通过国际化将 fieldError 输出到页面。

2．保存注册信息

当用户单击会员注册页面中的"注册"超链接时，系统将会发送一个 customer_reg.html 的 URL 请求。该请求将会执行 CustomerAction 类中的 save()方法，其中首先判断用户名是否可用，如果可用，则将注册信息保存在数据库中；否则返回错误信息。关键代码如下：

代码位置：光盘\MR\Instance\Shop\src\com\lyq\action\user\CustomerAction

```
public String save() throws Exception{
    boolean unique = customerDao.isUnique(customer.getUsername());    //判断用户名是否可用
    if(unique){                                                        //如果用户名可用
    customerDao.save(customer);                                        //保存注册信息
    return CUSTOMER_LOGIN;                                             //返回会员登录页面
    }else{
    throw new AppException("此用户名不可用");                            //否则返回页面错误信息
    }
}
```

24.8.2 登录

前台与后台的登录验证方法基本一致，只是前台登录保存的是登录的会员信息；后台登录保存的是登录的网站管理员的基本信息。前台会员登录页面如图 24.16 所示，后台管理员登录页面如图 24.17 所示。

图 24.16　前台会员登录页面　　　　　图 24.17　后台管理员登录页面

前台与后台的登录页面代码的方式相同，这里以前台登录页面为例，关键代码如下：

代码位置：光盘\MR\Instance\Shop\WebContent\WEB-INF\pages\user\ customer_login.jsp

```
<s:fielderror></s:fielderror>
<s:form action="customer_logon" namespace="/customer" method="post">
```

```
会员名：<s:textfield name="username" cssClass="bian" size="18"> </s:text field>
密　码：<s:password name="password" cssClass="bian" size="18"> </s:pass word>
<s:submit value="登　录" type="image" src="%{context_path}/css/images/dl_06.gif"></s:submit>
<s:a action="customer_reg" namespace="/customer">
<img src="${context_path}/css/images/dl_08.gif" width="68" height ="24" /></s:a>
</s:form>
```

在登录验证的过程中通过页面中获取的用户名和密码作为查询条件在用户信息表中查找条件匹配的用户信息，如果返回的结果集不为空，说明验证通过；反之失败。前台登录验证方法的关键代码如下：

代码位置：光盘\MR\Instance\Shop\src\com\lyq\action\user\CustomerAction

```
public String logon() throws Exception{
    //验证用户名和密码是否正确
    Customer loginCustomer = customerDao.login(customer.getUsername(), customer.getPassword());
    if(loginCustomer != null){                              //如果通过验证
session.put("customer", loginCustomer);                     //将登录会员信息保存在 Session 中
    }else{                                                  //验证失败
    addFieldError("", "用户名或密码不正确！");                  //返回错误信息
    return CUSTOMER_LOGIN;                                  //返回会员登录页面
    }
    return INDEX;                                           //返回网站首页
}
```

后台登录验证方法的关键代码如下：

代码位置：光盘\MR\Instance\Shop\src\com\lyq\action\user\UserAction

```
public String logon() throws Exception{
    //验证用户名和密码是否正确
    User loginUser = userDao.login(user.getUsername(), user.getPassword());
    if(loginUser != null){                                  //通过验证
    session.put("admin", loginUser);                        //将管理员信息保存在 Session 对象中
    }else{
    addFieldError("", "用户名或密码不正确！");                  //返回错误提示信息
    return USER_LOGIN;                                      //返回后台登录页面
    }
    return MANAGER;                                         //返回后台管理页面
}
```

前后台公共的 login()方法以用户名和密码作为查询条件并返回查询的用户对象，关键代码如下：

代码位置：光盘\MR\Instance\Shop\src\com\lyq\dao\UserDaoImpl.java

```
public User login(String username, String password) {
    if(username != null && password != null){              //如果用户名和密码不为空
    String where = "where username=? and password=?";      //设置查询条件
    Object[] queryParams = {username,password};            //设置参数对象数组
    List<User> list = find(-1, -1, where, queryParams).getList(); //执行查询方法
    if(list != null && list.size() > 0){                   //如果 List 集合不为空
    return list.get(0);                                    //返回 List 集合中的第一个存储对象
    }
    }
    return null;                                            //返回空值
}
```

在数据库设计中已经保证了用户名的唯一性（在数据表中将用户名作为表的主键），所以查询结果只能返回一个 Object 对象。但为了考虑程序的健壮性，返回 List 集合更有利于程序的扩展，降低出错的概率。

24.9 前台商品信息查询模块设计

前台商品信息查询模块划分为 5 个模块，主要包括商品类别分级查询、人气商品查询、热销商品查询、推荐商品查询和商品模糊查询，如图 24.18 所示。

24.9.1 商品类别分级查询

在前台的首页商品展示中首先展现的是商品类别的分级显示，方便用户按类别查询商品。商品类别分级显示的效果如图 24.19 所示。

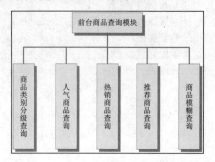

图 24.18　前台商品信息查询模块的框架　　　　图 24.19　商品类别分级显示的效果

在程序中可以通过迭代方式按所属级别分层显示所有的商品类别，第一次查询所有无父节点的类别信息；第二次遍历其子节点；最后遍历叶子节点，其流程如图 24.20 所示。

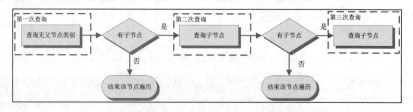

1．查询一级节点

通过公共模块持久化类中封装的 find()方法查询所有的一级节点，在首页的 Action 请求 Index

图 24.20　商品类别分级显示的流程

Action 的 execute()方法中调用封装的 find()方法，关键代码如下：

代码位置：光盘\MR\Instance\Shop\src\com\lyq\action\IndexAction

```
public String execute() throws Exception {
    //查询所有类别
    String where = "where parent is null";
    categories = categoryDao.find(-1, -1, where, null).getList();
    …                              //省略的 setter()和 getter()方法
}
```

find()方法有 4 个参数，其中-1 为当前页数和每页显示的记录数；where 为查询条件；null 为数据排序的条件。find()方法会根据提供的两个"-1"参数执行以下代码：

代码位置：光盘\MR\Instance\Shop\src\com\lyq\dao\DaoSupport

```
//如果 maxResult<0，则查询所有
if(maxResult < 0 && pageNo < 0){
    list = query.list();               //将查询结果转换为 list 对象
}
```

2. 页面遍历

通过 Struts 2 的<s:iterator>标签遍历查询的结果集 categories，然后将超链接的 Action 请求和参数赋值给三级节点，关键代码如下：

代码位置：光盘\MR\Instance\Shop\WebContent\WEB-INF\pages\index.jsp

```
<!-- 类别 -->
<s:iterator value="categories">
...<!--省略的布局及样式代码 -->
    <!-- 二级 -->
    <s:if test="!children.isEmpty">
    <s:iterator value="children">
    <!-- 三级 -->
    <s:if test="!children.isEmpty">
    <span>
    <s:iterator value="children">
    <s:a action="product_getByCategoryId" namespace="/product">
    <s:param name="category.id" value="id"></s:param>
    <s:property value="name" escape="false"/>
    </s:a>
    </s:iterator>
    </span>
    </s:if>
    </s:iterator>
    </s:if>
    ...<!--省略的布局及样式代码 -->
</s:iterator>
```

24.9.2 商品搜索

当搜索表单中输入数据后，单击"搜索"按钮，查询数据表中的所有数据；当在关键字文本框中输入要搜索的内容后，单击"搜索"按钮可以按关键字查询数据表中的所有数据，如图 24.21 所示。

图 24.21 搜索商品

搜索商品的方法封装在 ProductAction 类中，通过 HQL 的 like 条件语句实现商品的模糊查询的功能，关键代码如下：

代码位置：光盘\MR\Instance\Shop\src\com\lyq\action\product\ProductAction

```
public String findByName() throws Exception {
    if(product.getName() != null){
        String where = "where name like ?";                    //查询的条件语句
        Object[] queryParams = {"%" + product.getName() + "%"};  //为参数赋值
        pageModel = productDao.find(pageNo, pageSize, where, queryParams ); //执行查询方法
    }
    return LIST;                                                 //返回列表首页
}
```

注意 程序中返回的 LIST 并不是真正的 List 集合，而是前台显示商品列表信息页面的视图名。

在商品的列表页中通过 Struts 2 的<s:iterator>标签遍历返回的商品 List 集合，关键代码如下：

代码位置：光盘\MR\Instance\Shop\WebContent\WEB-INF\pages\product\product_list.jsp

```
<s:iterator value="pageModel.list">
            <table border="0" width="100%" cellpadding="0" cellspacing="0">
                <tr><td rowspan="5" width="160">
                        <s:a action="product_select" namespace="/product">
                        <s:param name="id" value="id"></s:param>
                        <img width="150" height="150"src="<s:property
                        value="#request.get('javax.servlet.forward.context_ path') "/>/upload
                        /<s:property value="uploadFile.path"/>">
                        </s:a></td>
                </tr><tr bgcolor="#f2eec9">
                        <td align="right" width="90">商品名称：</td>
                        <td><s:a action="product_select" namespace="/product">
                        <s:param name="id" value="id"></s:param>
                        <s:property value="name" />
                        </s:a></td>
                </tr> <tr>
                        <td align="right" width="90">市场价格：</td>
                        <td><font style="text-decoration: line-through;">
                        <s:property value="marketprice" /> </font></td>
                </tr><tr bgcolor="#f2eec9">
                        <td align="right" width="90">GO 购网络价格：</td>
                        <td><s:property value="sellprice" />
                        <s:if test="sellprice <= marketprice">
                        <font color="red">节省
                        <s:property value="marketprice-sellprice" /></font>
                        </s:if></td>
                </tr><tr>
                        <td colspan="2" align="right">
                        <s:a action="product_select" namespace="/product">
                        <s:param name="id" value="id"></s:param>
                        <img src="${context_path}/css/images/gm_06.gif" width="136"
                            height="32" />
                        </s:a></td>
                </tr>
            </table>
</ s:iterator >
```

24.9.3 前台查询其他商品

人气商品推荐模块（如图 24.22 所示）、推荐商品模块（如图 24.23 所示）和热销商品模块（如图 24.24 所示）3 种查询方式的实现基本相同，都是通过条件语句执行排序查询。

图 24.22 人气商品推荐模块

图 24.23 推荐商品模块

图 24.24 热销商品模块

1．人气商品推荐模块

人气商品的定义是基于商品浏览量的最大数，本系统显示筛选出商品中浏览量最多的几种商品。商品结果集中的数据按照商品浏览量倒序排列，实现方法封装在 ProductAction 类中，关键代码如下：

代码位置：光盘\MR\Instance\Shop\src\com\lyq\action\product\ProductAction

```
public String findByClick() throws Exception{
    Map<String, String> orderby = new HashMap<String, String>();      //定义 Map 集合
    orderby.put("clickcount", "desc");                                //为 Map 集合赋值
    pageModel = productDao.find(1, 8, orderby );                       //执行查找方法
    return "clickList";                                               //返回 product_click_list.jsp 页面
}
```

在调用的 find()方法中使用了 3 个参数，即显示的起始位置、显示记录数和商品信息排序的条件。程序最终返回到 product_click_list.jsp 页面，关键代码如下：

代码位置：光盘\MR\Instance\Shop\WebContent\WEB-INF\pages\product\product_list.jsp

```
<s:set var="context_path" value="#request.get('javax.servlet.forward.context_ path')"></s:set >
<table width="193" height="23" border="0" cellpadding="0" cellspacing="0">
    <s:iterator value="pageModel.list">
    <tr>
    <td width="187" valign="middle">
    <img src="${context_path}/css/images/h_32.gif" width="20" height="17" />
    <s:a action="product_select" namespace="/product">
    <s:param name="id" value="id"></s:param>
    <s:property value="name"/>（人气：
    <span class="red"><s:property value="clickcount"/></span>）
    </s:a>
    </td>
    </tr>
    </s:iterator>
</table>
```

2．推荐商品和热销商品模块

推荐商品和热销商品模块通过 HQL 的排序语句实现，推荐商品为商品推荐字段 commend 为 true 的商品并且按商品销量的倒序排列，实现的关键代码如下：

代码位置：光盘\MR\Instance\Shop\src\com\lyq\action\product\ProductAction

```
public String findByCommend() throws Exception{
    Map<String, String> orderby = new HashMap<String, String>();         //定义 Map 集合
    orderby.put("sellCount", "desc");                                    //为 Map 集合赋值
    String where = "where commend = ?";                                  //设置条件语句
    Object[] queryParams = {true};                                       //设置参数值
    pageModel = productDao.find(where, queryParams, orderby, pageNo, pageSize); //执行查询方法
    return "findList";                                                   //返回推荐商品页面
}
```

热销商品为销售量较多的商品，只需按照商品销量的倒序排列，并以分页方式取出前 6 条信息，实现的关键代码如下：

代码位置：光盘\MR\Instance\Shop\src\com\lyq\action\product\ProductAction

```
public String findBySellCount() throws Exception{
    Map<String, String> orderby = new HashMap<String, String>();         //定义 Map 集合
    orderby.put("sellCount", "desc");                                    //为 Map 集合赋值
    pageModel = productDao.find(1, 6, orderby );                         //执行查询方法
```

```
        return "findList";                                            //返回热销商品页面
    }
```

在 Struts 2 的前台 Action 配置文件 struts-front.xml 中配置前台商品管理模块的 Action 及视图映射关系，关键代码如下：

代码位置：光盘\MR\ Instance\Shop\src\com\lyq\action\struts-front.xml

```
<!-- 商品 Action -->
<package name="shop.product" extends="shop-default" namespace="/product">
    <action name="product_*" class="productAction" method="{1}">
    <result name="list">/WEB-INF/pages/product/product_list.jsp</result>
    <result name="select">/WEB-INF/pages/product/product_select.jsp</result>
    <result name="clickList">/WEB-INF/pages/product/product_click_list.jsp </result>
    <result name="findList">/WEB-INF/pages/product/product_find_list.jsp</result>
    </action>
</package>
```

24.10　购物车模块设计

购物车是商务网站中必不可少的功能，GO 购网络商城购物车实现的主要功能包括添加选购的新商品、自动更新选购的商品数量、清空购物车、自动调整商品总价格以及生成订单信息等。本模块实现的购物车的功能流程如图 24.25 所示。

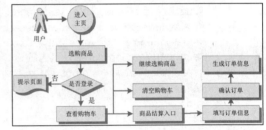

图 24.25　购物车的功能流程

24.10.1　购物车的基本功能

购物车的功能基于 Session 变量实现，Session 充当了一个临时信息存储平台。当其失效后，保存的购物车信息也将全部丢失。

1．在购物车中添加商品

登录会员浏览商品详细信息并单击页面中的"立即购买"超链接（如图 24.26 所示）后，会将该商品放入购物车内，如图 24.27 所示。

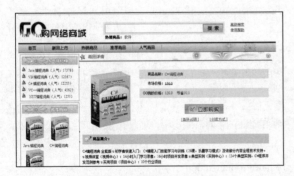

图 24.26　"立即购买"超链接

图 24.27　放入购物车内的商品信息

在购物车中添加商品时，首先要获取商品 id。如果购物车中存在相同的 id 值，则修改该商品的数量，自动加 1；否则添加新的商品购买信息。添加商品信息的方法封装在 CartAction 类中，关键代码如下：

代码位置：光盘\MR\Instance\Shop\src\com\lyq\action\order\CartAction

```
public String add() throws Exception {
    if(productId != null && productId > 0){
        Set<OrderItem> cart = getCart();                              //获取购物车
        //标记添加的商品是否是同一件商品
        boolean same = false;                                         //定义 same 布尔变量
        for (OrderItem item : cart) {                                 //遍历购物车中的信息
        if(item.getProductId() == productId){
                //购买相同的商品，更新数量
                item.setAmount(item.getAmount() + 1);
                same = true;                                          //设置 same 变量为 true
            }
        }
        //不是同一种商品
        if(!same){
        OrderItem item = new OrderItem();                             //实例化订单条目信息实体对象
        ProductInfo pro = productDao.load(productId);                 //加载商品对象
        item.setProductId(pro.getId());                               //设置 id
        item.setProductName(pro.getName());                           //设置商品名称
        item.setProductPrice(pro.getSellprice());                     //设置商品销售价格
        item.setProductMarketprice(pro.getMarketprice());             //设置商品市场价格
        cart.add(item);                                               //将信息添加到购物车中
        }
        session.put("cart", cart);                                    //将购物车保存在 Session 对象中
    }
    return LIST;
}
```

程序运行结束后返回订单条目信息的列表页面，即 cart_list.jsp，关键代码如下：

代码位置：光盘\MR\Instance\Shop\WebContent\WEB-INF\pages\cart\cart_list.jsp

```
<s:iterator value="#session.cart">
    <s:set value="%{#sumall +productPrice*amount}" var="sumall" />
    ...<!-- 省略的布局代码 -->
    <td width="213" height="30" align="center">
    <s:property value="productName" /></td>
    <td width="130" align="center">
    <span style="text-decoration: line-through;"> ￥
    <s:property value="productMarketprice" />元</span></td>
    <td width="130" align="center">￥
    <s:property value="productPrice" />元<br>为您节省：￥
<s:propertyvalue="productMarketprice*amount - productPrice*amount" />元</td>
    <td width="104" align="center" class="red">
            <s:property value="amount" /></td>
    <td width="111" align="center"><s:a action="cart_delete" namespace= "/product">
            <s:param name="productId" value="productId"></s:param>
            <img src="${context_path}/css/images/zh03_03.gif" width="52" height ="23" />
    </s:a></td>
    ...<!-- 省略的布局代码 -->
</s:iterator >
```

2. 删除购物车中指定商品订单条目信息

单击购物车中某个商品的订单条目信息后的"删除"超链接（如图 24.28 所示），将自动清除该商品的

订单条目信息。

单击"删除"超链接后，URL 发送一个 cart_delete.html 的请求，该请求执行 CartAction 中的 delete()方法，关键代码如下：

代码位置：光盘\MR\Instance\Shop\src\com\lyq\action\order\CartAction

```java
public String delete() throws Exception {
    Set<OrderItem> cart = getCart();                              //获取购物车
    //此处使用 Iterator；否则出现 java.util.ConcurrentModificationException
    Iterator<OrderItem> it = cart.iterator();
    while(it.hasNext()){                                          //使用迭代器遍历商品订单条目信息
        OrderItem item = it.next();
        if(item.getProductId() == productId){
            it.remove();                                          //移除商品订单条目信息
        }
    }
    session.put("cart", cart);                                    //将清空后的信息重新放入 Session 中
    return LIST;                                                  //返回购物车页面
}
```

3．清空购物车

单击购物车页面中的"清空购物车"按钮，向服务器发送一个 cart_clear.html 的 URL 请求。该请求执行 CartAction 类中的 clear()方法。关键代码如下：

代码位置：光盘\MR\Instance\Shop\src\com\lyq\action\order\CartAction

```java
public String clear() throws Exception {
    session.remove("cart");                                       //移除信息
    return LIST;                                                  //返回订单列表页面
}
```

4．查找购物信息

单击首页顶部如图 24.29 所示的"我的购物车"超链接，可以查看购物车的相关信息。

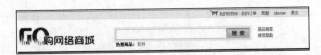

图 24.28　"删除"超链接　　　　　　　　图 24.29　"我的购物车"超链接

单击"我的购物车"超链接后会发送一个 cart_list.html 的 URL 请求，该请求执行 CartAction 中的 list()方法。关键代码如下：

代码位置：光盘\MR\Instance\Shop\src\com\lyq\action\order\CartAction

```java
public String list() throws Exception {
    return LIST;                                                  //返回购物车页面
}
```

在购物车页面中通过 Struts 2 的<s:iterator>标签遍历 Session 对象中购物车的相关信息,在程序模块中只需要返回购物车页面即可。

在 Struts 2 的前台 Action 配置文件 struts-front.xml 中配置购物车管理模块的 Action 及视图映射关系,关键代码如下:

代码位置:光盘\MR\ Instance\Shop\src\com\lyq\action\struts-front.xml

```xml
<!-- 购物车 Action -->
<package name="shop.cart" extends="shop.front" namespace="/product">
    <action name="cart_*" class="cartAction" method="{1}">
    <result name="list">/WEB-INF/pages/cart/cart_list.jsp</result>
    <interceptor-ref name="customerDefaultStack"/>
    </action>
</package>
```

24.10.2　订单的相关功能

要结算选购的商品,首先要生成一个订单,其中包括收货人信息、送货方式、支付方式、购买的商品及订单总价格。用户在购物车中单击"收银台结账"超链接后打开填写订单页面 order_add.jsp,如图 24.30所示。

1. 下订单

单击"收银台结账"超链接后会发送一个 order_add.html 的 URL 请求,该请求执行 OrderAction 类中的add()方法将用户的基本信息从 Session 对象中取出并添加到订单表单中的指定位置,然后跳转到"我的订单"页面。关键代码如下:

代码位置:光盘\MR\Instance\Shop\src\com\lyq\action\order\OrderAction

```java
public String add() throws Exception {
    order.setName(getLoginCustomer().getUsername());        //设置收货人姓名
    order.setAddress(getLoginCustomer().getAddress());      //设置收货人地址
    order.setMobile(getLoginCustomer().getMobile());        //设置收货人电话
    return ADD;                                             //返回"我的订单"页面
}
```

2. 订单确认

单击"我的订单"页面中的"付款"按钮,打开"订单确认"页面,如图 24.31 所示。

图 24.30　填写订单页面

图 24.31　"订单确认"页面

其中显示了订单的条目信息,即用户购买商品的信息清单,以便用户确认。

627

单击"付款"按钮后会发送一个 order_confirm.html 的 URL 请求,该请求将执行 OrderAction 类中的 confirm()
方法。关键代码如下:

代码位置:光盘\MR\Instance\Shop\src\com\lyq\action\order\OrderAction

```java
public String confirm() throws Exception {
    return "confirm";                                    //返回"订单确认"页面
}
```

3. 订单保存

单击"订单确认"页面中的"付款"按钮会触发 OrderAction 类中的 save()方法,把订单信息保存到数
据库中。关键代码如下:

代码位置:光盘\MR\Instance\Shop\src\com\lyq\action\order\OrderAction

```java
public String save() throws Exception {
    if(getLoginCustomer() != null){                                   //如果用户已登录
        order.setOrderId(StringUitl.createOrderId());                 //设置订单号
        order.setCustomer(getLoginCustomer());                        //设置所属用户
        Set<OrderItem> cart = getCart();                              //获取购物车
        //依次将更新订单项中的商品的销售数量
        for(OrderItem item : cart){                                   //遍历购物车中的订单条目信息
        Integer productId = item.getProductId();                      //获取商品 id
        ProductInfo product = productDao.load(productId);             //加载商品对象
        product.setSellCount(product.getSellCount() + item.getAmount());  //更新商品销售数量
        productDao.update(product);                                   //修改商品信息
        }
        order.setOrderItems(cart);                                    //设置订单项
            order.setOrderState(OrderState.DELIVERED);                //设置订单状态
        float totalPrice = 0f;                                        //计算总额的变量
        for (OrderItem orderItem : cart) {                            //遍历购物车中的订单条目信息
        totalPrice += orderItem.getProductPrice() * orderItem.getAmount();  //商品单价×商品数量
        }
        order.setTotalPrice(totalPrice);                              //设置订单的总价格
        orderDao.save(order);                                         //保存订单信息
        session.remove("cart");                                       //清空购物车
    }
    return findByCustomer();                                          //返回消费者订单查询的方法
}
```

执行 save()方法后返回订单查询的 findByCustomer()方法,其中以登录用户的 id 为查询条件查询该用户
的所有订单信息。关键代码如下:

代码位置:光盘\MR\Instance\Shop\src\com\lyq\action\order\OrderAction

```java
public String findByCustomer() throws Exception {
    if(getLoginCustomer() != null){                                      //如果用户已登录
        String where = "where customer.id = ?";                          //将用户 id 设置为查询条件
            Object[] queryParams = {getLoginCustomer().getId()};         //创建对象数组
        Map<String, String> orderby = new HashMap<String, String>(1);   //创建 Map 集合
        orderby.put("createTime", "desc");                               //设置排序条件及方式
        pageModel = orderDao.find(where, queryParams, orderby , pageNo, pageSize);  //执行查询方法
    }
    return LIST;                                                         //返回订单列表页面
}
```

查询后返回订单列表页面 order_list.jsp,如图 24.32 所示。

图 24.32　订单列表页面

在 Struts 2 的前台 Action 配置文件 struts-front.xml 中，配置前台订单管理模块的 Action 及视图映射关系。关键代码如下：

代码位置：光盘\MR\ Instance\Shop\src\com\lyq\action\struts-front.xml

```
<!-- 订单 Action -->
<package name="shop.order" extends="shop.front" namespace="/product">
    <action name="order_*" class="orderAction" method="{1}">
    <result name="add">/WEB-INF/pages/order/order_add.jsp</result>
    <result name="confirm">/WEB-INF/pages/order/order_confirm.jsp</result>
    <result name="list">/WEB-INF/pages/order/order_list.jsp</result>
    <result name="error">/WEB-INF/pages/order/order_error.jsp</result>
    <interceptor-ref name="customerDefaultStack"/>
    </action>
</package>
```

24.11　后台商品管理模块设计

GO 购网络商城网站的商品管理模块主要实现的是查询商品信息、修改商品信息、删除商品信息和添加商品信息。后台商品管理模块的框架如图 24.33 所示。

24.11.1　商品管理功能

在商品管理的基本模块中，包括商品的查询、修改、删除和添加，下面分别进行介绍。

1．查询商品信息

在 GO 购网络商城的后台管理页面中，单击左侧导航栏中的"查看所有商品"超链接，显示所有商品的查询页面，如图 24.34 所示。

该页面实现的关键代码如下：

代码位置：光盘\MR\Instance\Shop\WebContent\WEB-INF\pages\admin\product\ product_list.jsp

```
< table width="693" height="29" border="0" class="word01"><tr>
    <td width="37" height="27" align="center">ID</td>
    <td width="120" align="center">商品名称</td>
    <td width="78" align="center">所属类别</td>
    <td width="79" align="center">采购价格</td>
    <td width="79" align="center">销售价格</td>
    <td width="79" align="center">是否推荐</td>
    <td width="79" align="center">适应性别</td>
```

```
<td width="52" align="center">编辑</td>
<td width="52" align="center">删除</td>
</tr></table>
<div id="right_mid"><div id="tiao"><table width="693" height="29" border="0">
<s:iterator value="pageModel.list">
<tr>
<td width="37" height="27" align="center"><s:property value="id" /></td>
<td width="120" align="center"><s:a action="product_edit" namespace= "/admin/product">
<s:param name="id" value="id"></s:param><s:property value="name" /></s:a> </td>
<td width="78" align="center"><s:property value="category.name" /></td>
<td width="79" align="center"><s:property value="baseprice" /></td>
<td width="79" align="center"><s:property value="sellprice" /></td>
<td width="79" align="center"><s:property value="commend" /></td>
<td width="79" align="center"><s:property value="sexrequest.name" /></td>
<td width="52" align="center"><s:a action="product_edit" namespace= "/admin/ product">
<s:param name="id" value="id"></s:param>
<img src="${context_path}/css/images/rz_15.gif" width="21" height="16" /> </s:a></td>
<td width="52" align="center"><s:a action="product_del" namespace ="/admin/ product">
<s:param name="id" value="id"></s:param>
<img src="${context_path}/css/images/rz_17.gif" width="15"height="16" /> </s:a></td>
</tr>
</s:iterator>
</table>
```

单击"查看所有商品"超链接后会发送一个 product_list.html 的 URL 请求，该请求将执行 ProductAction 类中的 list()方法，该类继承了 BaseAction 类和 ModelDriven 接口。关键代码如下：

代码位置：光盘\MR\Instance\Shop\src\com\lyq\action\order\ProductAction

```
public String list() throws Exception{
    pageModel = productDao.find(pageNo, pageSize);        //调用公共的查询方法
    return LIST;                                           //返回后台商品列表页面
}
```

当用户单击列表中的商品名称超链接或列表中的 📖 按钮时，将进入商品信息的编辑页面，如图 24.35 所示。

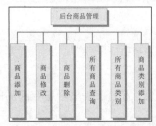

图 24.33　后台商品管理模块的框架　　图 24.34　所有商品的查询页面

图 24.35　商品信息编辑页面

在其中可以修改商品的信息，该操作触发商品详细信息的查找方法，即 ProductAction 类中的 edit()方法。该方法将以商品的 id 值作为查询条件，关键代码如下：

代码位置：光盘\MR\Instance\Shop\src\com\lyq\action\order\ProductAction

```
public String edit() throws Exception{
    this.product = productDao.get(product.getId());      //执行封装的查询方法
    createCategoryTree();                                  //生成商品的类别树
    return EDIT;                                           //返回商品信息编辑页面
}
```

商品信息编辑页面的关键代码如下：

代码位置：光盘\MR\Instance\Shop\WebContent\WEB-INF\pages\admin\product\product_edit.jsp

```
商品名称：<s:textfield name="name"></s:textfield>
    <img width="270" height="180" border="1" src="<s:property value="#request.get('javax.servlet.forward.
context_path')"/>
    /upload/<s:property value="uploadFile.path"/>">
    选择类别：<s:select name="category.id" list="map" value="category.id"> </s:select>
    采购价格：<s:textfield name="baseprice"></s:textfield>
    市场价格：<s:textfield name="marketprice"></s:textfield>
    销售价格：<s:textfield name="sellprice"></s:textfield>
    是否为推荐：<s:radio name="commend" list="#{'true':'是','false':'否'}" value="commend"> </s:radio>
    所属性别：<s:select name="sexrequest" list="@com.lyq.model.Sex@getValues()" value="sexrequest.getName()">
</s:select>
    上传图片：<s:file id="file" name="file"></s:file>
    商品说明：<s:textarea name="description" cols="50" rows="6"> </s:textarea>
```

2. 修改商品信息

用户编辑商品信息后单击"提交"按钮，将修改后的信息保存到数据库中。该操作会发送一个 product_save.html 的 URL 请求，并会调用 ProductAction 类中的 save()方法上传图片然后在数据表中添加数据。关键代码如下：

代码位置：光盘\MR\Instance\Shop\src\com\lyq\action\order\ProductAction

```java
public String save() throws Exception{
    if(file != null ){                                      //如果文件路径不为空
    //获取服务器的绝对路径
String path = ServletActionContext.getServletContext().getRealPath ("/upload");
    File dir = new File(path);
    if(!dir.exists()){                                      //如果文件夹不存在
    dir.mkdir();                                            //创建文件夹
    }
    String fileName = StringUitl.getStringTime() + ".jpg";  //自定义图片名称
    FileInputStream fis = null;                             //输入流
    FileOutputStream fos = null;                            //输出流
    try {
    fis = new FileInputStream(file);                        //根据上传文件创建 InputStream 实例
    fos = new FileOutputStream(new File(dir,fileName));     //创建写入服务器地址的输出流对象
    byte[] bs = new byte[1024 * 4];                         //创建字节数组实例
    int len = -1;
    while((len = fis.read(bs)) != -1){                      //循环读取文件
            fos.write(bs, 0, len);                          //向指定的文件夹中写数据
        }
    UploadFile uploadFile = new UploadFile();               //实例化对象
    uploadFile.setPath(fileName);                           //设置文件名称
    product.setUploadFile(uploadFile);                      //设置上传路径
    } catch (Exception e) {
    e.printStackTrace();
    }finally{
    fos.flush();
    fos.close();
    fis.close();
    }
    }
```

```
            //如果商品类别和商品类别 id 不为空，则保存商品类别信息
            if(product.getCategory() != null && product.getCategory().getId() != null){
                product.setCategory(categoryDao.load(product.getCategory().getId()));
            }
            //如果上传文件和上传文件 id 不为空，则保存文件的上传路径信息
            if(product.getUploadFile() != null && product.getUploadFile().getId() != null){
                product.setUploadFile(uploadFileDao.load(product.getUploadFile().getId()));
            }
    productDao.saveOrUpdate(product);                         //保存商品信息
        return list();                                       //返回商品的查询方法
}
```

在 Web 应用中文件上传通过 Form 表单实现，此时表单必须以 POST 方式提交（Struts 2 标签的 form 表单默认提交方式为 POST），并且设置"enctype ="multipart/form-data""属性，在表单中需要提供一个或多个文件选择框供用户选择文件。提交表单后，选择的文件通过流方式传递，在接收表单的 Servlet 或 JSP 页面中获取该流并将流中的数据读到一个字节数组中。因此需要从中分离出每个文件的内容，并写到磁盘中。注意在分离过程中以字节为单位。

3．删除商品信息

单击列表中的 ✖ 按钮发送一个 product_del.html 的 URL 请求，触发 ProductAction 类中的 del()方法。该方法将以商品的 id 为参数，执行持久化类中封装的 delete()方法，调用 Hibernate 的 Session 对象中的 delete()方法，关键代码如下：

代码位置：光盘\MR\Instance\Shop\src\com\lyq\action\order\ProductAction

```
public String del() throws Exception{
        productDao.delete(product.getId());                  //执行删除操作
        return list();                                       //返回商品列表查找方法
}
```

4．添加商品信息

单击后台管理页面左侧导航栏中的"商品添加"超链接，打开"添加商品"页面，如图 24.36 所示。

编辑商品信息，单击"提交"按钮发送一个 product_save.html 的 URL 请求，触发 ProductAction 类中的 save()方法。

在 Struts 2 的后台 Action 配置文件 struts-admin.xml 中配置商品管理模块的 Action 及视图映射关系，关键代码如下：

代码位置：光盘\MR\ Instance\Shop\src\com\lyq\action\struts-admin.xml

图 24.36　"添加商品"页面

```
<!-- 商品管理 -->
<package name="shop.admin.product" namespace="/admin/product" extends="shop. admin">
    <action name="product_*" method="{1}" class="productAction">
    <result name="list">/WEB-INF/pages/admin/product/product_list.jsp</result>
    <result name="input">/WEB-INF/pages/admin/product/product_add.jsp</result>
    <result name="edit">/WEB-INF/pages/admin/product/product_edit.jsp</result>
    <interceptor-ref name="adminDefaultStack"/>
    </action>
</package>
```

24.11.2　实现商品类别管理功能

商品类别维护主要包括商品类别的查询、添加、修改和删除。

1．查询商品类别

在后台的商品类别查询中通过树形下拉列表框形式显示给用户，如图 24.37 所示。

在生成商品类别树的过程中首先遍历每个根节点，然后采用迭代方式遍历每个根节点下的子节点，并将其放入以根节点 id 为 key 值的 Map 集合中，其流程如图 24.38 所示。

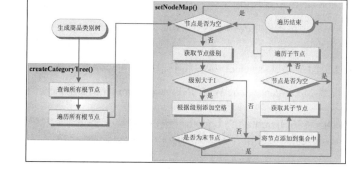

图 24.37　树形下拉列表框　　　　　　图 24.38　商品类别树生成流程

在打开商品页面的 edit()方法中调用 createCategoryTree()方法创建商品类别树，关键代码如下：

代码位置：光盘\MR\Instance\Shop\src\com\lyq\action\product\ProductAction

```
private void createCategoryTree(){
  String where = "where level=1";                                            //查询一级节点
    PageModel<ProductCategory> pageModel = categoryDao.find(-1, -1,where ,null);   //执行查询方法
    List<ProductCategory> allCategorys = pageModel.getList();
    map = new LinkedHashMap<Integer, String>();                              //创建新的集合
    for(ProductCategory category : allCategorys){                            //遍历所有的一级节点
      setNodeMap(map,category,false);                                        //将其子节点添加到集合中
    }
}
```

在 setNodeMap()方法中，首先判断节点是否为空。如果为空，则停止遍历。程序中根据获取的节点级别为类别名称添加字符串和空格，用于生成渐进的树形结构，并将拼接后的节点放入 Map 集合中，然后获取其子节点重新调用 setNodeMap()方法，直到遍历的节点为空为止。关键代码如下：

代码位置：光盘\MR\Instance\Shop\src\com\lyq\action\product\ProductAction

```
private void setNodeMap(Map<Integer, String> map,ProductCategory node,boolean flag){
    if (node == null) {                                              //如果节点为空
    return;                                                          //返回空，结束程序运行
    }
    int level = node.getLevel();                                     //获取节点级别
    StringBuffer sb = new StringBuffer();                            //定义字符串对象
    if (level > 1) {                                                 //如果不是根节点
    for (int i = 0; i < level; i++) {
    sb.append("    ");                                               //添加空格
    }
    sb.append(flag ? "├" : "L");                                     //如果为末节点则添加 L，否则添加├
    }
    map.put(node.getId(), sb.append(node.getName()).toString());     //将节点添加的集合中
    Set<ProductCategory> children = node.getChildren();              //获取其子节点
    //包含子类别
    if(children != null && children.size() > 0){                     //如果节点不为空
    int i = 0;
```

```
//遍历子类别
for (ProductCategory child : children) {
boolean b = true;
if(i == children.size()-1){                    //如果子节点长度减 1 为 i，说明为末节点
        b = false;                             //设置布尔常量为 false
        }
setNodeMap(map,child,b);                       //重新调用该方法
    }
    }
}
```

在商品添加页面中通过<s:select>标签将商品类别树显示在下拉列表框中，关键代码如下：

代码位置：光盘\MR\Instance\Shop\WEB-INF\pages\admin\product\product_add.jsp

```
<tr>
    <td width="105" height="22" bgcolor="#c6e8ff" align="right">选择类别：</td>
    <td><s:select list="map" name="category.id"></s:select></td>
</tr>
```

单击后台管理页面左侧导航栏中的"查询所有类别"超链接发送一个 category_list.html 的 URL 请求，它触发 ProductCategoryAction 类中的 list()方法。关键代码如下：

代码位置：光盘\MR\Instance\Shop\src\com\lyq\action\product\ProductCategoryAction

```
public String list() throws Exception{
    Object[ ] params = null;                               //对象数组为空
    String where;                                          //查询条件变量
    if(pid != null && pid > 0 ){                           //如果有父节点
    where = "where parent.id =?";                          //执行查询条件
    params = new Integer[]{pid};                           //设置参数值
    }else{
    where = "where parent is null";                        //查询根节点
    }
    pageModel = categoryDao.find(pageNo,pageSize,where,params);    //执行封装的查询方法
    return LIST;                                           //返回后台类别列表页面
}
```

该方法返回后台的商品类别列表页面，如图 24.39 所示。

2．添加商品类别

单击导航栏中的"添加商品类别"或商品类别列表页面中的"添加"超链接，打开"添加商品类别"页面，如图 24.40 所示。

图 24.39　后台的商品类别列表页面　　　　图 24.40　"添加商品类别"页面

输入类别名称后，单击"提交"按钮会触发 ProductCategoryAction 类中的 save()方法，在其中判断该节点的父节点参数是否存在。如果存在，则设置其父节点属性，然后保存商品类别信息。关键代码如下：

代码位置：光盘\MR\Instance\Shop\src\com\lyq\action\product\ProductCategoryAction

```
public String save() throws Exception{
    if(pid != null && pid > 0 ){                           //如果有父节点
    category.setParent(categoryDao.load(pid));             //设置其父节点
    }
```

```
    categoryDao.saveOrUpdate(category);              //添加类别信息
    return list();                                    //返回类别列表的查找方法
}
```

说明　商品类别列表页面中的"添加"超链接增加了一个参数 pid，单击这个超链接该参数传送给"添加商品类别"页面。在执行添加操作时该参数也会传送给 save()方法。

3．修改商品类别

单击商品类别列表页面中的 按钮，打开"编辑商品类别"页面，如图 24.41 所示。修改商品类别，单击"提交"按钮触发的也是 ProductCategoryAction 类的 save()方法。

图 24.41　"编辑商品类别"页面

4．删除商品类别

单击商品类别列表页面中的 按钮发送一个 category_del.html 的 URL 请求，触发 ProductCategoryAction 类中的 del()方法。该方法将以商品类别的 id 为参数，执行持久化类中封装的 delete()方法删除指定的信息。关键代码如下：

代码位置：光盘\MR\Instance\Shop\src\com\lyq\action\product\ProductCategoryAction

```
public String del() throws Exception{
    if(category.getId() != null && category.getId() > 0){    //判断是否获得 id 参数
    categoryDao.delete(category.getId());                     //执行删除操作
    }
    return list();                                            //返回商品类别列表的查找方法
}
```

在 Struts 2 的后台 Action 配置文件 struts-admin.xml 中配置商品类别管理模块的 Action 及视图映射关系，关键代码如下：

代码位置：光盘\MR\ Instance\Shop\src\com\lyq\action\struts-admin.xml

```
<!-- 类别管理 -->
<package name="shop.admin.category" namespace="/admin/product" extends= "shop. admin">
    <action name="category_*" method="{1}" class="productCategoryAction">
    <result name="list">/WEB-INF/pages/admin/product/category_list.jsp</result>
    <result name="input">/WEB-INF/pages/admin/product/category_add.jsp</result>
    <result name="edit">/WEB-INF/pages/admin/product/category_edit.jsp</result>
    <interceptor-ref name="adminDefaultStack"/>
    </action>
</package>
```

24.12　后台订单管理模块设计

在后台的订单管理模块中，主要分为两个基本模块，分别是订单的查询和订单状态的修改，其中订单的查询又可分为订单的全部查询和用户自定义的条件查询，模块框架图如图 24.42 所示。

24.12.1　实现后台订单查询

在管理页面左侧导航栏中单击"查看订单"超链接，打开订单状态管理页面，如图 24.43 所示。

单击左侧导航栏中的"订单查询"超链接，打开"订单查询"页面，如图24.44所示。

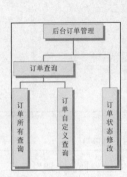

图24.42 后台订单管理模块框架　　　图24.43 订单状态管理页面　　　图24.44 "订单查询"页面

单击导航栏中的"查看订单"超链接或单击"订单查询"页面中的"提交"按钮均发送一个 order_list.html 的 URL 请求，触发 OrderAction 中的 list()方法。关键代码如下：

代码位置：光盘\MR\Instance\Shop\src\com\lyq\action\order\OrderAction

```
public String list() throws Exception {
    Map<String, String> orderby = new HashMap<String, String>(1);   //定义 Map 集合
    orderby.put("createTime", "desc");                              //设置按创建时间倒序排列
    StringBuffer whereBuffer = new StringBuffer("");                //创建字符串对象
    List<Object> params = new ArrayList<Object>();
    if(order.getOrderId() != null && order.getOrderId().length() > 0){  //如果订单号不为空
    whereBuffer.append("orderId = ?");                              //以订单号为查询条件
    params.add(order.getOrderId());                                 //设置参数
    }
    if(order.getOrderState() != null){                              //如果订单状态不为空
    if(params.size() > 0) whereBuffer.append(" and ");              //增加查询条件
    whereBuffer.append("orderState = ?");                           //设置订单状态为查询条件
    params.add(order.getOrderState());                              //设置参数
    }
    if(order.getCustomer() != null && order.getCustomer().getUsername() != null
    && order.getCustomer().getUsername().length() > 0){             //如果会员名不为空
    if(params.size() > 0) whereBuffer.append(" and ");              //增加查询条件
    whereBuffer.append("customer.username = ?");                    //设置会员名为查询条件
    params.add(order.getCustomer().getUsername());                  //设置参数
    }
    if(order.getName() != null && order.getName().length()>0){      //如果收款人姓名不为空
    if(params.size() > 0) whereBuffer.append(" and ");              //增加查询条件
    whereBuffer.append("name = ?");                                 //设置收款人姓名为查询条件
    params.add(order.getName());                                    //设置参数
    }
    //如果 whereBuffer 为空则查询条件为空；否则以 whereBuffer 为查询条件
    String where = whereBuffer.length()>0 ? "where "+whereBuffer.toString() : "";
    pageModel = orderDao.find(where, params.toArray(), orderby, pageNo, pageSize);  //执行查询方法
    return LIST;                                                    //返回后台订单列表
}
```

"查看订单"超链接并没有为 list()方法传递任何参数，所以最后传给 find()方法的 where 查询条件字符串为空，该方法将会从数据库中查询所有的订单信息并按创建时间的倒序输出。

通过 list()方法返回后台的订单信息列表页面，在其中利用 Struts 2 的<s:iterator>方法遍历输出返回结果

集中的信息。后台订单信息列表页面的关键代码如下：

代码位置：光盘\MR\Instance\Shop\WebContent\pages\admin\order\order_list.jsp

```
<table width="693" height="29" border="0" class="word01"><tr>
    <td width="140" align="center">订单号</td>
    <td width="60" align="center">总金额</td>
    <td width="63" align="center">消费者</td>
    <td width="70" align="center">支付方式</td>
    <td width="140" align="center">创建时间</td>
    <td width="70" align="center">订单状态</td>
    <td width="150" align="center">修改</td>
    </tr></ table >
<table width="693" height="29" border="0">
    <s:iterator value="pageModel.list">
    <tr>
    <td width="140" align="center"><s:property value="orderId" /></td>
    <td width="60" align="center"><s:property value="totalPrice" /></td>
    <td width="63" align="center"><s:property value="customer.username" /></td>
    <td width="70" align="center"><s:property value="paymentWay.getName()" /></td>
    <td width="140" align="center">
        <s:date name="createTime" format="yyyy 年 MM 月 d 日 HH:mm" /></td>
    <td width="70" align="center"><s:property value="orderState.getName()" /></td>
    <td width="150" align="center">
    <s:url action="order_select" namespace="/admin/product" ar="order_select">
    <s:param name="orderId" value="orderId"></s:param>
    </s:url> <input type="button" value="更新订单状态"
onclick="openWindow('${order_select}',350,150);"></td>
    </tr>
    </s:iterator>
</table>
```

24.12.2　实现后台订单状态管理

单击订单状态管理页面中的"更新订单状态"按钮，弹出让用户选择修改的
状态信息的提示对话框，如图 24.45 所示。

在订单状态管理页面中通过模态窗体形式弹出该对话框，为"更新订单状态"
按钮绑定触发事件的关键代码如下：

图 24.45　提示对话框

代码位置：光盘\MR\Instance\Shop\WebContent\pages\admin\order\order_list.jsp

```
<td width="150" align="center">
    <s:url action="order_select" namespace="/admin/product" var="order _select">
    <s:param name="orderId" value="orderId"></s:param></s:url>
    <input type="button" value="更新订单状态"onclick="openWindow('$ {order_select}', 350,150);">
</td>
```

说明　如果弹出的子窗体是模态的，不关闭可执行主窗体中的操作；如果是非模态的，关闭也可执
行主窗体中的操作。

Action 请求 order_select 跳转的页面为 order_select.jsp，即弹出的模态窗体。更新订单状态页面的关键代

码如下：

代码位置：光盘\MR\Instance\Shop\WebContent\pages\admin\order\order_select.jsp

```
<s:push value="order">
<h3>更新订单状态</h3>
<div align="center">
<s:form action="order_update" namespace="/admin/product">
    <s:hidden name="orderId"></s:hidden>
    <p>
    订单状态:
        <s:radio name="orderState" list="@com.lyq.model.OrderState@getValues()"
    value="orderState.getName()"></s:radio>
    </p>
    <s:submit value="更新订单状态" ></s:submit>
</s:form>
</div>
</s:push>
```

选择订单状态，单击"更新订单状态"按钮发送一个 order_update.html 的 URL 请求，触发 OrderAction 类中的 update()方法。关键代码如下：

代码位置：光盘\MR\Instance\Shop\src\com\lyq\action\order\OrderAction

```
public String update() throws Exception {
    OrderState orderState = order.getOrderState();    //获取设置的订单状态
    order = orderDao.load(order.getOrderId());         //加载订单对象
    order.setOrderState(orderState);                   //设置的订单状态
    orderDao.update(order);                            //修改订单状态
    return "update";                                  //返回订单状态修改成功页面
}
```

修改订单状态成功后，弹出提示窗口，如图 24.46 所示。

通过 JavaScript 设置该窗体 3 秒后自动关闭并刷新主页面。

设置窗体自动关闭的 JavaScript 关键代码如下：

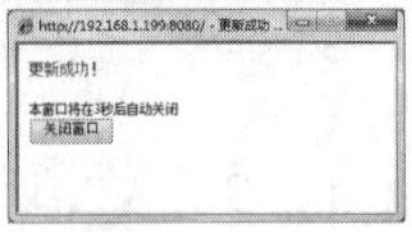

代码位置：光盘\MR\Instance\Shop\WebContent\pages\admin\order\ order_update_success.jsp

图 24.46 提示窗口

```
<script type="text/javascript">
    function closewindow(){
    if(window.opener){
    window.opener.location.reload(true);          //刷新父窗体
    window.close();                               //关闭提示窗体
    }
}
function clock(){
    i = i -1;
    if(i > 0){                                    //如果 i 大于 0
    setTimeout("clock();",1000);                  //1 秒后重新调用 clock()方法
    }else{
    closewindow();                               //调用关闭窗体方法
    }
}
    var i = 3;                                    //设置 i 值
    clock();                                      //页面加载后自动调用 clock()方法
</script>
```

在上述代码中通过变量 i 来设置窗体自动的关闭时间，在 clock() 方法中当 i 值为 0 时调用关闭窗体的方法，并且通过 setTimeout() 方法设置方法调用时间，参数 1000 的单位为毫秒。

在 Struts 2 的后台 Action 配置文件 struts-admin.xml 中配置订单管理模块的 Action 及视图映射关系，关键代码如下：

代码位置：光盘\MR\ Instance\Shop\src\com\lyq\action\struts-admin.xml

```xml
<!-- 订单管理 -->
<package name="shop.admin.order" namespace="/admin/product" extends="shop.admin">
    <action name="order_*" method="{1}" class="orderAction">
    <result name="list">/WEB-INF/pages/admin/order/order_list.jsp</result>
    <result name="select">/WEB-INF/pages/admin/order/order_select.jsp</result>
    <result name="query">/WEB-INF/pages/admin/order/order_query.jsp</result>
    <result name="update">/WEB-INF/pages/admin/order/order_update_success.jsp</ result>
    <interceptor-ref name="adminDefaultStack"/>
    </action>
</package>
```

24.13　运 行 项 目

项目开发完成后，就可以在 Eclipse 中运行该项目了，具体步骤参见 5.6 节。

24.14　本 章 小 结

本章重点讲解了 GO 购网络商城中关键模块的开发过程，以及网站的发布。通过对本章的学习，读者应该能够熟悉软件的开发流程，并重点掌握如何配置 Struts 2+Hibernate 4+Spring 3 的开发环境；另外，读者还应该掌握如何实现数据分页，以及购物车的实现流程。购物车功能是网络商城中必不可少的功能模块。

第 **25** 章

基于 SSH2 的明日论坛

（ 🎥 视频讲解：32 分钟 ）

🎥 视频讲解：光盘\TM\Video\25\基于 SSH2 的明日论坛.exe

　　技术交流平台是一种以技术交流和会员互动为核心的论坛，在这种论坛上用户可以维护自己的文章，也可以针对其他人的文章发表自己的意见，还可以输入关键字搜索相关文章。随着 IT 技术更新速度的加快，这种论坛将会成为未来 IT 技术服务的主要载体，因而其前景一片光明。本章将介绍如何通过 Struts 2+Spring+Hibernate 来实现这样一种技术交流平台。

　　通过阅读本章，您可以：

▶▶ 了解技术论坛的开发流程

▶▶ 掌握如何搭建 SSH2 的项目环境

▶▶ 掌握如何实现 Hibernate 的模糊查询

▶▶ 掌握如何利用 Struts 2 标签分页

25.1　开 发 背 景

随着 Internet 技术的快速发展，人与人之间的交流方式逐渐增多，网络视频、网络聊天、博客已成为人们彼此沟通、交流信息的主要方式。此外，为了方便人们在某一专业领域探讨问题和发表意见，Internet 上还出现了各种技术交流平台。在技术交流平台上，人们可以对某一领域提出自己遇到的问题，即发表某一主题，随后，论坛上的其他人会根据自己的学识、经验发表意见或解决问题的方法。

到目前为止，有一些著名的技术交流平台（如 JavaEye 和 CSDN 等）已经成为开发人员的主要活动社区。在这种形式下，作为专业从事软件开发和软件图书创作的明日公司，为了给公司员工以及广大用户提供技术交流的平台，公司决定开发"明日论坛"系统。该系统专门为软件编程人员设计，用户可以在这里发表自己的技术文章，也可以阅读别人的文章，还可以通过"搜索答案"的方式搜索一种类型的文章，方便大家的学习和交流。

25.2　系 统 设 计

25.2.1　系统目标

对于典型的数据库管理系统，尤其是像论坛这样的数据流量特别大的网络管理系统，必须要满足使用方便、操作灵活等设计需求。本系统在设计时应该满足以下几个目标：

☑　界面友好，采用人机对话方式，操作简单。
☑　信息查询灵活、快捷，数据存储安全。
☑　实现用户管理功能，主要包括用户登录与注册功能。
☑　对用户输入的数据，系统进行严格的数据检查，尽可能排除人为错误。
☑　要实现模糊查询功能，允许用户查询一类的文章。
☑　全面展示系统内所有分类的帖子。
☑　灵活方便的查询功能。
☑　为用户提供一个方便、快捷的主题信息查看功能。
☑　实现在线发表帖子。
☑　用户随时都可以查看自己发表的帖子，并进行分页显示。
☑　系统运行稳定、安全可靠。

25.2.2　系统功能结构

本论坛主要分为用户模块、文章模块和文章搜索模块三大功能模块，用户成功登录后，可以搜索和回复文章，其功能结构如图 25.1 所示。

25.2.3　系统流程图

明日论坛的系统流程图如图 25.2 所示。

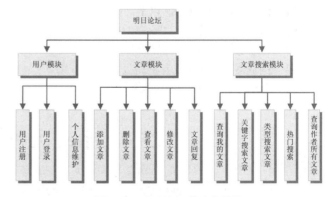

图 25.1　明日论坛的功能结构

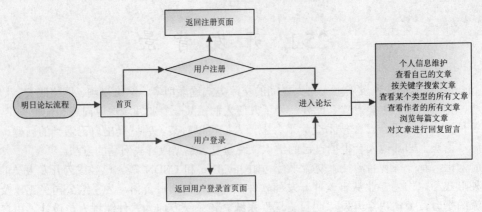

图 25.2 明日论坛的系统流程图

25.3 项目开发及运行环境

25.3.1 服务器最低配置

- ☑ CPU：P4 3.2GHz。
- ☑ 内存：1GB 以上。
- ☑ 硬盘空间：40GB。
- ☑ 操作系统：Windows 7、Windows XP 或者 Windows 2003。
- ☑ 数据库：MySQL 5.1。
- ☑ Java 开发包：JDK 1.7 以上。
- ☑ Web 服务器：Tomcat 7.0。
- ☑ 开发工具：Eclipse IDE for Java EE。

25.3.2 客户端最低配置

- ☑ CPU：赛扬 1.8GHz 以上。
- ☑ 内存：512MB 以上。
- ☑ 显示器：17in 以上显示器。
- ☑ 浏览器：IE 8.0 或者更高版本。
- ☑ 分辨率：1024×768 像素以上。

25.4 系统文件夹组织结构

在开发程序之前，可以把系统中可能用到的文件夹先创建出来（例如，创建一个名为 css 的文件夹，用于保存网站中用到的 CSS 样式），这样不仅可以方便以后的程序开发工作，也可以规范网站的整体结构，方便日后的网站维护。在开发"明日论坛"系统时，设计了如图 25.3 所示的文件夹架构图。在开发时，只需要将所创建的文件保存在相应的文件夹中即可。

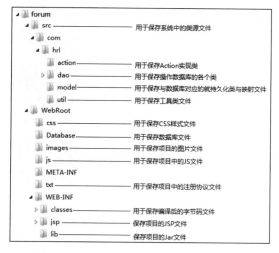

图 25.3　明日论坛的文件夹组织结构

25.5　数据库与数据表设计

本论坛采用 MySQL 作为后台数据库，根据需求分析和功能结构，整个系统涉及 5 个数据表，分别用于存储用户信息、文章信息、文章类型信息、文章回复信息和文章浏览信息。根据各个表存储的信息和功能，分别设计相应的 E-R 图和数据表。

25.5.1　E-R 图设计

（1）tb_user（用户信息表）的 E-R 图如图 25.4 所示。
（2）tb_article（文章信息表）的 E-R 图如图 25.5 所示。

图 25.4　tb_user 表的 E-R 图　　　　图 25.5　tb_article 表的 E-R 图

（3）tb_articleType（文章类型信息表）的 E-R 图如图 25.6 所示。

图 25.6　tb_articleType 表的 E-R 图

（4）tb_reply（文章回复信息表）的 E-R 图如图 25.7 所示。

（5）tb_scan（文章浏览信息表）的 E-R 图如图 25.8 所示。

图 25.7   tb_reply 表的 E-R 图   图 25.8   tb_scan 表的 E-R 图

25.5.2   数据库表设计

数据库名为 db_myforum，5 个表的数据表结构如下。

☑   tb_user（用户信息表）：该表用于保存所有的用户信息，其结构如表 25.1 所示。

表 25.1   tb_user 表的结构

字　段　名	数　据　类　型	是　否　为　空	是　否　主　键	默　认　值	说　　　明
userId	INT(10)	否	是	NULL	系统自动编号
username	VARCHAR(45)	是	否	NULL	用户名
password	VARCHAR(45)	是	否	NULL	用户登录密码
registerTime	DATETIME	是	否	NULL	注册时间
birthday	VARCHAR(20)	是	否	NULL	出生年月
email	VARCHAR(45)	是	否	NULL	邮箱
Tel	VARCHAR(20)	是	否	NULL	联系电话
isAdmin	VARCHAR(2)	是	否	NULL	管理员访问次数

☑   tb_article（文章信息表）：该表用于保存文章信息，其结构如表 25.2 所示。

表 25.2   tb_article 表的结构

字　段　名	数　据　类　型	是　否　为　空	是　否　主　键	默　认　值	说　　　明
articleId	INT(10)	否	是	NULL	系统自动编号
title	VARCHAR(255)	是	否	NULL	文章标题
content	VARCHAR(2048)	是	否	NULL	文章内容
emitTime	DATETIME	是	否	NULL	发表时间
lastUpdateTime	DATETIME	是	否	NULL	最后更新时间
articleTypeName	VARCHAR(255)	是	否	NULL	文章类型名称
userId	INT(10)	是	否	NULL	用户 ID

☑   tb_articleType（文章类型信息表）：该表用于保存所有文章的类型信息，其结构如表 25.3 所示。

表 25.3   tb_articleType 表的结构

字　段　名	数　据　类　型	是　否　为　空	是　否　主　键	默　认　值	说　　　明
articleTypeId	INT(10)	否	是	NULL	系统自动编号
articleTypeName	VARCHAR(255)	否	否	NULL	文章类型名称
articleTypeDesc	VARCHAR(255)	是	否	NULL	文章类型描述

☑　tb_reply（文章回复信息表）：该表用于保存所有回复信息，其结构如表 25.4 所示。

表 25.4　tb_reply 表的结构

字　段　名	数　据　类　型	是　否　为　空	是　否　主　键	默　认　值	说　　明
replyId	INT(10)	否	否	NULL	系统自动编号
replyTime	DATETIME	是	是	NULL	回复时间
content	VARCHAR(1024)	是	否	NULL	回复内容
userId	INT(10)	是	否	NULL	用户 ID
articleId	INT(10)	是	否	NULL	文章 ID

☑　tb_scan（文章浏览信息表）：该表用于保存所有浏览信息，其结构如表 25.5 所示。

表 25.5　tb_scan 表的结构

字　段　名	数　据　类　型	是　否　为　空	是　否　主　键	默　认　值	说　　明
scanId	INT(10)	否	否	NULL	系统自动编号
scanTime	DATETIME	是	是	NULL	浏览时间
articleId	INT(10)	是	是	NULL	浏览文章 ID

25.6　公共类设计

　　将一些常用的操作抽象出来可以提高代码的复用率，减少工作量，所以公共类设计的好坏将决定程序整体的开发效率。持久化操作是应用系统中使用频率较高的操作之一，所以常常将程序中的数据库持久化操作方法提取出来，以便随时调用。

25.6.1　Spring+Hibernate 组合实现持久层

　　由于 Spring 将 Hibernate 集成进来，并对 Hibernate 进行数据源和事务封装，这样就可以不用去单独写额外代码管理 Hibernate 的事务处理，而把主要精力放在企业级业务逻辑上。关键代码如下：

　　代码位置：光盘\MR\Instance\forum\src\applicationContext-dao.xml

```
<!-- 配置 sessionFactory -->
<bean id="sessionFactory" class="org.springframework.orm.hibernate4.LocalSessionFactoryBean">
    <property name="configLocation">
        <value>classpath:hibernate.cfg.xml</value>
    </property>
</bean>
<!-- 配置事务管理器 -->
<bean id="transactionManager" class="org.springframework.orm.hibernate4.HibernateTransactionManager">
    <property name="sessionFactory">
        <ref bean="sessionFactory" />
    </property>
</bean>
<!-- 配置事务的传播特性 -->
<tx:advice id="txAdvice" transaction-manager="transactionManager">
    <tx:attributes>
        <tx:method name="add*" propagation="REQUIRED" />
```

```
                        <tx:method name="save*" propagation="REQUIRED" />
                        <tx:method name="del*" propagation="REQUIRED" />
                        <tx:method name="update*" propagation="REQUIRED" />
                        <tx:method name="modify*" propagation="REQUIRED" />
                        <tx:method name="*" read-only="true" />
                </tx:attributes>
            </tx:advice>
            <!-- 指定哪些类的哪些方法参与事务 -->
            <aop:config>
                <aop:pointcut id="allManagerMethod" expression="execution(* com.hrl.dao.*.*(..))" />
                <aop:advisor pointcut-ref="allManagerMethod" advice-ref="txAdvice" />
            </aop:config>
```

配置事务和数据源之后，在持久层中获取常用的 Hibernate 方法，其中一些常用方法的代码如下：

代码位置：光盘\MR\Instance\forum\src\com\hrl\dao\impl\DefaultDaoImpl.java

```java
/**
 * 保存数据
 * @param object
 * @return
 */
public Serializable save(Object object) {
        return this.getSession().save(object);
}
/**
 * 删除数据
 * @param clazz
 * @param ids
 */
public void delete(Class clazz, Serializable... ids) {
        Session session=this.getSession();
        for (Serializable id : ids) {
                Object obj = session.load(clazz, id);
                session.delete(obj);
        }
        session.flush();
}
/**
 * 修改
 */
public void update(Object object) {
        this.getSession().update(object);
}
/**
 * 查询实体的所有对象
 */
public List findAll(Class clazz) {
        return getSession().createQuery("from " + clazz.getName()).list();
}
/**
 * 通过主键加载对象
 */
public Object load(Class clazz, Serializable id) {
        return getSession().load(clazz, id);
```

```
}
/**
 * 得到 Criteria 的对象，以方便 QBC 查询
 * @param clazz
 * @return
 */
public Criteria getCriteria(Class clazz){
    return this.getSession().createCriteria(clazz);
}
private SessionFactory sessionFactory;          //定义一个 sessionFactory 对象
/**
 * 获取 Session 对象
 */
protected Session getSession() {
    return sessionFactory.getCurrentSession();  //获取当前 Session
}
public SessionFactory getSessionFactory() {
    return sessionFactory;
}
public void setSessionFactory(SessionFactory sessionFactory) {
    this.sessionFactory = sessionFactory;
}
```

说明　delete()方法的参数中的"…"为数组的一种新的写法，相当于 Serializable[] ids。

25.6.2　使用 Struts 2 标签分页

　　Struts 2 对模型驱动支持得很好，它可以在页面上很方便地取到业务 Bean 里的属性，同时它的标签库也是非常强大的。鉴于 Struts 2 的这些优点，可以将分页也定义成一个可以重用的组件，这将为后续开发省去不少麻烦。

　　分页页面代码是通过 Struts 2 标签来完成的，关键代码如下：

代码位置：光盘\MR\Instance\forum\WebContent\WEB-INF\jsp\pageUtil.jsp

```
<div align="center"><span>每页显示<s:property
    value="page.pageSize" />条</span> <span>共<s:property
    value="page.recordCount" />条 </span> <span>当前页<s:property
    value="page.currPage" />/共<s:property value="page.pageCount" />页</span> <span>
<s:if test="page.hasPrevious==true">
    <s:a action="%{pageAction}">
第一页
        <s:param name="page.index" value="0"></s:param>
        <s:param name="page.currPage" value="1"></s:param>
    </s:a>
</s:if><s:else>
第一页
    </s:else> </span> <span> <s:if test="page.hasPrevious==true">
    <s:a action="%{pageAction}">
上一页
        <s:param name="page.index" value="page.previousIndex"></s:param>
        <s:param name="page.currPage" value="page.currPage-1"></s:param>
```

```
        </s:a>
</s:if><s:else>
上一页
        </s:else> </span> <span> <s:if test="page.hasNext==true">
    <s:a action="%{pageAction}">
下一页
            <s:param name="page.index" value="page.nextIndex"></s:param>
            <s:param name="page.currPage" value="page.currPage+1"></s:param>
        </s:a>
</s:if><s:else>
下一页
        </s:else> </span> <span> <s:if test="page.hasNext==true">
    <s:a action="%{pageAction}">
最后一页
            <s:param name="page.index"
                value="(page.pageCount-1)*page.pageSize"></s:param>
            <s:param name="page.currPage" value="page.pageCount"></s:param>
        </s:a>
</s:if><s:else>
最后一页
        </s:else> </span>
</div>
```

分页后台是一个普通 Java 类，主要提供一些分页重用的方法，如记录总数、当前页数和当前索引数等，关键代码如下：

代码位置：光盘\MR\Instance\forum\src\com\hrl\util\PageUtil.java

```
public class PageUtil {
    private Integer pageSize = 10;          //一页显示条数，默认为 10
    private Integer recordCount = 0;        //总条数
    private Integer index = 0;              //索引下标
    private Integer currPage = 1;           //当前页数
    …                                       //省略了 setter()和 getter()方法
}
```

使用分页只需要把分页的 Bean 注入到 Action 中，并且把分页组件的 JSP include 到目标 JSP 页面即可使用。

代码位置：光盘\MR\Instance\forum\WebContent\WEB-INF\jsp\article\myArticle.jsp

```
<!-- 为分页定制的 URL，支持传参数 -->
<s:url id="pageAction" includeContext="false"
action="articleAction_queryAllMyArticles" namespace="/">
</s:url>
<!-- 分页 -->
<s:include value="/WEB-INF/jsp/pageUtil.jsp"></s:include>
```

注意 在调用分页的组件时，URL 的 id 一定要和分页组件中的 Action 属性匹配；另外，传入 URL 时也可以传递参数。

25.7 主页面设计

"明日论坛"系统的主页面可分为两大类，分别为文章搜索的首页和论坛的首页。下面分别进行介绍。

25.7.1 文章搜索首页设计

在文章搜索首页中用户可以搜索出相关文章，并且在该页面中还包括"登录"、"注册"和"进入论坛"超链接，运行结果如图 25.9 所示。

文章的每种类型都是一张图片，在页面加载时动态创建。动态加载图片的关键代码如下：

代码位置：光盘\MR\Instance\forum\WebContent\js\articleTypes.js

```
var articleTypes = {
'Java' :                                          //名称
{
        id : 'Java',                              //id
        style : 'cursor:hand;',                   //样式
        src : 'images/top_02.gif' ,               //图片
        activeSrc : 'images/top2_02.gif',         //被激活时的图片
        width : 98,
        height : 35
},
        …                                         //其他文章类型省略不写
}
```

在首页中通过 jQuery 框架加载文章类型，关键代码如下：

代码位置：光盘\MR\Instance\forum\WebContent\js\articleTypes.js

```
/**
* 加载文章类型 title
*/
var activeId = '';                                //选中的文章类型
$(function() {
var div = $('#articleTypeDiv');
for ( var type in articleTypes) {
var articleType = articleTypes[type];
var img = $('<img>');
img.attr('src', articleType.src);
img.attr('activeSrc', articleType.activeSrc);
img.attr('height', articleType.height);
img.attr('width', articleType.width);
img.attr('id', articleType.id);
img.attr('style', articleType.style);
img.attr('border', "0");
img.attr('alt', "");
img.bind('mouseover', function() {
var o = $(this);
    if (o.attr('id') != activeId) {
    o.attr('src', articleTypes[o.attr('id')].activeSrc);
    }
});
img.bind('click', function() {
    var o = $(this);
    o.attr('src', articleTypes[o.attr('id')].activeSrc);
    if (activeId != '') {
    if (o.attr('id') == activeId) {
        o.attr('src', articleTypes[o.attr('id')].src);
```

```
                activeId = '';
                return;
            } else {
            document.getElementById(activeId).src =
articleTypes[activeId].src;
            }
        }
    activeId = o.attr('id');
});
img.bind('mouseout', function() {
    var o = $(this);
    if (o.attr('id') != activeId) {
    o.attr('src', articleTypes[o.attr('id')].src);
    }
});
div.append(img);
}
doSearchForm.reset();
});
```

25.7.2 论坛页设计

论坛页显示了所有的文章类型、类型描述、文章和回复次数，以及文章的动态信息。单击某个文章类型，可以搜索其下的所有文章；单击文章作者，可以搜索其发表的所有文章。论坛首页如图 25.10 所示。

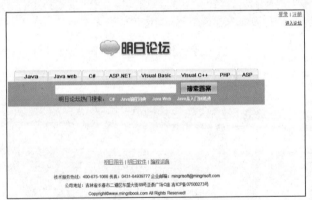

图 25.9　首页运行结果　　　　　　　　　　　　图 25.10　论坛首页

在论坛首页中，用户可以浏览到每个类型文章的问题数与浏览数、最后更新时间等信息，论坛首页代码是用 Struts 2 标签来完成的，部分关键代码如下：

代码位置：光盘\MR\Instance\forum\WebContent\WEB-INF\jsp\article\forum.jsp

```
<s:iterator value="articleTypes" id="articleType" status="st">
<s:a cssClass="hong" ction="articleAction_findArticlesByType" target="_blank">
<s:property value="#articleType.articleTypeName" />
<s:param name="articleType"
     value="#articleType.articleTypeName">
</s:param>
</s:a>
…                        //其他代码省略
</s:iterator>
```

说明　articleType 参数为一个 List<ArticleType>，可以看作是 articleType 的一个对象，通过它可以获取 Article 实体类中的属性值。

在论坛首页中显示了所有文章类型，本系统在 Action 中调用 DAO 查询所有文章类型的方法，Dao 中定义查找文章类型方法的关键代码如下：

代码位置：光盘\MR\Instance\forum\src\com\hrl\dao\impl\ArticleDaoImpl.java

```
/**
 * 查询所有文章类型
 *
 * @return
 */
public List<ArticleType> queryAllArticleType() {
    return this.getCriteria(ArticleType.class).list();
}
```

在 ActicleAction 中定义调用 Dao 类的方法，获取查询结果，并将请求转发至首页。关键代码如下：

代码位置：光盘\MR\Instance\forum\src\com\hrl\action\ActicleAction.java

```
/**
 * 进入论坛首页
 *
 * @return
 */
public String forum() {
    articleTypes = articleDao.queryAllArticleType();
    return "forum";
}
```

说明　本系统中的所有 DAO 层类均继承了 DefaultDaoImpl 类，这样即可直接调用已经封装的持久层方法。

25.8　文章维护模块设计

文章维护功能模块主要包括文章的添加、修改、浏览、回复及删除等子功能模块。

25.8.1　添加文章模块

已登录的用户进入论坛首页，单击"添加文章"超链接打开"添加文章"页面即可添加文章，如图 25.11 所示。

用户输入信息后系统会验证输入内容的合法性，以防止非法的数据破坏系统，如非法字符和超长文字等。添加文章表单和验证的关键代码如下：

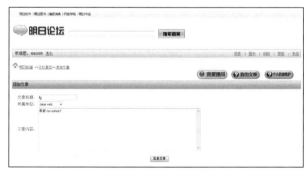

图 25.11　"添加文章"页面

代码位置：光盘\MR\Instance\forum\WebContent\WEB-INF\jsp\article\addArticle.jsp

```
<form action="articleAction_addArticle" method="post"
id="addArticleForm">
```

```
<table>
<tr>
<td class="huise">文章标题：</td>
    <td><input typoe="text" name="article.title" id="title"></td>
</tr>
    <tr>
<td class="huise">所属类型：</td>
    <td>
<select name="article.articleTypeName" id="type">
        <option value="">请选择</option>
            <option value="Visual Basic">Visual Basic</option>
            <option value="Visual C++">Visual C++</option>
            <option value="Java">Java</option>
            <option value="Java Web">Java Web</option>
            <option value="C#">C#</option>
            <option value="ASP.NET">ASP.NET</option>
            <option value="PHP">PHP</option>
            <option value="ASP">ASP</option>
            <option value="其他">其他</option>
        </select>
</td>
    </tr>
    <tr>
    <td class="huise">文章内容：</td>
        <td><textarea name="article.content" cols="80"
rows="10" id="content"></textarea></td>
    </tr>
</table>
<p align="center"><input type="button" value="发表文章"
onclick="addArticle1()" /></p>
</form>
```

单击"发表文章"按钮，系统校验输入是否为空，通过 JavaScript 代码实现。关键代码如下：

代码位置：光盘\MR\Instance\forum\WebContent\WEB-INF\jsp\article\addArticle.jsp

```
<SCRIPT type="text/javascript">
function addArticle1() {
if (!$('#title').val()) {
alert('请输入标题');
    return;
}
if (!$('#type').val()) {
 alert('请选择文章类型');
    return;
}
 if (!$('#content').val()) {
 alert('请输入文章内容');
    return;
 }
addArticleForm.submit();
}
</SCRIPT>
```

页面将参数传给 Action，Action 将参数封装为文章对象传递给 DAO 层，DAO 层调用保存方法即可把文章信息存入数据库。文章对象类的关键代码如下：

代码位置：光盘\MR\Instance\forum\src\com\hrl\model\Article.java

```java
public class Article {
    private Integer articleId = null;              //文章主键 id
    private String title = null;                   //标题
    private String content = null;                 //内容
    private Date emitTime = null;                  //发表时间
    private Date lastUpdateTime = null;            //最后更新时间
    private String articleTypeName = null;         //文章类型名称
    private User user = null;                       //文章作者
    private ArticleType articleType = null;         //文章类型
    private Set<Reply> replies = null;              //文章回复
    private Set<Scan> scans = null;                 //文章浏览
    …                                               //省略了 getter()和 setter()方法
}
```

在 ArticleDaoImpl 类中调用添加文章的 addArticle()方法，该方法有一个 Article 类型参数，用于表示要添加的文章类型。通过 Spring 框架实现文件添加操作非常简单，关键代码如下：

代码位置：光盘\MR\Instance\forum\src\com\hrl\dao\impl\ArticleDaoImpl.java

```java
/**
* 添加文章
*/
public void addArticle(Article article) {
    ArticleType articleType = this.getArticleTypeByName(article.getArticleTypeName());
    article.setArticleType(articleType);
    this.save(article);
}
```

25.8.2 浏览文章

单击"查看详细"超链接或者文章标题即可打开文章的详细信息页面，如图 25.12 所示。

当用户单击"进入文章"超链接后页面向后台传一个文章 id，系统根据这个 id 通过持久层查询单篇文章的方法即可获取该篇文章的所有信息，然后将文章对象传回 Struts 2，Struts 2 根据文章属性信息显示文章信息。

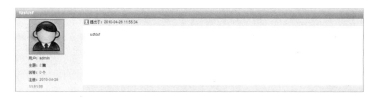

图 25.12　文章的详细信息页面

在浏览文章页面时，通过 Struts 2 标签，将查询出来的文章信息显示在页面中，关键代码如下：

代码位置：光盘\MR\Instance\forum\src\com\hrl\dao\impl\ArticleDaoImpl.java

```html
<tr>
<td width="160" class="huise1">用户：
<s:property value="article.user.userName" /><br />
主题：<span class="chengse">
<s:property value="article.user.myArticleCount" />
</span> 篇<br />
回答：<span class="chengse" id="replyCount">
<s:property value="article.user.myReplyCount" />
</span> 个<br />
```

```
注册：<span
class="henhong"><s:datename="article.user.registerTime"
format="yyyy-MM-dd hh:mm:ss" /></span></td>
</tr>
...                                //其他代码省略
<tr>
<td width="24" align="center"><img src="images/mark_time.gif"
width="16" height="16" /></td>
<td width="173">提出于：<s:date name="article.emitTime"
format="yyyy-MM-dd hh:mm:ss" /></td>
</tr>
...                                //其他代码省略
<div style="width: 50"><s:property value="article.content" /></div>
```

在 ArticleDaoImpl 类中，定义按照文章编号查询文章信息的 querySingleArticle()方法，该方法有一个 String 类型的参数，用于指定要查询的文章编号。关键代码如下：

代码位置：光盘\MR\Instance\forum\src\com\hrl\dao\impl\ArticleDaoImpl.java

```
/**
* 查找单篇文章
*/
public Article querySingleArticle(String articleId) {
        String hql = "from Article where articleId=" + articleId;
        return (Article) this.find(hql).get(0);
}
```

25.8.3 文章回复

用户浏览文章之后可以对文章进行回复，但前提是用户必须已经登录系统。文章回复页面如图 25.13 所示。

本系统应用了 Hibernate 开发框架，首先编写与文章回复表对应的持久化类 Reply，该类中包含的属性与文章回复表中的字段一一对应。关键代码如下：

图 25.13　文章回复页面

代码位置：光盘\MR\Instance\forum\src\com\hrl\model\Reply.java

```
public class Reply {
        private Integer replyId = null;              //回复主键 id
        private Date replyTime = null;               //回复时间
        private String content = null;               //回复内容
        private User user = null;                    //回复用户
        private Article article = null;              //回复的文章
        ......                                       //getter()和 setter()方法省略
}
```

在 ReplyDaoImpl 类中，编写保存文章回复的 addReply()方法，该方法有一个持久化类 Reply 类型对象，调用 Hibernate 的 save()方法，实现保存操作。关键代码如下：

代码位置：光盘\MR\Instance\forum\src\com\hrl\dao\impl\ReplyDaoImpl.java

```
/**
* 添加回复
```

```
*/
public void addReply(Reply reply) {
this.save(reply);
}
```

25.8.4　修改文章

图 25.14　"修改文章"页面

用户从"我的文章列表"中选择一篇文章，系统判断该文章的作者是否为当前用户。如果是，则显示"修改"按钮，用户才有权修改文章。"修改文章"页面如图 25.14 所示。

修改文章首先根据文章 id 查询文章，并为需要修改的属性赋值，然后执行 update。修改文章的 Action 代码如下：

代码位置：光盘\MR\Instance\forum\src\com\hrl\action\ActicleAction.java

```
/**
* 修改文章
* @return
*/
public String updateArticle() {
        Article article = articleDao.querySingleArticle(this.article. get ArticleId().toString());
        article.setLastUpdateTime(new Date());
        article.setTitle(this.article.getTitle());
        article.setContent(this.article.getContent());
        this.articleDao.updateArticle(article);
        this.article = articleDao.querySingleArticle(this.article. get ArticleId().toString());
        return "singleArticle";
}
```

25.8.5　删除文章

与修改文章一样，用户只能删除自己的文章。在页面中通过 Strus 2 标签判断页面是否显示"删除"按钮，关键代码如下：

代码位置：光盘\MR\Instance\forum\WebContent\WEB-INF\jsp\article\singleArticle.jsp

```
<s:a action="articleAction_deleteArticle" cssClass="hong">
<s:param name="article.articleId"
value="article.articleId"></s:param>
删除
</s:a>
```

删除文章之后，再做一次查询，页面将跳转到我的文章列表。关键代码如下：

代码位置：光盘\MR\Instance\forum\src\com\hrl\action\ActicleAction.java

```
/**
* 删除文章
* @return
*/
public String deleteArticle() {
        articleDao.deleteArticle(this.article);              //删除所选文章
        User user = new User();
        user.setUserId(this.getCurrUser().getUserId());      //设置用户信息
```

```
        this.article.setUser(user);
        //根据用户信息，查询其发表的所有文章
        this.myArticles = this.articleDao.queryAllArticleByUser(user, this.getFirstResult(), this.getMaxResults());
        return "myArticle";
}
```

删除文章时，需要删除该文章下的所有回复信息以及浏览信息，否则数据库将会产生冗余数据。为了达到级联删除，只需要在 Hibernate 映射文件中配置即可。关键代码如下：

代码位置：光盘\MR\Instance\forum\src\com\hrl\model\Article.hbm.xml

```
<set name="replies" inverse="true" cascade="all" order-by="replyTime desc">
<key column="articleId" />
<one-to-many class="Reply" />
</set>
<set name="scans" inverse="true" cascade="all" order-by="scanTime desc">
<key column="articleId" />
<one-to-many class="Scan" />
</set>
```

25.9　文章搜索模块设计

文章搜索模块是本系统的核心模块，其中包括多个功能。

25.9.1　搜索我的文章

用户登录论坛之后，单击"我的文章"超链接搜索用户发表过的所有文章，"我的文章列表"页面如图 25.15 所示。

搜索我的文章主要流程是系统先取得当前用户信息，后台根据文章对象里的用户 id，查询出该用户的所有文章。关键代码如下：

图 25.15　"我的文章列表"页面

代码位置：光盘\MR\Instance\forum\src\com\hrl\action\ActicleAction.java

```
/**
* 查询自己发表的所有文章
* @return
*/
public String queryAllMyArticles() {
        this.myArticles = this.articleDao.queryAllArticleByUser (this. getCurrUser(),
        this.getPage().getIndex().toString(), this.getPage().getPageSize ().toString());
        this.getPage().setRecordCount(this.articleDao.queryAllArticle _countByUser(this.getCurrUser()));
        return "myArticle";
}
```

定义 queryAllArticleByUser()方法，用于查找某个用户发表的所有文章。在实现查询的过程中，使用了分页技术。关键代码如下：

代码位置：光盘\MR\Instance\forum\src\com\hrl\dao\impl\ArticleDaoImpl.java

```
/ **
* 查找某个用户发表的所有文章
*/
```

```
public List<Article> queryAllArticleByUser(User user, String firstResult, String maxResults) {
        String hql = "from Article where userId=" + user.getUserId()+ "order by emitTime desc";
        return this.query(hql, firstResult, maxResults);
}
```

说明

query()方法的 3 个参数分别代表 HQL 语句、分页查询的索引值和一页的数据记录数，其实现在 DefaultDaoImpl 中。

25.9.2 根据关键字搜索文章

根据文章关键字搜索文章时系统使用输入关键字中文章的标题和内容匹配任何位置，如果匹配成功，则返回搜索结果；否则返回空。3 种情况是在明日论坛首页输入关键字、在明日论坛首页选择一个文章类型再加上关键字和进入论坛输入关键字。"符合条件的文章列表"页面如图 25.16 所示。

图 25.16 "符合条件的文章列表"页面

根据关键字搜索文章的前台代码如下：

代码位置：光盘\MR\Instance\forum\WebContent\index.jsp

```
<table width="480" border="0" align="center" cellpadding="0"
cellspacing="0">
<s:hidden name="article.articleTypeName"
id="articleTypeName"></s:hidden>
<tr>
<td width="378" height="35">
<table width="359" height="35" border="0" cellpadding="0"
cellspacing="0">
        <tr>
        <td align="center">
<input type="text" id="searchStr"
                name="searchStr" style="width: 350px; height:
20px;" />
</td>
        </tr>
</table>
</td>
<td width="113">
<img src="images/so.GIF" width="109"
    height="35" style="cursor: hand;" onclick="doSearch()"
/>
</td>
</tr>
</table>
```

当用户在系统首页或论坛首页中单击"搜索"按钮时，系统会执行 JavaScript 方法，来判断用户输入的搜索内容是否合法。JavaScript 的具体代码如下：

代码位置：光盘\MR\Instance\forum\WebContent\js\index.js

```
/**
* 搜索文章
```

```
* @return
*/
function doSearch() {
var searchText = $.trim($('#searchStr').val());
if (!searchText) {
alert('请输入要搜素的内容');
return;
}
if (searchText.length > 255) {
alert('输入内容不能超过 255 个字符');
return;
}
$('#articleTypeName').val(activeId);
doSearchForm.submit();
}
```

在 ActicleAction 中，定义 doSearch()方法实现通过关键字搜索文章，并将请求转发至相应地址。关键代码如下：

代码位置：光盘\MR\Instance\forum\src\com\hrl\action\ActicleAction.java

```
/**
 *  通过关键字搜索文章
 * @return
 */
public String doSearch() {
        if (searchStr != null) {
                searchStr = searchStr.trim();
        }
        String type = this.article == null ? null : this.article.getArticle TypeName();
        this.searchArticles = this.articleDao.doSearch(type, searchStr, this.getFirstResult(), this.
    getMaxResults());
        return "searchResult";
}
```

在 ArticleDaoImpl 中定义根据用户输入内容搜索符合条件的文章的方法 doSearch()。该方法有 4 个 String 类型的参数，分别用于指定要搜索的文章类型、要搜索的文章内容、分页显示的参数等。将查询结果以 List 形式返回。该方法采用 QBC 方式进行查询，这种方式的优点是不用手动写 HQL 语句，也不用考虑一些 SQL 关键字的注入攻击（如%、*、[]等特殊字符），只需要简单调用 Criteria 提供的简单方法就行。关键代码如下：

代码位置：光盘\MR\Instance\forum\src\com\hrl\dao\impl\ArticleDaoImpl.java

```
/**
 *  根据输入内容搜素符合条件的文章
 */
@SuppressWarnings("unchecked")
public List<Article> doSearch(String type, String str, String firstResult,
        String maxResults) {
    int first = new Integer(firstResult).intValue();
    int max = new Integer(maxResults).intValue();
    Criteria criteria = this.getCriteria(Article.class);
    if (type != null && !type.equals("")) {
            criteria.add(Restrictions.eq("articleTypeName", type));
    }
    criteria.add(
            Restrictions.or(Restrictions.like("title", str,
                    MatchMode.ANYWHERE), Restrictions.like("content", str,
```

```
                         MatchMode.ANYWHERE))).addOrder(
                    Order.desc("lastUpdateTime")).setFirstResult(first)
                         .setMaxResults(max);
          List<Article> list = criteria.list();
          return list;
    }
```

说明
　　Criteria 对象可以添加多个表达式，在该实例中添加的表单式包括根据关键字在任意位置进行匹配、按照文章的最后更新时间进行倒序排序和分页表达式。Criteria 使得开发人员可以写更少的代码去完成更多的功能。

25.9.3　热门搜索

　　每个热门搜索都是一个超链接，用户只要进入一个热门搜索，系统即可查询出有关该热门的所有文章，如图 25.17 所示。
　　热门搜索的前台代码如下：

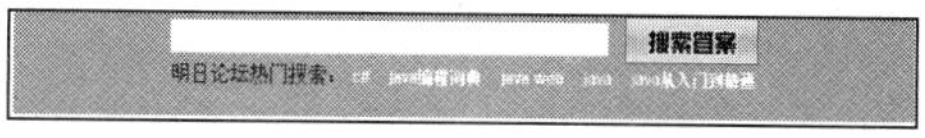

代码位置：光盘\MR\Instance\forum\WebContent\index.jsp

图 25.17　热门搜索

```
<table width="480" border="0" align="center" cellpadding="0"cellspacing="0">
     <tr>
     <td><span class="danhuang02">明日论坛热门搜索：</span>
     <spanclass="cubai"><a href="#" onclick="seartchHot('c#')">C#</a>
        <a href="#" onclick="seartchHot('Java 编程词典')">Java 编程词典</a>
        <a href="#" onclick="seartchHot('Java Web')">Java Web</a>    
<a href="#" onclick="seartchHot('Java 从入门到精通')">Java 从入门到精通</a>  </span></td>
     </tr>
</table>
```

　　单击"搜索"按钮，系统会将热门搜索的字符串赋给搜索框的值，这样执行逻辑与普通搜索相同。JavaScript 赋值代码如下：

代码位置：光盘\MR\Instance\forum\WebContent\js\index.js

```
/**
* 热门搜索
* @param content
* @return
*/
function seartchHot(content) {
          $('#searchStr').val(content);
          doSearchForm.submit();
}
```

25.9.4　搜索文章作者的所有文章

　　当单击文章作者时，系统会搜索该作者发表过的所有文章。单击文章类型打开的页面如图 25.18 所示。
　　按照作者查询文章页面的关键代码如下：

代码位置：光盘\MR\Instance\forum\WebContent\js\index.js

```
<s:a action="articleAction_queryArticlesByUserOfArticle" cssClass="huise">
          <s:property value="#article.user.userName" />
```

```
        <s:param name="article.articleId" value= "#article.articleId"></s:param>
        <s:param name="user.userName"value ="#article.user. userName"></s:param>
</s:a>
```

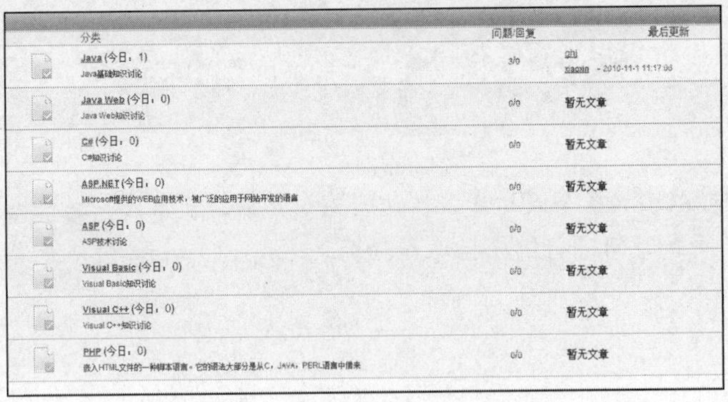

图 25.18　单击文章类型打开的页面

在 ActicleAction 中定义 queryArticlesByUserOfArticle()方法，实现查询文章作者的所有文章，并将请求转发至相应地址。关键代码如下：

代码位置：光盘\MR\Instance\forum\src\com\hrl\action\ActicleAction.java

```
/**
 * 查询文章作者的所有文章
 * @return
 */
public String queryArticlesByUserOfArticle() {
        this.searchArticles = this.articleDao.findArticlesByUserOfArticle(
        this.article.getArticleId().toString(), this.firstResult,     this.maxResults);
        return "userArticle";
}
```

在 ArticleDaoImpl 类中定义方法，实现从二级缓存中取出用户信息，再根据该用户信息，查询出其发表的所有文章。关键代码如下：

代码位置：光盘\MR\Instance\forum\src\com\hrl\dao\impl\ArticleDaoImpl.java

```
/**
 * 查找文章发表人发表过的所有文章
 * @param articleId
 * @param firstResult
 * @param maxResults
 * @return
 */
public List<Article> findArticlesByUserOfArticle(String articleId,String first Result, String maxResults) {
        Article article = this.querySingleArticle(articleId);
        User user = article.getUser();
        return queryAllArticleByUser(user, firstResult, maxResults);
}
/**
 * 查找某个用户发表的所有文章
 */
public List<Article> queryAllArticleByUser(User user, String firstResult,     String maxResults) {
        String hql = "from Article where userId=" + user.getUserId()+ "order by emitTime desc";
        return this.query(hql, firstResult, maxResults);
}
```

25.9.5　搜索回复作者的所有文章

在 ActicleAction 类中定义 queryArticlesByUserOfReply()方法，实现查询文章回复用户的所有文章，并将请求转发至相应地址。关键代码如下：

代码位置：光盘\MR\Instance\forum\src\com\hrl\action\ActicleAction.java

```
/**
* 查询文章回复用户的所有文章
* @return
*/
public String queryArticlesByUserOfReply() {
        this.searchArticles = this.articleDao.findArticlesByUserOfReply(this. reply.getReplyId(). toString(),
        this.firstResult,this.maxResults);
        return "userArticle";
}
```

在 ArticleDaoImpl 类中定义 findArticlesByUserOfReply()方法，实现查询回复人发表过的所有文章。关键代码如下：

代码位置：光盘\MR\Instance\forum\src\com\hrl\dao\impl\ArticleDaoImpl.java

```
/**
* 查找回复人发表过的所有文章
* @param replyId
* @param firstResult
* @param maxResults
* @return
*/
public List<Article> findArticlesByUserOfReply(String replyId,String first Result, String maxResults) {
        Reply reply = (Reply) this.load(Reply.class, replyId);
        User user = reply.getUser();
        return queryAllArticleByUser(user, firstResult, maxResults);
}
```

25.10　运　行　项　目

项目开发完成后，就可以在 Eclipse 中运行该项目了，具体步骤参见 5.6 节。

25.11　本　章　小　结

本章介绍了使用三大流行框架整合开发的明日论坛的方法，本系统中除了应用三大框架外，还应用了 jQuery 进行前台开发，所用技术都是当前最流行的，也是读者最感兴趣的。认真阅读本章，并仔细研究项目的读者，相信会对本系统应用的技术的使用有很大的提高。